国家出版基金项目
NATIONAL PUBLICATION FOUNDATION

Supported by Key Project for the Development of State Facilities and Information Infrastructure for Science and Technology: National Specimen Information Infrastructure (2005DKA21401)
The Thirteenth Five-Year Plan for National Important Books Publication Project
国家科技基础条件平台：标本资源共享平台建设项目（2005DKA21401）资助
“十三五”国家重点图书出版规划项目

Type Specimens in China National Herbarium (PE)

Volume 9
ANGIOSPERMAE(6)

中国国家植物标本馆（PE）模式标本集

第9卷

被子植物门（6）

Institute of Botany, Chinese Academy of Sciences Edit
The editors of this volume LIN Qi, YANG Zhirong and LIN Yun

中国科学院植物研究所 编
本卷主编 林 祁 杨志荣 林 云

河南科学技术出版社
Henan Science and Technology Press

图书在版编目（CIP）数据

中国国家植物标本馆（PE）模式标本集. 第9卷, 被子植物门. 6: 英汉对照/中国科学院植物研究所编; 林祁, 杨志荣, 林云本卷主编. —郑州：河南科学技术出版社, 2017.6

ISBN 978-7-5349-8158-6

Ⅰ.①中… Ⅱ.①中… ②林… ③杨… ④林… Ⅲ.①植物—标本—中国—图集 Ⅳ.①Q94-34

中国版本图书馆CIP数据核字（2017）第017867号

The editors of this volume LIN Qi, YANG Zhirong and LIN Yun

Edited by BAN Qin, BI Shuqing, CHEN Shurong, CHEN Yali, DU Yufen, FU Lianzhong, HE Shanshan, JING Xuan, LI Hongli, LIN Qi, LIN Yun, LIU Wenqun, MA Xintang, WANG Mingqiong, WANG Zhongtao, WU Huibing, YANG Zhirong, YUN Yingxia

(Names are arranged in alphabetical order)

主　编　林　祁　杨志荣　林　云

编著者（以姓氏拼音为序）

班　勤　秘树青　陈淑荣　陈雅丽　杜玉芬　傅连中　何珊珊　敬　璇　李红丽
林　祁　林　云　刘文群　马欣堂　王明琼　王忠涛　吴慧冰　杨志荣　云映霞

生物中国总策划：周本庆

出版发行：河南科学技术出版社
地址：郑州市经五路66号　　邮编：450002
电话：（0371）65737028　　65788613
网址：www.hnstp.cn
策划编辑：周本庆　杨秀芳
责任编辑：申卫娟
责任校对：崔春娟
整体设计：张　伟
责任印制：张艳芳
印　　刷：北京盛通印刷股份有限公司
经　　销：全国新华书店
幅面尺寸：240 mm × 345 mm　　印张：77　　字数：250千字
版　　次：2017年6月第1版　　2017年6月第1次印刷
定　　价：1 500.00元

Introduction

Predecessors of China National Herbarium (abbreviated code PE), Institute of Botany, Chinese Academy of Sciences are the Herbarium, Department of Botany, the Fan Memorial Institute of Biology, Peiping (1928), as well as the Herbarium, Institute of Botany, the National Academy of Peiping (1929). Now PE has developed into the largest herbarium in Asia. The current collections contain more than 2 650 000 specimens in the herbarium, including mosses, ferns, seed plants, seed collections and plant fossil samples. Among them, there are about 20 000 type specimens (holotype, isotype, lectotype, isolectotype, neotype, isoneotype, epitype, isoepitype, syntype, isosyntype, paratype, isoparatype).

Type specimens in this book were produced by selecting the most important type specimen deposited at PE under the same scientific name (species, subspecies, variety and form), and then they were also reviewed and scanned. After compilation, ***Type Specimens in China National Herbarium (PE)*** which consists of 14 volumes is completed.

Type Specimens in China National Herbarium (PE) includes 7 451 type specimens, comprising 4 356 holotypes, 2 203 isotypes, 319 lectotypes, 8 isolectotypes, 3 neotypes, 3 isoepitypes, 27 syntypes, 94 isosyntypes, 279 paratypes, 170 isoparatypes, and belonging to 194 families, 1 134 genera, 6 159 species, 66 subspecies, 1 114 varieties and 122 forms. The taxa are arranged by family according to the system of ***Flora Bryophytorum Sinicorum*** and ***Flora Reipublicae Popularis Sinicae.*** Infra-family taxa are alphabetized by genera, species, subspecies, varieties and forms. The explanation of each taxon is listed in the figure caption with Chinese name, scientific name, original publication, nature of specimen (holotype/ isotype/ lectotype/ isolectotype/ neotype/ isoneotype/ epitype/ isoepitype/ syntype/ isosyntype/ paratype/ isoparatype), type locality (country/ province/ county/ mountain if present), altitude, collection date, collector and collection number. The collector and type locality in this book follow ***Index Herbariorum Sinicorum*** (L. K. Fu, 1993) and ***Gazetteer of China—An Index to the Atlas of the People's Republic of China*** (Chinese Academy of Surveying & Mapping, 1997) respectively.

This book is a very important work for researching and identifying Chinese plants. It could also be used as a reference by plant taxonomists and people from botanic research institutions, educational institutions and production departments at home and abroad.

Volume 9 of ***Type Specimens in China National Herbarium (PE)*** includes 559 type specimens from Papaveraceae to Anacardiaceae (Rosaceae and Leguminosae/ Fabaceae in Volume 10), comprising 222 holotypes, 239 isotypes, 46 lectotypes, 1 isolectotype, 1 syntype, 4 isosyntypes, 17 paratypes, 31 isoparatypes, and belonging to 23 families, 125 genera, 438 species, 2 subspecies, 109 varieties and 12 forms.

Greatest thanks to Prof. Li Liangian and Prof. Zhang Xianchun, curators of China National Herbarium (PE), for their support and help throughout the publication of the book.

LIN Qi

September 2015

前 言

中国科学院植物研究所国家植物标本馆（缩写代号 PE）的前身是 1928 年成立的北平静生生物调查所植物标本室和 1929 年成立的北平研究院植物研究所标本室，现已发展为亚洲最大的植物标本馆，目前馆藏植物标本 265 万余份，包括苔藓植物标本、蕨类植物标本、种子植物标本、种子标本和植物化石标本，其中模式标本近 2 万份（含主模式、等模式、后选模式、等后选模式、新模式、等新模式、附加模式、等附加模式、合模式、等合模式、副模式、等副模式）。

书中所收录的模式标本是在同一学名下（种、亚种、变种、变型）遴选出一份最重要的馆藏模式标本，经整理并扫描后编撰而成《中国国家植物标本馆（PE）模式标本集》（共 14 卷）。

全书共收有模式标本 7 451 份，含 4 356 份主模式、2 203 份等模式、319 份后选模式、8 份等后选模式、3 份新模式、3 份等附加模式、27 份合模式、94 份等合模式、279 份副模式、170 份等副模式，隶属于 194 科、1 134 属、6 159 种、66 亚种、1 114 变种和 122 变型。全书各科依据《中国苔藓志》及《中国植物志》系统排列，属、种、亚种、变种、变型的名称按字母顺序排列。每张扫描模式标本相片的图注解释均标注中名、学名、原始文献、模式类型（主模式、等模式、后选模式、等后选模式、新模式、等新模式、附加模式、等附加模式、合模式、等合模式、副模式、等副模式）、采集地点（国名、省名、县名、山名）、海拔、采集时间（年月日）、采集人和采集号。本书中的采集人根据《中国植物标本馆索引》(傅立国，1993) 书写，采集地根据《中国地名录——中华人民共和国地图集地名索引》（国家测绘局地名研究所，1997）书写。

本书是一部研究与鉴定中国植物的重要著作，可供国内外植物分类学者及有关植物学科研、教学和生产部门人员参考。

第 9 卷包括被子植物门罂粟科至漆树科的模式标本（蔷薇科和豆科编排在第 10 卷），共 559 份，含 222 份主模式、239 份等模式、46 份后选模式、1 份等后选模式、1 份合模式、4 份等合模式、17 份副模式、31 份等副模式，隶属于 23 科、125 属、438 种、2 亚种、109 变种和 12 变型。

感谢中国国家植物标本馆（PE）馆长李良千研究员和张宪春研究员在本书编撰过程中给予的支持和帮助。

林 祁

2015 年 9 月

Contents
目 录

Papaveraceae

罂粟科

yingsuke

全缘叶绿绒蒿 ***Cathcartia integrifolia*** Maxim. in Bull. Acad. Imp. Sci. St.-Petersb. 23: 310. 1887. **Lectotype** (designated here): China. Gansu: Datong He, 1872-04-28, N. M. Przwealski s. n.

四川金罂粟 ***Chelidonium sutchuense*** Franch. in J. Bot. (Morot) 8: 293. 1894. **Isotype:** China. Chongqing: Chengkou, alt. 1 200 m, R. P. Farges 915.

湖北紫堇 ***Corydalis acuminata*** Franch. subsp. ***hupehensis*** C. Y. Wu in Acta Bot. Yunnan. 18(4): 401. 1996. **Holotype:** China. Hubei: Xuan' en, alt. 1 530 m, H. J. Li 4306.

东义紫堇 ***Corydalis adoxifolia*** C. Y. Wu in Acta Bot. Yunnan. 6(3): 244, f. 3: 1-2. 1984. **Isotype:** China. Sichuan: Daocheng, alt. 2 850 m, 1973-07-12, Sichuan Veg. Exped. 2354.

灰绿黄堇 ***Corydalis adunca*** Maxim. in Bull. Acad. Sci. St.-Petersb. 24: 29. 1878. **Lectotype** (designated here): China. Gansu: Precise locality not known, 1875-06-(09~21), Piasezky s. n.

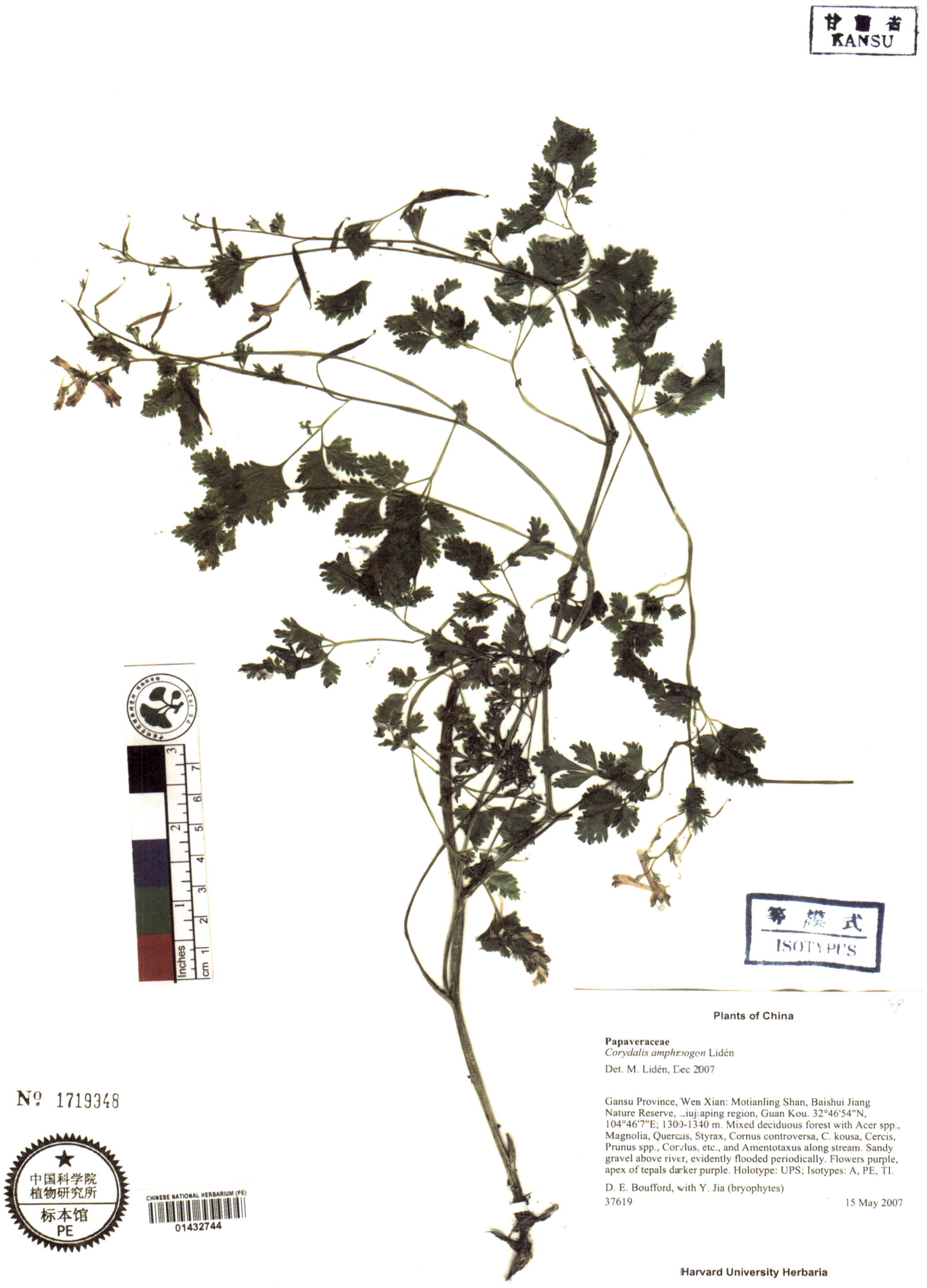

文县紫堇 ***Corydalis amphipogon*** Lidén, Fl. China 7: 421. 2008. **Isotype:** China. Gansu: Wen Xian, alt. 1 300~1 340 m, 2007-05-15, D. E. Boufford & Y. Jia 37619.

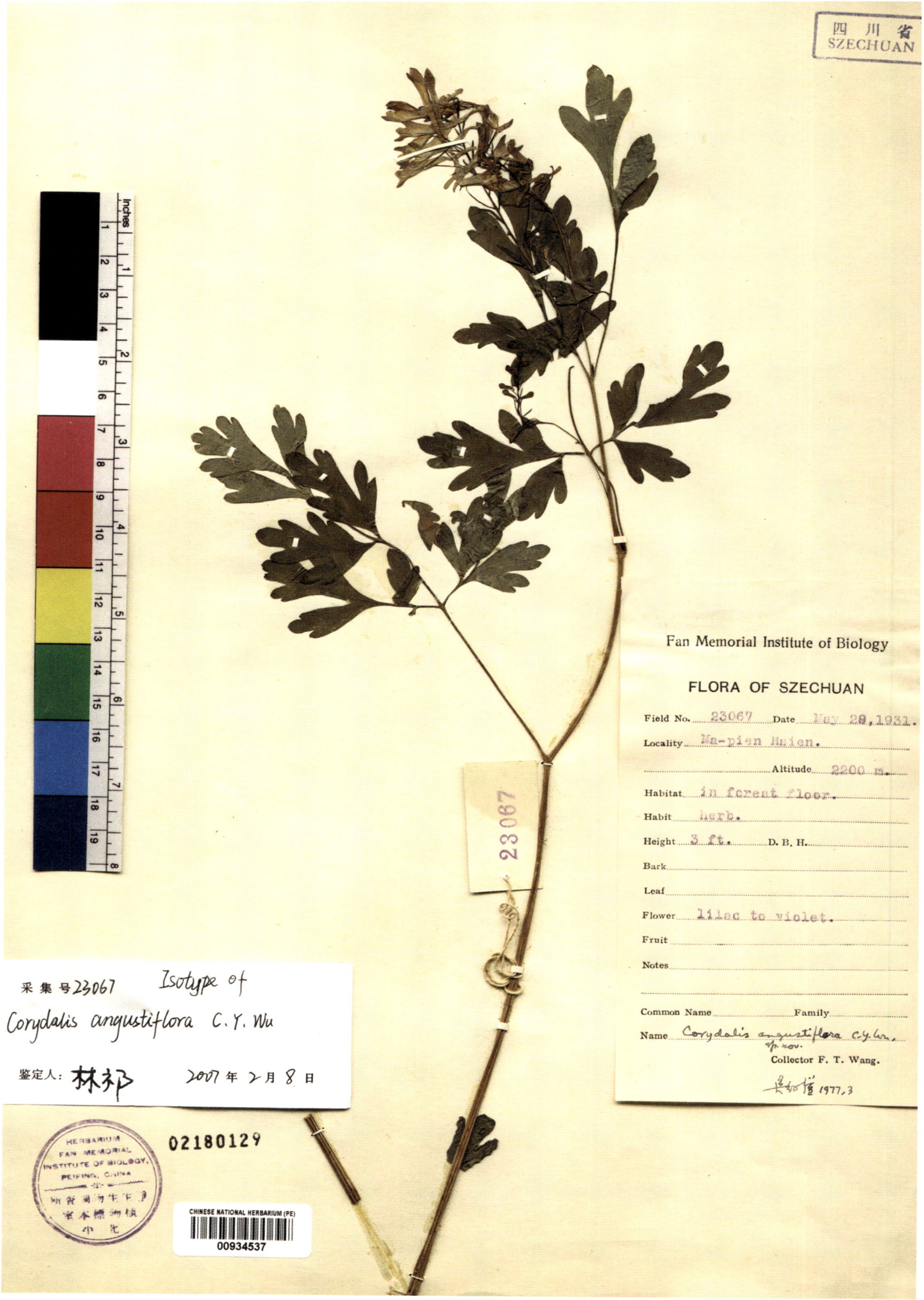

狭花紫堇 ***Corydalis angustiflora*** C. Y. Wu in Acta Bot. Yunnan. 12(4): 384, f. 2. 1990. **Isotype**: China. Sichuan: Mabian, alt. 2 200 m, 1931-05-28, F. T. Wang 23067.

鳞叶紫堇 ***Corydalis bulbifera*** C. Y. Wu in Acta Bot. Yunnan. 4(1): 10, f. 2. 1982. **Isotype:** China. Xizang: Zogang, alt. 5 100 m, 1976-07-03, Qinghai- Xizang Exped. 12174.

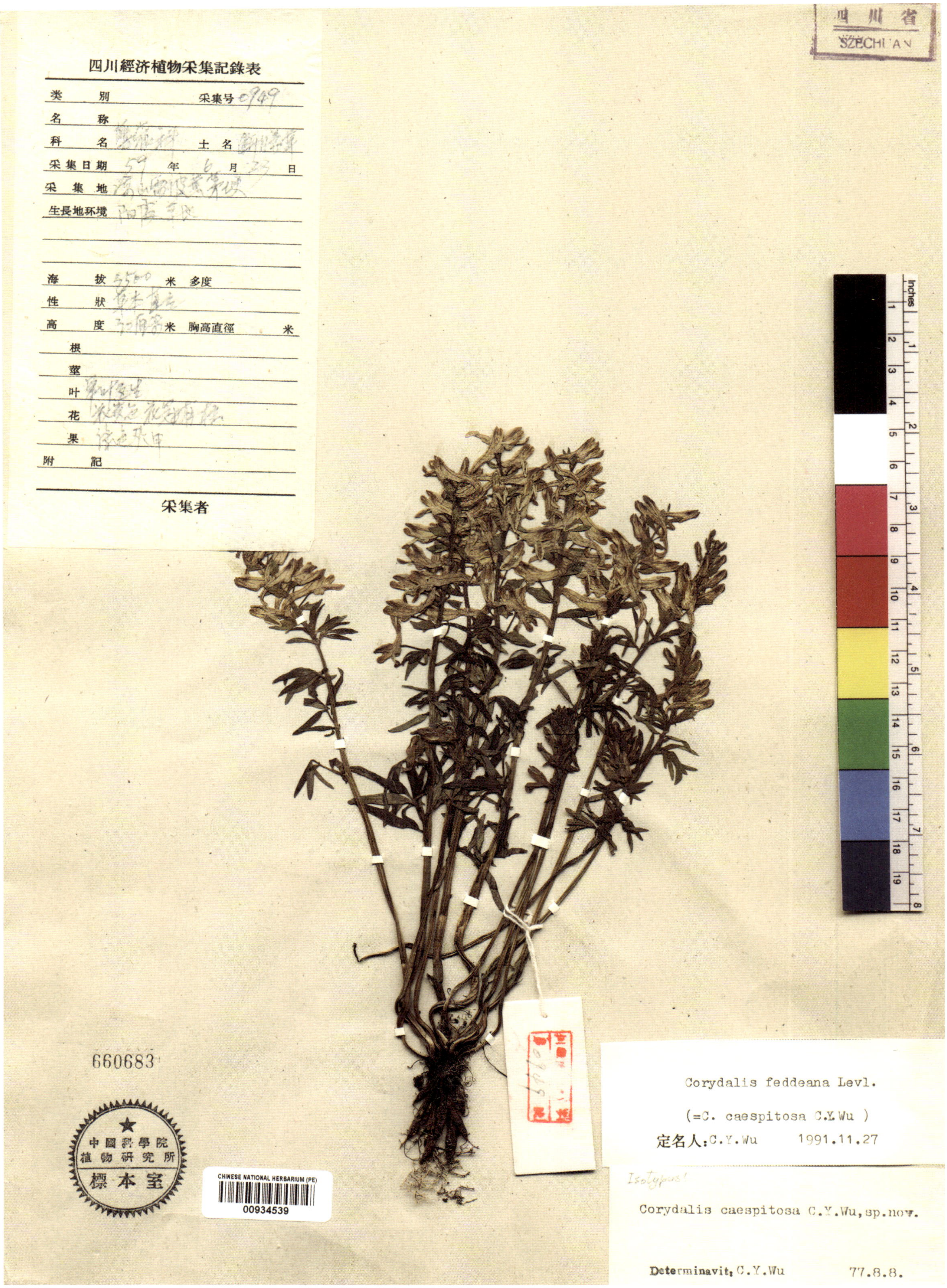

丛生黄堇 ***Corydalis caespitosa*** C. Y. Wu in Acta Bot. Yunnan. 6(3): 253, f. 6: 1-2. 1984. **Isotype:** China. Sichuan: Leibo, alt. 3 500 m, 1959-06-23, Sichuan Liangshan Econ, Pl. Exped. 0949.

显萼紫堇 ***Corydalis calycosa*** H. Chuang in Acta Bot. Yunnan. 13(2): 132, f. 4. 1991. **Holotype:** China. Sichuan: Baoxing , alt. 3 600 m, 1954-??-??, T. P. Soong 39027.

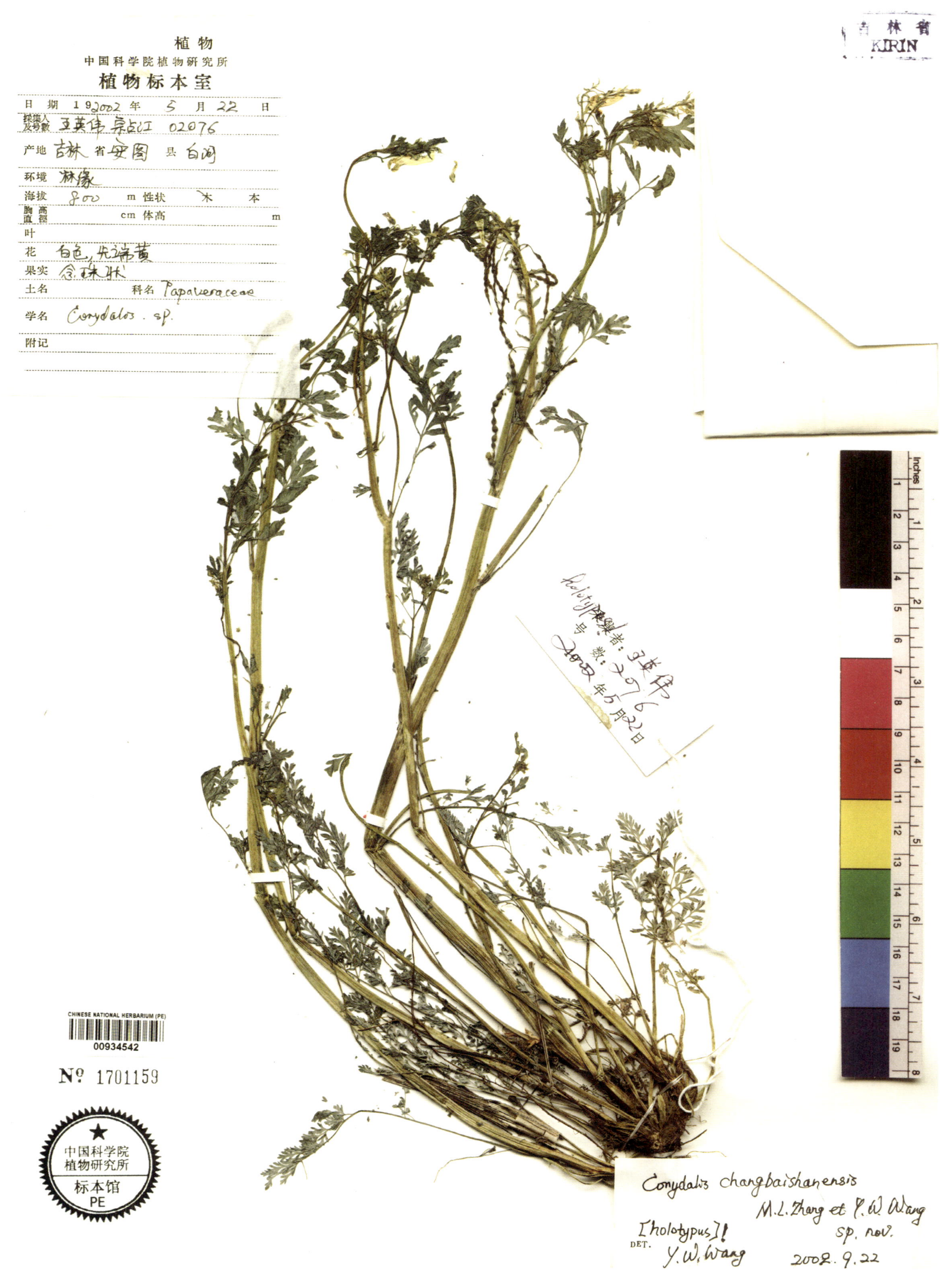

长白山黄堇 ***Corydalis changbaishanensis*** M. L. Zhang & Y. W. Wang in Bull. Bot. Res., Harbin 23(4): 385. 2003.
Holotype: China. Jilin: Antu, alt. 800 m, 2002-05-22, Y. W. Wang & Z. J. Zong 02076.

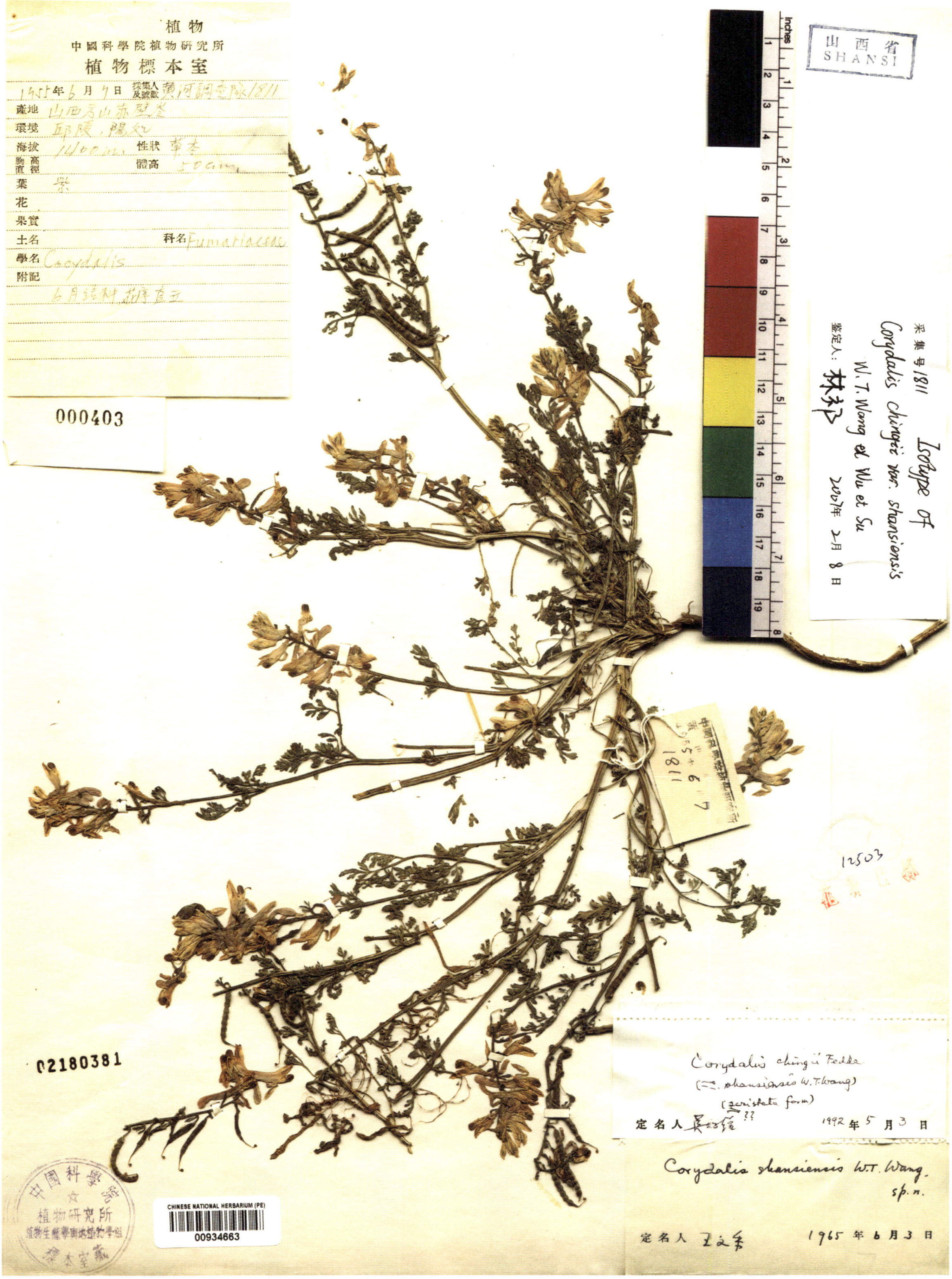

大花甘肃紫堇 ***Corydalis chingii*** Fedde var. ***shansiensis*** W. T. Wang ex C. Y. Wu & Z. Y Su, Fl. Reip. Pop. Sin. 32:300, 544, pl. 67:1-6. 1999. **Isotype:** China. Shanxi: Fangshan, alt. 1 400 m, 1955-06-07, Yellow River Expec. 1811.

斑花黄堇 ***Corydalis conspersa*** Maxim., Fl. Tangut. 42, t. 25, f. 1-6. 1889. **Isotype:** China. Xizang: NE Xizang, Precise locality not known, 1884-06-(08~20), N. M. Przewalski s. n.

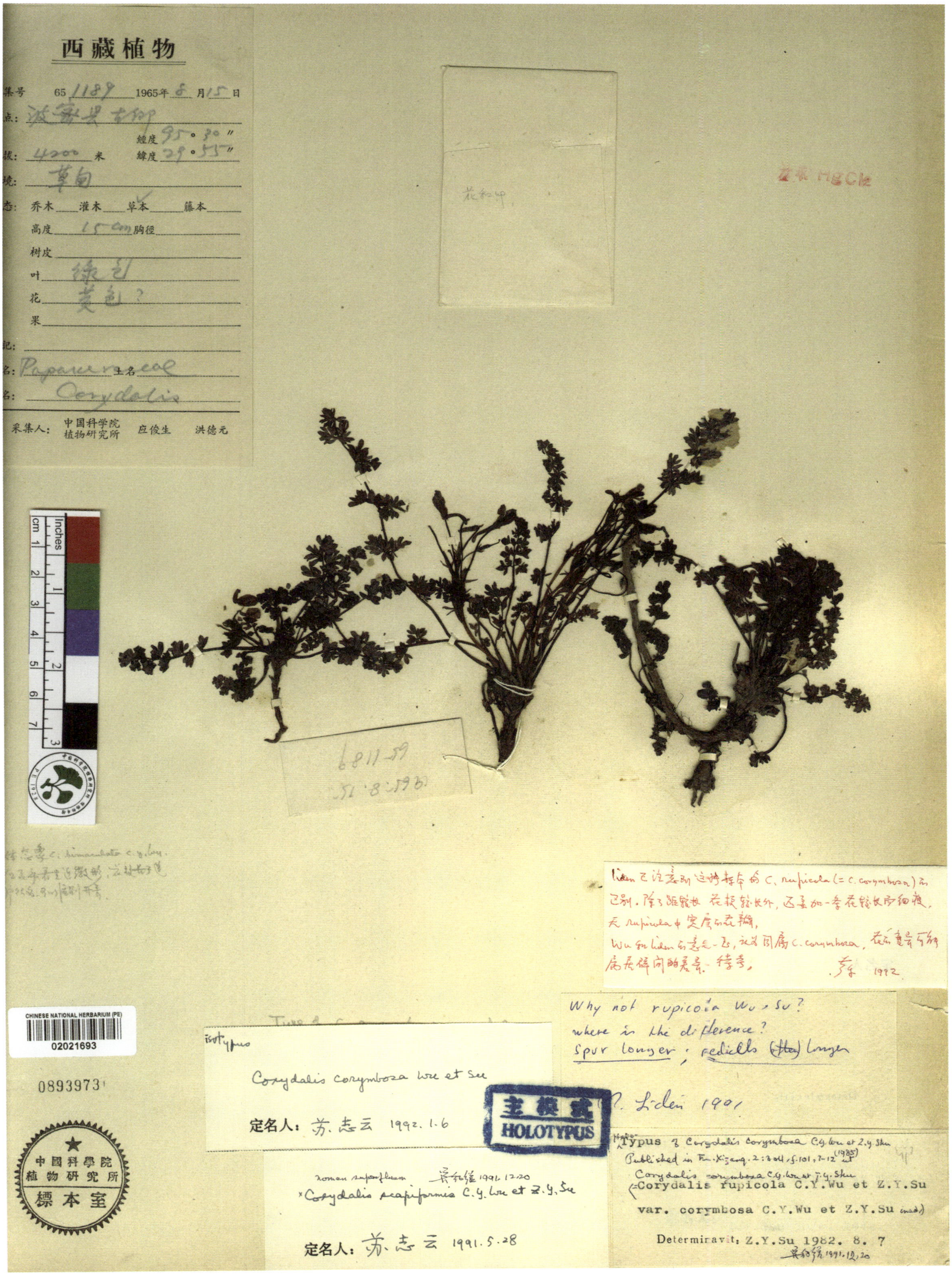

伞房黄堇 *Corydalis corymbosa* C. Y. Wu & T. Y. Shu, Fl. Xizang. 2: 304, f. 101: 7-12. 1985. **Holotype:** China. Xizang: Bomi, alt. 4 000 m, 1965-08-15, T. S. Ying & D. Y. Hong 651189.

鸡冠黄堇 ***Corydalis crista-galli*** Maxim., Fl. Tangut. 47. t. 25, f. 26-31. 1889. **Isotype:** China. Qinghai: Kongqiongqu, alt. 3 965~4 270 m, 1884-06-(18~30), N. M. Przewalski s. n.

具冠黄堇 ***Corydalis cristata*** Maxim. in Acta Hort. Petrop. 11: 47. 1890. **Isotype:** China. Sichuan: N Sichuan, Sü-ye-shan, 1885-08-11, G. N. Potanin s. n.

曲花紫堇 ***Corydalis curviflora*** Maxim. ex Hemsl. in J. Linn. Soc., Bot. 23: 37. 1886. **Lectotype** (designated here): China. Qinghai: Datong, 1885-05-23, N. M. Przewalski s. n.

大金紫堇 ***Corydalis dajingensis*** C. Y. Wu & T. Y. Shu in Acta Bot Yunnan. 4(1): 4, f. 1: 1-7. 1982. **Isotype:** China. Sichuan: Dajin, alt. 4 100 m, 1958-06-23, H. Li 77858.

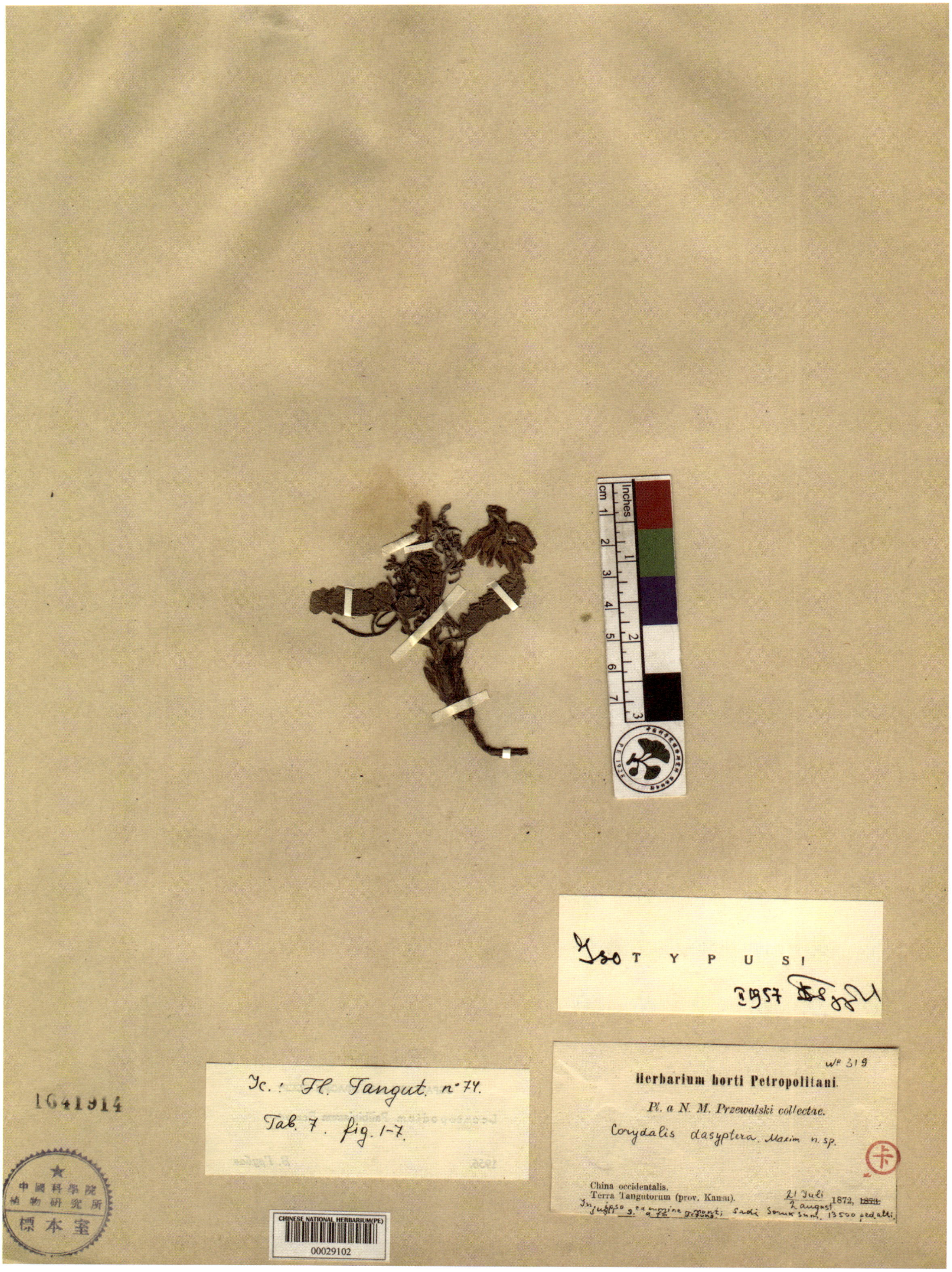

迭裂黄堇 ***Corydalis dasyptera*** Maxim. in Bull. Acad. Sci. St.-Petersb. 24: 28. 1877. **Isotype:** China. Qinghai: Ando, alt. 4 118 m, 1872-07-21, N. M. Przewalski 319.

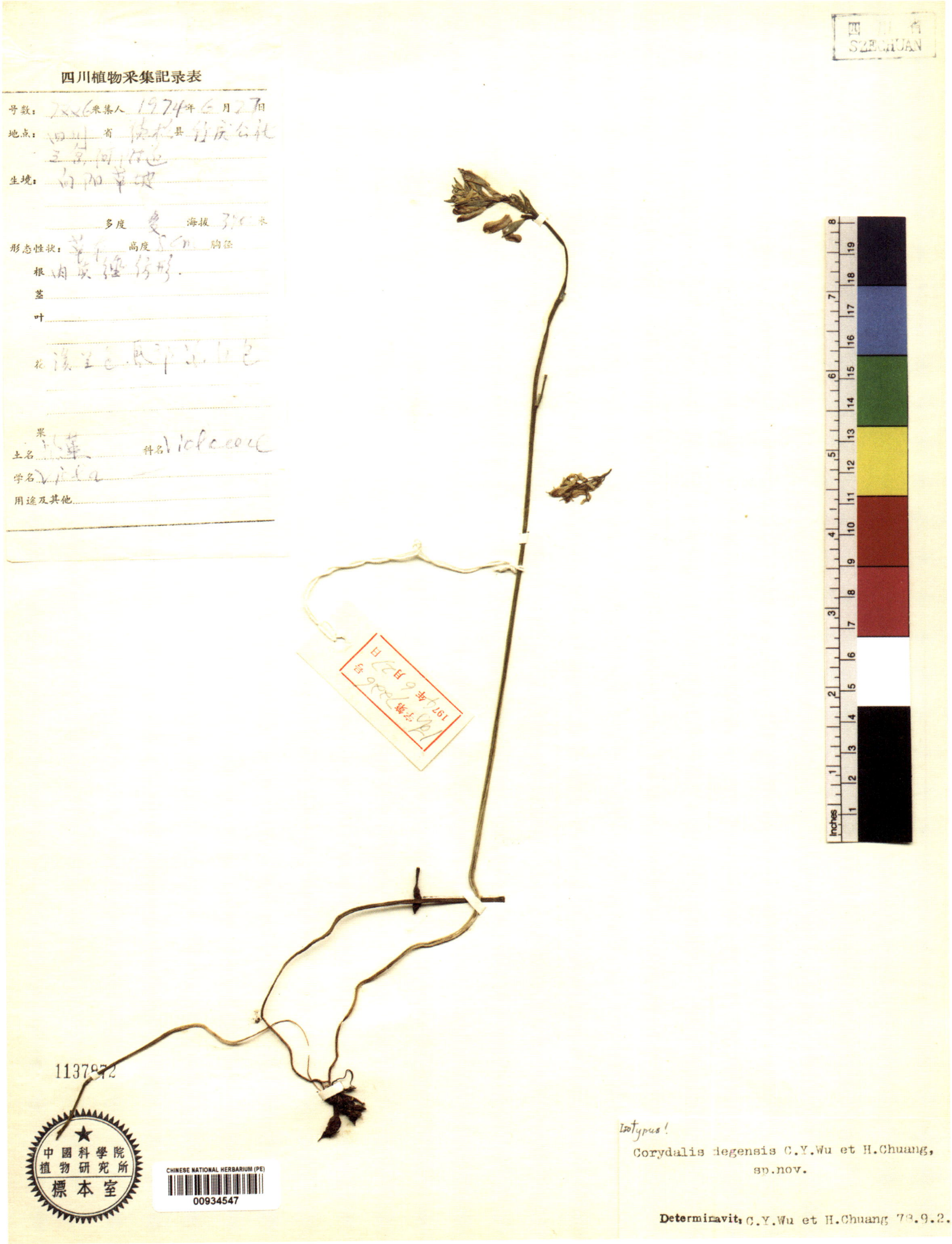

德格紫堇 ***Corydalis degensis*** C. Y. Wu & H. Chuang in Acta Bot. Yunnan. 6(3): 255. f. 7: 1-4. 1984. **Isotype:** China. Sichuan: Dêgê, alt. 3 900 m, 1974-06-27, Anonymous 7226.

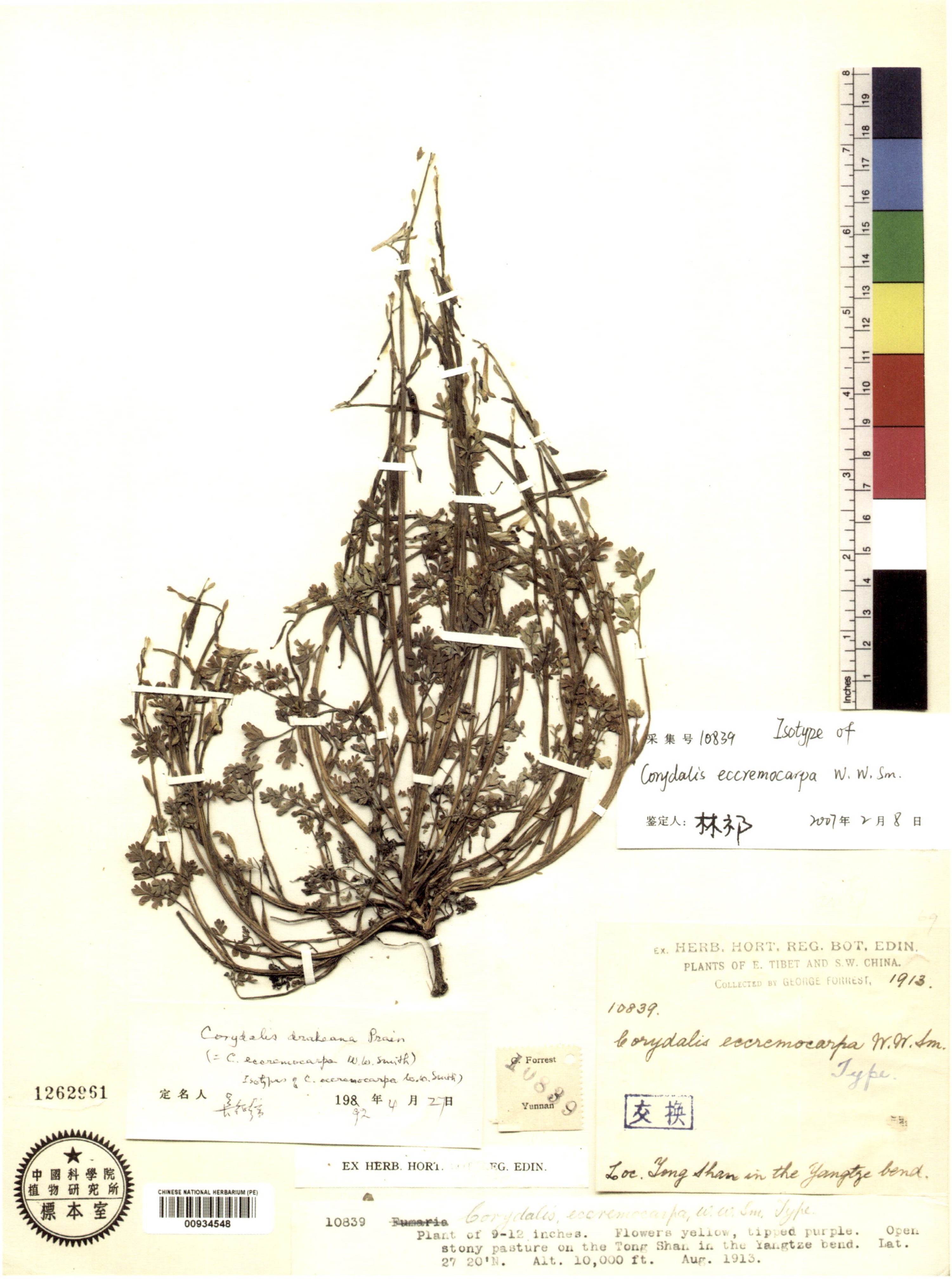

悬果紫堇 ***Corydalis eccremocarpa*** W. W. Smith in Notes Roy. Bot. Gard. Edinburgh 9(42): 99. 1916. **Isotype:** China. Yunnan: Gongshan, alt. 3 050 m, 1913-08-??, G. Forrest 10839.

紫堇 ***Corydalis edulis*** Maxim. in Bull. Acad. Sci. St.-Petersb. 24: 30. 1877. **Isotype:** China. Shaanxi: Hanshui, 1875-02-27, Piasezki s. n.

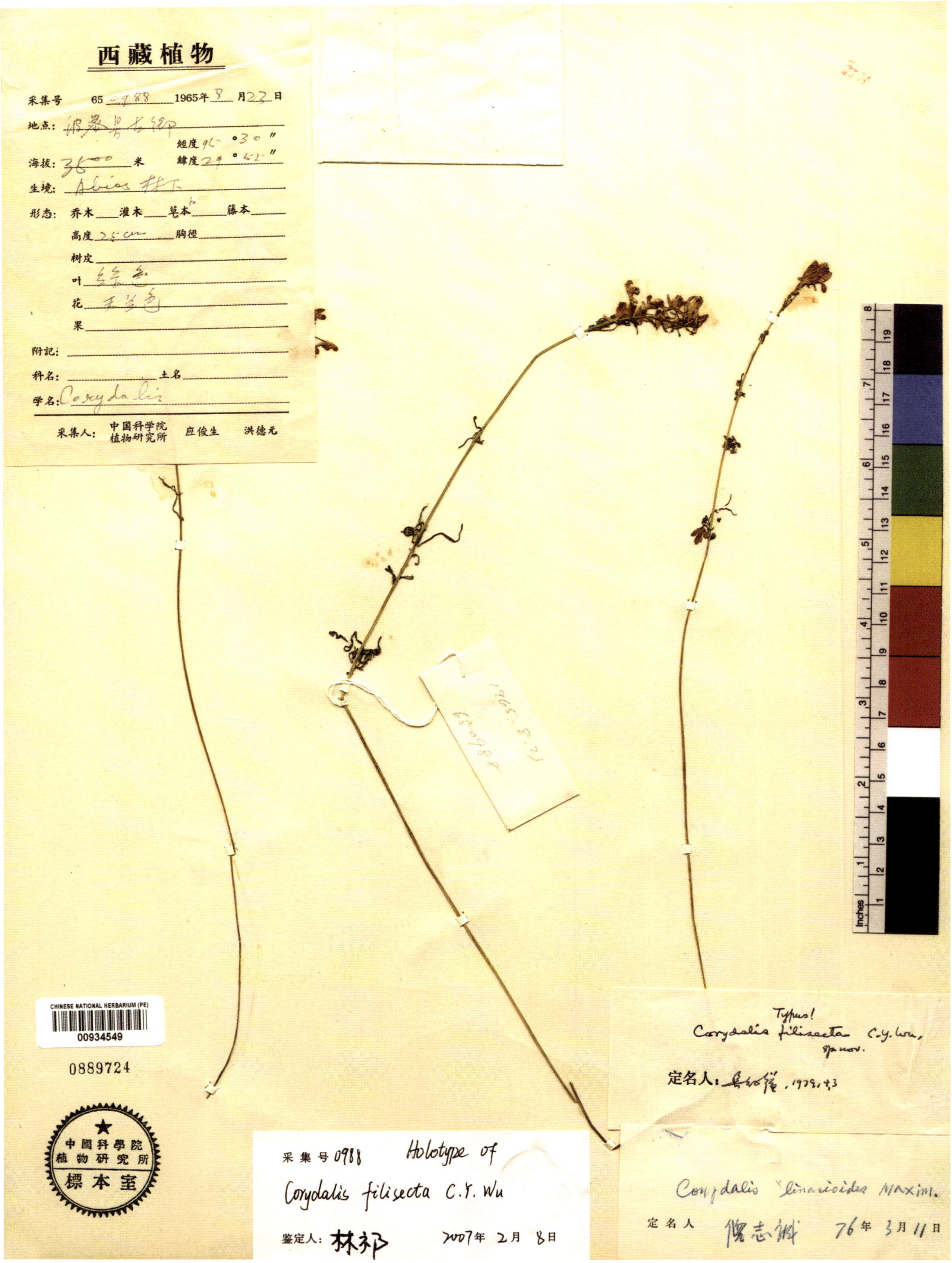

丝叶紫堇 ***Corydalis filisecta*** C. Y. Wu in Acta Bot. Yunnan. 6(3): 248, f. 3: 3-4. 1984. **Holotype:** China. Xizang: Bomi, alt. 3 800 m, 1965-08-23, T. S. Ying & D. Y. Hong 65-988.

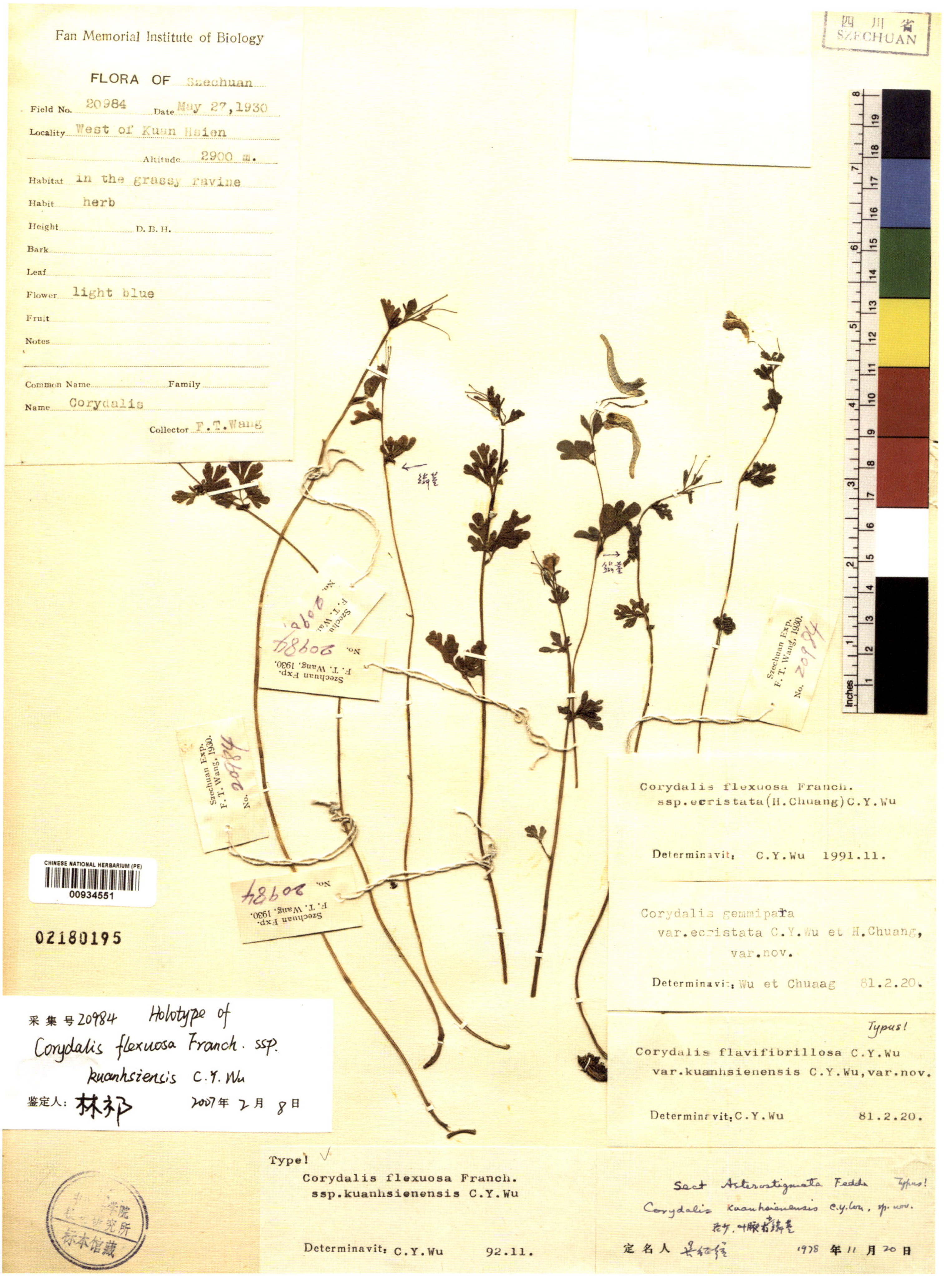

灌县紫堇 ***Corydalis flexuosa*** Franch. subsp. ***kuanhsiensis*** C. Y. Wu in Acta Bot. Yunnan. 18(4): 400. 1996. **Holotype:** China. Sichuan: Dujiangyan, alt. 2 900 m, 1930-05-27, F. T. Wang 20984.

小花穆坪紫堇 ***Corydalis flexuosa*** Franch. var. ***microflora*** C. Y. Wu & H. Chuang in Acta Bot. Yunnan. 13(2): 132. 1991. **Holotype:** China. Sichuan: Shimian, 1955-??-??, C. C. Hsieh 41235.

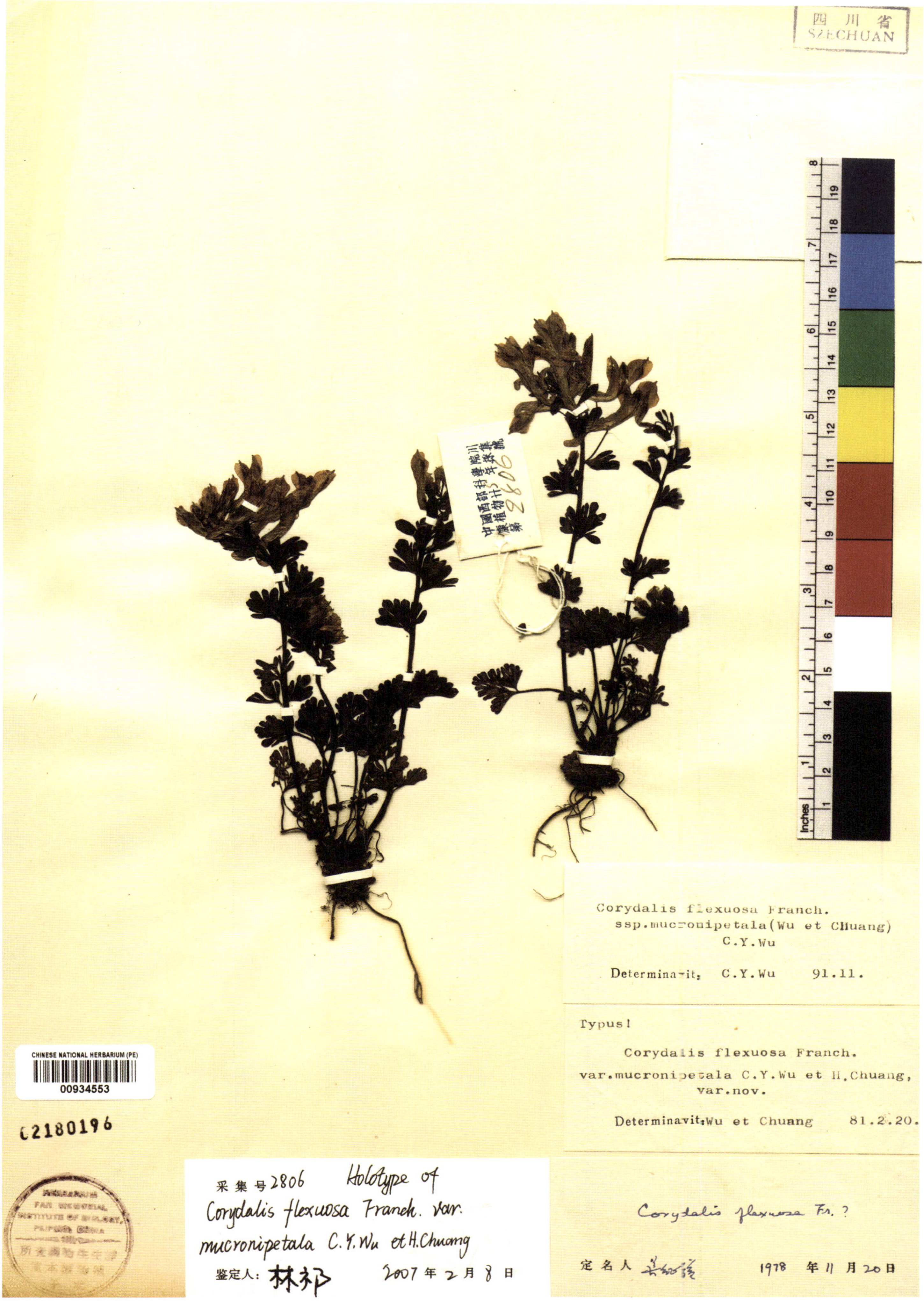

尖突穆坪紫堇 ***Corydalis flexuosa*** Franch.var. ***mucronipetala*** C. Y. Wu & H. Chuang in Acta Bot. Yunnan. 13(2): 132. 1991. **Holotype:** China. Sichuan: Tianquan, 1936-??-??, K. L.Chu 2806.

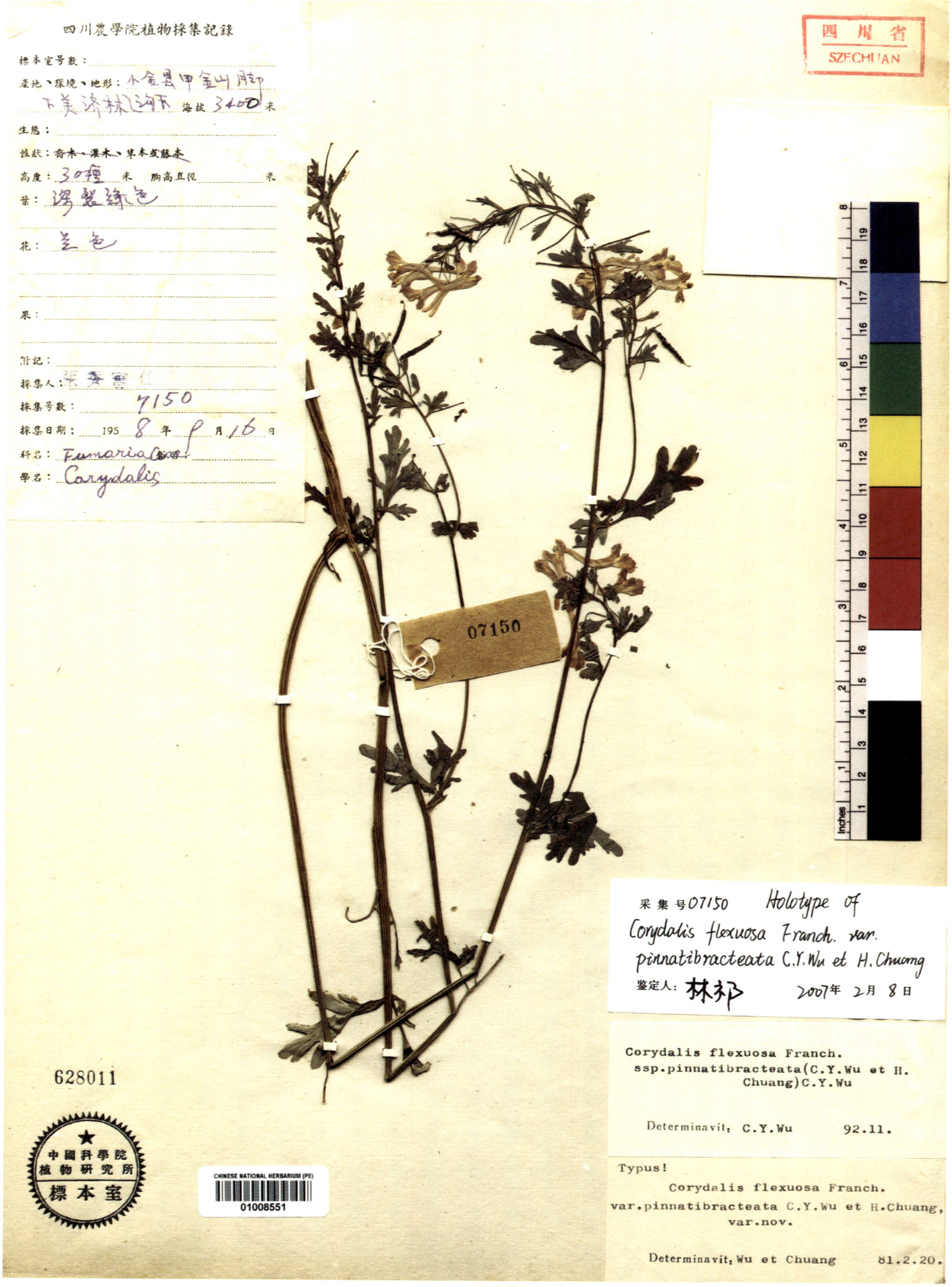

羽苞穆坪紫堇*Corydalis flexuosa* Franch. var. ***pinnatibracteata*** C. Y. Wu & H. Chuang in Acta Bot. Yunnan. 13(2): 131. 1991. **Holotype:** China. Sichuan: Xiaojin, alt. 3 400 m, 1958-09-16, X. S. Chang & al. 7150.

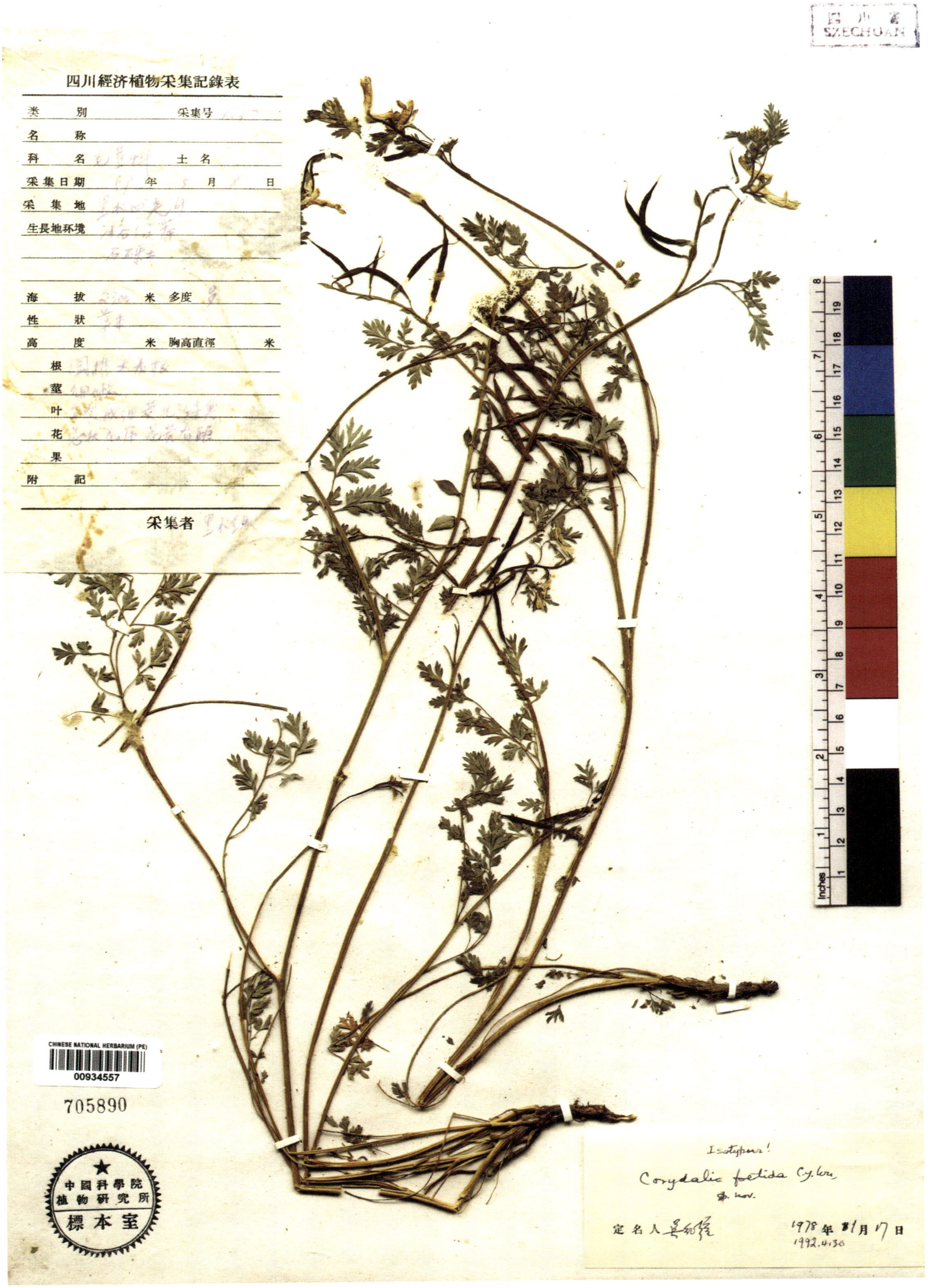

臭黄堇 ***Corydalis foetida*** C. Y. Wu & Z. Y. Su ex Z. Y. Su in Acta Bot. Yunnan. 9(1): 39, f. 1: 1-7. 1987. **Isotype:** China. Sichuan: Heishui, alt. 2 300 m, 1959-05-08, Sichuan Exped. 1077.

显芽紫堇*Corydalis gemmipara* H. Chuang in Acta Bot. Yunnan. 13(2): 126, f. 2. 1991. **Isotype:** China. Sichuan: Baoxing, alt. 2 750 m, 1954-05-28, Z. P. Soong 38268.

毛被黄堇 ***Corydalis hebephylla*** C. Y. Wu & Z. Y. Su in Acta Bot. Yunnan. 11(3): 312, f. 2: 7-12. 1989. **Isotype:** China. Sichuan: Dajin (= Jinchuan), alt. 4 400 m, 1958-08-05, H. Li 78342.

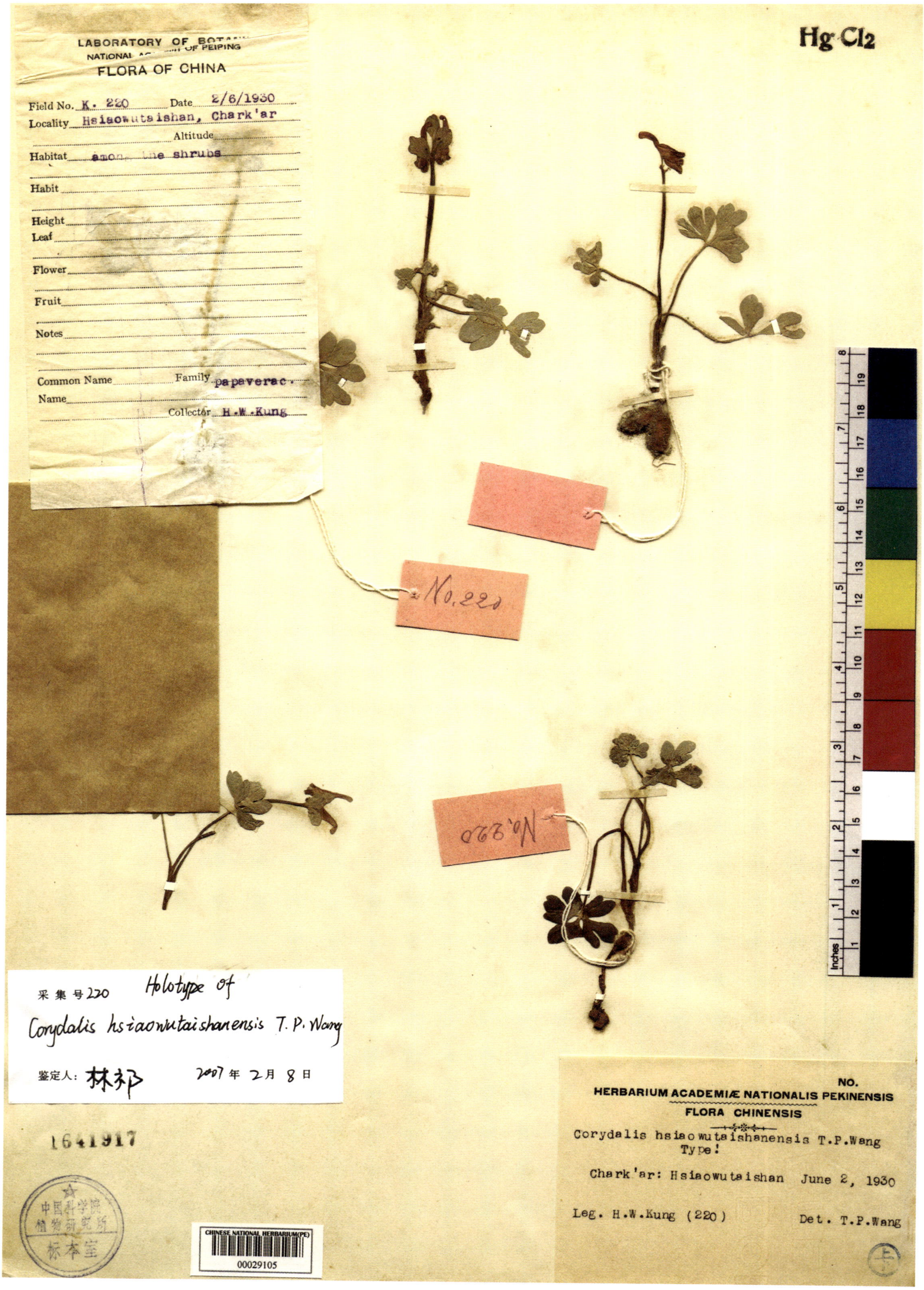

五台山延胡索*Corydalis hsiaowutaishanensis* T. P. Wang in Contr. Inst. Bot. Nat. Acad. Peiping 2: 301. 1934. **Holotype:** China. Hebei: Yu Xian, alt. 2 000 m, 1930-06-02, H. W. Kung 220.

凯里紫堇 ***Corydalis kailiensis*** Z. Y Su in Acta Bot. Yunnan. 15(4): 357, f. 3. 1993. **Isotype**: China. Guizhou: Kaili, 1959-04-26, S Guizhou Exped. 571.

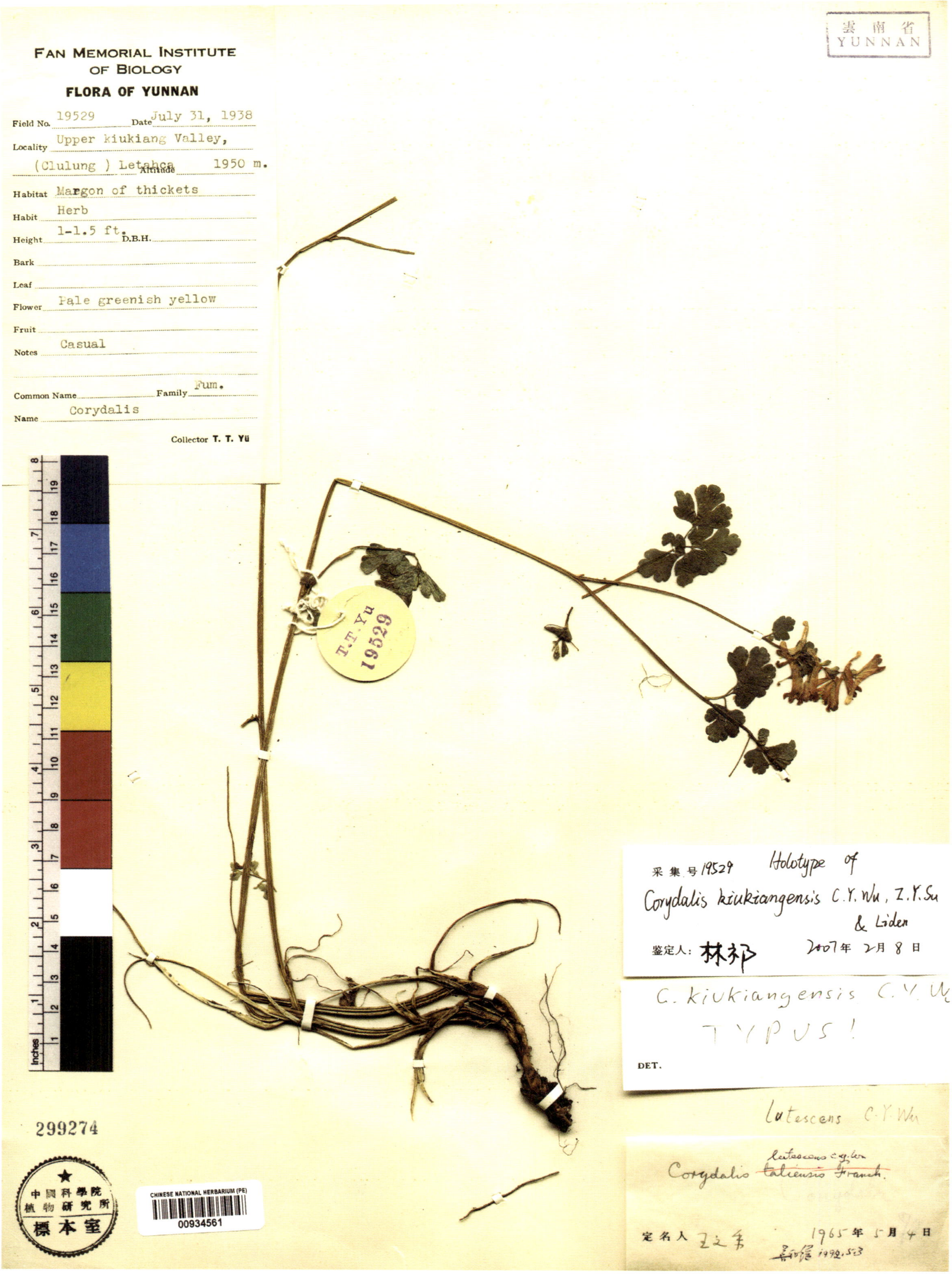

俅江紫堇*Corydalis kiukiangensis* C. Y. Wu，Z. Y. Su & Liden in Edinburgh J. Bot. 54(1):67, f. 6c. 1997. **Holotype:** China. Yunnan: Upper Kiukiang Valley, alt. 1 950 m, 1938-07-31, T. T. Yu 19529.

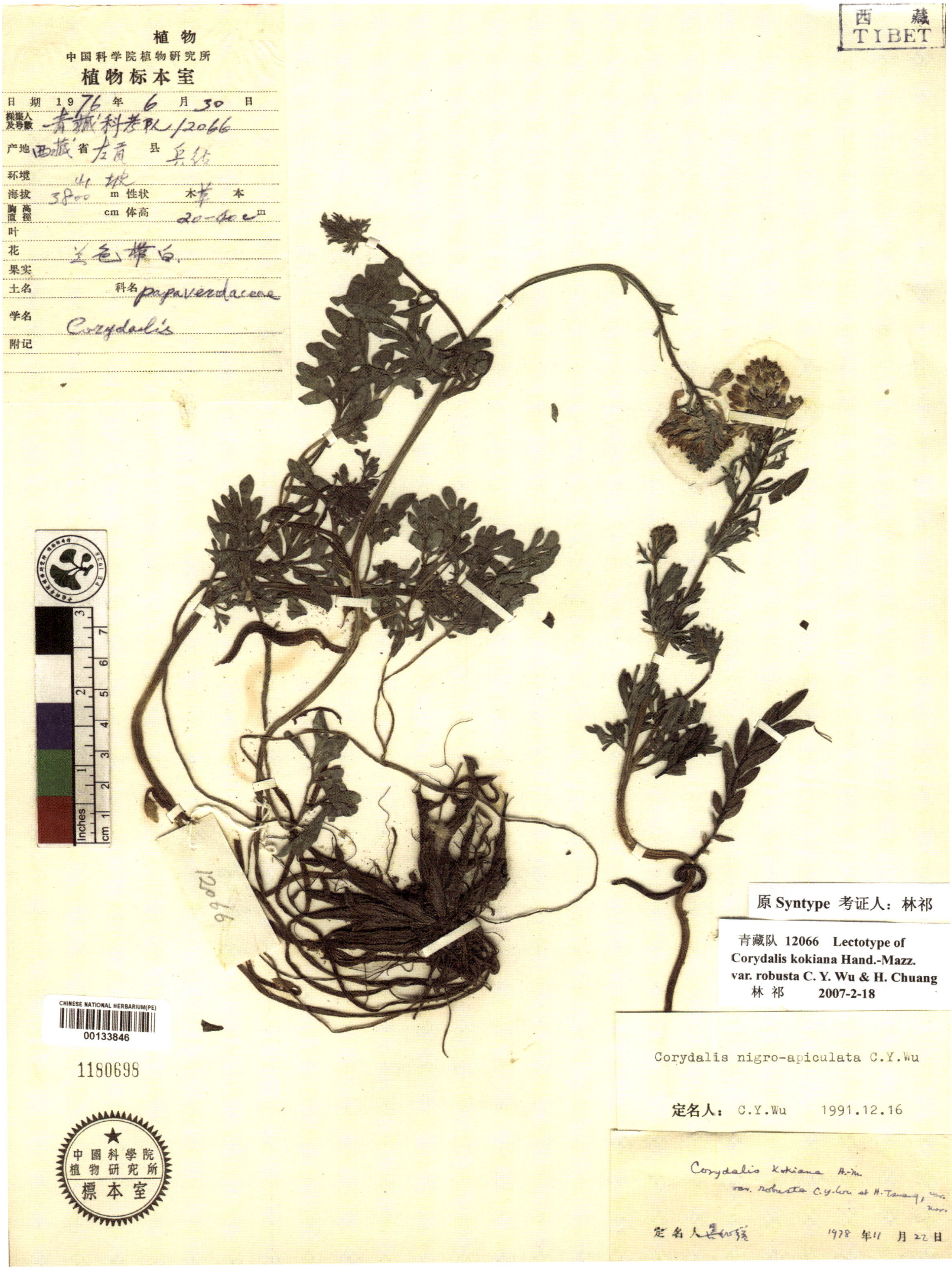

粗壮狭距紫堇 ***Corydalis kokiana*** Hand.-Mazz. var. ***robusta*** C. Y. Wu & H. Chuang in Acta Bot. Yunnan. 5(3): 243. 1983. **Lectotype** (designated by Q. Lin & al. in Acta Bot. Boreal.-Occident. Sin. 27: 1251. 2007): China. Xizang: Zogang, alt. 3 800 m, 1976-06-30, Qinghai-Xizang Exped. 12066.

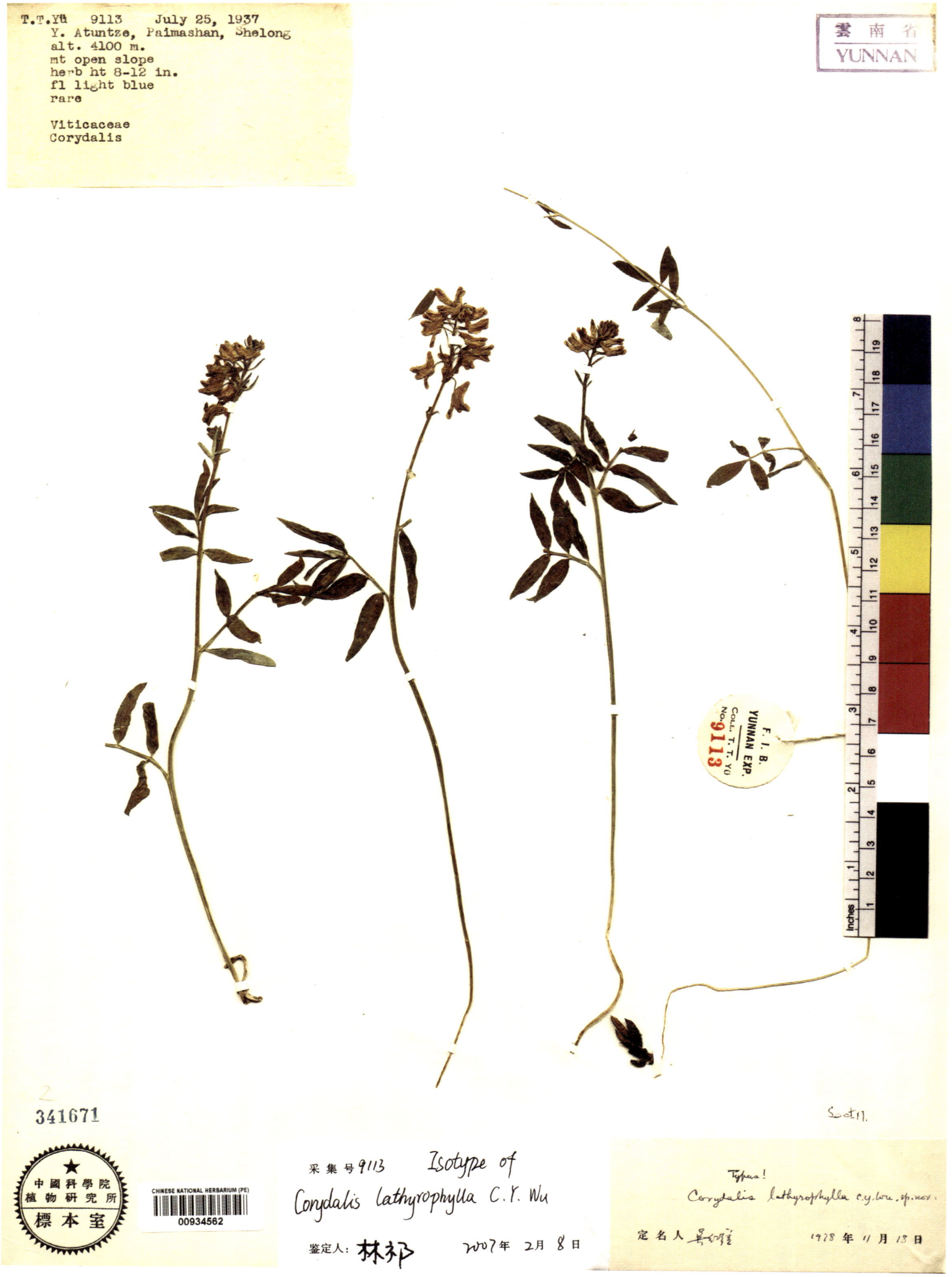

长冠紫堇*Corydalis lathyrophylla* C. Y. Wu in Acta Bot. Yunnan. 6(3): 254, f. 6: 3-4. 1984. **Isotype:** China. Yunnan: Dêqên, alt. 4 100 m, 1937-07-25, T. T. Yu 9113.

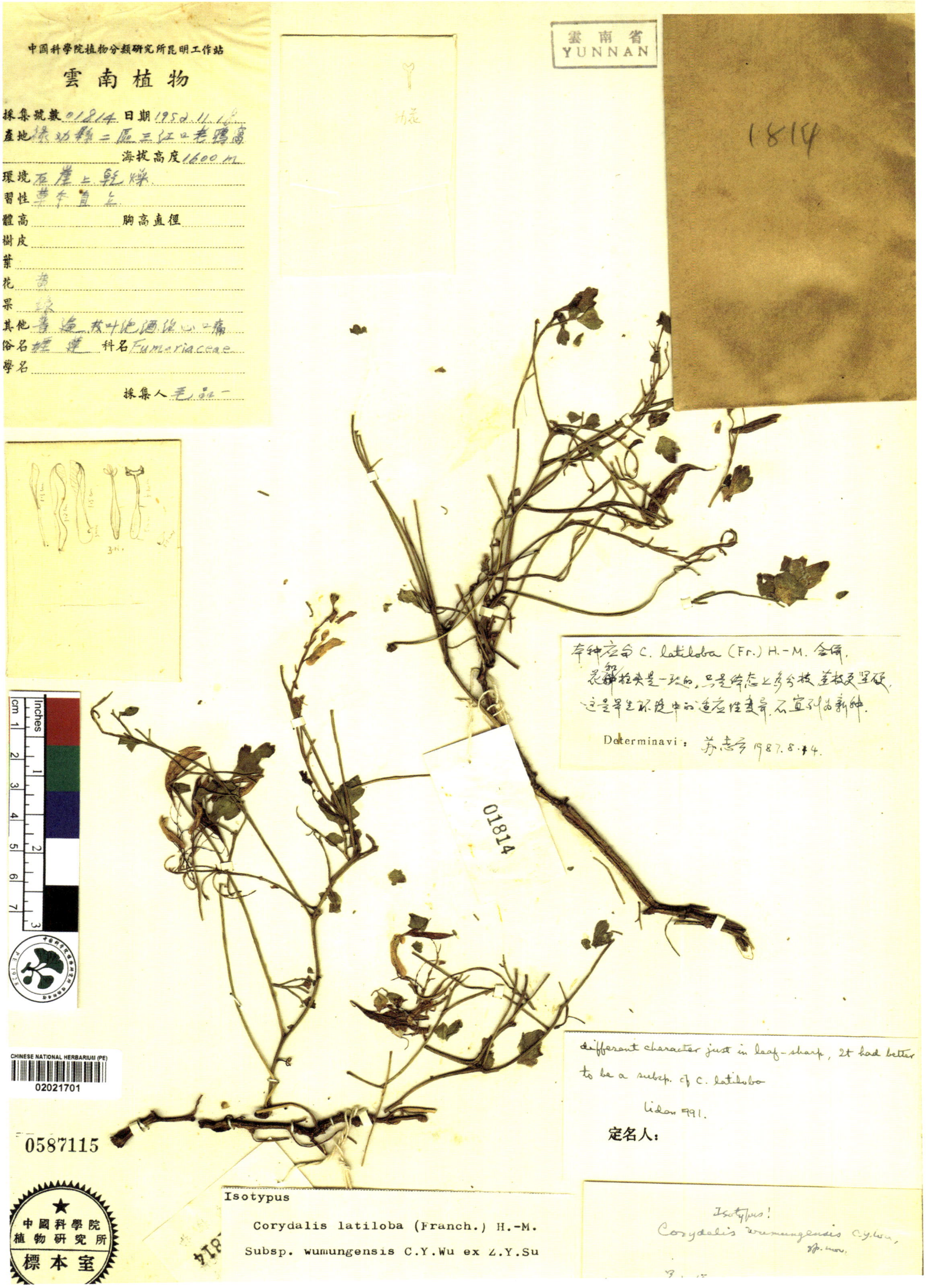

乌蒙黄堇 ***Corydalis latiloba*** (Franch.) Hand.-Mazz. var. ***wumungensis*** C. Y. Wu & Z. Y. Su in Acta Bot. Yunnan.19(3):234,f.8:1-7.1977. **Isotype**: China. Yunnan: Luquan, alt. 1 600 m, 1952-11-18, F. I Mao 01814.

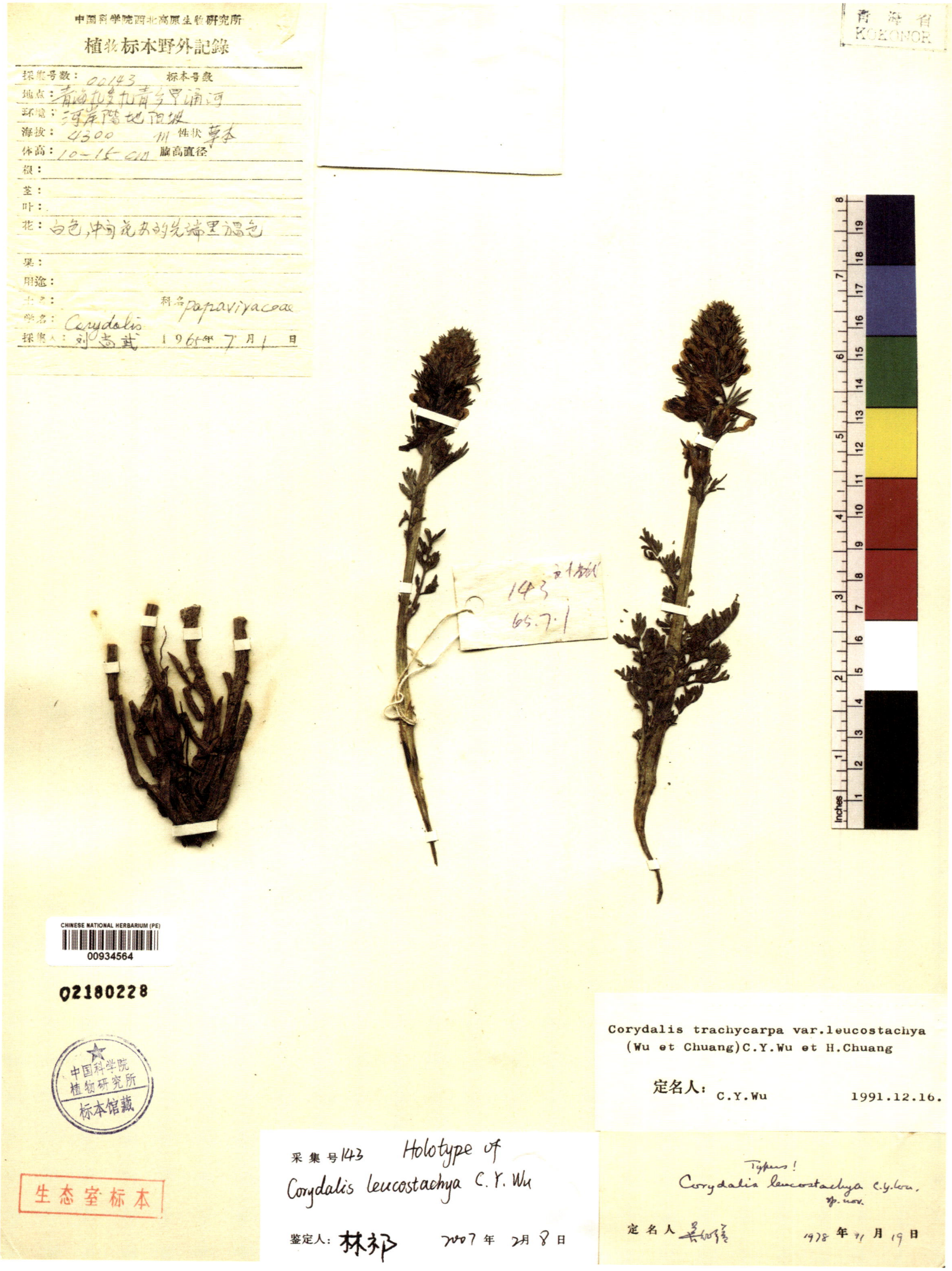

白穗紫堇*Corydalis leucostachya* C. Y. Wu in Acta Bot. Yunnan. 5(3): 242, f. 1: 5-6. 1983. **Holotype:** China. Qinghai: Zadoi, alt. 4 300 m, 1965-07-01, S. W. Liu 143.

洛隆紫堇***Corydalis lhorongensis*** C. Y. Wu & H. Chuang in Acta Bot. Yunnan. 5(3): 245, f. 2: 3-8. 1983. **Holotype:** China. Xizang: Luolong, alt. 4 390 m, 1976-07-10, Qinghai-Xizang Veg. Exped. 9030.

条裂黄堇*Corydalis linarioides* Maxim. in Mél. Biol. Acad. Sci. St.-Petersb. 10: 45. 1887. **Isotype:** China. Qinghai: Datong, 1872-07-(13～25), N. M. Przewalski 258.

小花条叶延胡索 ***Corydalis lineariloba*** Sieb. & Zucc. var. ***micrantha*** Ohwi in Acta Phytotax. Geobot. 11(4): 264. 1942. **Isotype:** China. Liaoning: Fushun, 1932-05-05, J. Sato 5185.

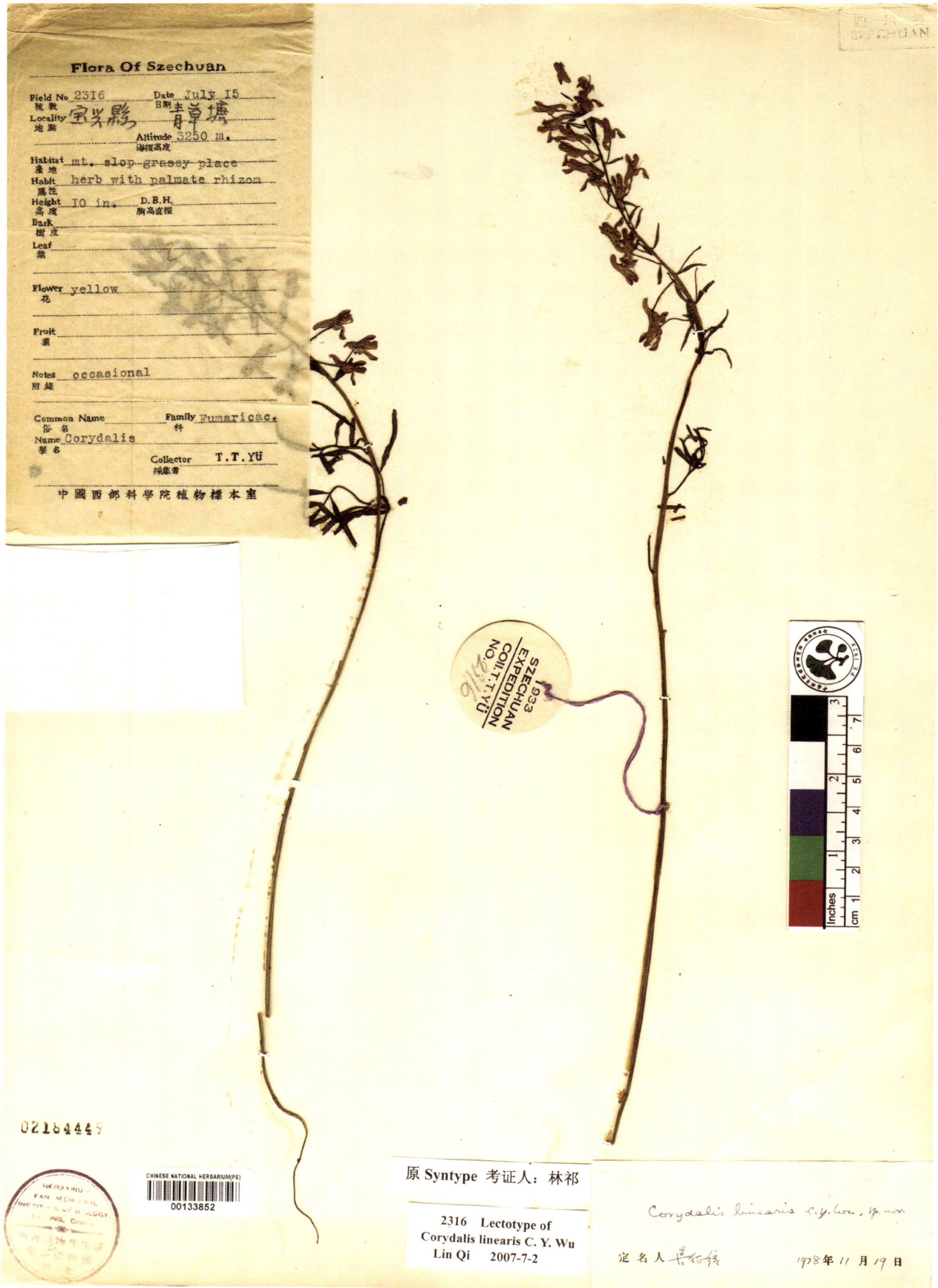

线叶紫堇 ***Corydalis linearis*** C. Y. Wu in Acta Bot. Yunnan. 6(3): 251, f. 5: 1-2. 1984. **Lectotype** (designated by H. L. Li & al. in Bull. Bot. Res., Harbin 28: 265. 2008): China. Sichuan: Baoxing, alt. 3 250 m, 1933-07-15, T. T. Yu 2316.

变根紫堇***Corydalis linstowiana*** Fedde in Repert. Spec. Nov. Regni Veg. 21: 50, t. 13. 1925. **Isotype:** China. Sichuan: Kangding, alt. 3 400 m, 1922-10-24, H. Smith 4879.

红花紫堇*Corydalis livida* Maxim., Fl. Tangut. 1: 49. 1889. **Lectotype**(designated here): China. Qinghai, Qinghai Lake, 1886-05-31, G. N. Potanin s. n.

多裂长距紫堇 ***Corydalis longicalcarata*** H. Chung & Z. Y. Su var. ***multipinnata*** Z. Y. Su in Acta Bot. Yunnan. 15(4): 357, f. 1: 6-8. 1993. **Holotype:** China. Sichuan: Shimian, 1955-??-??, C. C. Hsieh 41869.

无囊长距紫堇 ***Corydalis longicalcarata*** H. Chung & Z. Y. Su var. ***multipinnata*** Z. Y. Su in Acta Bot. Yunnan. 15(4): 357, f. 2. 1993. **Isotype:** China. Sichuan: Hongxi, 1959-08-01, Sichuan Econ. Pl. Exped. 1531.

冠状紫堇 ***Corydalis lophophora*** Lidén & Z. Y. Su in Novon 17(4): 495. 2007. **Holotype:** China. Qinghai: Maqên, alt. 3 800 m, 1993-07-27, T. N. Ho, B. Bartholomew & M. Gilbert 376.

喜湿紫堇 ***Corydalis madida*** Lidén & Z. Y. Su in Novon 17: 484. 2007. **Holotype:** China. Sichuan: Wenchuan, alt. 2 100 m, 2005-08-08, Y. W. Wang & M. Lidén 2005-1.

大花会泽紫堇*Corydalis mairei* Lévl. var. ***megalantha*** C. Y. Wu in Acta Bot. Yunnan. 13(2): 138. 1991. **Isotype:** China. Sichuan: Leibo, alt. 2 800 m, 1959-06-11, Sichuan (Liangshan) Econ. Pl. Exped. 0766.

无毛大花黄堇***Corydalis megalantha*** C. Y. Wu var. ***laevis*** C. Y. Wu & H. Chuang in Acta Bot. Yunnan. 6(3): 251. 1984. **Isotype:** China. Sichuan: Li Xian, 1952-??-??, Z. He & Z. L. Zhou 12645.

无冠细叶黄堇 ***Corydalis meifolia*** Wall. var. ***ecristata*** C. Y. Wu & T. Y. Shu, Fl. Xizang. 2: 312. 1985. **Holotype:** China. Xizang: Lhasa, alt. 4 800 m, 1965-08-18, Y. T. Chang & K. Y. Lang 1769.

暗绿紫堇***Corydalis melanochlora*** Maxim. in Mél. Biol. Bull. Acad. Imp. Sci. St.-Pétersb. 10: 43. 1877. **Isotype:** China. Qinghai: Datong, 1872-07-(19~31),N.M.Przewalski 314.

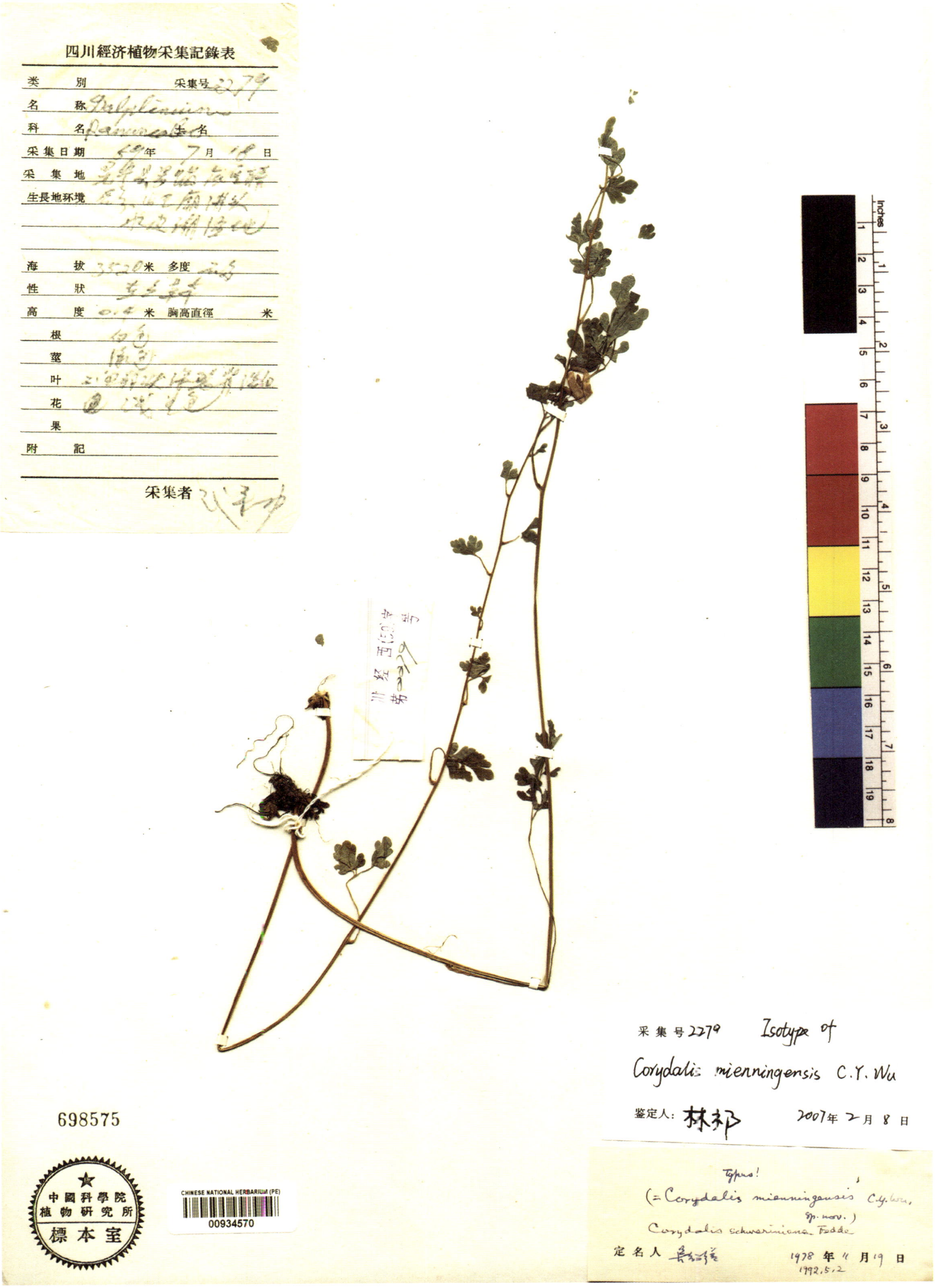

冕宁紫堇*Corydalis mienningensis* C. Y. Wu in Acta Bot. Yunnan. 13(2): 128, pl.3, f. 1-9. 1991. **Isotype:** China. Sichuan: Mianning, alt. 3 520 m, 1959-07-18, S. K. Wu 2279.

小花紫堇*Corydalis minutiflora* C. Y. Wu in Acta Bot. Yunnan. 6(3): 243, f. 2: 3-5. 1984. **Isotype:** China. Sichuan: Garzê, alt. 3 500 m, 1960-07-29, Sichuan (Traditional Chinese Medicine) Exped. 15231.

木里黄堇*Corydalis muliensis* C. Y. Wu & Z. Y. Su in Acta Bot. Yunnan. 8(4): 411, f. 1. 1986. **Isotype:** China. Sichuan: Muli, alt. 3 600 m, 1937-06-15, T. T. Yu 6273.

多裂紫堇*Corydalis multisecta* C. Y. Wu & H. Chuang in Acta Bot. Yunnan. 6(3): 241, f. 2: 1-2. 1984. **Isotype:** China. Yunnan: Weixi, alt. 3 200 m, 1940-06-13, K. M. Feng 4532.

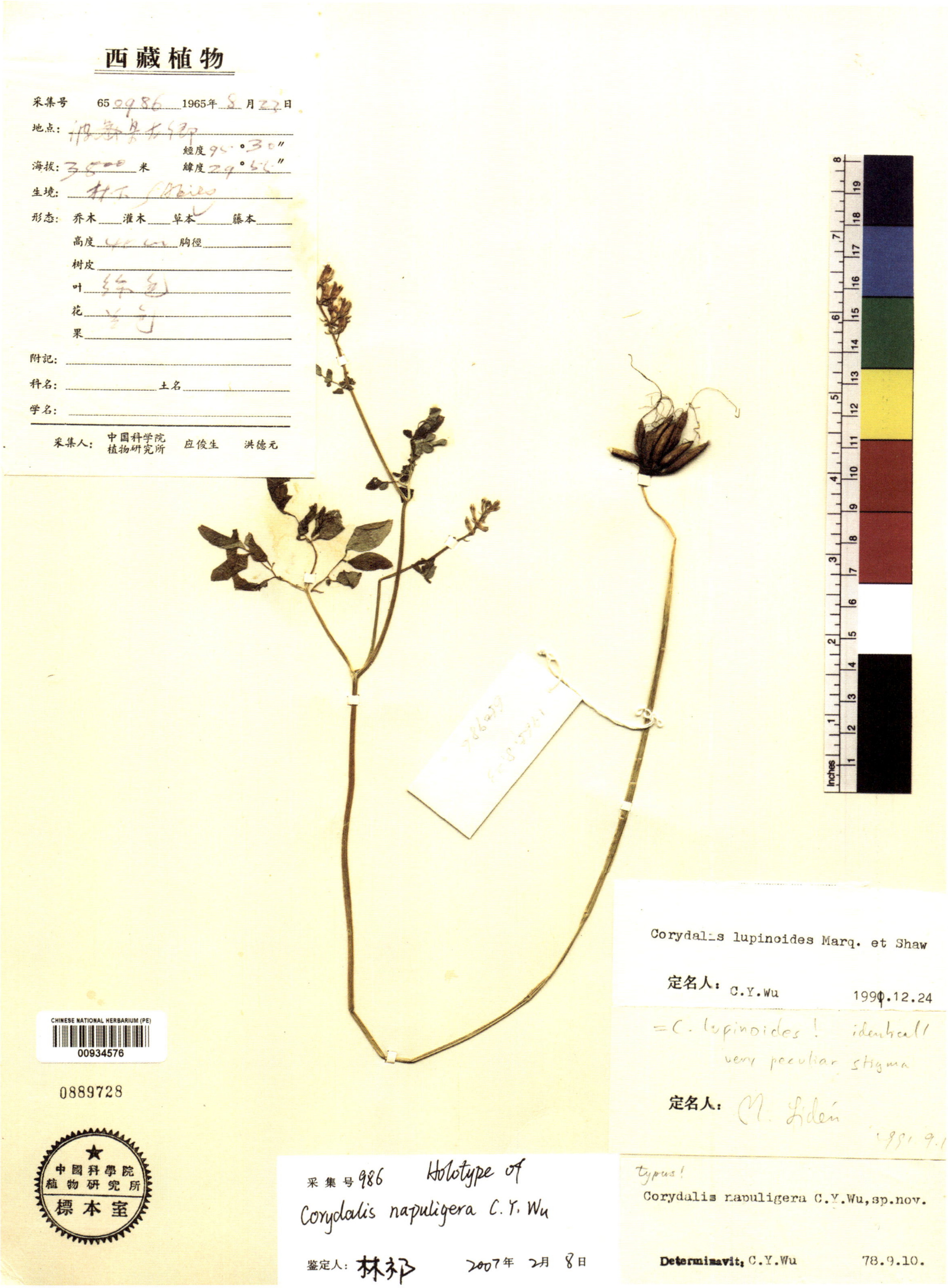

细花紫堇*Corydalis napuligera* C. Y. Wu in Acta Bot. Yunnan. 6(3): 240, f. 1: 4-6. 1984. **Holotype:** China. Xizang: Bomi, alt. 3 800 m, 1965-08-23, T. S. Ying & D. Y. Hong 986 .

林生紫堇*Corydalis nemoralis* C. Y. Wu & H. Chuang in Acta Bot. Yunnan. 5(3): 254, pl. 6, f. 7-8. 1983. **Holotype:** China. Xizang: Zayü, alt. 3 400 m, 1935-08-??, C. W. Wang 65835.

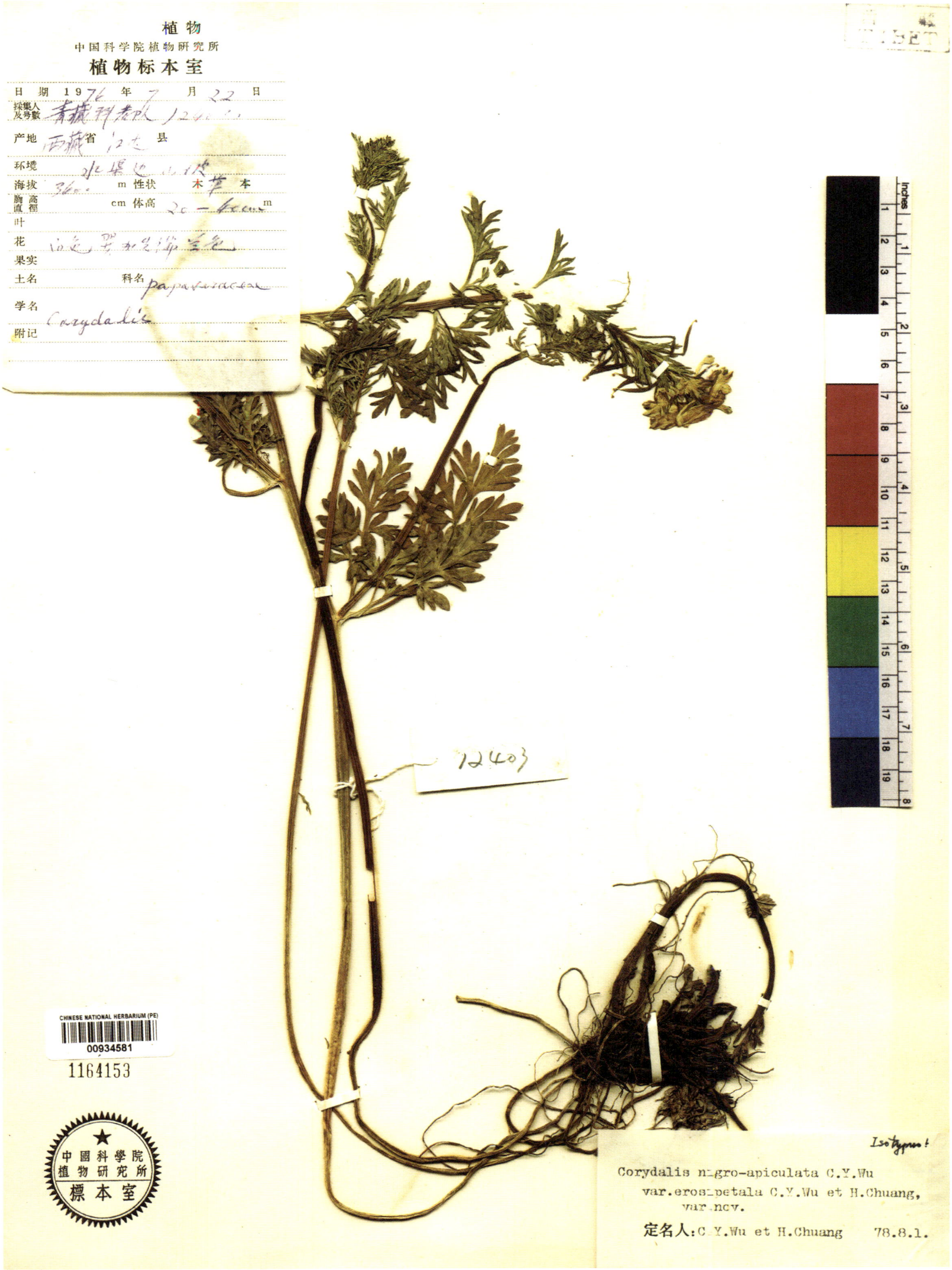

心瓣黑顶黄堇***Corydalis nigro-apiculata*** C. Y. Wu var. ***erosipetala*** C. Y. Wu & H. Chuang in Acta Bot. Yunnan. 5（3): 247, f. 3: 3-4. 1983. **Isotype:** China. Xizang: Jomda, alt. 3 600 m, 1976-07-22, Qinghai-Xizang Exped. 12403.

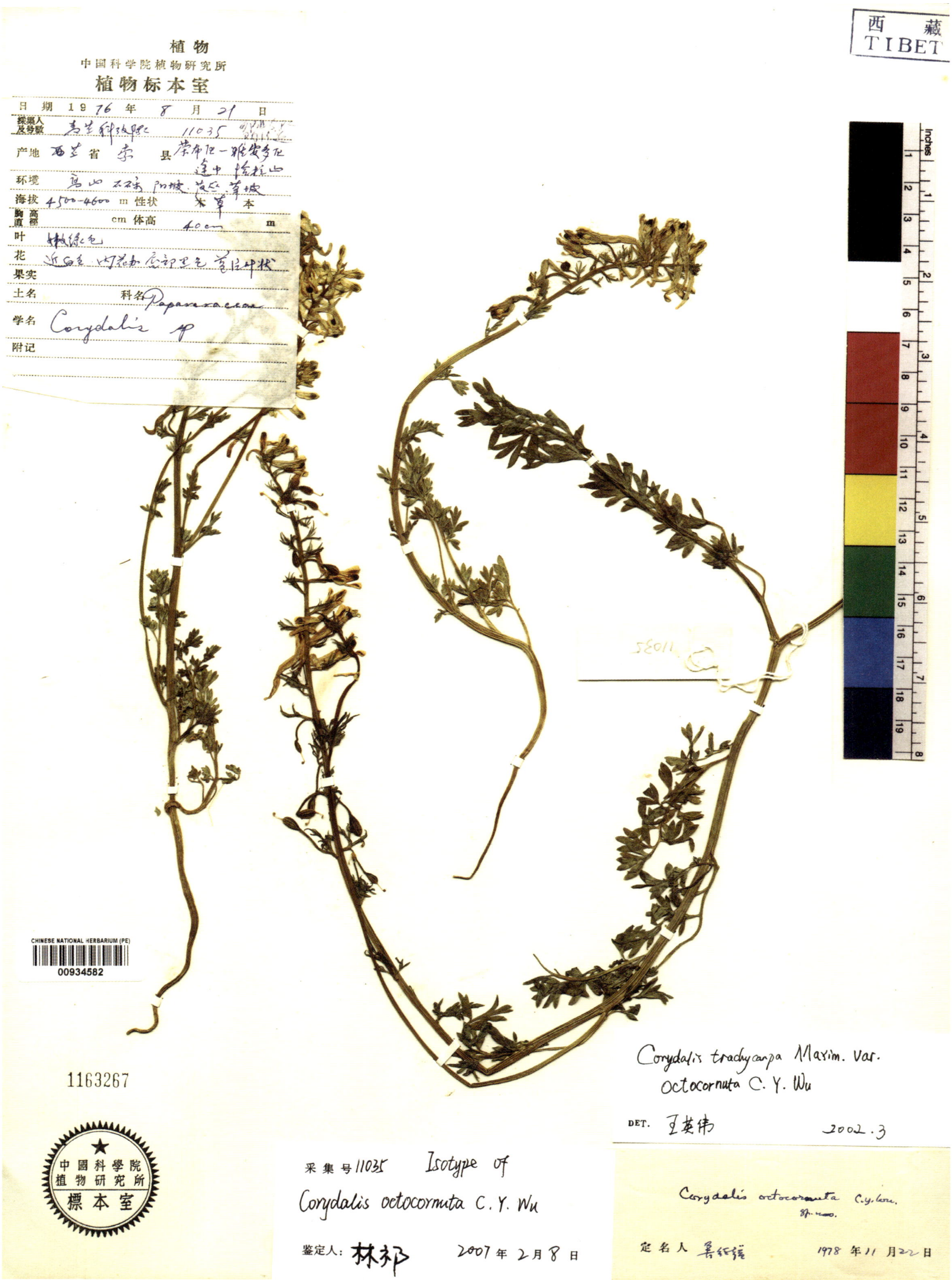

淡花黄堇 ***Corydalis octocornuta*** C. Y. Wu in Acta Bot. Yunnan. 5(3): 252, f. 5: 5-10. 1983. **Isotype:** China. Xizang: Sog Xian, alt. 4 500～4 600 m, 1976-08-21, Qinghai-Xizang Exped. 11035.

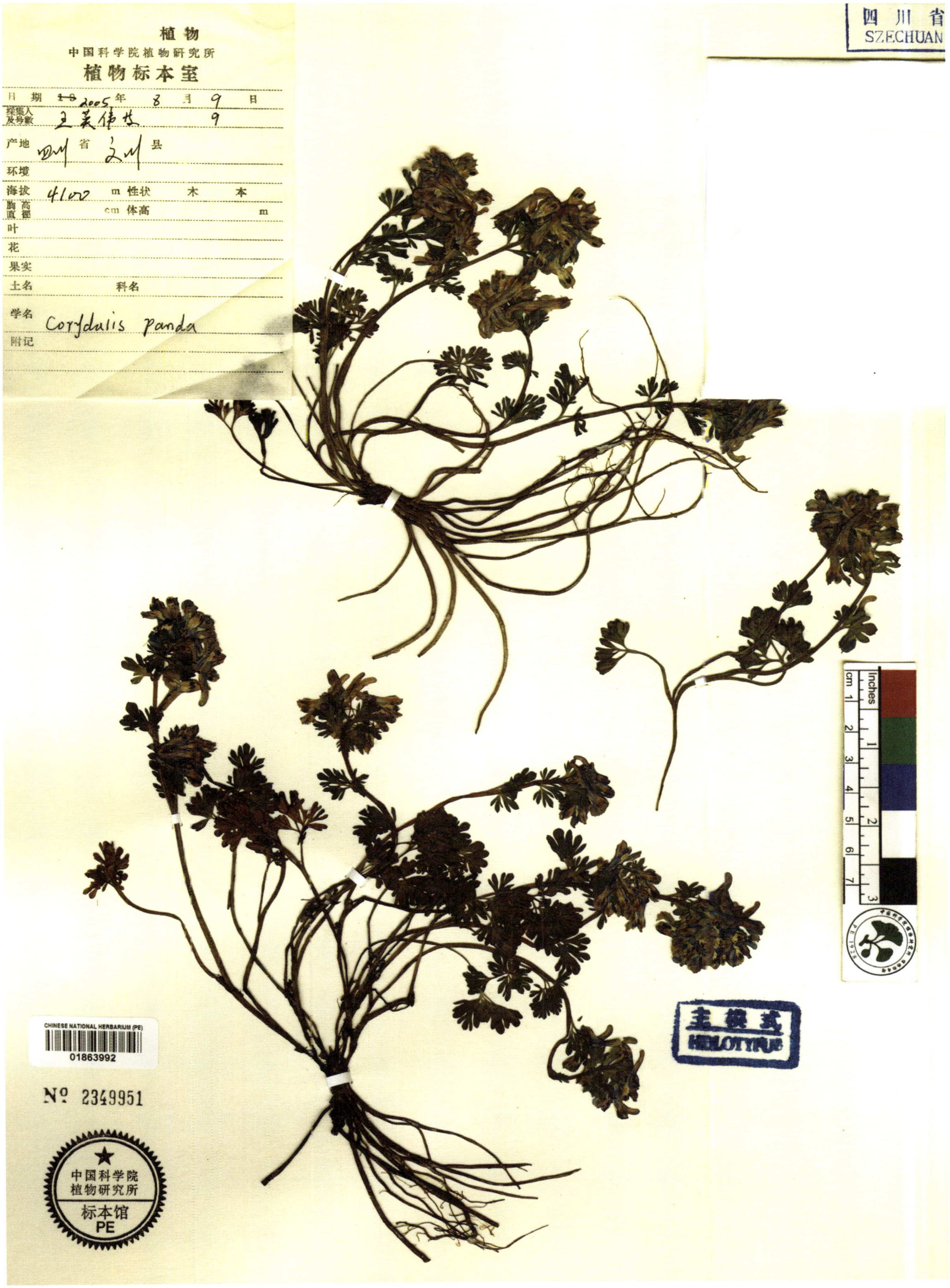

熊猫之友 ***Corydalis panda*** M. Lidén & Y. W. Wang in Ann. Bot. Fennici 43: 478, f 1-2. 2006. **Holotype:** China. Sichuan: Wenchuan, alt. 4 100 m, 2005-08-09, M. Lidén & Y. W. Wang 9.

聂拉木黄堇*Corydalis papillipes* C. Y. Wu, Fl. Xizang. 2: 317, f. 108: 1-7. 1985. **Holotype:** China. Xizang: Nyalam, alt. 3 800 m, 1972-09-05, Xizang Medic. Herb. Exped. 1788.

平武紫堇 ***Corydalis pingwuensis*** C. Y. Wu in Acta Bot. Yunnan. 13(2): 135, f.5. 1991. **Lectotype** (designated by Q. Lin & al. in Acta Bot. Boreal.-Occident. Sin. 27: 1251. 2007): China. Sichuan: Pingwu, alt. 1 086 m, 1961-05-07, S. Jiang 7057.

羽苞黄堇 ***Corydalis pinnatibracteata*** Y. W. Wang & al. in Ann. Bot. Fennici 40: 295, f. 1. 2003. **Holotype:** China. Qinghai: Maqên, alt. 3 450～3 550 m, 1993-07-26, T. N. Ho & al. 351.

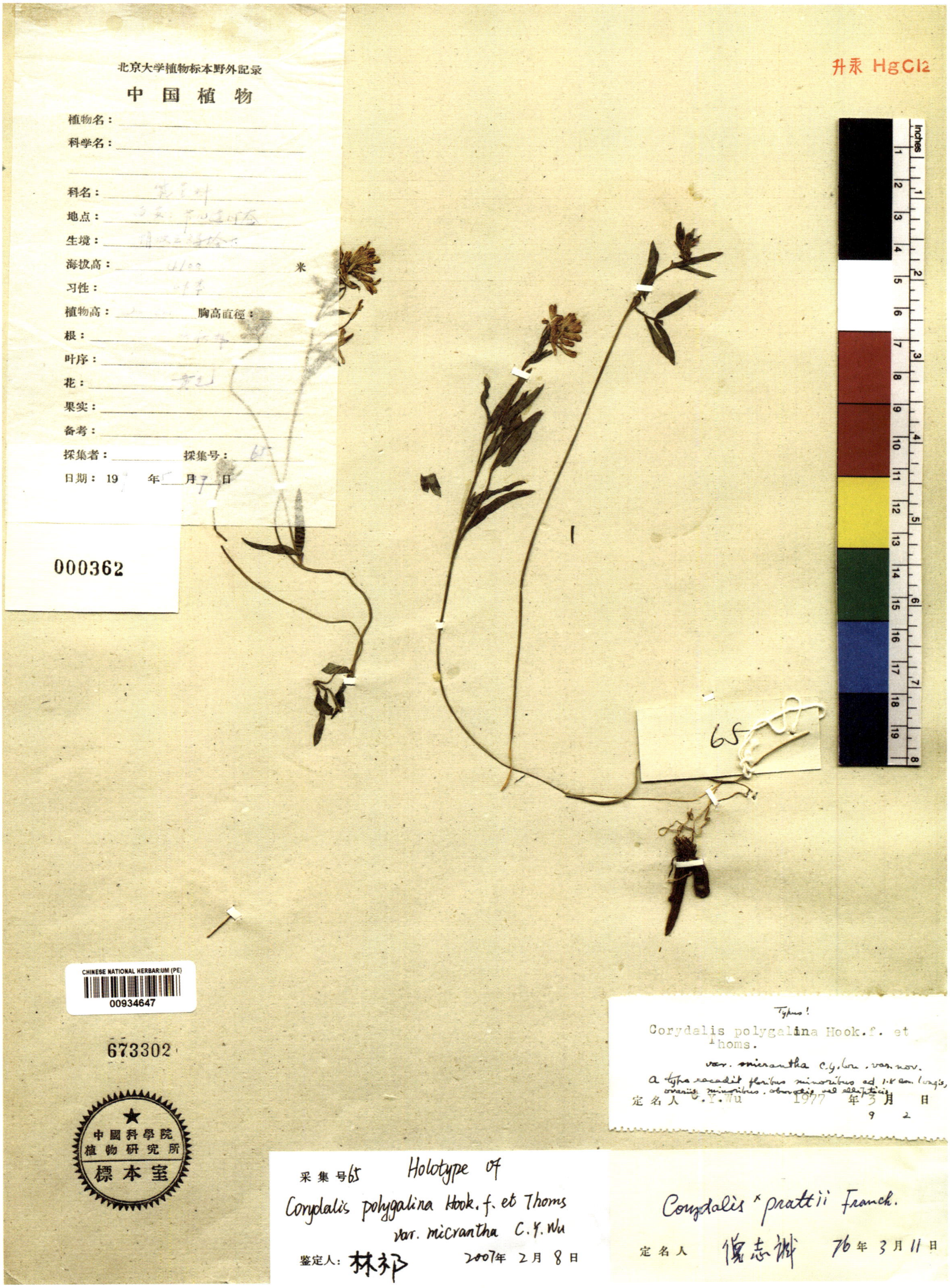

小花远志黄堇***Corydalis polygalina*** Hook. f. & Thoms. var. ***micrantha*** C. Y. Wu in Acta Bot. Yunnan. 6: 258. 1984.
Holotype: China. Xizang: Tingri, alt. 4 100 m, 1959-05-27, F. P. Wang 65.

紫花紫堇*Corydalis porphyrantha* C. Y. Wu in Acta Bot. Yunnan. 5(3): 248, f. 4: 1-2. 1983. **Isotype:** China. Yunnan: Gongshan, alt. 3 500 m, 1937-08-07, T. T. Yu 19715.

半裸茎黄堇*Corydalis potaninii* Maxim., Fl. Tangut. 1: 48. 1889. **Isotype:**China. Qinghai: Amdo, 1885-05-25, G. N. Potanin s. n.

假顶冠黄堇*Corydalis pseudacropteryx* Fedde in Repert. Spe. Nov. Reg. Veg. 22: 25, t. 19 B. 1925. **Isotype:**China. Sichuan: Songpan, alt. 3 200 m, 1922-08-04, H. Smith 3018.

铁线莲黄堇*Corydalis pseudoclematis* Fedde in Repert. Spec. Nov. Regni Veg. 21: 50, t. 14: A. 1925. **Lectotype** (designated here)**:** China. Sichuan: Shiao-hsiang-ling, alt. 2 000 m, 1922-05-21, H. Smith 1876.

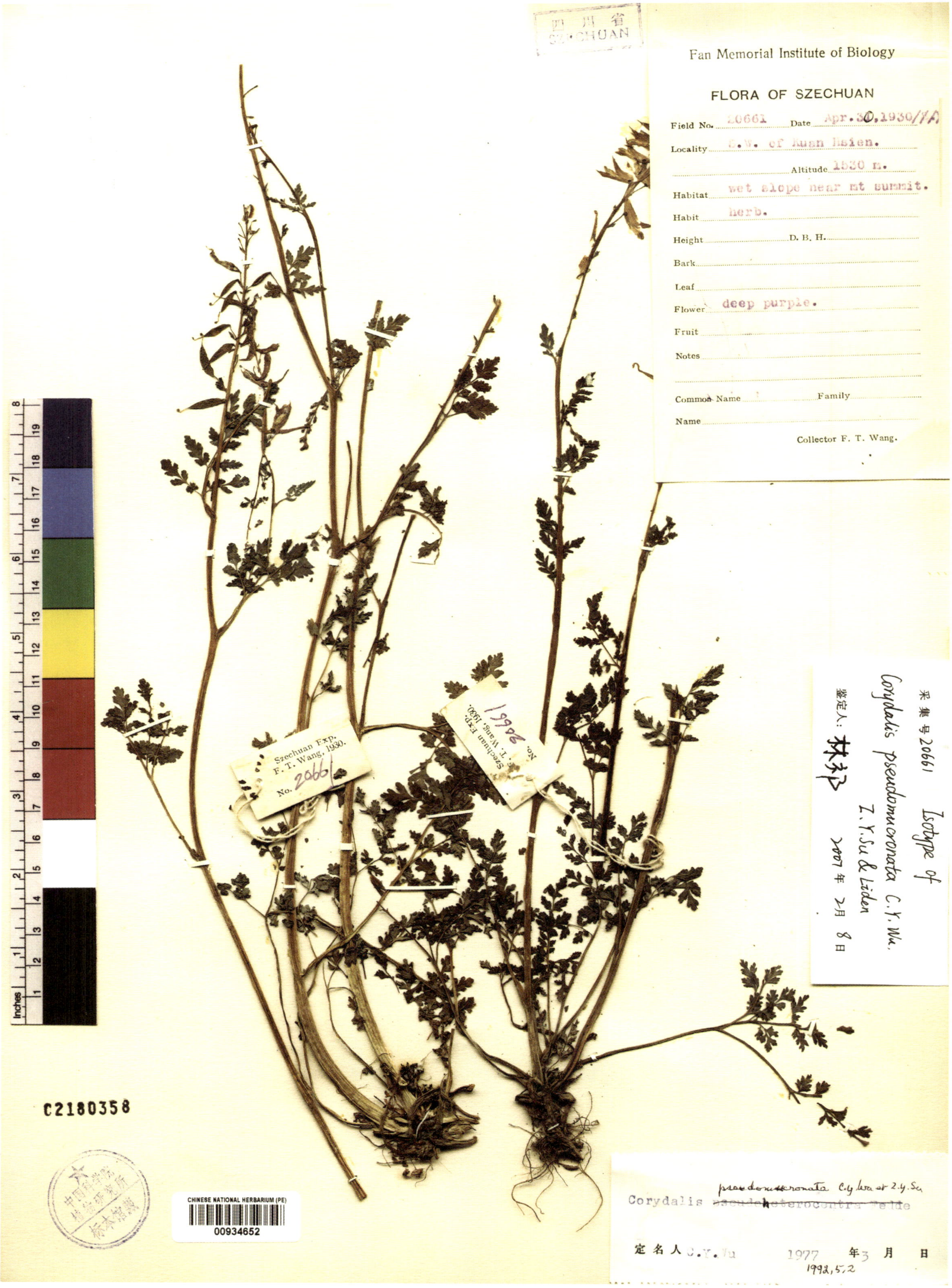

长尖突紫堇***Corydalis pseudomucronata*** C. Y. Wu, Z. Y. Su & Lidén in Acta Bot. Yunnan 18(4): 400. 1996; in Edinburgh J. Bot. 54(1): 68. f. 2b. 1997. **Isotype:** China. Sichuan: Dujiangyan, alt. 1 530 m, 1930-04-30, F. T. Wang 20661.

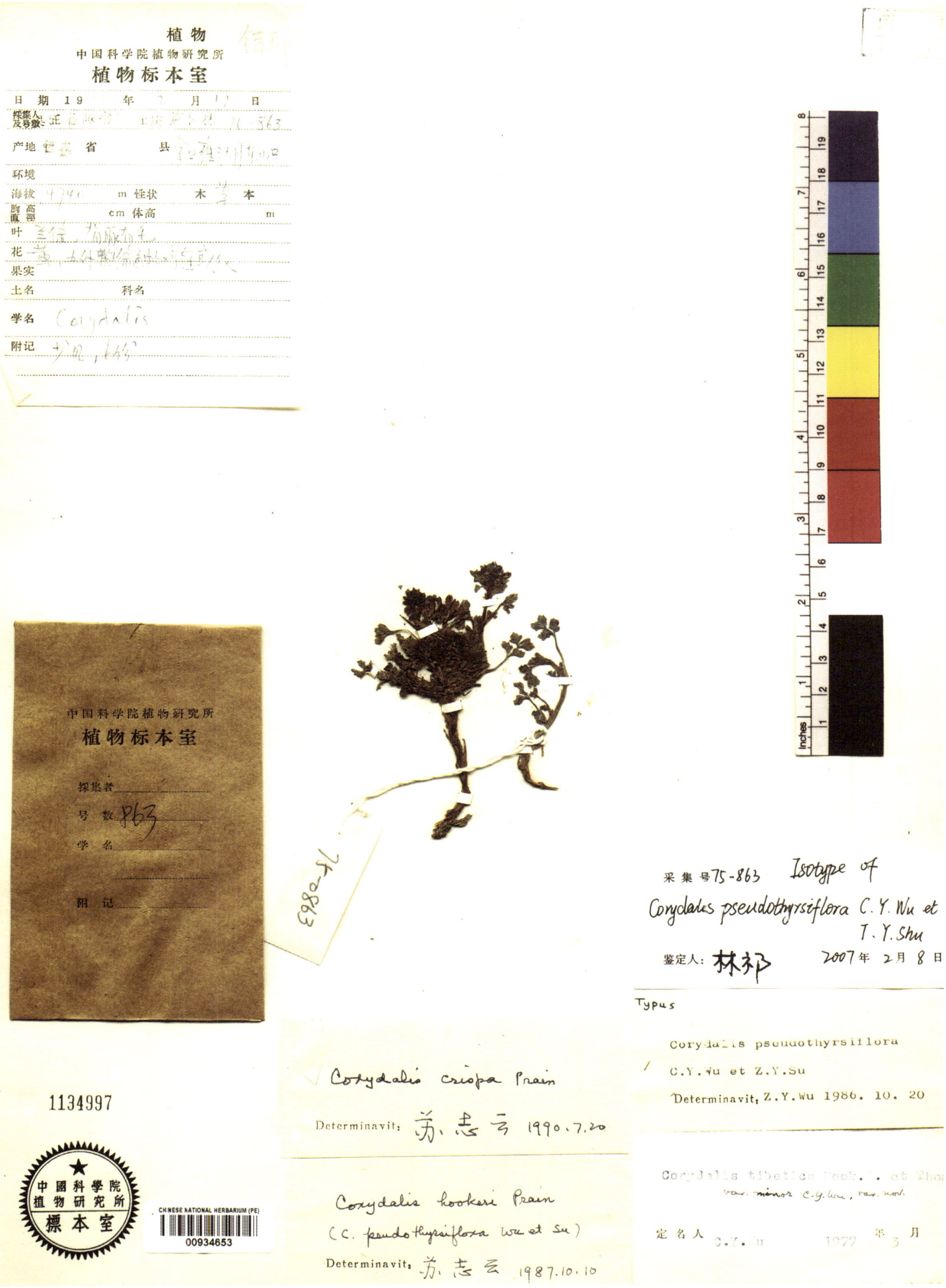

小锥花黄堇***Corydalis pseudothyrsiflora*** C. Y. Wu & T. Y. Shu, Fl. Xizang. 2: 310, f:98: 1-8. 1985. **Isotype:** China. Xizang: Cona, alt. 4 740 m, 1975-07-17, C. Y. Wu & al. 75-0863.

假全冠黄堇***Corydalis pseudotongolensis*** Lidén in Rheedea 5: 10. 1995. **Isotype:** China. Yunnan: Dêqên, alt. 3 100 m, 1937-08-11, T. T. Yu 9544.

毛黄堇*Corydalis pubescens* C. Y. Wu & H. Chuang, Fl. Xizang. 2: 311, f. 106: 4-9. 1985. **Holotype:** China. Xizang: Nyalam, alt. 2 200 m, 1966-05-14, Y. T. Chang & K. Y. Lang 3388.

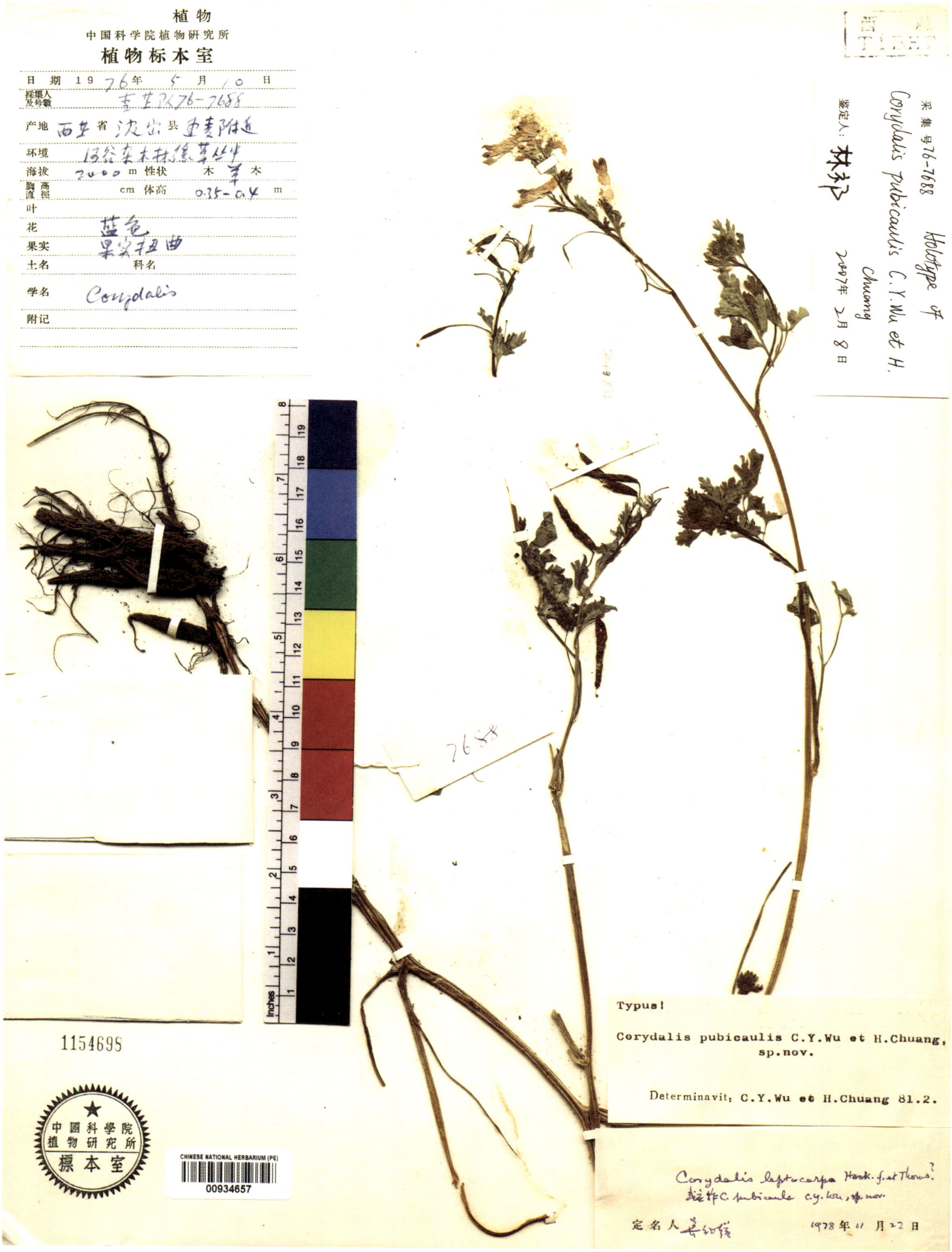

毛茎紫堇*Corydalis pubicaulis* C. Y. Wu & H. Chuang in Acta Bot. Yunnan. 13(4): 369, f. 1. 1991. **Holotype:** China. Xizang: Bomi, alt. 2 000 m, 1976-05-10, Qinghai-Xizang Exped. 76-7688.

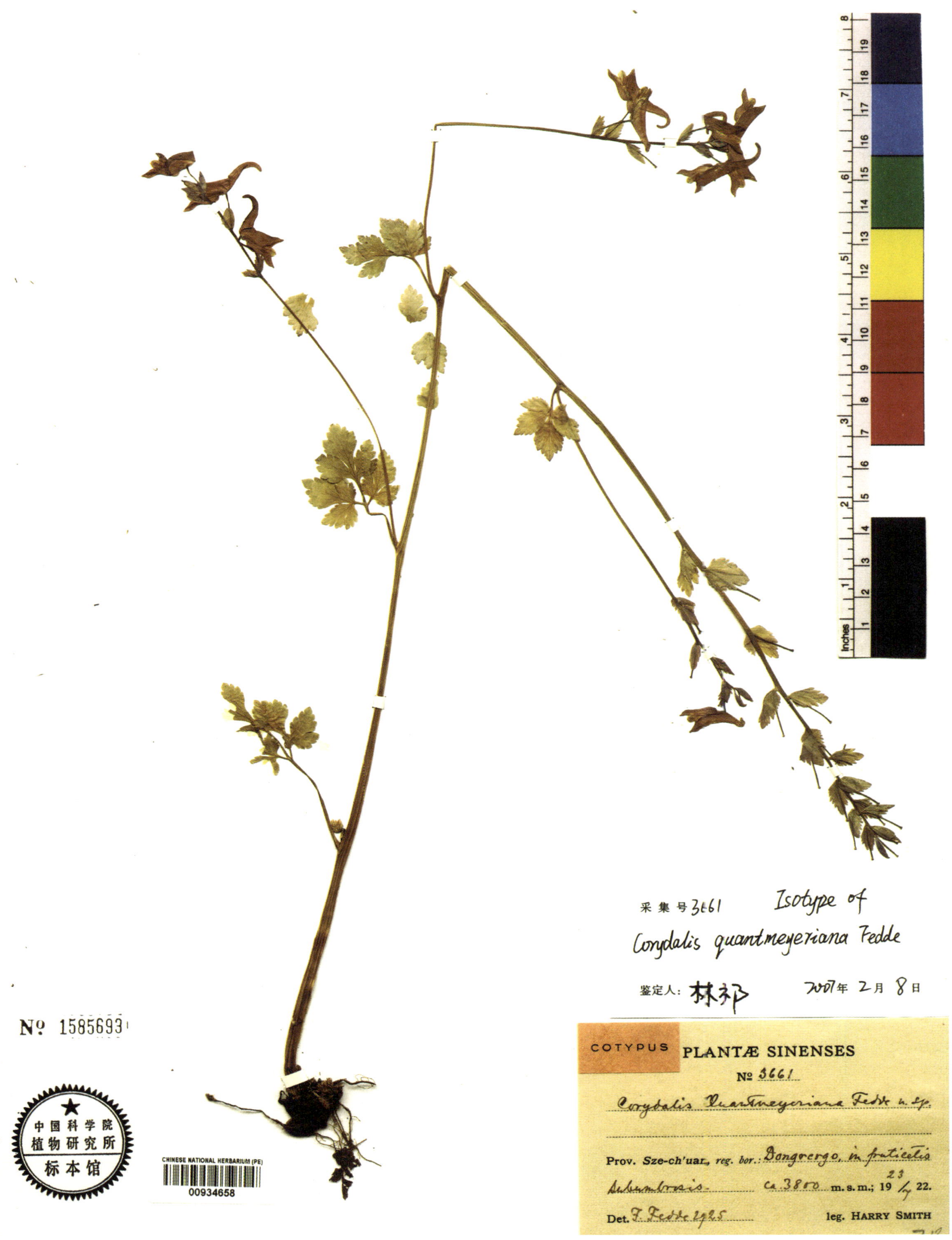

掌苞紫堇 ***Corydalis quantmeyeriana*** Fedde in Repert. Spec. Nov. Regni Veg. 20: 295, t. 11A. 1924. **Isotype:** China. Sichuan: Songpan, alt. 3 800 m, 1922-07-23, H. Smith 3661.

罗克紫堇 ***Corydalis rockiana*** C. Y. Wu, Lidén & Z. Y. Su in Edinburgh J. Bot. 54(1): 80. f. 5f, 6b. 1997. **Isotype:** China. Xizang: Jupar range, Kerab valley, 1926-06-??, J. F. Rock 14408.

玫瑰紫堇 ***Corydalis rosea*** Maxim. in Bull. Acad. Sci. St.-Petersb. 24: 28. 1877. **Lectotype** (designated here)**:** China. Qinghai: Datong He, 1872-07-??, N. M. Przewalski s. n.

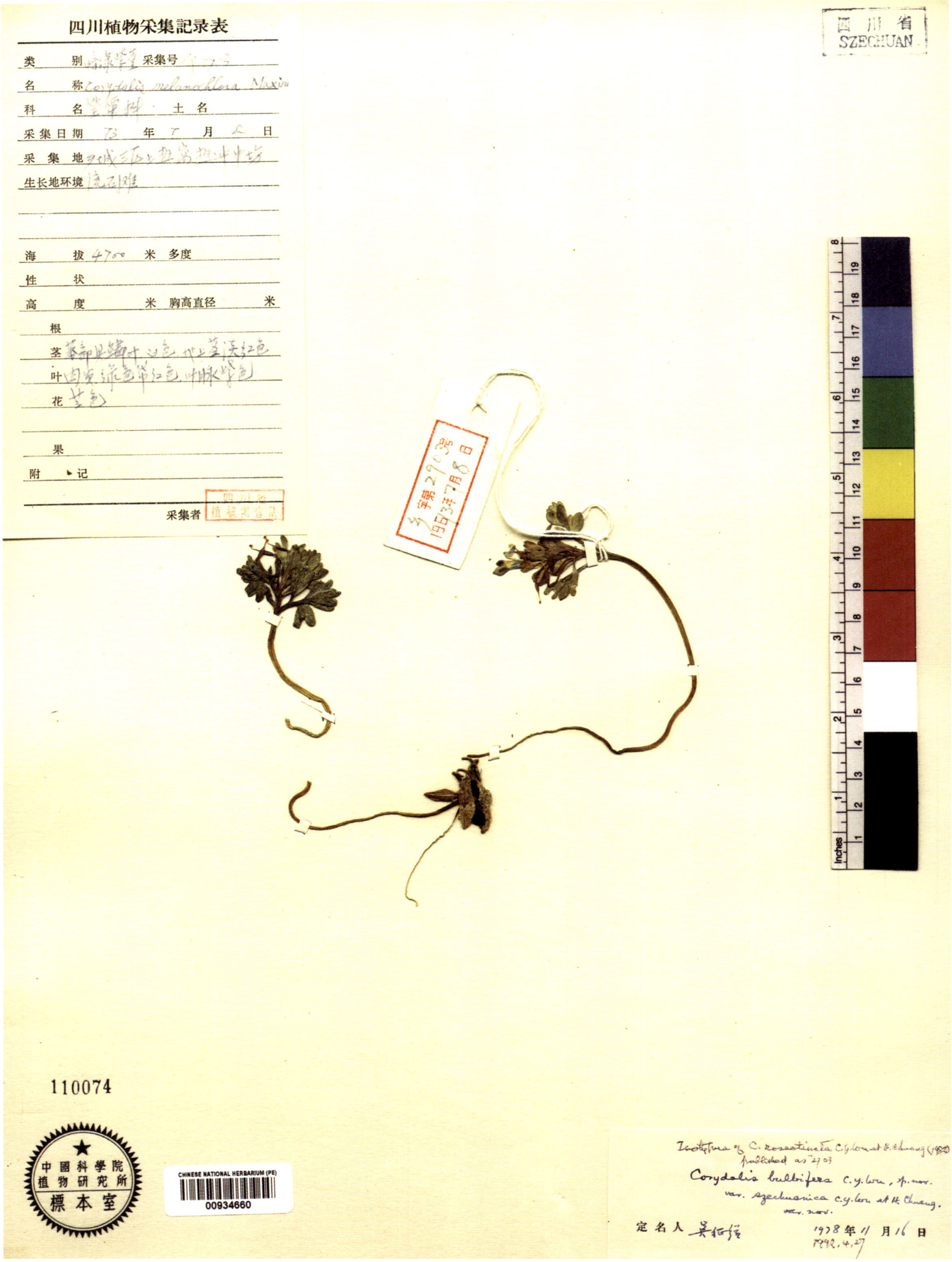

拟鳞叶紫堇 ***Corydalis roseotincta*** C. Y. Wu & H. Chuang in Acta Bot. Yunnan. 4(1): 9, pl. 1. 1982. **Isotype:** China. Sichuan: Xiangcheng, alt. 4 700 m, 1973-07-08, Sichuan Veg. Exped. 2903.

粗糙黄堇 ***Corydalis scaberula*** Maxim., Fl. Tangut. 1: 40, t. 24, f. 1-11. 1889. **Lectotype**(designated here): China. Qinghai: Tala-tschu, alt. 3 965 m, 1884-06-27, N. M. Przewalski 255.

紫花粗糙黄堇 ***Corydalis scaberula*** Maxim. var. ***purpurescens*** C. Y. Wu in Acta Bot. Yunnan. 5(3): 256. 1983.
Holotype: China. Xizang: Dêngqên, alt. 5 044 m, 1976-07-31, Qinghai-Xizang Veg. Exped. 9357.

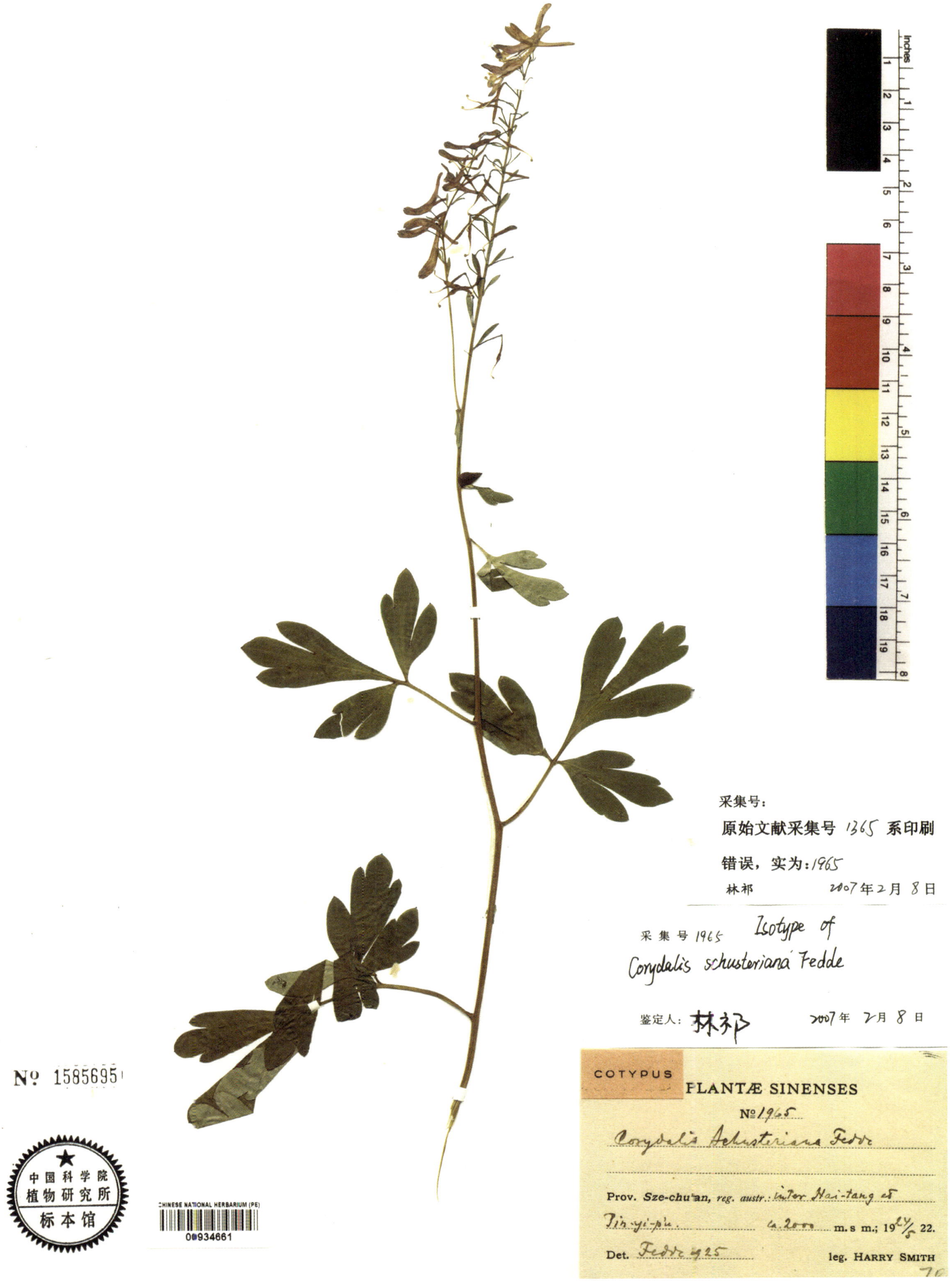

甘洛紫堇 ***Corydalis schusteriana*** Fedde in Repert. Spec. Nov. Regni Veg. 21: 47. 1925. **Isotype.** China. Sichuan: Ganluo, alt. 2 000 m, 1922-05-24, H. Smith 1965.

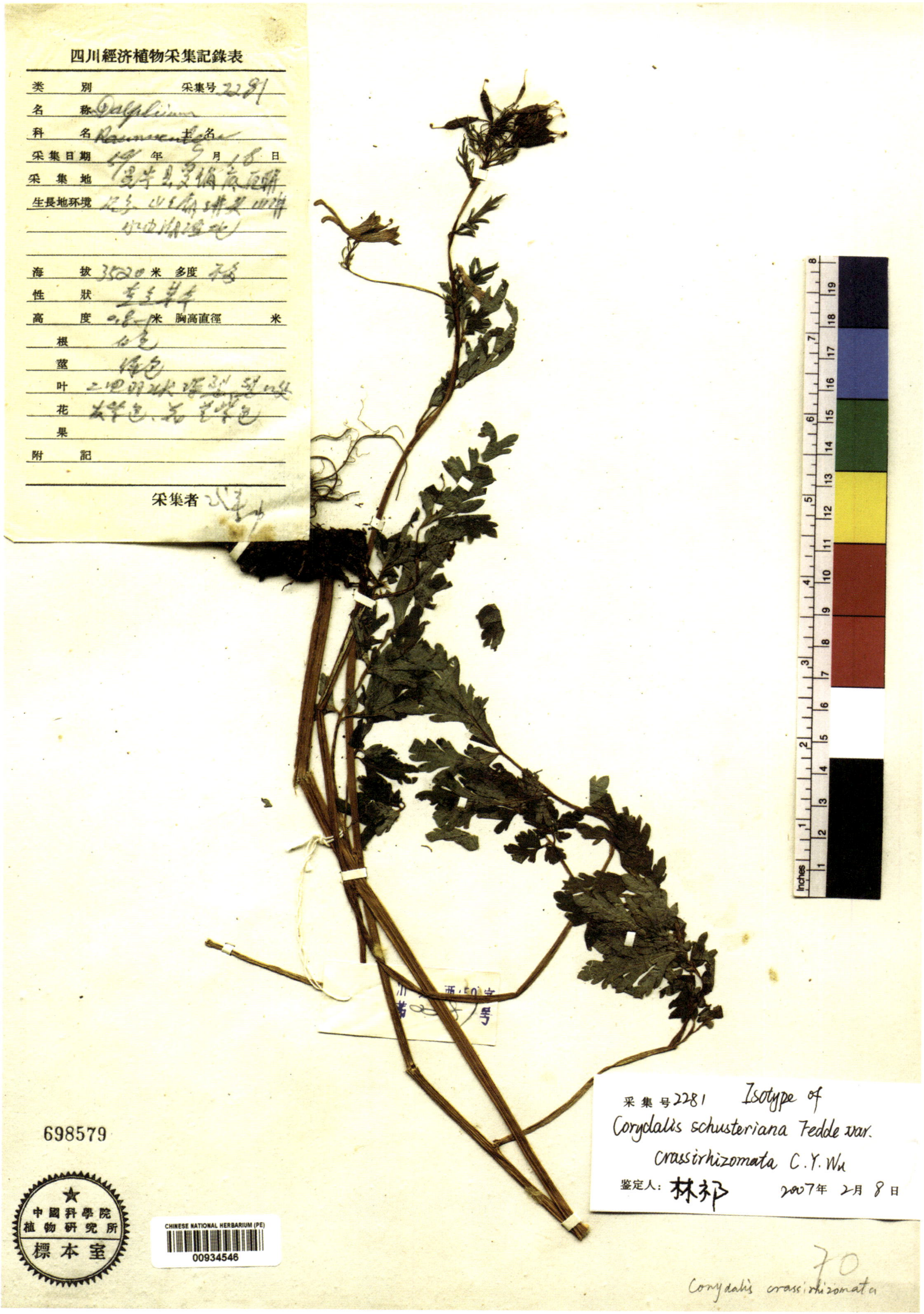

粗颈紫堇 ***Corydalis schusteriana*** Fedde var. ***crassirhizomata*** C. Y. Wu in Acta Bot. Yunnan.12(4): 383. 1990. **Isotype:** China. Sichuan: Mianning, alt. 3 520 m, 1959-09-18, S. K. Wu 2281.

石棉紫堇 ***Corydalis shimienensis*** C. Y. Wu & Z. Y. Su, Fl. Reip. Pop. Sin. 32: 110, 543. 1999. **Isotype:** China. Sichuan: Shimian, alt. 2 100 m, 1955-??-??, C. C. Hsieh 41217.

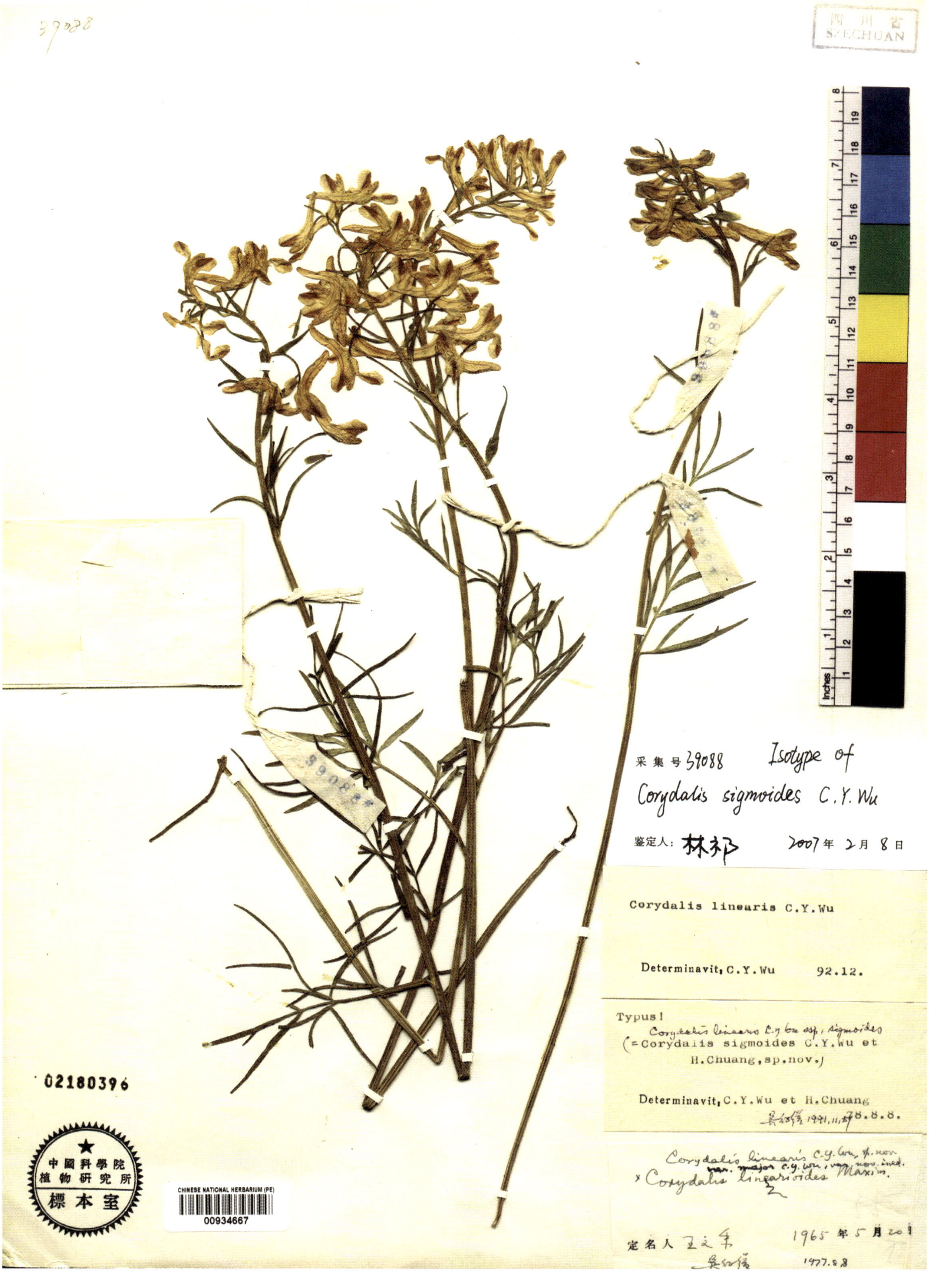

宝兴黄堇 ***Corydalis sigmoides*** C. Y. Wu & H. Chuang in Acta Bot. Yunnan. 6(3): 252, f. 5: 3-4. 1984. **Isotype:** China. Sichuan: Baoxing, Z. P. Soong 39088.

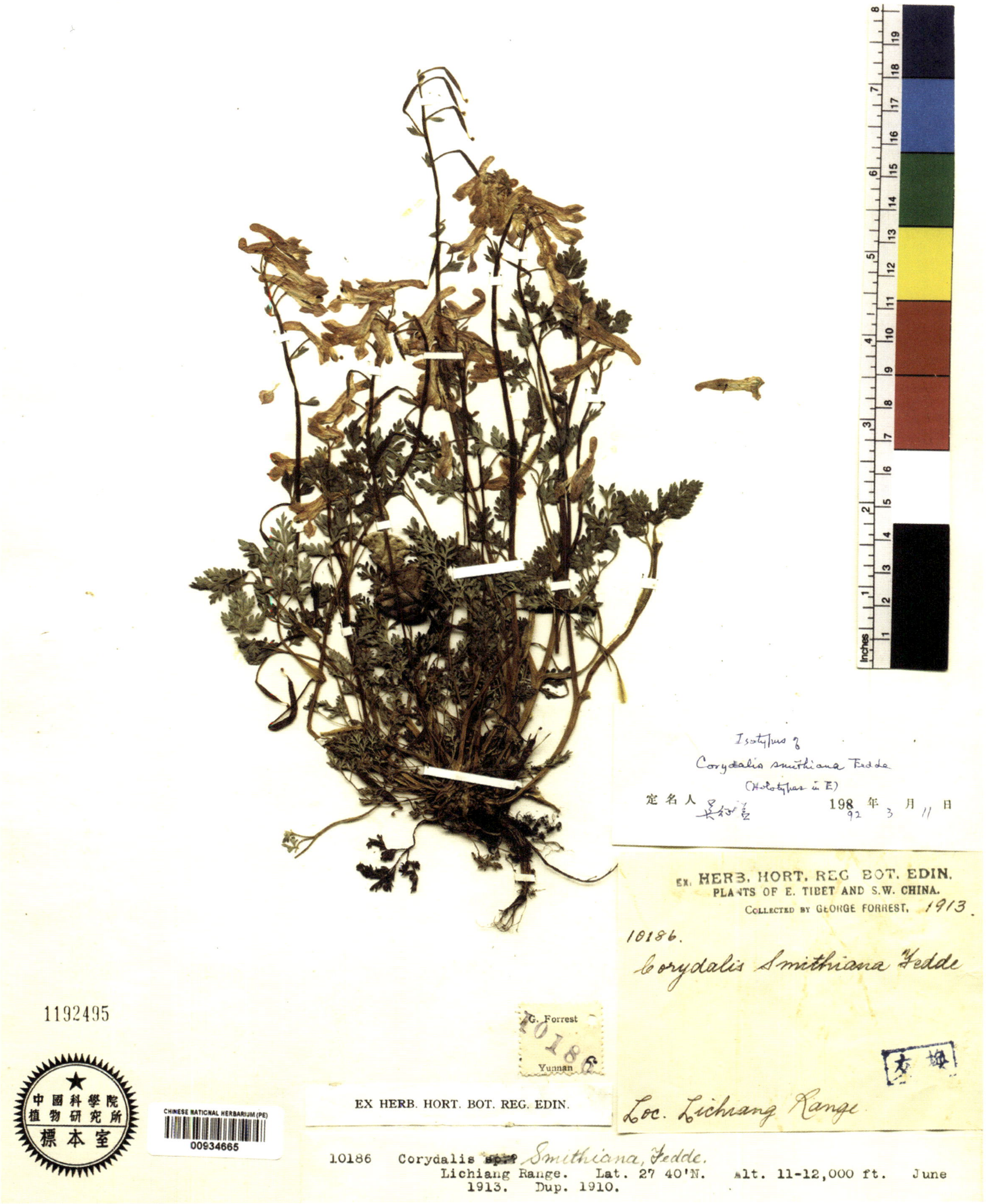

箐边紫堇 ***Corydalis smithiana*** Fedde in Repert. Spec. Nov. Regni Veg. 20: 55. 1924. **Isotype:** China. Yunnan: Lijiang. alt. 3 355 ～ 3 660 m, 1913-06-??, G. Forrest 10186.

珠果黄堇 ***Corydalis speciosa*** Maxim. in Regel Gartenfl. 250, t. 343. 1858. **Isotype:** China. Heilongjiang: Amur, 1855-05-10, Maximowicz s. n.

刺毛黄堇 ***Corydalis spinulosa*** H. Chuang in Acta Bot. Yunnan. 13(3): 272, f. 1: 5-10. 1991. **Isotype:** China. Yunnan: Weixi. alt. 4 000 m, 1937-07-15, T. T. Yu 9045.

草黄堇 ***Corydalis straminea*** Maxim. Fl. Tangut. 1: 44, t. 20, f. 17-24. 1889. **Lectotype**(designated here): China. Qinghai: Amdo, alt. 2 745~3 050 m, 1880-07-(11~23), N. M. Przewalski 548.

弯果黄堇 ***Corydalis streptocarpa*** Maxim. in Bull. Acad. Imp. Sci. St.-Petersb. 24: 30. 1877. **Isotype:** China. Qinghai: Datong He, 1872-06-30, N. M. Przewalski 197.

太白紫堇 ***Corydalis taipaishanica*** H. Chuang in Acta Bot. Yunnan. 13(2): 123, f. 1: 1-6. 1991. **Holotype:** China. Shaanxi: Taibai, Taibaishan, alt. 1 400 m, 1939-04-28, K. T. Fu 2530.

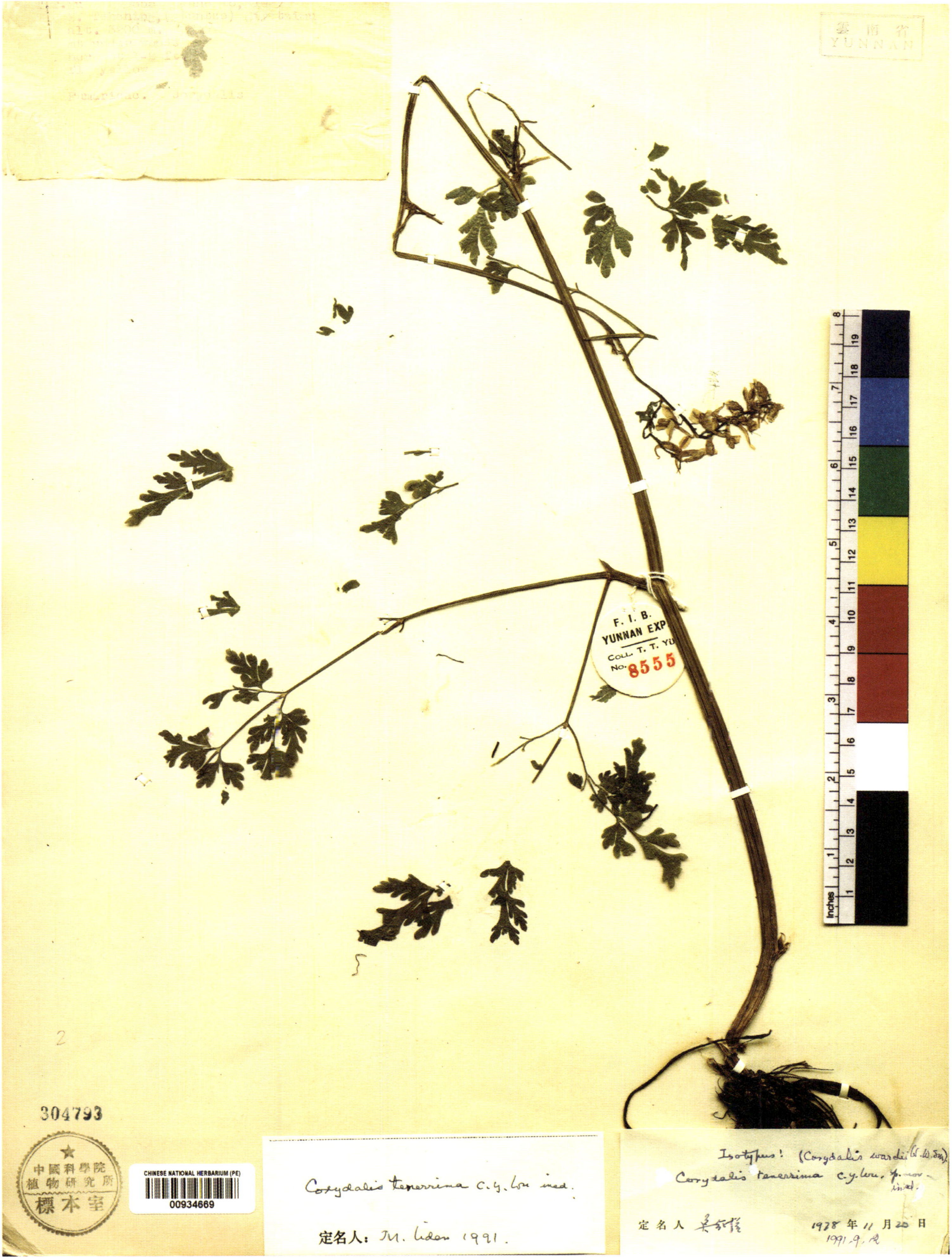

柔弱黄堇 ***Corydalis tenerrima*** C. Y. Wu in Acta Bot. Yunnan. 18(4): 401. 1996. **Isotype:** China. Yunnan: Dêqên, alt. 3 200 m, 1937-06-10, T. T. Yu 8555.

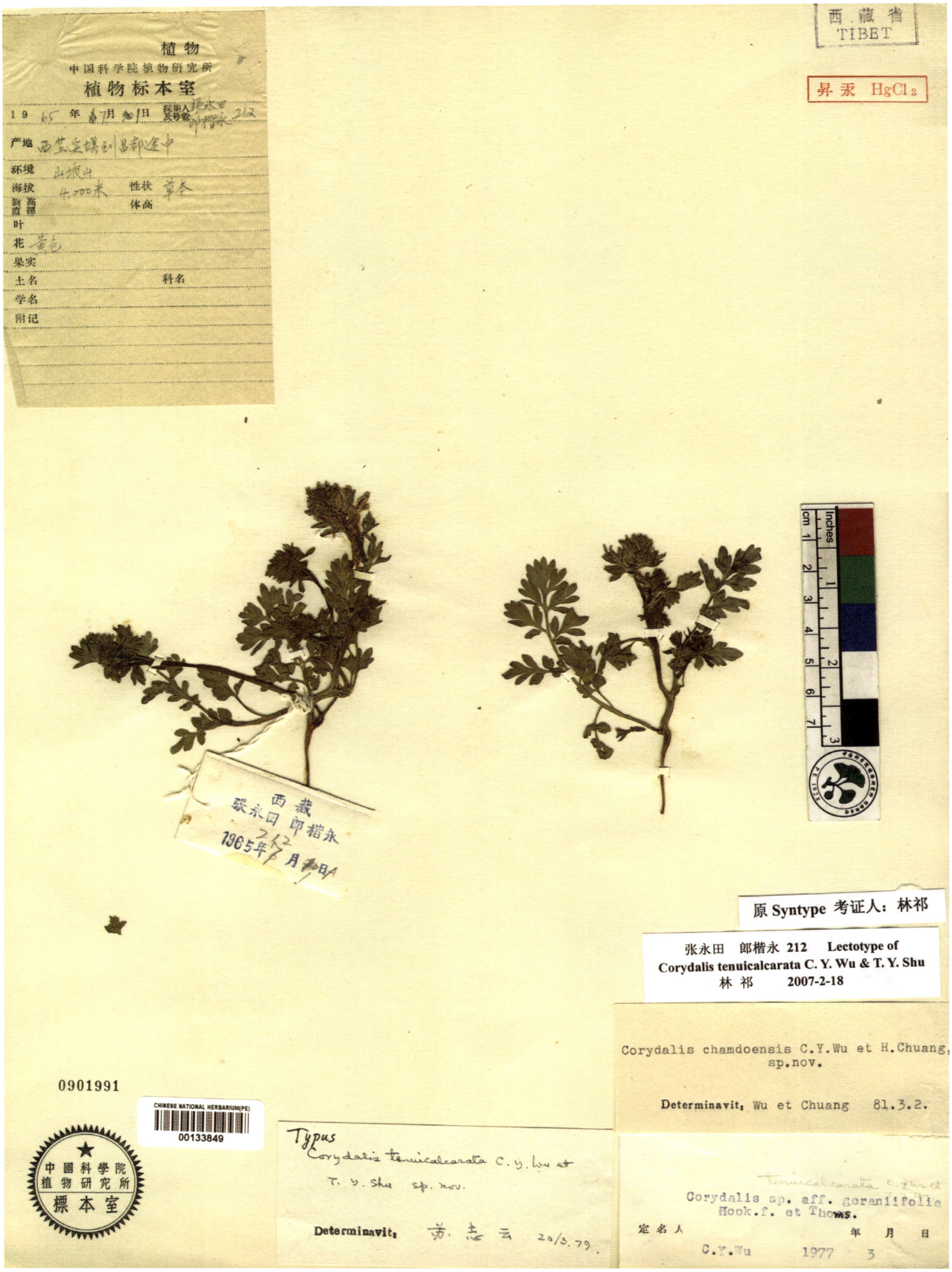

细距黄堇 ***Corydalis tenuicalcarata*** C. Y. Wu & T. Y. Shu, Fl. Xizang. 2: 307, f. 105: 11-17. 1985. **Lectotype** (designated by Q. Lin & al. in Acta Bot. Boreal.-Occident. Sin. 27: 1251. 2007)：China. Xizang: Qamdo, alt. 4 000 m, 1965-07-01, Y .T. Chang & K. Y. Lang 212.

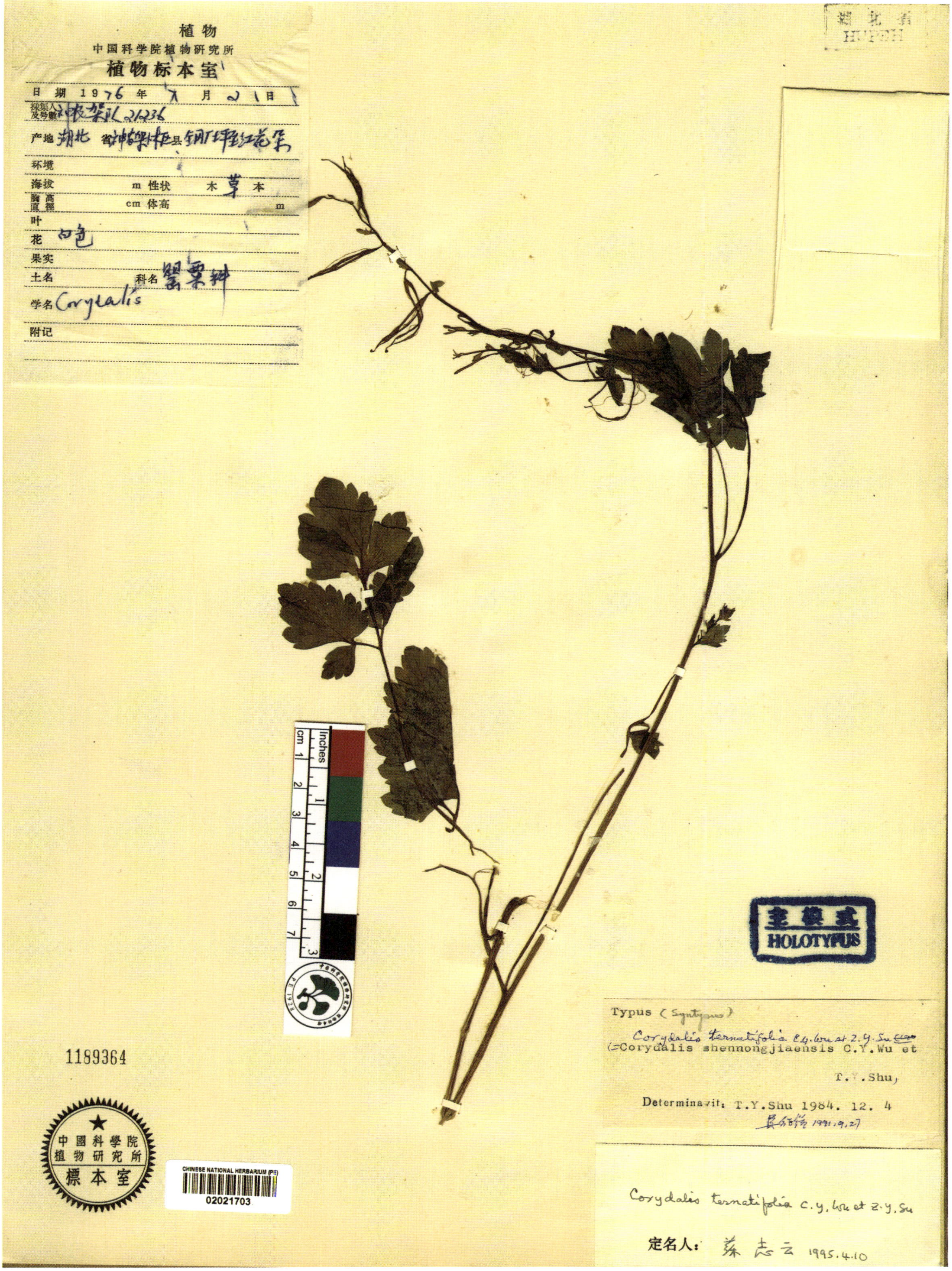

神农架紫堇 ***Corydalis ternatifolia*** C. Y. Wu, Z. Y. Su & Lidén in Edinburgh J. Bot. 54(1): 70, f. 10A. 1997.
Holotype: China. Hubei: Shennongjia, 1976-07-02, Shennongjia Exped. 21236.

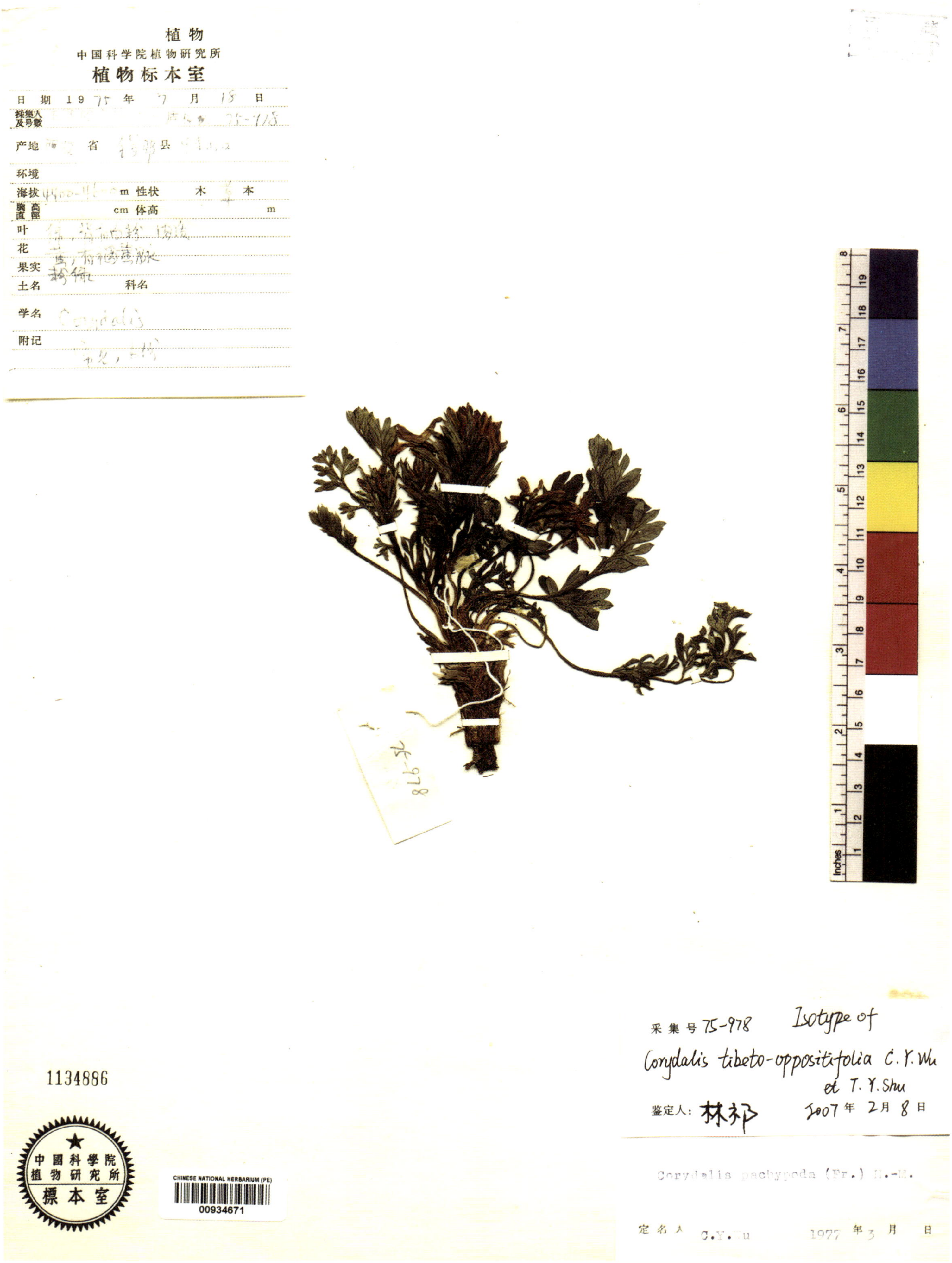

西藏对叶黄堇 ***Corydalis tibeto-oppositifolia*** C. Y. Wu & Z. Y. Su, Fl. Xizang. 2: 299, f. 101: 1-6. 1985. **Isotype:** China. Xizang: Cona, alt. 4 400 ～ 4 600 m, 1975-07-18, C. Y. Wu & al. 75-978.

糙果紫堇 ***Corydalis trachycarpa*** Maxim. in Bull. Acad. Imp. Sci. St.-Petersb. 24: 27. 1877. **Isotype:** China. Qinghai: Datong, 1872-07-(01~13), N. M. Przewalski 222.

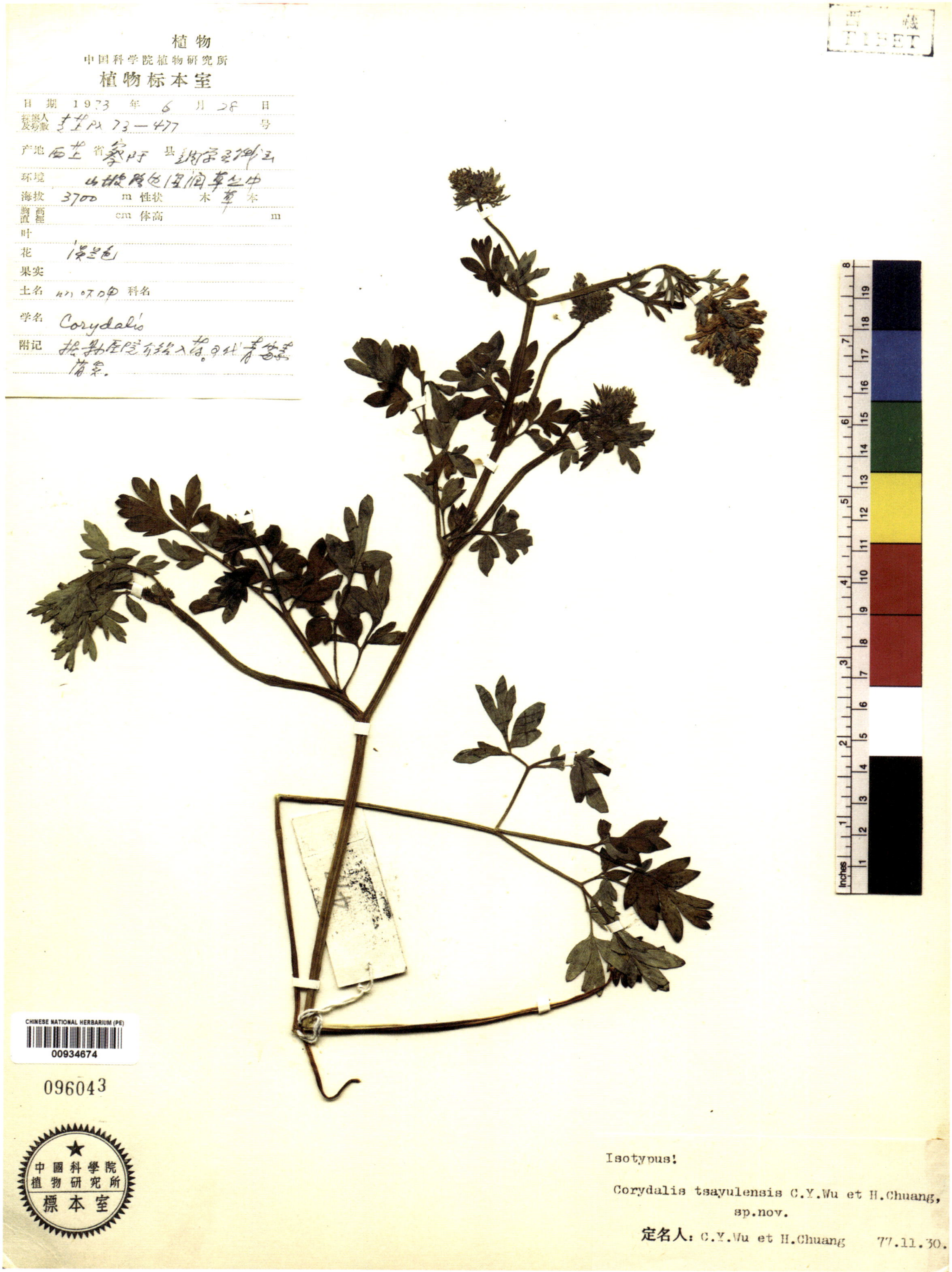

察隅紫堇 ***Corydalis tsayulensis*** C. Y. Wu & H. Chuang in Acta Bot. Yunnan. 5(3): 253, f. 6: 1-6. 1983. **Isotype:** China. Xizang: Zayü, alt. 3 700 m, 1973-06-28, Qinghai-Xizang Exped. 73-477.

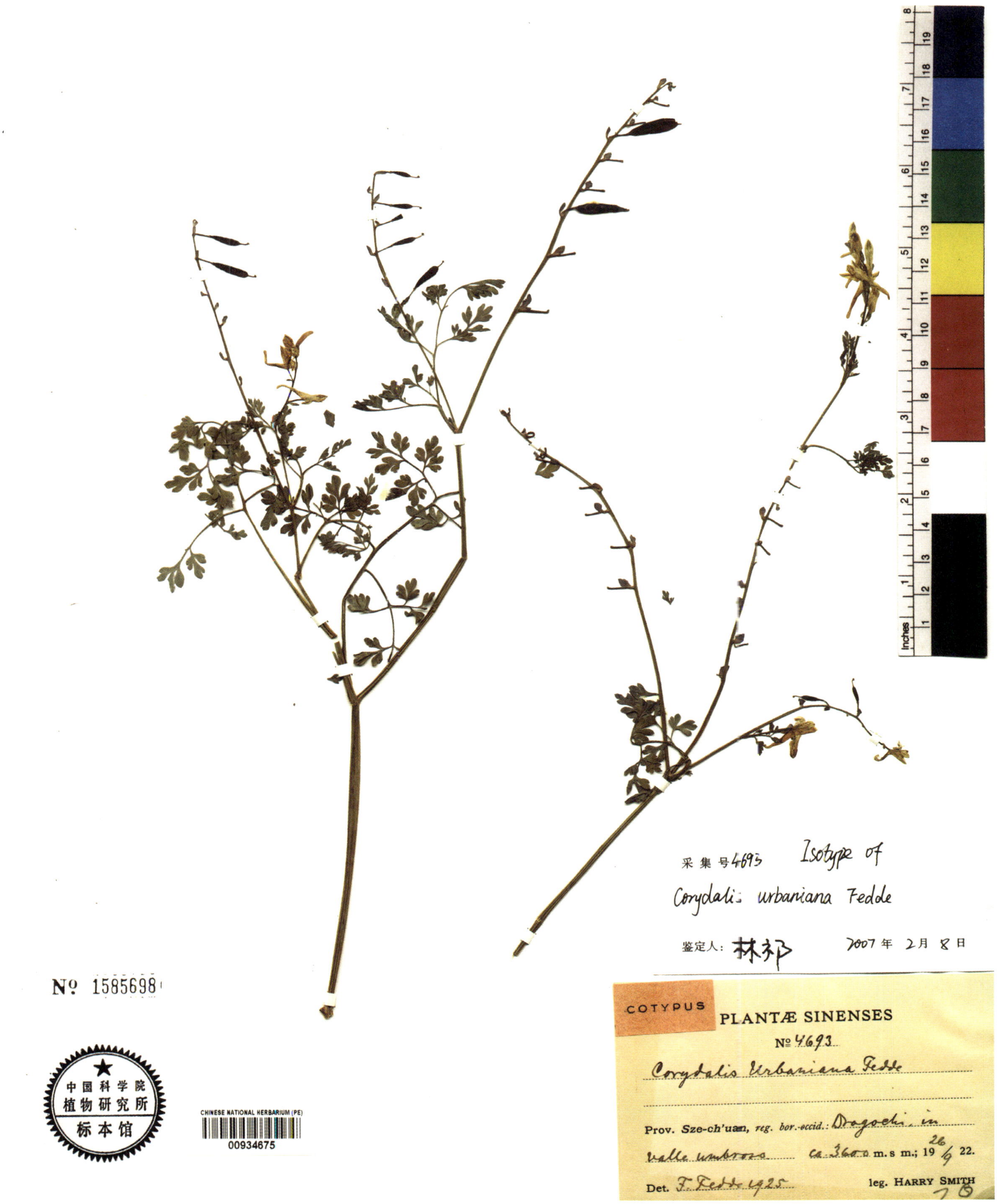

紫苞黄堇 ***Corydalis urbaniana*** Fedde in Repert. Spec. Nov. Regni Veg. 22: 25, t. 19A. 1926. **Isotype:** China. Sichuan: Barkam, alt. 3 600 m, 1922-09-26, H. Smith 4693.

变色紫堇 ***Corydalis variicolor*** C. Y. Wu in Acta Bot. Yunnan. 5(3): 243, f. 2: 1-2. 1983. **Holotype:** China. Qinghai: Yushu, alt. 3 800 m, 1972-07-31, Qinghai-Xizang (Yao) Exped. 1230.

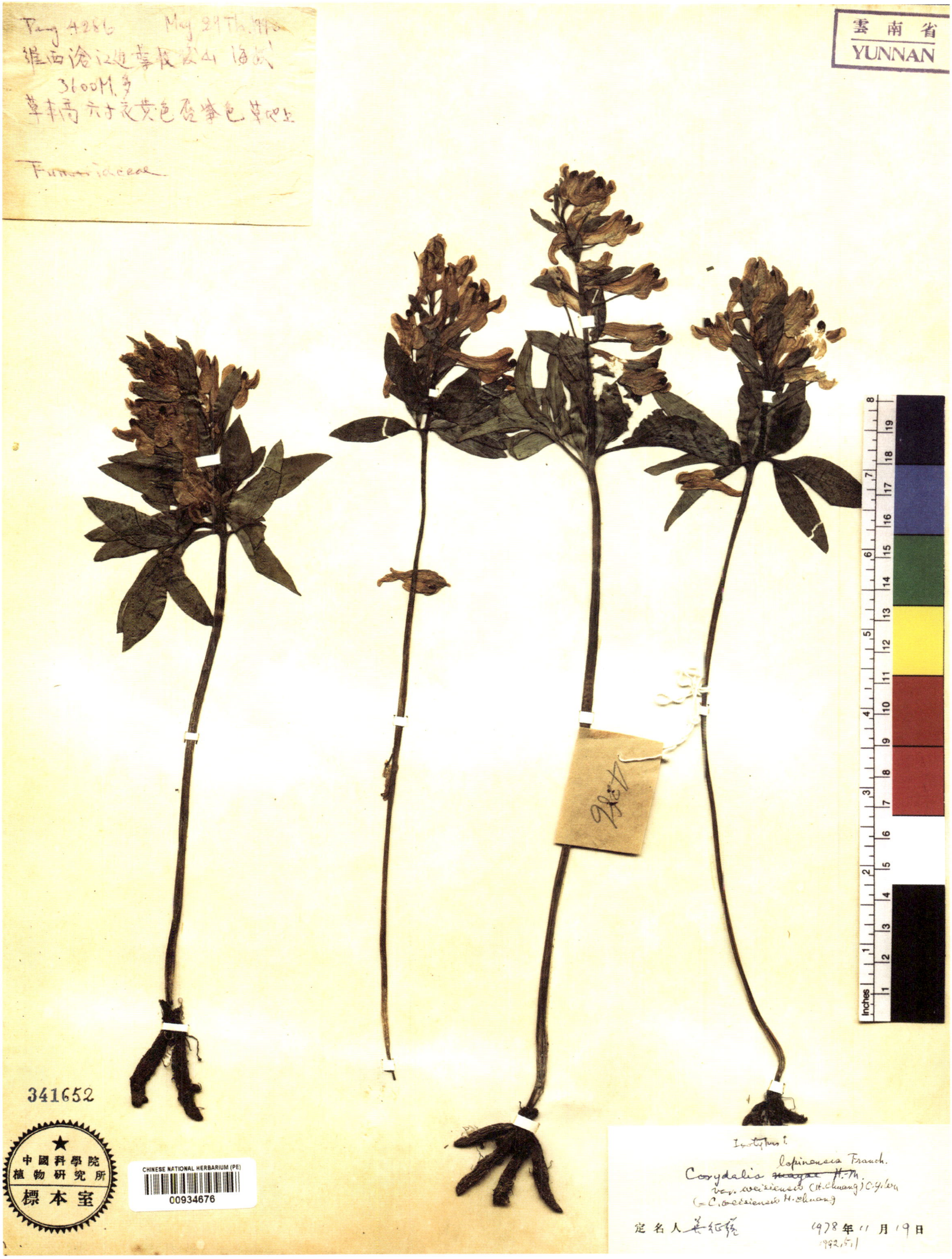

维西黄堇 ***Corydalis weisiensis*** H. Chuang in Acta Bot. Yunnan. 13(3): 271, f. 1: 1-4. 1991. **Isotype:** China. Yunnan: Weixi, alt. 3 600 m, 1940-05-29, K. M. Feng 4286.

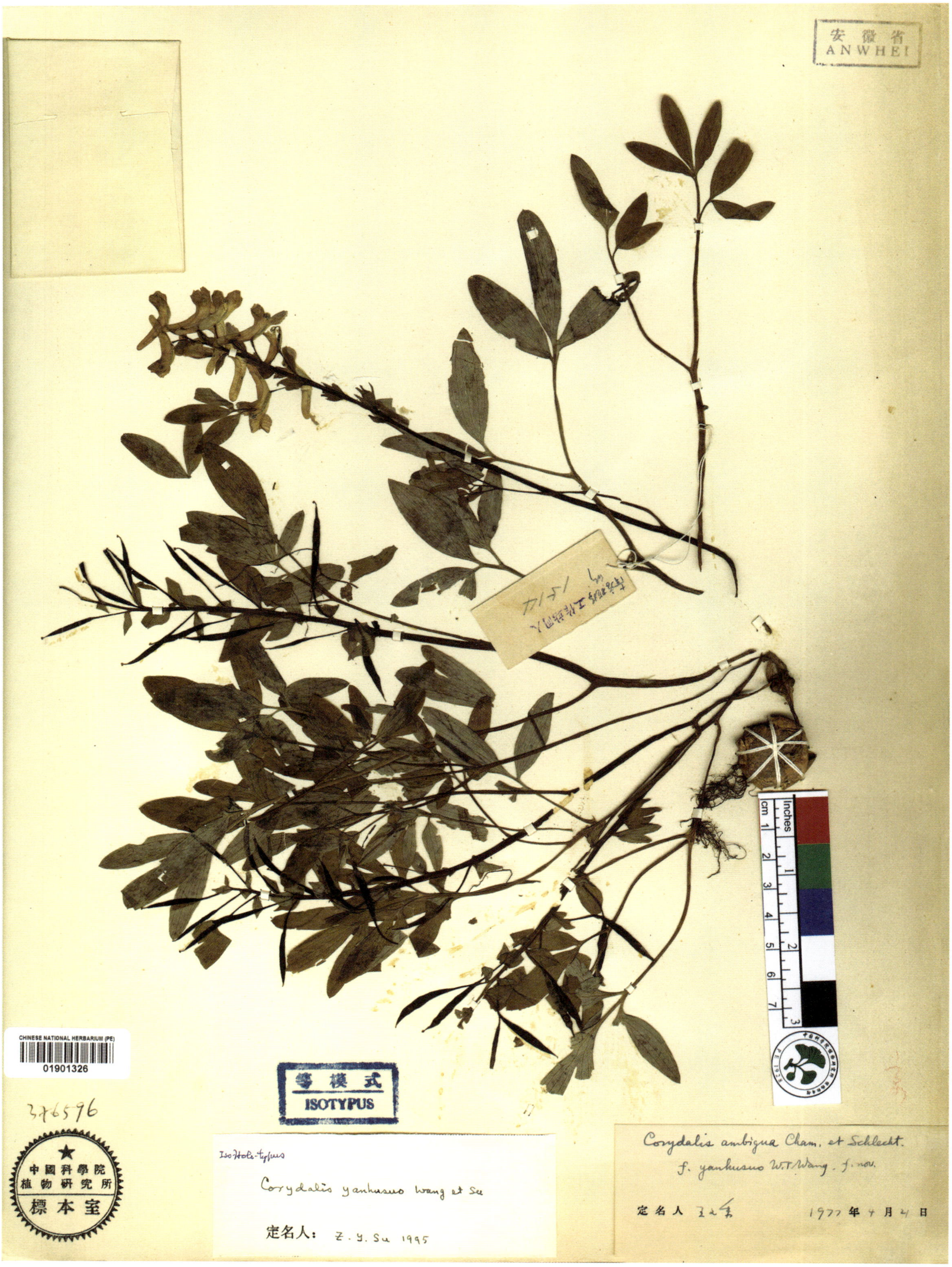

延胡索 ***Corydalis yanhusuo*** W. T. Wang ex Z. Y. Su & C. Y. Wu in Acta Bot. Yunnan. 7(3): 269, f. 6. 1985. **Isotype:** China. Anhui: Chuzhou, 1951-04-14, NAS Exped. 1514.

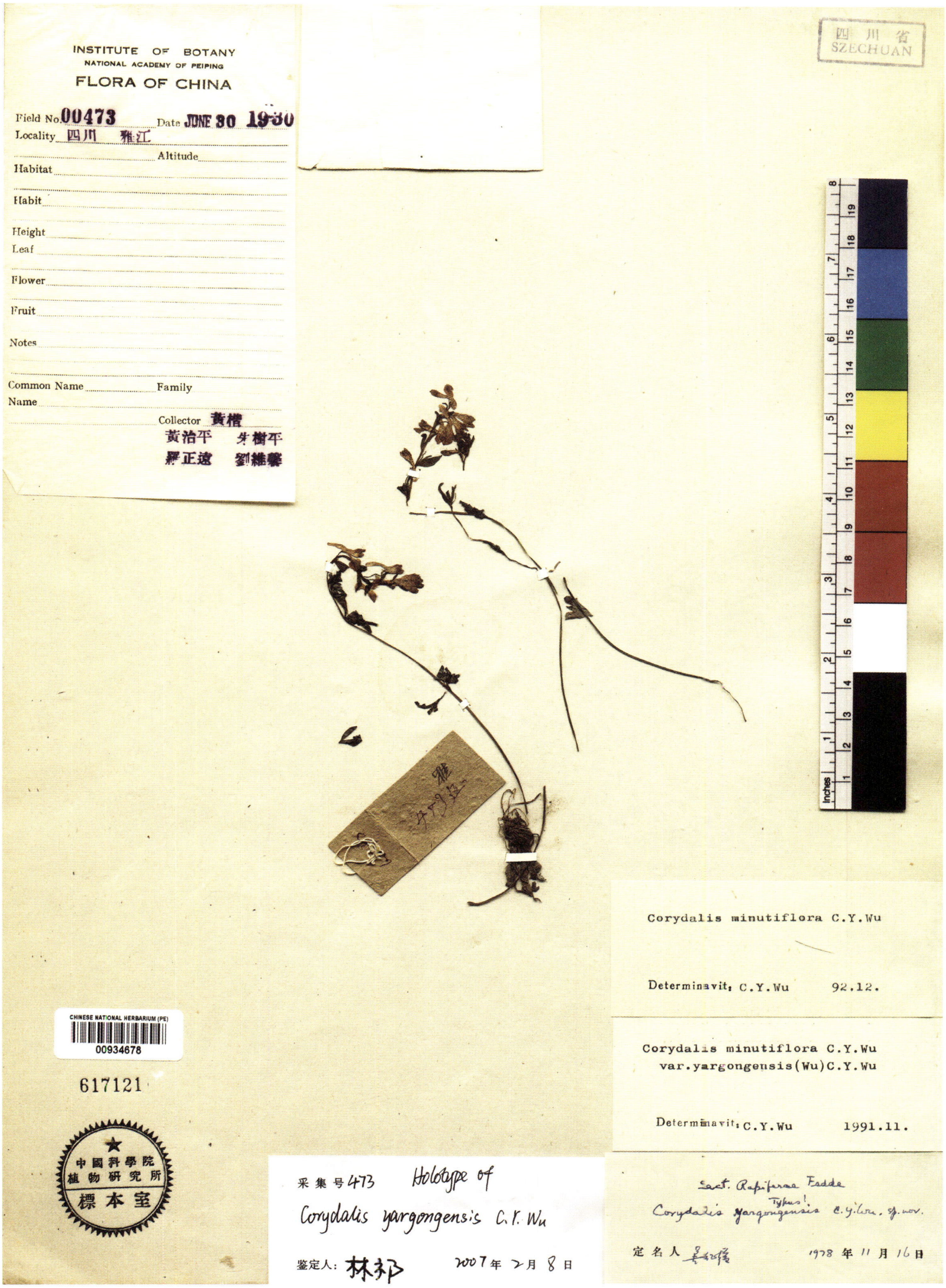

雅江紫堇 ***Corydalis yargongensis*** C. Y. Wu in Acta Bot. Yunnan. 6(3): 243, f. 2: 6. 1984. **Holotype:** China. Sichuan: Yajiang, 1930-06-30, Z. P. Huang & al. 00473.

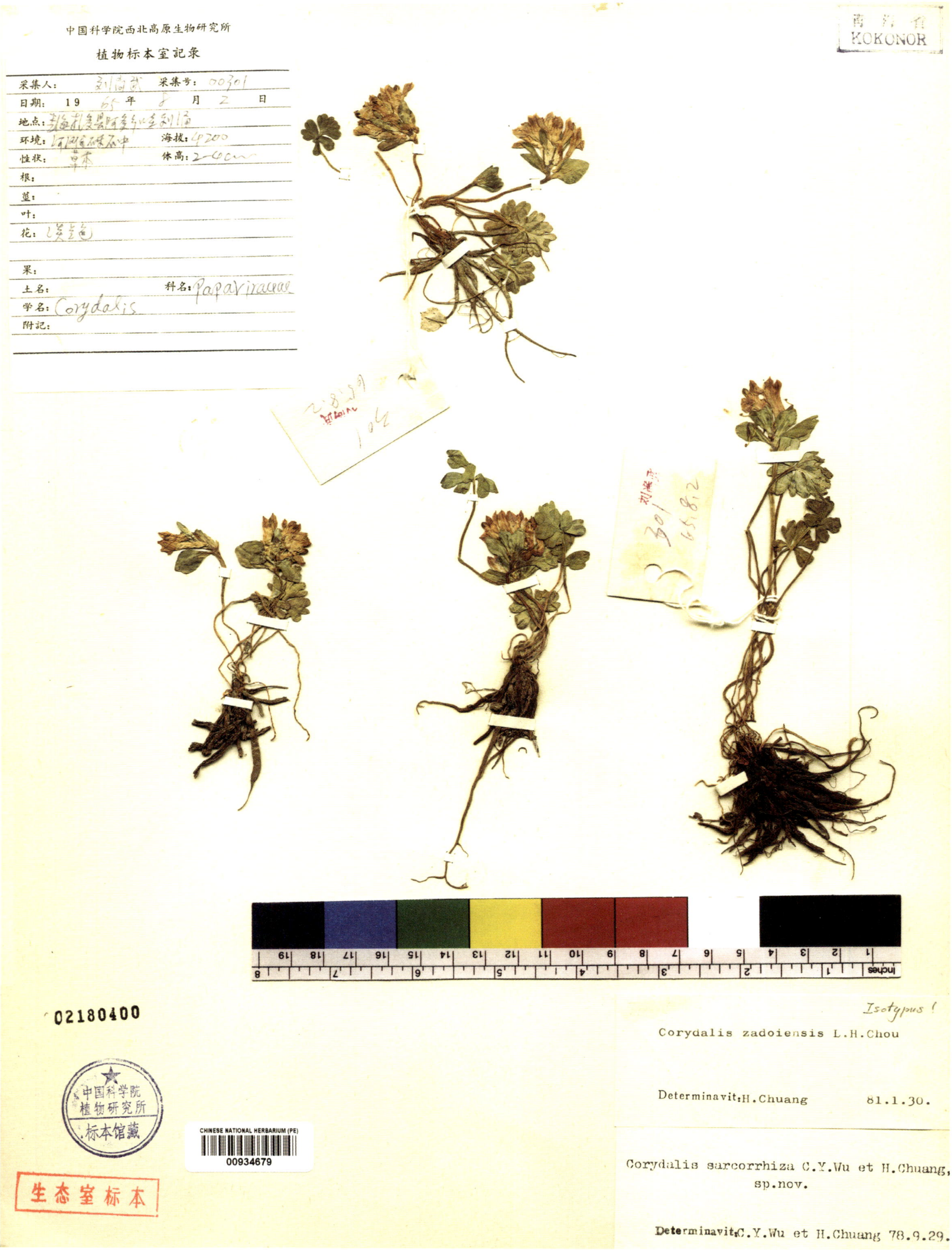

杂多紫堇 ***Corydalis zadoiensis*** L. H. Zhou in Acta Phytotax. Sin. 20(1): 111, f. 1. 1982. **Isotype:** China. Qinghai: Zadoi, alt. 4 200 m, 1965-08-02, S. W. Liu 00301.

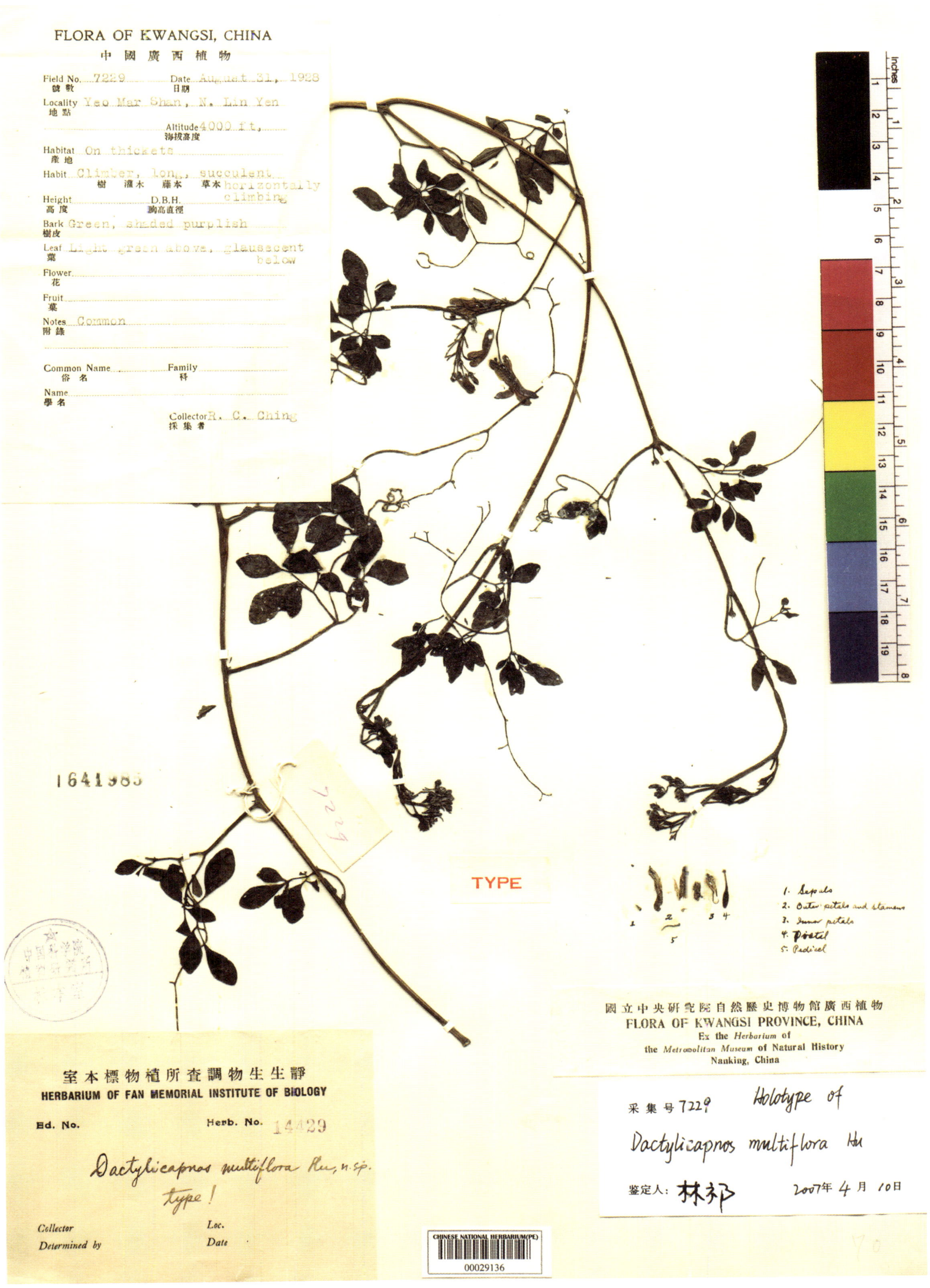

多花紫金龙 ***Dactylicapnos multiflora*** Hu in Bull. Fan Mem. Inst. Biol. 1: 214. 1930. **Holotype:** China. Guangxi: Leye, Yemashan, alt. 1 220 m, 1928-08-31, R. C. Ching 7229.

伊犁秃疮花 ***Dicranostigma iliensis*** C. Y. Wu & H. Chuang in Acta Bot. Yunnan. 7(1): 88, f. 1: 5-7. 1985. **Holotype:** China. Xinjiang: Urümqi, alt. 900 m, 1931-07-25, T. N. Liou 2823.

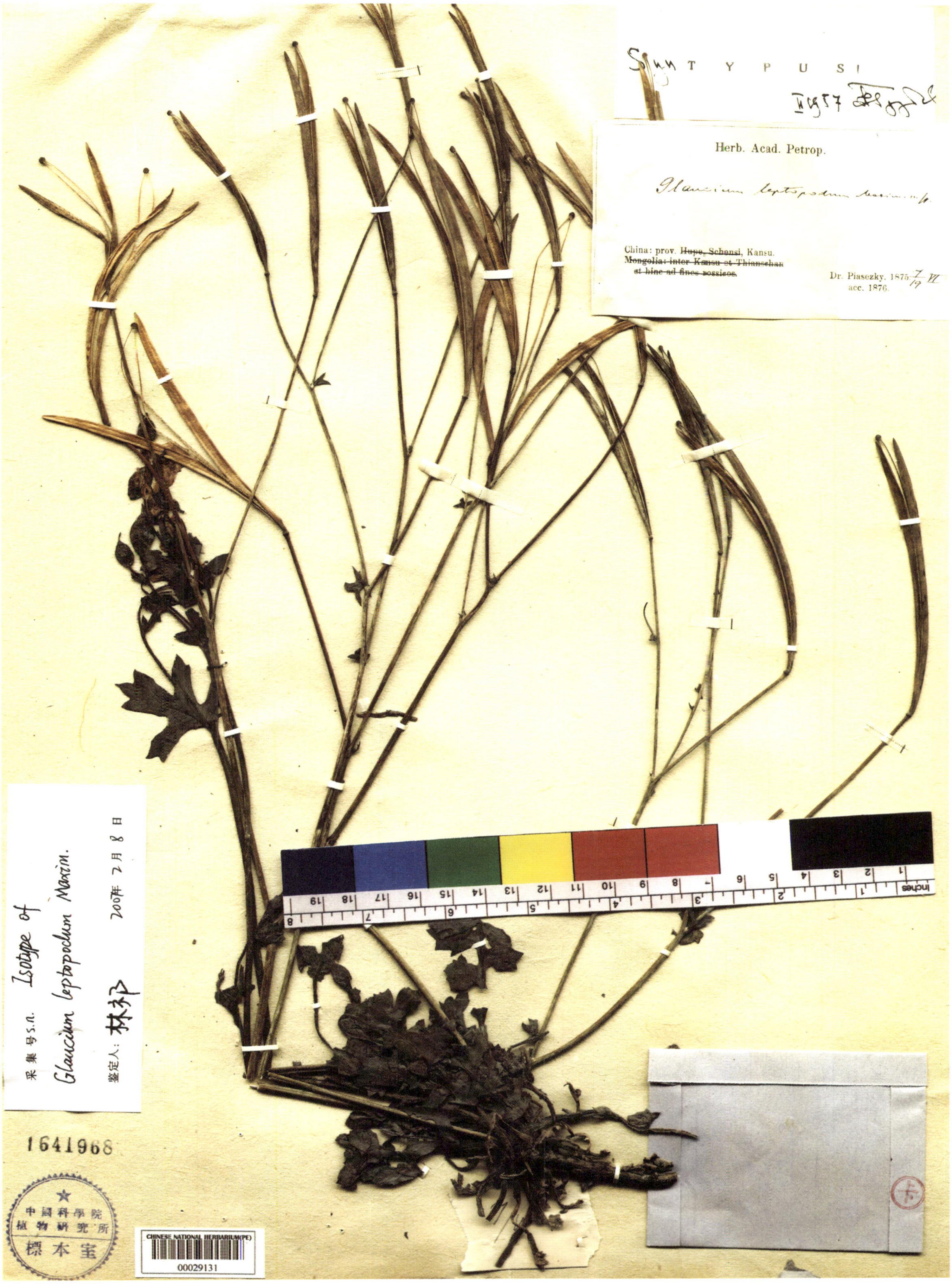

秃疮花 ***Glaucium leptopodum*** Maxim. in Mél. Biol. 9: 714. 1876. **Isotype:** China: Gansu,Precise locality not known,1875-06-(07~19), Piasezky s. n.

春荷青花 ***Hylomecon vernalis*** Maxim. in Mem. Savant. Etrang. Acad. Petersgb. 9: 36. 1858. **Paratype:** China. Heilongjiang: Amur, 1855-08-16, Maximowicz s. n.

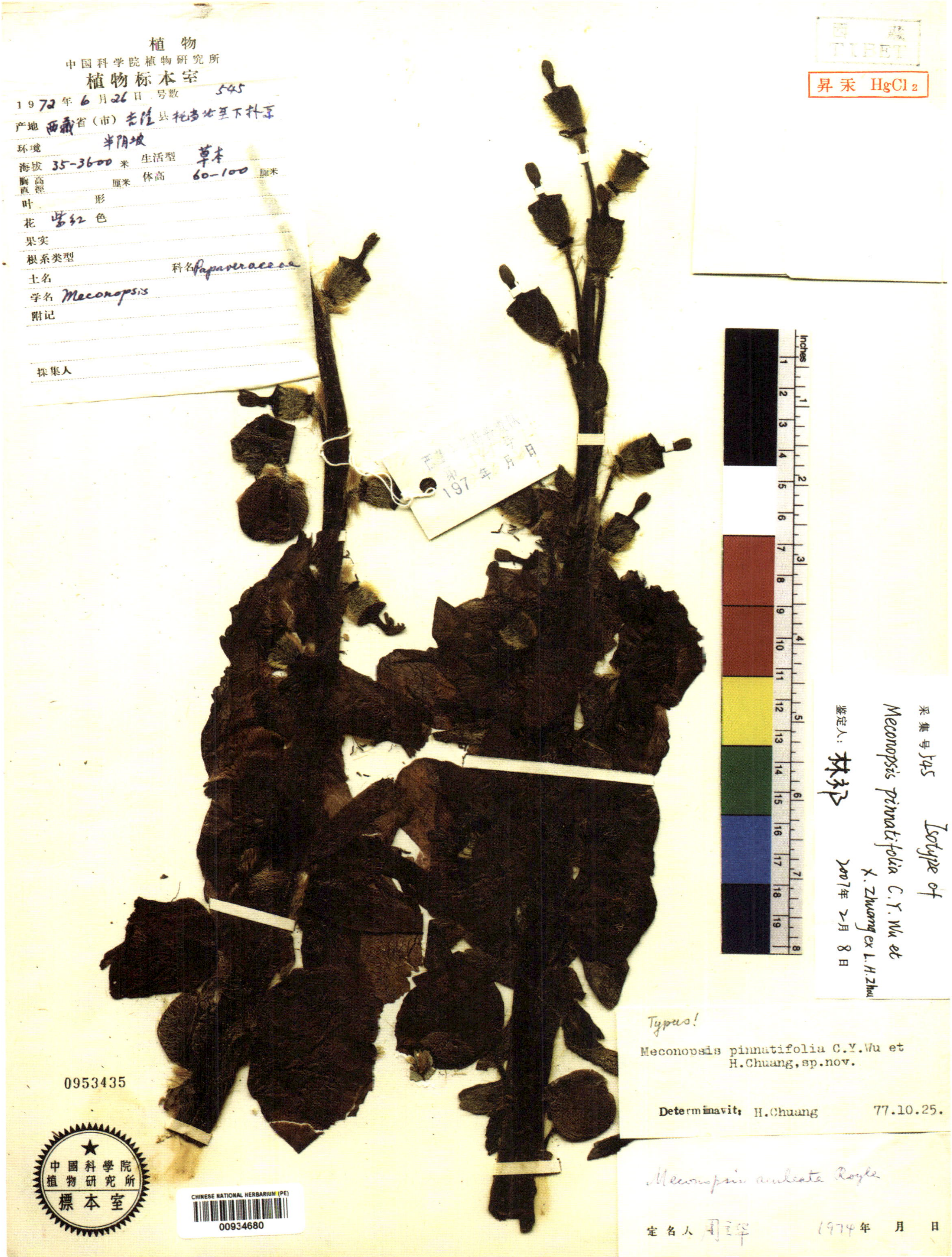

吉隆绿绒蒿 ***Meconopsis pinnatifolia*** C. Y. Wu & H. Chuang ex L. H. Zhou in Acta Phytotax. Sin. 17(4): 114, f. 3. 1979. **Isotype:** China: Xizang: Gyirong, alt. 3 500 ~ 3 600 m,1972-06-26, Xizang Medic. Herb. Exped. 545.

红花绿绒蒿 ***Meconopsis punicea*** Maxim., Fl. Tangut. 1: 34. 1889. **Isotype:** China: Xizang: Precise locality not known, 1884-07-(01~13), N. M. Przewalski s. n.

Capparaceae

山柑科

Shanganke

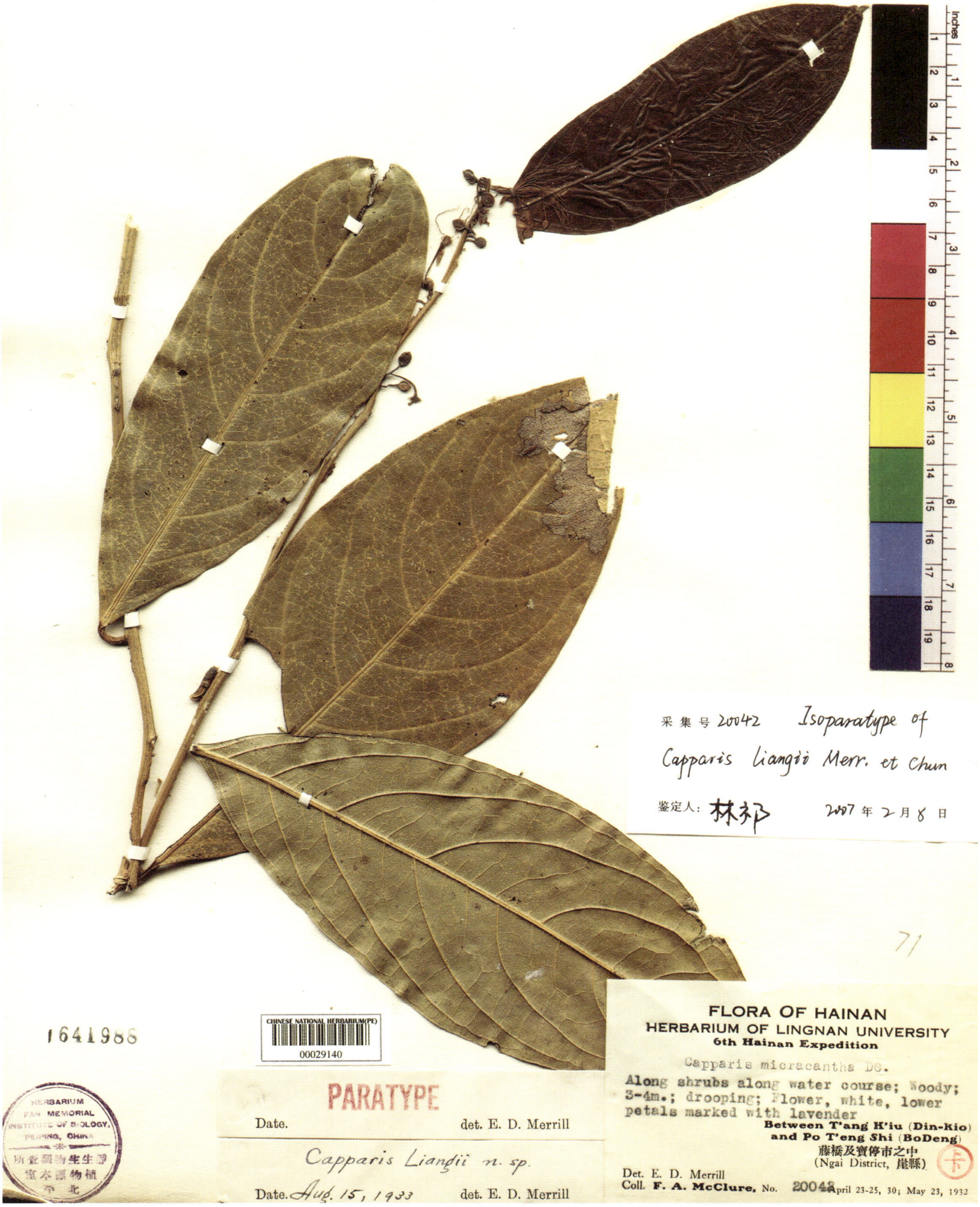

梁氏山柑（新拟）***Capparis liangii*** Merr. & Chun in Sunyatsenia 2(1): 29. 1934. **Isoparatype:** China. Hainan: Sanya, 1932-05-23, F. A. McClure 20042.

毛果山柑 ***Capparis trichocarpa*** B. S. Sun in Acta Phytotax. Sin. 9(2): 113. 1964. **Lectotype** (designated by H. L. Li & al. in Bull. Bot. Res., Harbin 28: 265. 2008): China. Yunnan: Fohai (=Menghai), alt. 1 520 m, 1936-05-??, C. W. Wang 73796.

Cruciferae(Brassicaceae)

十字花科

Shizihuake

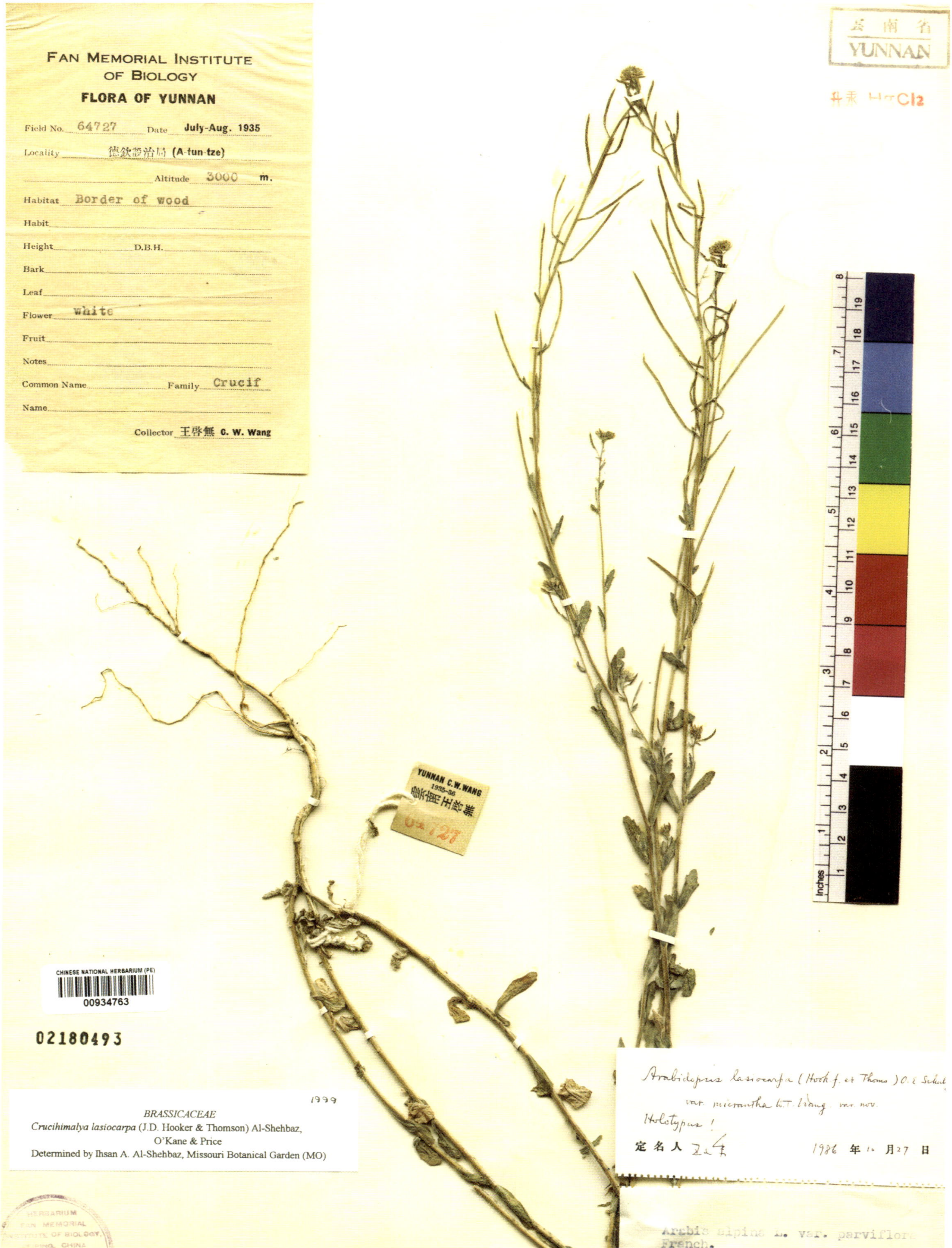

小花毛果拟南芥***Arabidopsis lasiocarpa*** (Hook. f. & Thoms.) O. E. Schulz var. ***micrantha*** W. T. Wang in Bull. Bot. Res., Harbin 8(3): 19. 1988. **Holotype:** China. Yunnan: Dêqên, alt. 3 000 m, 1935-(07~08)-??, C. W. Wang 64727.

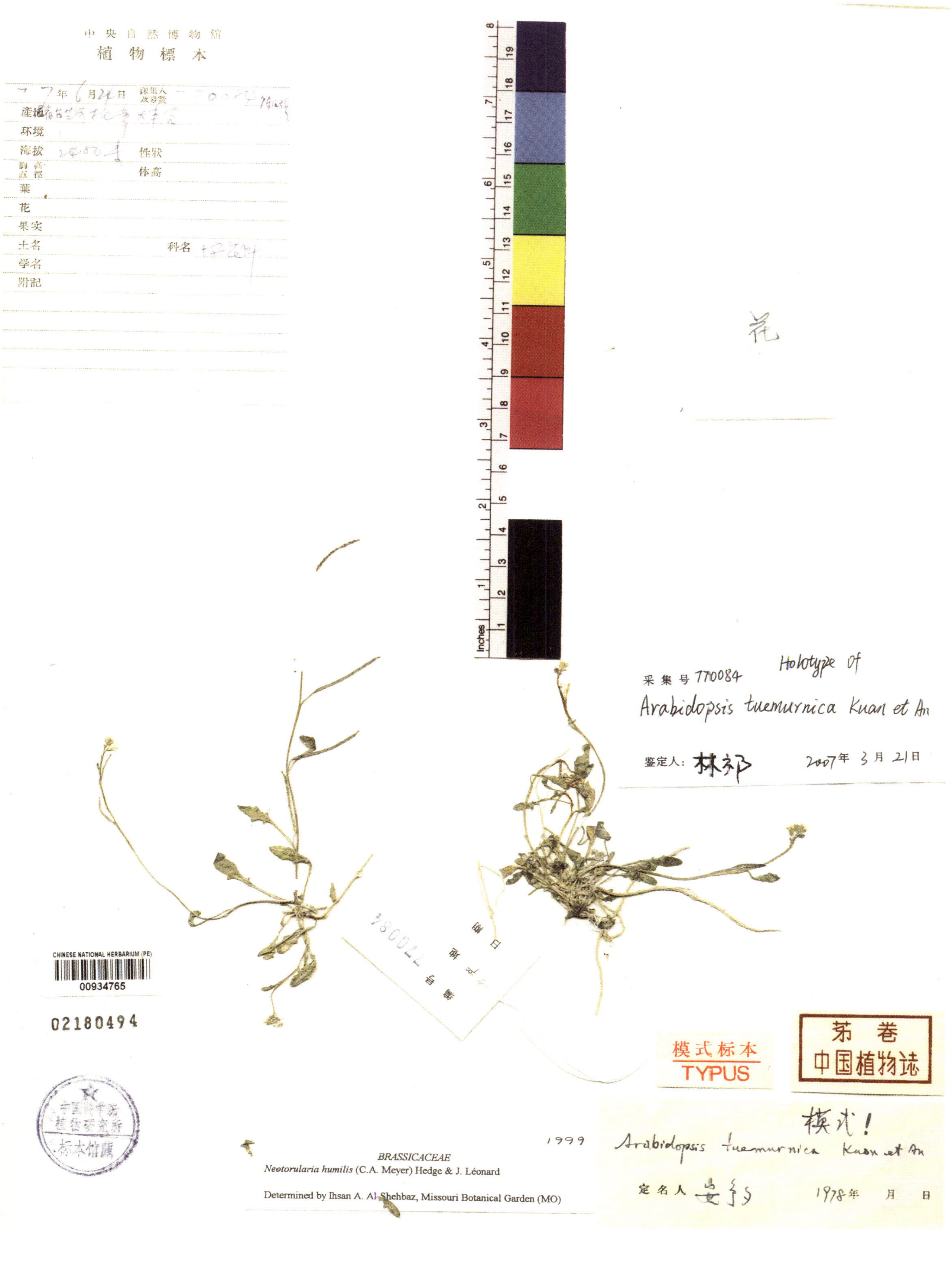

托穆尔拟南芥 ***Arabidopsis tuemurnica*** K. C. Kuan & Z. X. An in Bull. Bot. Lab. N. -E. Forest. Inst., Harbin 8: 44, photo. 11. 1980. **Holotype:** China. Xinjiang: Wensu, alt. 2 400 m, 1977-06-24, Tuo-mu-er-feng Exped. 770084.

贺兰山南芥 ***Arabis alashanica*** Maxim. in Bull. Acad. Imp. Sci. St. -Petersb. 26(3): 420. 1880. **Isotype:** China. Gansu. Alaschan, 1873-06-20, N. M. Przewalski 102.

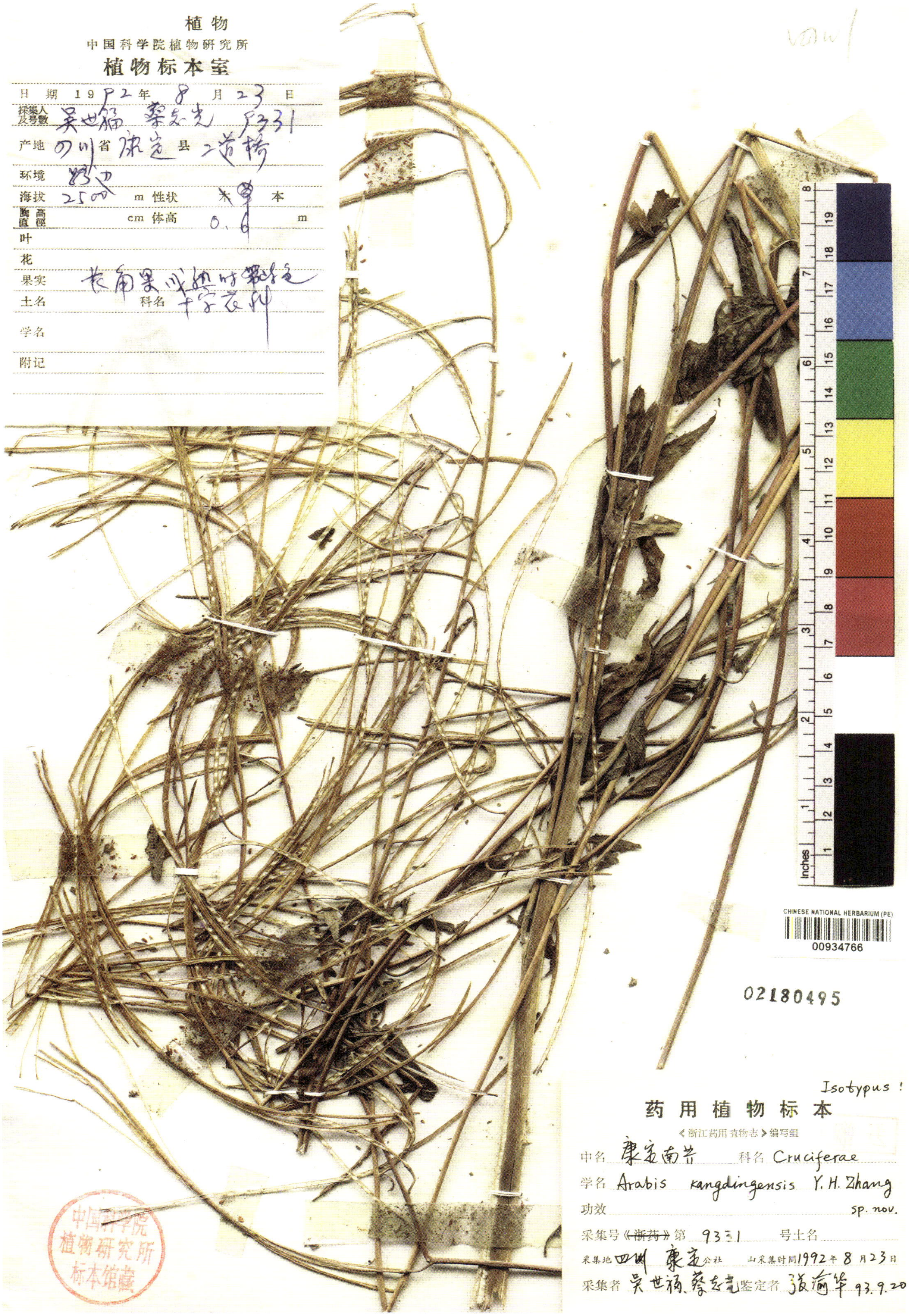

康定南芥 ***Arabis kangdingensis*** Y. H. Zhang in Bull. Bot. Res., Harbin 14(2): 144. 1994. **Holotype:** China: Sichuan: Kangding, alt. 2 500 m, 1992-08-23, S. F. Wu & Z. G. Cai 9331.

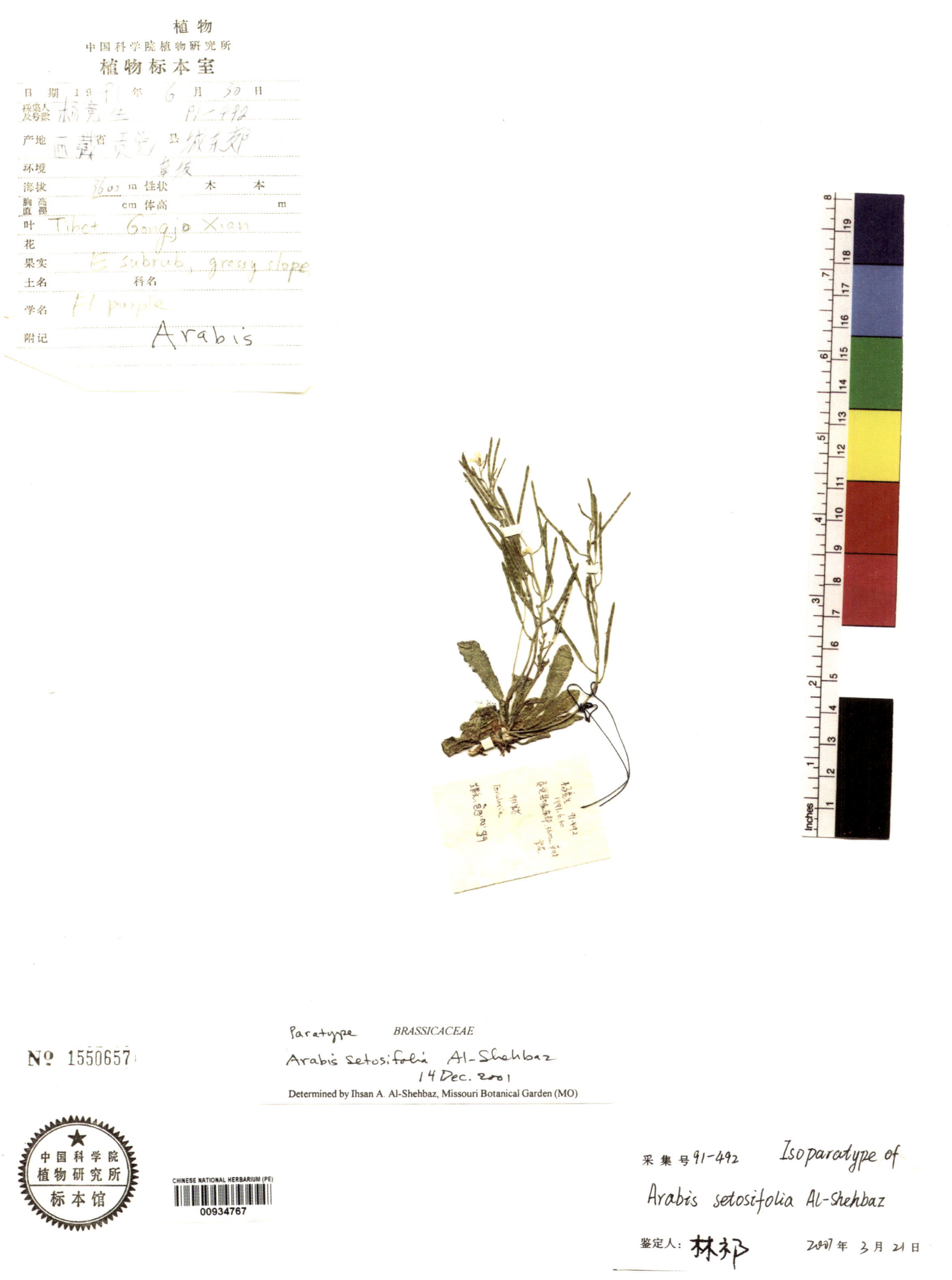

刚毛叶南芥 ***Arabis setosifolia*** Al-Shehbaz in Novon 12(3): 310, f. 1. 2002. **Isoparatype:** China. Xizang: Gonjo, alt. 3 600 m, 1991-06-30, J. S. Yang 91-492.

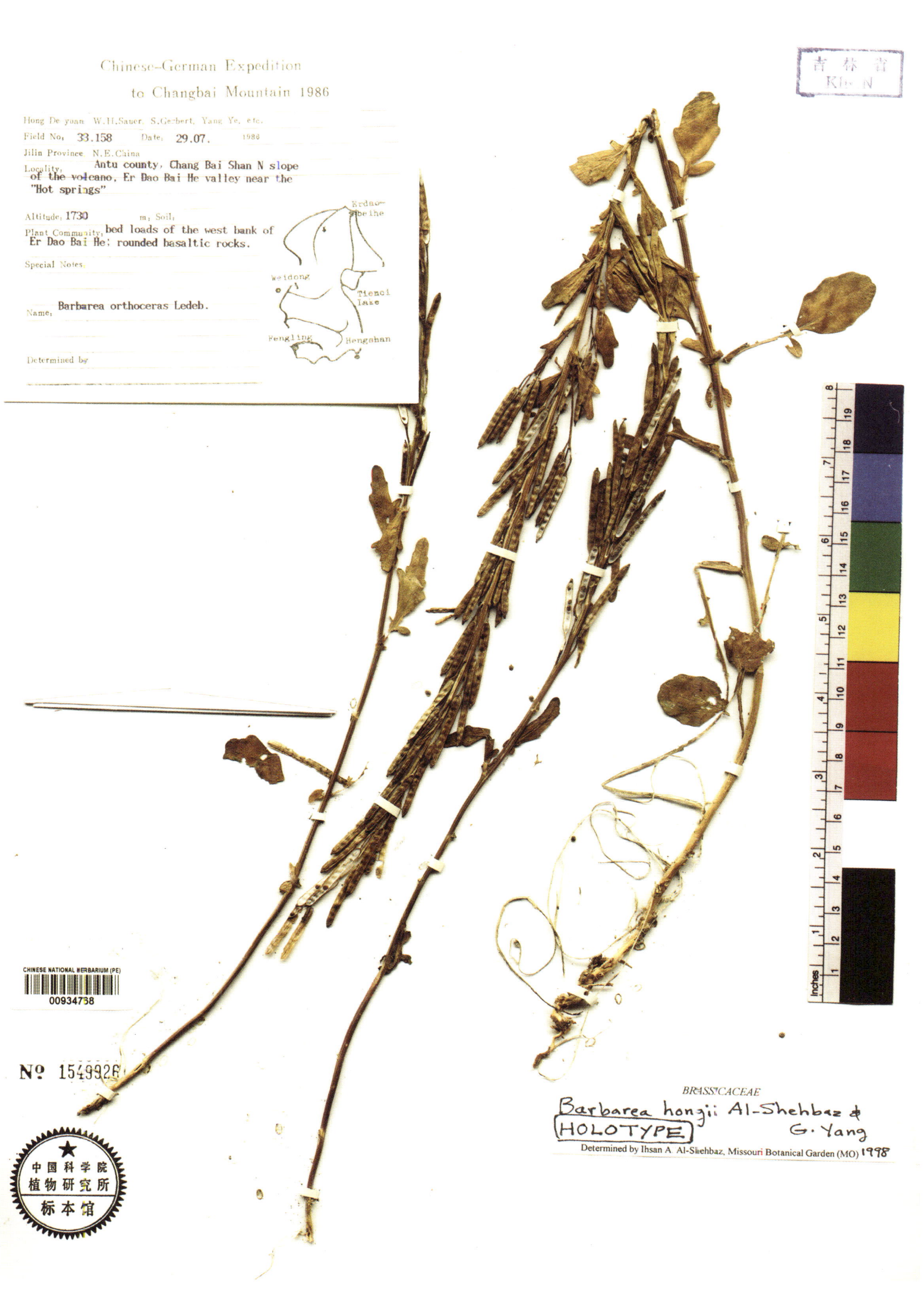

洪氏山芥 ***Barbarea hongii*** Al-Shehbaz & G. Yang in Acta Phytotax. Sin. 38(1): 71, f 1. 2000. **Holotype:** China. Jilin: Antu, alt. 1 730 m, 1986-07-29, D. Y. Hong & al. 33158.

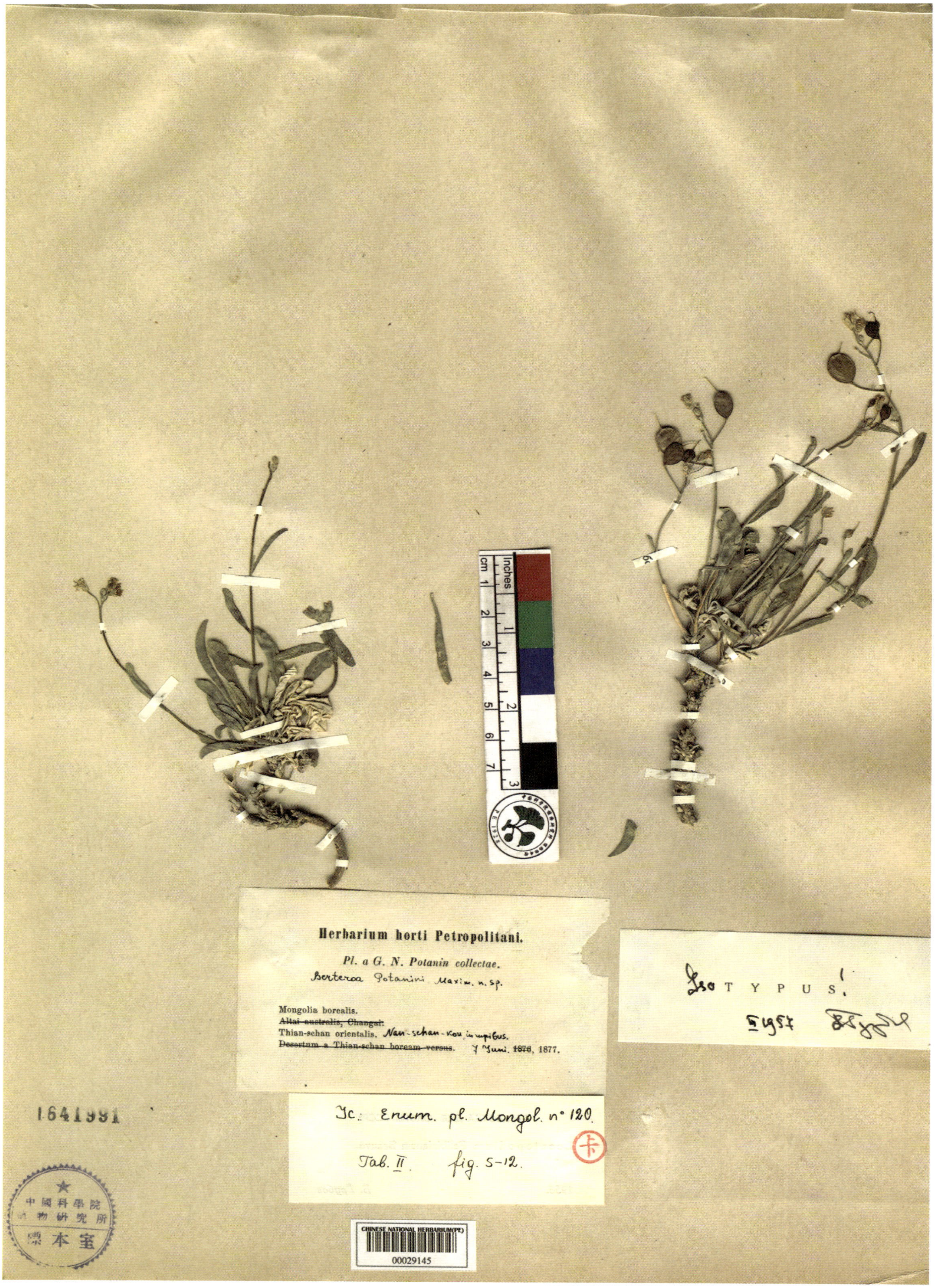

大果团扇荠 ***Berteroa potanini*** Maxim. in Bull. Acad. Imp. Sci. St. -Petersb. 26(3): 422. 1880. **Isotype:** China. Nei Mongol: Thian-schan, 1877-06-07, G. N. Potanin s. n.

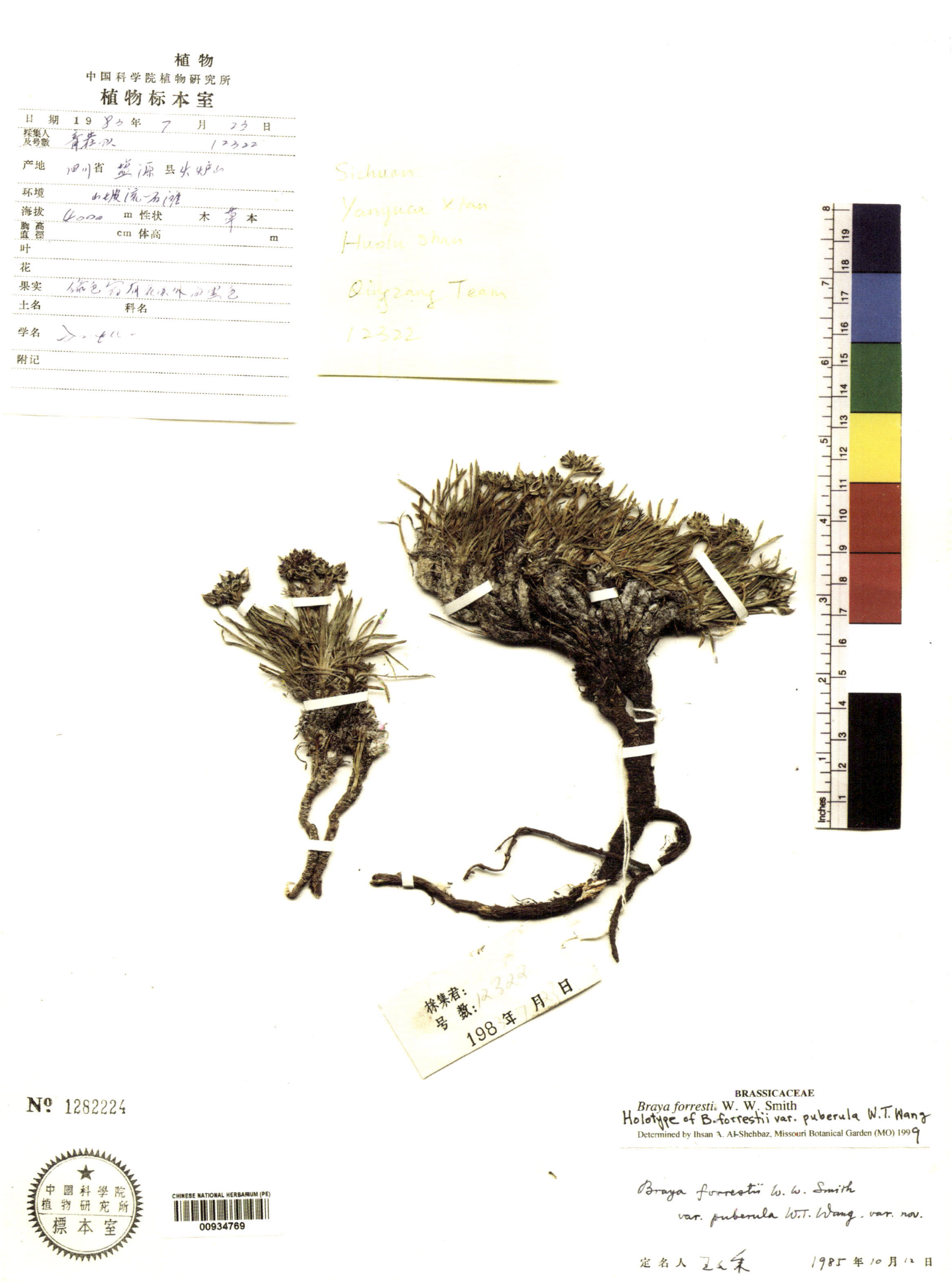

毛细肉叶芥 ***Braya forrestii*** W. W. Smith. var. ***puberula*** W. T. Wang in Acta Bot. Yunnan. 9(1): 19. 1987. **Holotype:** China. Sichuan: Yanyuan, alt. 4 000 m, 1983-07-23, Qinghai-Xizang Exped. 12322.

青海肉叶荠 ***Braya kokonorica*** O. E. Schulz in Notizbl. Bot. Gart. Berlin-Dahlem 12: 209. 1934. **Lectotype** (designated here): China. Qinghai: Maijishan, alt. 4 500 m, 1930-09-02, Hopkinson 1104.

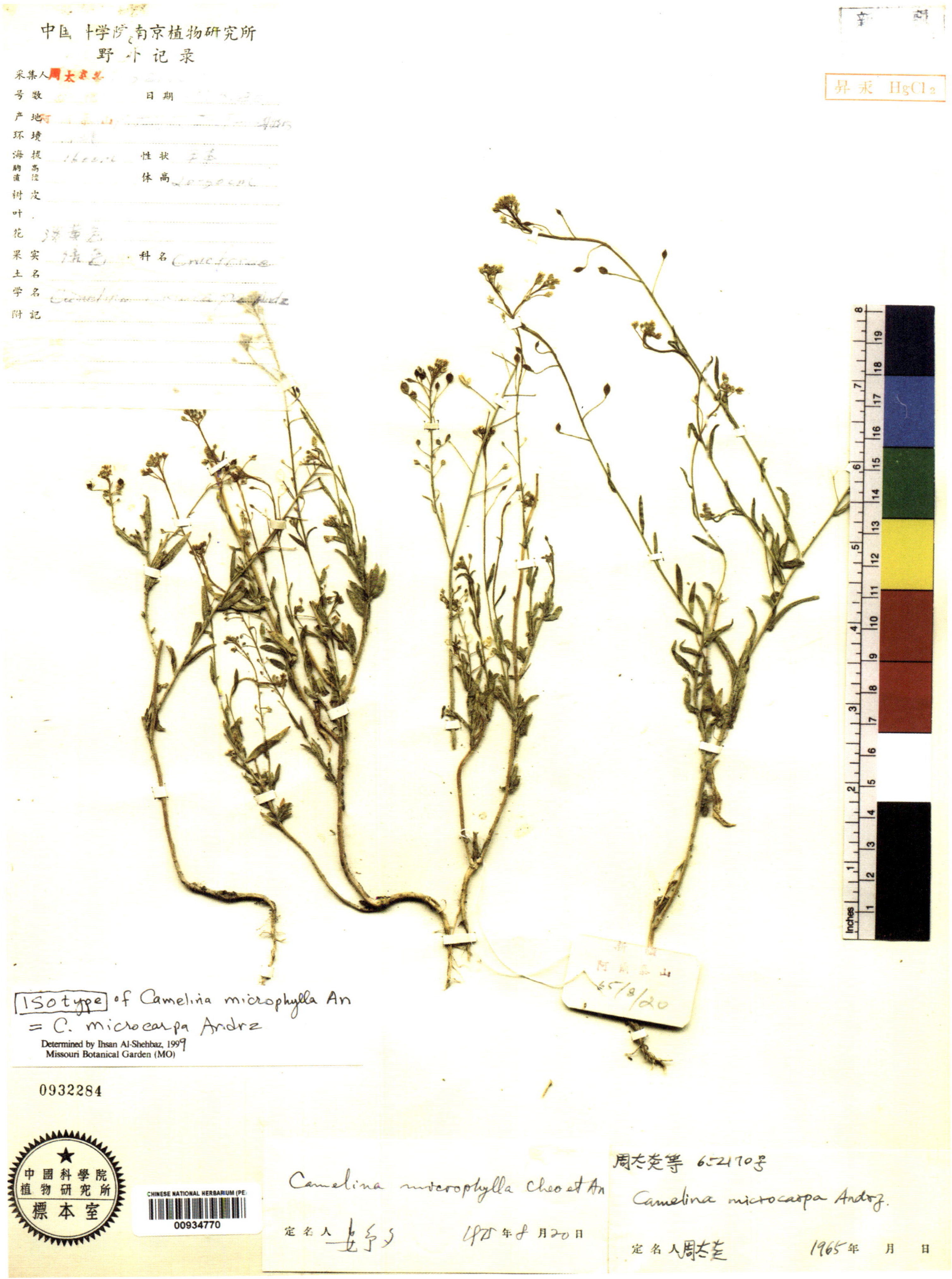

小叶亚麻荠***Camelina microphylla*** Z. X. An in Bull. Bot. Res., Harbin 1(1-2): 106. 1981. **Isotype:** China. Xinjiang: Altay, alt. 1 600 m, 1965-08-20, T. Y. Cheo & al. 652170.

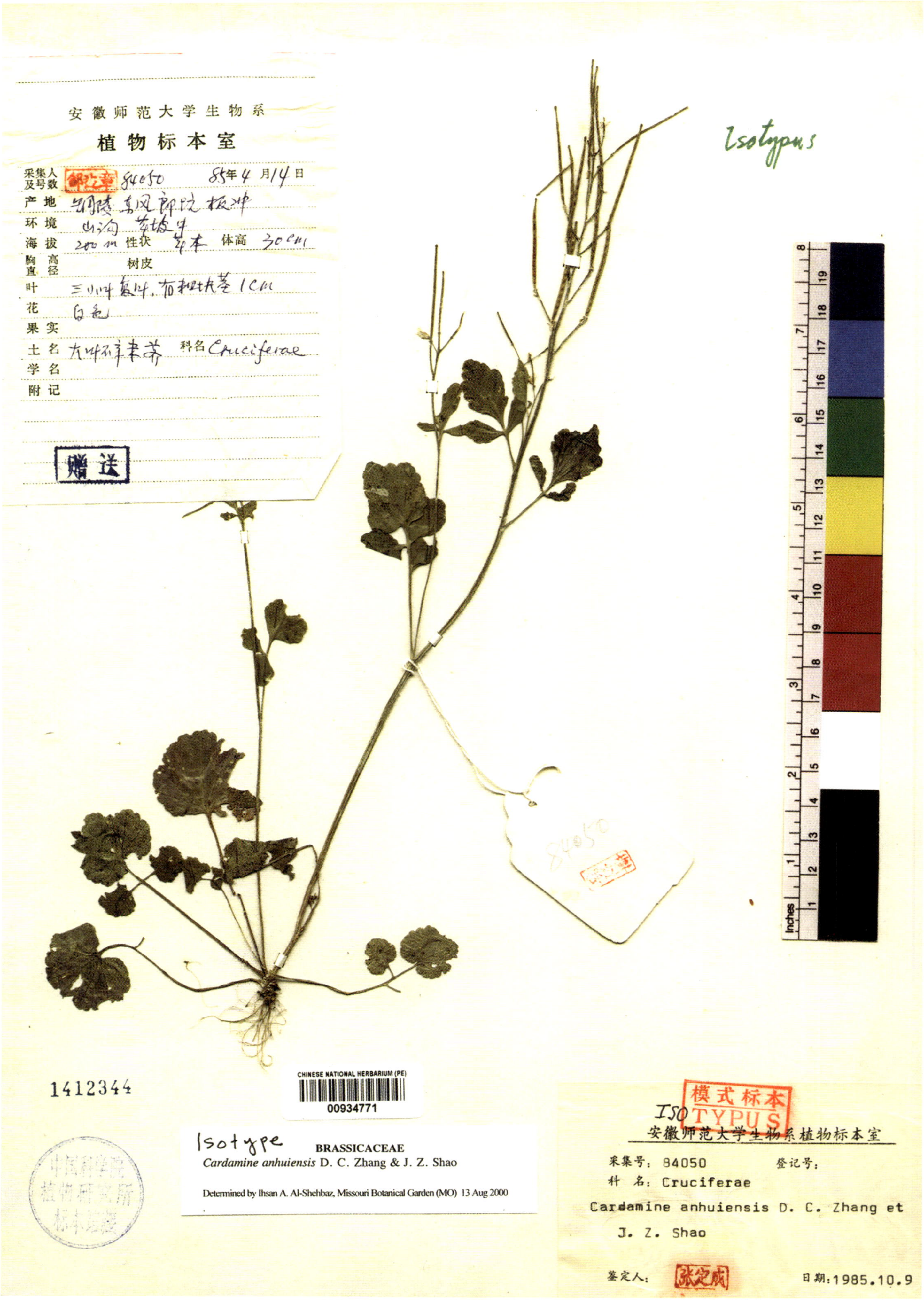

安徽碎米荠***Cardamine anhuiensis*** D. C. Zhang & J. Z. Shao in Bull. Bot. Res., Harbin 6(2): 127, f. 1986. **Isotype:** China. Anhui: Tongling, alt. 200 m, 1985-04-14, J. Z. Shao 84050.

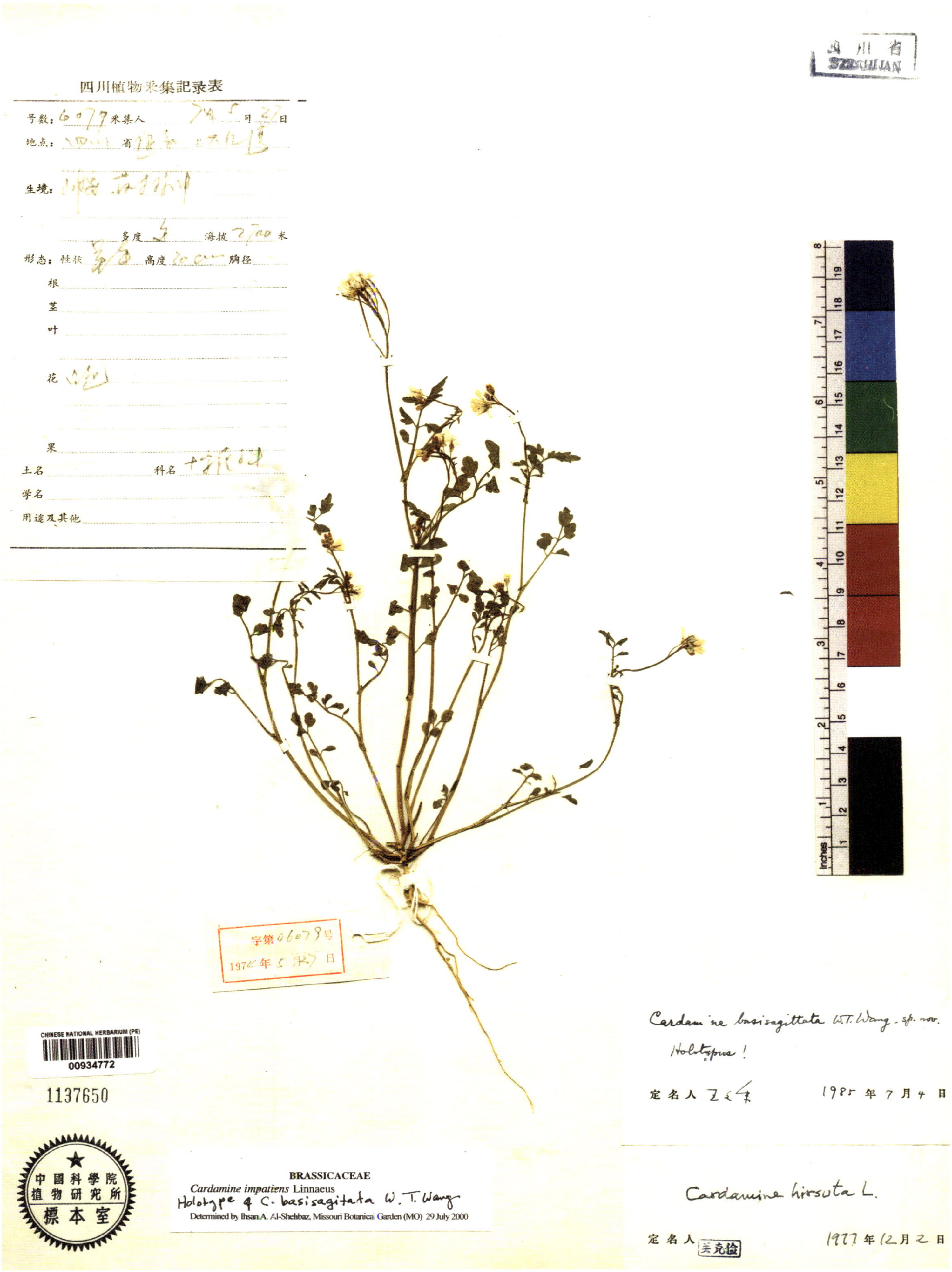

箭基碎米荠 ***Cardamine basisagittata*** W. T. Wang in Acta Bot. Yunnan.9(1): 10, f. 3: 4-5. 1987. **Holotype:** China. Sichuan: Kangding, alt. 2 700 m, 1974-05-27, Sichuan Exped. 6079.

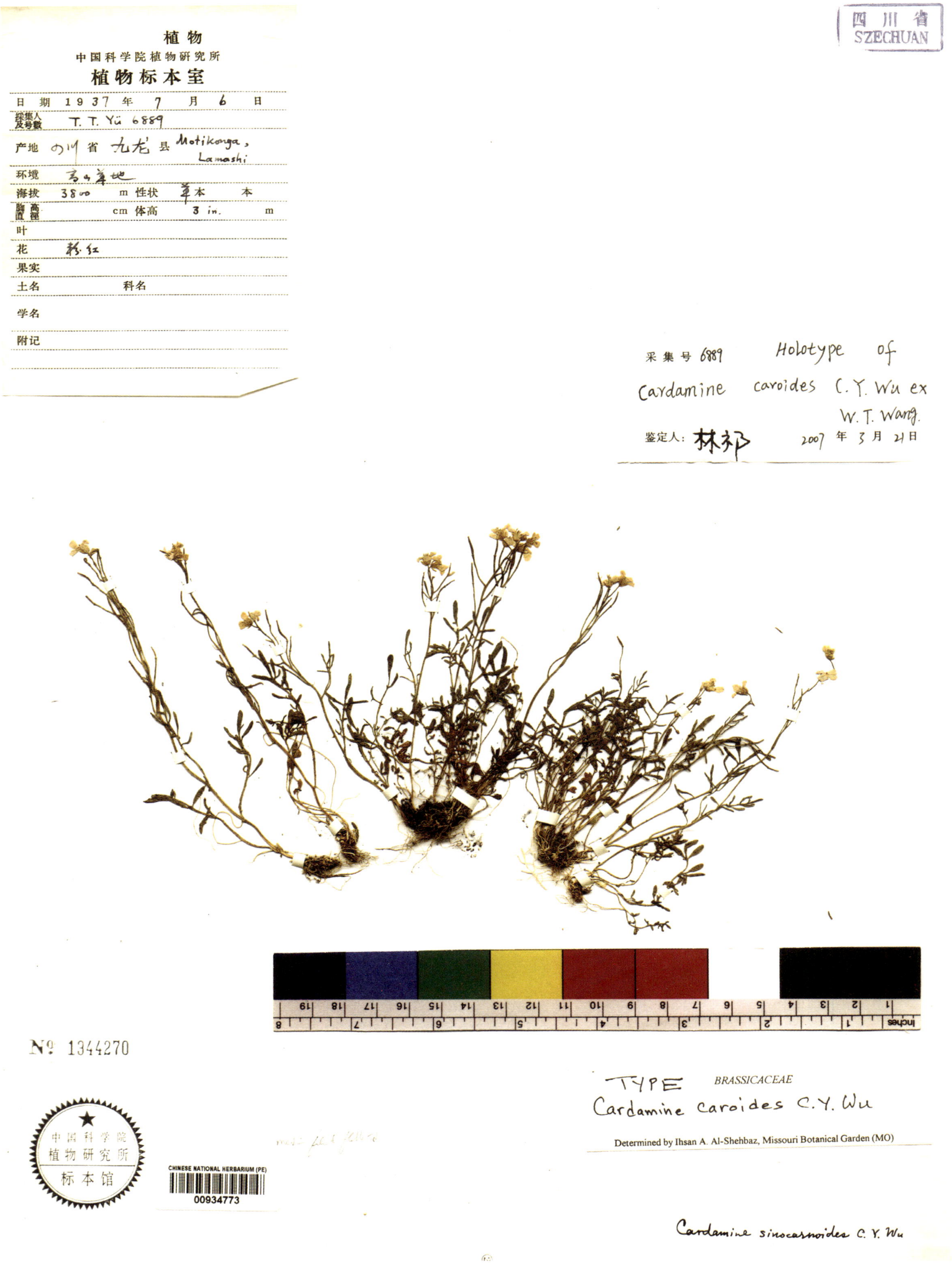

细裂碎米荠 ***Cardamine caroides*** C. Y. Wu ex W. T. Wang in Acta Bot. Yunnan. 9(1): 17, f. 2: 3. 1987. **Holotype:** China. Sichuan: Jiulong, alt. 3 800 m, 1937-07-06, T. T. Yu 6889.

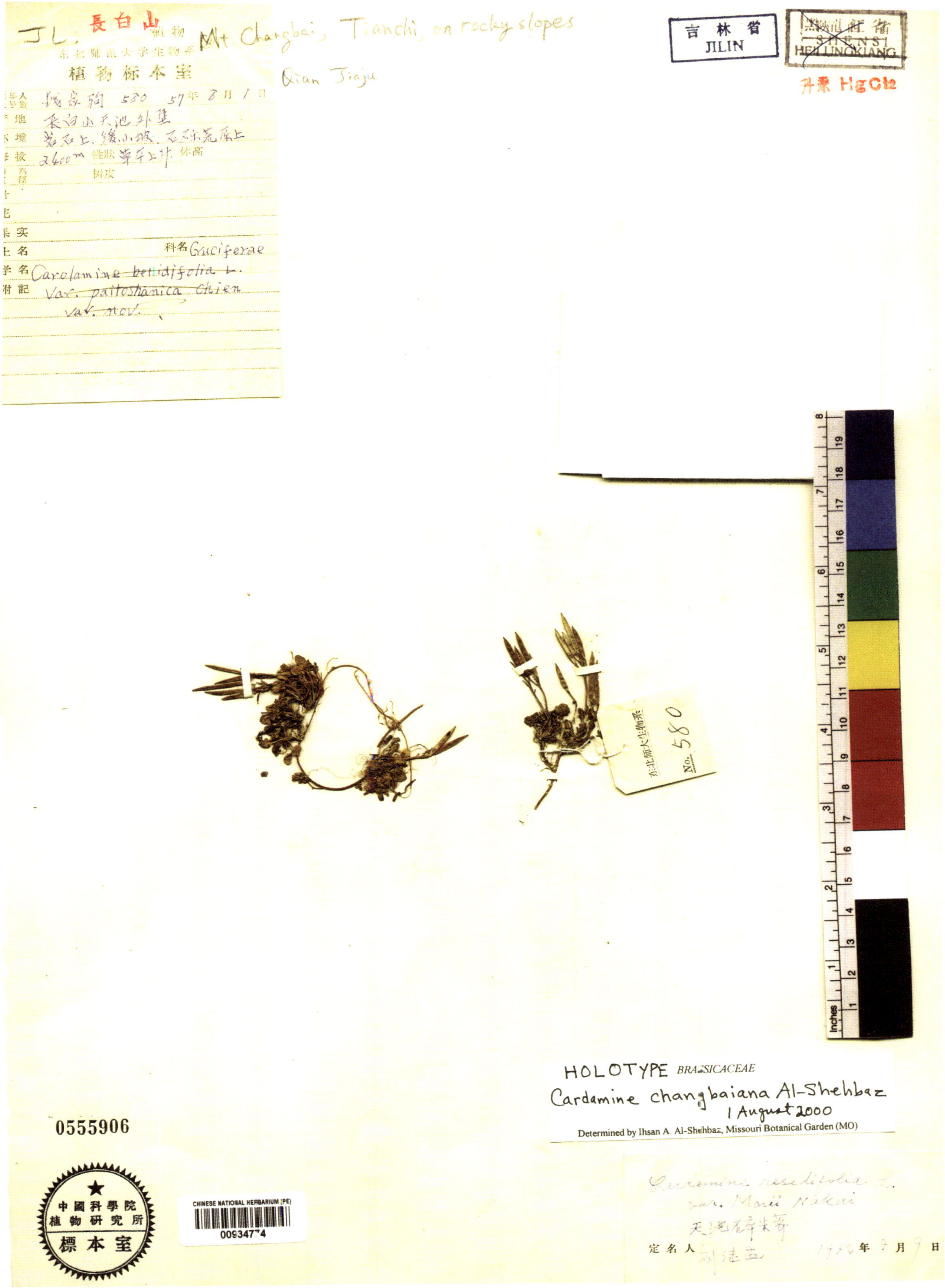

天池碎米荠*Cardamine changbaiana* Al-Shehbaz in Novon 10(4): 323. 2000. **Holotype:** China. Jilin: Changbaishan, alt. 2 400 m, 1957-08-01, J. J. Qian 580.

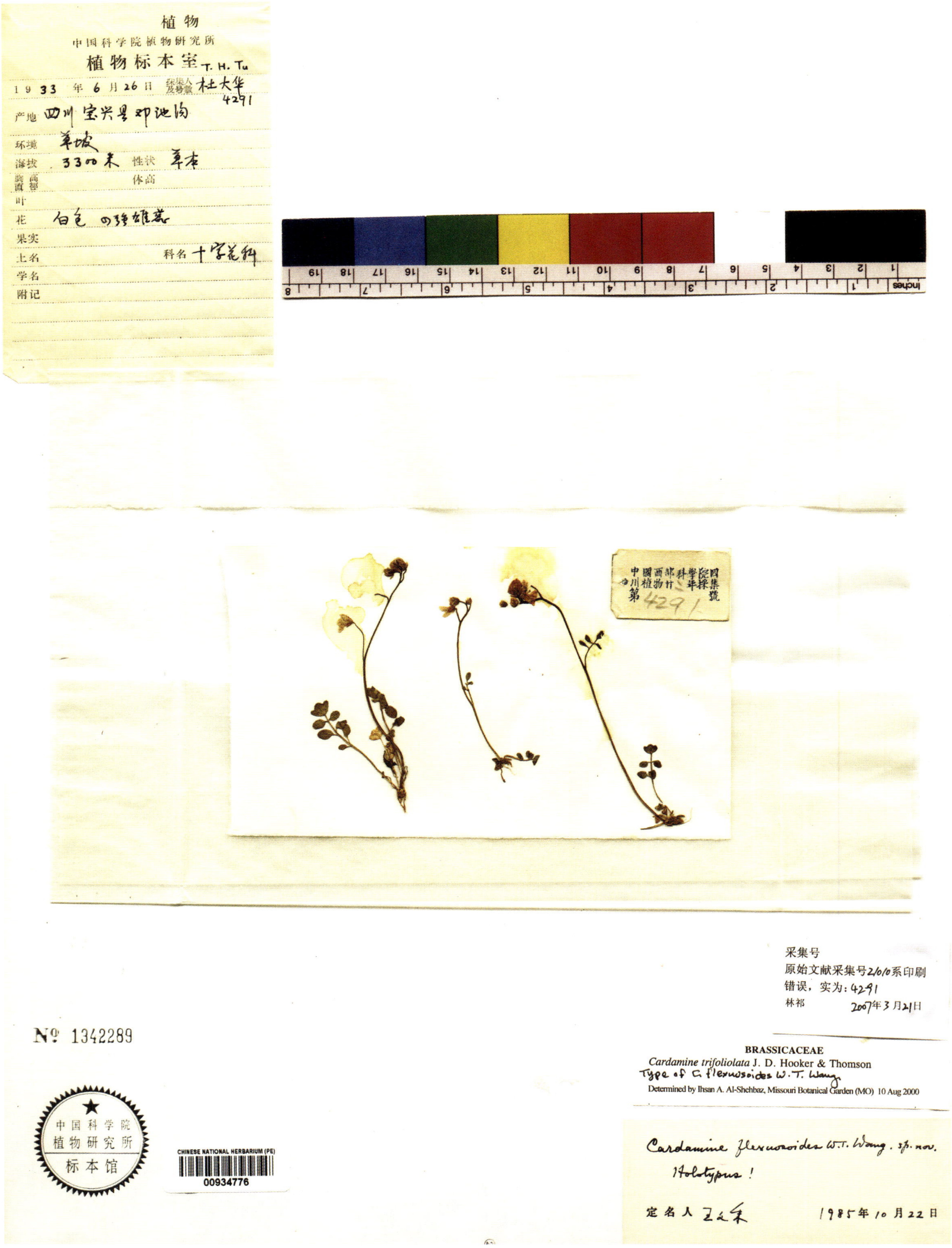

拟弯曲碎米荠 ***Cardamine flexuosoides*** W. T. Wang in Acta Bot. Yunnan. 9(1): 12, f. 3: 1. 1987. **Holotype:** China. Sichuan: Baoxing, alt. 3 300 m, 1933-06-26, T. H. Tu 4291.

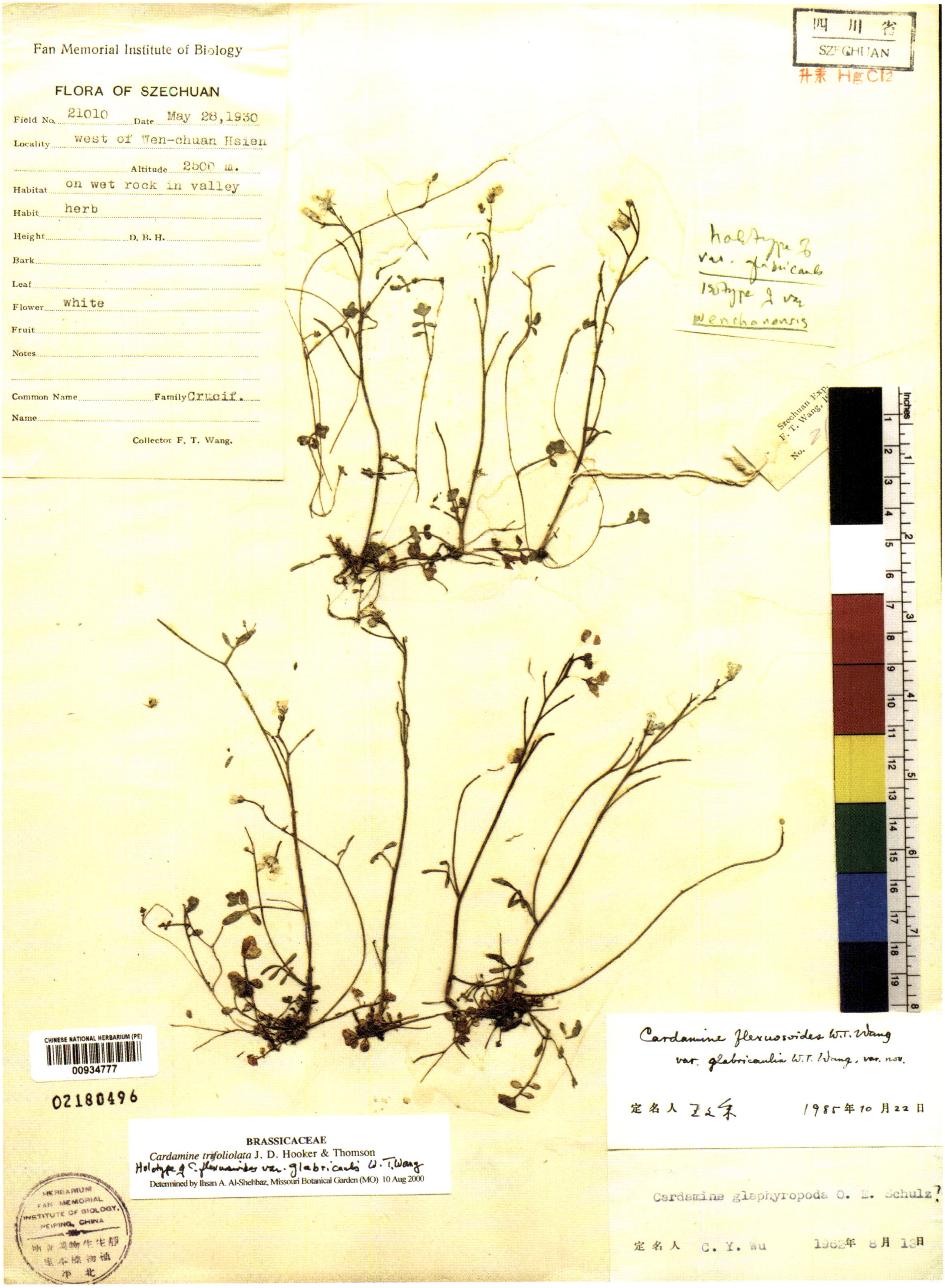

汶川碎米荠 ***Cardamine flexuosoides*** W. T. Wang var. ***glabricaulis*** W. T. Wang in Acta Bot. Yunnan. 9(1): 13. 1987.
Holotype: China. Sichuan: Wenchuan,alt. 2 500 m, 1930-05-28, F. T. Wang 21010.

四川碎米荠 ***Cardamine glaphyropoda*** O. E. Schulz in Acta Horti. Gothob. 1(4): 159. 1924. **Lectotype** (designated here)**:** China. Sichuan: Songpan, alt. 3 200 m, 1922-08-01, H. Smith 4121.

大叶山芥碎米荠 ***Cardamine griffithii*** Hook. f. & Thoms. var. ***grandifolia*** T. Y. Cheo & R. C. Fang in Bull. Bot. Lab. N.-E. Forest. Inst., Harbin 6: 25. 1980. **Isotype:** China. Hubei，Xingshan, alt. 1 600 m, 1957-05-27, Y. Liu 529.

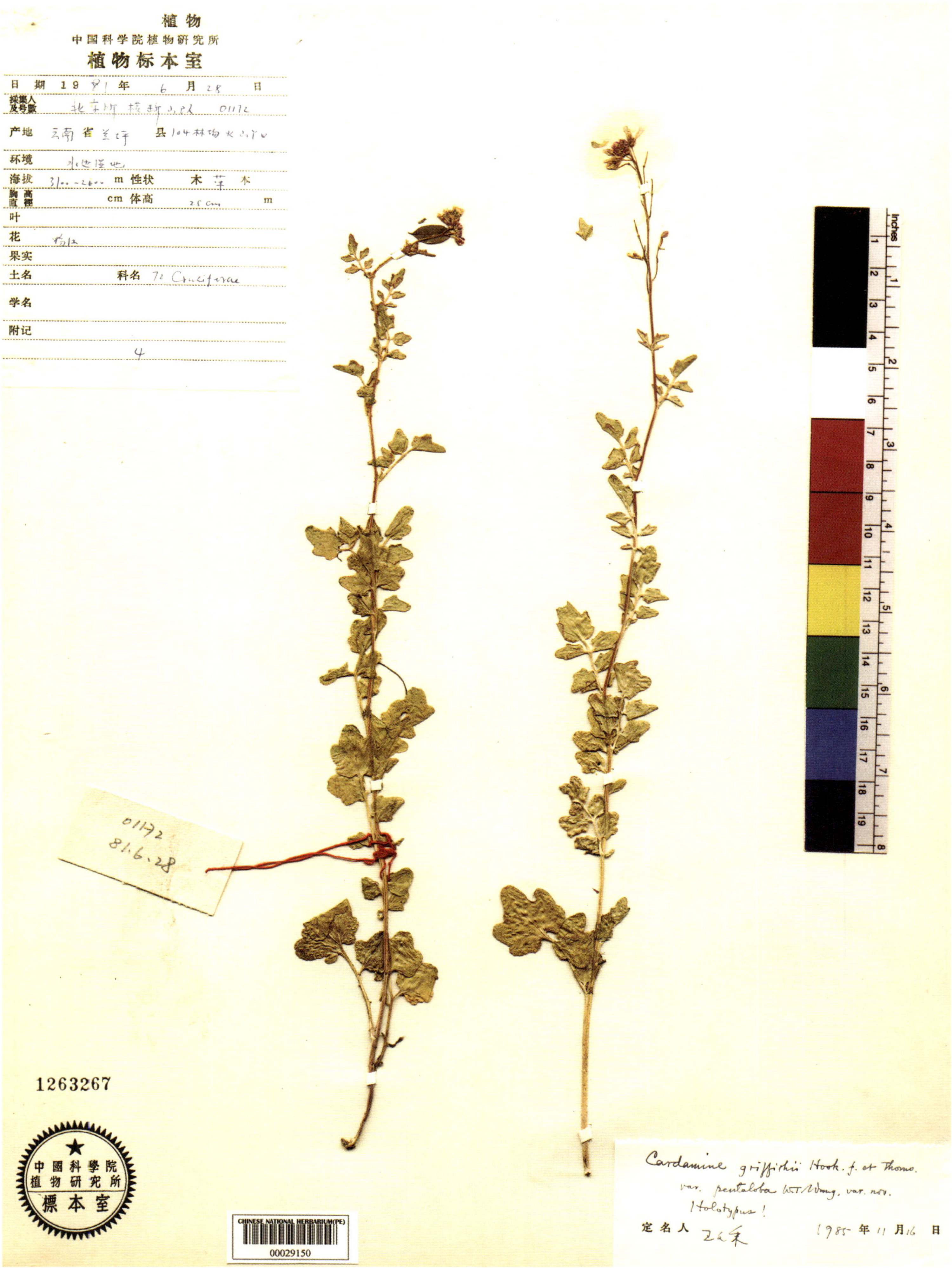

五裂碎米荠 ***Cardamine griffithii*** Hook. f. & Thoms. var. ***pentaloba*** W. T. Wang in Acta Bot. Yunnan. 9(1): 16, f. 4: 5-6. 1987. **Holotype:** China. Yunnan: Lanping, alt. 2 600~3 100 m, 1981-06-28, Hengduanshan Exped. 01172.

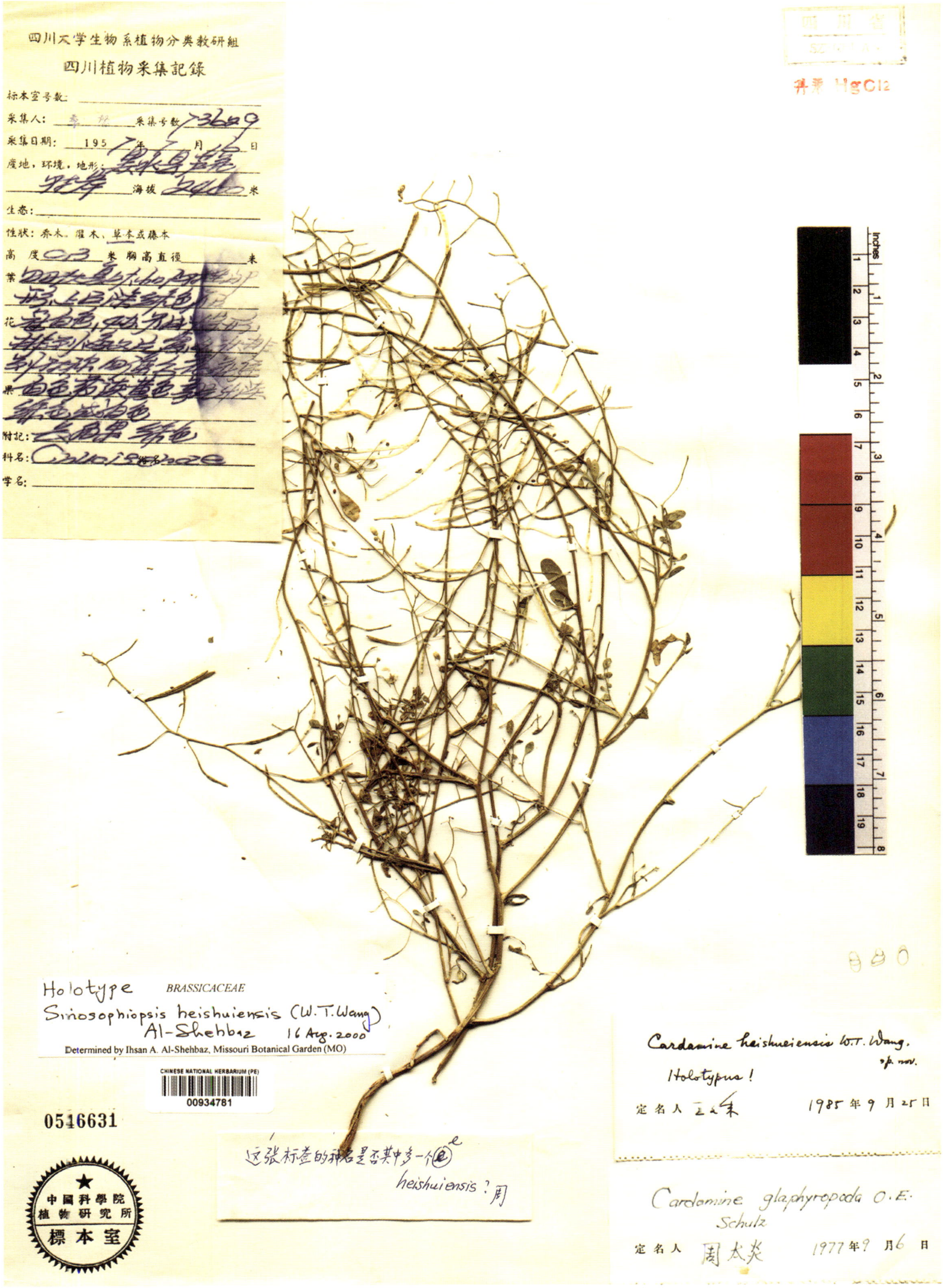

黑水碎米荠 ***Cardamine heishuiensis*** W. T. Wang in Acta Bot. Yunnan. 9(1): 15, f. 4:1-2. 1987. **Holotype:** China. Sichuan: Heishui, alt. 2 400 m, 1957-07-16, H. Li 73629.

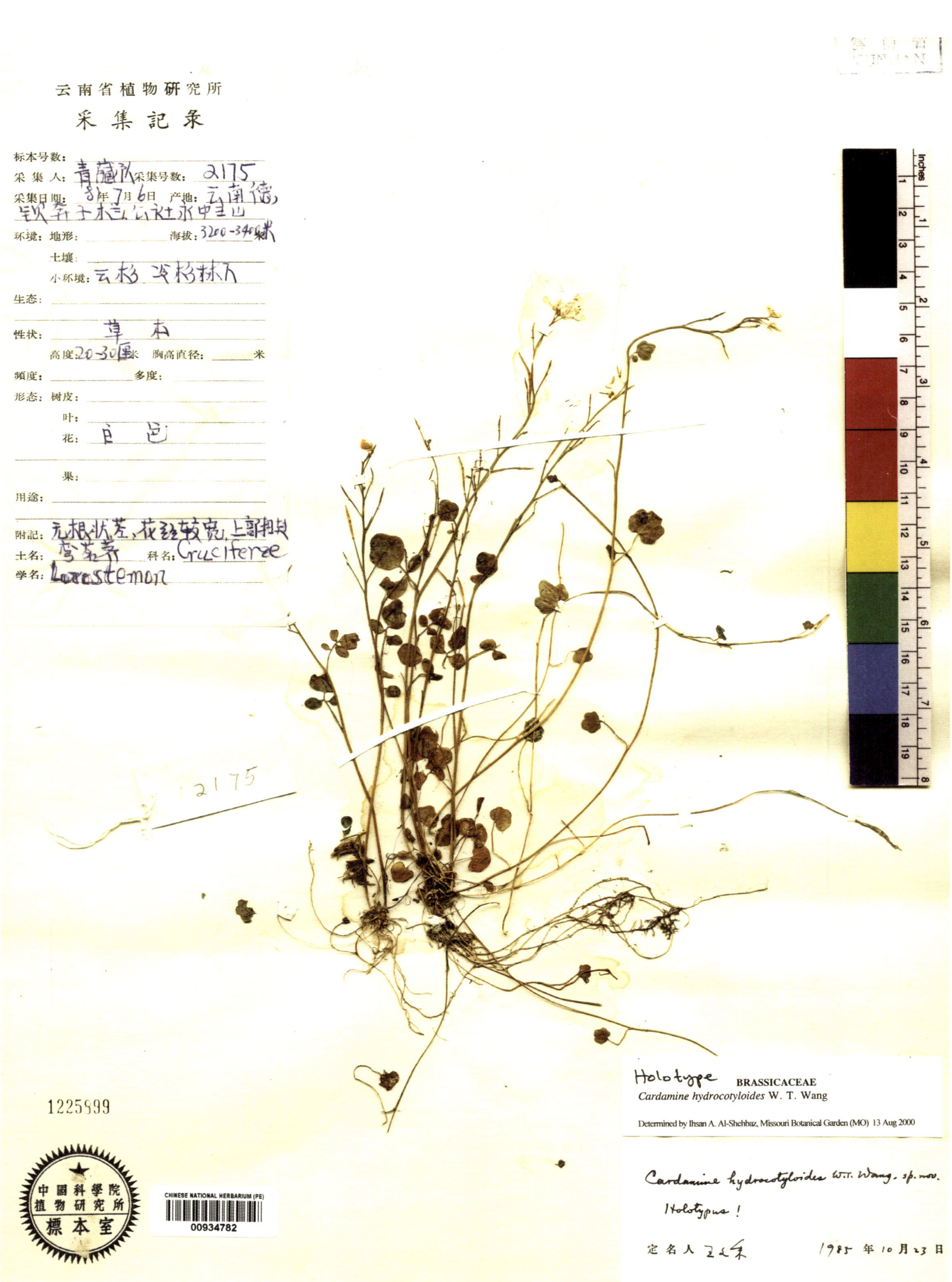

肾叶碎米荠 ***Cardamine hydrocotyloides*** W. T. Wang in Acta Bot. Yunnan. 9(1): 8, pl. 1, f. 1-4. 1987. **Holotype:** China. Yunnan：Dêqên, alt. 3 200~3 400 m, 1981-07-06, Qinghai- Xizang Exped. 2175.

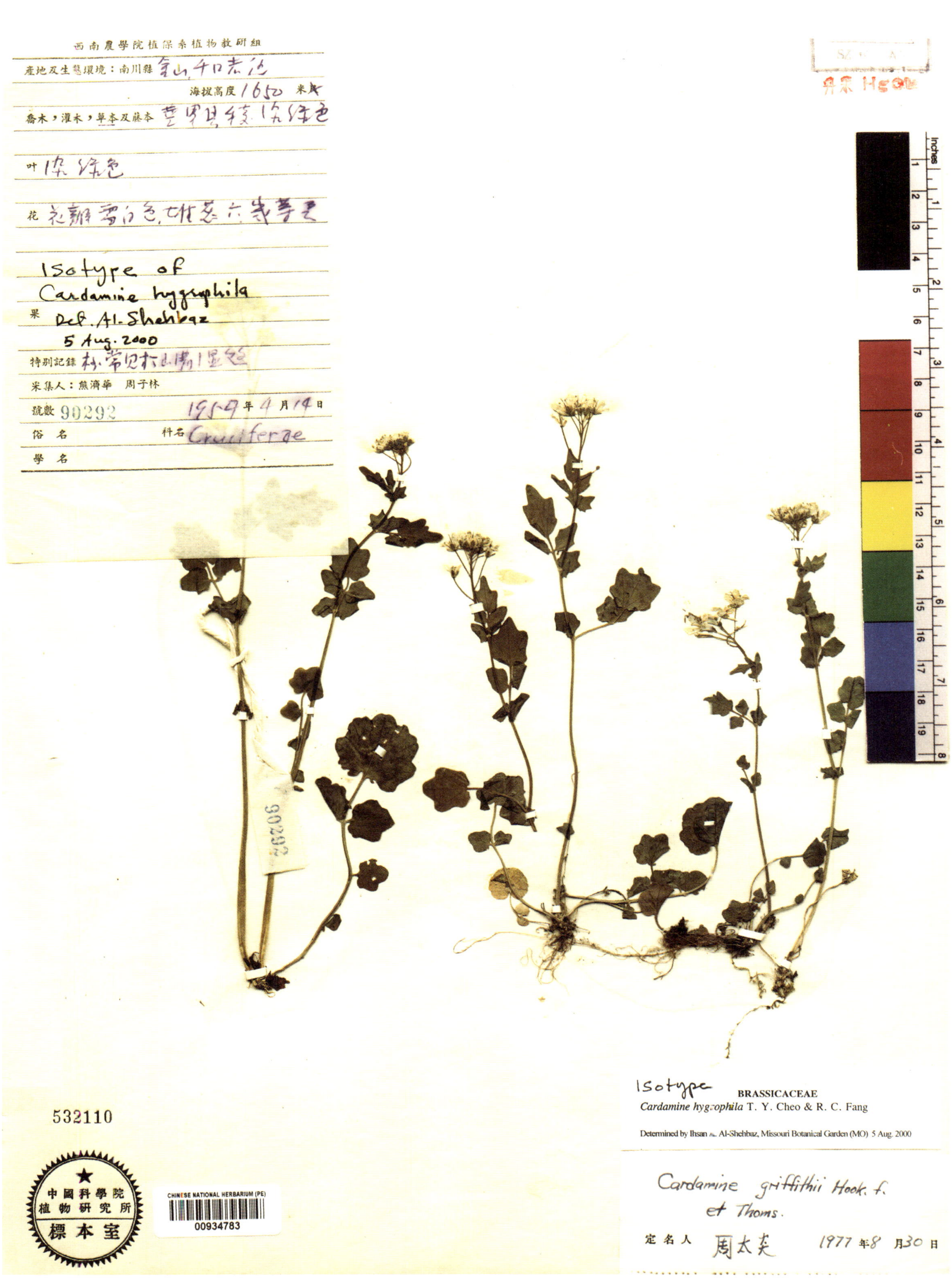

湿生碎米荠 ***Cardamine hygrophila*** T. Y. Cheo & R. C. Fang in Bull. Bot. Lab. N.-E. Forest. Inst., Harbin 6: 26. 1980. **Isotype:** China. Chongqing: Nanchuan, alt. 1 650 m, 1957-04-14, J. H. Xiong & Z. L. Zhou 90292.

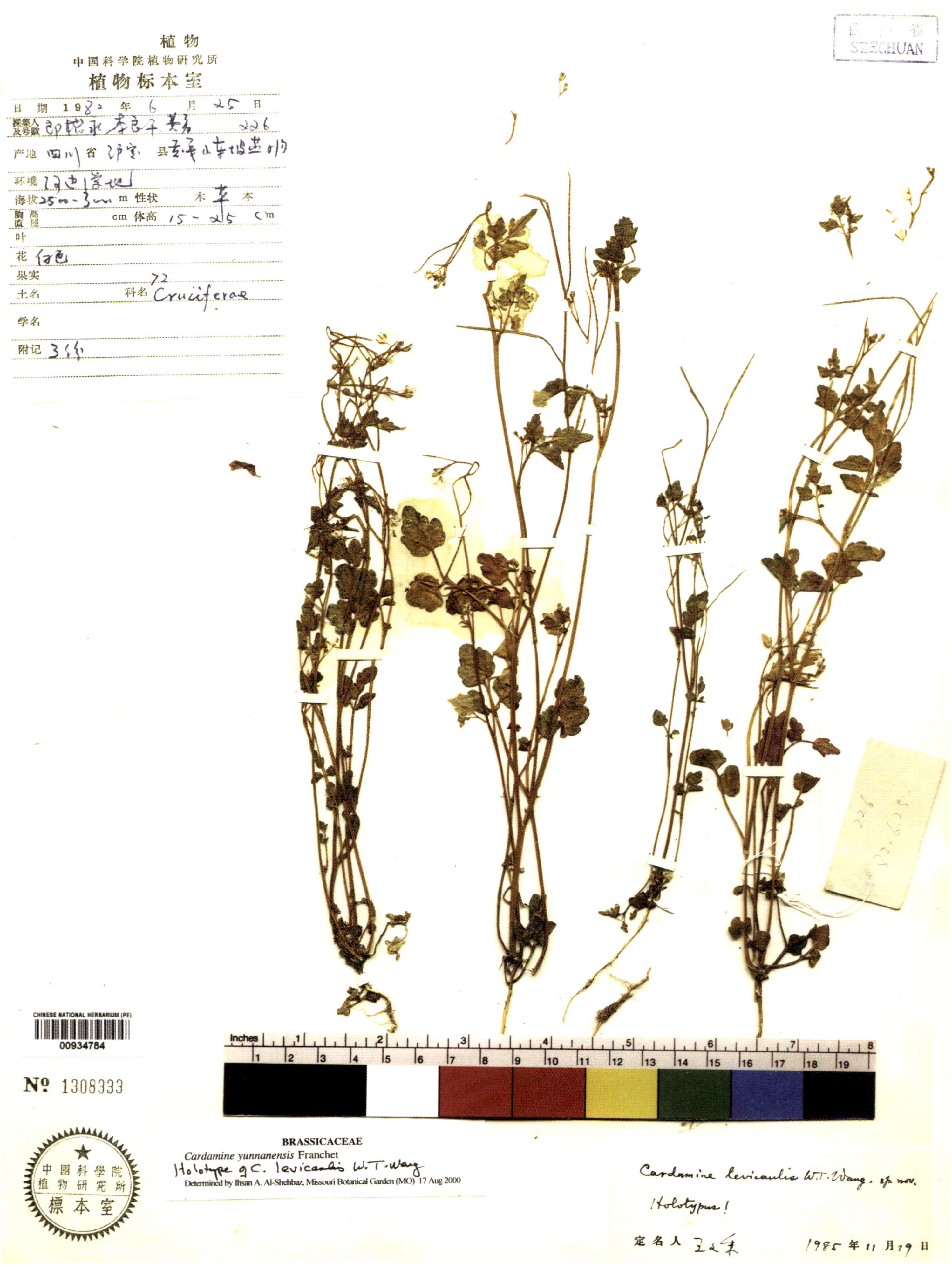

光茎碎米荠 ***Cardamine levicaulis*** W. T. Wang in Acta Bot. Yunnan. 9(1): 9, f. 2: 1-2. 1987. **Holotype:** China. Sichuan: Luding, alt. 2 500~3 000 m, 1982-06-25, K. Y. Lang, L. Q. Li & Y. Fei 226.

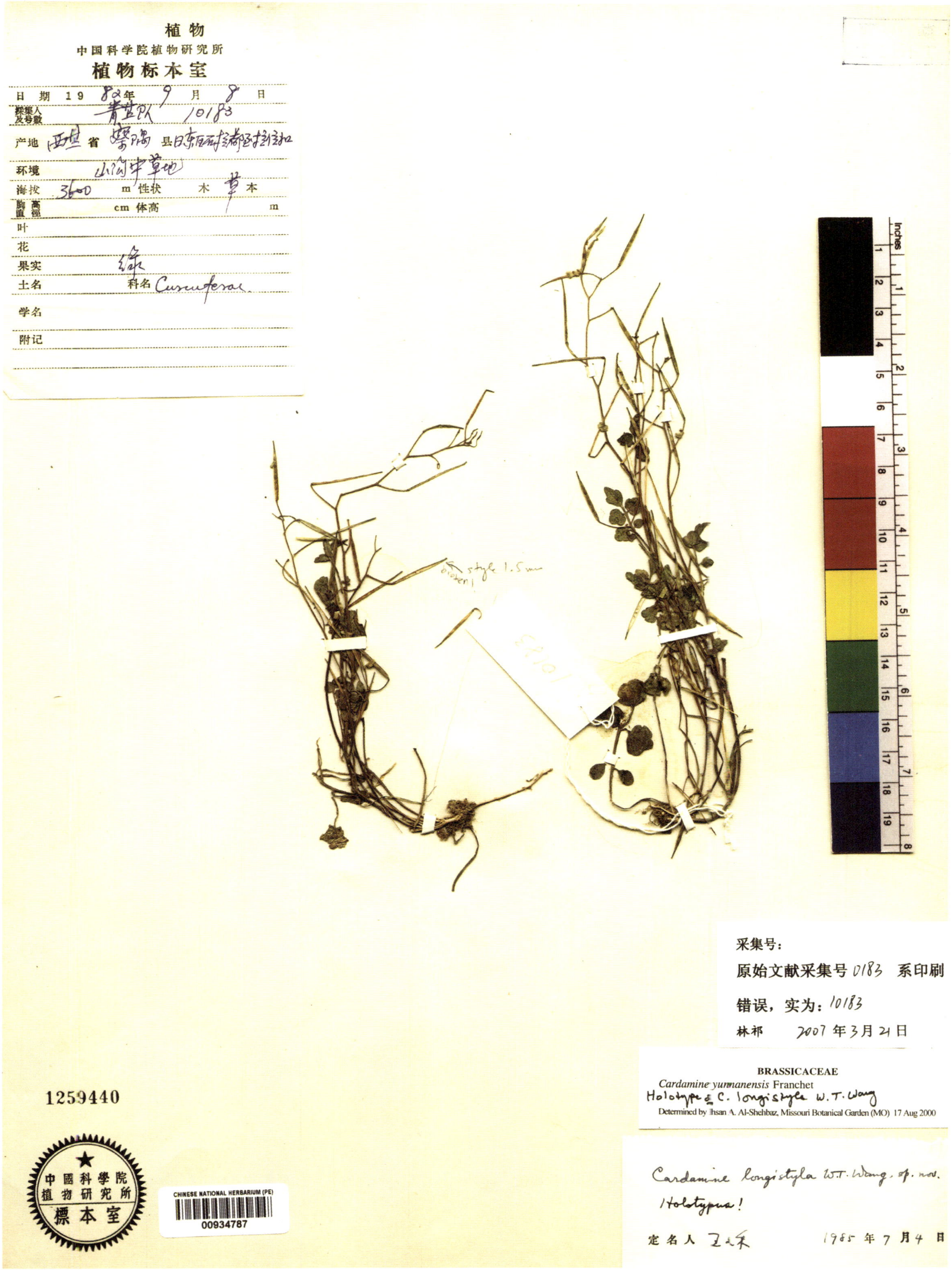

长柱碎米荠 ***Cardamine longistyla*** W. T. Wang in Acta Bot. Yunnan. 9(1): 14, f. 4: 3-4. 1987. **Holotype:** China. Xizang: Zayü, alt. 3 600 m, 1982-09-08, Qinghai-Xizang Exped. 10183.

重齿碎米荠 ***Cardamine macrophylla*** Willd. var. ***diplodonta*** T. Y. Cheo in Bull. Bot. Lab. N.-E. Forest. Inst., Harbin 6: 20. 1980. **Isoparatype:** China. Sichuan: Dajin (= Jinchuan), alt. 3 000 m, 1958-06-12, H. Li 77673.

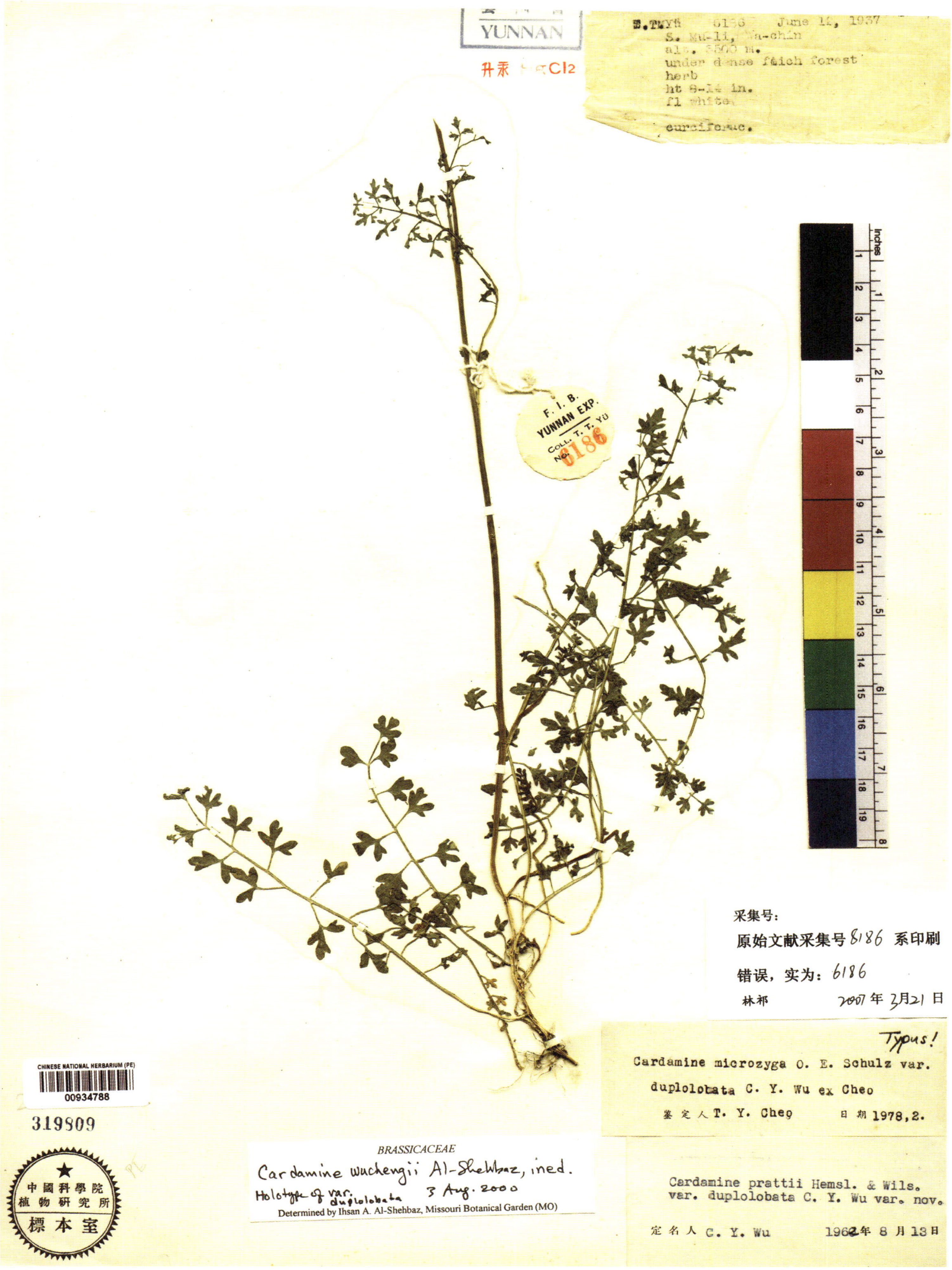

重齿小叶碎米荠 ***Cardamine microzyga*** O. E. Schulz var. ***duplolobata*** C. Y. Wu ex T. Y. Cheo in Bull. Bot. Lab. N.-E. Forest. Inst., Harbin 6: 27. 1980. **Holotype:** China. Sichuan: Muli , alt. 3 500 m, 1937-06-12, T. T. Yu 6186.

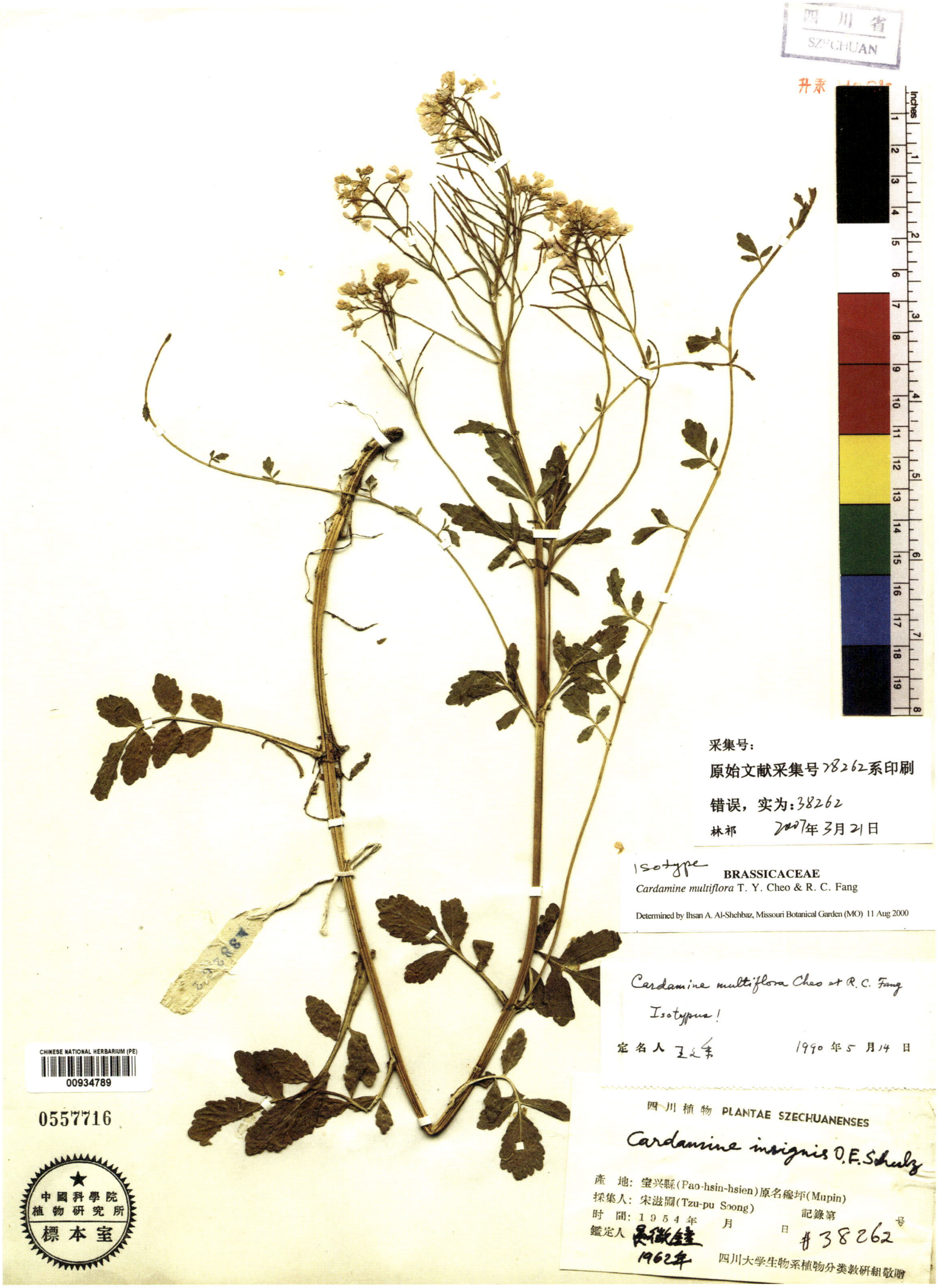

多花碎米荠 ***Cardamine multiflora*** T. Y. Cheo & R. C. Fang in Bull. Bot. Lab. N.-E. Forest. Inst., Harbin 6: 21, f. 4. 1980. **Isotype:** China. Sichuan: Baoxing, 1954-05-28, T. P. Soong 38262.

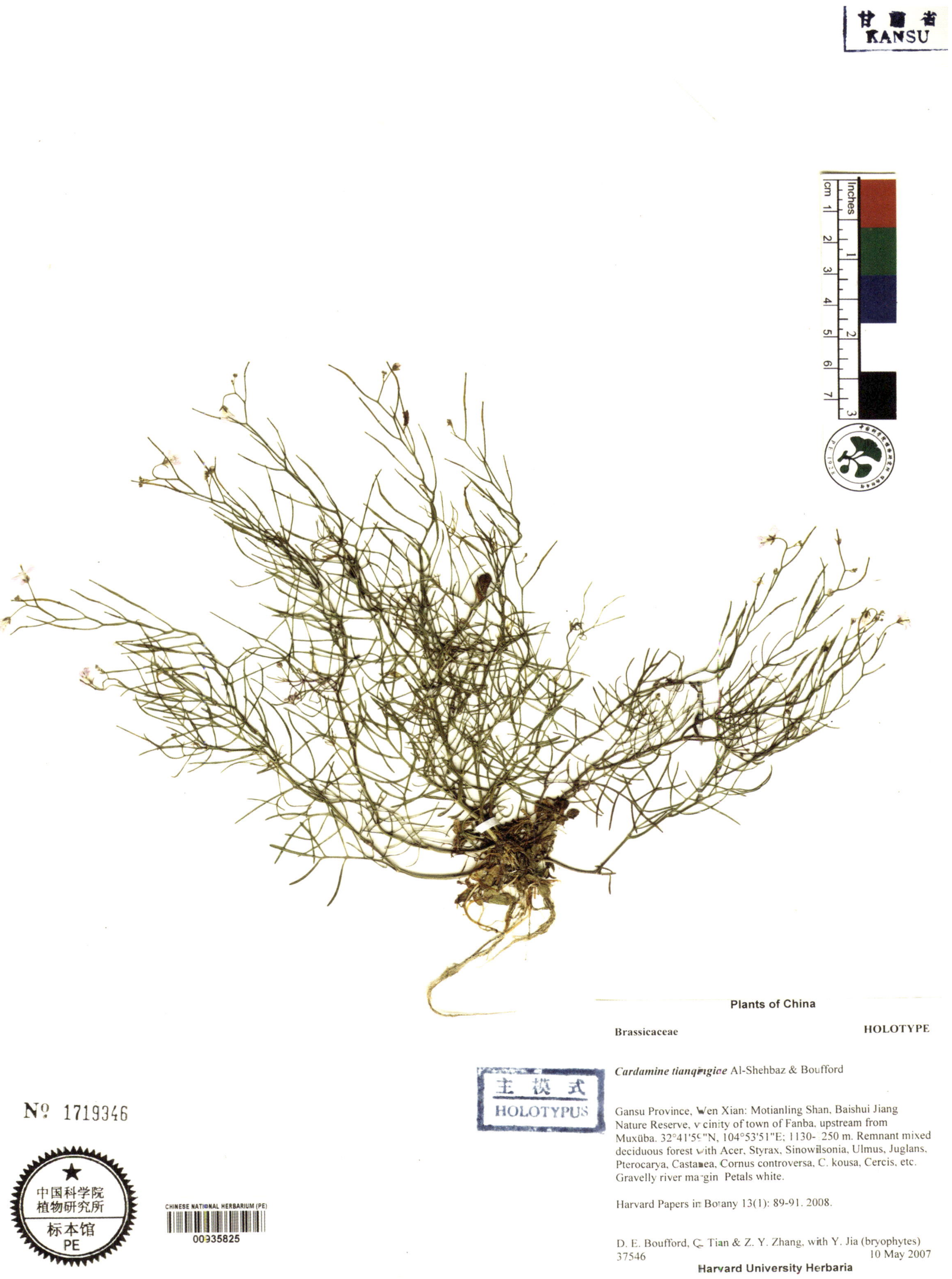

甘肃碎米荠 ***Cardamine tianqingiae*** Al-Shehbaz & Boufford in Harvard Pap. Bot. 13(1): 89,f. 1. 2008. **Holotype:** China. Gansu: Wen Xian, alt. 1 130 ~ 1 250 m, 2007-05-10, D. E. Boufford, Q. Tian & Z. Y. Zhang, with Y. Jia 37546.

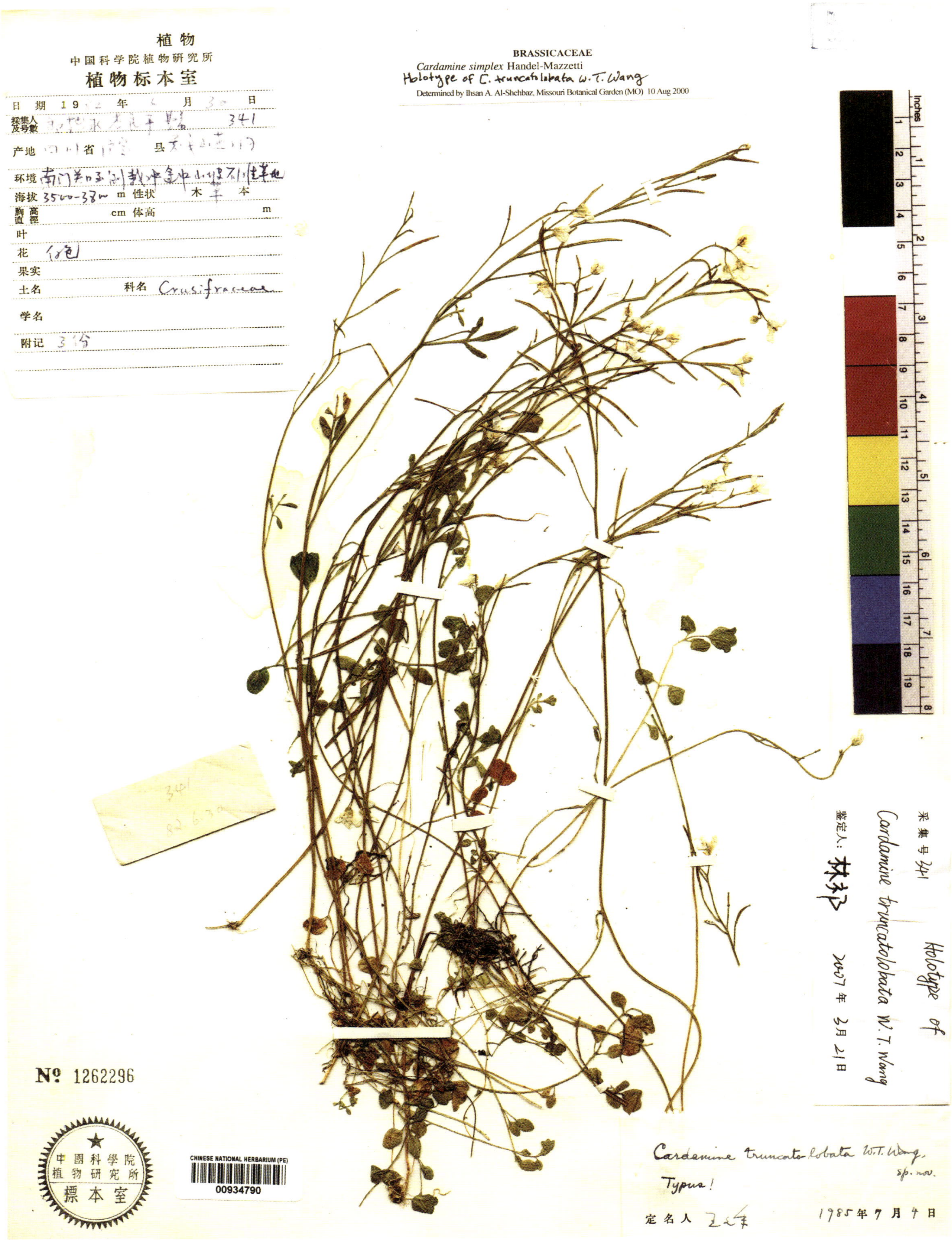

截裂碎米荠 ***Cardamine truncatolobata*** W. T. Wang in Acta Bot. Yunnan. 9(1): 14, f. 3: 2-3. 1987. **Holotype:** China. Sichuan: Luding, alt. 3 500 ～ 3 800 m, 1982-06-30, K. Y. Lang, L. Q. Li & Y. Fei 341.

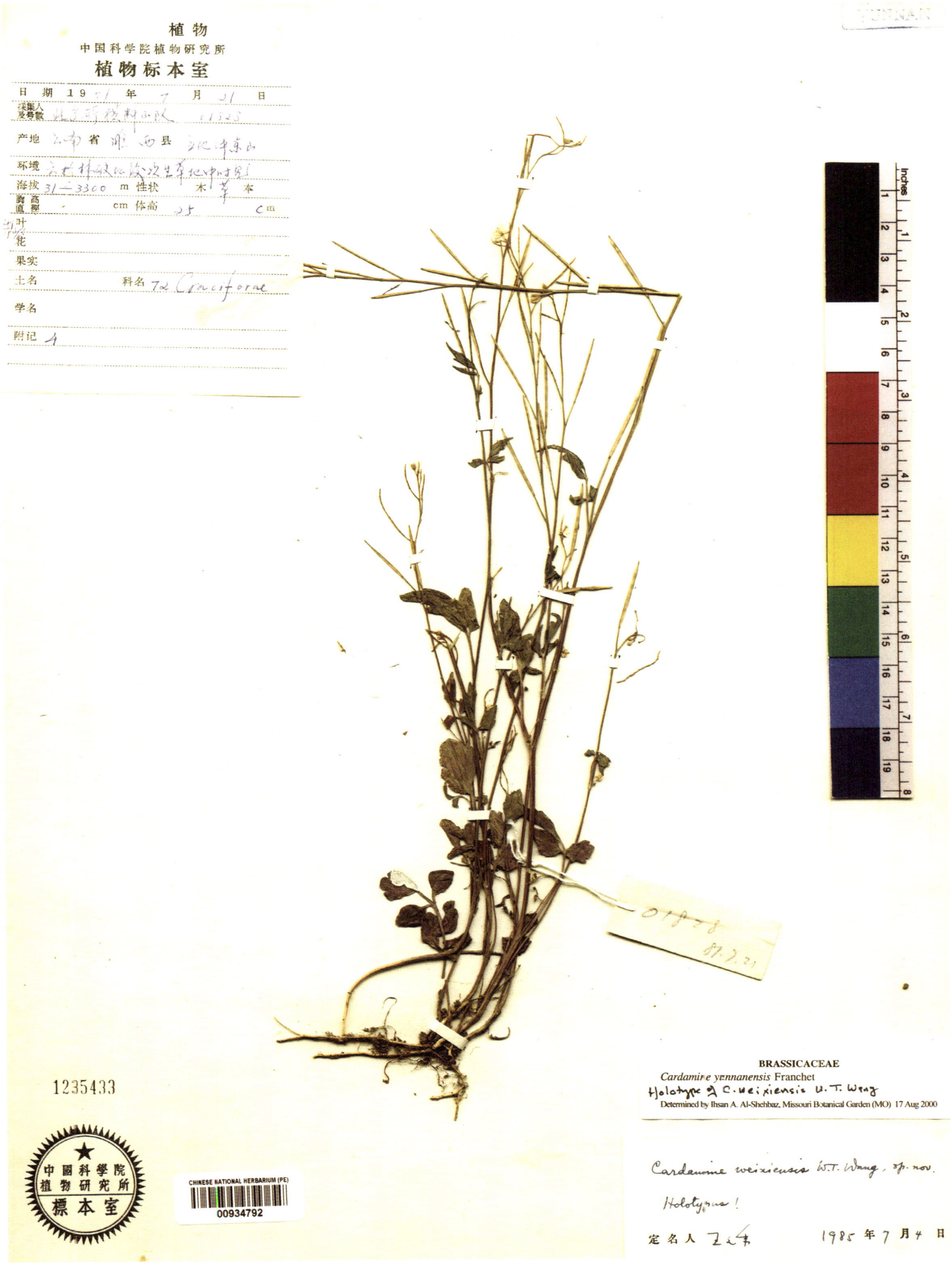

维西碎米荠 ***Cardamine weixiensis*** W. T. Wang in Acta Bot. Yunnan. 9(1): 9, f. 2: 4-5. 1987. **Holotype:** China. Yunnan: Weixi, a.t. 3 100 ~ 3 300 m, 1981-07-21, Hengduanshan Exped. 01828.

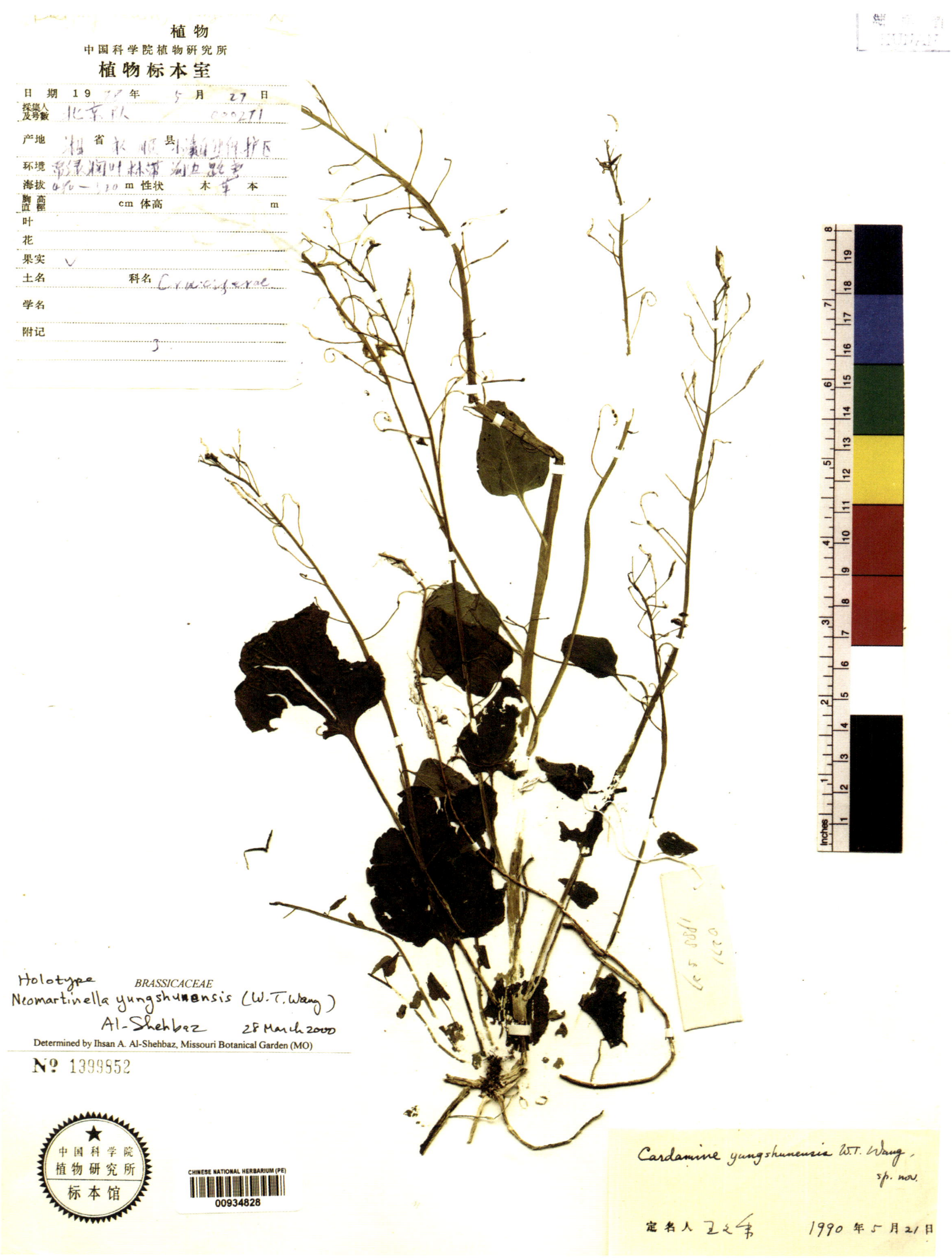

永顺碎米荠 ***Cardamine yungshunensis*** W. T. Wang, Keys Vascular Pl. Wuling Mts. 578. 1995. **Holotype:** China. Hunan: Yongshun, alt. 480 ～ 520 m, 1988-05-27, Beijing Exped. 0271.

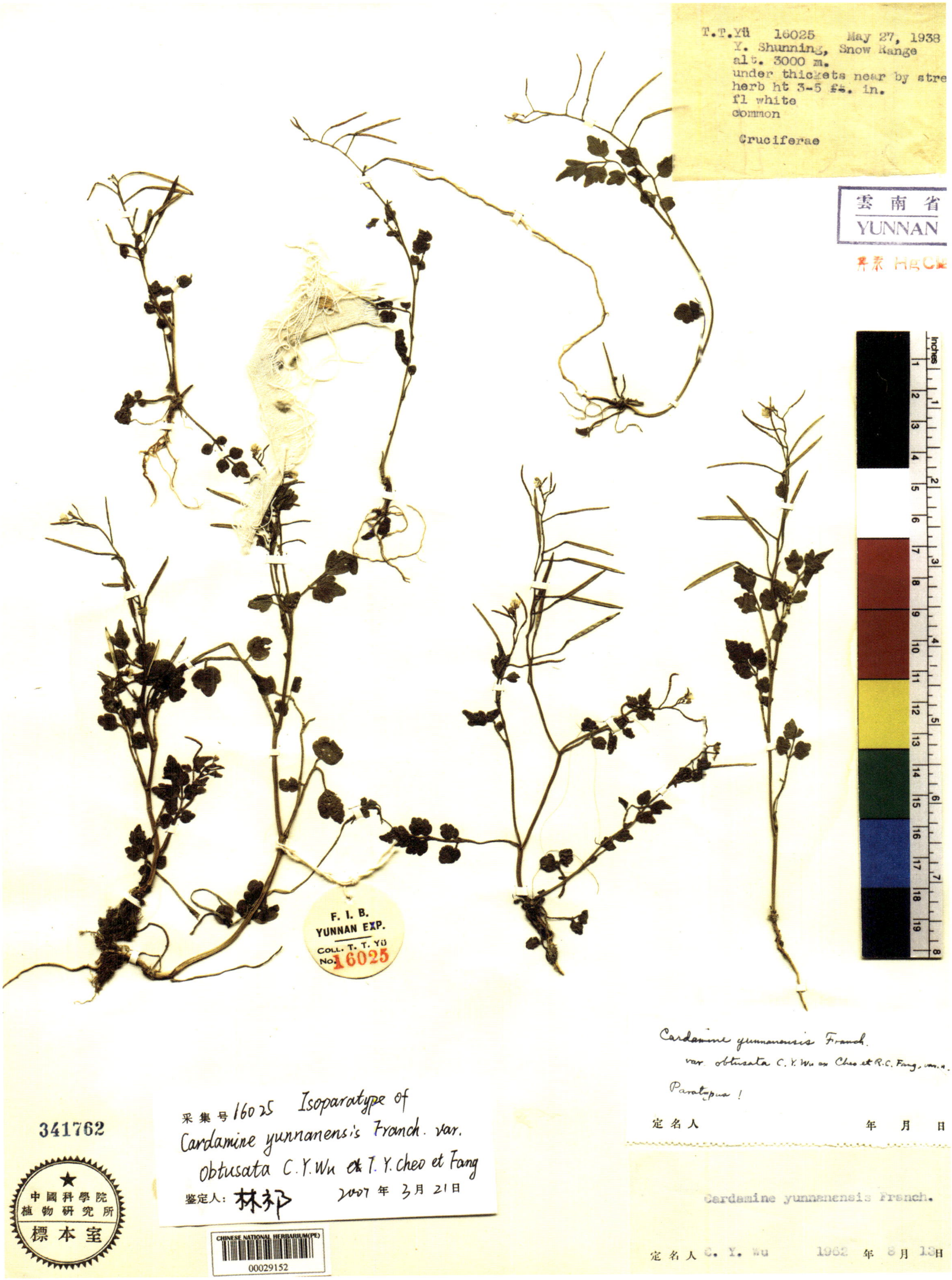

钝叶云南碎米荠 ***Cardamine yunnanensis*** Franch. var. ***obtusata*** C. Y. Wu ex T. Y. Cheo in Bull. Bot. Lab. N.-E. Forest. Inst., Harbin 6: 20. 1980. **Isoparatype:** China. Yunnan: Shunning (= Fengqing), alt. 3 000 m, 1938-05-27, T. T. Yu 16025.

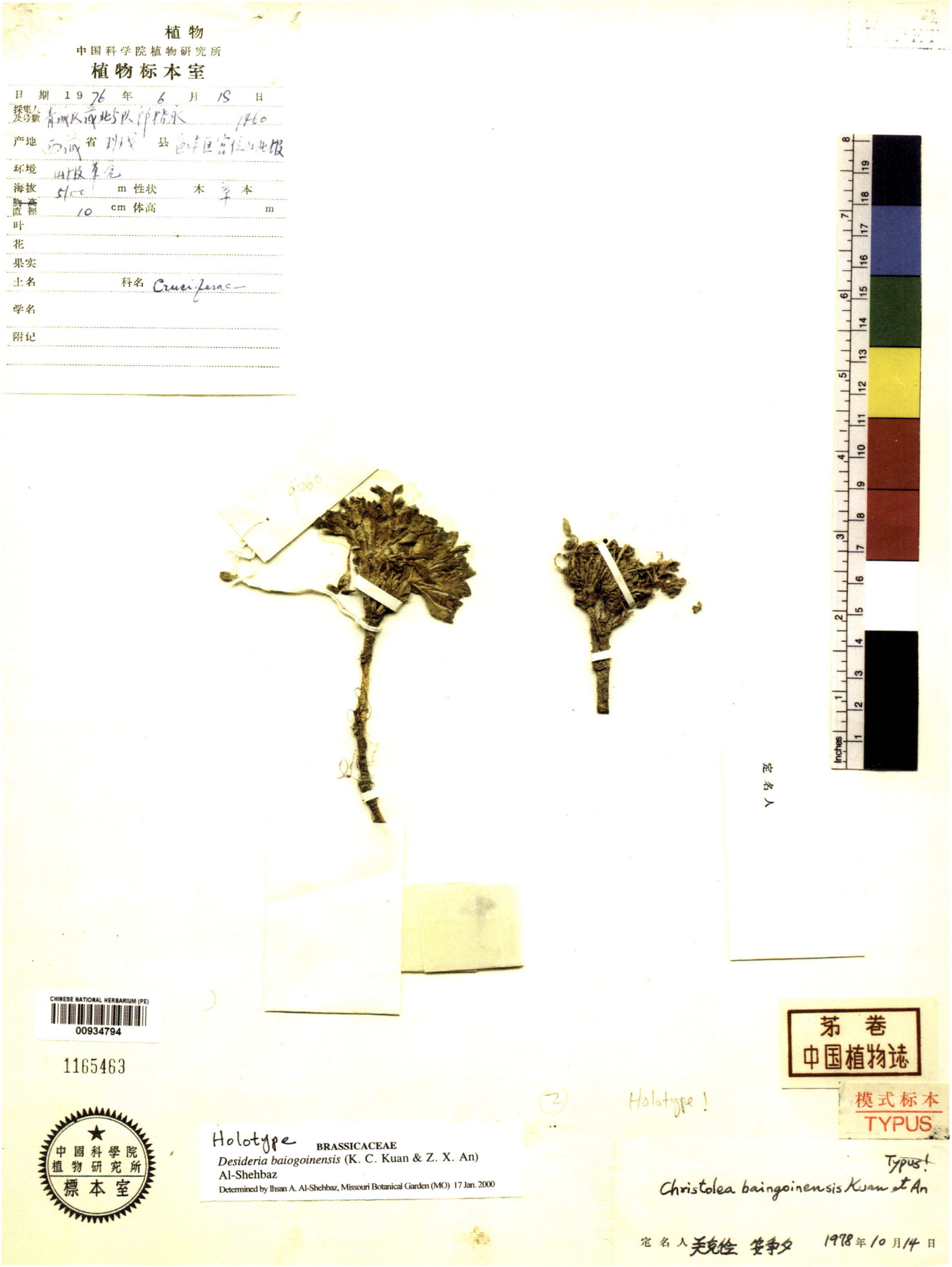

藏北高原芥 ***Christolea baiogoinensis*** K. C. Kuan & Z. X. An, Fl. Xizang. 2: 388, f. 135: 4-6. 1985. **Holotype:** China. Xizang: Baingoin, alt. 5 100 m, 1976-06-18, K. Y. Lang 9460.

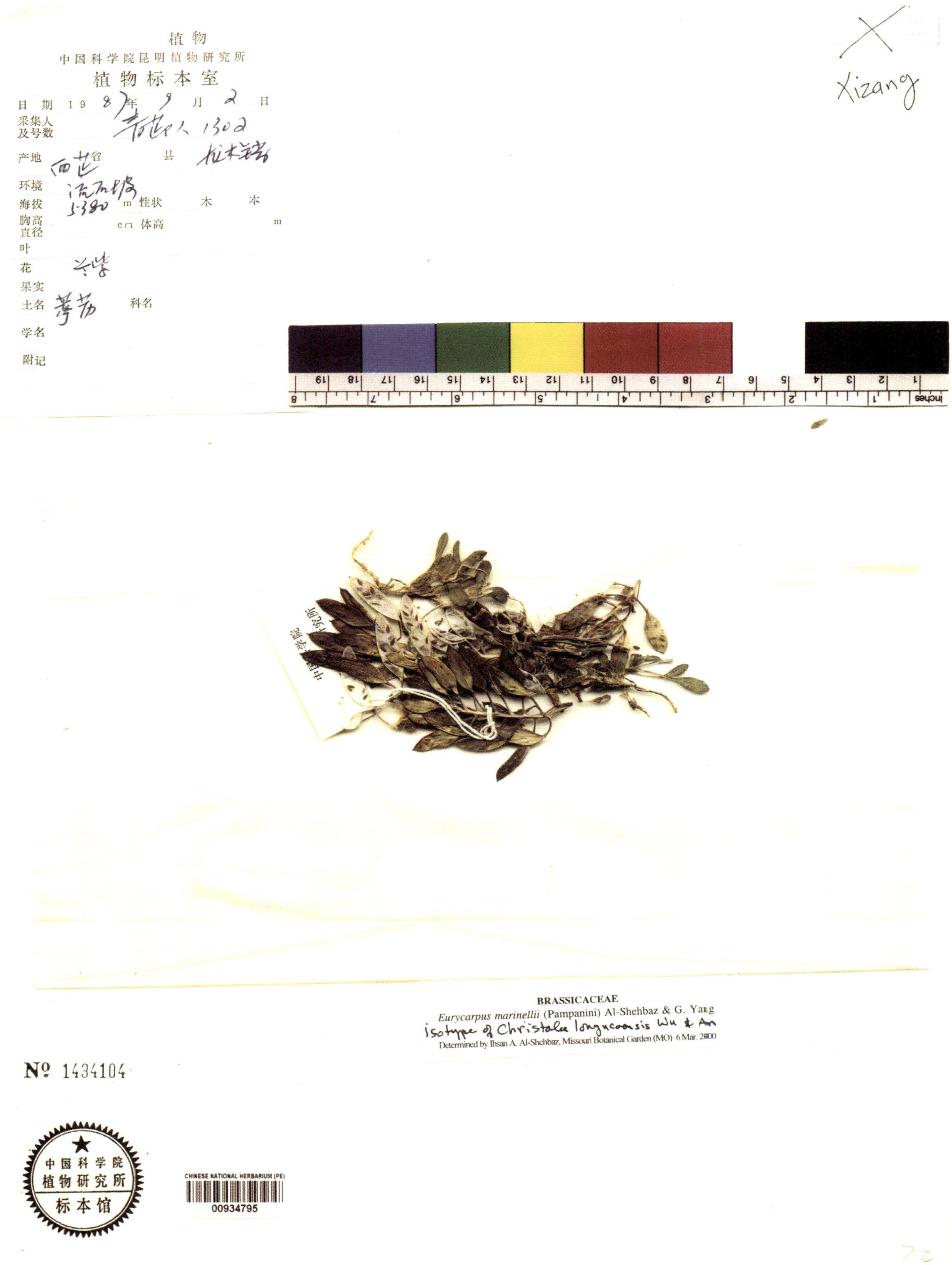

龙木错高原芥 ***Christolea longmucoensis*** Y. H. Wu & Z. X. An in Acta Phytotax. Sin. 32(6): 579, f. 2. 1994. **Isotype:** China. Xizang: Rutog, alt. 5 380 m, 1987-09-02, Qinghai-Xizang Exped.1302.

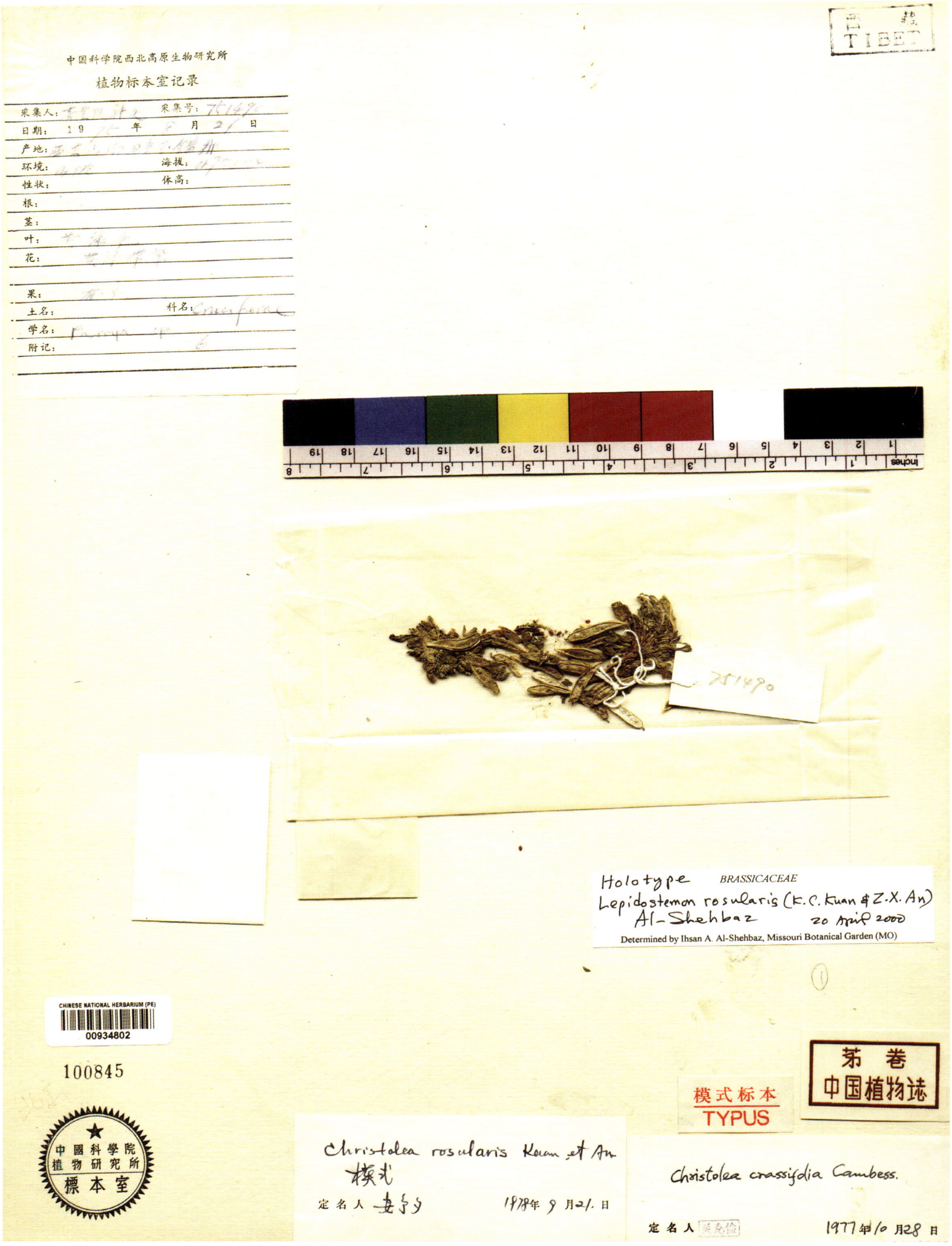

莲座高原芥 ***Christolea rosularia*** K. C. Kuan & Z. X. An, Fl. Xizang. 2: 386, f. 135. 1985. **Holotype:** China. Xizang: from Ritang to Cona, alt. 4 750 m, 1975-08-21, Qinghai-Xizang Exped. 751490.

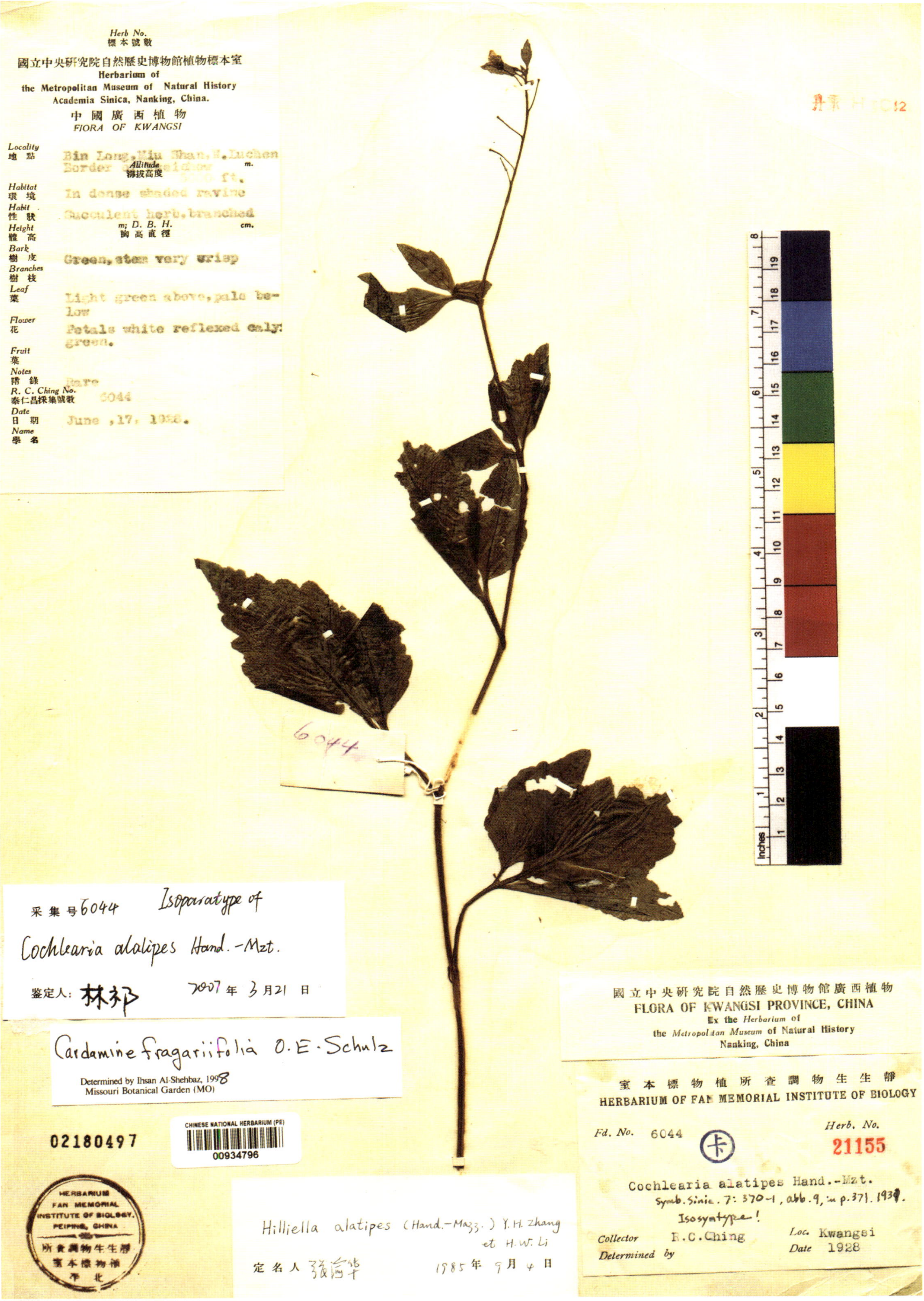

翅柄岩荠 ***Cochlearia alatipes*** Hand.-Mazz. in Symb. Sin. 7(2): 370, f. 9. 1931. **Isoparatype:** China. Guangxi: Luocheng, alt. 1 525 m, 1928-06-17, R. C. Ching 6044.

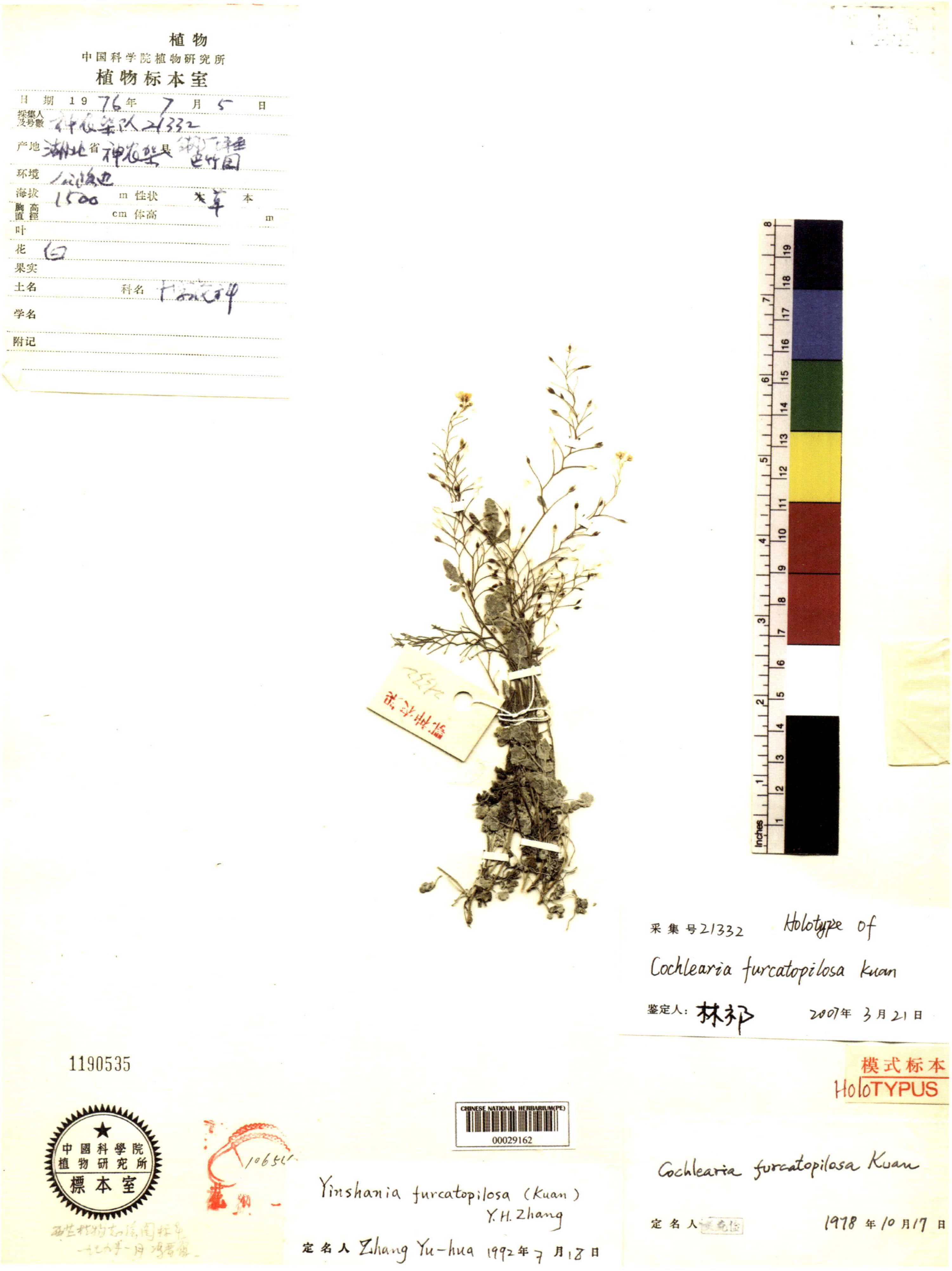

叉毛岩荠 ***Cochlearia furcatopilosa*** K. C. Kuan in Bull. Bot. Lab. N.-E. Forest. Inst., Harbin 8: 41, photo. 9. 1980.
Holotype: China. Hubei: Shennongjia, alt. 1 500 m, 1976-07-05, Shennongjia Exped. 21332.

小果岩荠 ***Cochlearia microcarpa*** K. C. Kuan in Bull. Bot. Lab. N.-E. Forest. Inst., Harbin 8: 40, photo. 8. 1980.
Holotype: China. Sichuan: Gulin, alt. 1 100 m, 1976-08-25, Gulin Exped. 943.

石生岩荠 ***Cochlearia rupicola*** D. C. Zhang & J. Z. Shao in Acta Phytotax. Sin. 24(5): 404, f. 1. 1986. **Isotype:** China. Anhui: Shitai, alt. 1 150 m, 1983-06-09, J. Z. Shao 835008.

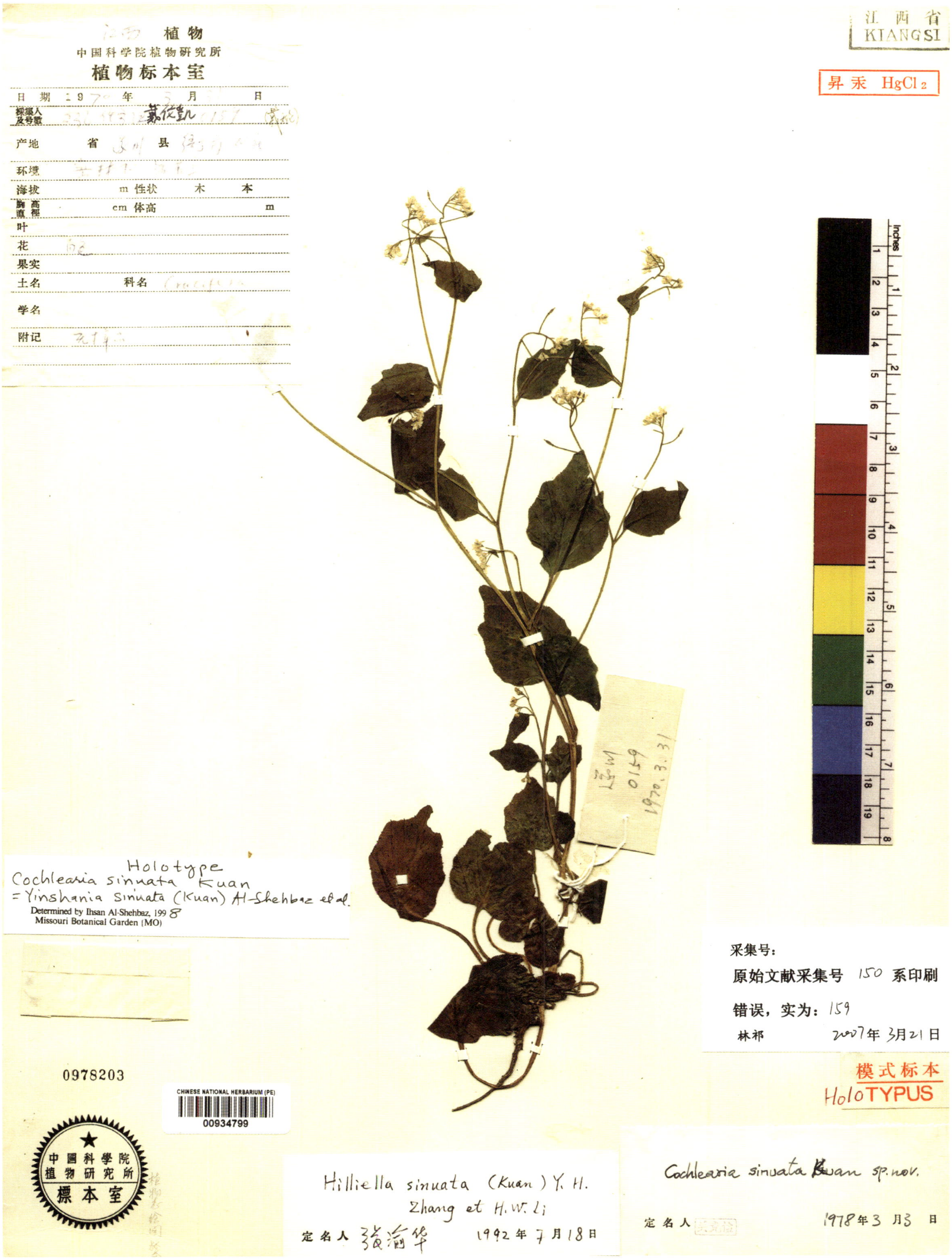

弯缺岩荠 ***Cochlearia sinuata*** K. C. Kuan in Bull. Bot. Lab. N.-E. Forest. Inst., Harbin 8: 39, photo. 7. 1980.
Holotype: China. Jiangxi: Suichuan, 1970-03-31, L. K. Dai 0159.

穴丝荠 ***Coelonema draboides*** Maxim. in Bull. Acad. Imp. Sci. St-Petersb. 26(3): 424. 1880. **Isotype:** China. Gansu: Qilianshan,1873-04-30，N. M. Przewalski 14.

无苞双脊荠 ***Dilophia ebracteata*** Maxim., Fl. Tangut. 72, t. 28, f. 34-45. 1889. **Isotype:** China. Xizang, NE Xizang, 1884-06-(07~19), N. M. Przewalski s. n.

双脊荠 ***Dilophia fontana*** Maxim. in Bull. Acad. Imp. Sci. St-Petersb. 26(3): 423. 1880. **Lectotype**(designated here): China. Gansu, Qilianshan, 1880-07-(19~31), N. M. Przewalski s. n.

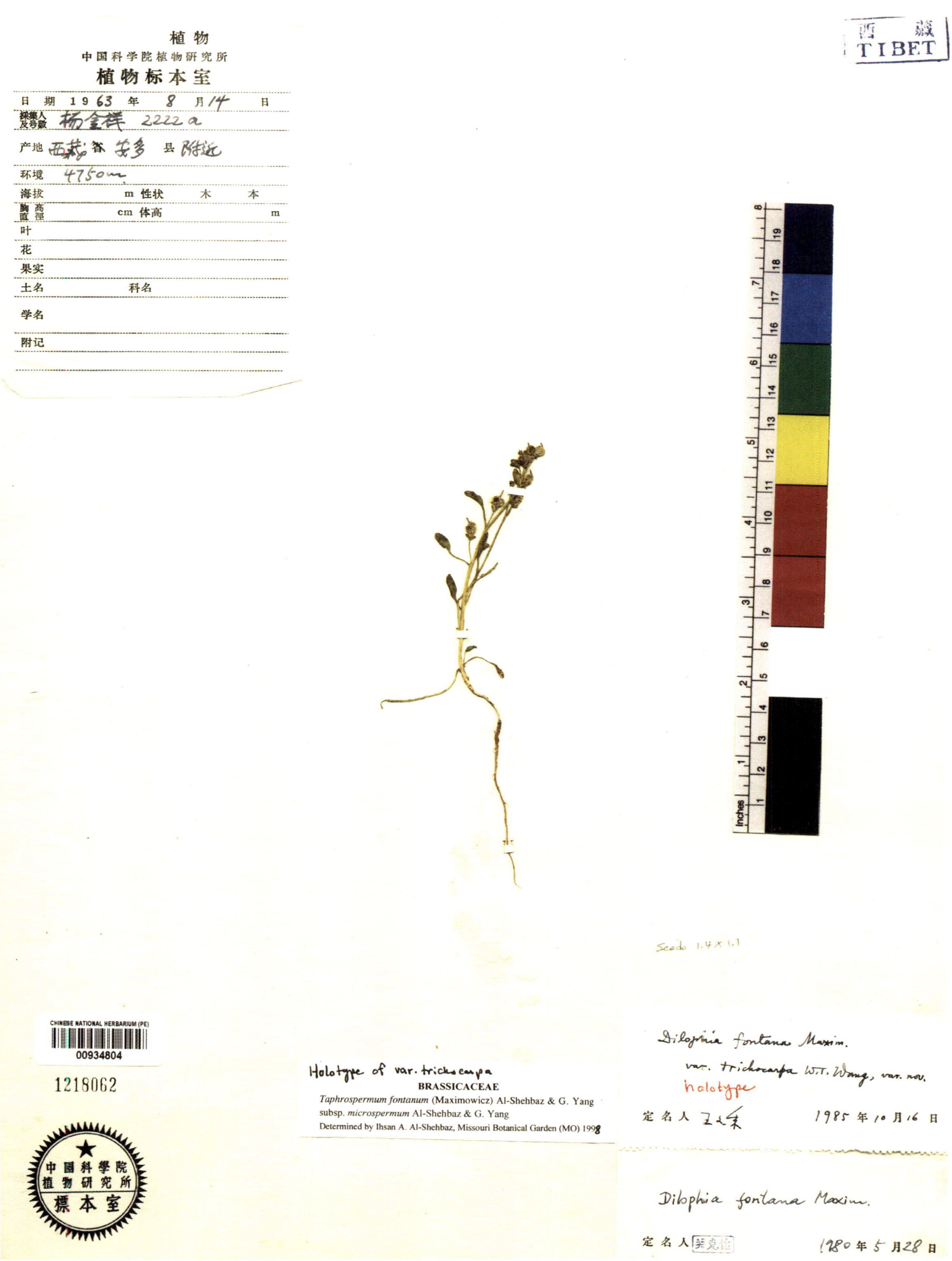

毛果双脊荠 ***Dilophia fontana*** Maxim. var. ***trichocarpa*** W. T. Wang in Acta Bot. Yunnan. 9(1): 3. 1987. **Holotype:** China. Xizang: Amdo, alt. 4 750 m, 1963-08-14, J. X. Yang 2222a.

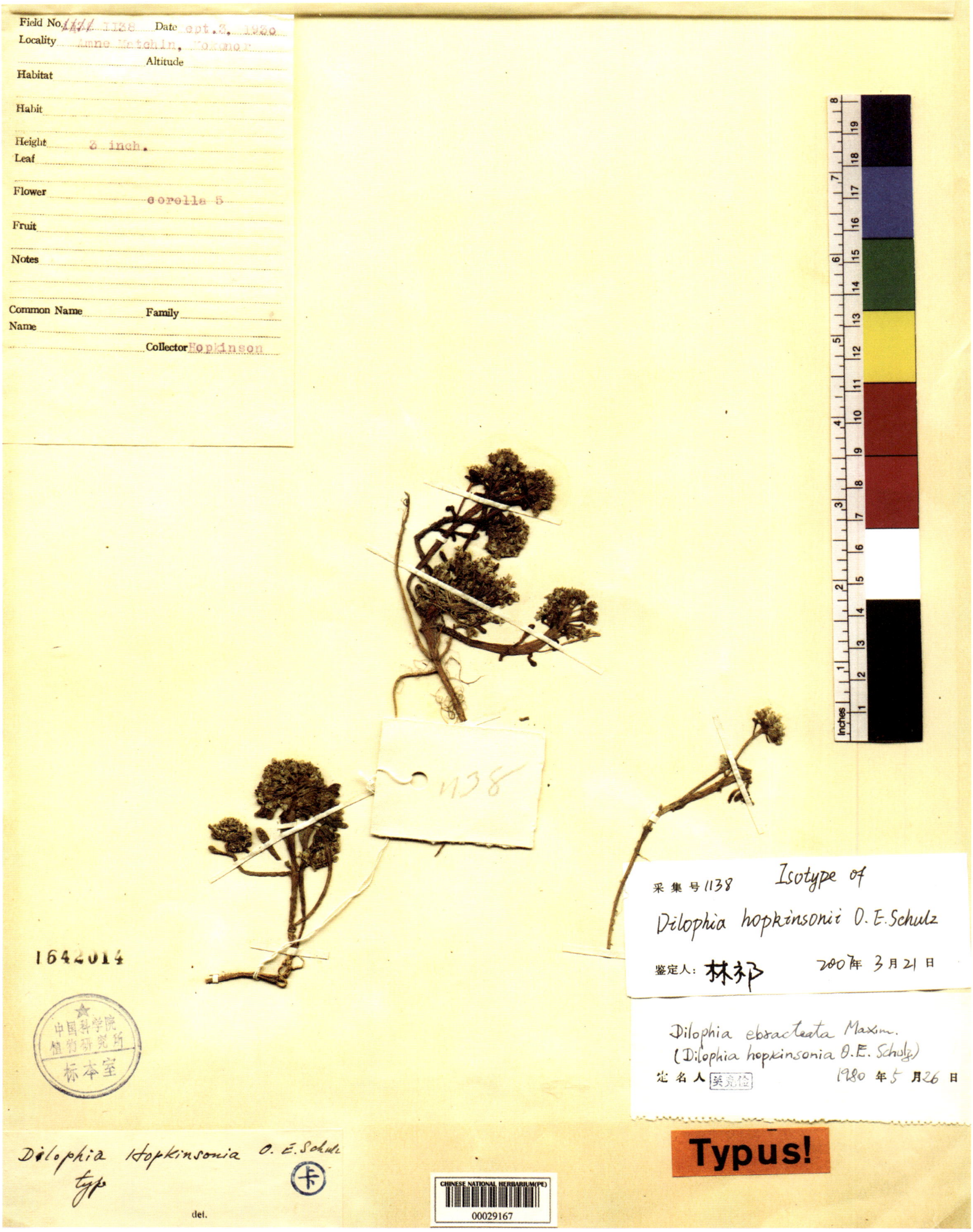

西藏双脊荠 ***Dilophia hopkinsonii*** O.E.Schulz in Notizbl. Bot. Gart. Berlin-Dahlem 12: 211. 1934. **Isotype:** China. Xizang: Amne Matchin, alt. 5 000 m, 1930-09-03, Hopkinson 1138.

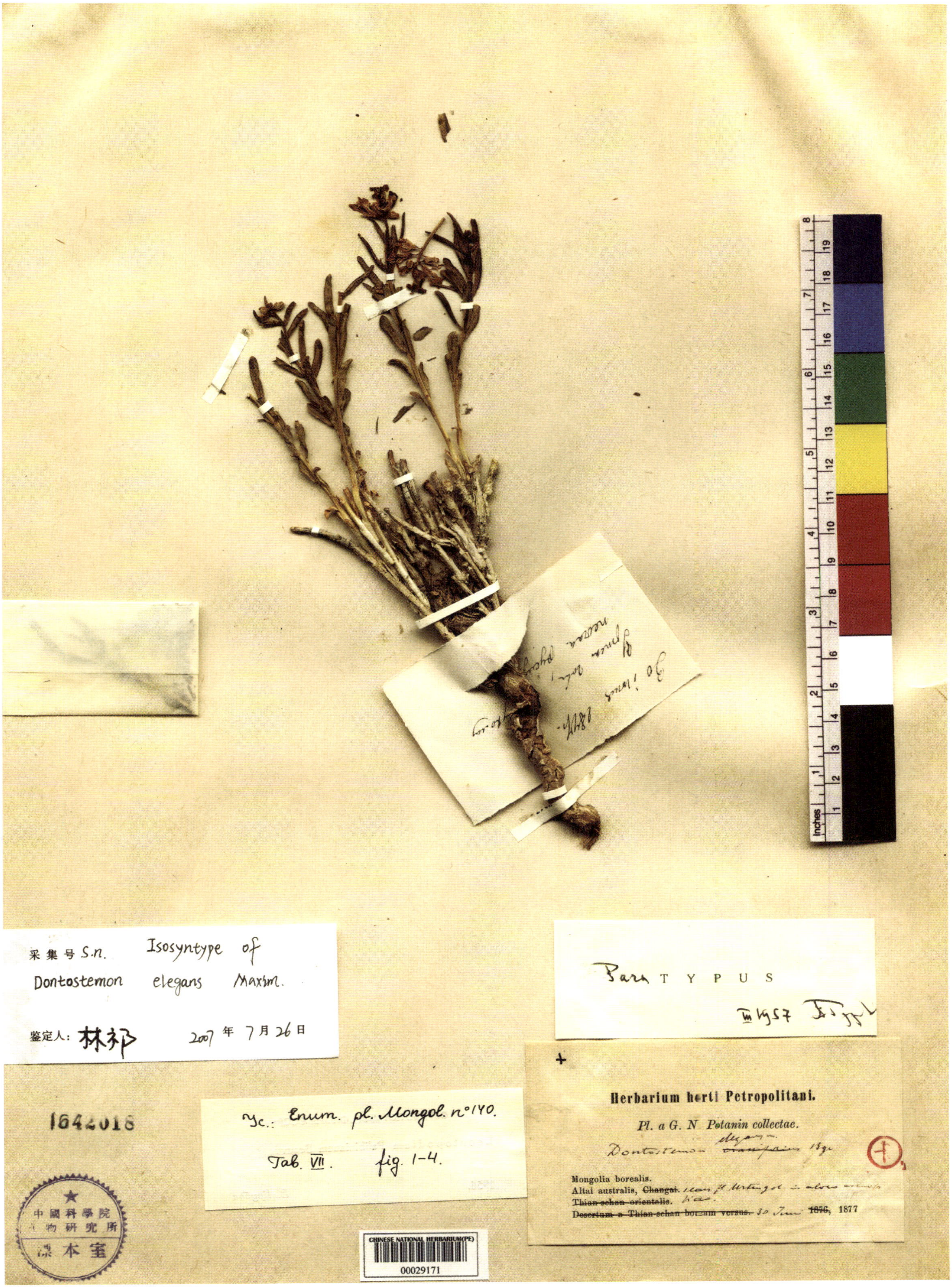

扭果花旗杆 ***Dontostemon elegans*** Maxim. in Enum. Pl. Mongol. 57. 1889. **Lectotype**(designated here): China. Xinjiang, Altai, 1877-06-30, G. N. Potanin s. n.

白毛花旗杆 ***Dontostemon senilis*** Maxim. in Bull. Acad. Imp. Sci. St-Petersb. 26(3): 421. 1880. **Lectotype**(designated here): China. Nei Mongol: Precise locality not known, 1877-06-10, N. M. Przewalski s. n.

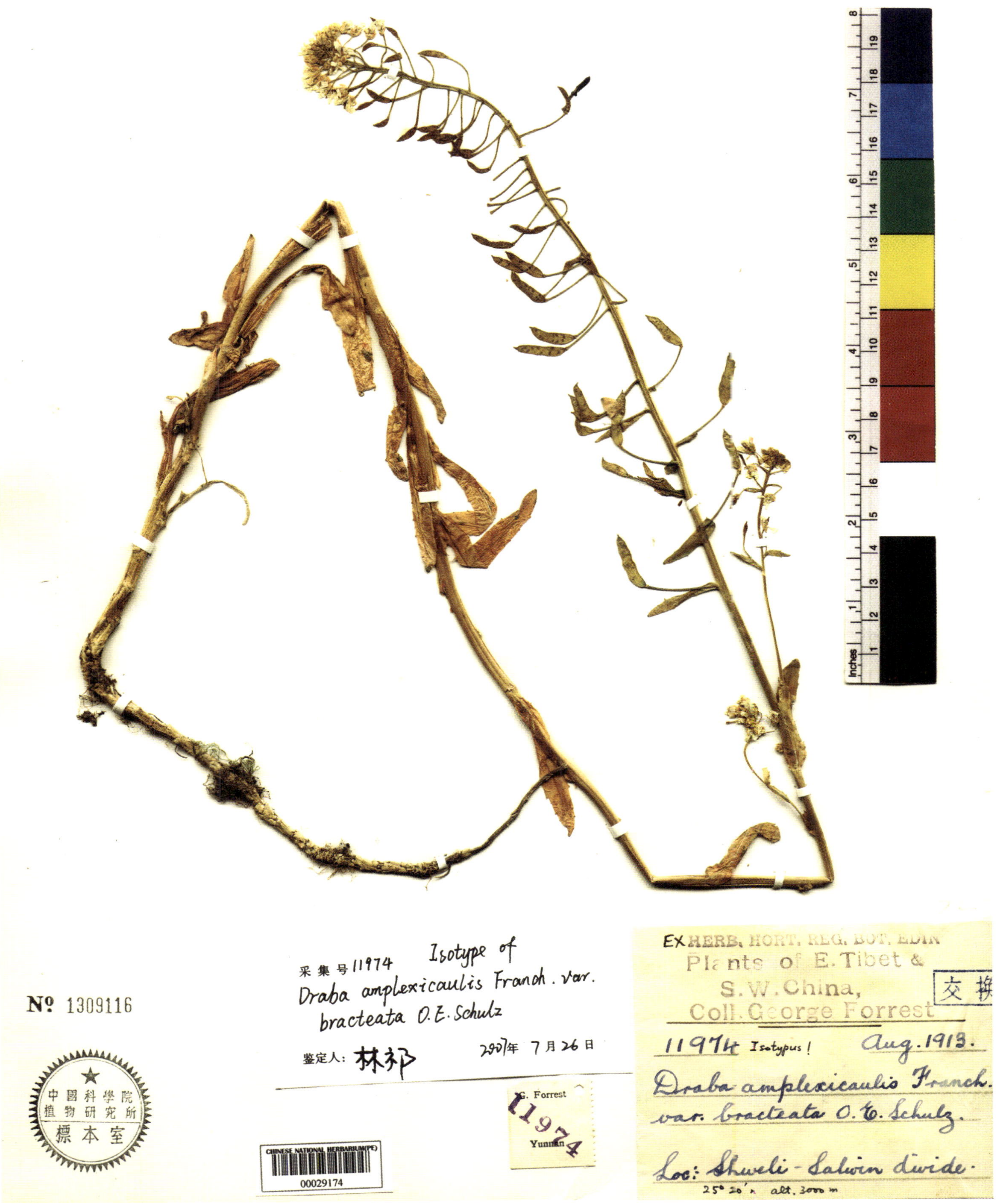

具苞抱茎葶苈 ***Draba amplexicaulis*** Franch. var. ***bracteata*** O. E. Schulz in Pflanzenr. 89: 180. 1927. **Isotype:** China. Yunnan: Ruili, alt. 3 000 m, 1913-08-??, G. Forrest 11974.

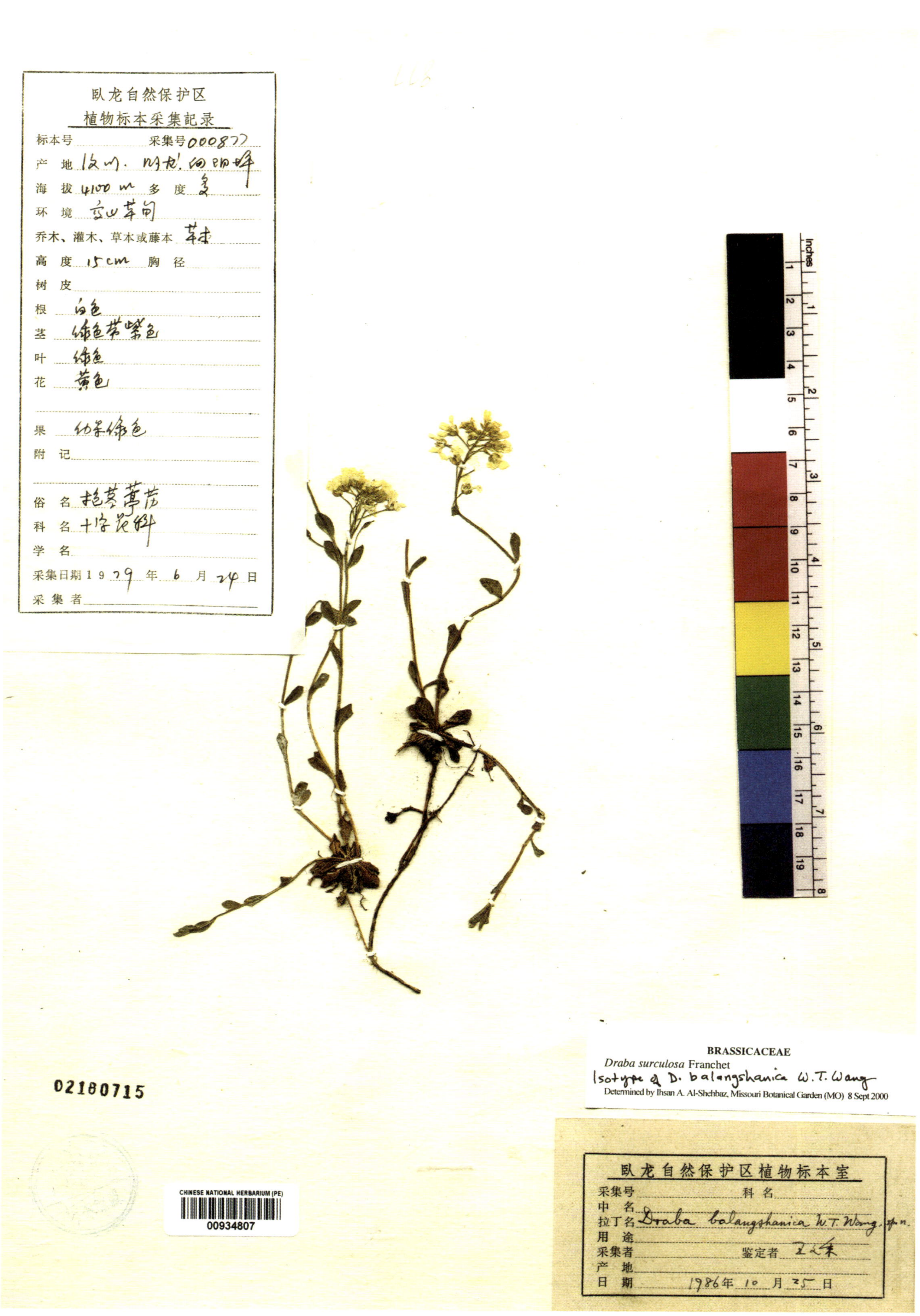

巴郎山葶苈 ***Draba balangshanica*** W. T. Wang in Bull. Bot. Res., Harbin 8(3): 17, pl. 7-12. 1988. **Isotype:** China. Sichuan: Wenchuan, alt. 4 100 m, 1979-06-24, Wolong Exped. 000877.

青海葶苈 ***Draba bartholomewii*** Al-Shehbaz in Novon 14(2): 154, f. 1. 2004. **Isotype:** China. Qinghai: Dari, alt. 4 000 m, 1993-08-12, T. N. Ho, B. Bartholomew & M. G. Gilbert 1185.

稻城葶苈 ***Draba daochengensis*** W. T. Wang in Acta Bot. Yunnan. 9(1): 7, f. 1: 5-6. 1987. **Holotype:** China. Sichuan: Daocheng, alt. 4 600 m, 1981-08-21, Qinghai-Xizang Exped. 005091.

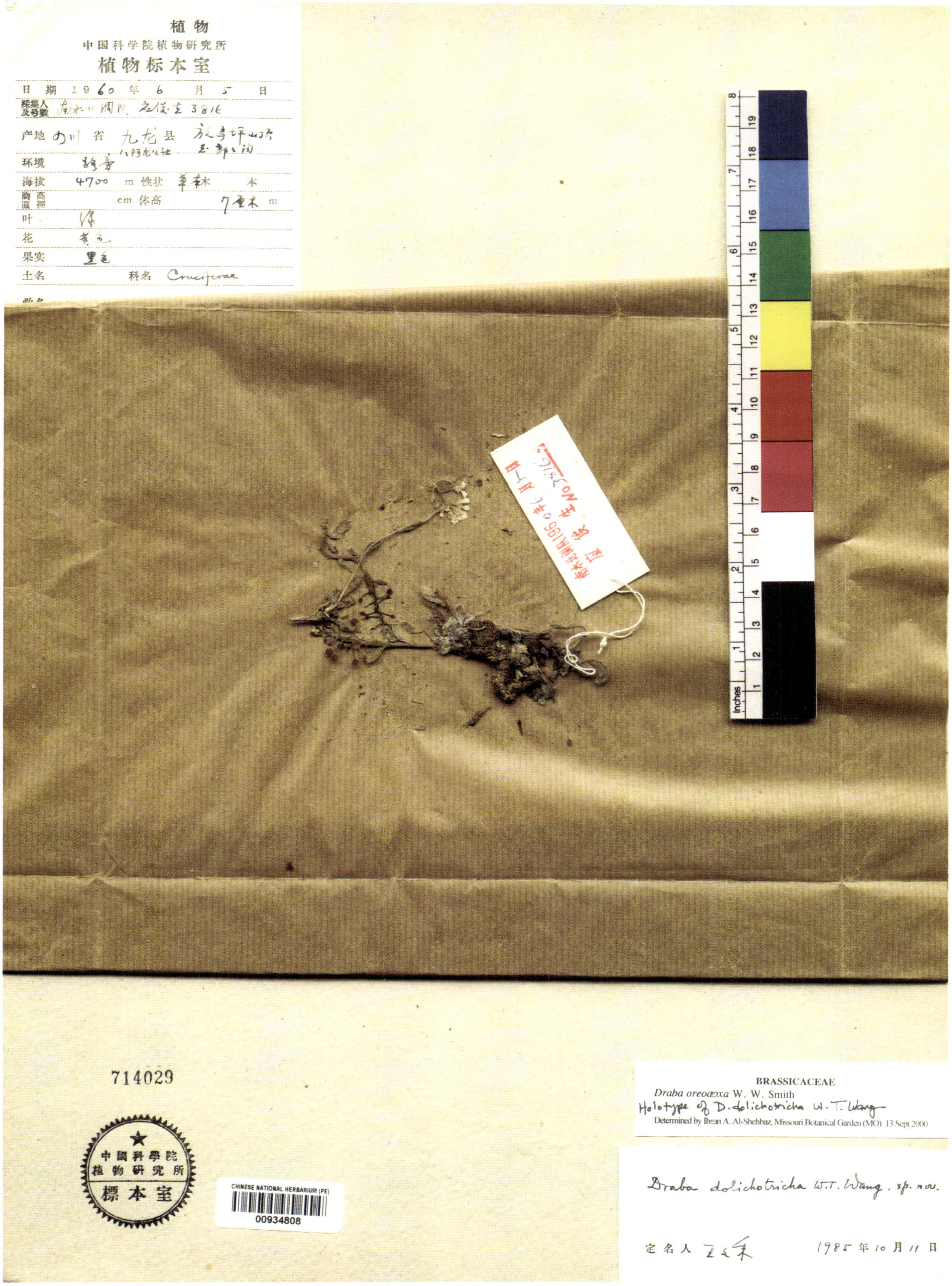

长毛葶苈 ***Draba dolichotricha*** W. T. Wang in Acta Bot. Yunnan. 9(1): 5, f. 1: 7-8. 1987. **Holotype:** China. Sichuan: Jiulong，alt. 4 700 m, 1960-06-05, T. S. Ying 3816.

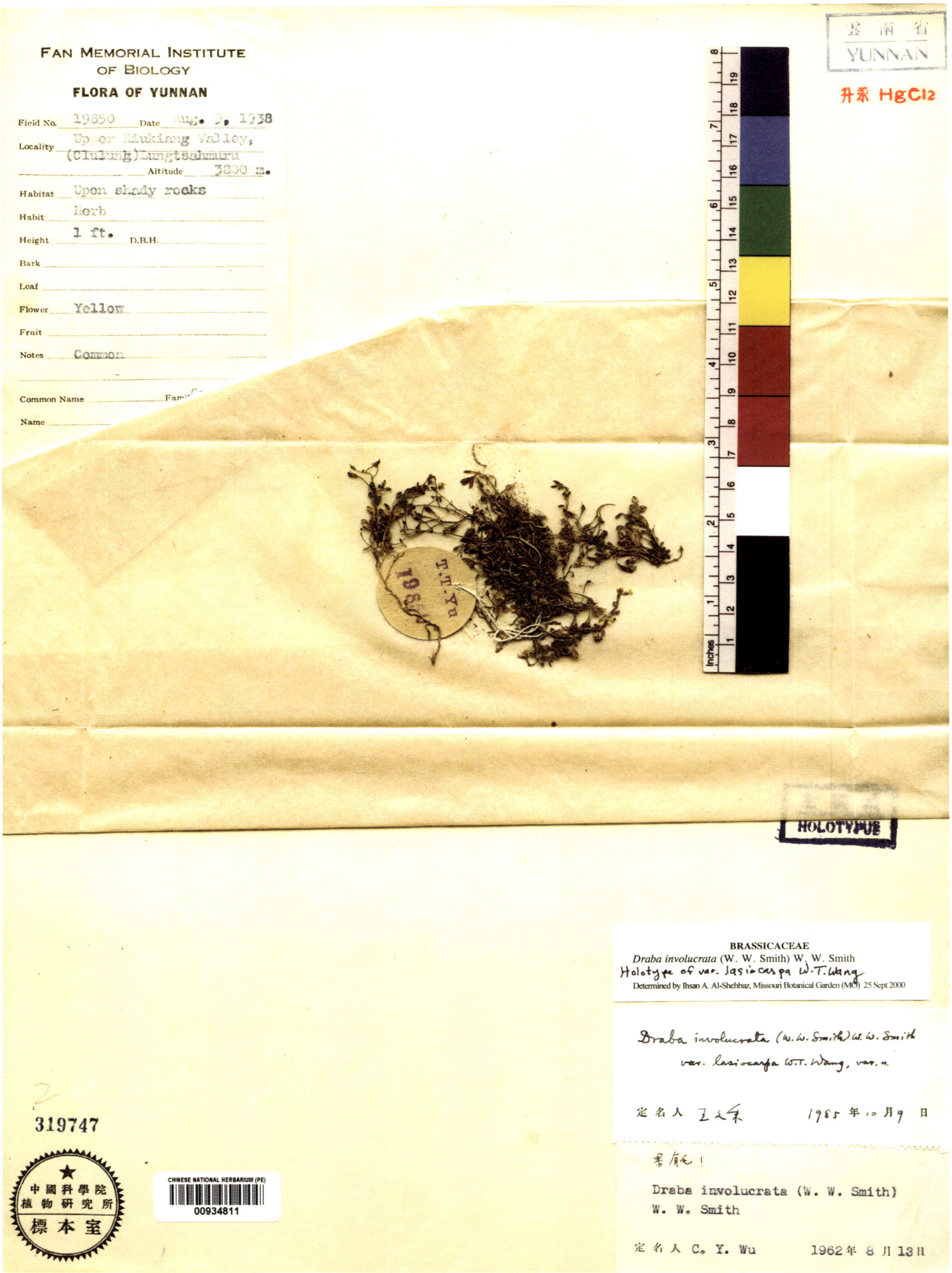

毛果苞花葶苈 ***Draba involucrata*** (W. W. Smith) W. W. Smith var. ***lasiocarpa*** W. T. Wang in Acta Bot. Yunnan. 9(1): 6. 1987. **Holotype:** China. Yunnan: Gongshan, Dulongjiang, alt. 3 800 m, 1938-08-09, T. T. Yu 19850.

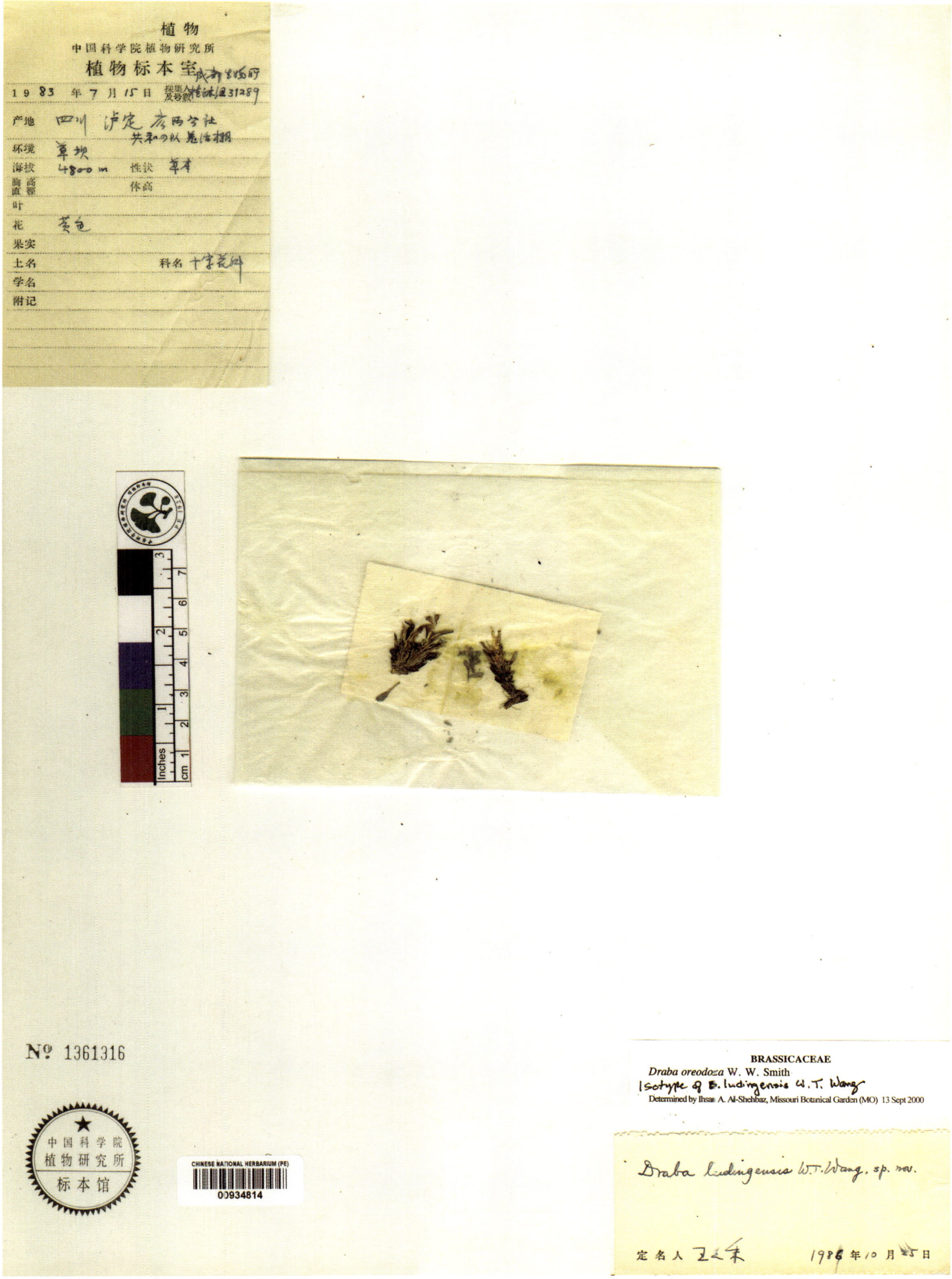

泸定葶苈 ***Draba ludingensis*** W. T. Wang in Bull. Bot. Res., Harbin 8(3): 18, pl. 1-6. 1988. **Isotype:** China. Sichuan: Luding, alt. 4 800 m, 1983-07-15, Vegatation Group Chengdu Biol. Inst. 31289.

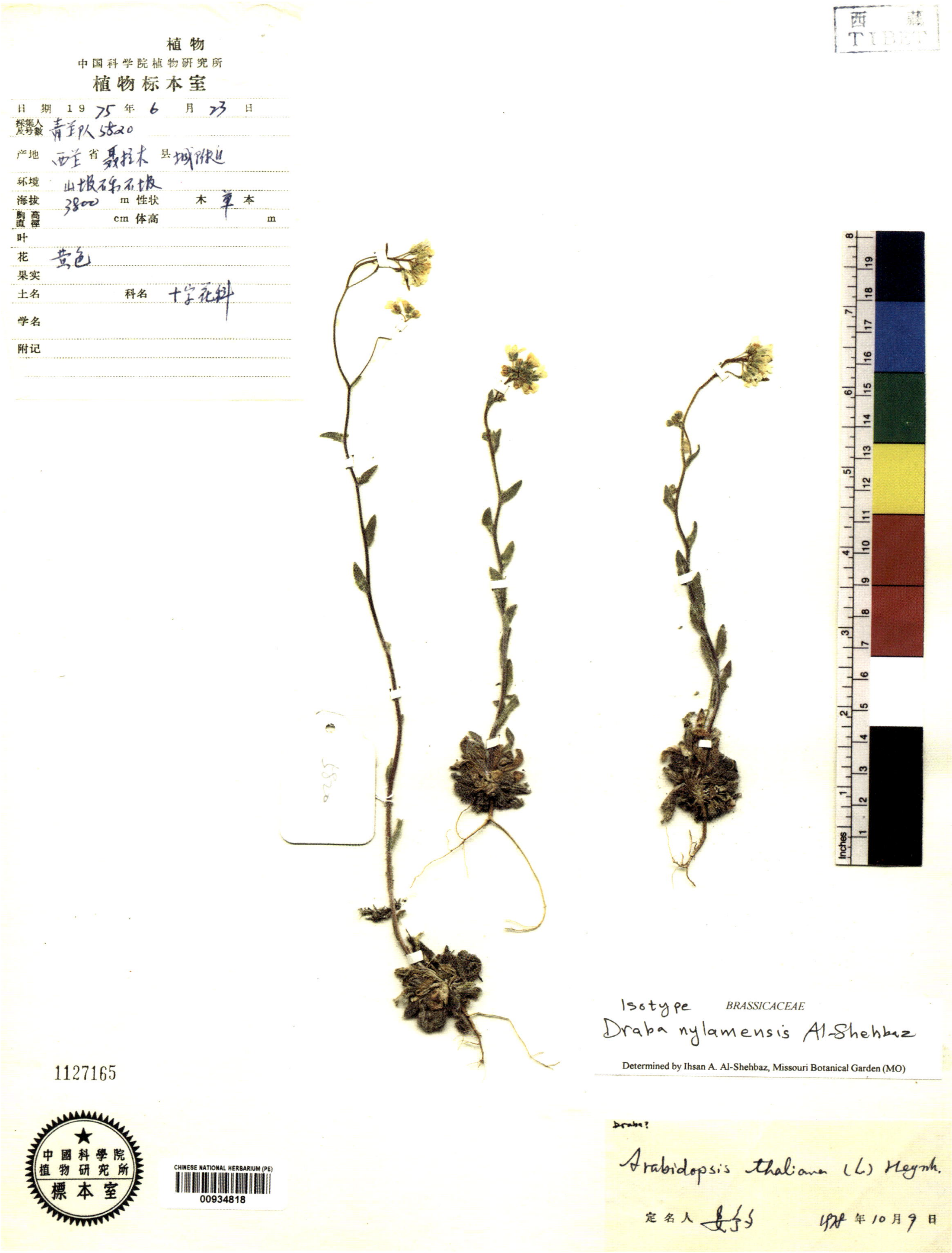

聂拉木葶苈 ***Draba nylamensis*** Al-Shehbaz in Novon 12(3): 314. 2002. **Isotype:** China. Xizang: Nyalam, alt. 3 800 m, 1975-06-23, Qinghai-Xizang Exped. 5820.

疏花葶苈 ***Draba remotiflora*** O. E. Schulz in Acta Horti Gothob. 1(4): 165. 1924. **Isotype:** China. Sichuan: Songpan, alt. 4 600 m, 1922-08-09, H. Smith 3474.

沼泽葶苈 ***Draba rockii*** O. E. Schulz in Notizbl. Bot. Gart. Berlin-Dahlem 10: 555. 1929. **Isotype:** China. Gansu: Taohe, alt. 3 660 ～ 3 965 m, 1925-06-??, J. F. Rock 12405.

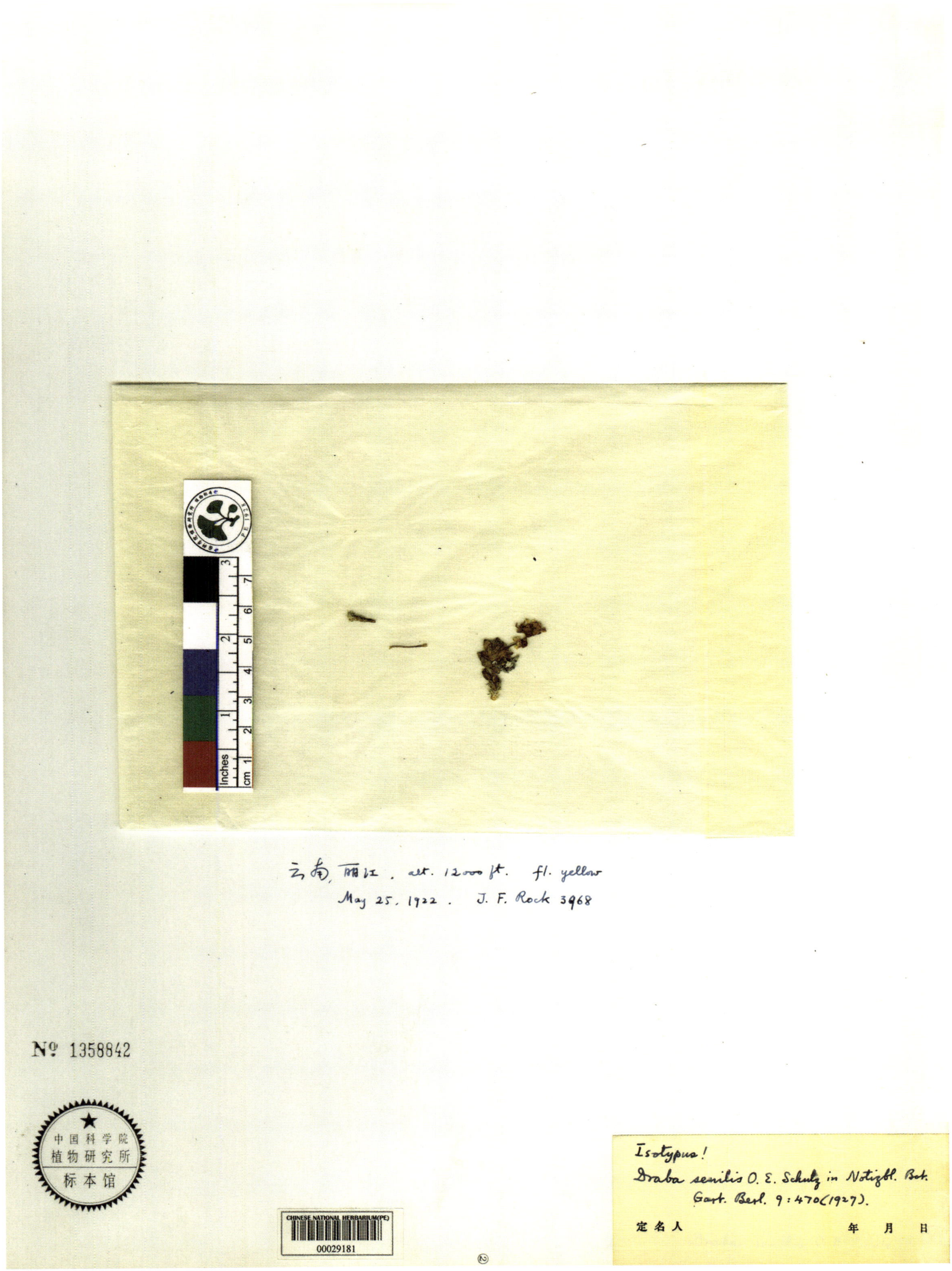

衰老葶苈 ***Draba senilis*** O. E. Schulz in Notizbl. Bot. Gart. Berlin-Dahlem 9: 475. 1926. **Isotype:** China. Yunnan: Lijiang, alt. 3 660 m, 1922-05-25, J. F. Rock 3968.

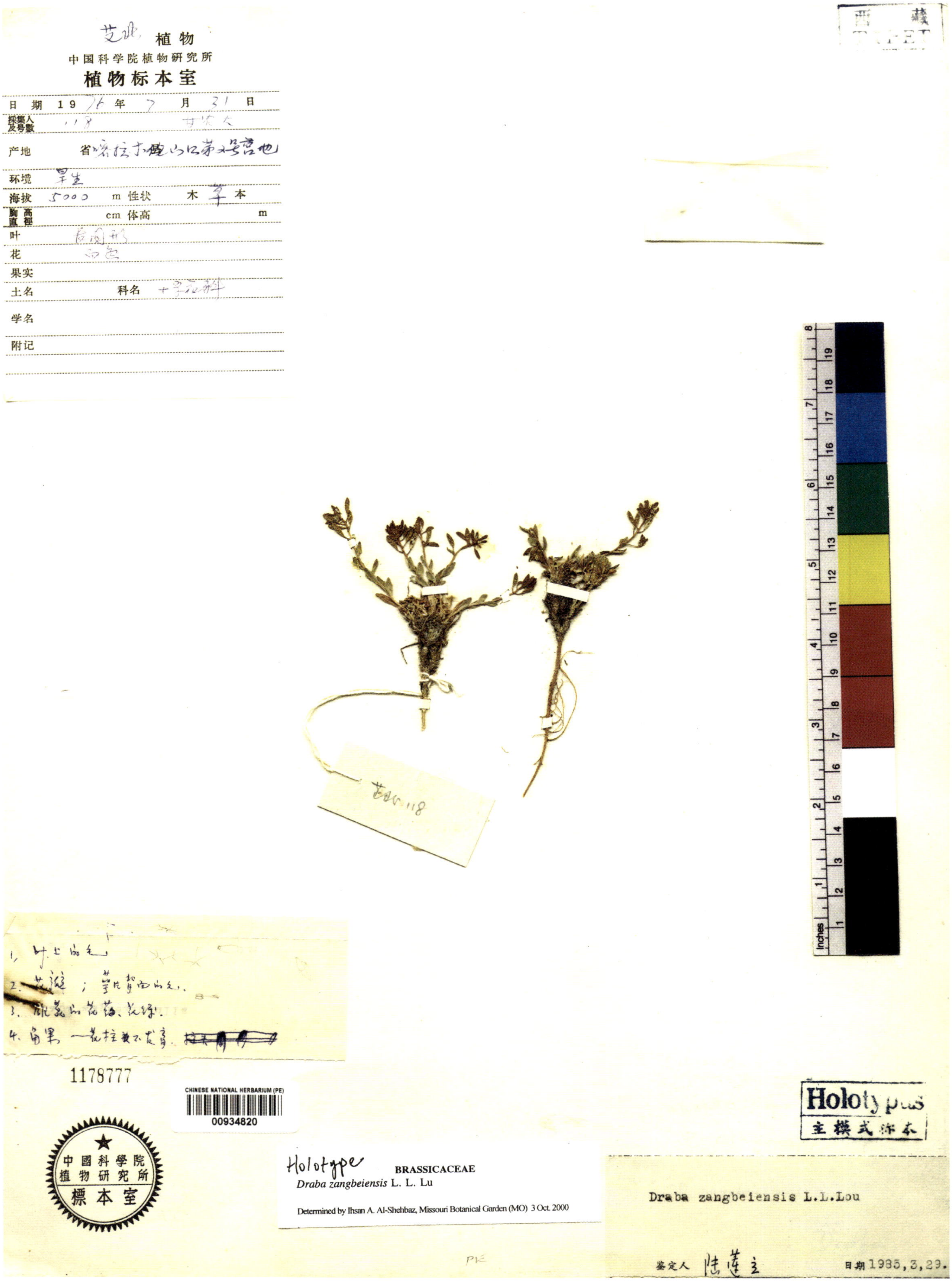

藏北葶苈 ***Draba zangbeiensis*** L. L. Lu in Acta Phytotax. Sin. 25(4): 320, f. 2. 1987. **Isotype:** China. Xizang: Precise locality not known, Karamiran, alt. 5 000 m, 1976-07-31, GAUF Exped. 118.

紫花糖芥 ***Erysimum chamaephyton*** Maxim., Fl. Tangut. 1: 63, t. 28, f. 1-10. 1889. **Isotype:** China. Xizang: Precise locality not known, alt. 4 270 ～ 4 423 m, 1884-06-05, N. M. Przewalski s. n.

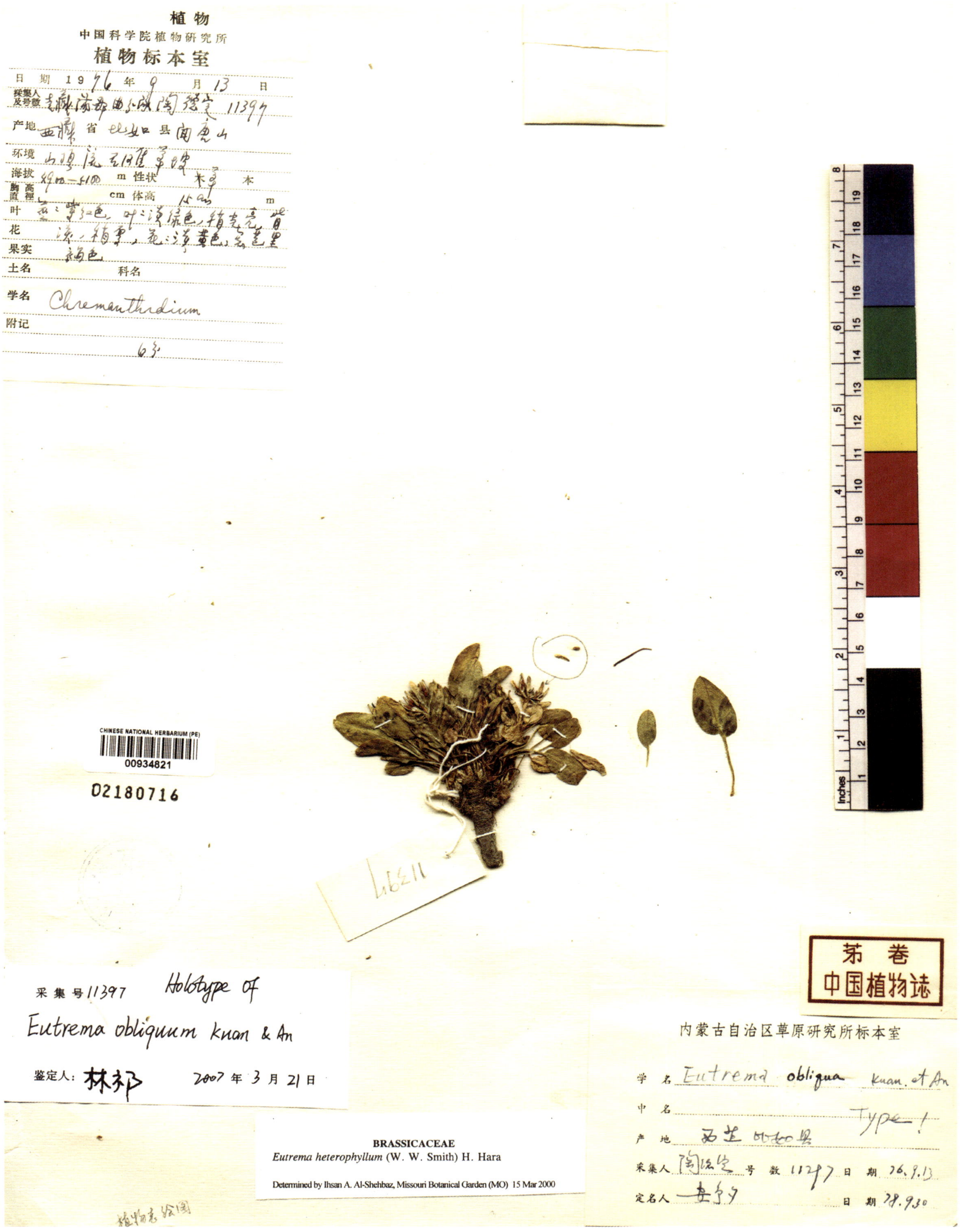

歪叶山萮菜 ***Eutrema obliquum*** K. C. Kuan & C. H. An, Fl. Xizang. 2: 399. 1985. **Holotype:** China. Xizang: Biru, alt. 4 900 ～ 5 100 m, 1976-09-13, D. D. Tao11397.

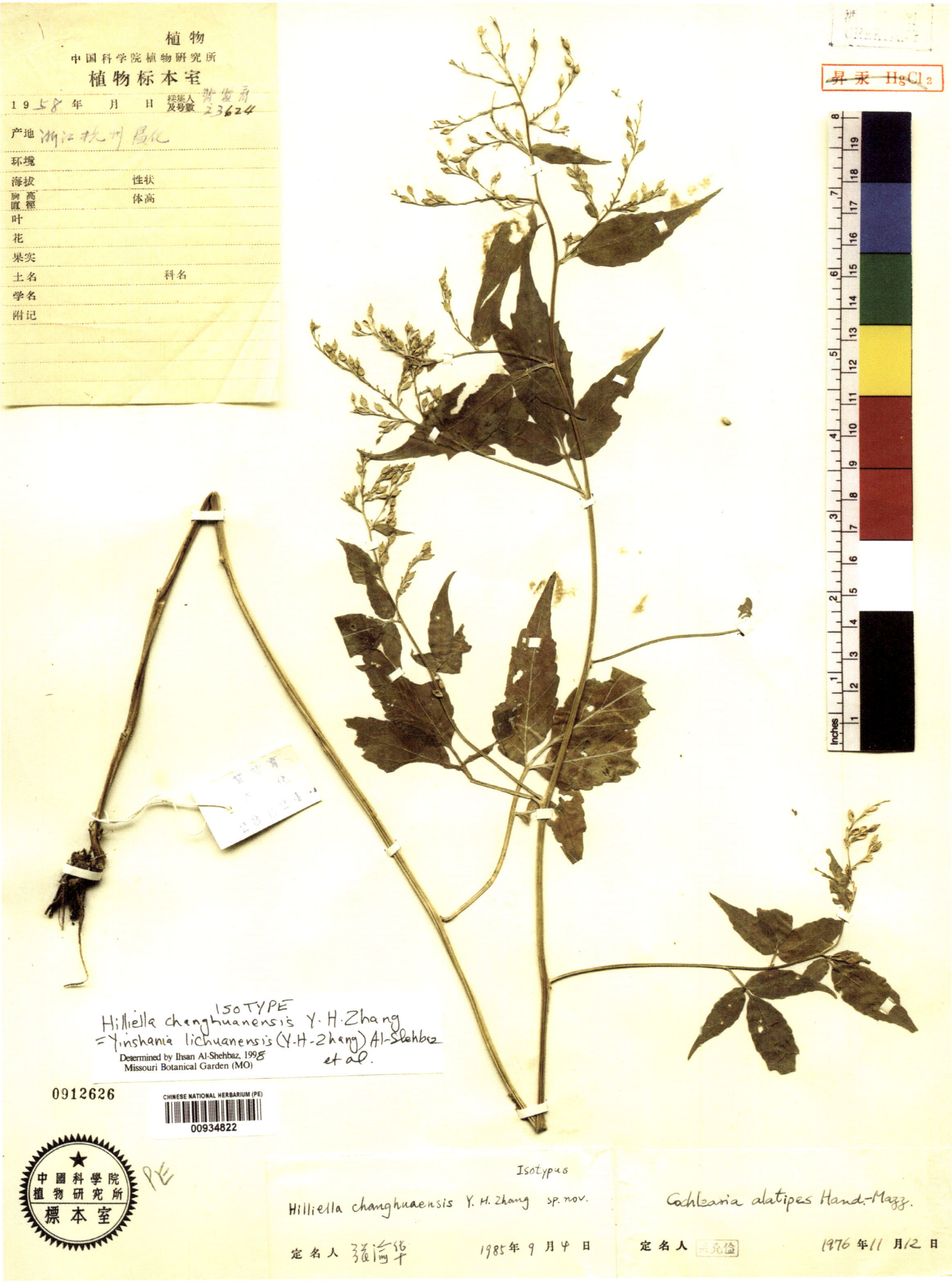

昌化泡果荠 ***Hilliella changhuaensis*** Y. H. Zhang in Acta Bot. Yunnan. 9(2): 155, f. 2. 1987. **Isotype:** China. Zhejiang: Changhua, 1958-??-??, X. Y. He 23624.

广东泡果荠 ***Hilliella guangdongensis*** Y. H. Zhang in Acta Bot. Yunnan. 9(2): 157, f. 3. 1987. **Holotype:** China. Guangdong: Renhua, alt. 900 ～ 1 150 m, 1958-08-29, L. Deng 7298.

湖南泡果荠 ***Hilliella hunanensis*** Y. H. Zhang in Acta Bot. Yunnan. 9(2): 160, f. 5. 1987. **Holotype:** China. Hunan: Nanyue, Hengshan, alt. 750 m, 1963-05-17, L. H. Liu 15702.

黎川泡果荠 ***Hilliella lichuanensis*** Y. H. Zhang in Acta Bot. Yunnan. 9(2): 158, f. 4. 1987. **Holotype:** China. Jiangxi: Lichuan, 1958-06-07, M. X. Nie & S. S. Lai 2831.

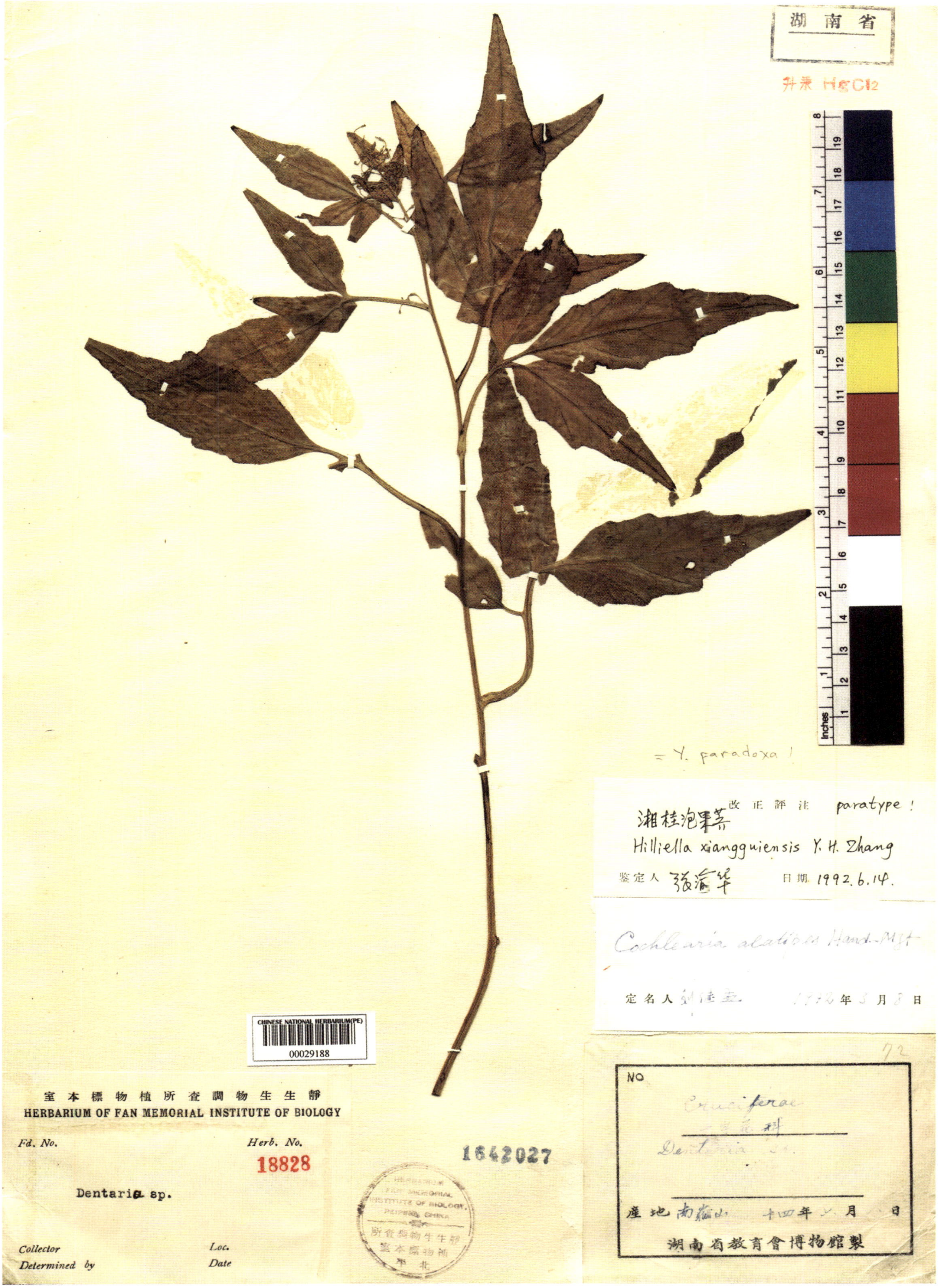

湘桂泡果荠 ***Hilliella xiangguiensis*** Y. H. Zhang in Acta Bot. Yunnan. 19(2): 129, f. 1. 1997. **Paratype:** China. Hunan: Nanyue, Hengshan, 1925-06-08, PE Herb. No. 18828.

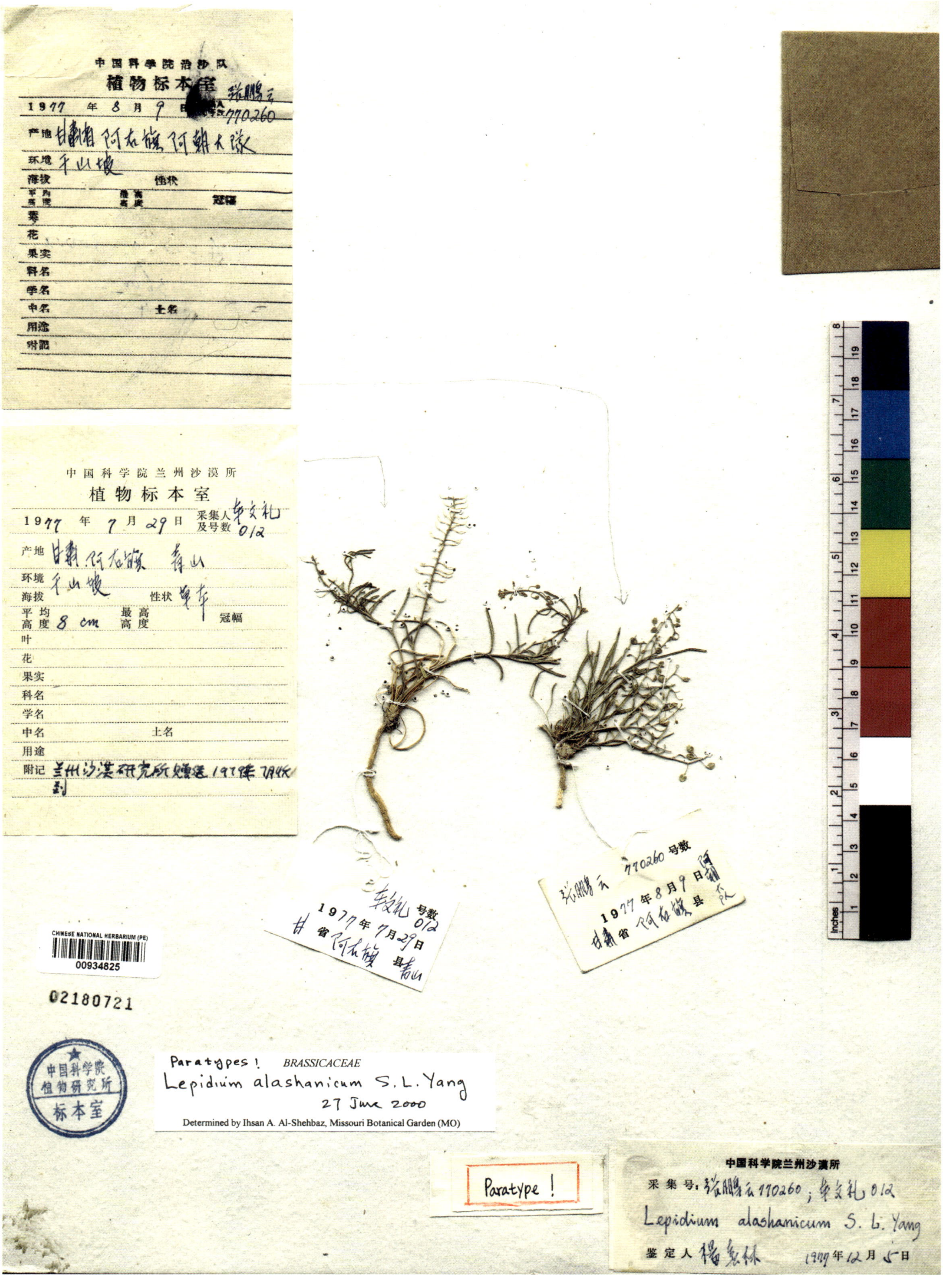

阿拉善独行菜 ***Lepidium alashanicum*** S. L. Yang in Acta Phytotax. Sin. 19(2): 241, f. 2. 1981. **Paratype:** China. Nei Mongol: Alxa Youqi, 1977-08-09, P. Y. Zhang 770260.

双果荠 ***Megadenia pygmaea*** Maxim.,Fl. Tangut. 1: 76, t. 21, f. 22-32. 1889. **Isotype:** China. Gansu: Tangut, 1880-05-(13~25), N. M. Przewalski s. n.

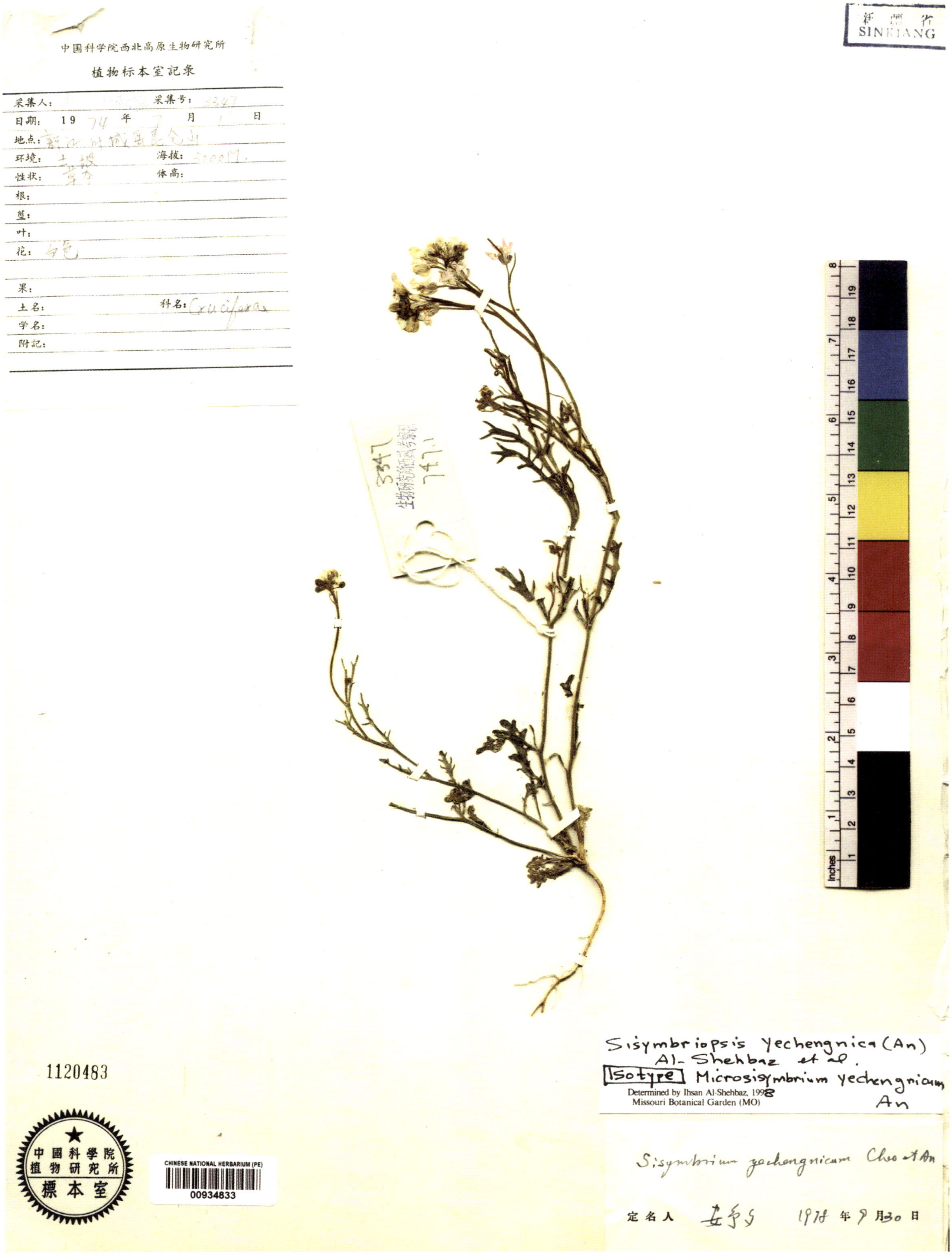

叶城小蒜芥 ***Microsisymbrium yechengnicum*** C. H. An in Bull. Bot. Res., Harbin 1(1-2): 99. 1981. **Isotype:** China. Xinjiang: Yecheng, alt. 3 000 m, 1974-07-01, Xizang Exped. 3347.

西藏豆瓣菜 ***Nasturtium tibeticum*** Maxim., Fl. Tangut. 54. f.26: 12-30.1889. **Lectotype** (designated here): China. Xizang: Precise locality not known, 1884-06-25 to 1884-07-07, N. M. Przewalski s. n.

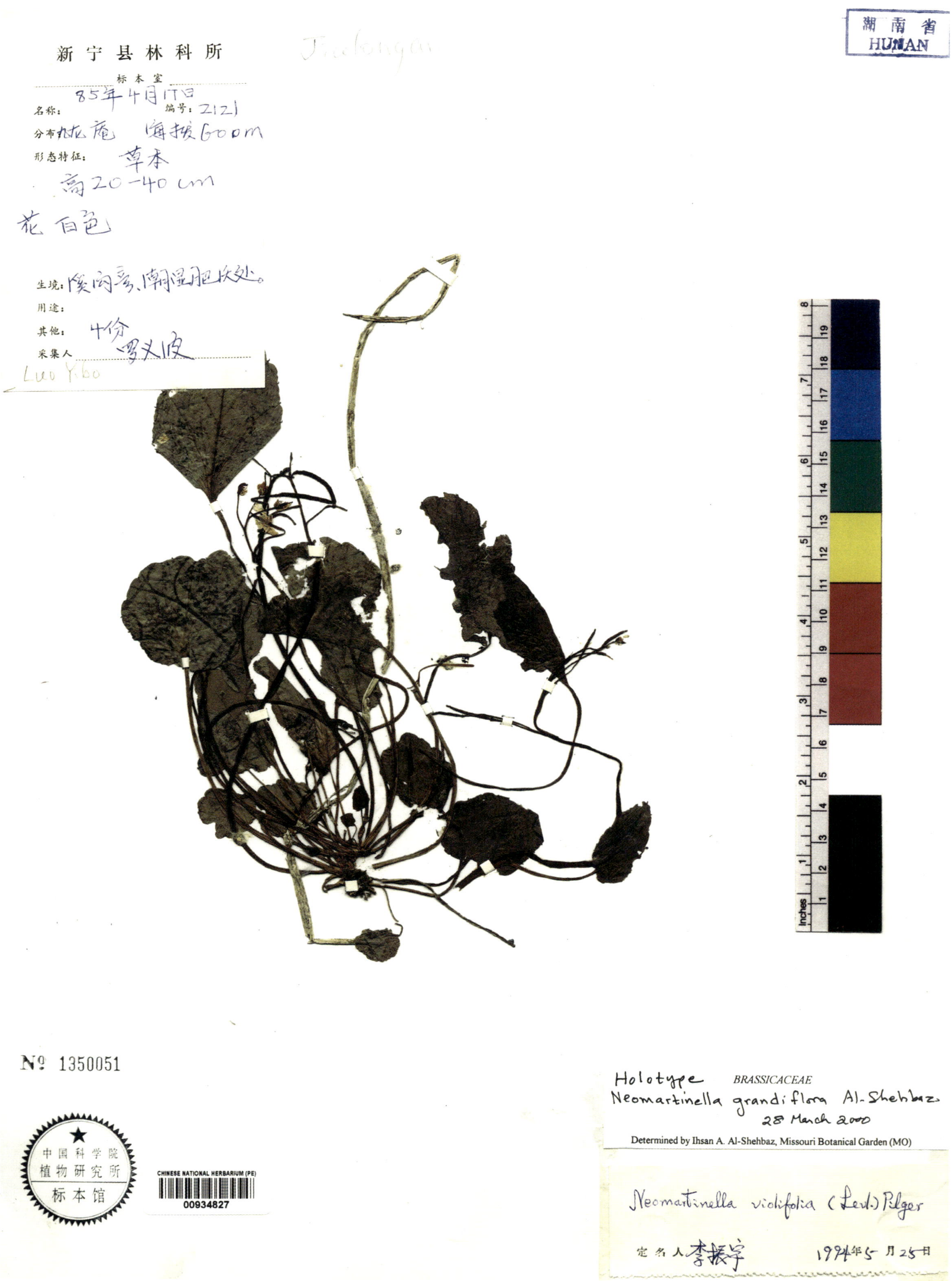

大花堇叶芥 ***Neomartinella grandiflora*** Al-Shehbaz. in Novon 10(4): 339. 2000. **Holotype:** China. Hunan: Xinning, alt. 600 m, 1985-04-17, Y. B. Luo 2121.

宽果丛菔 ***Parrya eurycarpa*** Maxim., Fl. Tangut. 1: 56, t. 27, f. 16-24. 1889. **Isotype:** China. Xizang: E Xizang, Precise locality not known, alt. 4 179 m, 1884-07-(08~20), N. M. Przewalski s. n.

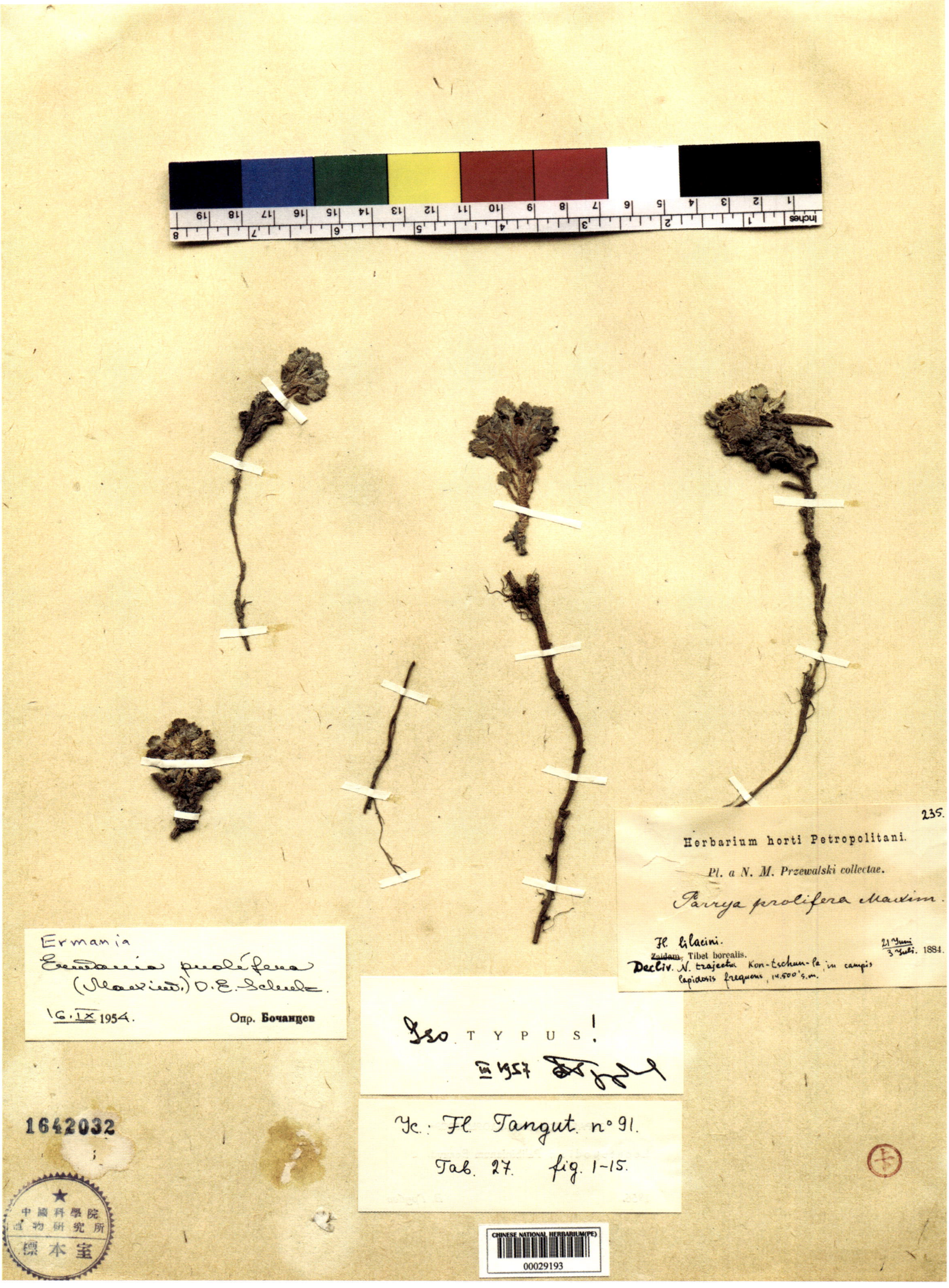

丛生高原芥 ***Parrya prolifera*** Maxim., Fl. Tangut. 56, t. 27, f. 1-15. 1889. **Isotype:** China. Xizang: NE Xizang, Precise locality not known, 1884-06-21, N. M. Przewalski s. n.

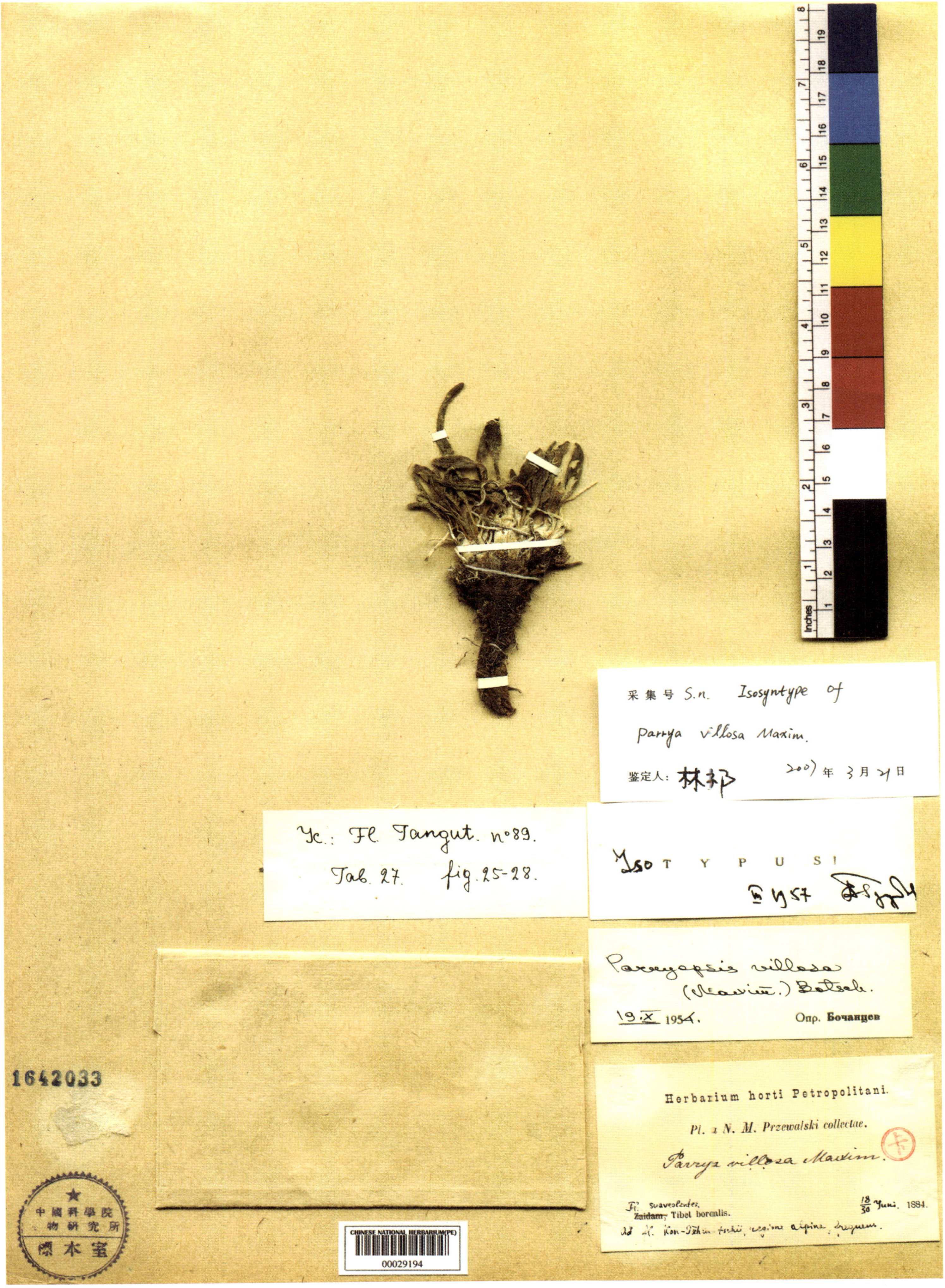

西藏条果芥 ***Parrya villosa*** Maxim., Fl. Tangut. 55, t. 27, f. 25. 1889. **Lectotype**(designated here): China. Xizang, Precise locality not known, 1884-06-(18~30), N. M. Przewalski s. n.

冯氏藏芥 ***Phaeonychium fengii*** Al-Shehbaz. in Novon 10(4): 335. 2000. **Isotype:** China. Yunnan: Lijiang, 1939-04-03, K. M. Feng 654.

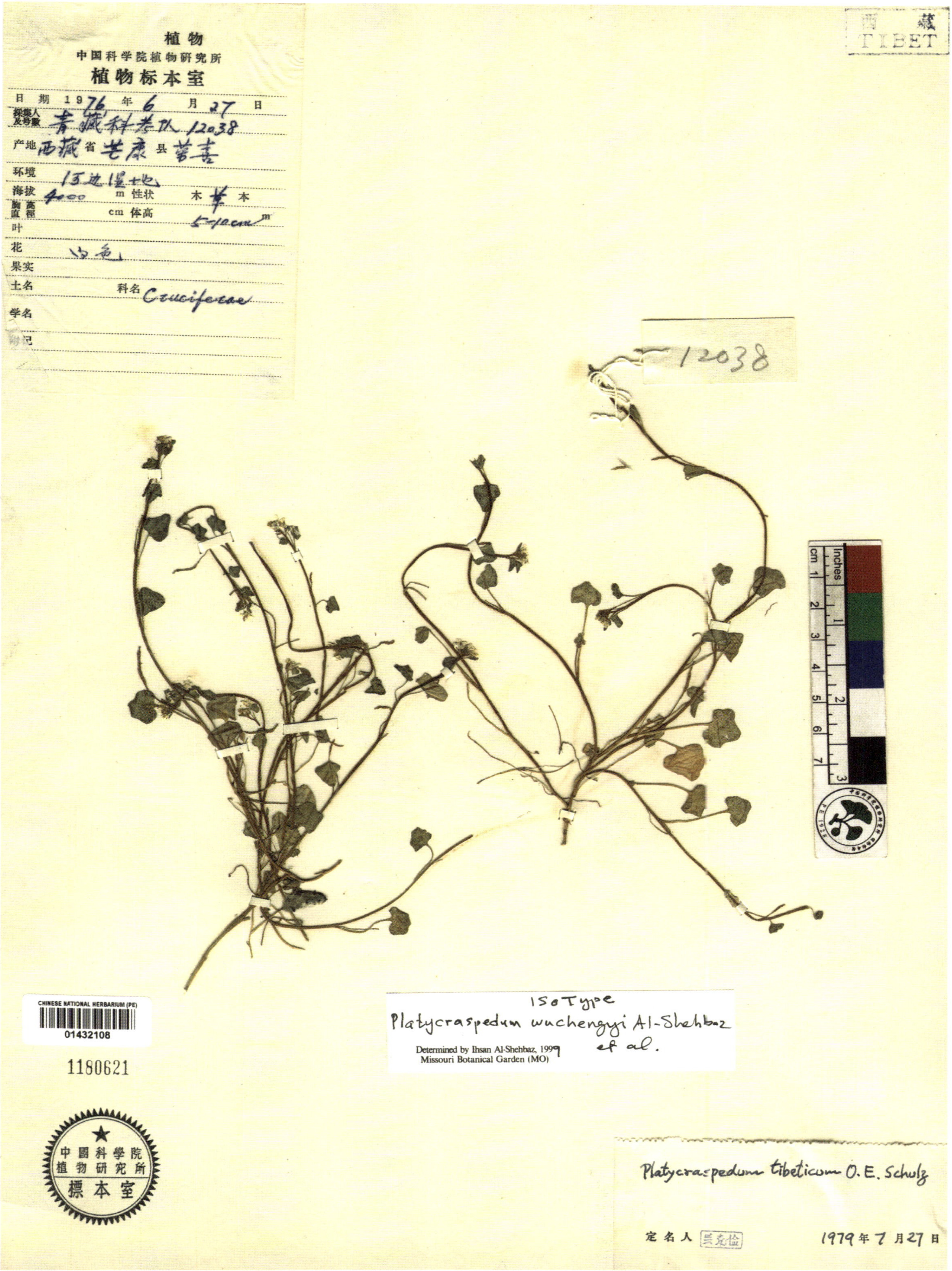

吴氏宽框荠 ***Platycraspedum wuchengyii*** Al-Shehbaz, T. Y. Cheo, L. L. Lu & G. Yang in Novon 10(1): 3. 2000.
Isotype: China. Xizang: Markam,alt. 4 000 m, 1976-06-27, Qinghai-Xizang Exped. 12038.

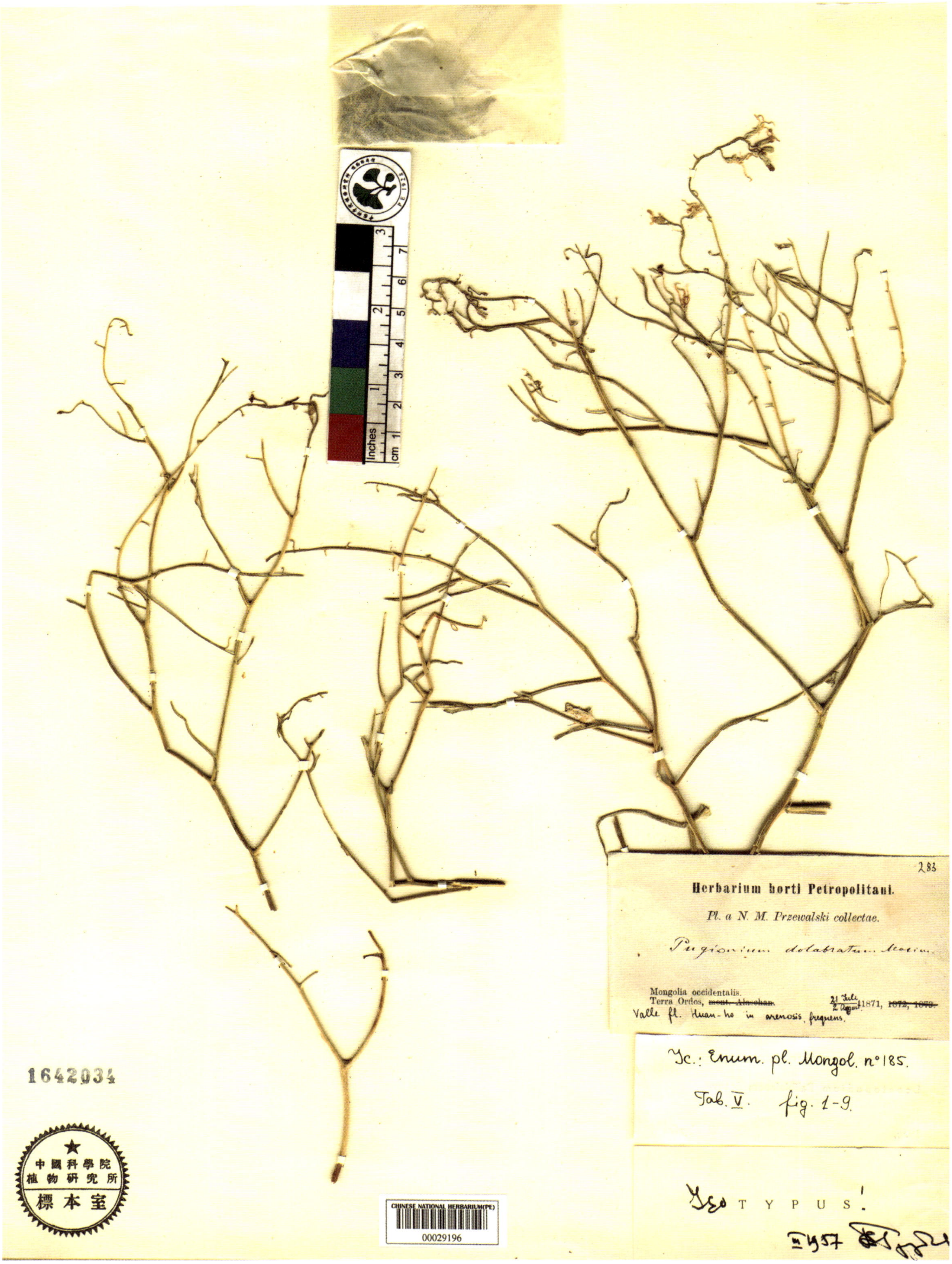

斧翅沙芥 ***Pugionium dolabratum*** Maxim. in Bull. Acad. Imp. Sci. St.-Petersb. 26(4): 426. 1880. **Isotype:** China. Nei Mongol: Precise locality not known, 1871-07-21, N. M. Przewalski 283.

多氏蔊菜 ***Rorippa dogadovae*** Tzvelev in Not. Sys. Herb. Inst Not. Nom. Kom. Acas. Sci. URSS. 18: 98. 1957.
Isotype: Kazakhstan. Pavlodar, 1955-07-08, A. Dogadova & N. Tzvelev s. n.

分叉华羽芥 ***Sinosophiopsis furcata*** Al-Shehbaz in Novon 12(3): 313, f. 2. 2002. **Isotype:** China. Sichuan: Kanding, alt. 2 700 m, 1961-05-29, S. Jiang 05031.

绒毛念珠芥 ***Sisymbrium mollipilum*** Maxim., Fl. Tangut. 1: 62, t. 21, f. 14-21. 1889. **Isosyntype:** China. Xizang: Precise locality not known, alt. 3 355 ～ 3 660 m, 1879-07-(11~23), N. M. Przewalski s. n.

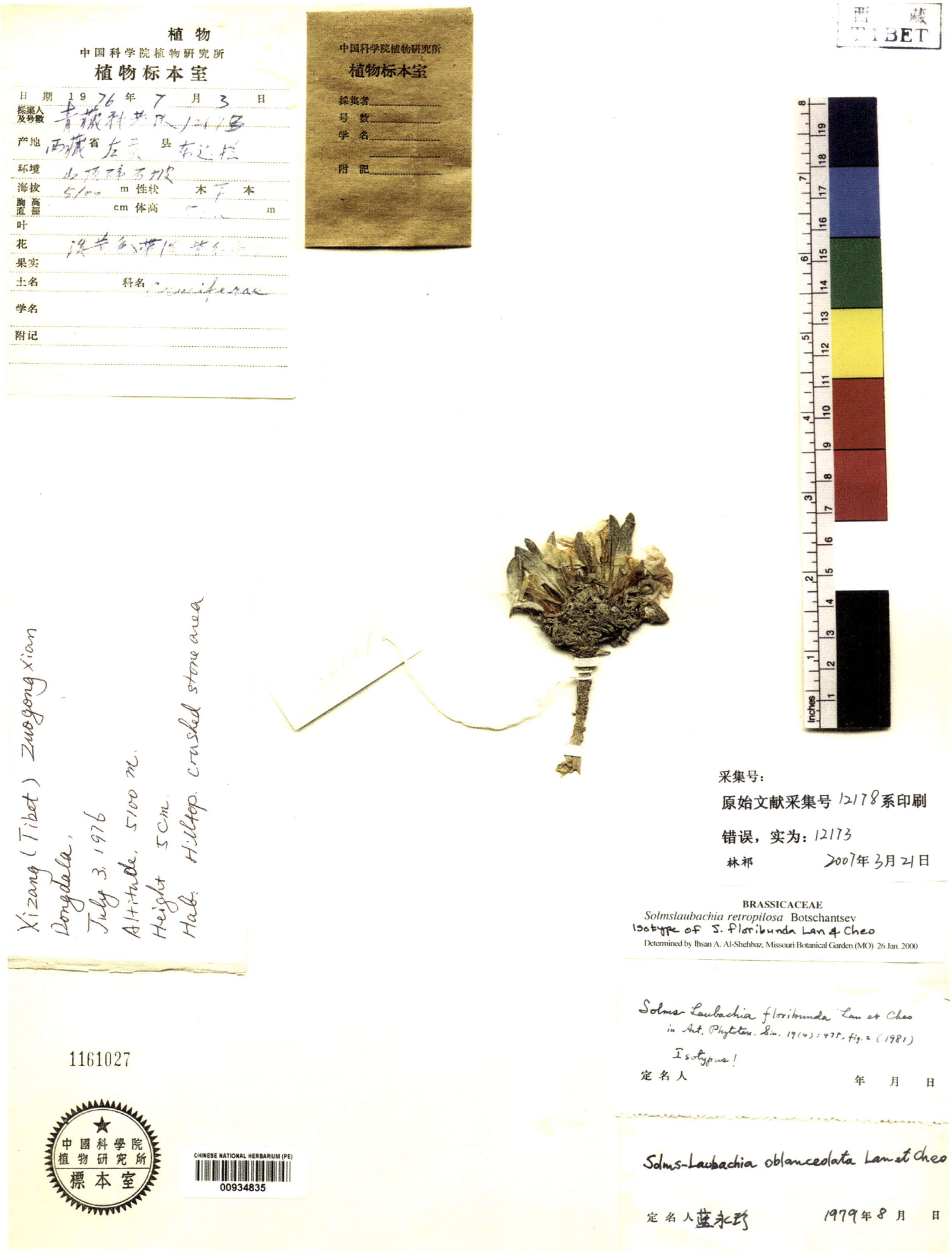

多花丛菔 ***Solms-Laubachia floribunda*** Y. C. Lan & T. Y. Cheo in Acta Phytotax. Sin. 19(4): 475, f. 2. 1981. **Isotype:** China. Xizang: Zogang, alt. 5 100 m, 1976-07-03, Qinghai-Xizang Exped. 12173.

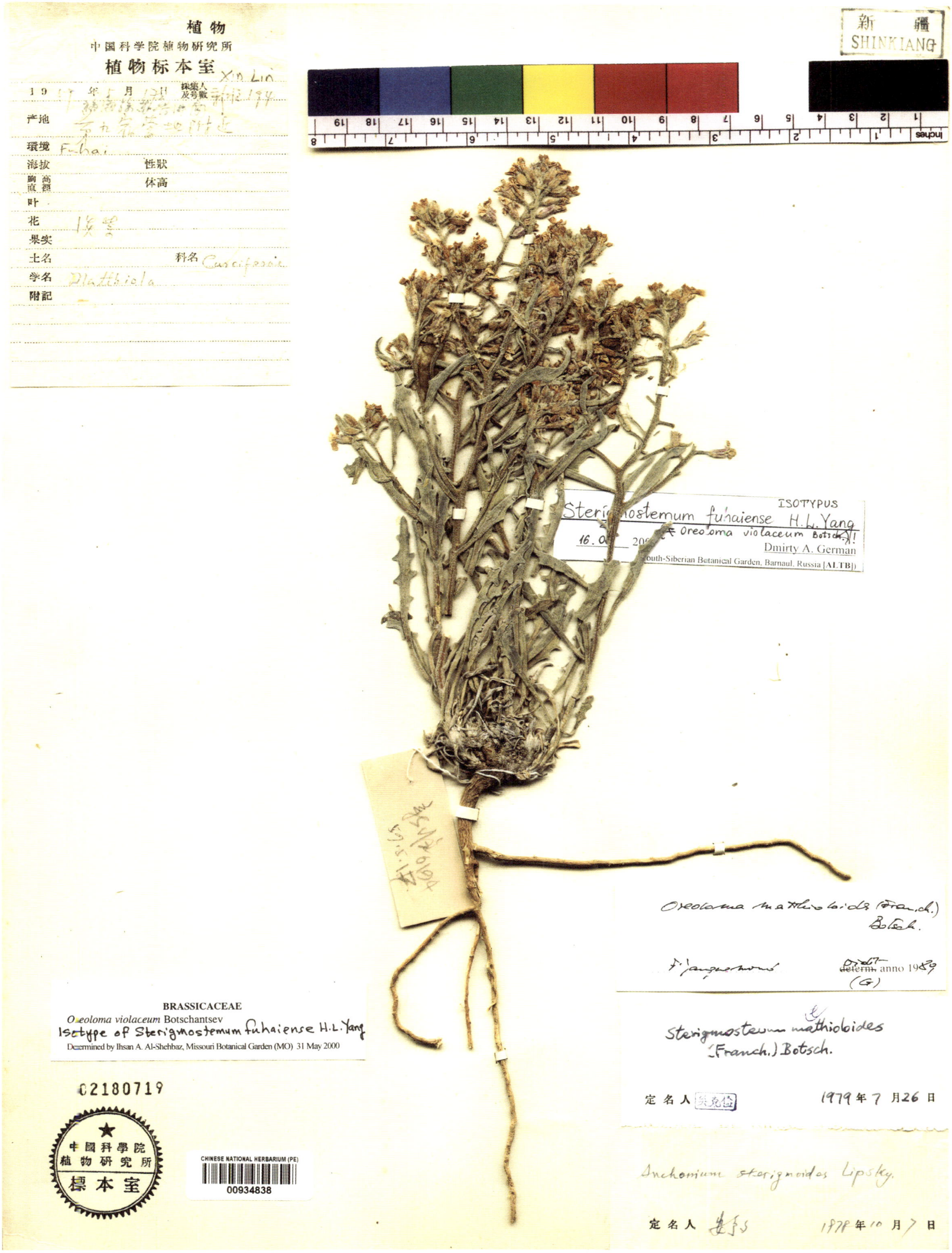

新疆棒果芥 ***Sterigmostemum fuhaiense*** H. L. Yang, Fl. Desert. Reip. Pop. Sin., 2: 445. 1987. **Isotype:** China. Xinjiang: Fuhai, 1959-05-17, Xin Lin 0194.

大花棒果芥 ***Sterigmostemum grandiflorum*** K. C. Kuan in Bull. Bot. Lab. North-East. Forest. Inst., Harbin 8: 43. 1980. **Holotype:** China. Qinghai: Da Qaidam, 1959-07-20, Qinghai-Gansu Exped. 361.

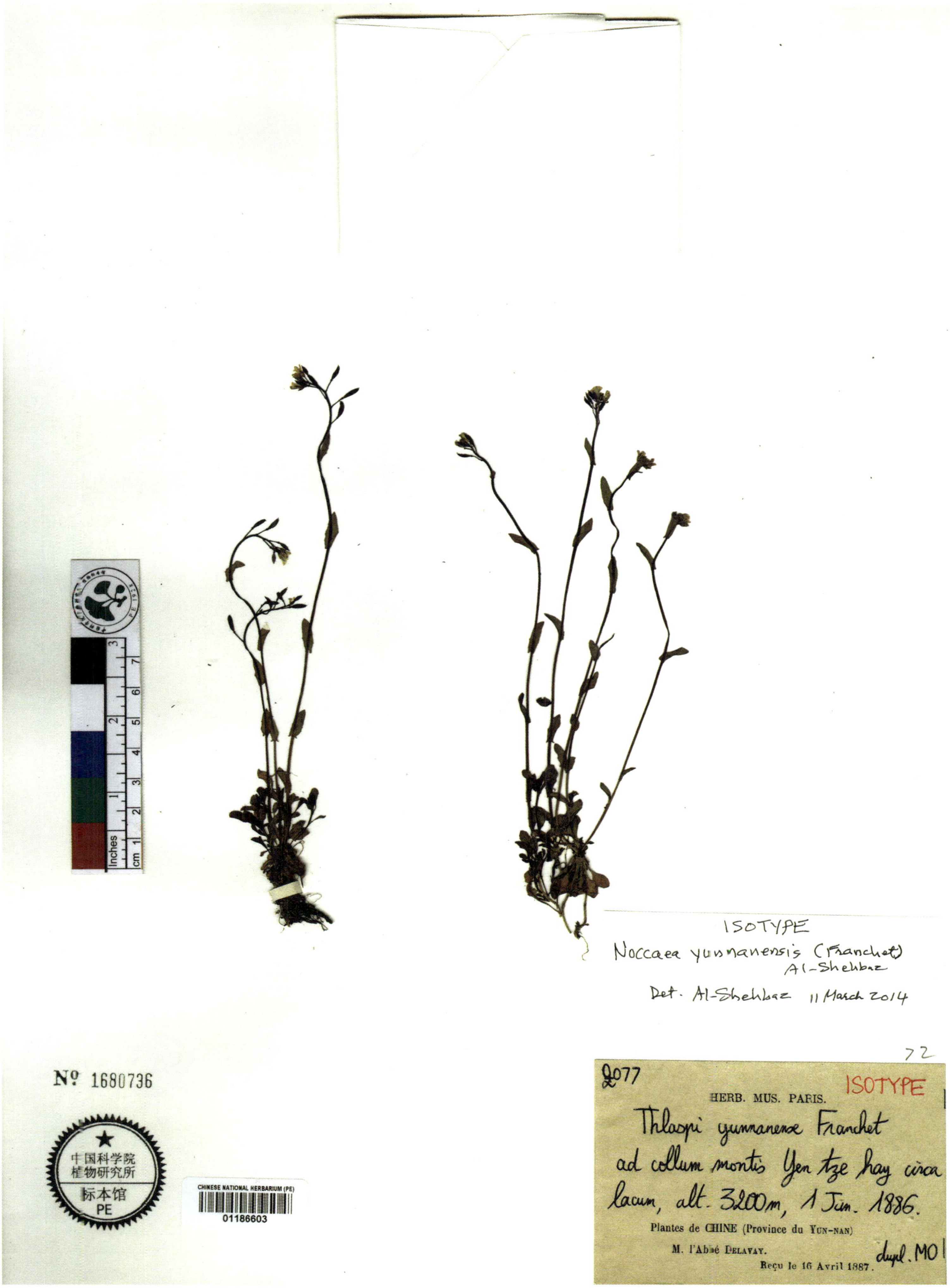

云南菥蓂 ***Thlaspi yunnanense*** Franch. in Bull. Soc. Bot. France 33: 407. 1886. **Isotype:** China. Yunnan: Eryuan, alt. 3 200 m, 1886-06-01, Delavay 2077.

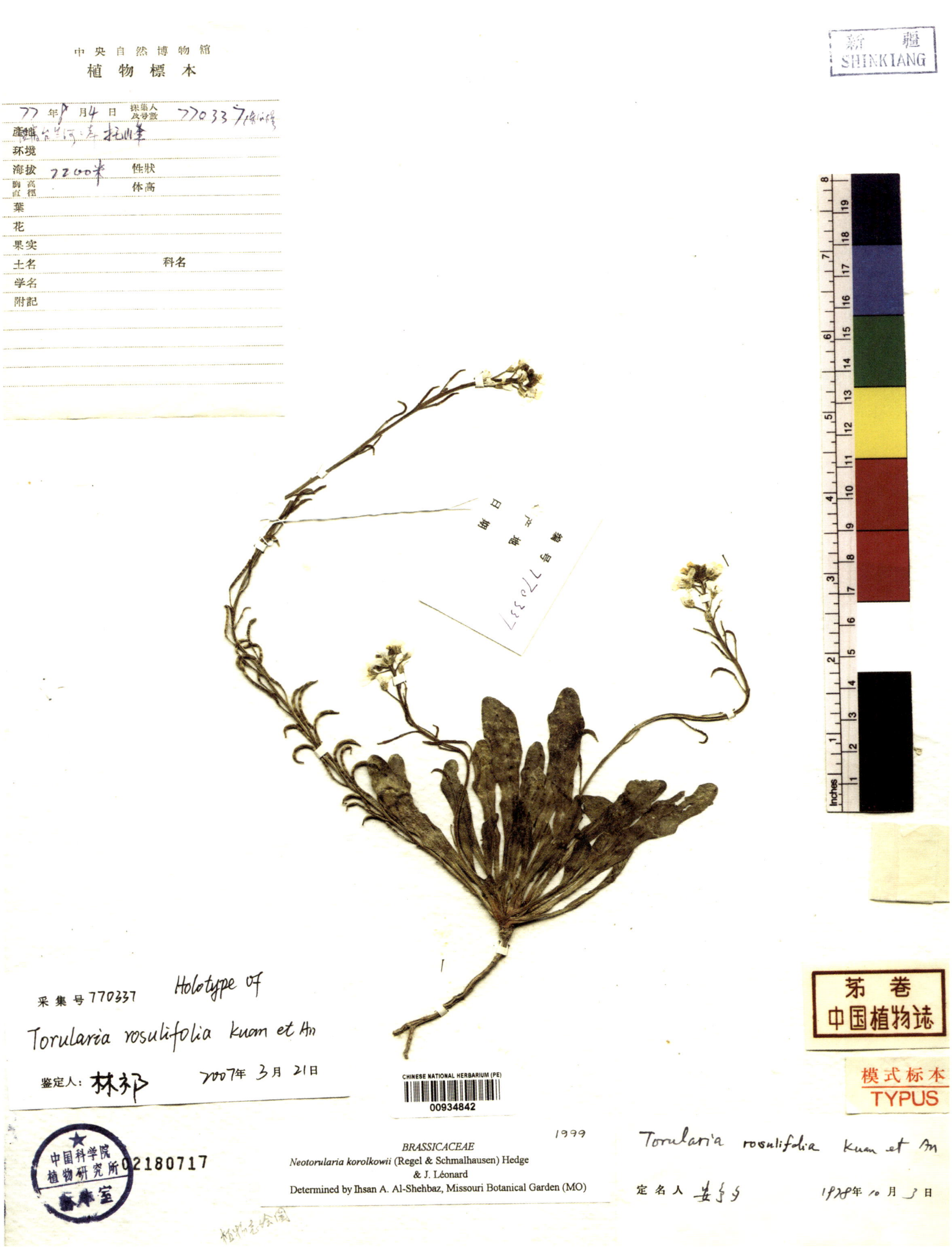

莲座念珠芥 ***Torularia rosulifolia*** K. C. Kuan & C. H. An in Bull. Bot. Lab. N.-E. Forest. Inst., Harbin 8: 45, photo. 12. 1980. **Holotype:** China. Xijiang: Wensu, alt. 2 200 m, 1977-08-04, Tuo-Mu-Er-Feng Exped. 770337.

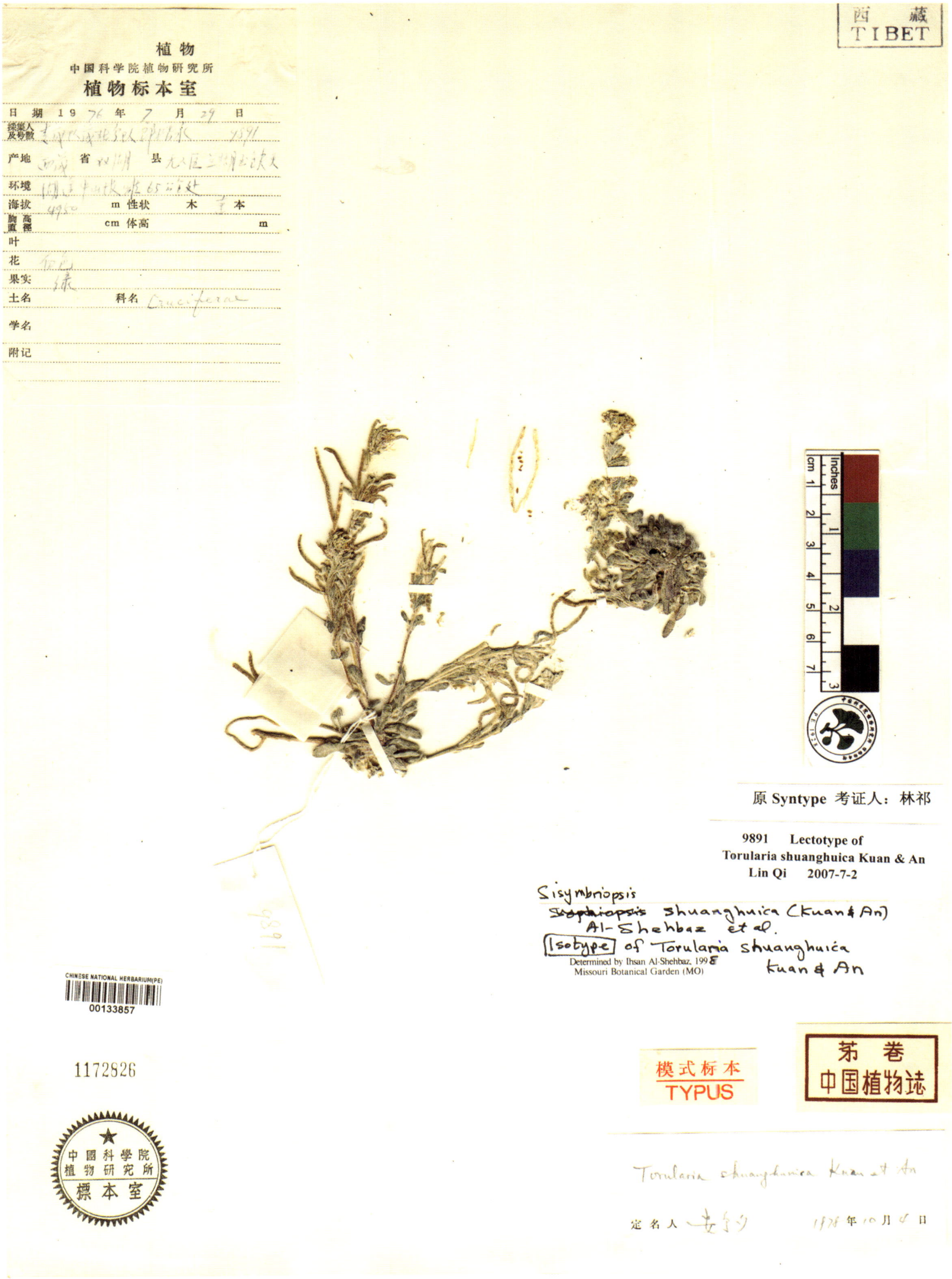

双湖念珠芥 ***Torularia shuanghuica*** K. C. Kuan & C. H. An in C. Y. Wu, Fl. Xizang. 2: 404, f. 133: 5-8. 1985. **Lectotype** (designated by H. L. Li & al. in Bull. Bot. Res., Harbin 28: 265. 2008)： China. Xizang: Shuanghu, alt. 4 950 m, 1976-07-29, Qinghai-Xizang Exped. 9891.

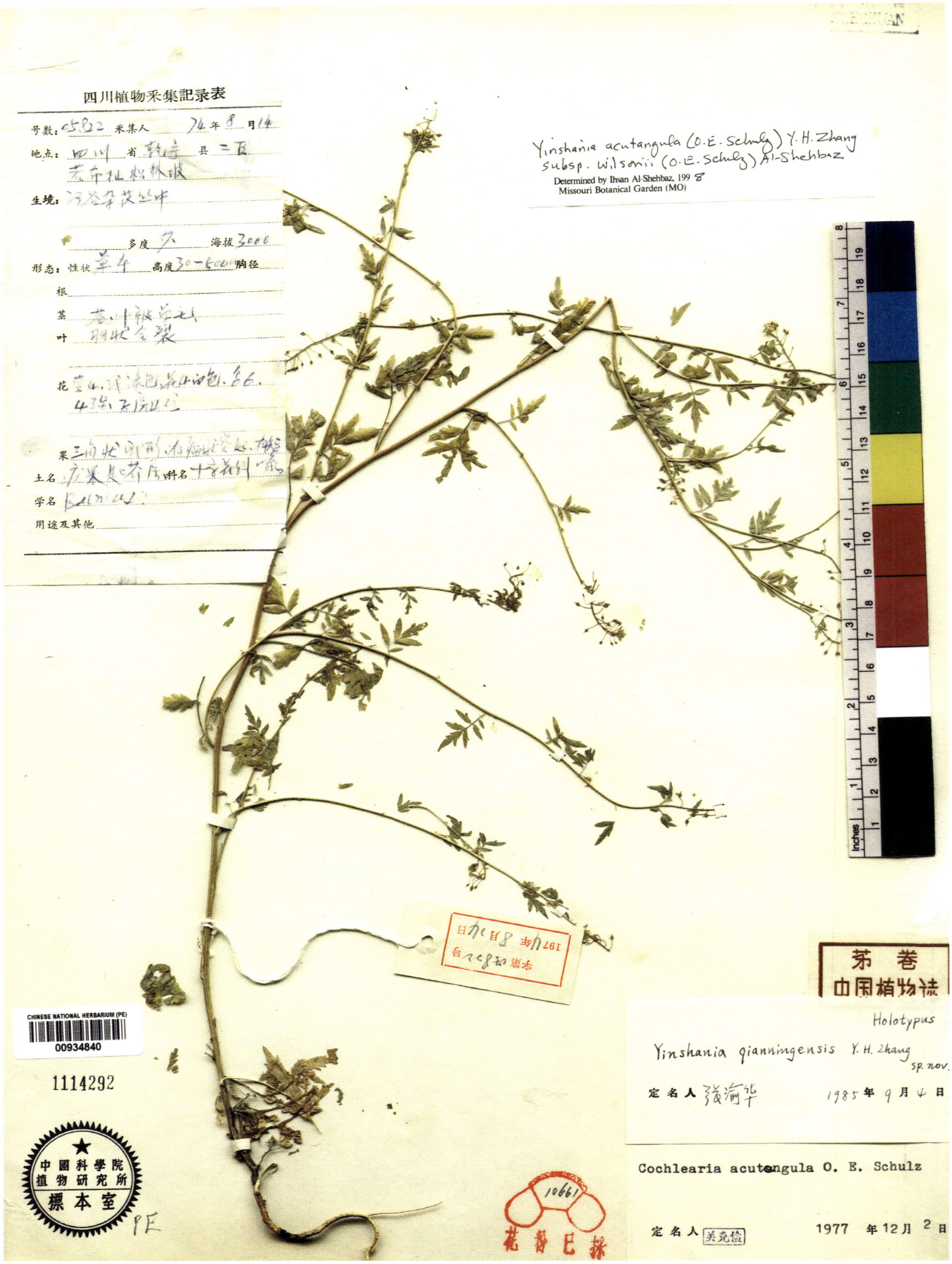

乾宁阴山荠 ***Yinshania qianningensis*** Y. H. Zhang in Acta Phytotax. Sin. 25(3): 212. 1987. **Holotype:** China. Sichuan: Qianning, alt. 3 000 m, 1974-08-14, Anonymous 05822.

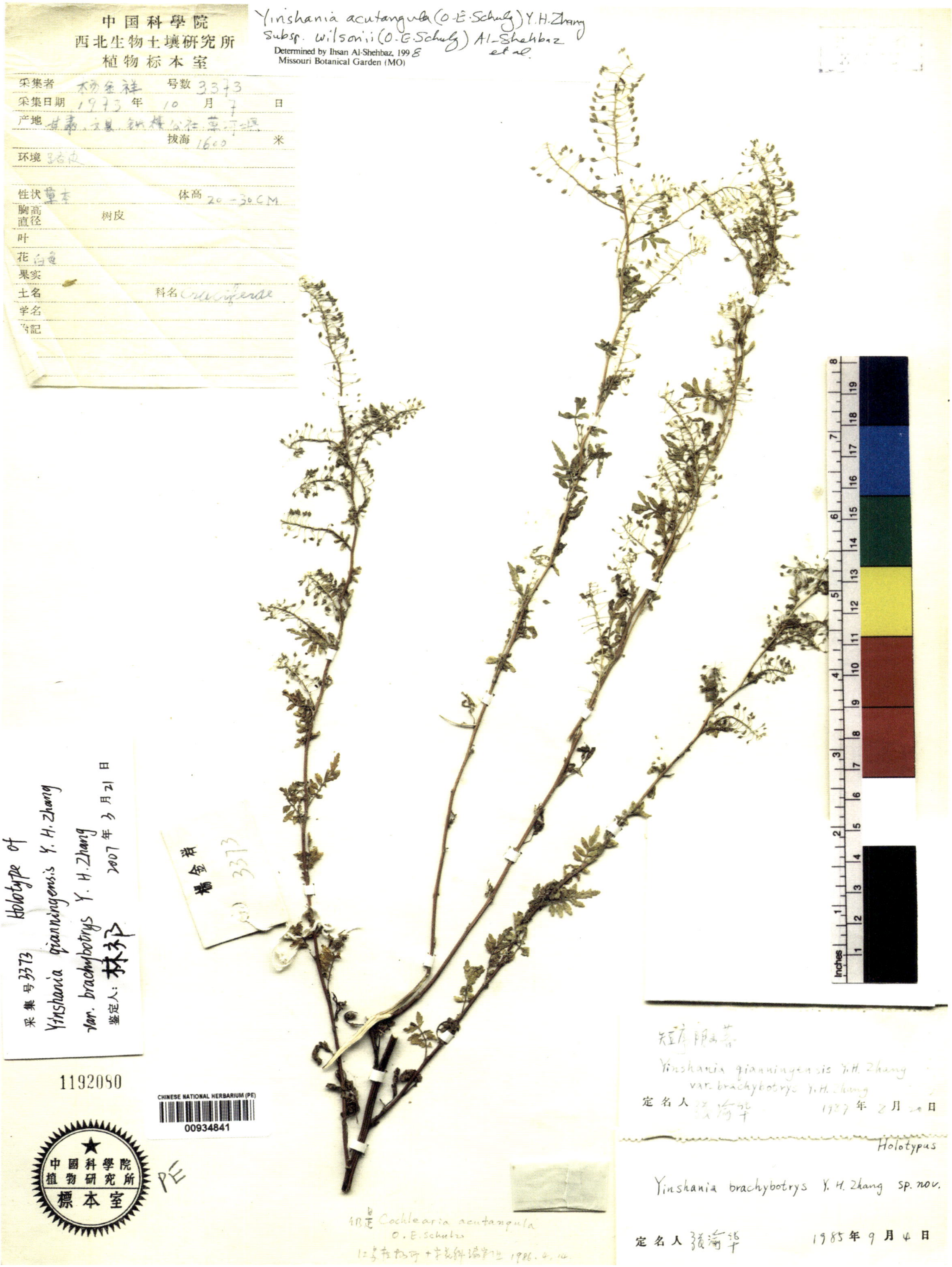

短序阴山荠 ***Yinshania qianningensis*** Y. H. Zhang var. ***brachybotrys*** Y. H. Zhang in Acta Phytotax. Sin. 25(3): 213. 1987. **Holotype:** China. Gansu: Wen Xian, alt. 1 600 m, 1973-10-07, J. X. Yang 3373.

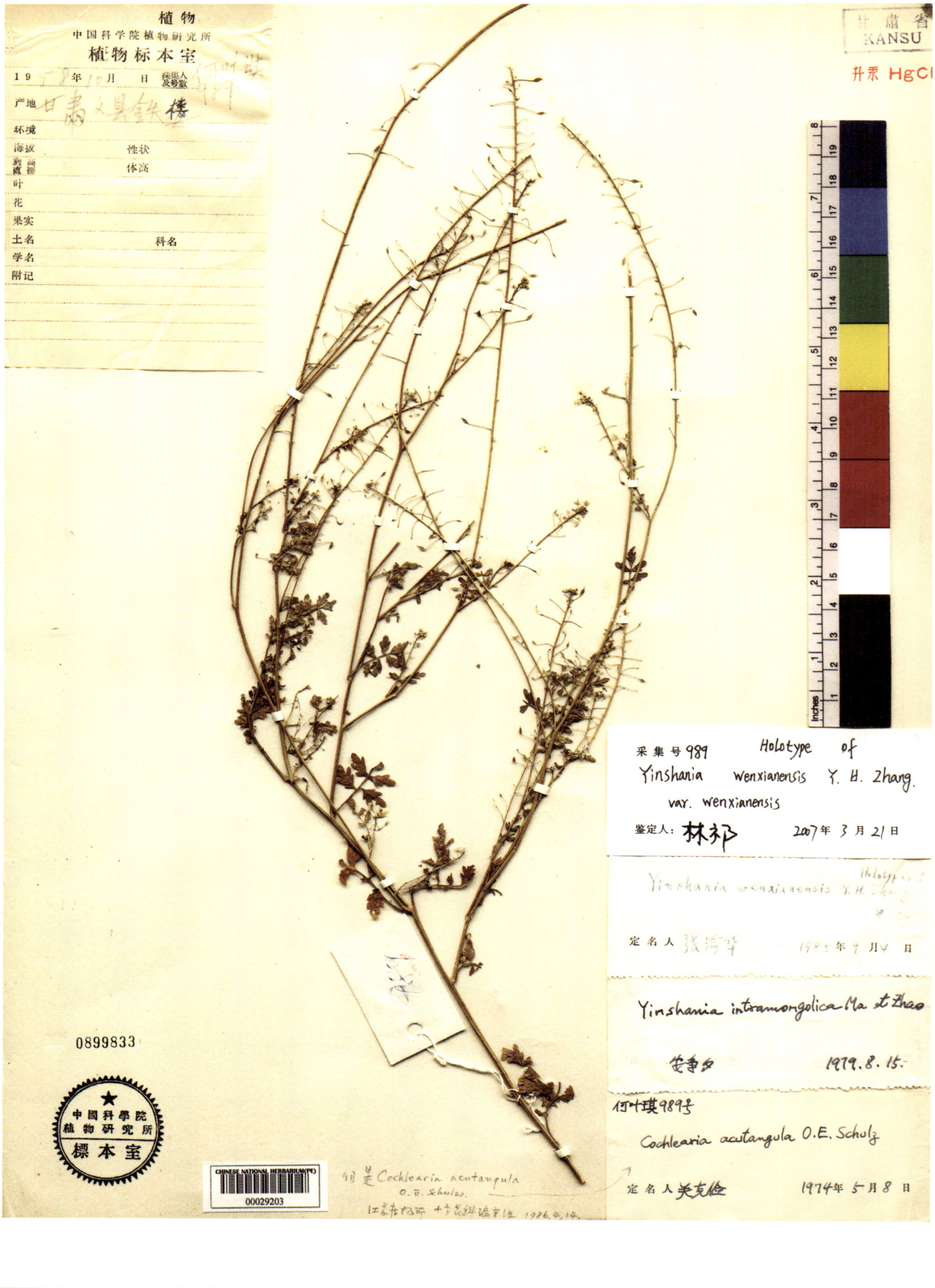

文县阴山荠 ***Yinshania wenxianensis*** Y. H. Zhang in Acta Phytotax. Sin. 25(3): 215. 1987. **Holotype:** China. Gansu: Wen Xian, alt. 1 400 m, 1958-10-07, Y. C. Hou 989.

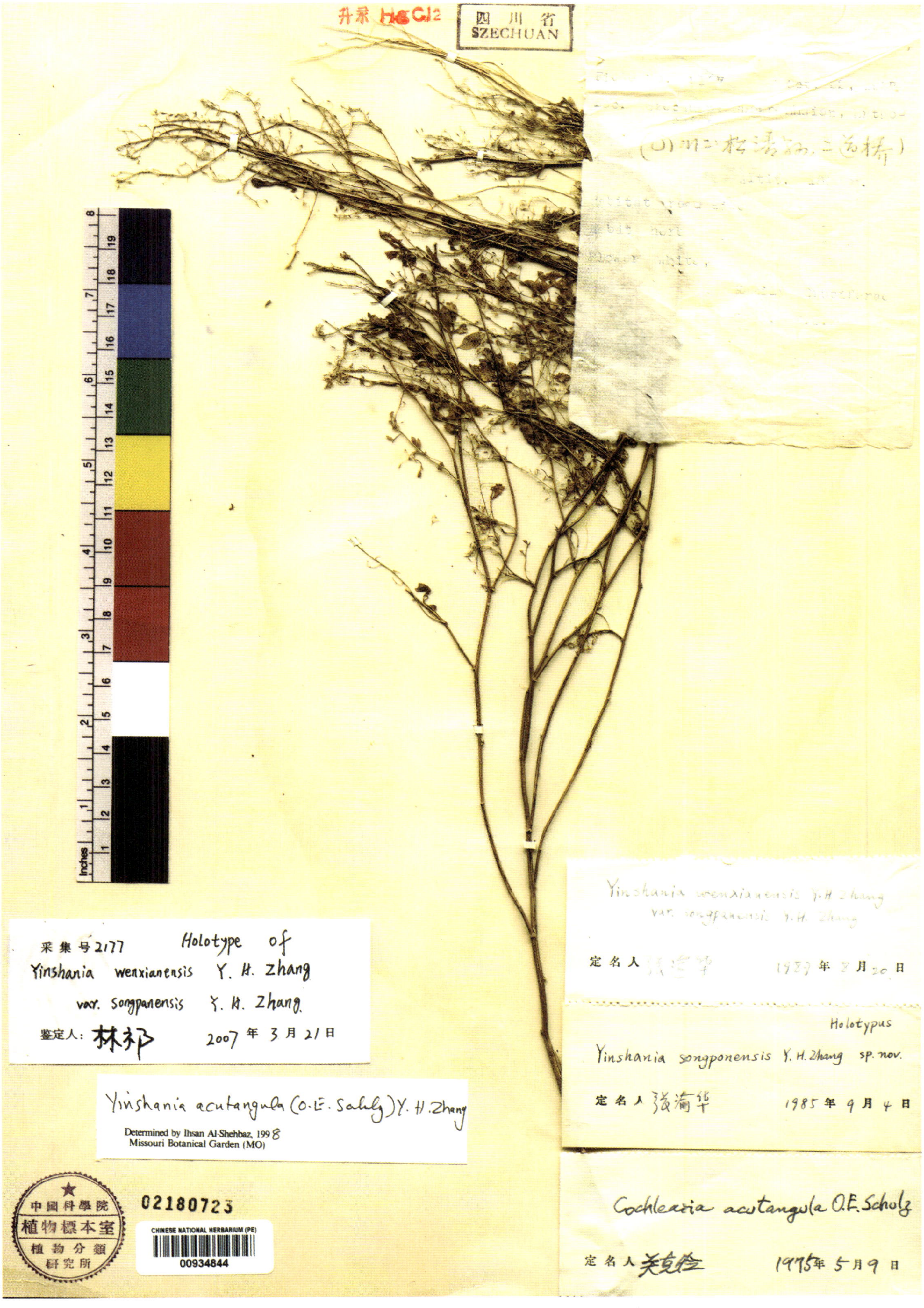

松潘阴山荠 ***Yinshania wenxianensis*** Y. H. Zhang var. ***songpanensis*** Y. H. Zhang. in Acta Phytotax. Sin. 25(3): 215. 1987. **Holotype:** China. Sichuan: Songpan, alt. 1 800 m, 1937-10-22, K. T. Fu 2177.

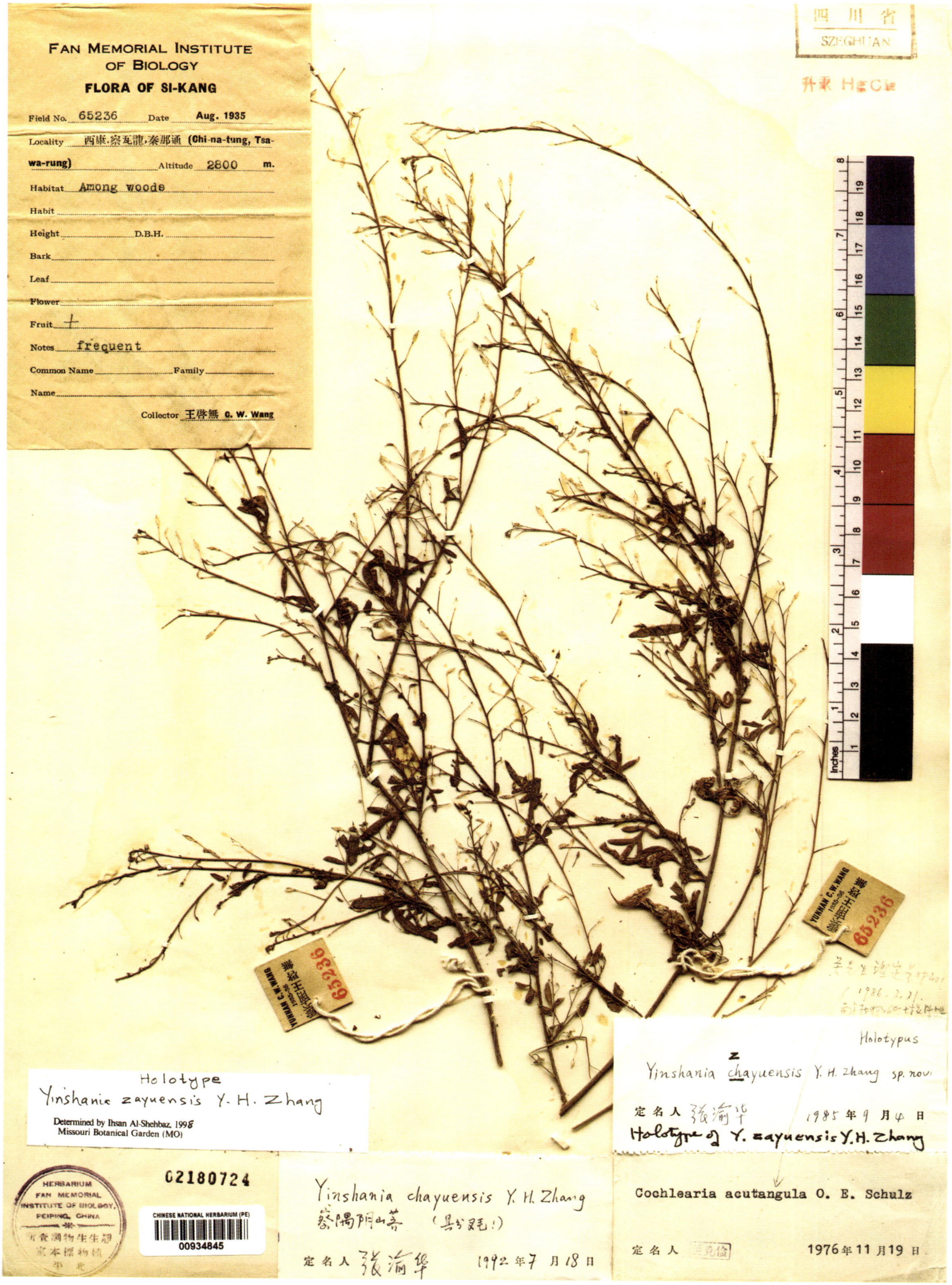

察隅阴山荠 ***Yinshania zayuensis*** Y. H. Zhang in Acta Phytotax. Sin. 25(3): 214. 1987. **Holotype:** China. Xizang: Zayü, alt. 2 800 m, 1935-08-??, C. W. Wang 65236.

Bretschneideraceae

钟萼木科

zhongemuke

云山伯乐树 ***Bretschneidera yunshanensis*** Chun & How in Acta Phytotax. Sin. 7(1): 68, pl. 20. 1958. **Isotype:** China. Hunan: Nanyue, Hengshan, 1955-05-09, K. H. Chu 99.

Droseraceae

茅膏菜科

maogaocaike

茅膏菜 ***Drosera peltata*** Smith var. ***multisepala*** Y. Z. Ruan in Acta Phytotax. Sin. 19(3): 341, pl. 2: 1-13. 1981.
Holotype: China. Yunnan: Weixi, alt. 3 000 m, 1935-07-??, C. W. Wang 64390.

Crassulaceae

景天科

jingtianke

小瓦松 ***Cotyledon minuta*** Kom. in Acta Hort. Petrop. 18: 436. 1901. **Lectotype**(designated here)**:** China. Jilin: Jilin, 1896-09-04, Anonymous s. n.

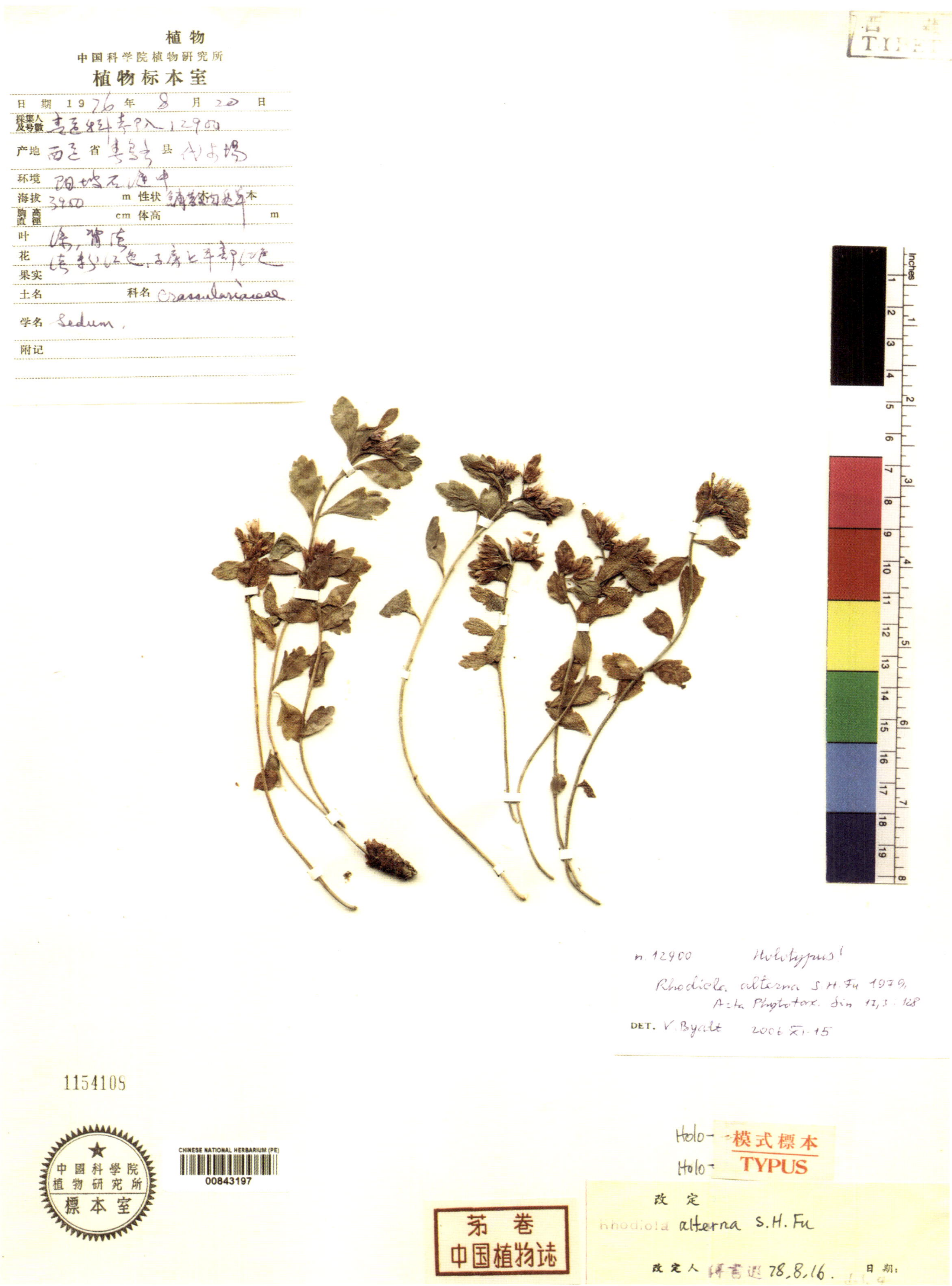

互生红景天 ***Rhodiola alterna*** S. H. Fu in Acta Phytotax. Sin. 17(3): 128, f. 1. 1979. **Lectotype**(designated here): China. Xizang: Riwogê, alt. 3 950 m, 1976-08-20, Qinghai-Xizang Exped. 12900.

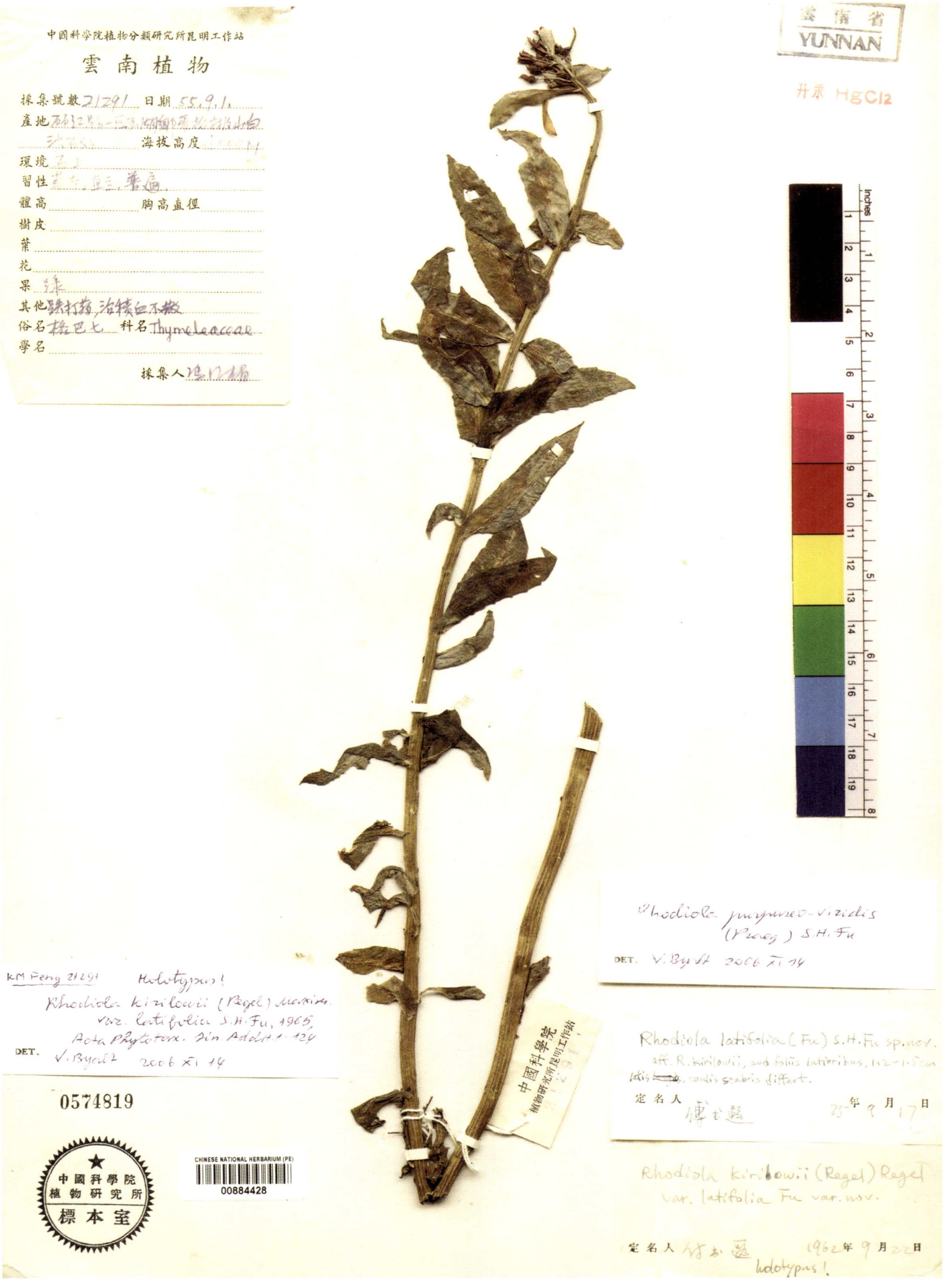

狭叶红景天宽叶变种 ***Rhodiola kirilowii*** (Regel) Regel var. ***latifolia*** S. H. Fu in Acta Phytotax. Sin., Addit. 1: 124. 1965. **Holotype:** China. Yunnan: Lijiang, alt. 4 000 m, 1955-09-01, K. M. Feng 21291.

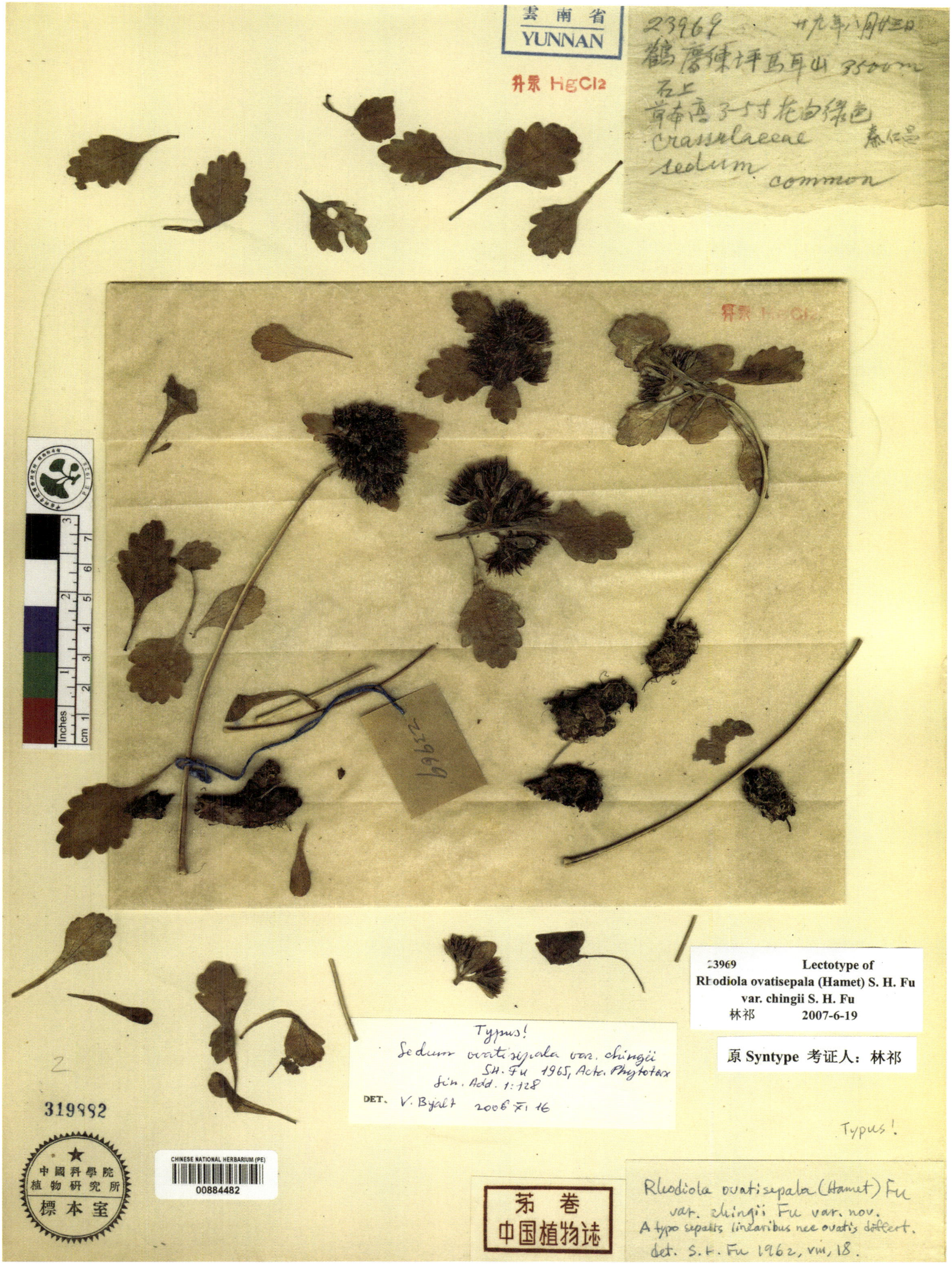

卵萼红景天秦氏变种 ***Rhodiola ovatisepala*** (Hamet) S. H. Fu var. ***chingii*** S. H. Fu in Acta Phytotax. Sin., Addit. 1: 127. 1965. **Lectotype** (designated by Q. Lin & al. in Bull. Bot. Res., Harbin 28: 537. 2008): China. Yunnan: Heqing, alt. 3 500 m, 1940-08-23, R. C. Ching 23969.

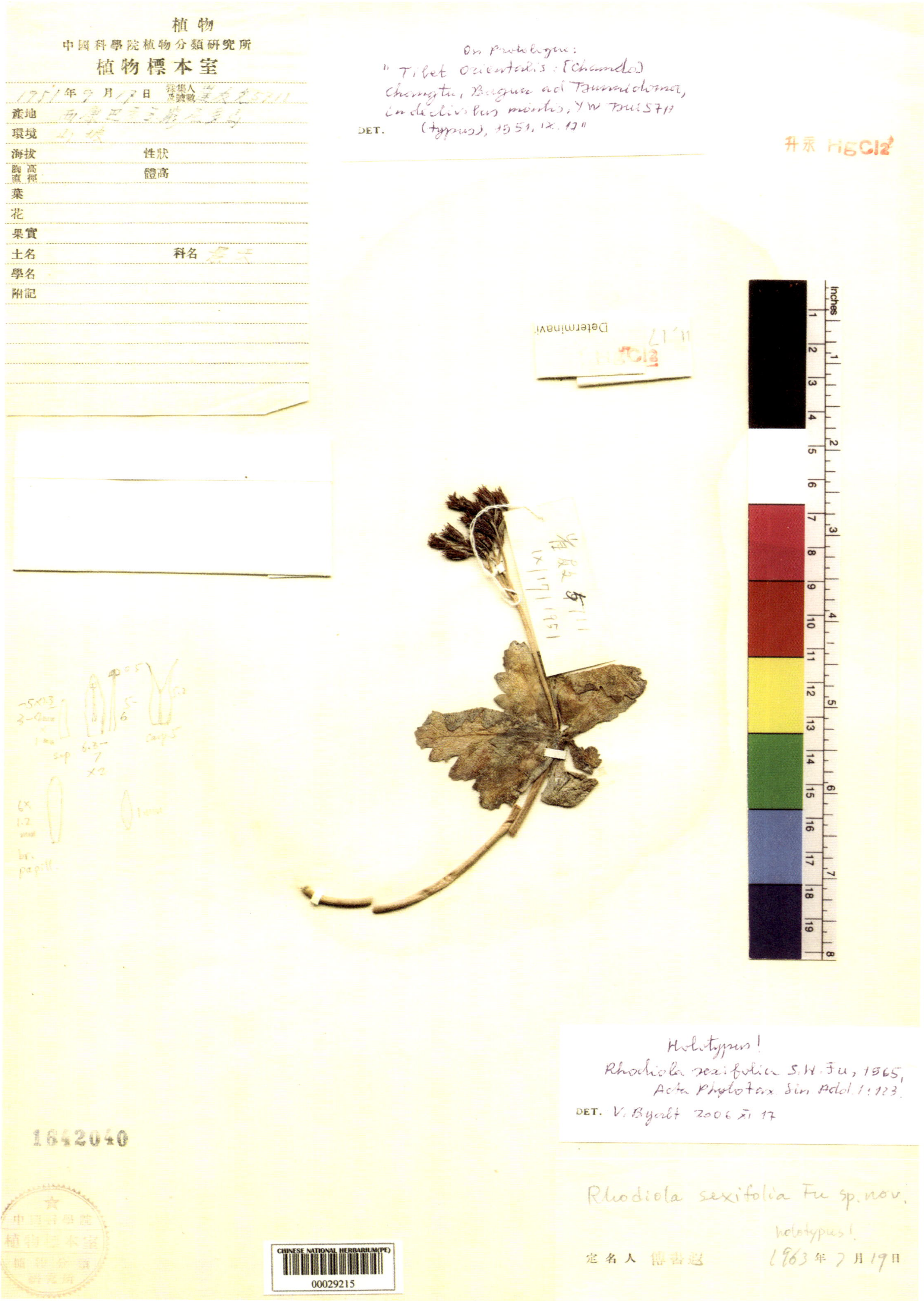

六叶红景天 ***Rhodiola sexifolia*** S. H. Fu in Acta Phytotax. Sin., Addit. 1: 123. 1965. **Holotype:** China. Xizang: Qamdo, 1951-09-17, Y. W. Tsui 5711.

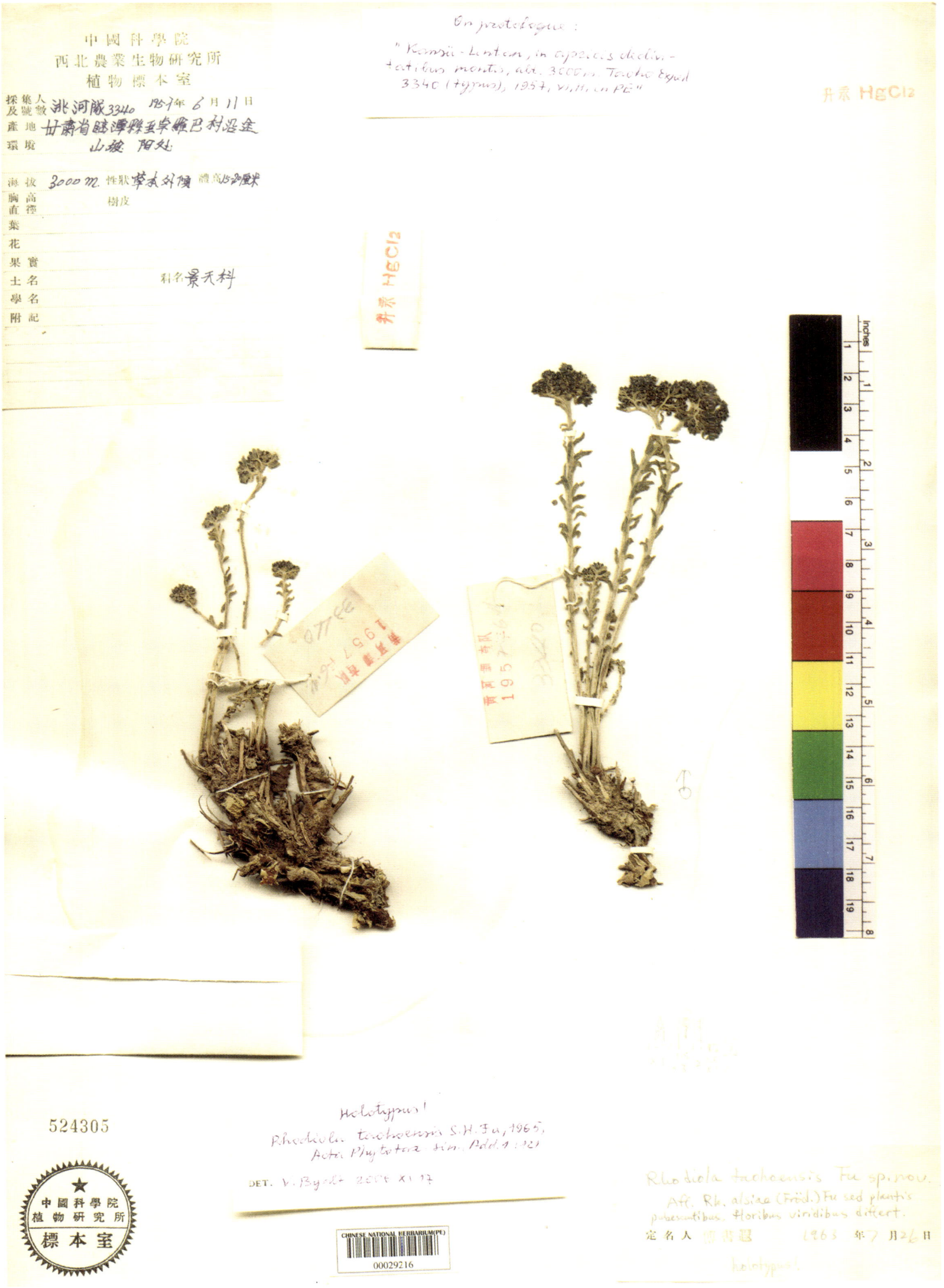

洮河红景天 ***Rhodiola taohoensis*** S. H. Fu in Acta Phytotax. Sin., Addit. 1: 121. 1965. **Holotype:** China. Gansu: Lintan, alt. 3 000 m, 1957-06-11, Taohe Exped. 3340.

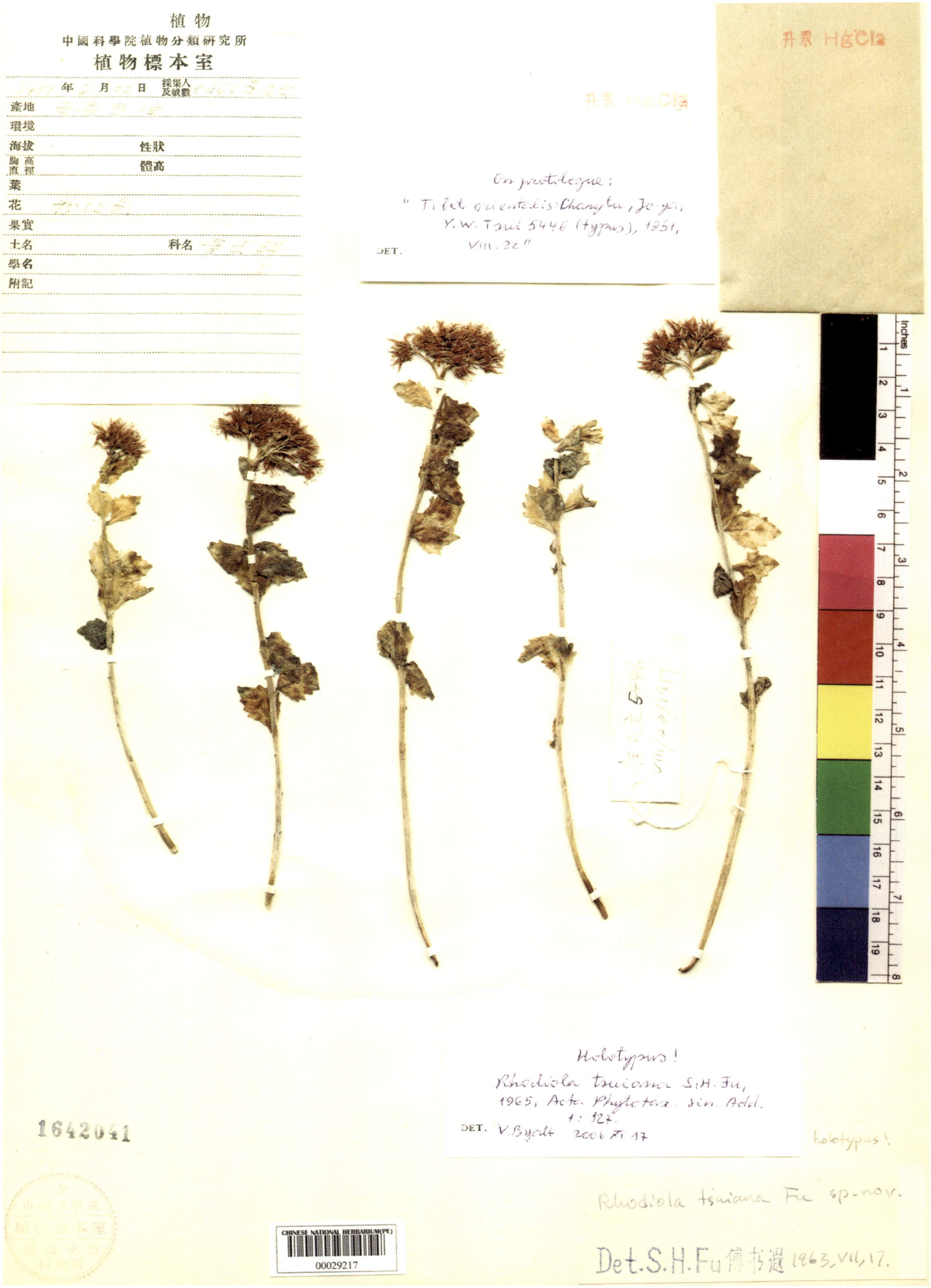

友文红景天 ***Rhodiola tsuiana*** S. H. Fu in Acta Phytotax. Sin., Addit. 1: 127. 1965. **Holotype:** China. Xizang: Qamdo, 1951-08-22, Y. W. Tsui 5446.

唐古红景天 ***Sedum algidum*** Led. var. ***tanguticum*** Maxim. in Bull. Acad. Imp. Sci. St.-Petersb. 29: 126. 1883.
Lectotype(designated here): China. Ningxia: Tangut, alt. 3 050 ～ 3 660 m, 1880-07-20, N. M. Przewalski s. n.

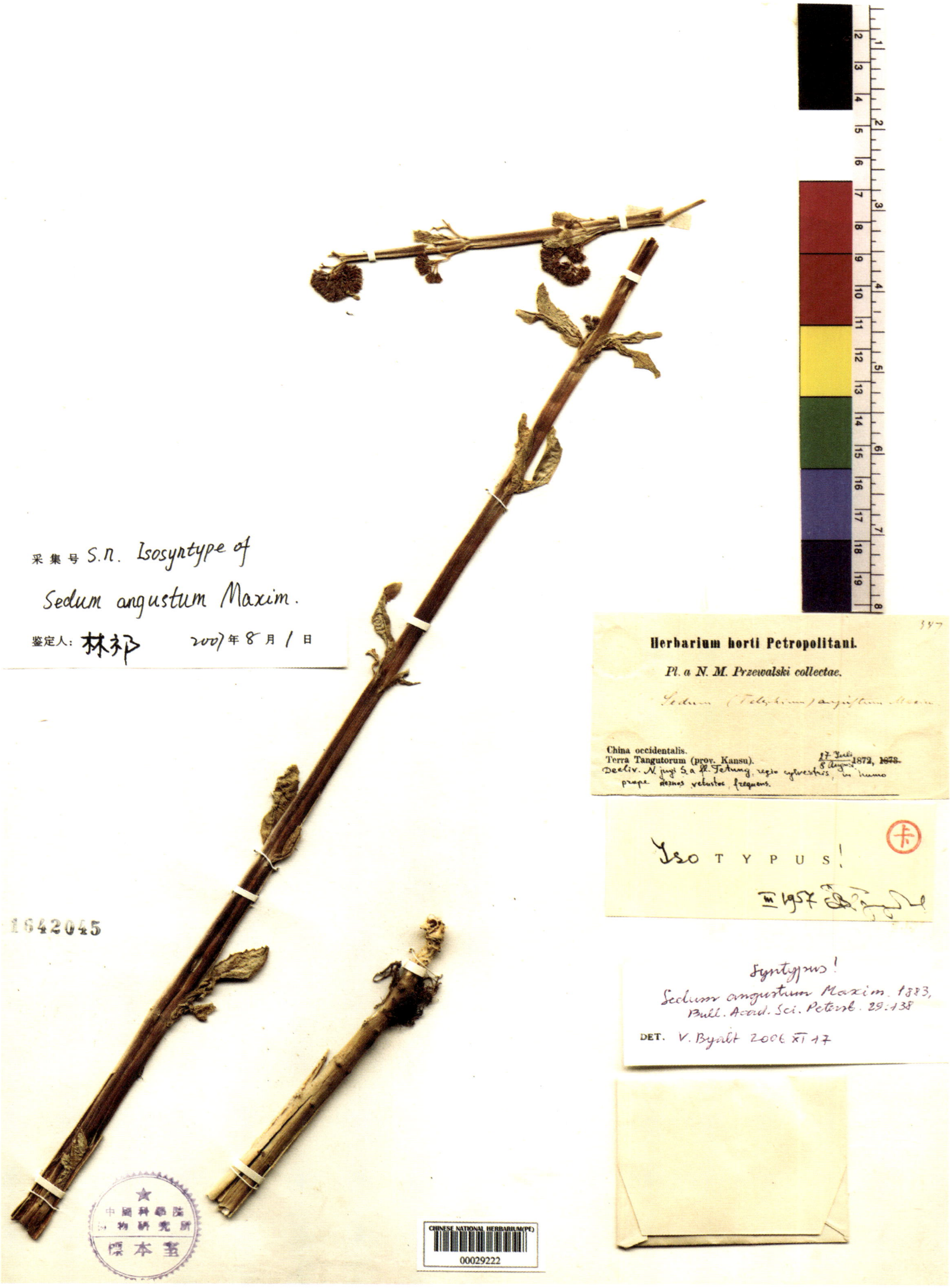

狭穗八宝 ***Sedum angustum*** Maxim. in Bull. Acad. Imp. Sci. St.-Petersb. 29: 138. 1883. **Isosyntype:** China. Qinghai: Datonghe, 1872-07-17, N. M. Przewalski 347.

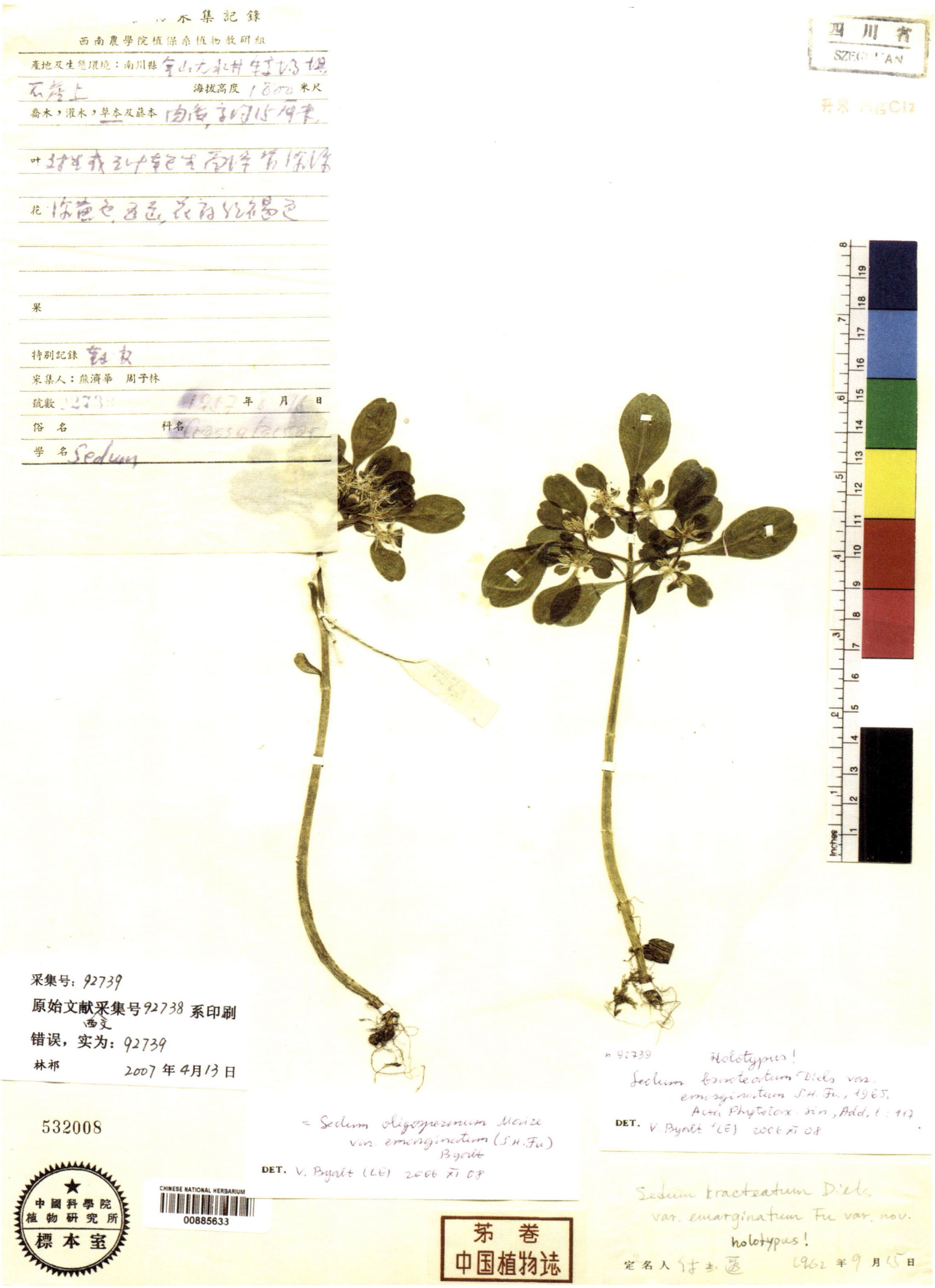

苞叶景天凹叶变种 ***Sedum bracteatum*** Diels var. ***emarginatum*** S. H. Fu in Acta Phytotax. Sin., Addit. 1: 117. 1965.
Holotype: China. Chongqing: Nanchuan, alt. 1 800 m, 1957-08-18, J. H. Xiong & Z. L. Zhou 92739.

距萼隐匿景天 ***Sedum celatum*** Fröd. f. ***calcaratum*** K. T. Fu in Bull. Bot.Res., Harbin 7(1): 69. 1987. **Holotype:** China. Qinghai: Xinghai, alt. 3 600 m, 1930-08-26, K. S. Hao 1025.

菱叶红景天 ***Sedum henryi*** Diels in Bot. Jahrb. Syst. 29: 361. 1900. **Isotype:** China. Hubei: Xingshan, A. Henry 5411.

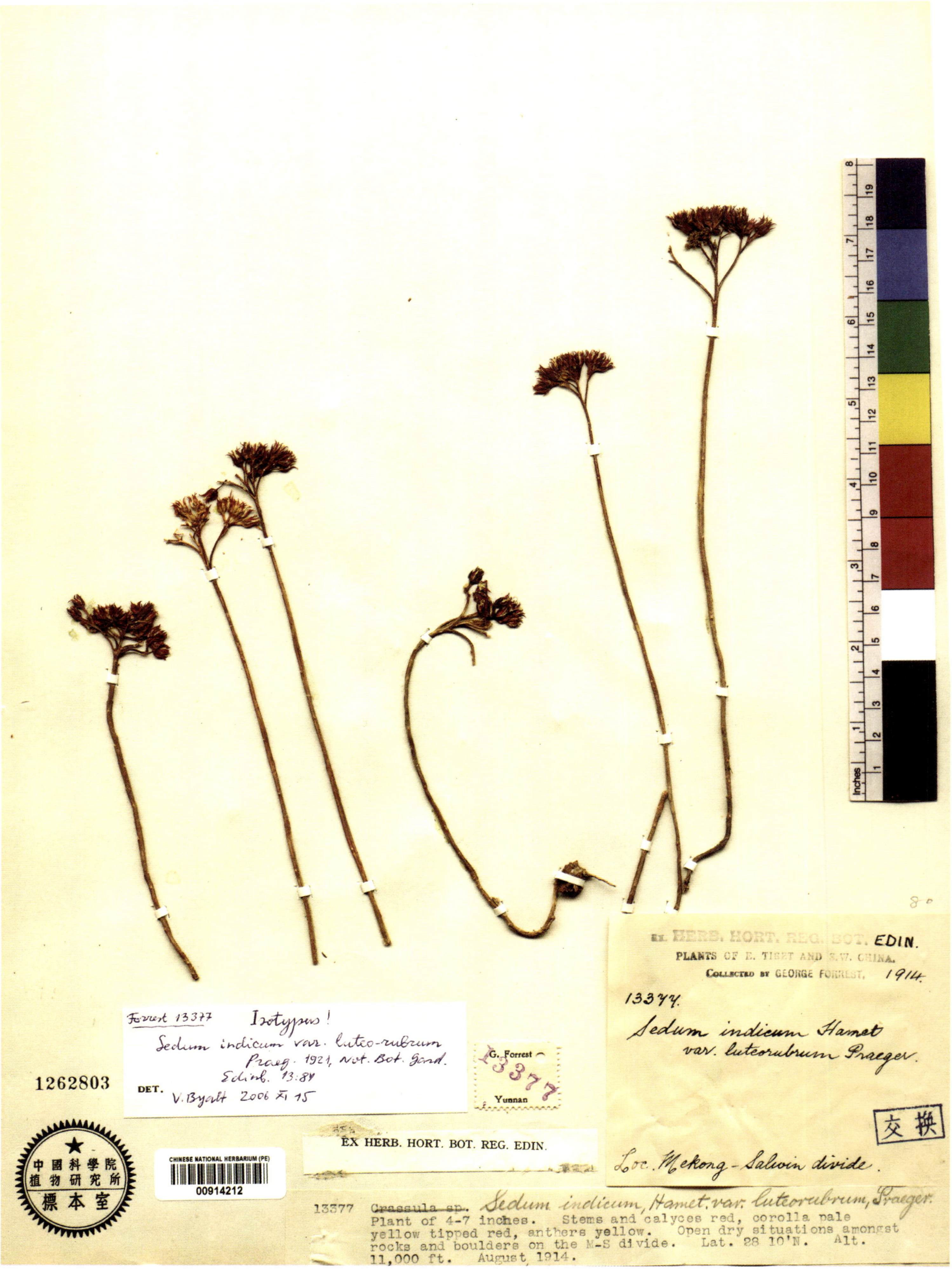

黄花石莲 ***Sedum indicum*** (Decne) Hamet var. ***luteorubrum*** Praeg. in . Notes Roy. Bot. Gard. Edinburgh 13: 84, f. 1921. **Isotype:** China. Yunnan: Mekong-Salwin, alt. 3 355 m, 1914-08-??, G. Forrest 13377.

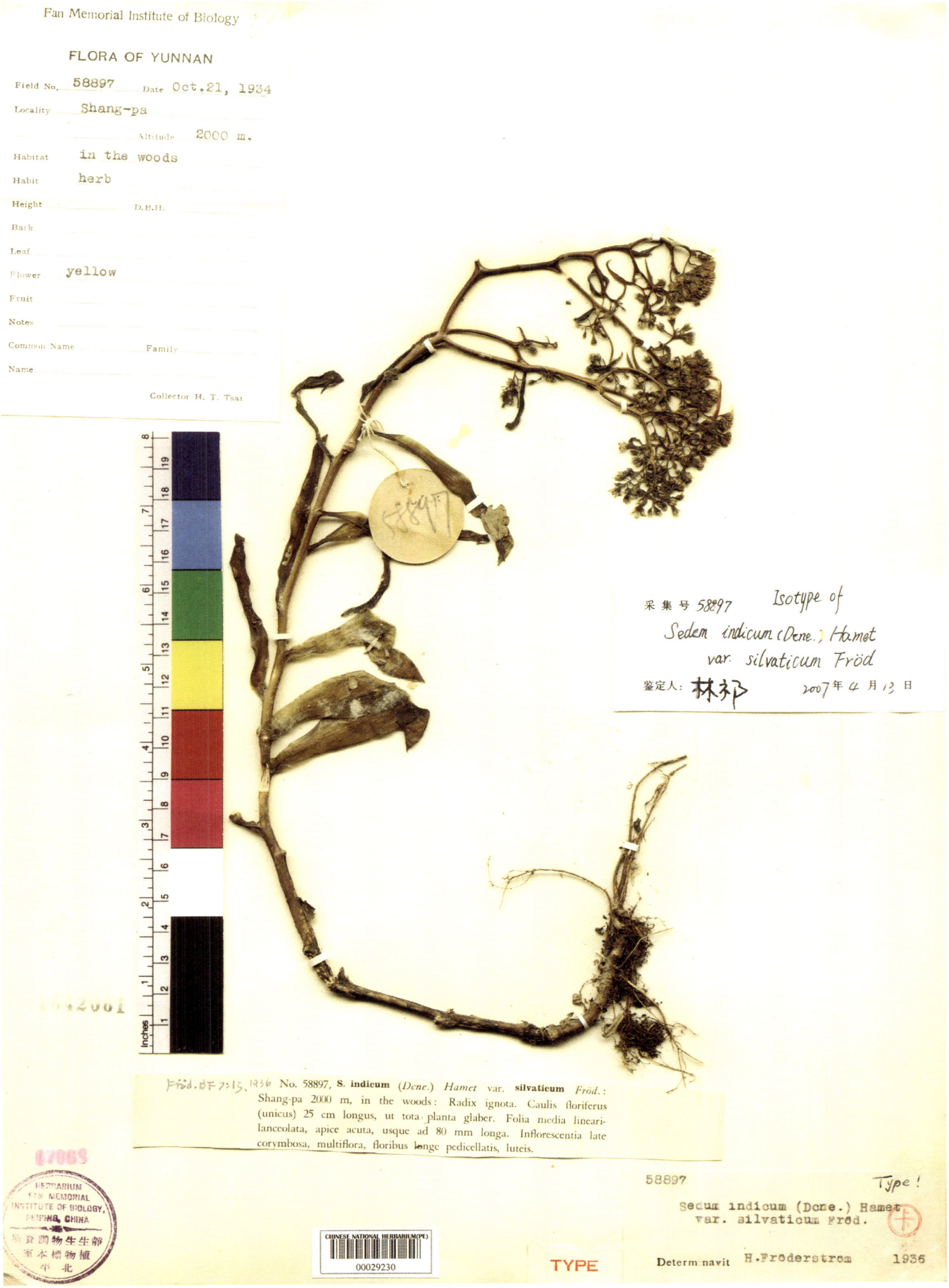

林生景天 ***Sedum indicum*** (Decne) Hamet var. ***silvaticum*** Fröd in Bull. Fan Mem. Inst. Biol., Bot. 7(1): 13. 1936.
Isotype: China. Yunnan: Shangpa (= Fugong), alt. 2 000 m, 1934-10-21, H. T. Tsai 58897.

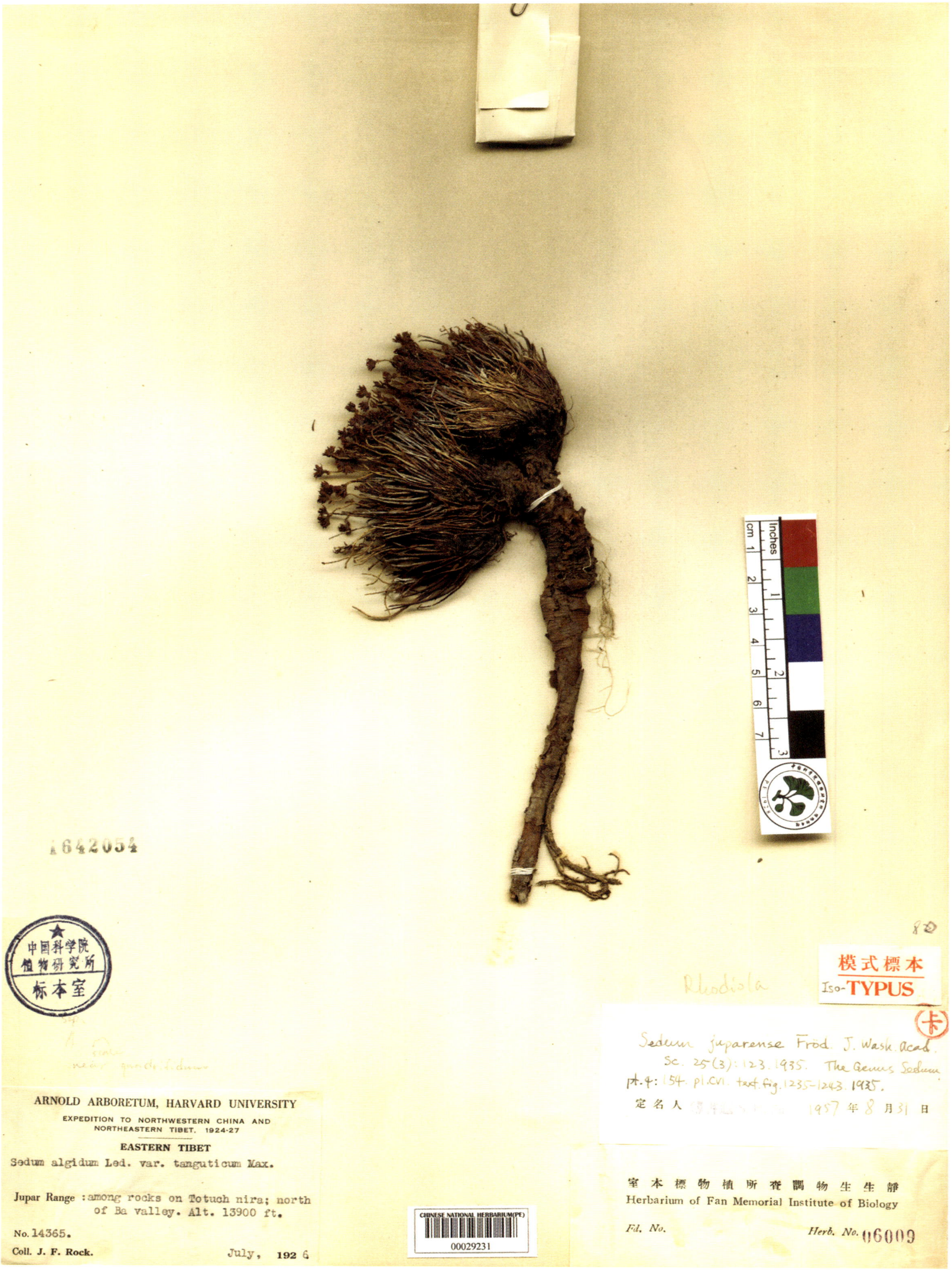

圆丛红景天 ***Sedum juparense*** Fröd. in J. Wash. Acad. Sci. 25(3): 123. 1935. **Isotype:** China. Qinghai: Guinan-Tongde, Jupar, alt. 4 240 m, 1926-07-??, J. F. Rock 14365.

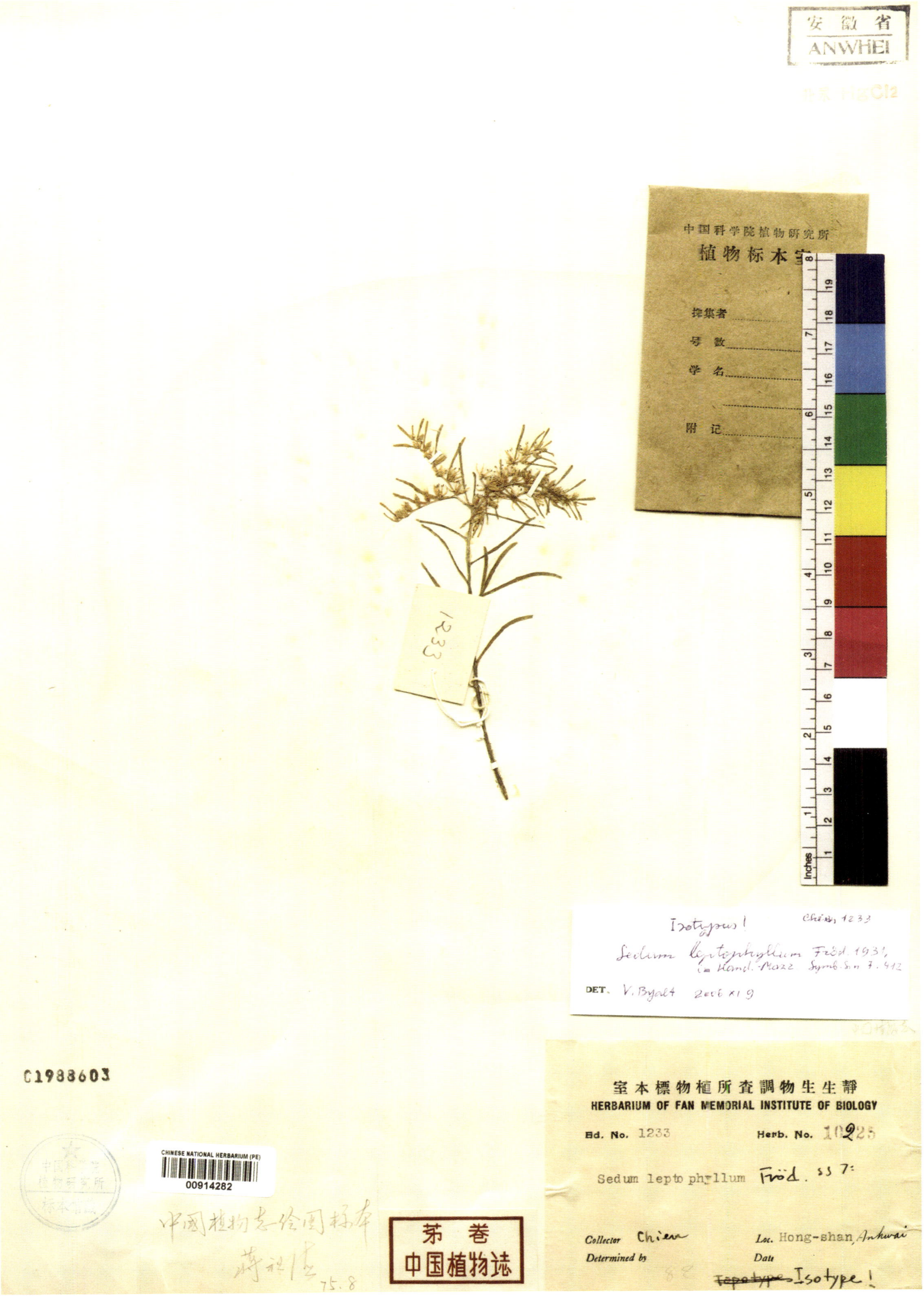

薄叶景天 ***Sedum leptophyllum*** Fröd. in Hand.-Mazz., Symb. Sin. 7(2): 413, pl. 12. 1931. **Isotype:** China. Anhui: Huangshan, alt. 1 300 m, 1926-??-??, S. S. Chien 1233.

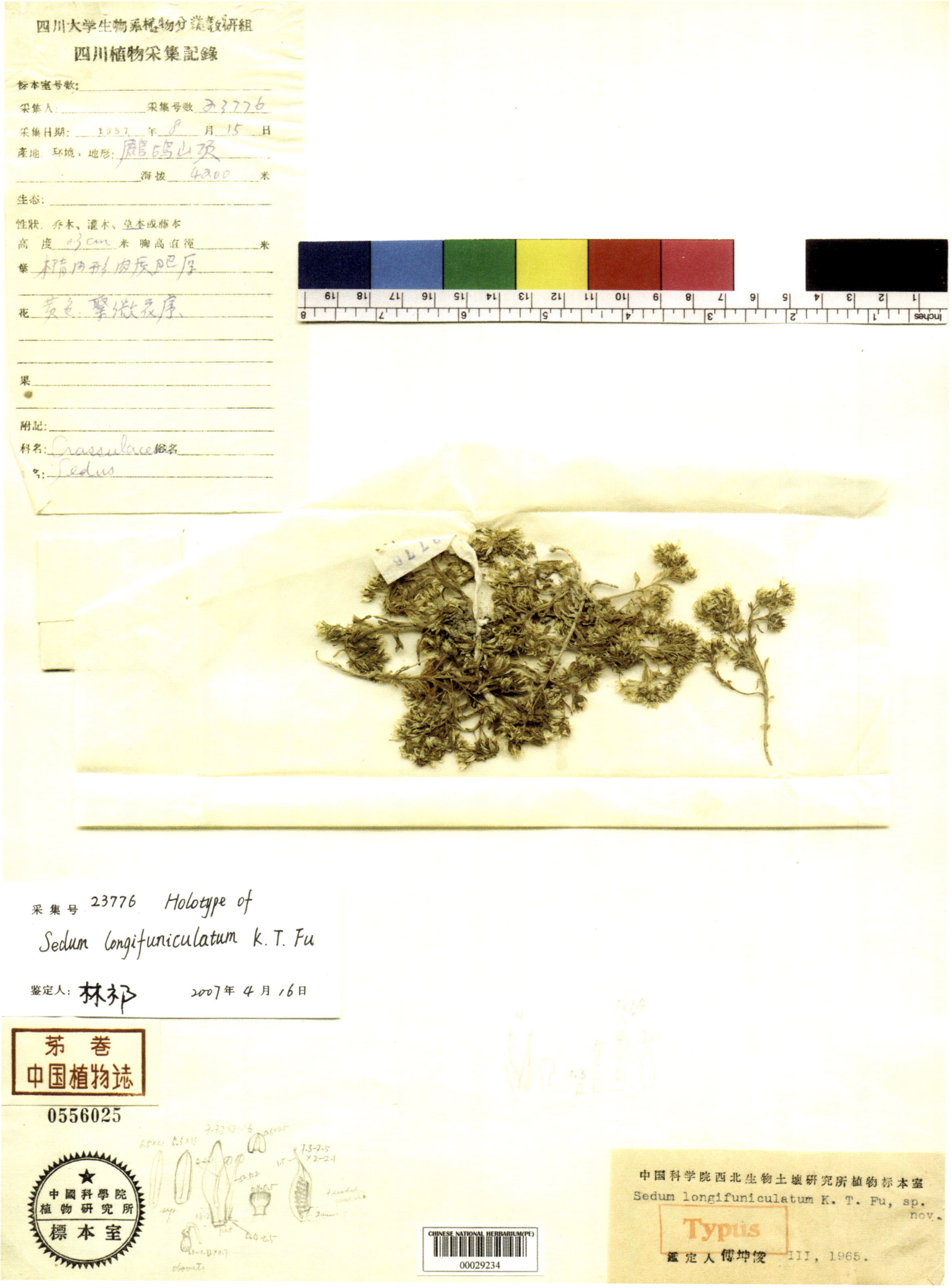

长珠柄景天 ***Sedum longifuniculatum*** K. T. Fu in Acta Phytotax. Sin. 12(1): 70, pl. 10: 19-27. 1974. **Holotype:** China. Sichuan: Li Xian, alt. 4 200 m, 1957-08-15, H. F. Zhou & T. Y. Chang 23776.

禄劝景天 ***Sedum luchuanicum*** K. T. Fu in Acta Phytotax. Sin. 12(1): 65, pl. 12: 10–19. 1974. **Holotype:** China. Yunnan: Luquan, alt. 4 400 m, 1940-11-01, Y. P. Chang 588.

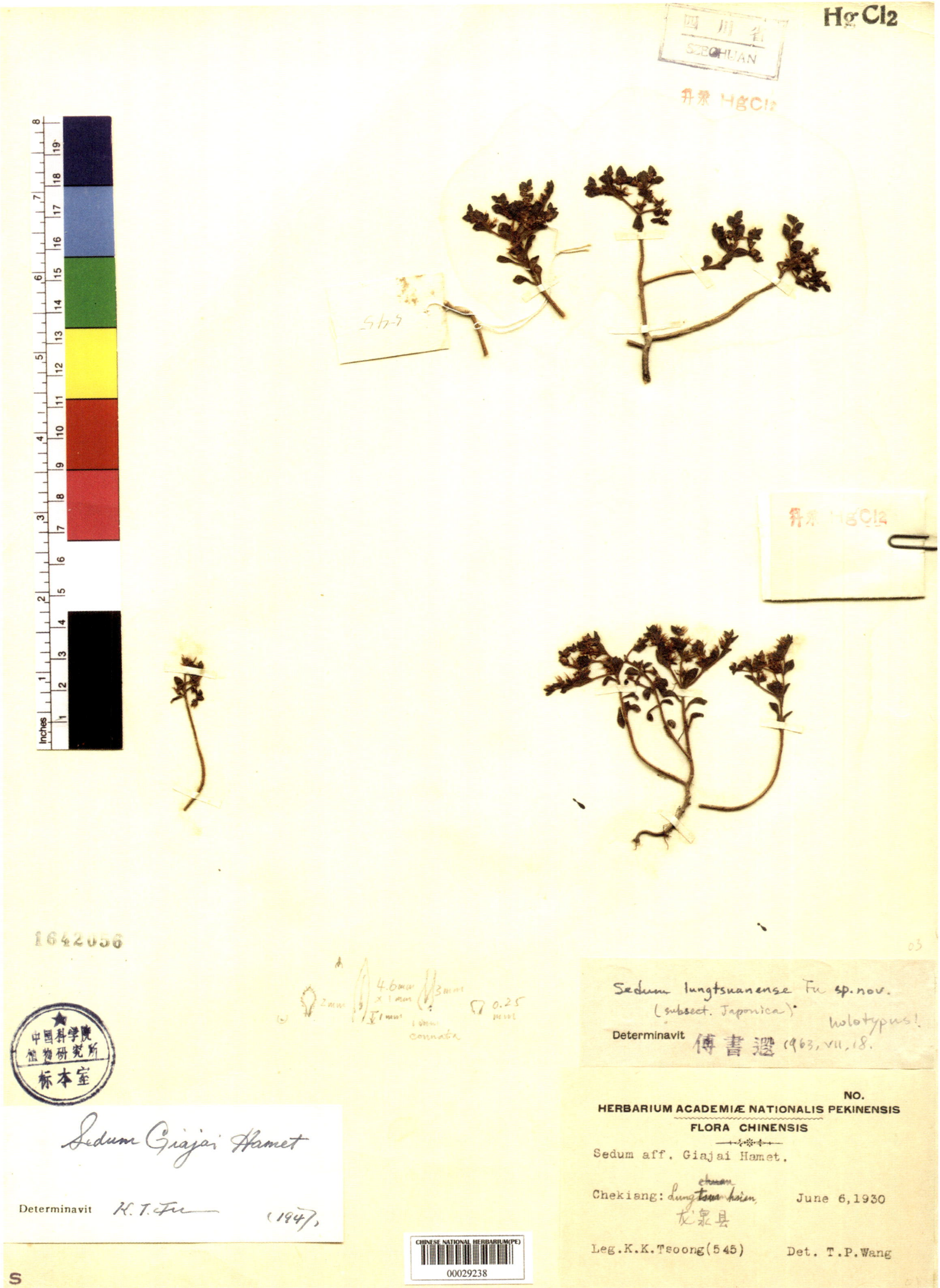

龙泉景天 ***Sedum lungtsuanense*** S. H. Fu in Acta Phytotax. Sin., Addit. 1: 115. 1965. **Holotype:** China. Zhejiang: Longquan, 1930-06-06, K. K. Tsoong 545.

康定景天黄绿变种 ***Sedum lutzii*** Hamet var. ***viridiflavum*** K. T. Fu in Acta Phytotax. Sin. 12(1): 60, pl. 11：17-24. 1974. **Paratype:** China. Sichuan: Dajin (=Jinchuan), alt. 4 200 m, 1958-09-08, H. Li 78687.

名金景天 ***Sedum mingjinianum*** S. H. Fu in . Acta Phytotax. Sin., Addit. 1: 113. 1965. **Lectotype** (designated by Q. Lin & al. in Bull. Bot. Res., Harbin 28: 537. 2008): China. Anhui: Huangshan, alt. 700 m, 1955-10-02, M. J. Wang 3603.

伪藓状景天 ***Sedum nothodugueyi*** K. T. Fu in Acta Phytotax. Sin. 12(1): 55, pl. 12: 20-28. 1974. **Holotype:** China. Sichuan: Baoxing, 1936-??-??, K. L. Chu 3967.

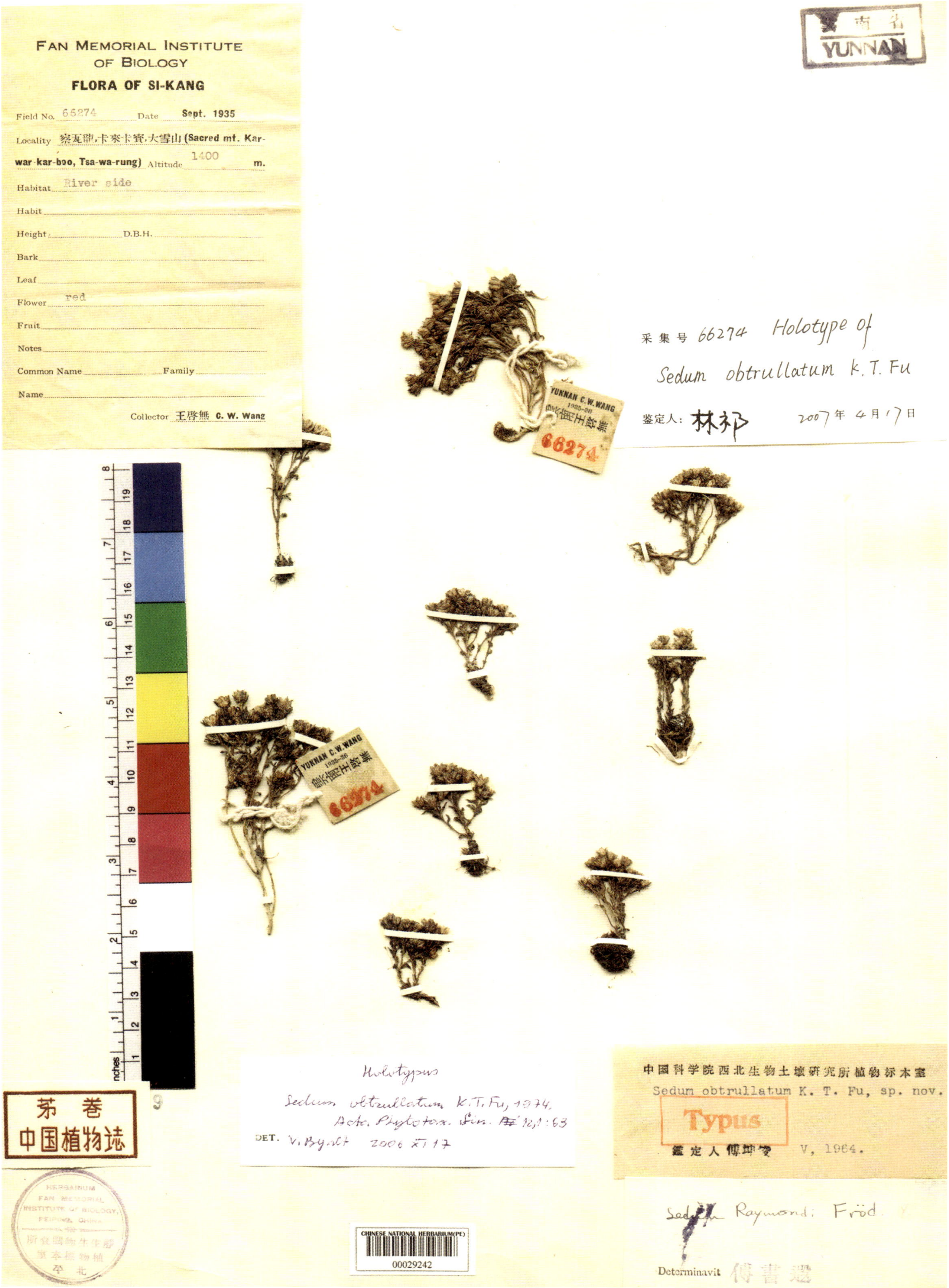

铲瓣景天 ***Sedum obtrullatum*** K. T. Fu in Acta Phytotax. Sin. 12(1): 63, pl. 10: 36-43. 1974. **Holotype:** China. Xizang: Zayü, alt. 1 400 m, 1935-09-??, C. W. Wang 66274.

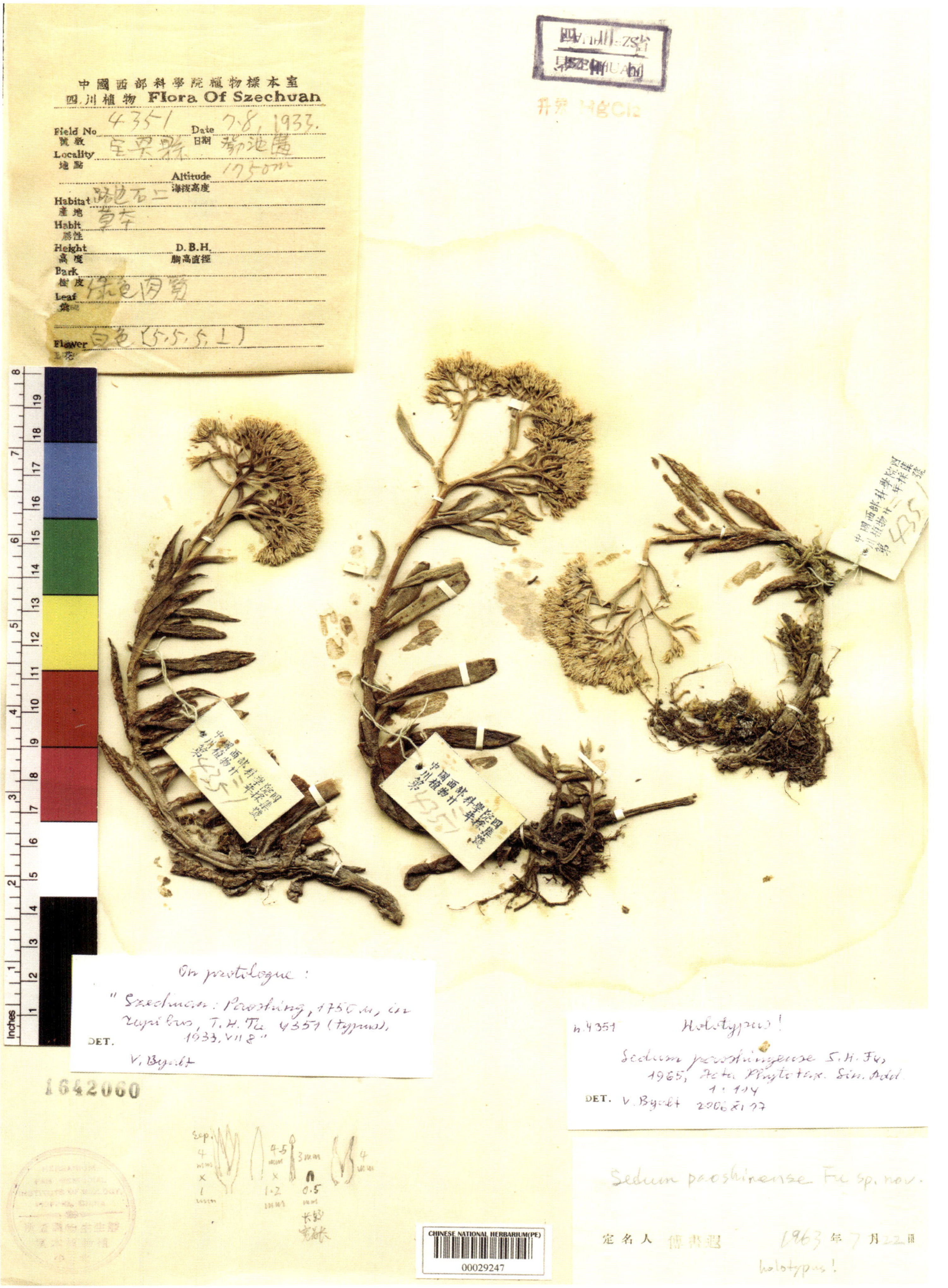

宝兴景天 ***Sedum paoshingense*** S. H. Fu in Acta Phytotax. Sin., Addit. 1: 114. 1965. **Holotype:** China. Sichuan: Baoxing, alt. 1 750 m, 1933-07-08, T. H. Tu 4351.

碧罗山景天 ***Sedum piloshanense*** Fröd. in Bull. Fan Mem. Inst. Biol., Bot. 7(1): 13. 1936. **Isotype:** China. Yunnan: Chihtselo (=Bi Jiang), alt. 4 000 m, 1934-08-26, H. T. Tsai 58199.

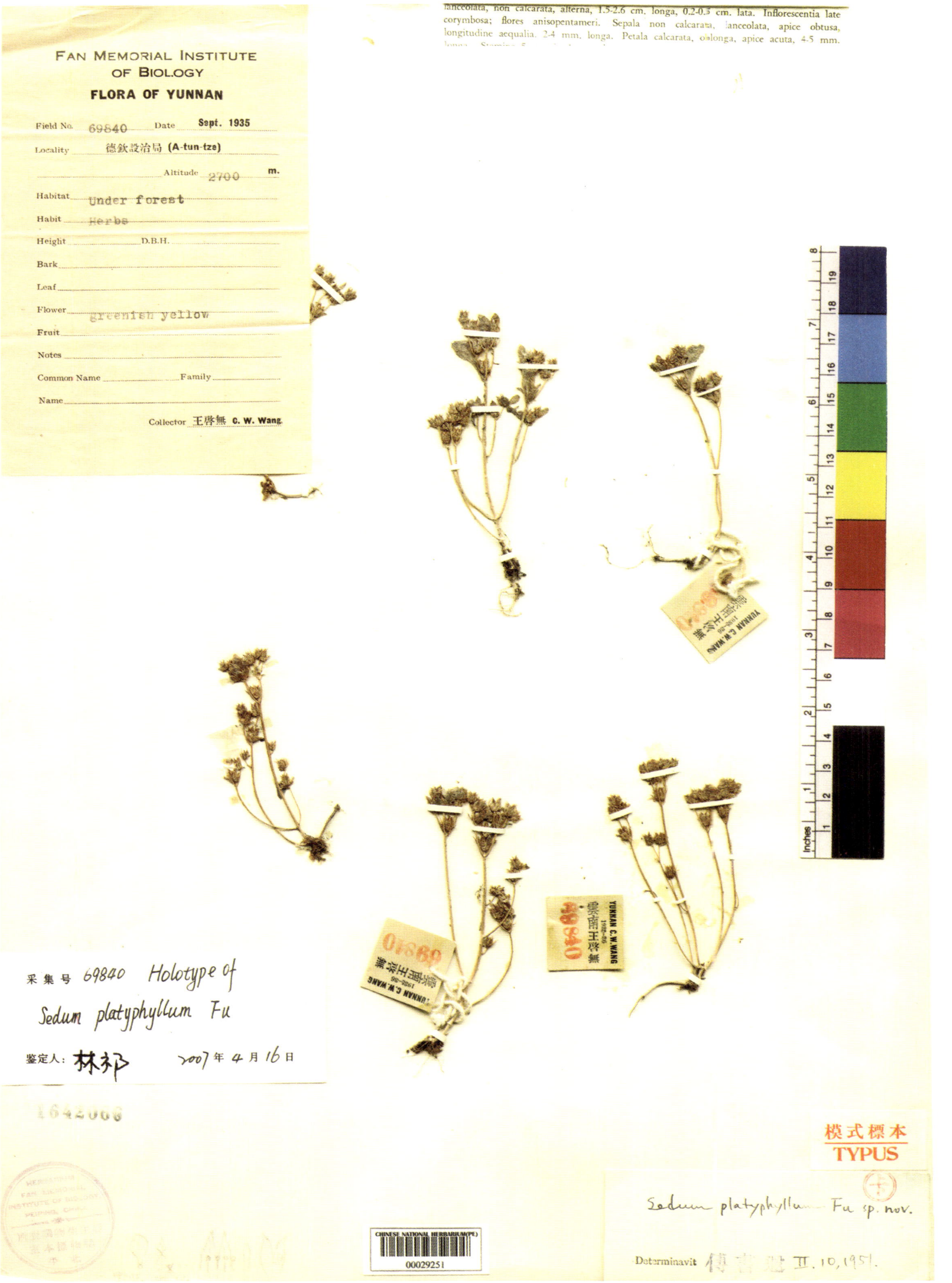

宽叶景天 ***Sedum platyphyllum*** S. H. Fu in Acta Phytotax. Sin. 1: 123. 1951. **Holotype:** China. Yunnan: Dêqên, alt. 2 700 m, 1935-09-??, C. W. Wang 69840.

高原景天 ***Sedum przewalskii*** Maxim. in Bull. Acad. Imp. Sci. St. -Petersb. 29: 156. 1883. **Lectotype**(designated here): China. Qinghai: Datonghe, alt. 2 745 ～ 3 050 m, 1880-07-(11~23), N. M. Przewalski s. n.

阔叶景天 ***Sedum roborowskii*** Maxim. in Bull. Acad. Imp. Sci. St. -Petersb. 29: 154. 1883. **Isotype:** China. Qinghai: Datonghe, alt. 2 288 m, 1880-07-20, N. M. Przewalski s. n.

林生垂盆草（新拟） ***Sedum sarmentosum*** Bunge var. ***silvestre*** Fröd. in Bull. Fan Mem. Inst. Biol., Bot. 7(1): 14. 1936.
Isotype: China. Yunnan: Pingbian, alt. 1 400 m, 1934-06-15, H. T. Tsai 60223.

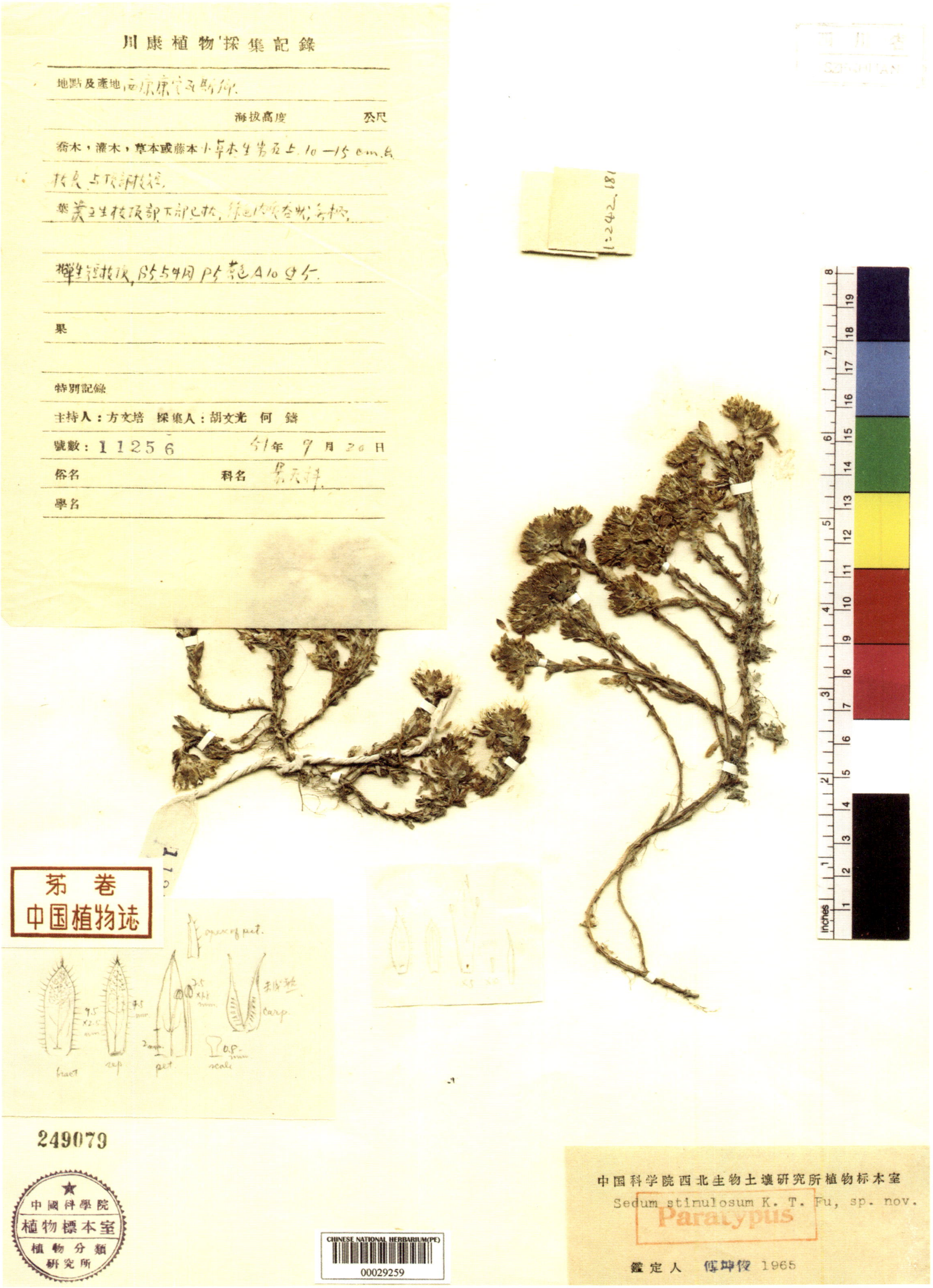

刺毛景天 ***Sedum stimulosum*** K. T. Fu in Acta Phytotax. Sin. 12(1): 57, pl. 11: 8-16. 1974. **Paratype:** China. Sichuan: Kangding, 1951-09-20, Z. He & W. K. Hu 11256.

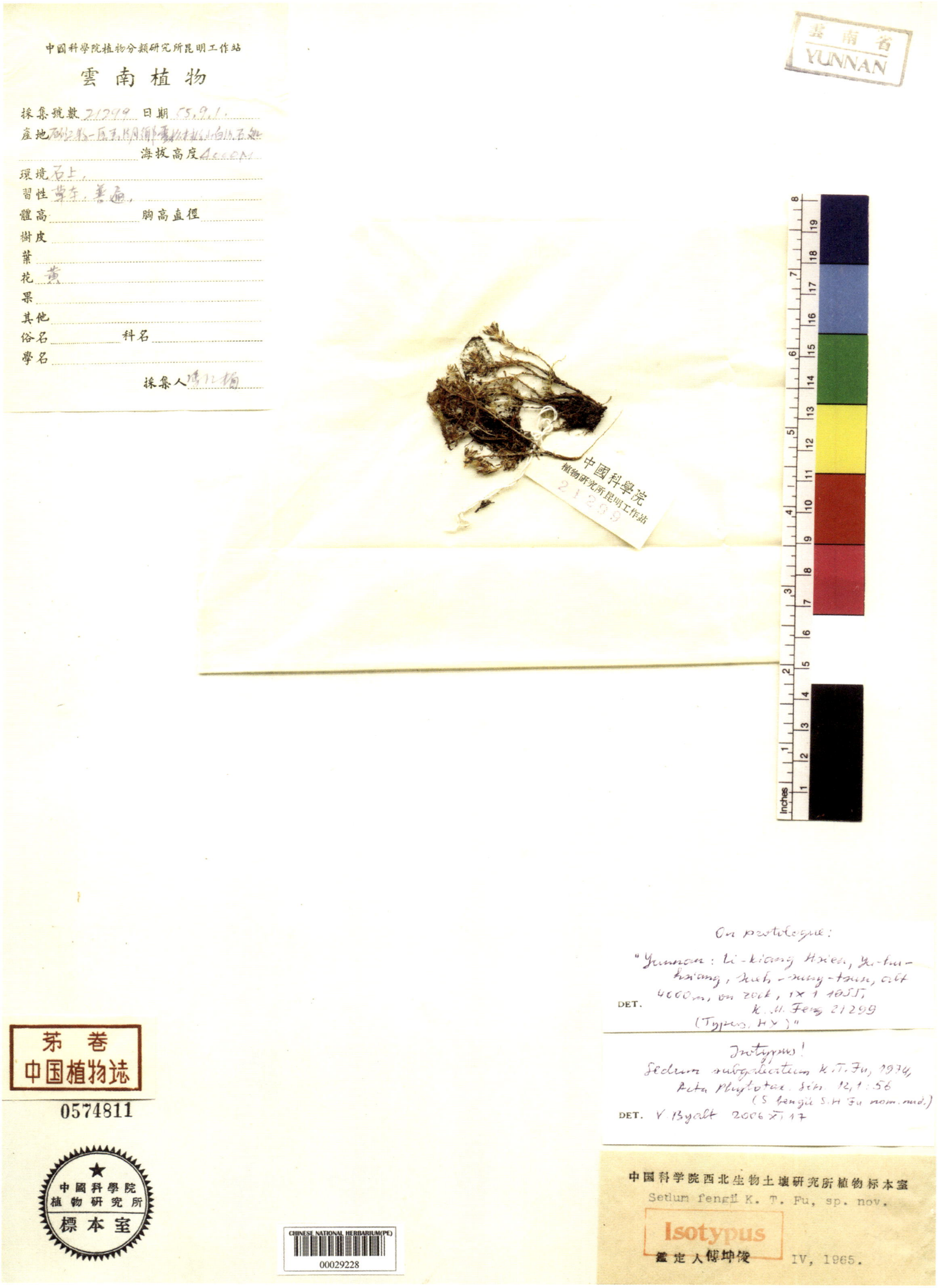

盔瓣景天 ***Sedum subgaleatum*** K. T. Fu in Acta Phytotax. Sin. 12(1): 56, pl. 11: 1-7. 1974. **Isotype:** China. Yunnan: Lijiang, alt. 4 000 m, 1955-09-01, K. M. Feng 21299.

大理景天 *Sedum talihsiense* Fröd. in Bull. Fan Mem. Inst. Biol., Bot. 7(1): 11. 1936. **Isotype:** China. Yunnan: Dali, alt. 4 000 m, 1933-07-31, H. T. Tsai 53966.

华北八宝 ***Sedum tatarinowii*** Maxim. in Bull. Acad. Imp. Sci. St. -Petersb. 29: 134. 1883. **Lectotype**(designated here): China. Nei Mongol: Yinshan, 1880-??-??, Tatarinow 975.

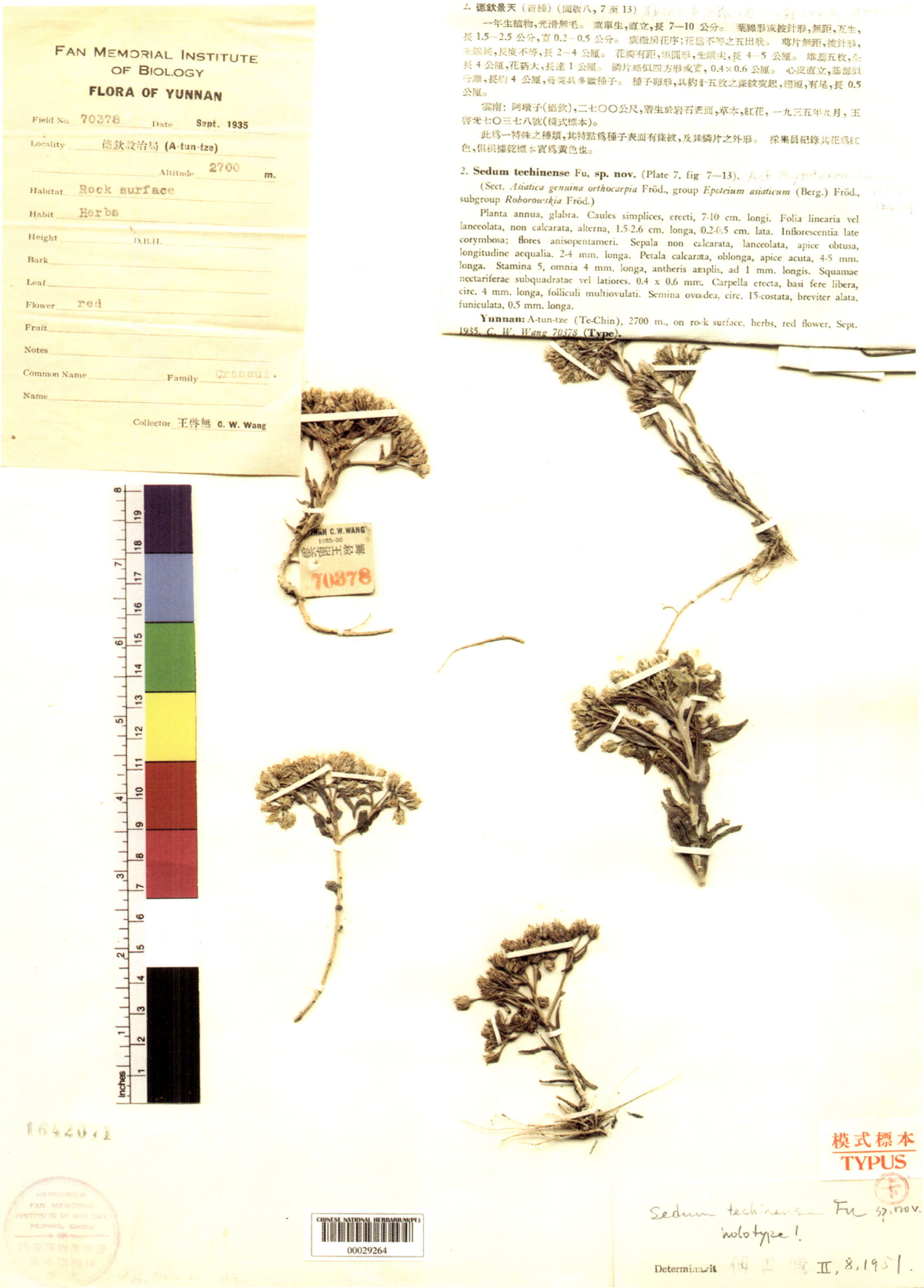

德钦景天 ***Sedum techinense*** S. H. Fu in Acta Phytotax. Sin. 1(1): 124, pl. 8:7-13.1951. **Holotype:** China. Yunnan: Dêqên, alt. 2 700 m, 1935-09-??, C. W. Wang 70378.

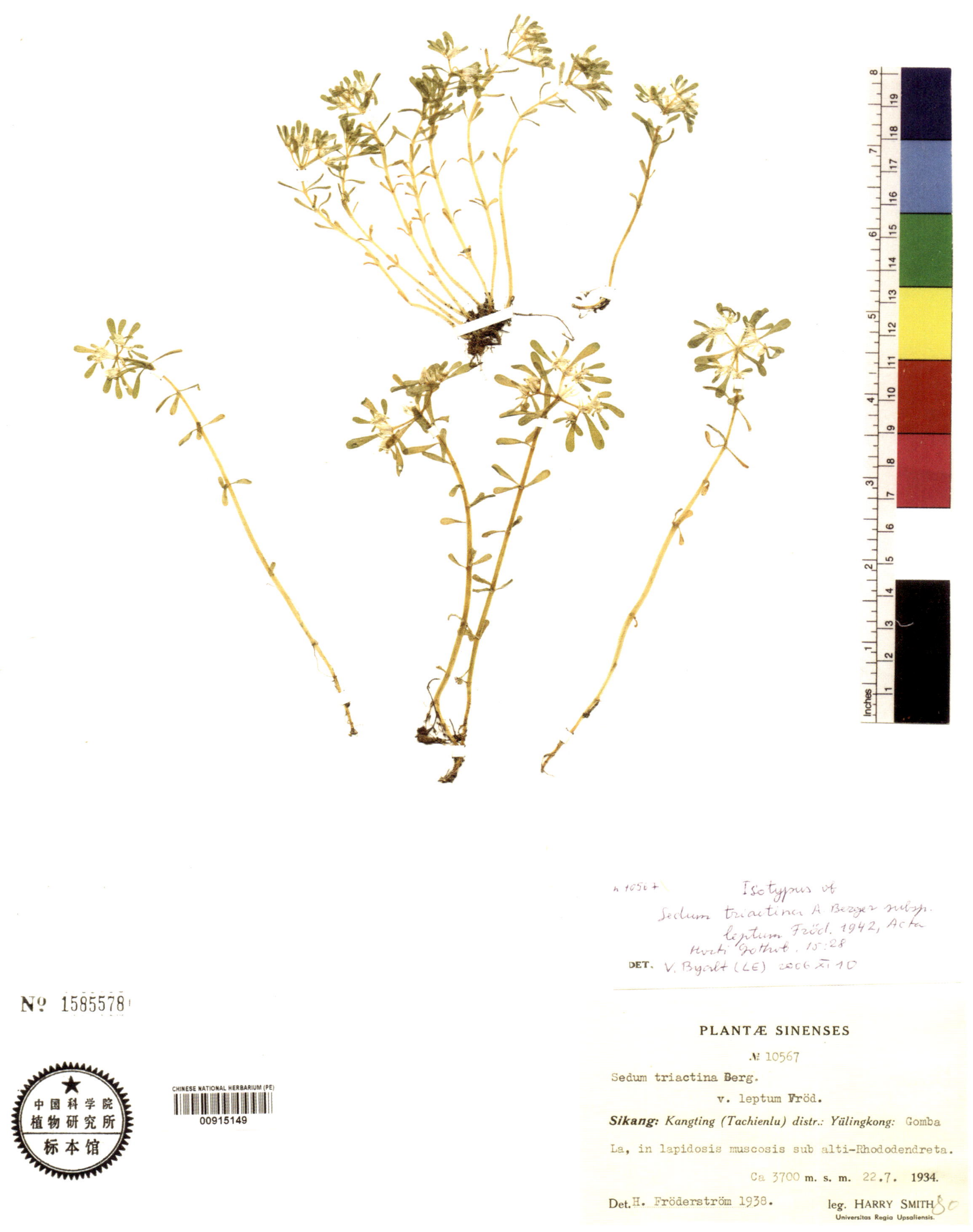

三芒景天 ***Sedum triactina*** Berger in Engl. & Prantl., Nat. Pflanzenfam. (ed. 2) 18(a): 460. 1930. **Isotype:** China. Sichuan: Kangding, alt. 3 700 m, 1934-07-22, H. Smith 10567.

珠芽八宝 ***Sedum viviparum*** Maxim. in Bull. Acad. Imp. Sci. St. -Petersb. 29: 137. 1883. **Lectotype**(designated here): China. NE China, Precise locality not known, 1860-??-??, Maximowicz s. n.

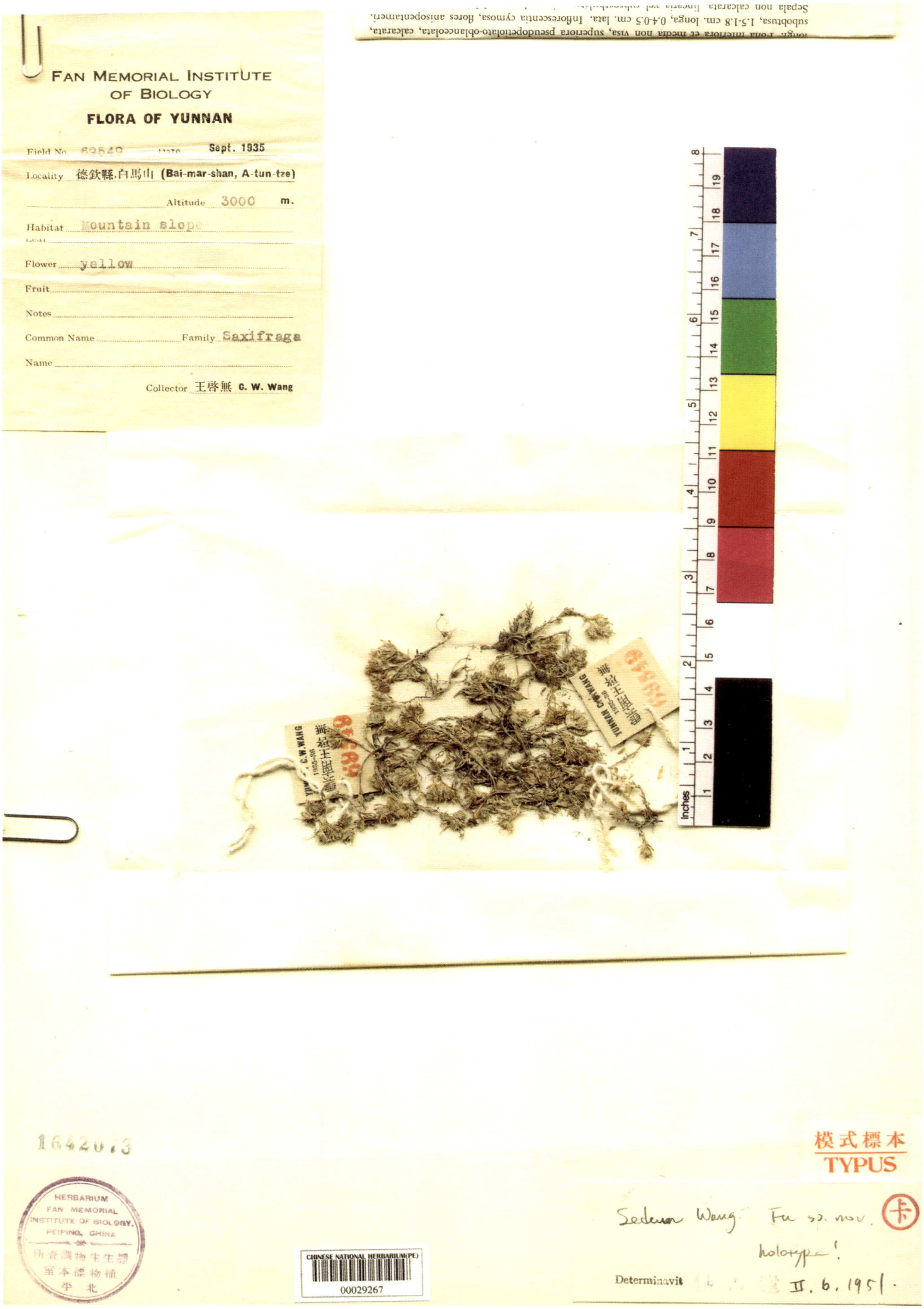

启无景天 ***Sedum wangii*** S. H. Fu in Acta Phytotax. Sin. 1(1): 125, pl. 8: 14-20. 1951. **Holotype:** China. Yunnan: Dêqên, alt. 3 000 m, 1935-09-??, C. W. Wang 69549.

汶川景天 ***Sedum wenchuanense*** S. H. Fu in Acta Phytotax. Sin., Addit. 1: 116. 1965. **Holotype:** China. Sichuan: Wenchuan, 1958-06-13, Anonymous 31820.

绿花石莲花 ***Sinocrassula indica*** (Decne) Berger var. ***viridiflava*** K. T. Fu, Fl. Tsinling. 1(2): 606, f. 350. 1974. **Isotype:** China. Shaanxi: Ziyang, 1952-09-25, P. C. Kuo 2195.

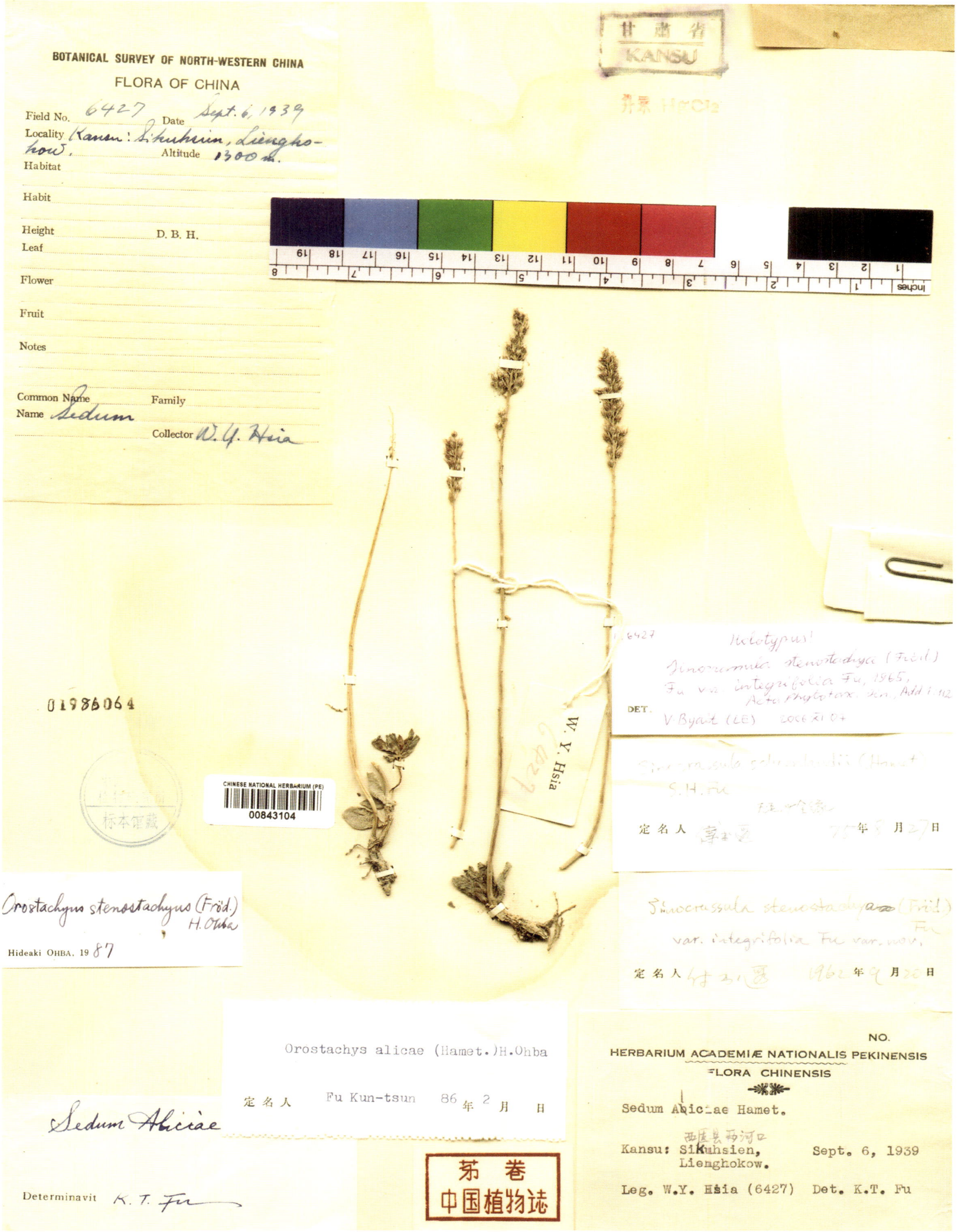

狭穗石莲全缘变种 ***Sinocrassula stenostachya*** (Fröd.) var. ***integrifolia*** S. H. Fu in Acta Phytotax. Sin. 1: 112. 1965.
Holotype: China. Gansu: Xigu, Lianghekou, alt. 1 300 m, 1939-08-06, W. Y. Hsia 6427.

Saxifragaceae

虎耳草科

huercaoke

华南落新妇 ***Astilbe austrosinensis*** Hand.-Mazz. in Symb. Sin. 7(2): 414. 1931. **Isoparatype:** China. Guangxi: Xingye, alt. 1 373 m, 1928-08-25, R. C. Ching 7128.

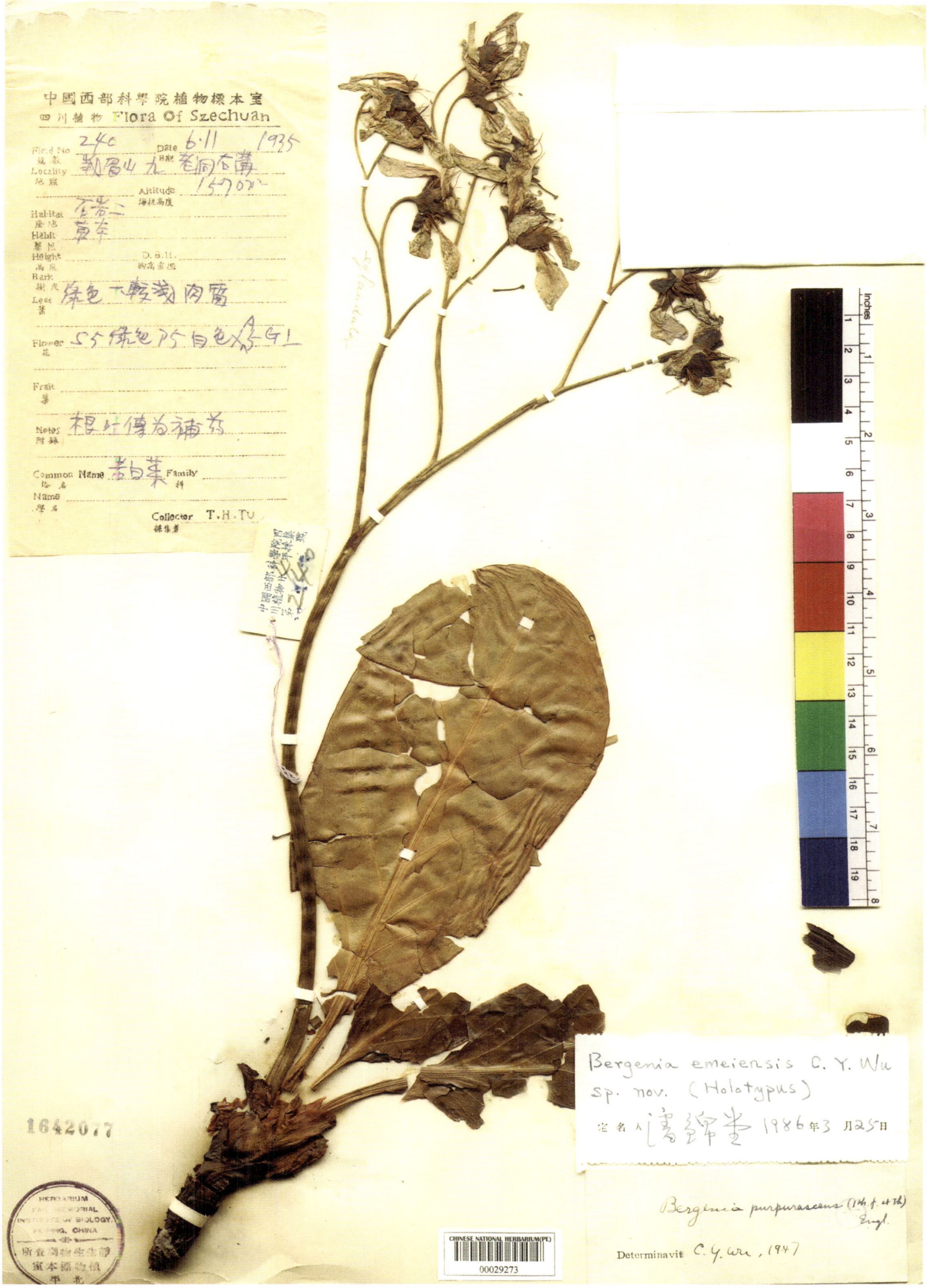

峨眉岩白菜 ***Bergenia emeiensis*** C. Y. Wu ex J. T. Pan in Acta Phytotax. Sin. 26(2): 124, f. 1: 8–12. 1988. **Holotype:** China. Sichuan: Emei, Emeishan, alt. 1 590 m, 1935-06-11, T. H. Tu 240.

淡红岩白菜 ***Bergenia emeiensis*** C. Y. Wu ex J. T. Pan var. ***rubellina*** J. T. Pan in Acta Phytotax. Sin. 32(6): 573. 1994.
Holotype: China. Sichuan: Li Xian, 1952-05-13, Z. Ho 12416.

天全岩白菜 ***Bergenia tianquanensis*** J. T. Pan in Acta Phytotax. Sin. 32(6): 571, f. 1. 1994. **Holotype:** China. Sichuan: Tianquan, alt. 3 300 m, 1953-05-19, X. L. Jiang & J. H. Xiong 34181.

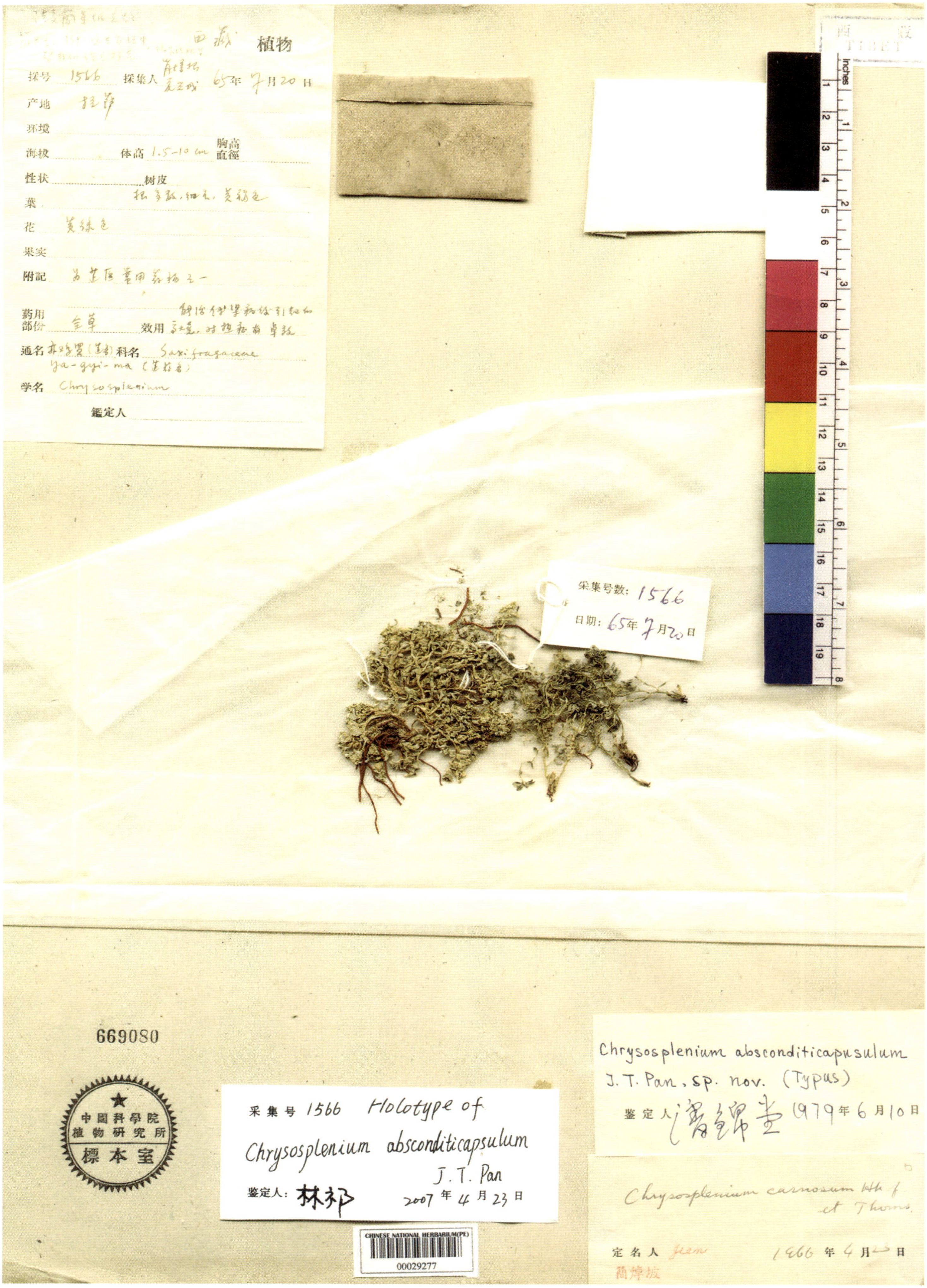

蔽果金腰 ***Chrysosplenium absconditicapsulum*** J. T. Pan, Fl. Xizang. 2: 450, f. 152: 12-18. 1985. **Holotype:** China. Xizang: Lhasa, 1965-07-20, P. K. Hsiao & X. C. Xiang 1566.

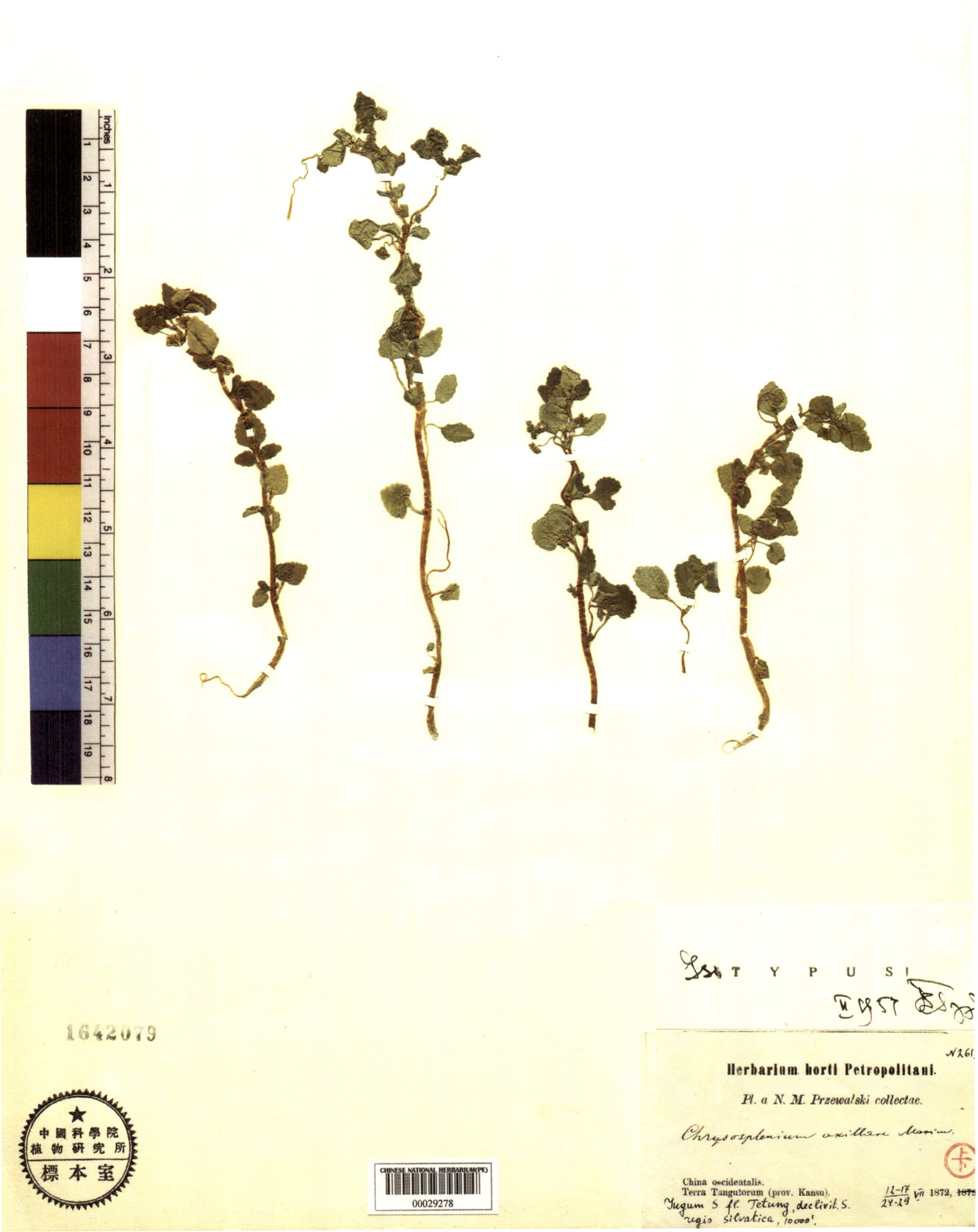

长梗金腰 ***Chrysosplenium axillare*** Maxim. in Bull. Acad. Imp. Sci. St-Petersb. 23(2): 341. 1877. **Isotype:** China. Qinghai-Gansu: Datong He, 1872-07-(12~17), N. M. Przewalski 261.

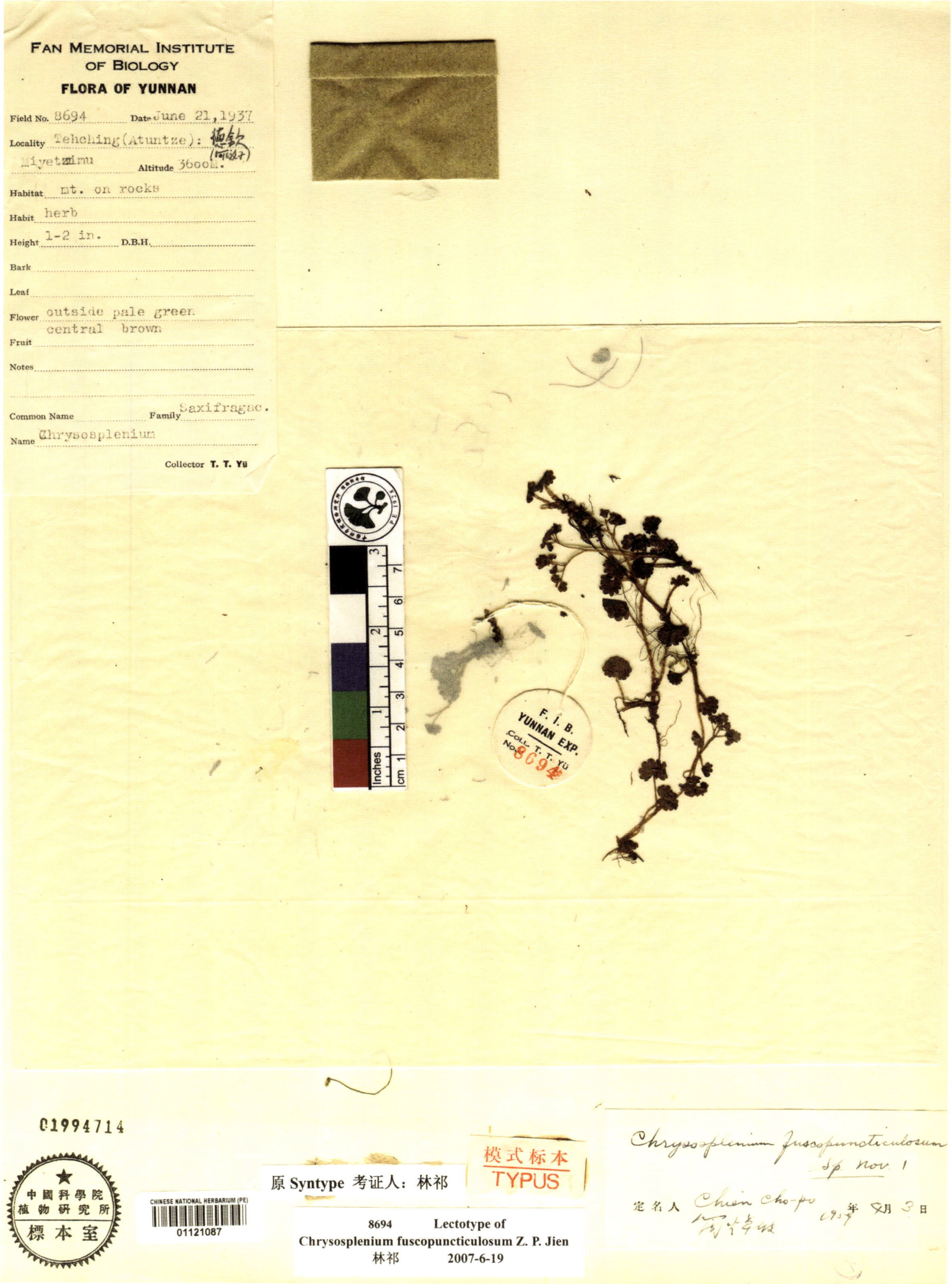

褐点猫眼草 ***Chrysosplenium fuscopuncticulosum*** Z. P. Jien in Acta Phytotax. Sin. 8(4): 339, pl. 39, f. 3-4. 1963. **Lectotype** (designated by Q. Lin & al. in Bull. Bot. Res., Harbin 28: 537. 2008.): China. Yunnan: Dêqên, alt. 3 600 m, 1937-06-21, T. T. Yu 8694.

舌叶金腰 ***Chrysosplenium glossophyllum*** Hara in J. Jap. Bot. 17(1): 19, f. 49. 1941. **Isotype:** China. Sichuan: Kuan Xian (= Dujiangyan), alt. 1 130 m, 1930-04-19, F. T. Wang 20553.

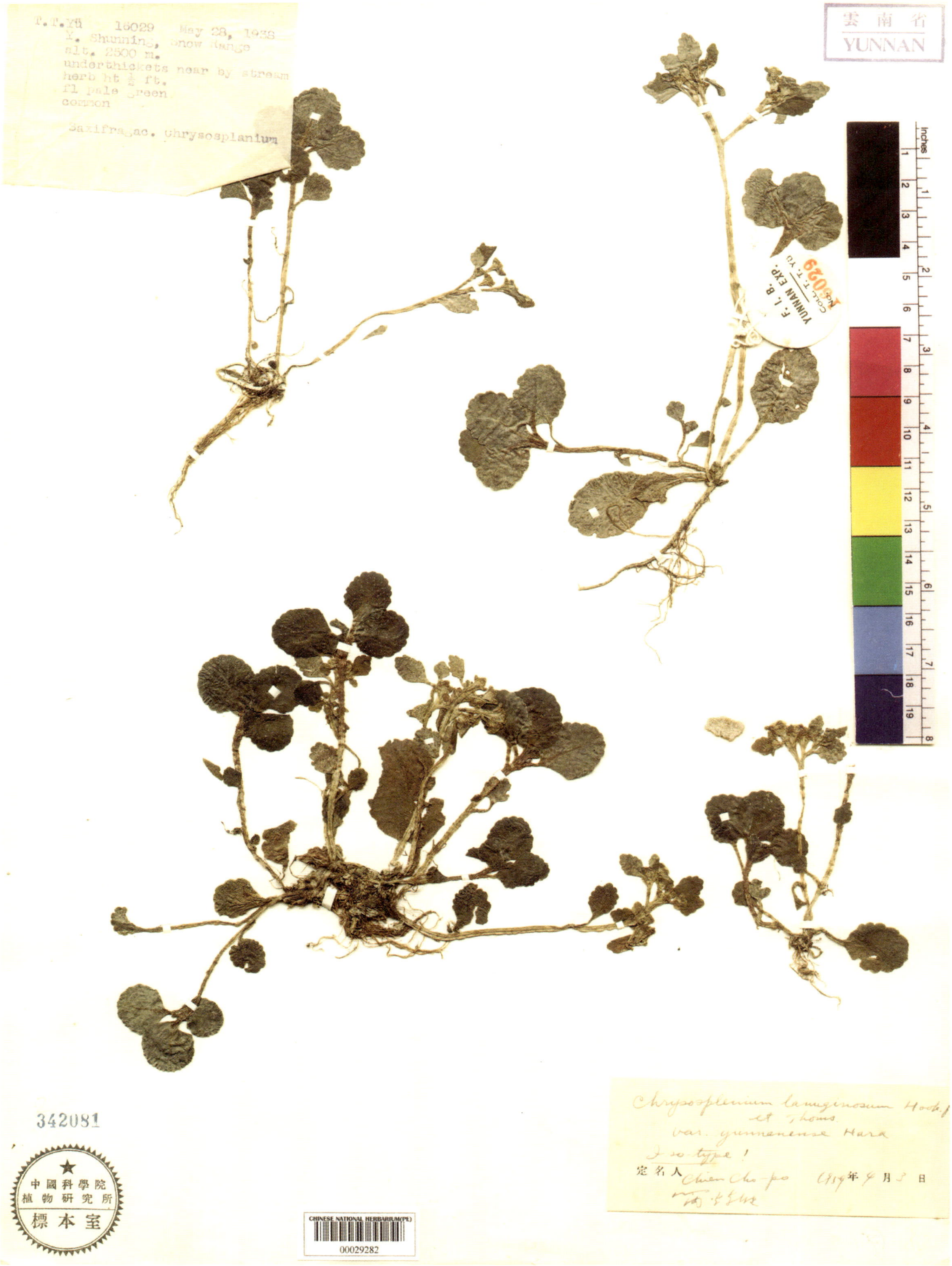

云南绵毛金腰 ***Chrysosplenium lanuginosum*** Hook. f. var. ***yunnanense*** Hara in J. Fac. Sci. Univ. Tokyo, Sect. 3, Bot. 7(1): 83, f. 16A'. 1957. **Isotype:** China. Yunnan: Shunning (=Fengqing), alt. 2 500 m, 1938-05-28, T. T. Yu 16029.

毛边金腰 ***Chrysosplenium pilosomarginatum*** Hara in J. Fac. Sci. Univ. Tokyo, Sect. 3, Bot. 7(1): 78, f. 16B. 1957.

Isotype：China. Yunnan: Yiliang, alt. 1 800 m, 1932-05-30, H. T. Tsai 52089.

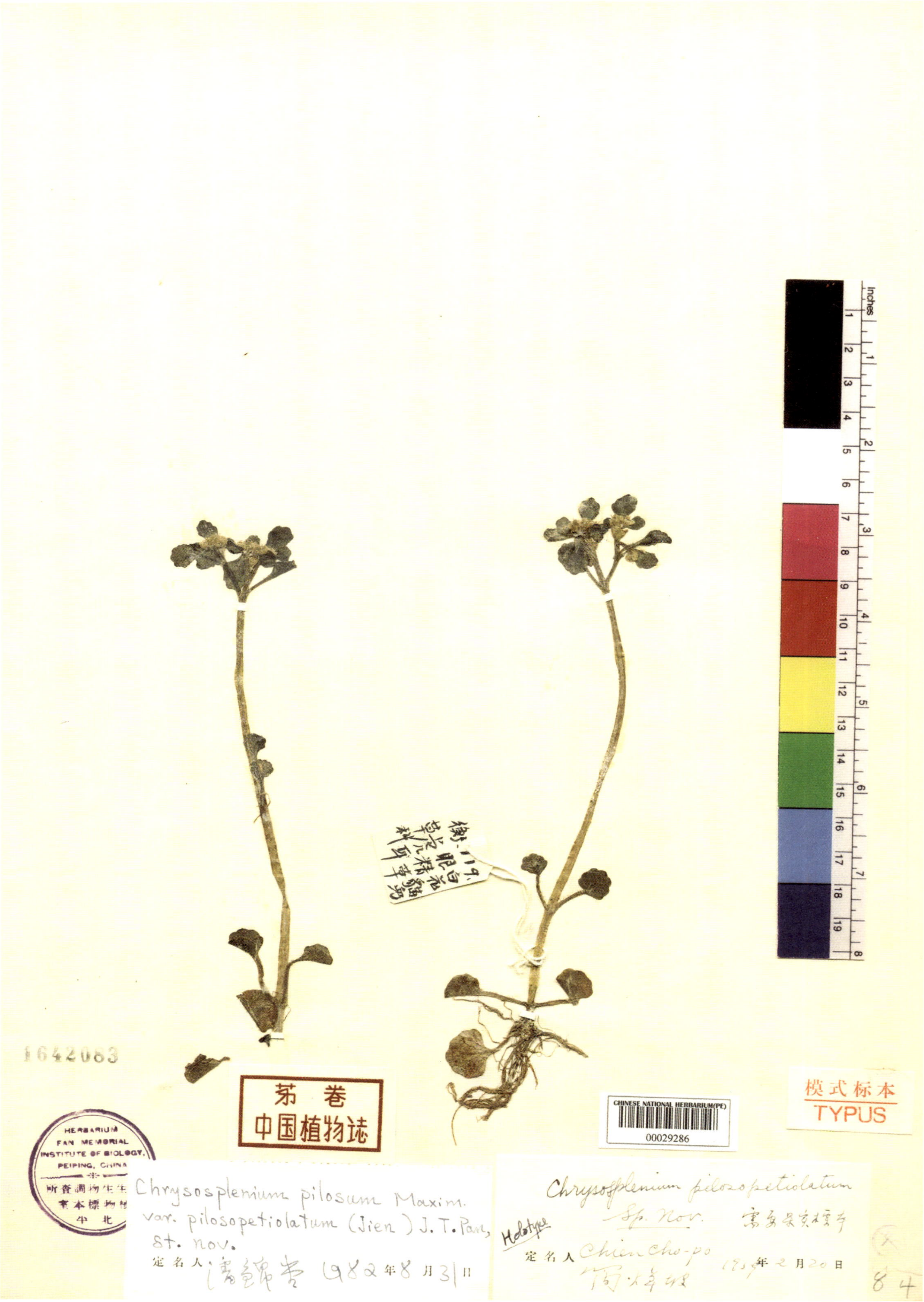

毛柄猫眼草 ***Chrysosplenium pilosopetiolatum*** Z. P. Jien in Acta Phytotax. Sin. 8(4): 339, pl. 39, f. 1-2. 1963. **Holotype:** China. Hunan: Nanyue, Hengshan, H. F. Chou 119.

毛金腰 ***Chrysosplenium pilosum*** Maxim. in Prim. Fl. Amur. 122. 1859. **Isotype:** China. Heilongjiang: Amur, 1885-05-25, Maximowicz s. n.

中华金腰 ***Chrysosplenium sinicum*** Maxim. in Bull. Acad. Imp. Sci. St-Petersb. 23(2): 348. 1877. **Isotype:** China. Qinghai: Huzhu, 1873-05-09, N. M. Przewalski 16.

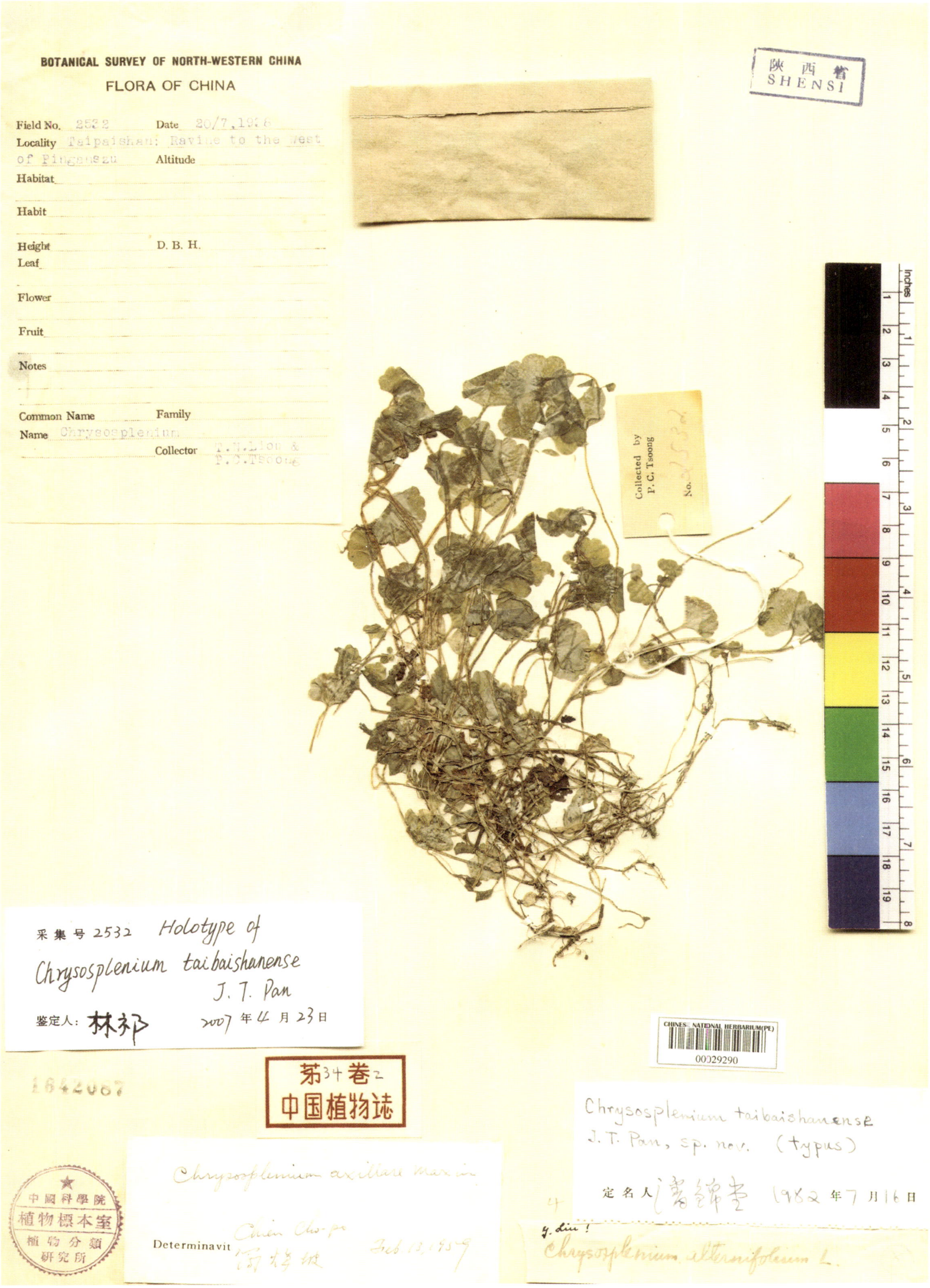

太白金腰 ***Chrysosplenium taibaishanense*** J. T. Pan in Acta Phytotax. Sin. 24(2): 97. 1986. **Holotype:** China. Shaanxi: Taibai, Taibaishan, alt. 2 100 m, 1938-07-20, T. N. Liou & P. C. Tsoong 2532.

糙籽金腰 ***Chrysosplenium trachyspermum*** Maxim. in Bull. Acad. Imp. Sci. St.-Petersb. 27: 471. 1881. **Isotype:** China. Qinghai: Datong He, 1880-07-22, N. M. Przewalski 59.

单花金腰 ***Chrysosplenium uniflorum*** Maxim. in Bull. Acad. Imp. Sci. St-Petersb. 27(4): 472. 1881. **Isotype:** China. Qinghai-Gansu: Datong He, 1880-07-(09~21), N. M. Przewalski 332.

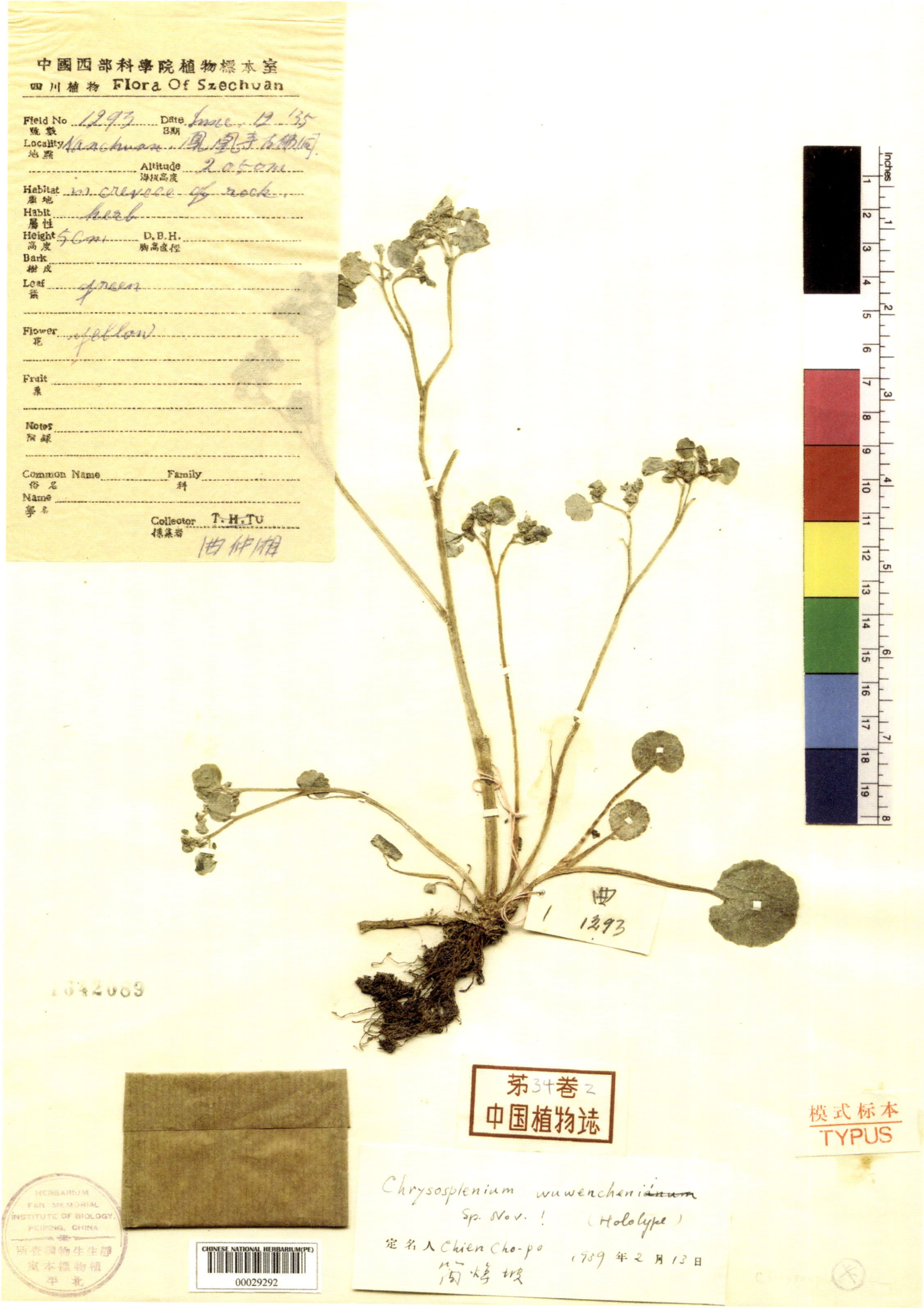

韫珍猫眼草 ***Chrysosplenium wuwenchenii*** Z. P. Jien in Acta Phytotax. Sin. 8(4): 337, pl. 38. 1963. **Holotype:** China. Chongqing: Nanchuan, alt. 2 050 m, 1935-06-12, K. L. Chu 1293.

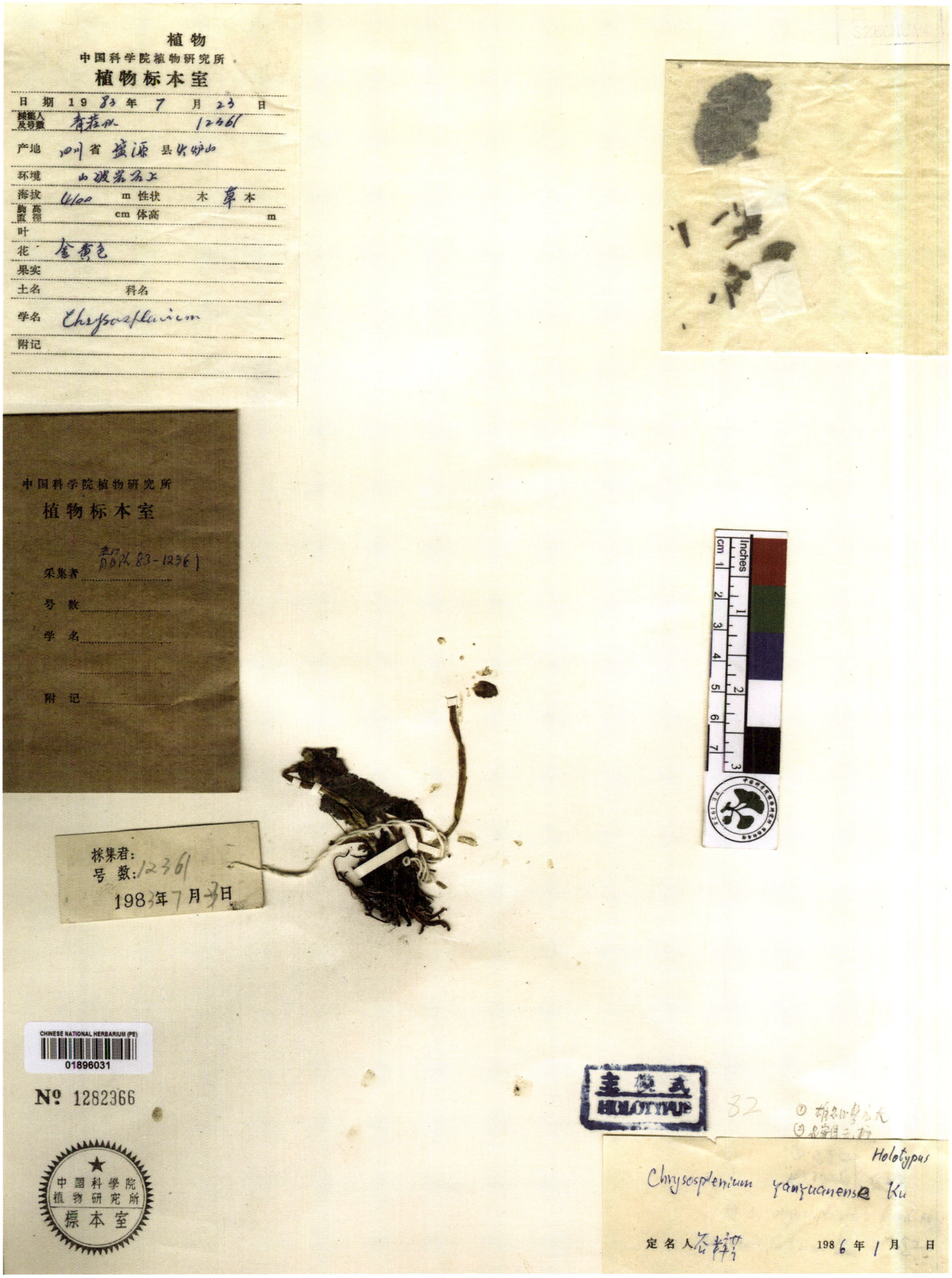

盐源金腰 ***Chrysosplenium yanyuanense*** T. C. Ku, Vasc. Pl. Hengduan Mountains 1: 686. 1993. **Holotype:** China. Sichuan: Yanyuan, alt. 4 100 m, 1983-07-23, Qinghai-Xizang Exped. 12361.

陈氏溲疏 ***Deutzia chunii*** Hu in J. Arnold Arbor. 6(3): 140. 1925. **Holotype:** China. Zhejiang: Precise locality not known, 1924-??-??, R. C. Ching 4750.

黄山溲疏 ***Deutzia glauca*** W. C. Cheng in Contr. Biol. Lab. Sci. Soc. China, Bot. Ser. 10 71, f. 8. 1935. **Isotype:** China. Anhui: Huangshan, 1933-10-16, W. C. Cheng 3986.

大叶伞形绣球 ***Hydrangea angustipetala*** Hayata var. ***major*** W. T. Wang & M. X. Nie in Bull. Bot. Res., Harbin 1(1–2): 51. 1981. **Isotype:** China. Jiangxi: Jinggangshan, alt. 1 400 m, 1965-06-07, S. S. Lai 4174.

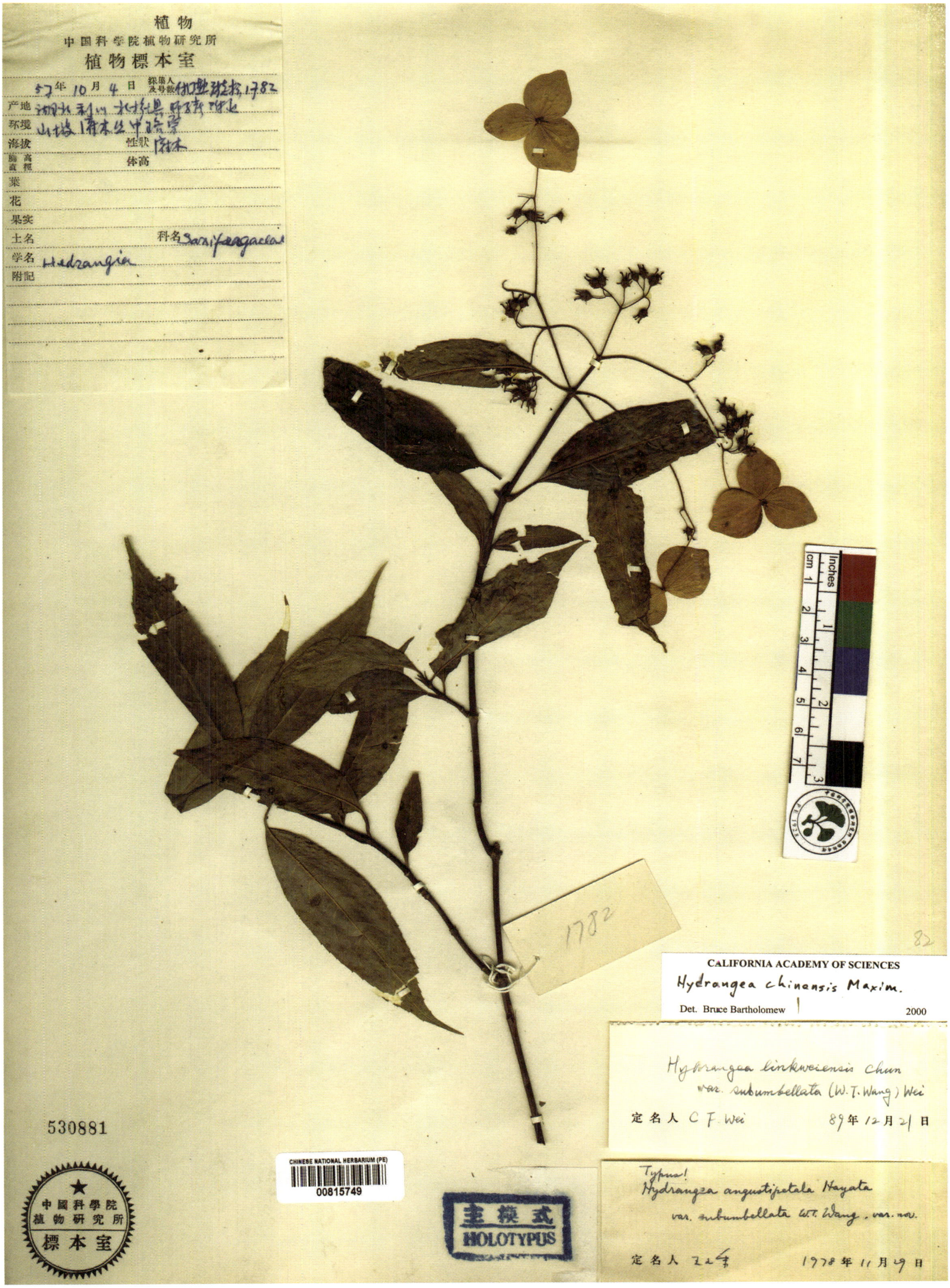

枝序伞形绣球 ***Hydrangea angustipetala*** Hayata var. ***subumbellata*** W. T. Wang in Bull. Bot. Res., Harbin 1(1-2): 51. 1981.
Holotype: China. Hubei: Lichuan, 1957-10-04, G. X. Fu & Z. S. Zhang 1782.

短柄绣球 ***Hydrangea brevipes*** Chun in Acta Phytotax. Sin. 3(2): 137, pl. 12. 1954. **Isotype:** China. Guangdong: Yangshan, 1936-07-22, L. Deng 131.

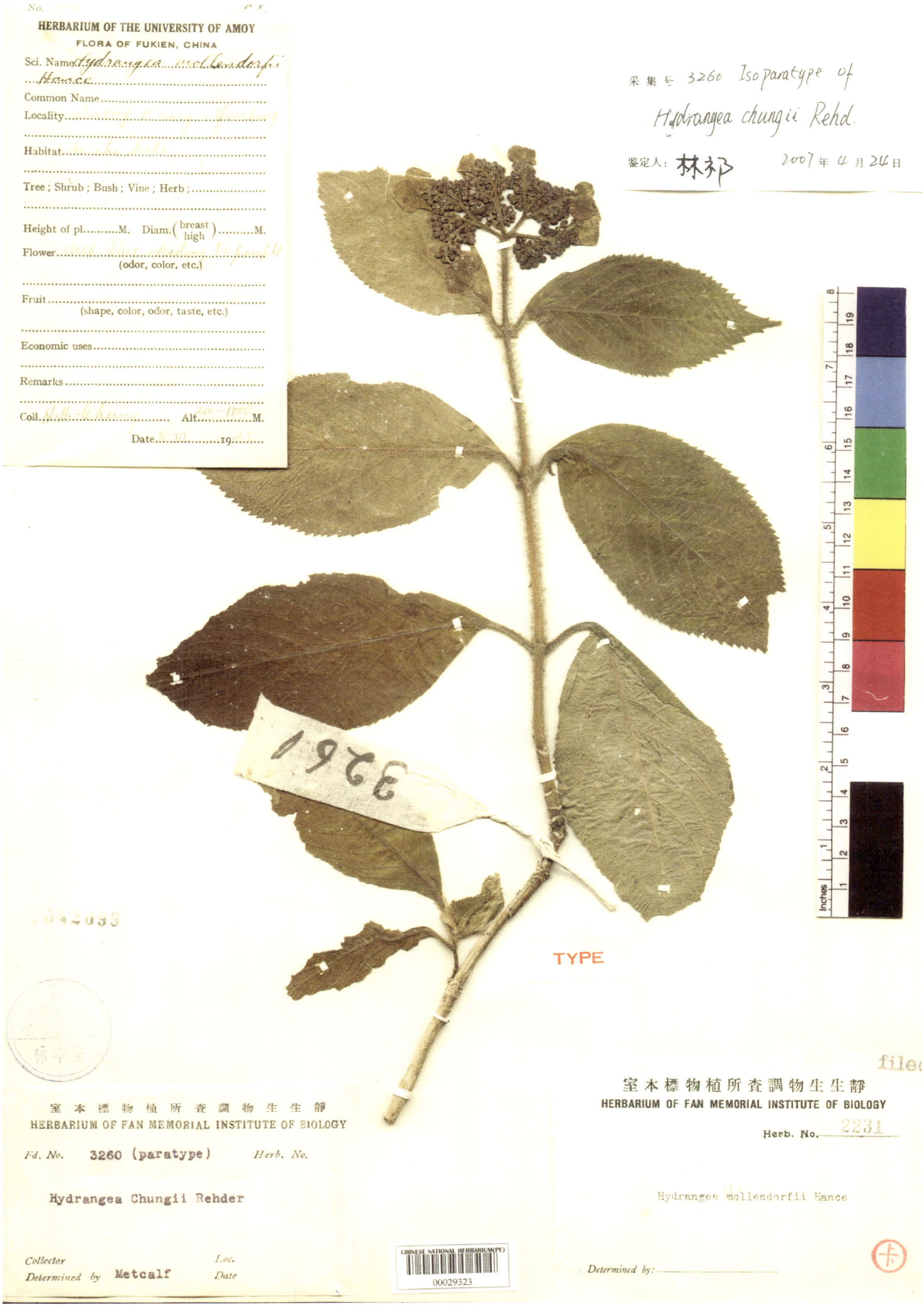

福建绣球 ***Hydrangea chungii*** Rehder in J. Arnold Arbor. 12(1): 69. 1931. **Isoparatype:** China. Fujian: Nanping, alt. 200~1 000 m, 1925-06-08, H. H. Chung 3260.

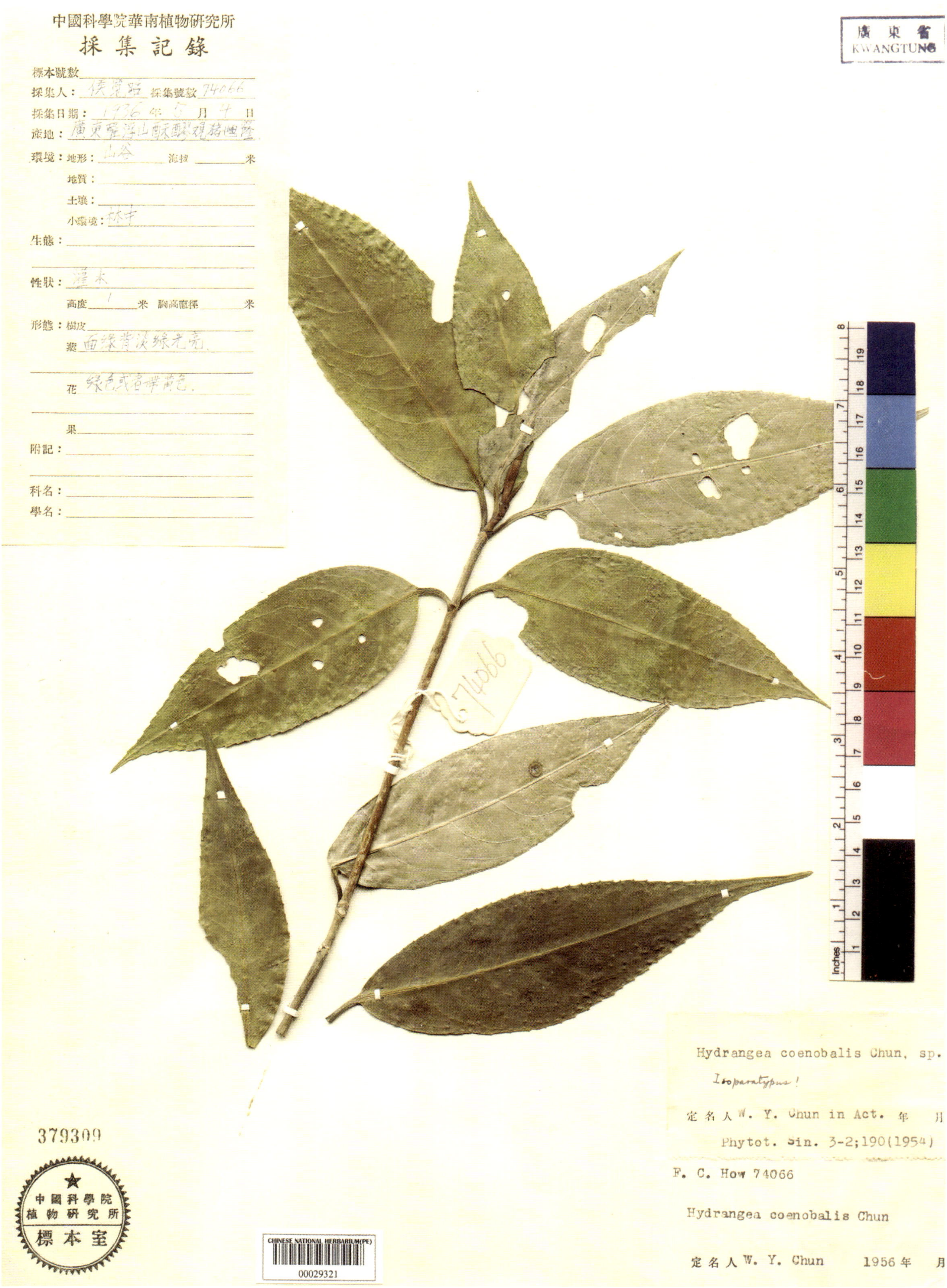

酥醪绣球 ***Hydrangea coenobialis*** Chun in Acta Phytotax. Sin. 3(2): 131, pl. 10. 1954. **Isoparatype:** China. Guangdong: Boluo, Lofushan, 1936-05-04, F. C. How 74066.

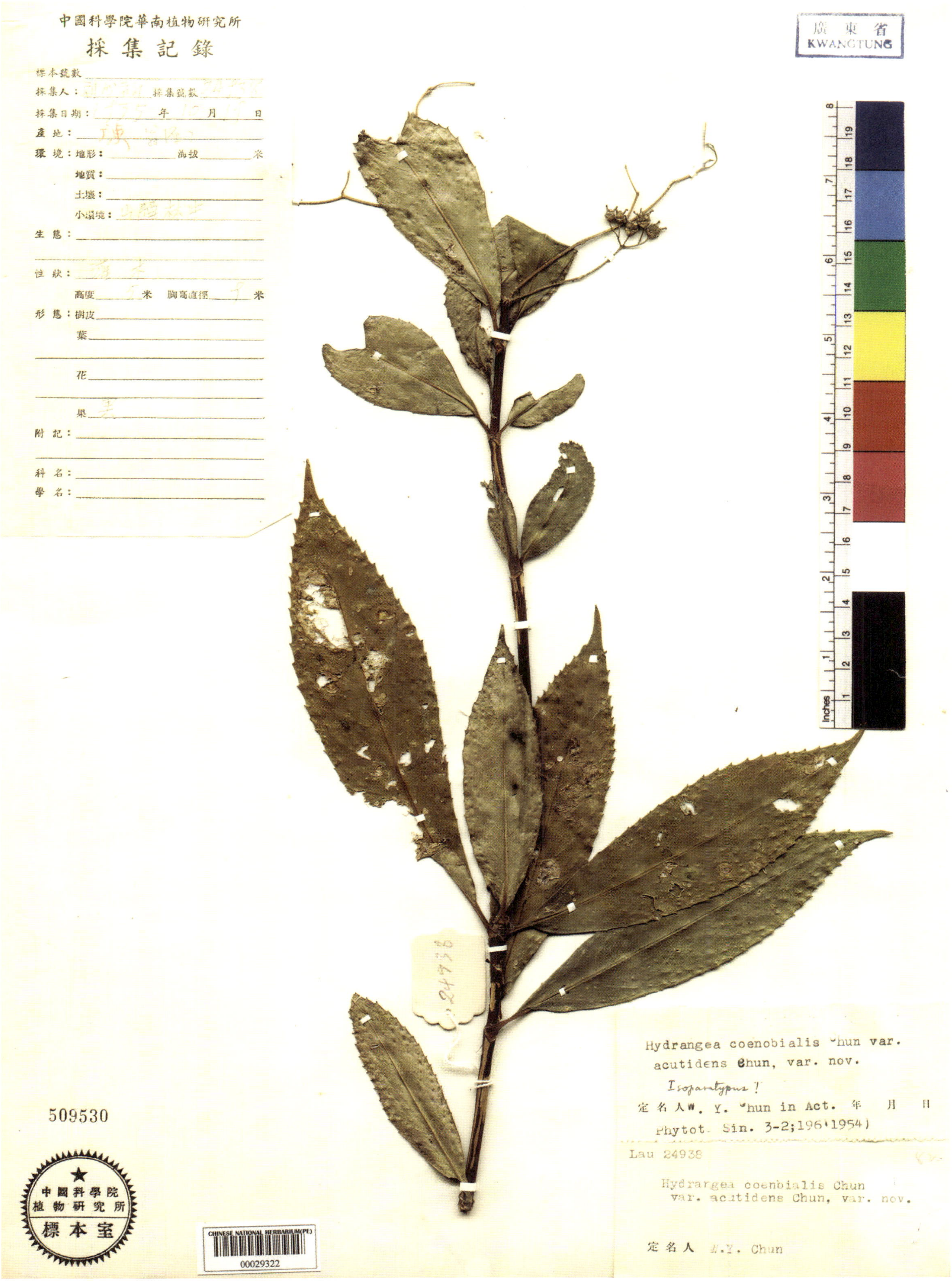

锐齿酥醪绣球 ***Hydrangea coenobialis*** Chun var. ***acutidens*** Chun in Acta Phytotax. Sin. 3(2): 132. 1954. **Isoparatype:** China. Guangdong: Wenyuan, 1935-10-19, S. K. Lau 24938.

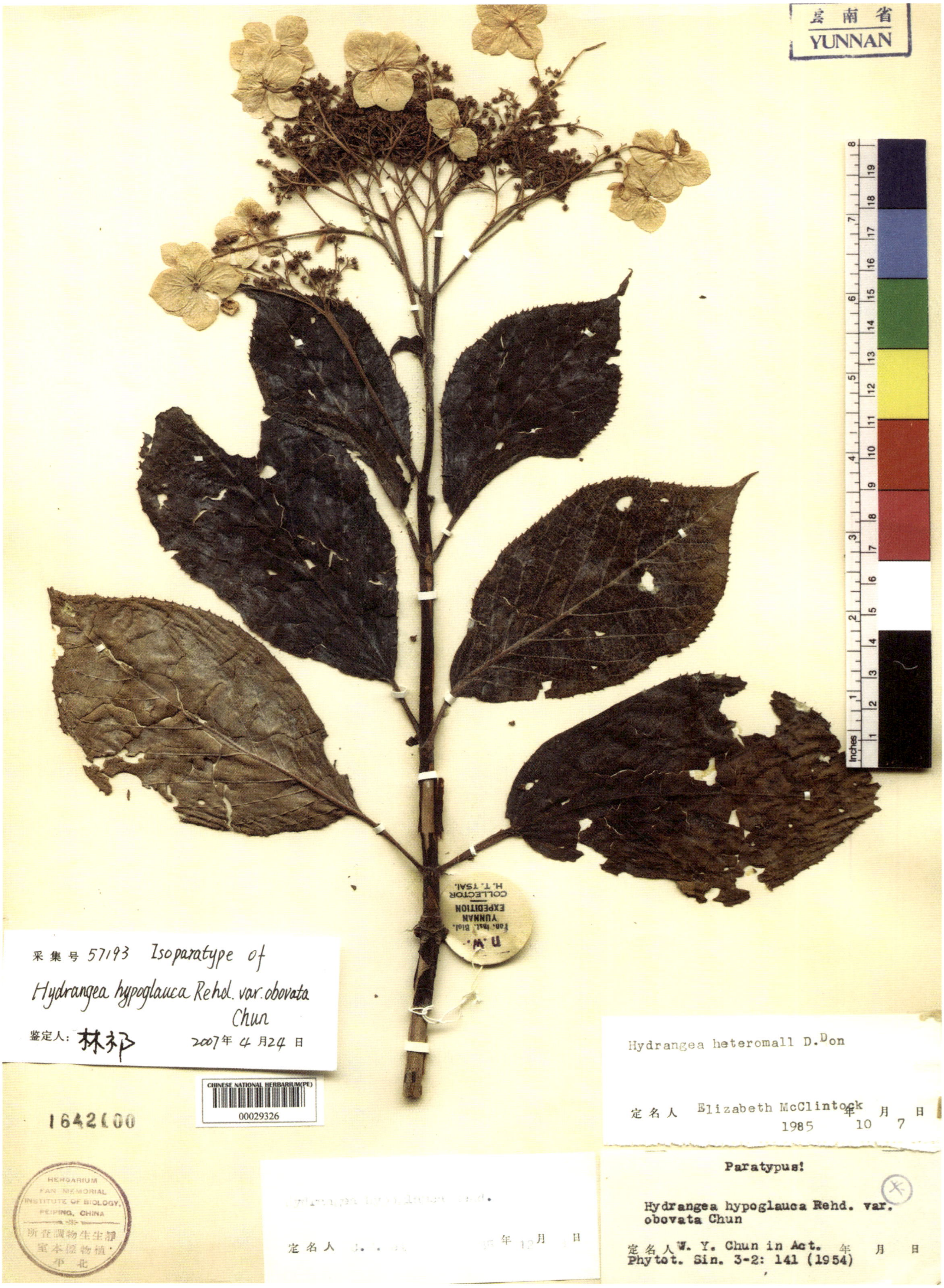

倒卵白背绣球 ***Hydrangea hypoglauca*** Rehd. var. ***obovata*** Chun in Acta Phytotax. Sin. 3(2): 141. 1954. **Isoparatype:** China. Yunnan: Precise locality not known, H. T. Tsai 57193.

江西绣球 ***Hydrangea jiangxiensis*** W. T. Wang & M. X. Nie in Bull. Bot. Res., Harbin 1(1-2): 52. 1981. **Isotype:** China. Jiangxi: Leping, 1959-06-23, Q. H. Li & C. Chen 1385.

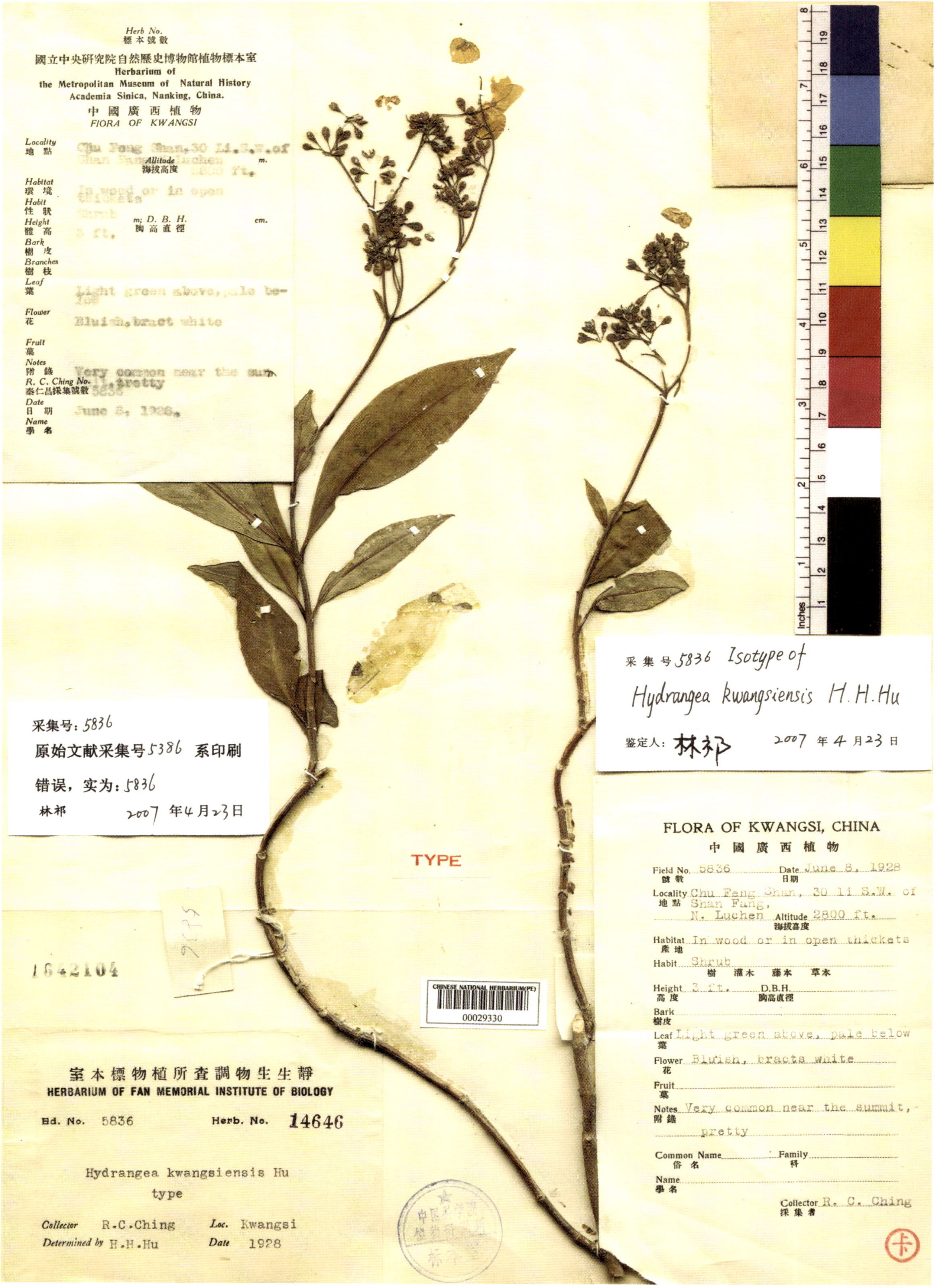

广西绣球 ***Hydrangea kwangsiensis*** Hu in J. Arnold Arbor. 12(3): 152. 1931. **Isotype:** China. Guangxi: Luocheng, alt. 854 m, 1928-06-08, R. C. Ching 5836.

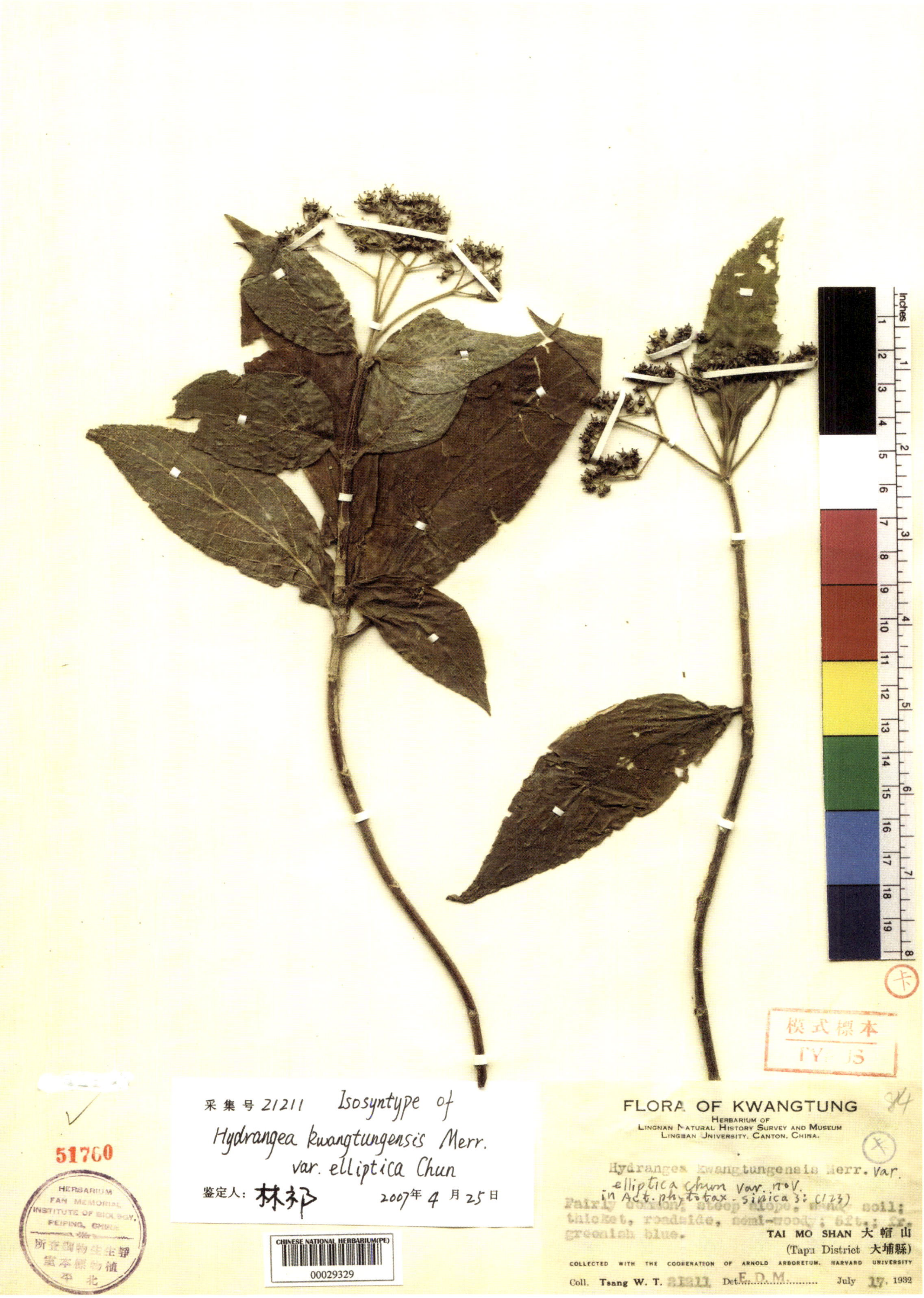

椭圆广东绣球 ***Hydrangea kwangtungensis*** Merr. var. ***elliptica*** Chun in Acta Phytotax. Sin. 3(2): 123, pl. 7, f. B. 1954. **Isosyntype:** China. Guangdong: Dapu, 1932-07-17, W. T. Tsang 21211.

林氏八仙花 ***Hydrangea lingii*** C. Hoo in Acta Phytotax. Sin. 1(2): 195, pl. 16. 1951. **Lectotype** (designated here)**:** China. Fujian: Yong’an, alt. 950 m, 1932-07-23, Y. Ling 3008.

不育蜡莲绣球 ***Hydrangea strigosa*** Rehd. f. ***sterilis*** Rehd. in J. Arnold Arbor. 11(3): 160. 1930. **Isoparatype:** China. Sichuan: Emei, Emeishan, alt. 458~610 m, 1928-08-01, W. P. Fang 2313.

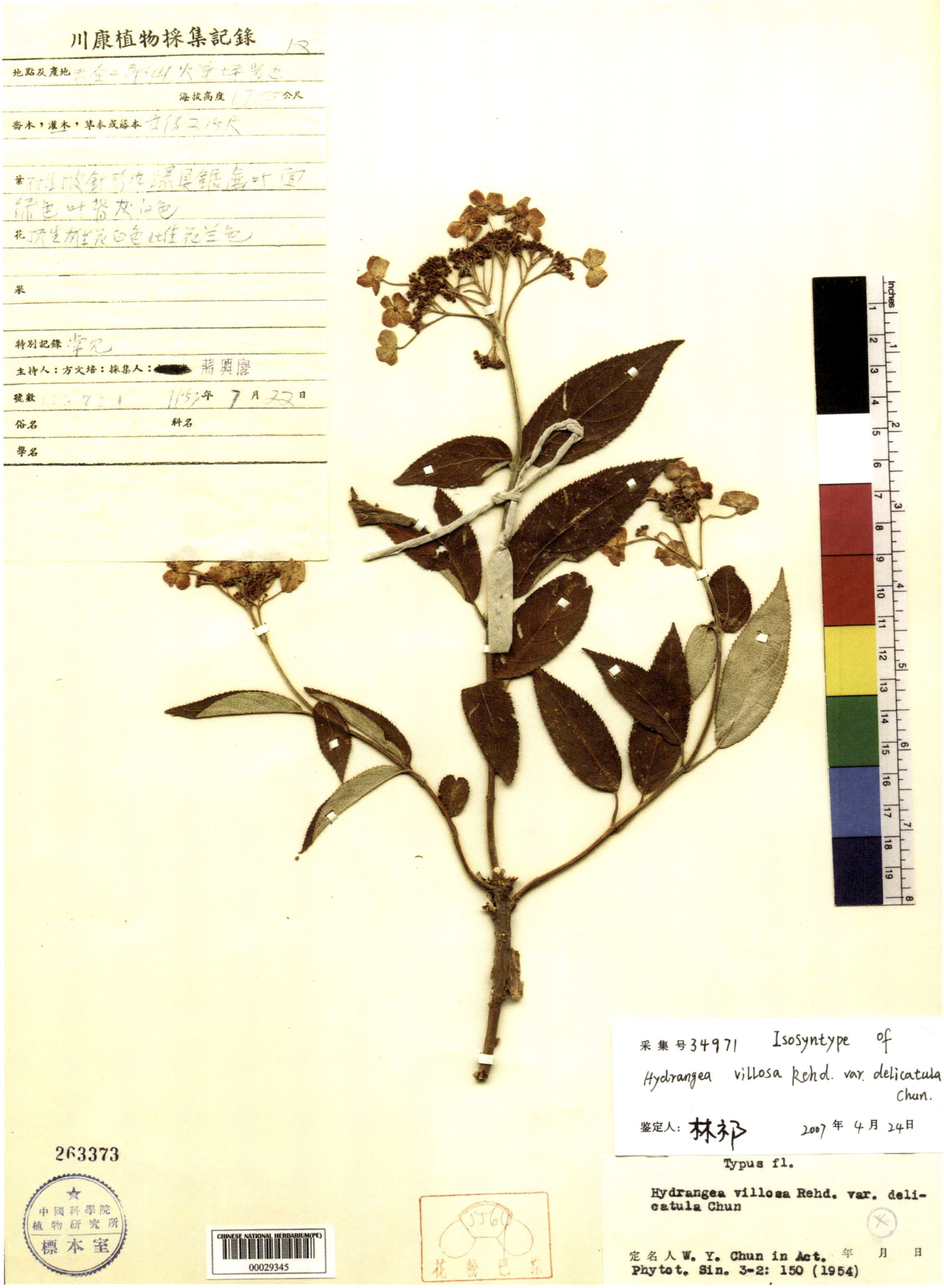

天全柔毛绣球 ***Hydrangea villosa*** Rehd. var. ***delicatula*** Chun in Acta Phytotax. Sin. (2): 150, pl. 14. 1954. **Lectotype** (designated here)**:**China. Sichuan: Tianquan, alt. 1 700 m, 1953-07-22, H. L. Tsiang 34971.

西康挂苦绣球 ***Hydrangea xanthoneura*** Diels var. ***sikangensis*** Chun in Acta Phytotax. Sin. 3(2): 145, pl. 2. 1954.
Lectotype (designated here)**:** China. Sichuan: Kangding, 1953-07-20, H. L. Tsiang 36376

毛脉老鼠刺 ***Itea chinensis*** Hook. & Arn. var. ***pubinervia*** H. T. Chang in Acta Phytotax. Sin. 2(2): 126, pl. 17: 3c. 1953. **Isotype:** China. Guangdong: Yangchun, 1935-11-01, C. Wang 38616.

子农鼠刺 *Itea chingiana* S. Y. Jin in Acta Phytotax. Sin. 33(5): 497, f. 2. 1995. **Holotype:** China. Guangxi: Luocheng, alt. 366 m, 1928-05-30, R. C. Ching 5542.

俫江鼠刺 ***Itea kiukiangensis*** C. C. Huang & S. C. Huang ex H. Chuang, Fl. Yunnan. 1: 105, pl. 27: 2-3. 1977. **Isotype:** China. Yunnan: Qiujiang, alt. 1 700 m, 1938-07-26, T. T. Yu 19436.

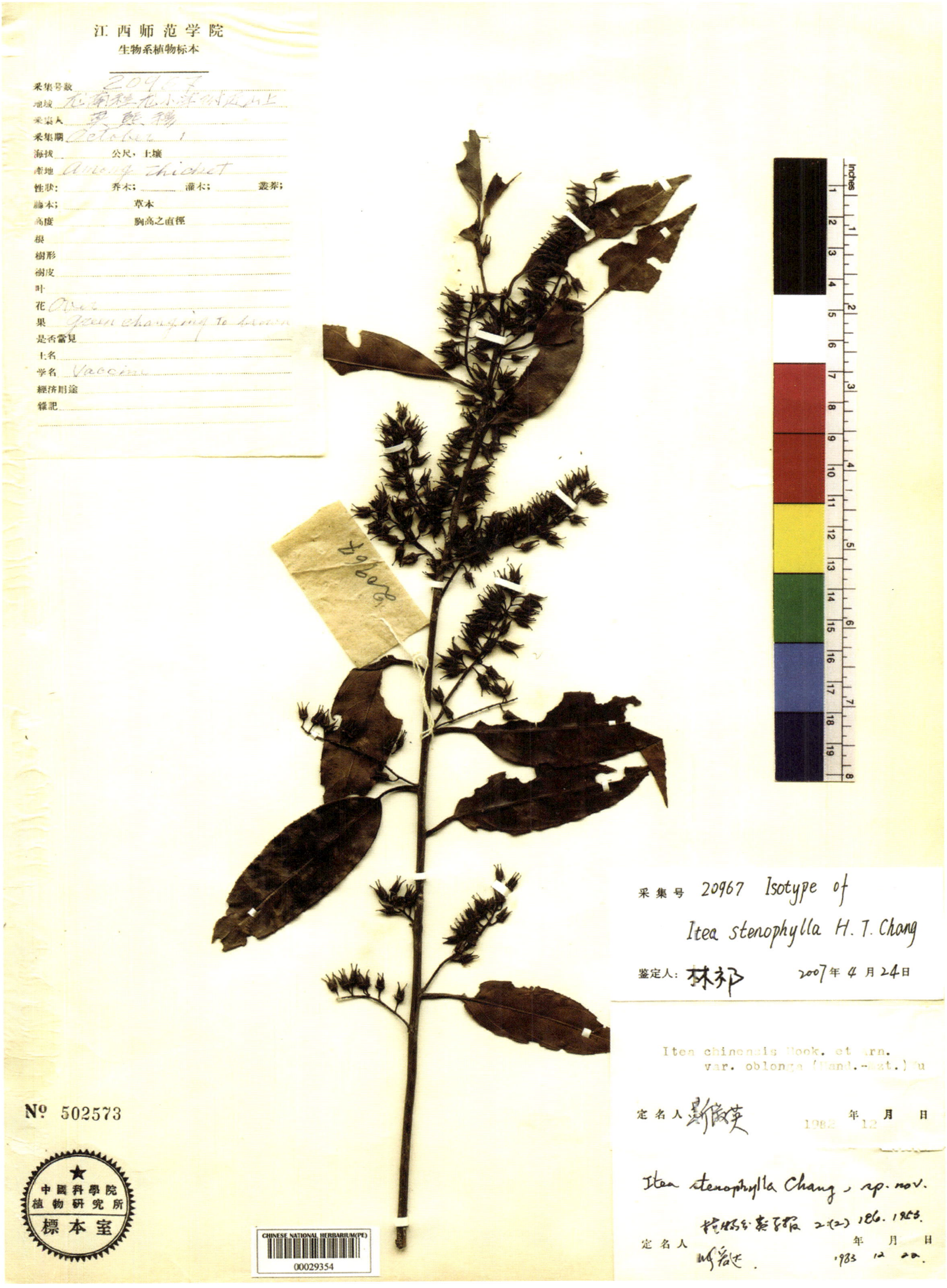

细叶鼠刺 ***Itea stenophylla*** H. T. Chang in Acta Phytotax. Sin. 2(2): 126, pl. 17: 4. 1953. **Isotype:** China. Jiangxi: Longnan, 1942-10-01, X. M. Mo 20967.

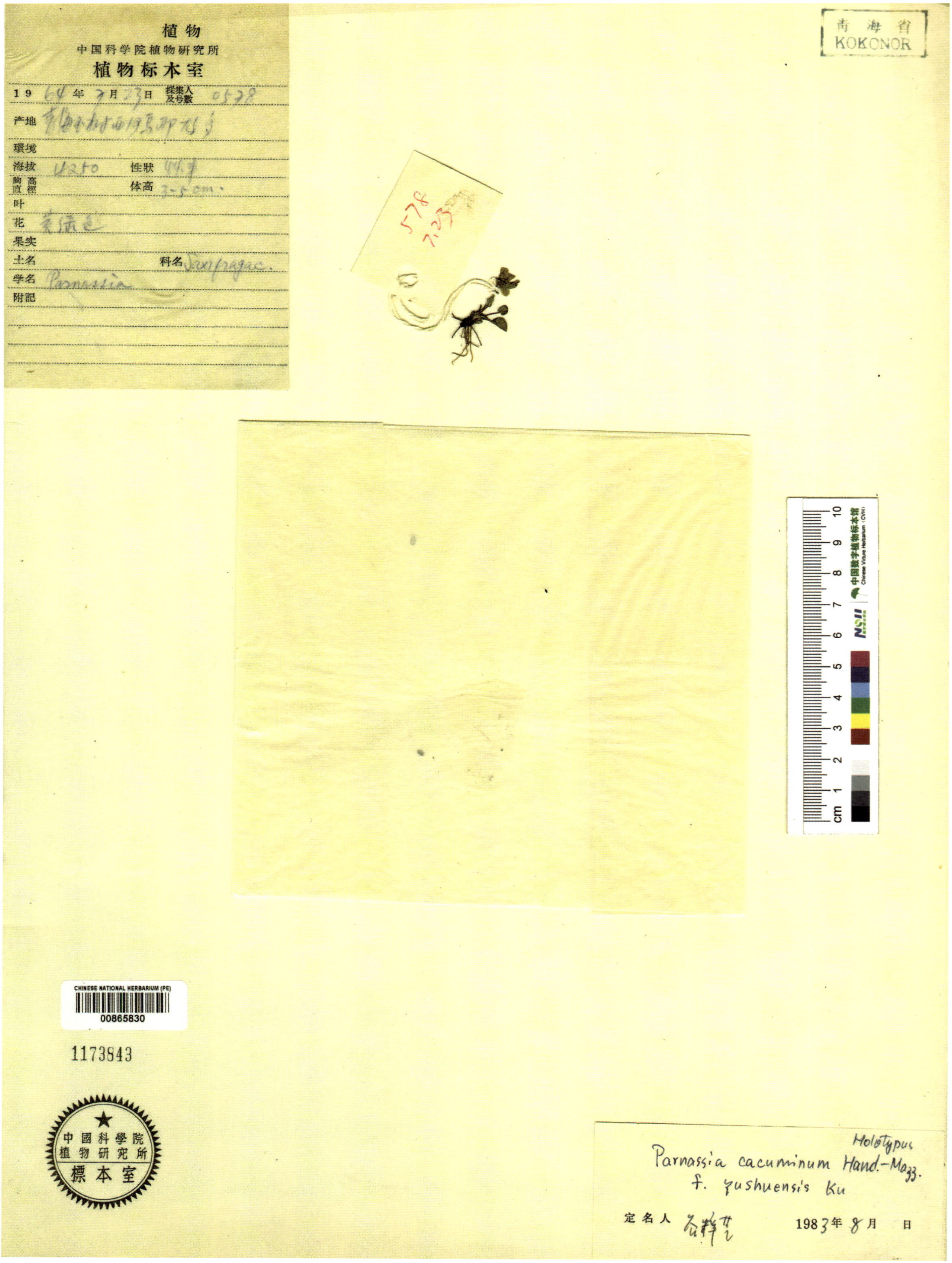

玉树梅花草 ***Parnassia cacuminum*** Hand.-Mazz. f. ***yushuensis*** Ku in Bull. Bot. Res., Harbin 7(1): 37. 1987. **Holotype:** China. Qinghai: Yushu, alt. 4 250 m, 1964-07-23, Anonymous 0578.

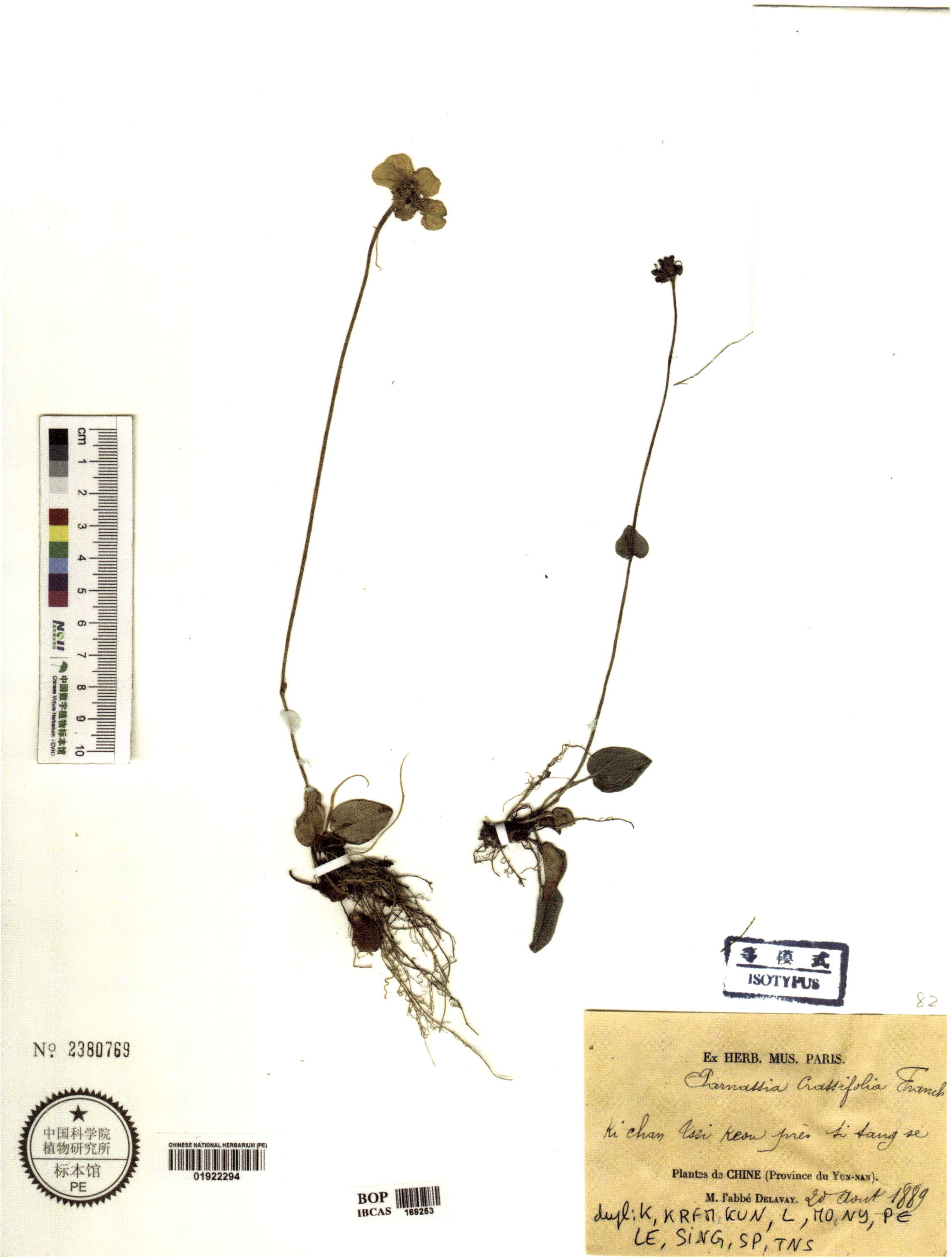

鸡心梅花草 ***Parnassia crassifolia*** Franch. in Bull. Soc. Bot. France 44: 253. 1897. **Isotype:** China. Yunnan: Dali, 1889-08-20, Delavay s. n.

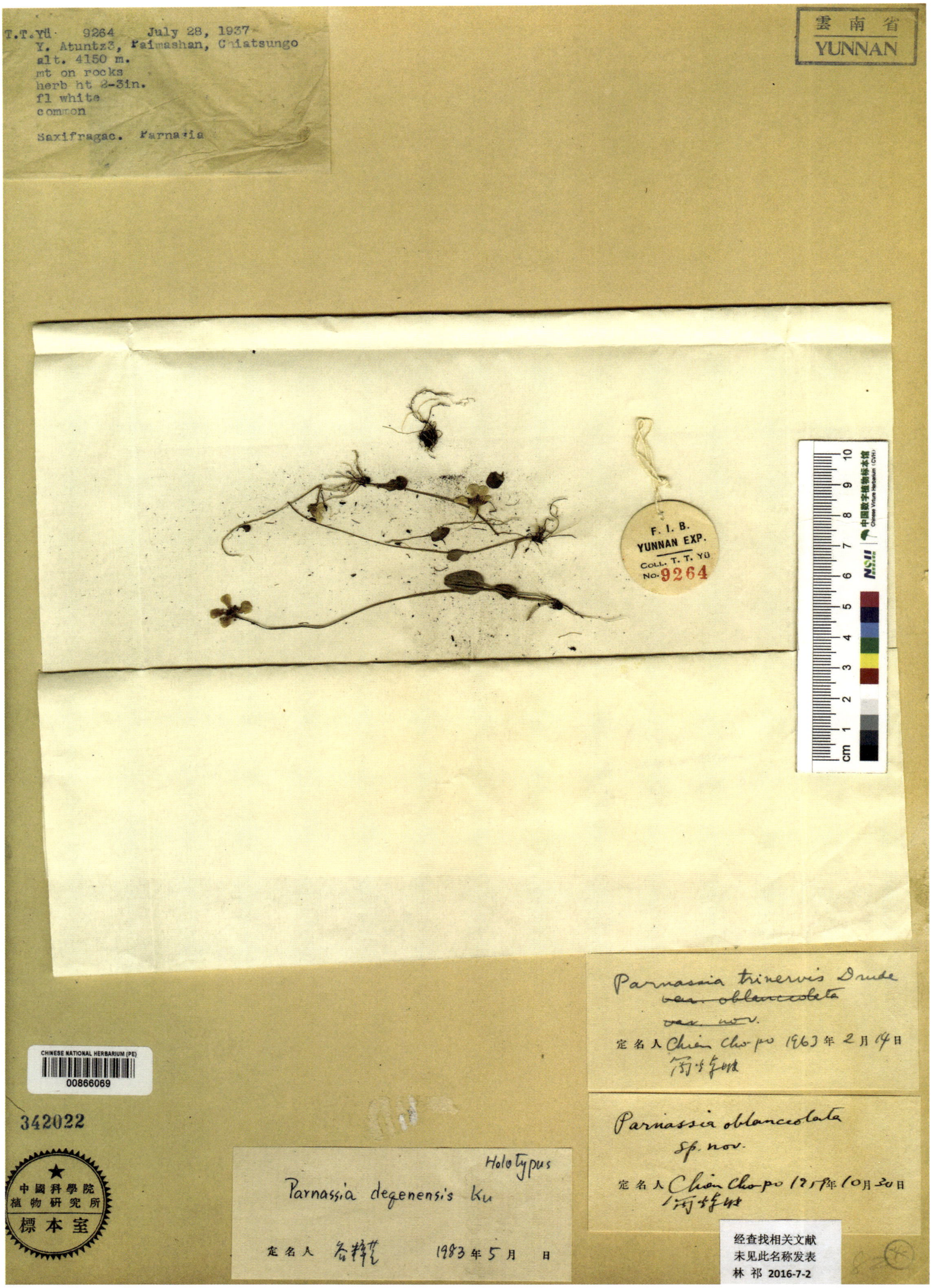

德钦梅花草 ***Parnassia deqenensis*** Ku in Bull. Bot. Res., Harbin 7(1): 41. 1987. **Holotype:** China. Yunnan: Dêqên, alt. 4 150 m, 1937-07-28, T. T. Yu 9264.

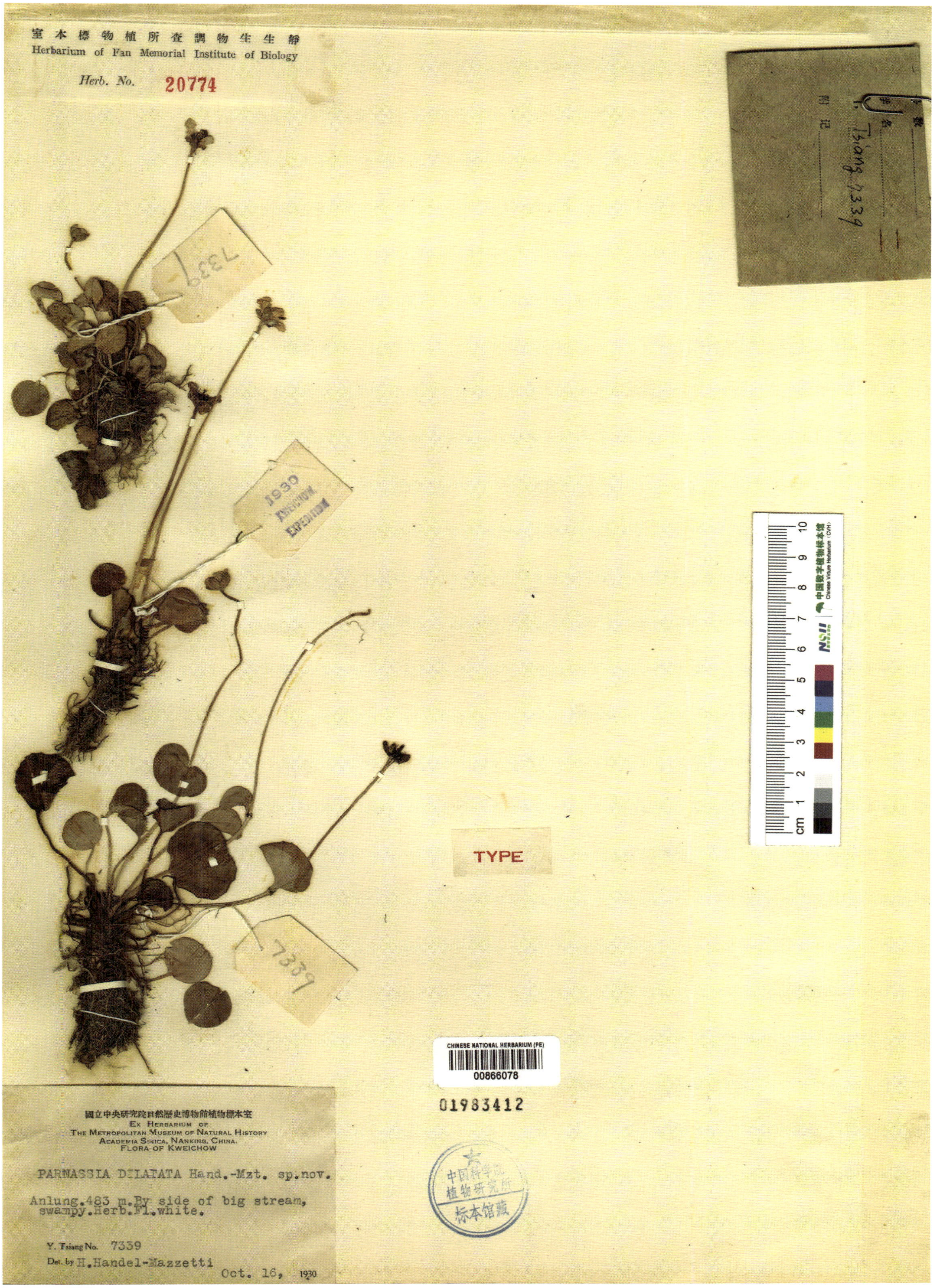

宽叶梅花草 ***Parnassia dilatata*** Hand.-Mazz. in Sinensia 2: 135. 1932. **Paratype:** China. Guizhou: Anlung (=Anlong), alt. 483 m, 1930-10-16, Y. Tsiang 7339.

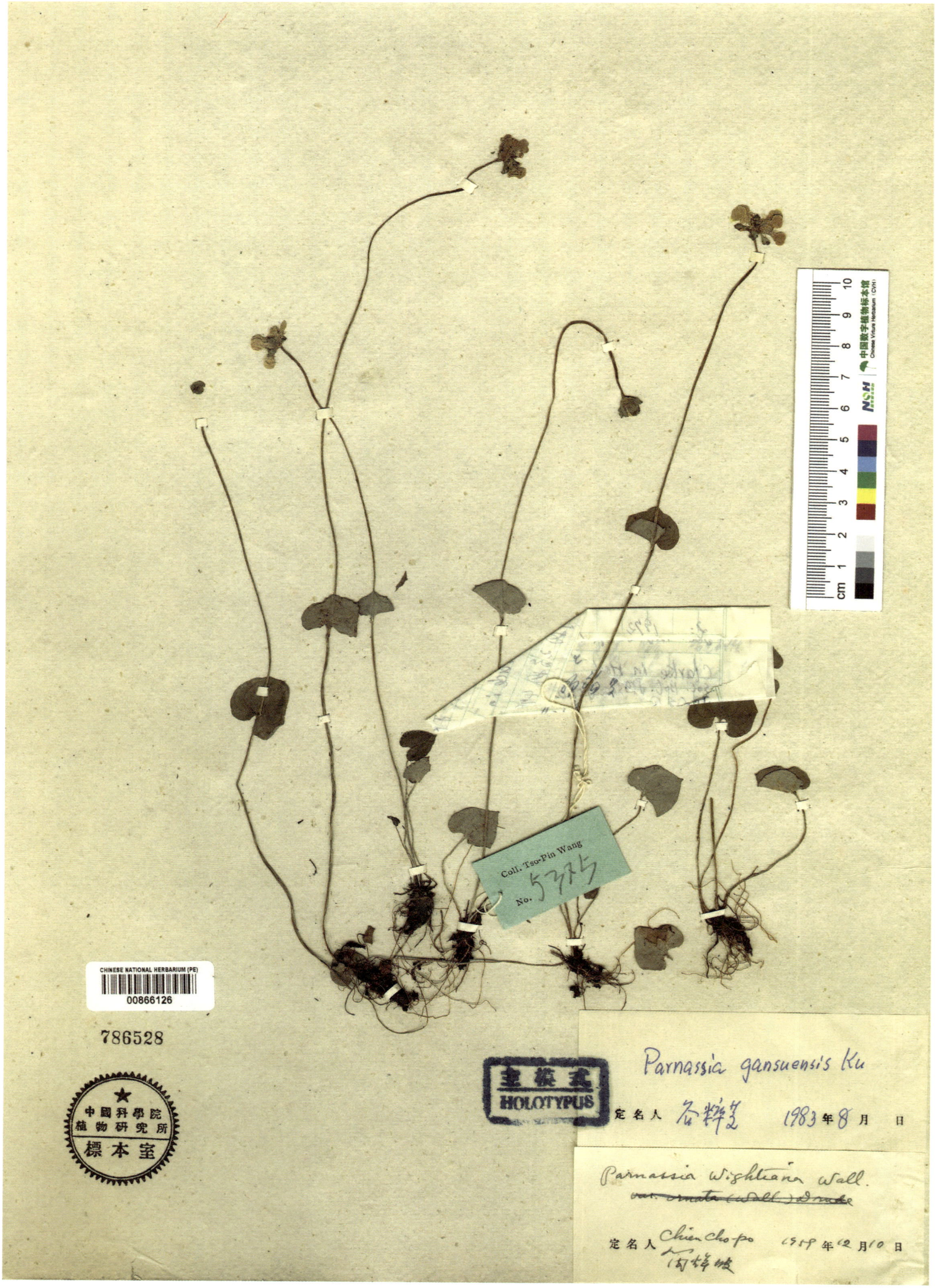

甘肃梅花草 ***Parnassia gansuensis*** Ku in Bull. Bot. Res., Harbin 7(1): 52. 1987. **Holotype:** China. Gansu: Jonê alt. 2 900 m, 1936-07-25, T. P. Wang 5375.

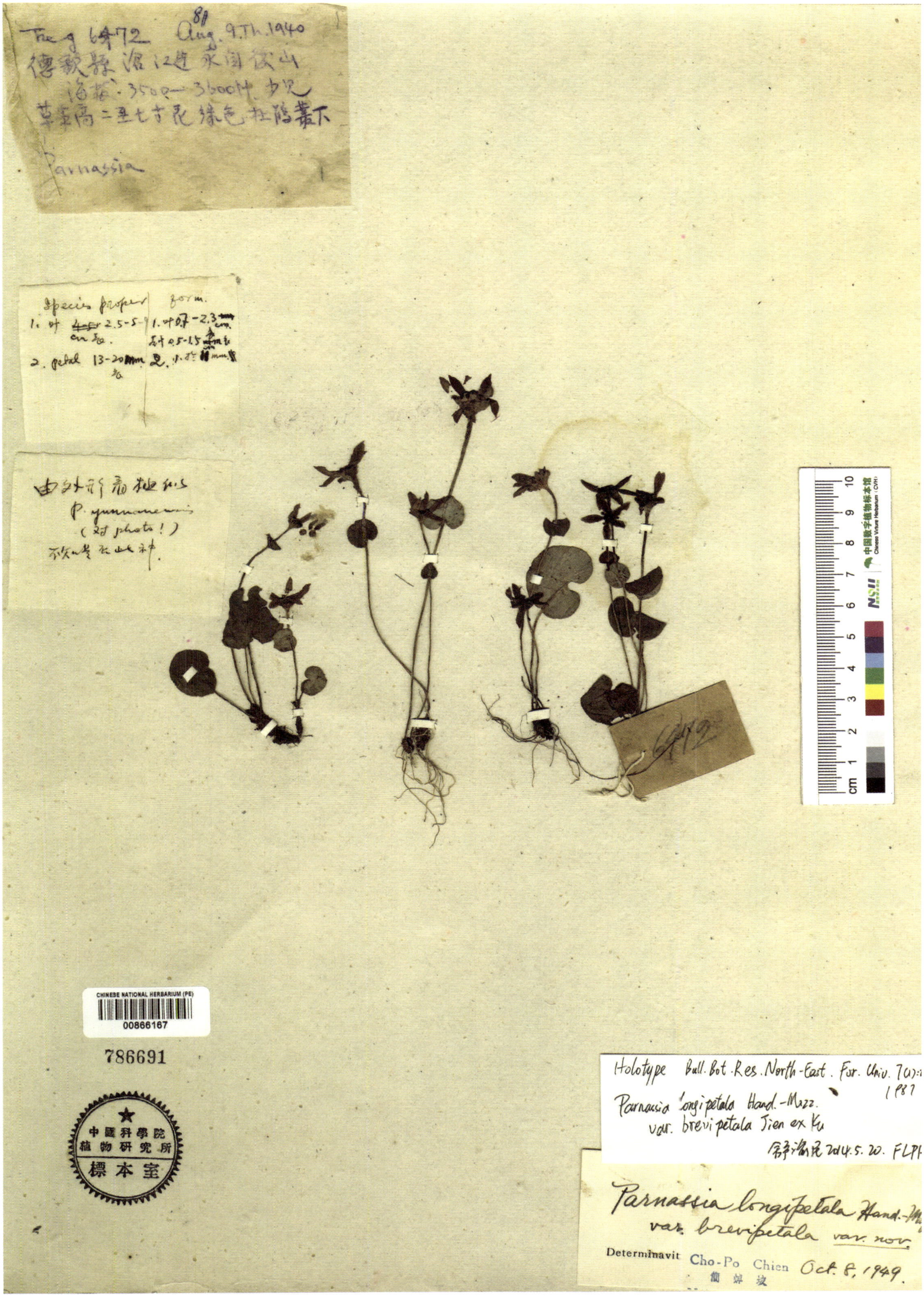

短瓣梅花草 ***Parnassia longipetala*** Hand.-Mazz. var. ***brevipetala*** Z. P. Jien ex Ku in Bull. Bot. Res., Harbin 7(1): 23. 1987. **Holotype:** China. Yunnan: Dêqên, alt. 3 500~3 600 m, 1940-08-09, K. M. Feng 6472.

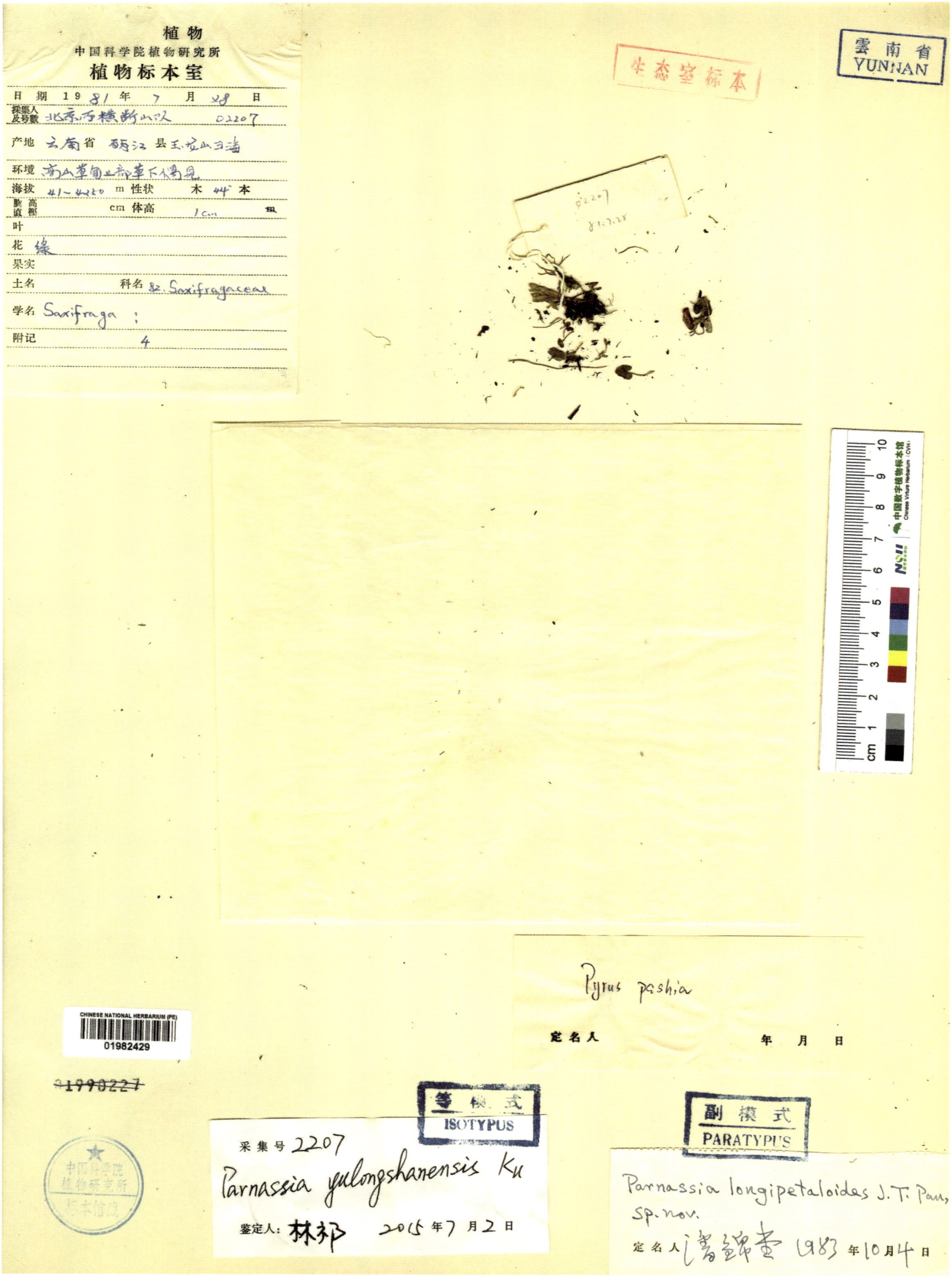

似长瓣梅花草 ***Parnassia longipetaloides*** J. T. Pan in Acta Phytotax. Sin. 23(3): 222, f. 1: 20-25. 1985. **Isoparatype:** China. Yunnan: Lijiang, alt. 4 100～4 250 m, 1981-07-28, Hengduanshan Exped. 02207.

玉龙山梅花草 ***Parnassia yulongshanensis*** Ku in Bull. Bot. Res., Harbin 7(1): 25, pl. 1: 7-12. 1987. **Isotype:** China. Yunnan: Lijiang, alt. 4 100～4 250 m, 1981-07-28, Hengduanshan Exped. 02207.

四川梅花草 ***Parnassia setchuenensis*** Franch. in Bull. Soc. Bot. France 44: 254. 1897. **Lectotype** (designated here)**:** China. Chongqing: Chengkou, alt. 2 500 m, R. P. Farges 1352.

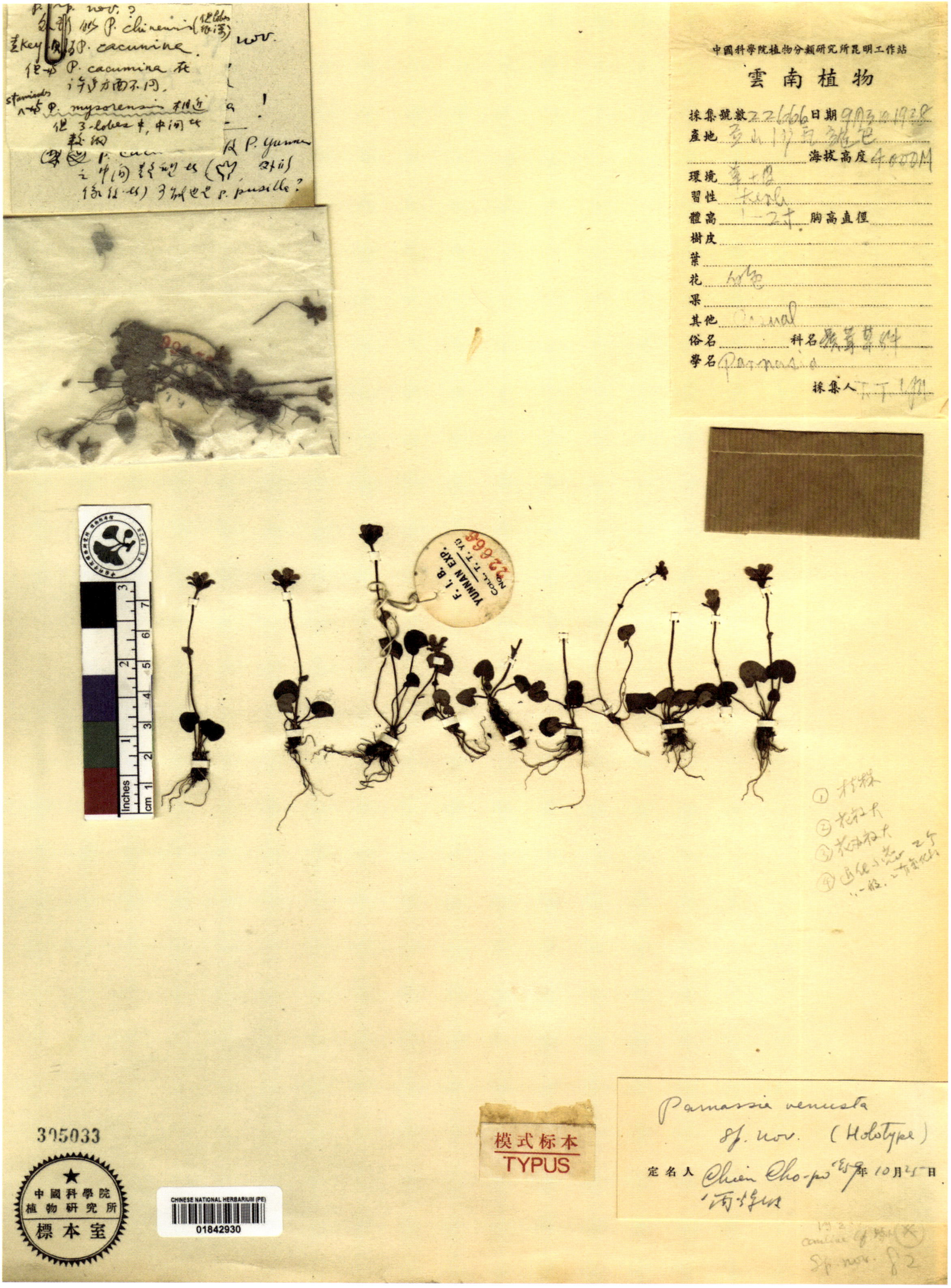

娇媚梅花草 ***Parnassia venusta*** Z. P. Jien in Acta Phytotax. Sin. 8(3): 257, pl. 33, f. 2: 7-10. 1963. **Holotype:** China. Yunnan: Gongshan, alt. 4 000 m, 1938-09-03, T. T. Yu 22666.

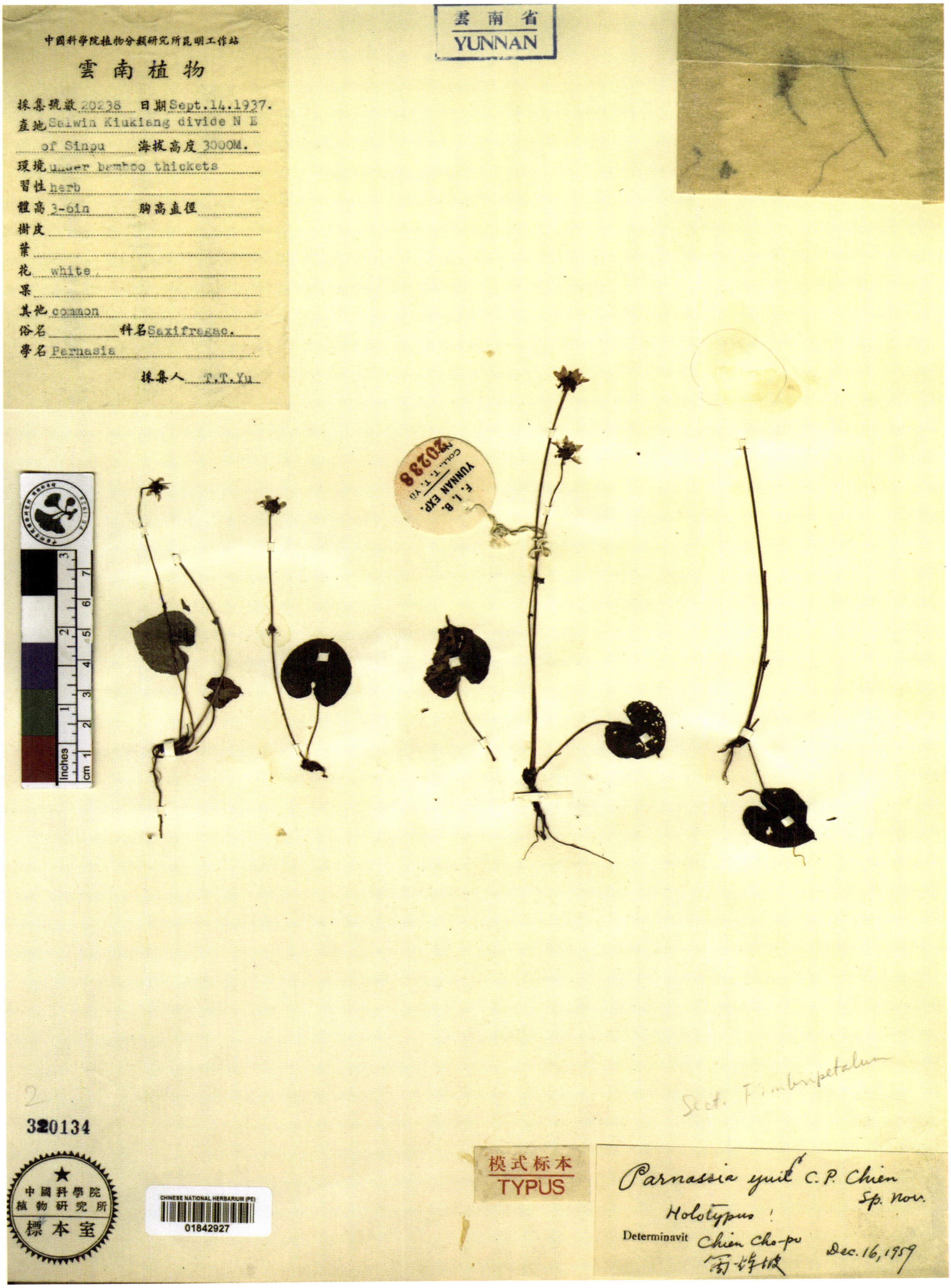

俞氏梅花草 ***Parnassia yui*** Z. P. Jien in Acta Phytotax. Sin. 8(3): 256, pl. 33, f. 2, 1-6. 1963. **Holotype:** China. Yunnan: Gongshan, alt. 3 000 m, 1937-09-14, T. T. Yu 20238.

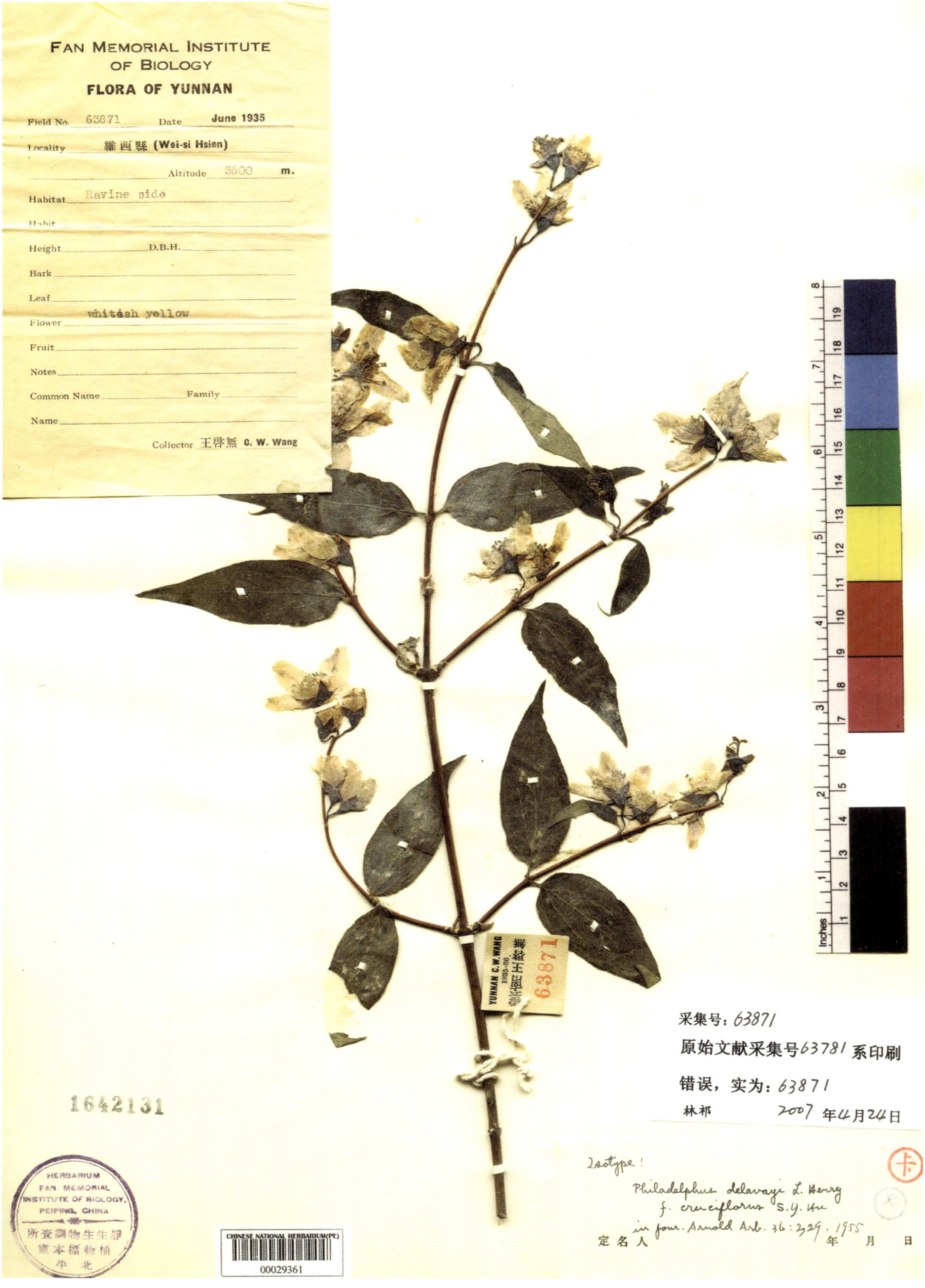

十字山梅花 ***Philadelphus delavayi*** L. Henry f. ***cruciflorus*** S.Y. Hu in J. Arnold Arbor. 36(4): 329. 1955. **Isotype:** China. Yunnan: Weixi, alt. 3 500 m, 1935-06-??, C. W. Wang 63871.

泸水山梅花 ***Philadelphus lushuiensis*** T. C. Ku & S. M. Hwang in Acta Phytotax. Sin. 29(1): 80, f. 1. 1991. **Holotype:** China. Yunnan: Lushui, alt. 2 350 m, 1981-05-24, Hengduanshan Exped. 002.

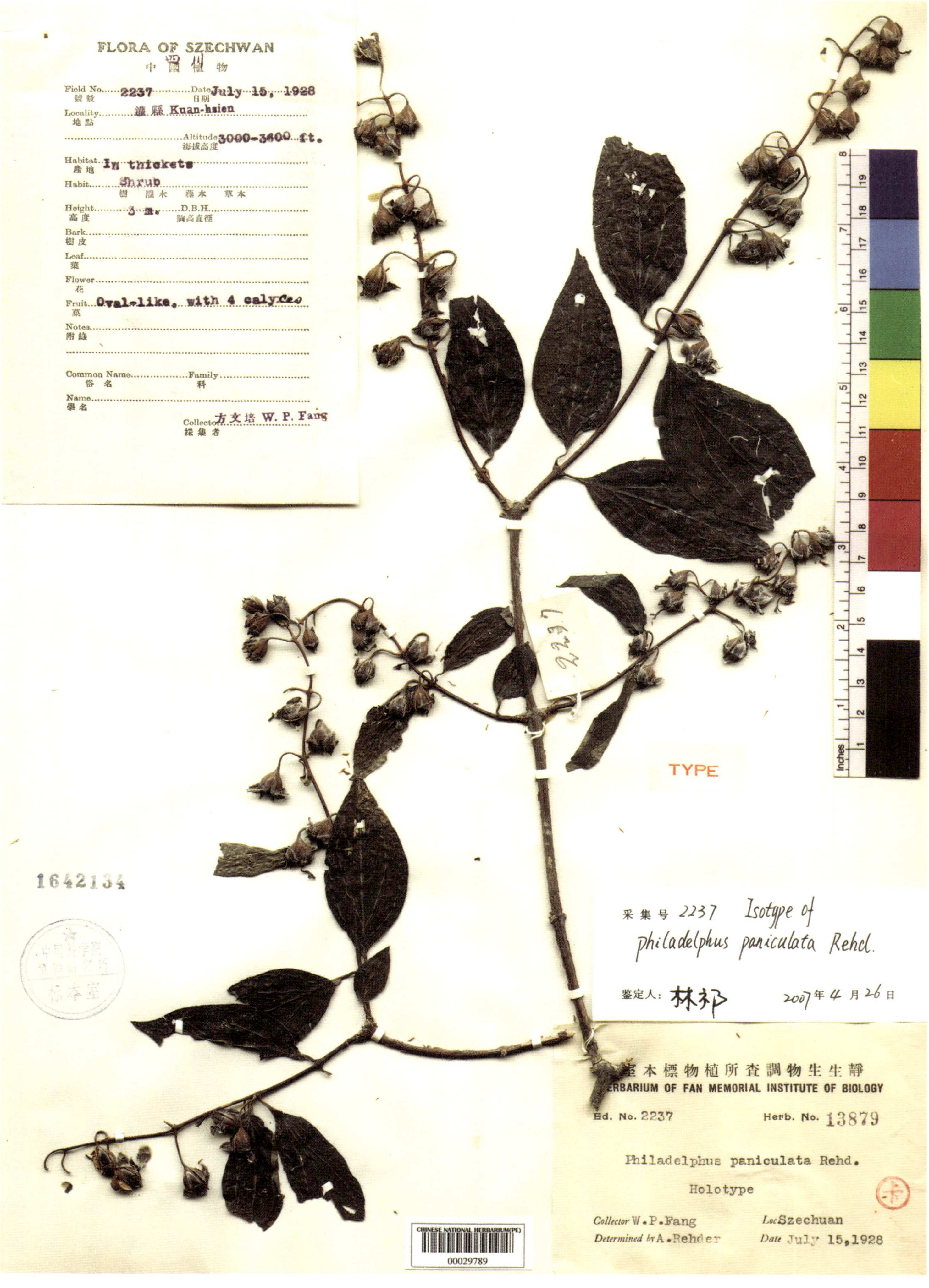

圆锥山梅花 ***Philadelphus paniculata*** Rehd. in J. Arnold Arbor. 11: 159. 1930. **Isotype:** China. Sichuan: Kuan Xian (= Dujiangyan), alt. 915~1 098 m, 1928-07-15, W. P. Fang 2237.

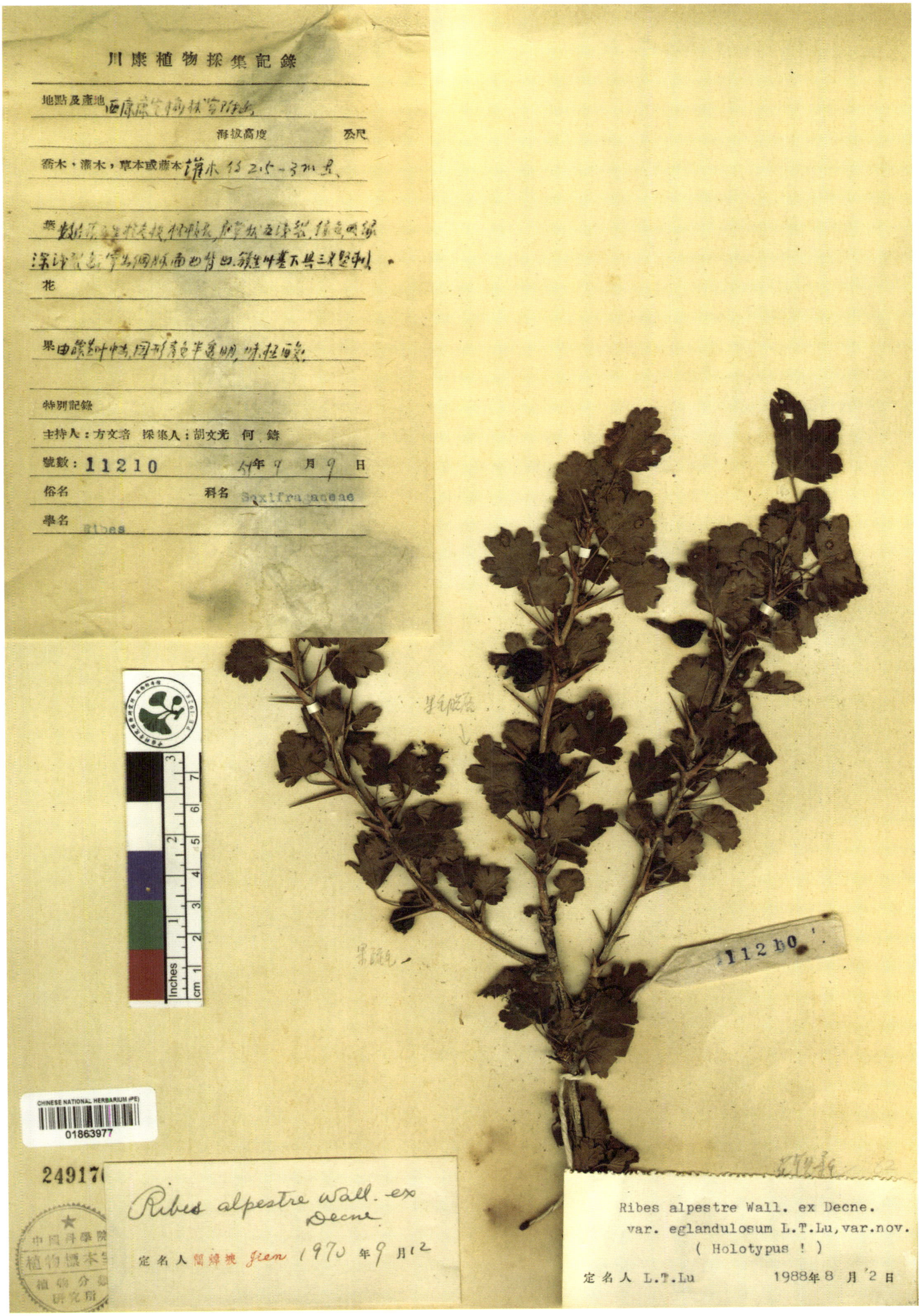

无腺茶藨子 ***Ribes alpestre*** Wall. ex Decne. var. ***eglandulosum*** L.T. Lu in Acta Phytotax. Sin. 31(5): 451. 1993. **Holotype:** China. Sichuan: Kangding, 1951-09-09, W. K. Hu & C. Ho 11210.

长毛茶藨子 ***Ribes burejense*** Fr. Schmidt var. ***villosum*** L. T. Lu in Acta Phytotax. Sin. 31(5): 452. 1993. **Holotype:** China. Jilin: Antu, Changbaishan, alt. 900 m, 1963-06-04, Anonymous 530.

睫毛茶藨子 ***Ribes davidii*** Franch. var. ***ciliatum*** L. T. Lu in Acta Phytotax. Sin. 31(5): 453. 1993. **Holotype:** China. Sichuan: Leibo，alt. 1 900 m, 1960-07-03, S. Jiang 7528.

浅裂茶藨子 ***Ribes davidii*** Franch. var. ***lobatum*** L. T. Lu in Acta Phytotax. Sin. 31(5): 454. 1993. **Holotype:** China. Sichuan: Shimian, 1955-??-??, C.C. Hsieh 40292.

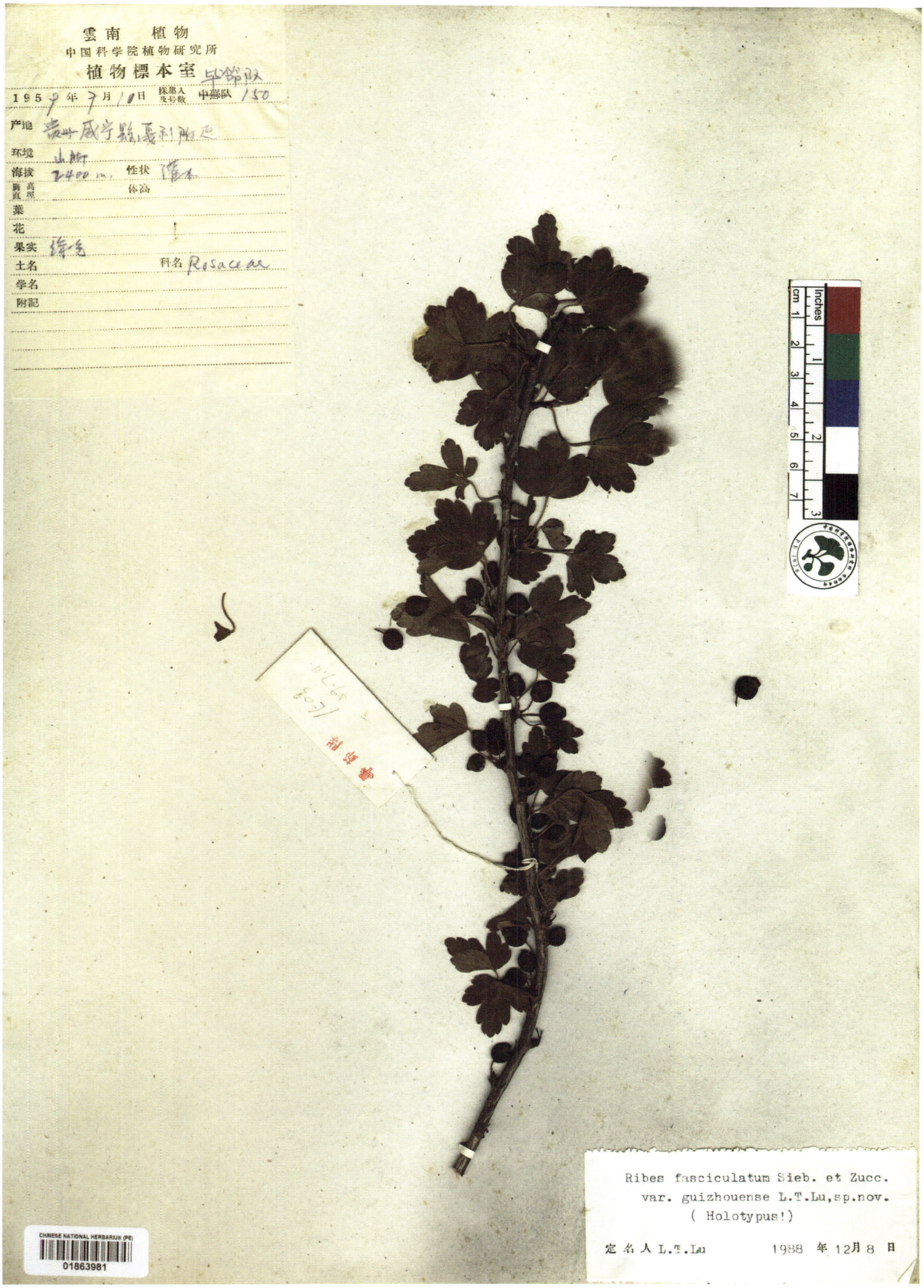

贵州茶藨子 ***Ribes fasciculatum*** Sieb. & Zucc. var. ***guizhouense*** L. T. Lu in Acta Phytotax. Sin. 31(5): 462. 1993.
Holotype: China. Guizhou: Weining, alt. 2 400 m, 1959-07-10, Bijie Exped. 150.

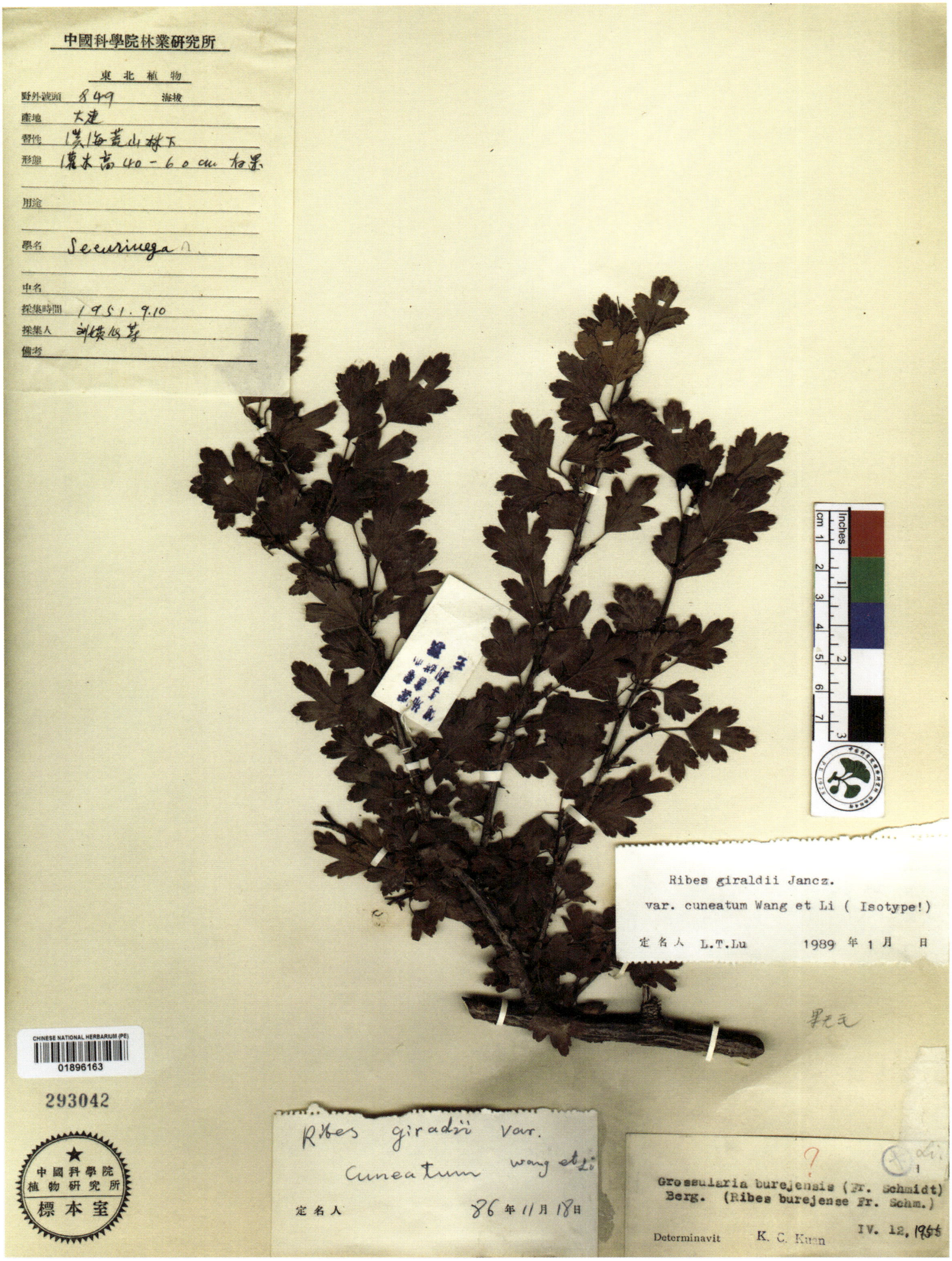

拟叶腺毛茶藨 ***Ribes giraldii*** Jancz. var. ***cuneatum*** Chan Wang & S. X. Li, Ill. Fl. Lign. Pl. N.E. China 562. 1955.
Isotype: China. Liaoning: Dalian, 1951-09-10, Y. X. Liou & al. 849.

光萼茶藨子 ***Ribes glabricalycinum*** L. T. Lu in Acta Phytotax. Sin. 31(5): 457, f. 1: 5-7 1993. **Holotype:** China. Sichuan: Luhuo, alt. 3 400 m, 1984-07-06, W. L. Chen & al. 7303.

光叶茶藨子 ***Ribes glabrifolium*** L. T. Lu in Acta Phytotax. Sin. 31(5): 460, f. 2: 5-6, 1993. **Holotype:** China. Hubei: Fang Xian, alt. 880 m, 1958-09-22, K. R. Liu 0209.

纤细茶藨子 ***Ribes gracillimum*** K. S. Hao in Repert. Spec. Nov. Regni Veg. 40: 214. 1936. **Isotype:** China. Gansu: Wudu, Lanshan, alt. 2 700 m, 1930-06-19, K. S. Hao 473.

广西茶藨子 ***Ribes guangxiense*** C. Z. Gao in Guihaia 5(1): 9, f. 1985. **Isotype:** China. Guangxi: Xing'an Xian, alt. 1 500 m, 1984-04-07, C. Z. Gao, Z. R. Liu & al. 42316.

毛萼茶藨子 ***Ribes himalense*** Royle ex Decne. var. ***pubicalycinum*** L. T. Lu & J. T. Pan in Acta Phytotax. Sin. 31(5): 452. 1993. **Holotype:** China. Xizang: Jomda, alt. 3 800 m, 1973-05-31, Qinghai-Xizang Exped. 73-44.

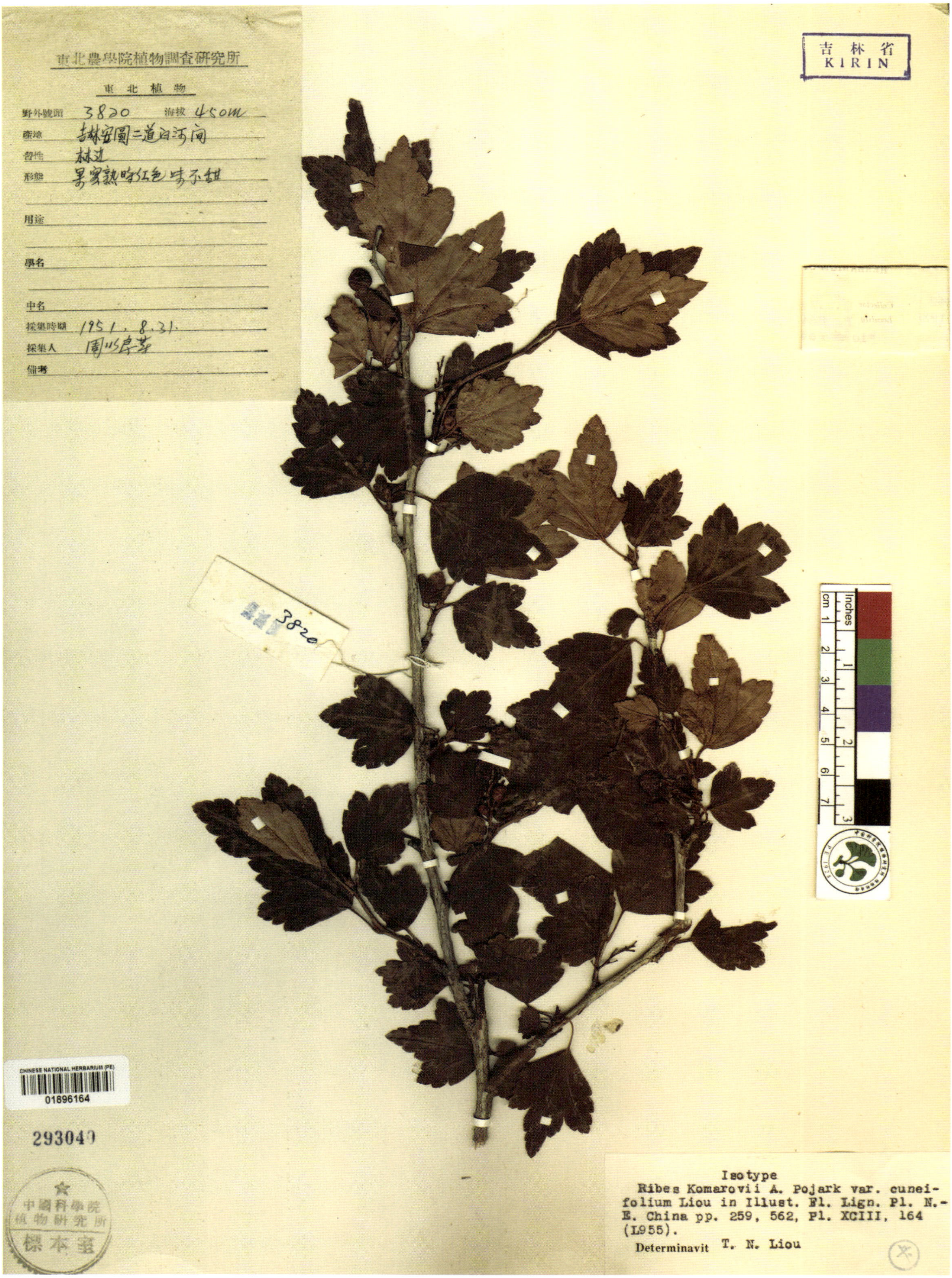

楔叶长白茶藨子 ***Ribes komarovii*** A. Pojark. var. ***cuneifolium*** Liou, Ill. Fl. Lign. Pl. N. E. China 562. 1955. **Isotype:** China. Jilin: Antu, alt. 450 m, 1951-08-31, C. L. Zhou 3820.

光果茶藨子 ***Ribes laurifolium*** Jancz. var. ***yunnanense*** L. T. Lu in Acta Phytotax. Sin. 31(5): 454. 1993. **Holotype:** China. Yunnan: Suining (= Fengqing), alt. 2 950 m, 1938-05-28, T. T. Yu 16040.

华西茶藨子 ***Ribes maximowiczii*** Batalin in Acta Hort. Petrop. 11(2): 487. 1890. **Isotype:** China. Gansu: E Gansu, Precise locality not known, 1885-07-11, G. N. Potanin s. n.

北疆茶藨子 ***Ribes meyeri*** Maxim. var. ***pubescens*** L. T. Lu in Acta Phytotax. Sin. 31(5): 453. 1993. **Holotype:** China. Xinjiang: Gongliu, alt. 1 200 m, 1954-05-03, A. J. Li & C. N. Chu 10277.

毛果茶藨子 ***Ribes moupinense*** Franch. var. ***pubicarpum*** L. T. Lu in Acta Phytotax. Sin. 31(5): 452. 1993. **Holotype:** China. Yunnan: Zhongdian (=Shangri-La), alt. 3 500 m, 1962-08-25, Zhongdian Exped. 1369.

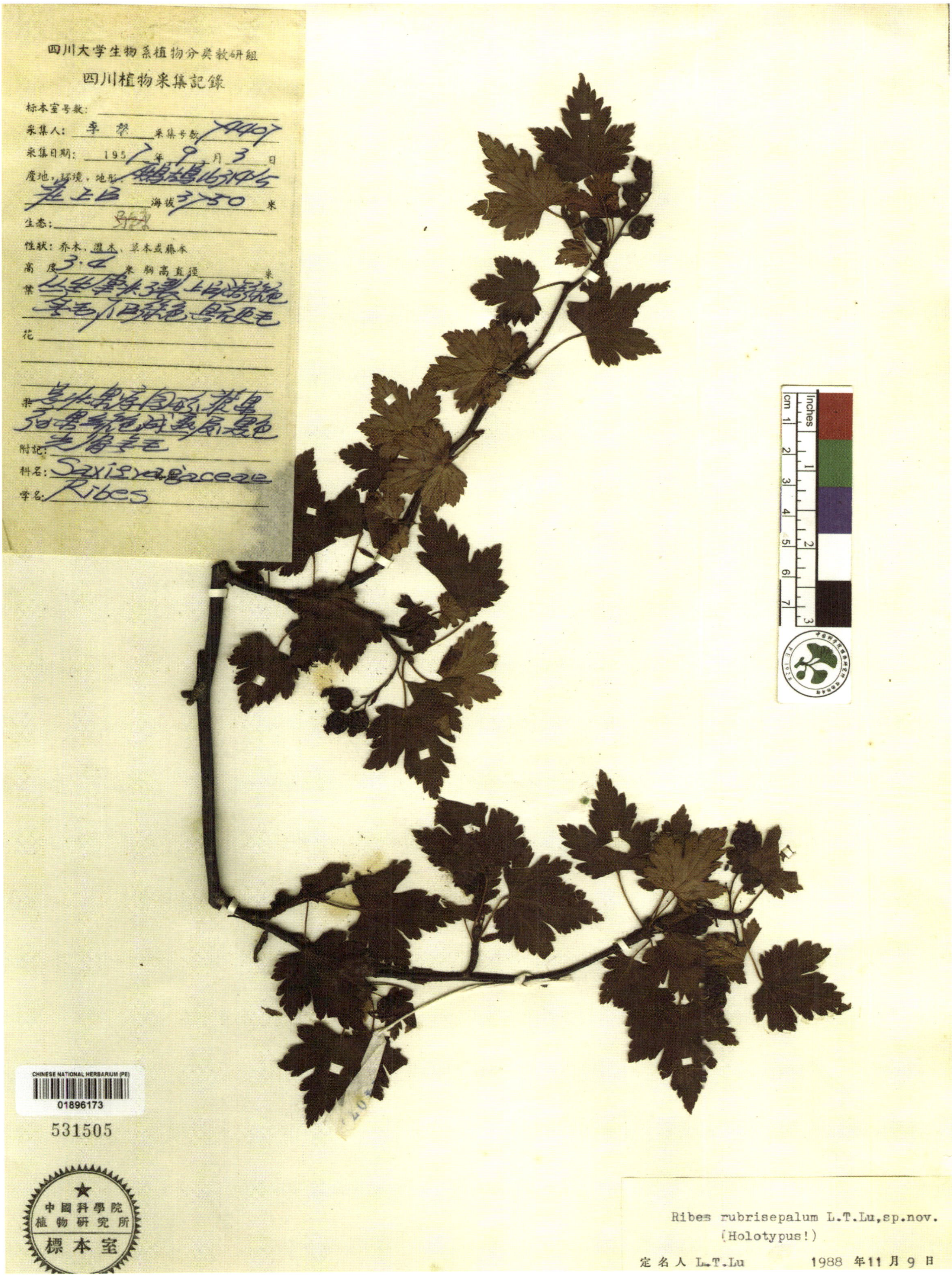

红萼茶藨子 ***Ribes rubrisepalum*** L. T. Lu in Acta Phytotax. Sin. 31(5): 458, f. 2: 1-4. 1993. **Holotype:** China. Sichuan: Zhegushan, alt. 3 750 m, 1957-09-03, H. Li 74407.

长果茶藨子 ***Ribes stenocarpum*** Maxim. in Bull. Acad. Imp. Sci. St-Petersb. 27: 475. 1881. **Lectotype** (designated here)**:** China. Gansu: Datong He, 1872-07-27, N. M. Przewal.

深裂茶藨子 ***Ribes tenue*** Jancz. var. ***incisum*** L. T. Lu in Acta Phytotax. Sin. 31(5): 458. 1993. **Holotype:** China. Sichuan: Zhegushan, alt. 3 450 m, 1957-09-01, H. Li 74317.

西藏茶藨子 ***Ribes xizangense*** L. T. Lu in Acta Phytotax. Sin. 31(5): 454, f. 1: 1-4. 1993. **Holotype:** China. Xizang: Nyalam, alt. 3 500 m, 1966-05-17, Y. T. Chang & K. Y. Lang 3499.

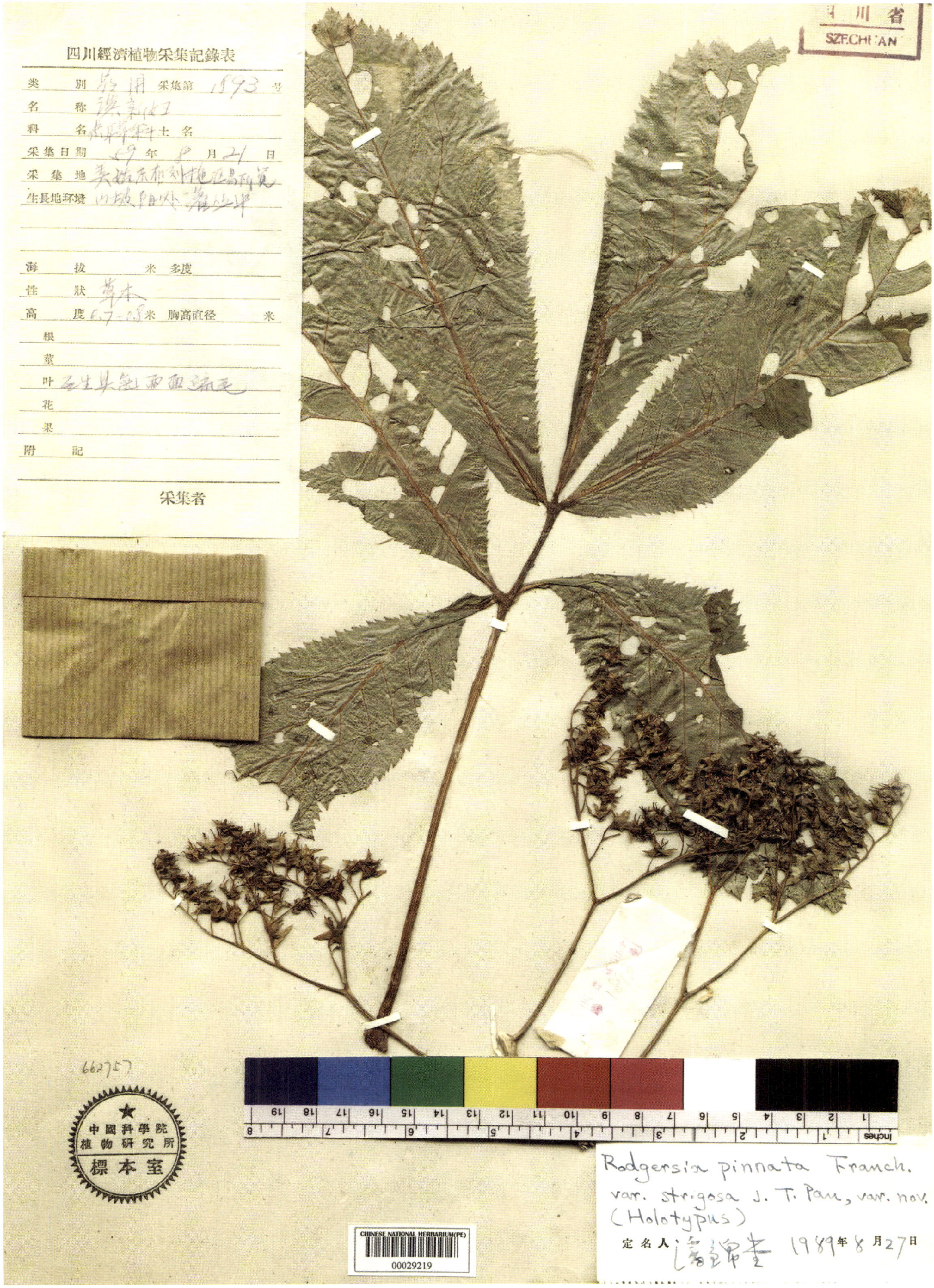

伏毛鬼灯檠 ***Rodgersia pinnata*** Franch. var. ***strigosa*** J. T. Pan in Acta Phytotax. Sin. 29(2): 189. 1991. **Holotype:** China. Sichuan: Meigu, 1959-08-21, Sichuan Econ. Pl. Exped. 1893.

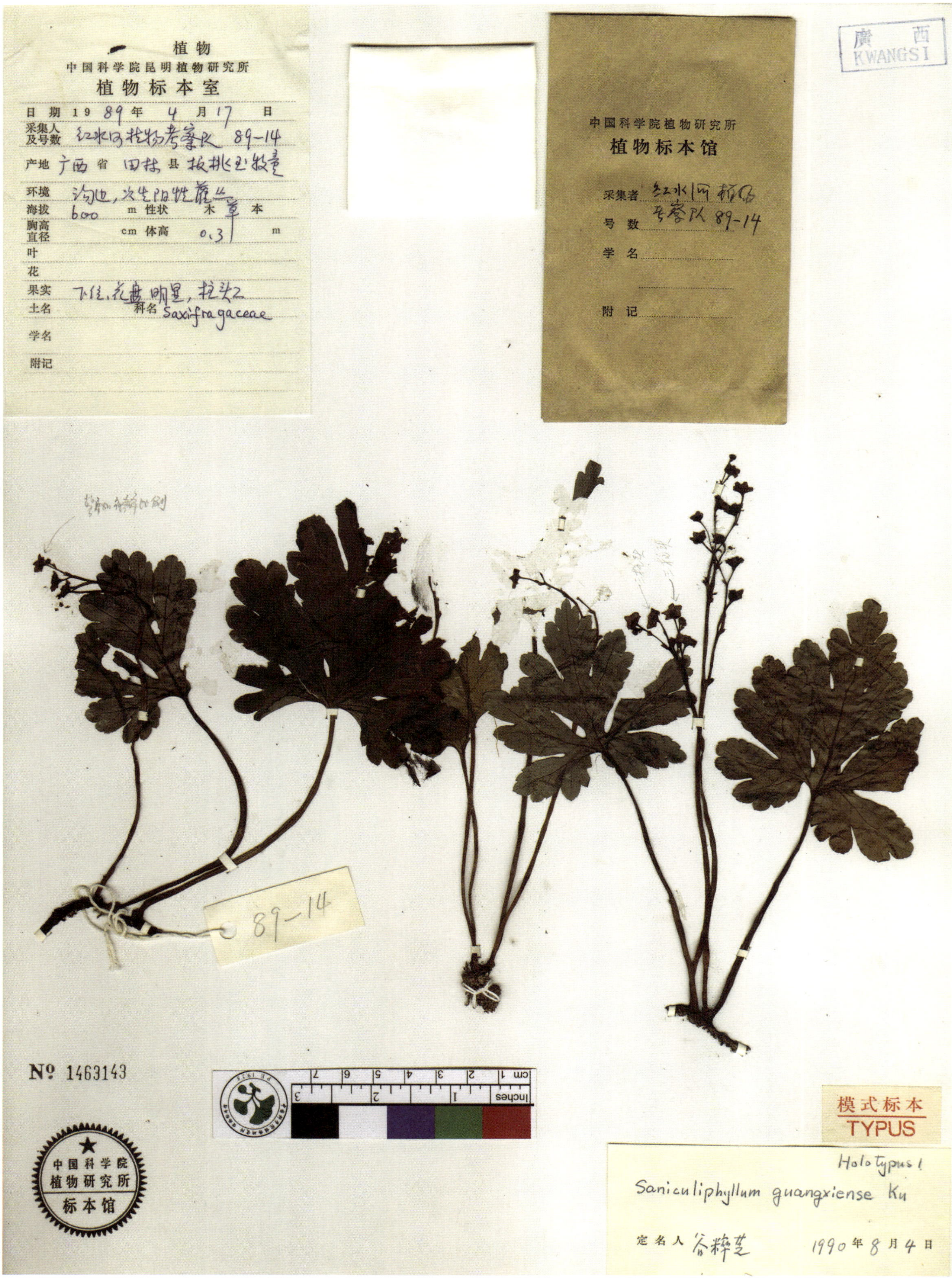

变豆叶草 ***Sanicnliphyllum guangxiensis*** C. Y. Wu & T. C. Ku in Acta Phytotax. Sin. 30(3): 194, f. 1. 1992. **Holotype:** China. Guangxi: Tianlin, alt. 600 m, 1989-04-17, Hongshui He Exped. 89-14.

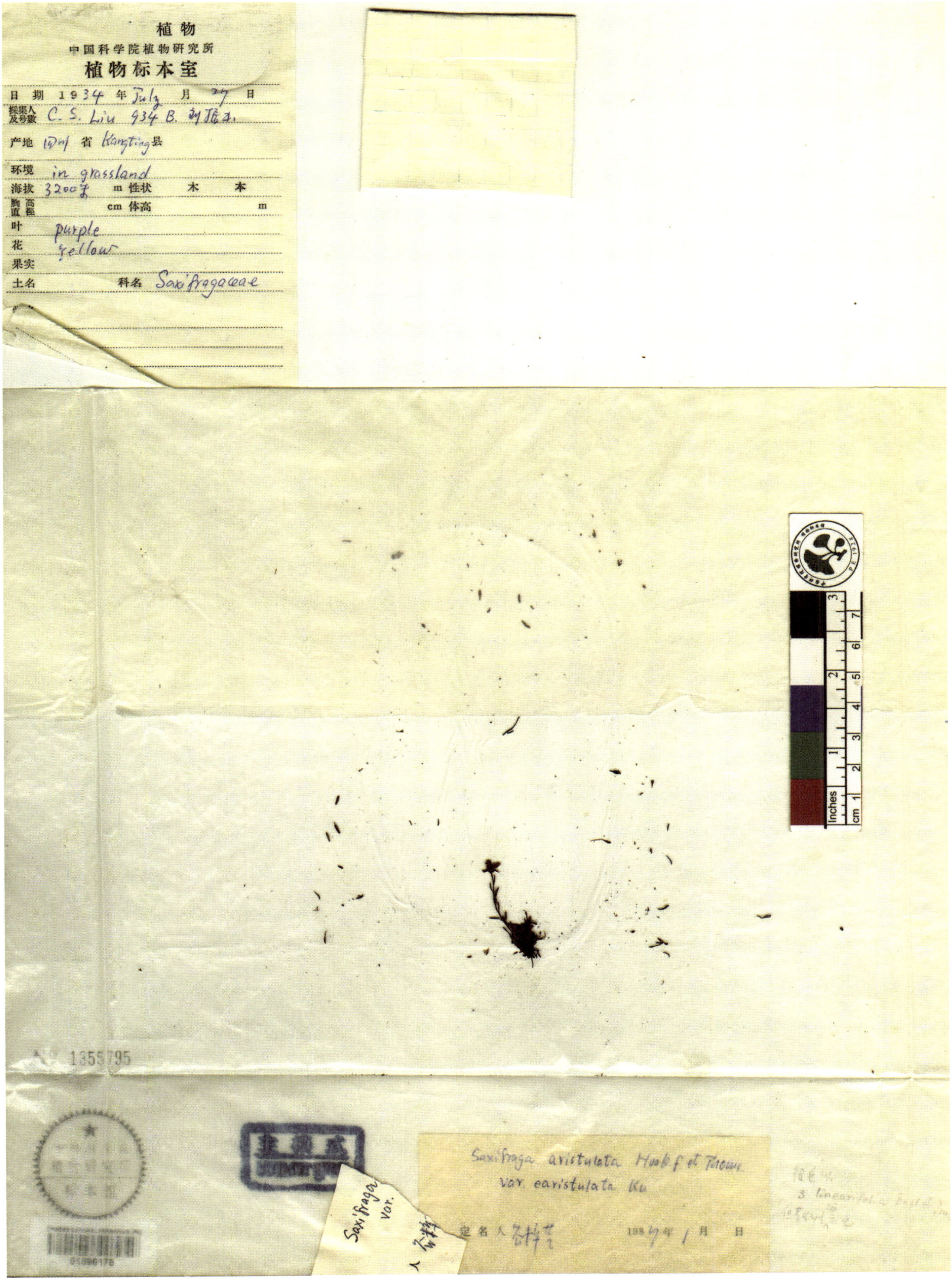

无毛小芒虎耳草 ***Saxifraga aristulata*** Hook. f. var. ***earistulata*** T. C. Ku in Bull. Bot Res., Harbin 9(4): 14. 1989.
Holotype: China. Sichuan: Kangding, alt. 3 200 m, 1934-07-27, C. S. Liu 934B.

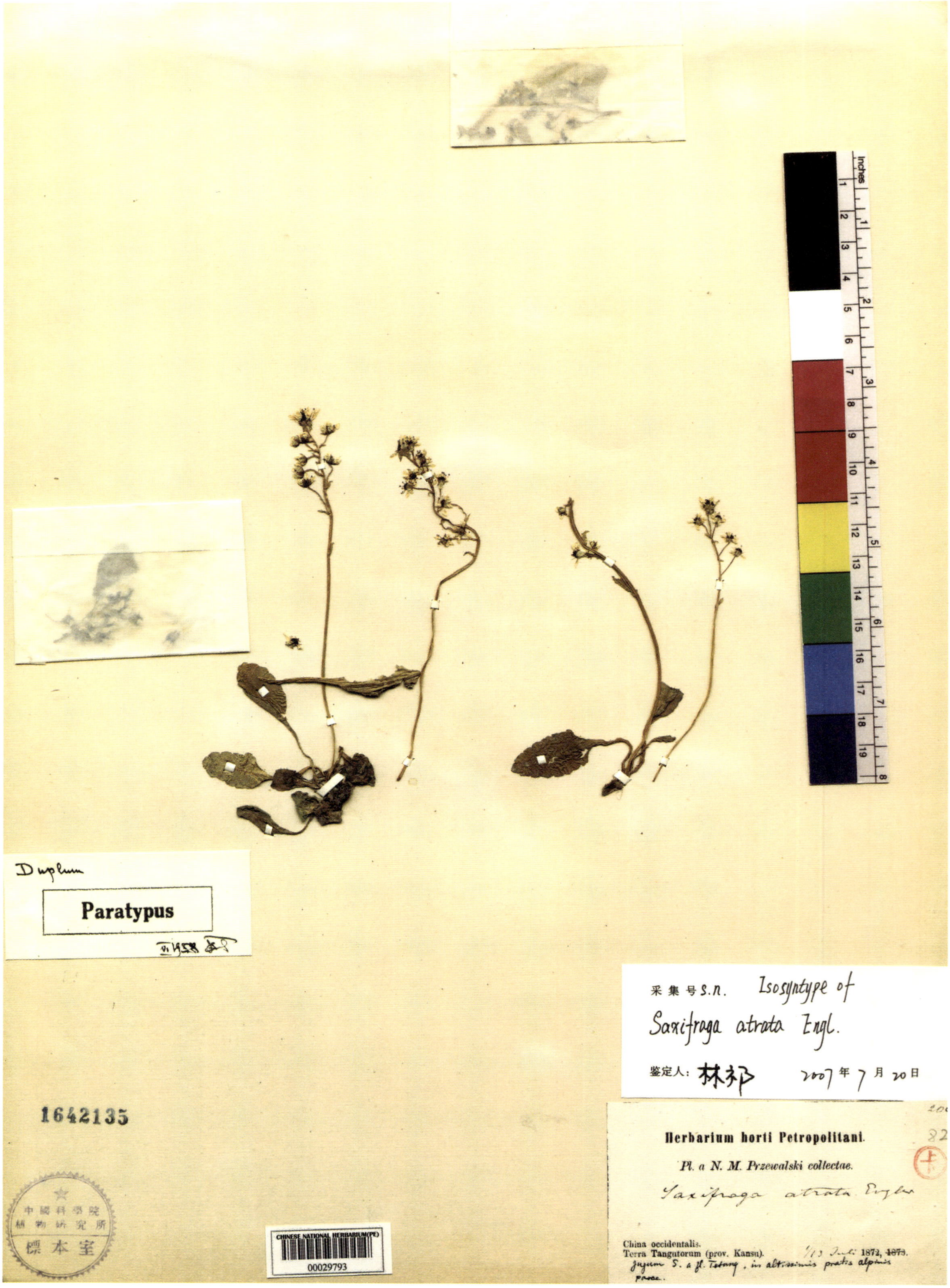

黑虎耳草 ***Saxifraga atrata*** Engl. in Bull. Acad. Imp. Sci. St-Petersb. 29(1): 117. 1883. **Lectotype** (designated here)**:** China. Qinghai: Huangyuan, 1872-07-(01~13), N. M. Przewalski 206.

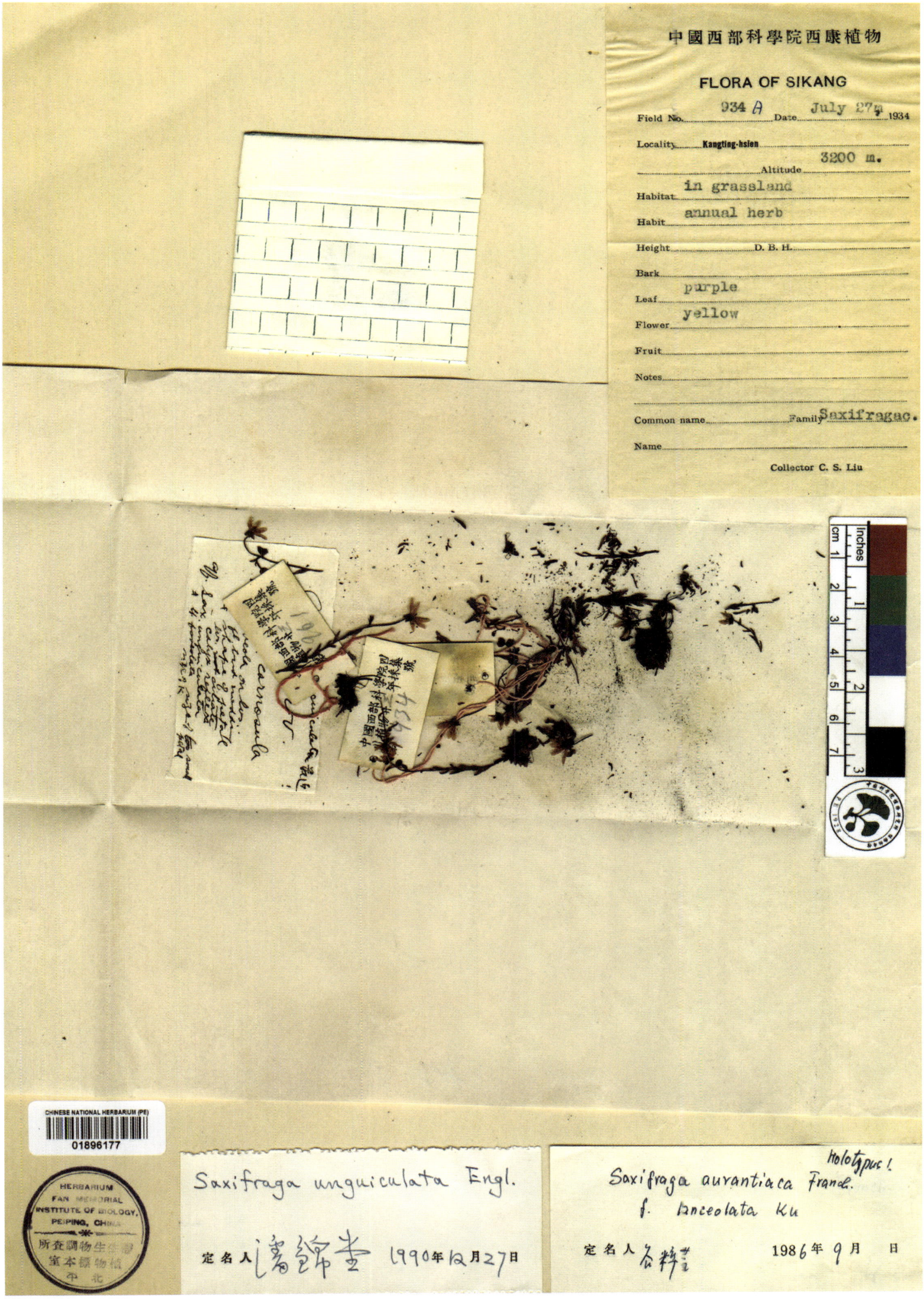

橙黄披针瓣虎耳草 ***Saxifraga aurantiaca*** Franch. f. ***lanceolata*** T. C. Ku in Bull. Bot. Res., Harbin 9(4): 18. 1989.
Holotype: China. Sichuan: Kangding, alt. 3 200 m, 1934-07-27, C. S. Liu 934 A.

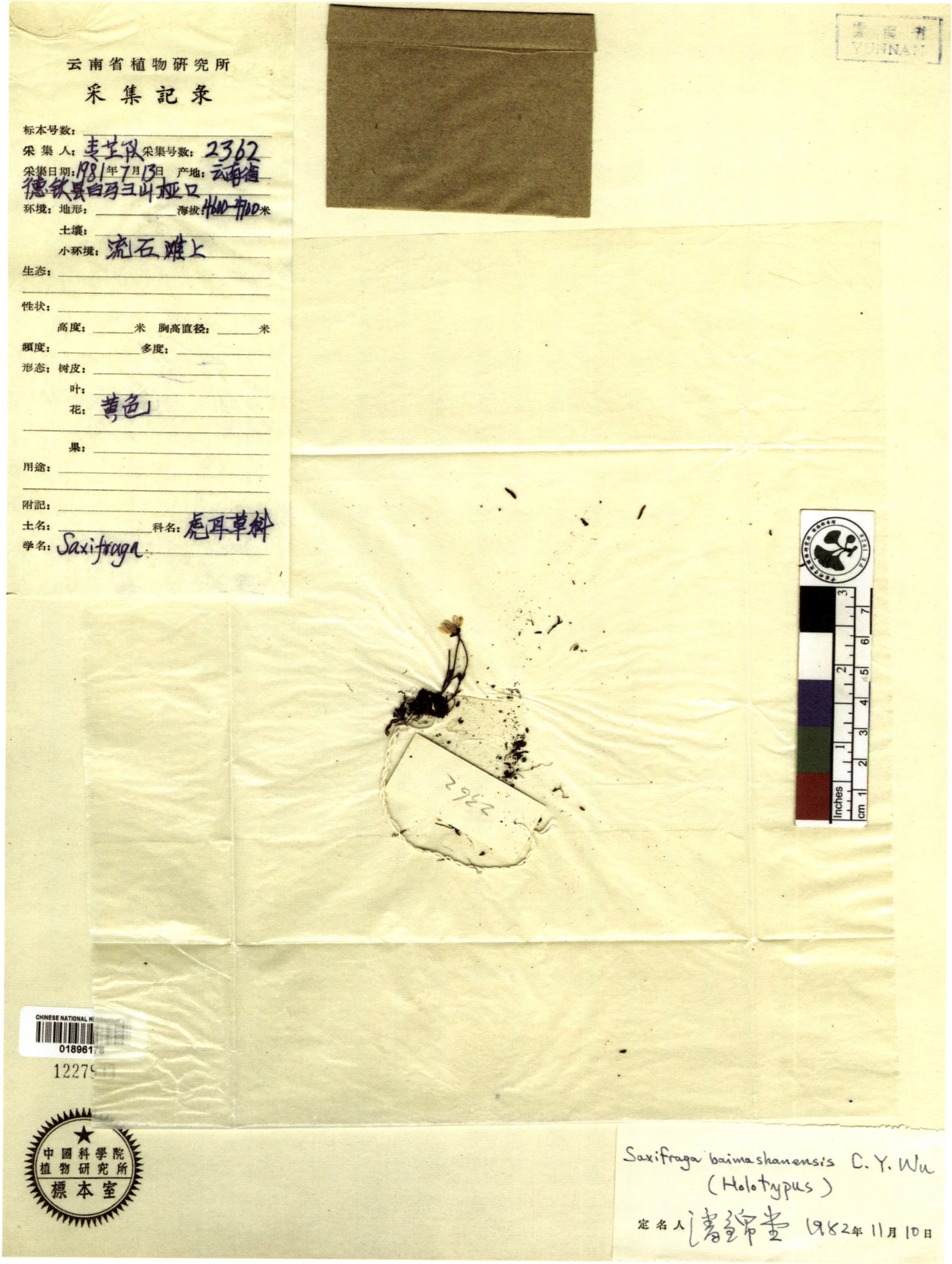

白马山虎耳草 ***Saxifraga baimashanensis*** C. Y. Wu in Acta Phytotax. Sin. 28(1): 62, f. 4: 8-13. 1990. **Holotype:** China. Yunnan: Dêqên, alt. 4 600~4 700 m, 1981-07-13, Qinghai-Xizang Exped. 2362.

巴郎山虎耳草 ***Saxifraga balongshanensis*** T. C. Ku in Bull. Bot. Res., Harbin 9(4): 7. 1989. **Holotype:** China. Sichuan: Wenchuan, alt. 4 000~4 350 m, 1982-08-18, K.Y. Lang, L. Q. Li & Y. Fei 1125.

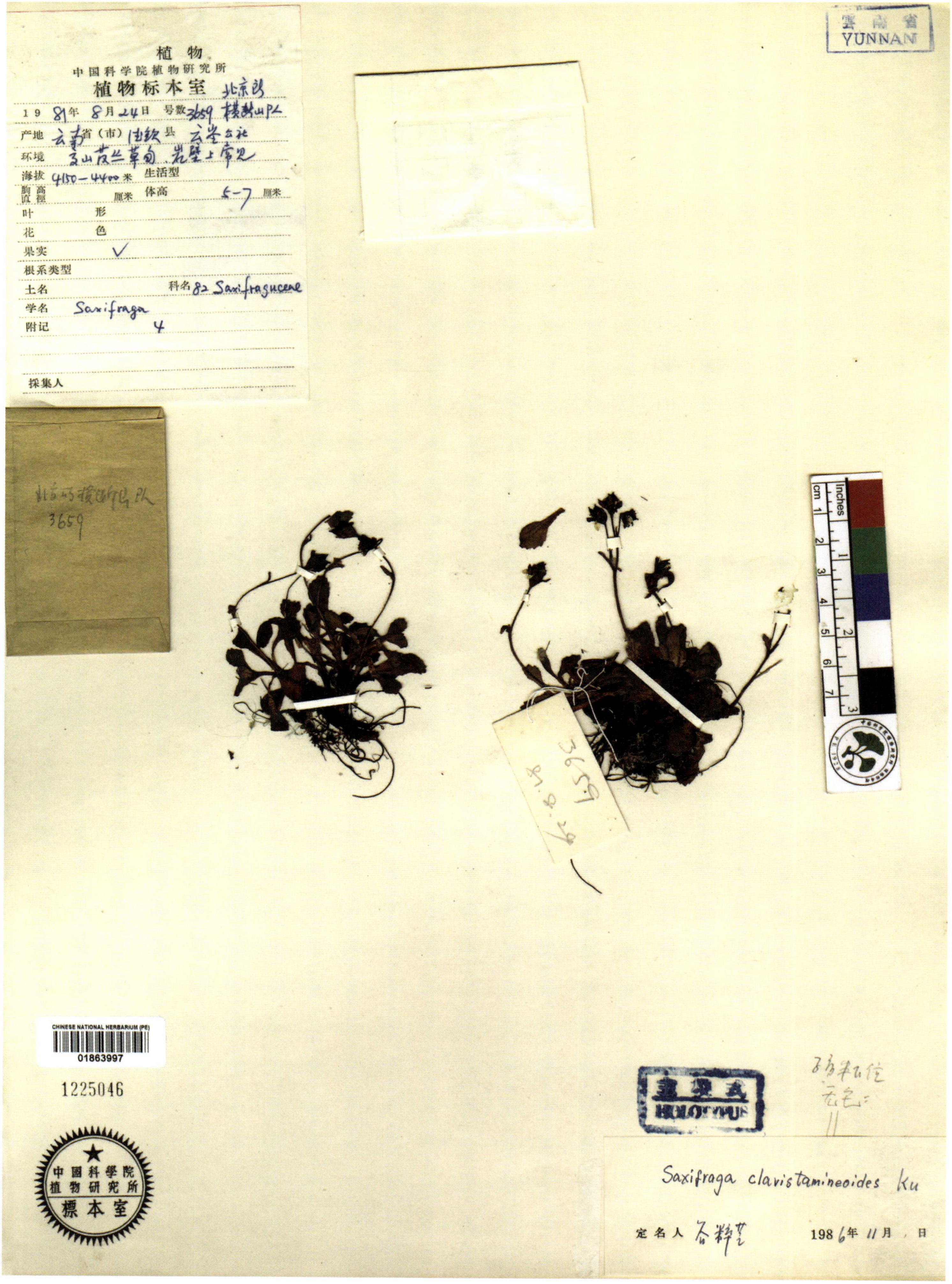

棒蕊虎耳草 ***Saxifraga clavistamineoides*** T. C. Ku in Bull. Bot. Res., Harbin 9(4): 19. 1989. **Holotype:** China. Yunnan: Dêqên, alt. 4 150~4 400 m, 1981-08-24, Hengduanshan Exped. 3659.

假聚伞虎耳草 ***Saxifraga cymiformis*** T. C. Ku in Bull. Bot. Res., Harbin 9(4): 4. 1989. **Holotype:** China. Sichuan: Muli, alt. 3 900 m, 1983-09-12, Qinghai-Xizang Exped. 14739.

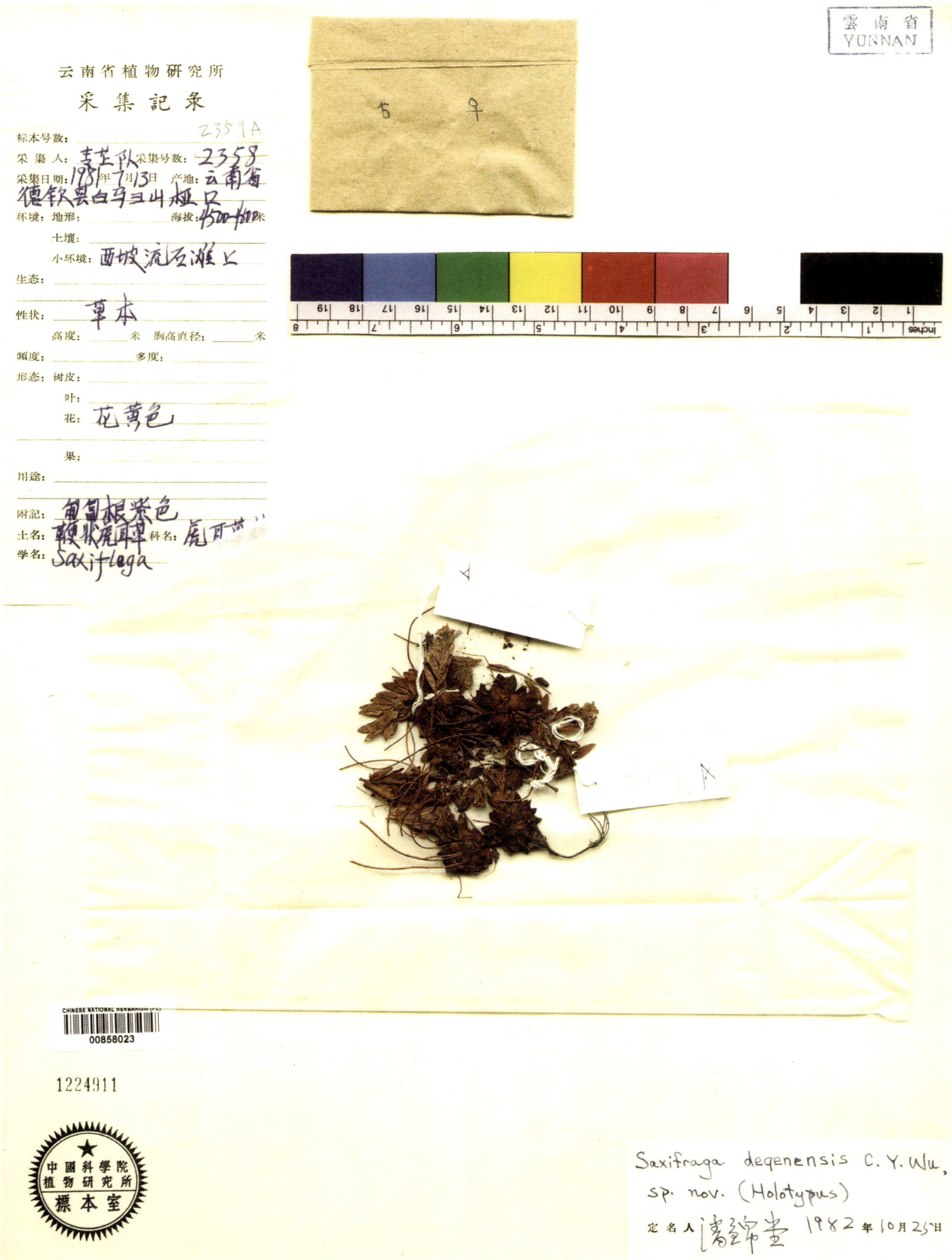

德钦虎耳草 ***Saxifraga deqenensis*** C. Y. Wu in Acta Phytotax. Sin. 28(1): 66, f. 5: 9-18. 1990. **Holotype:** China. Yunnan: Dêqên, alt. 4 500~4 600 m, 1981-07-13, Qinghai-Xizang Exped. 2359A.

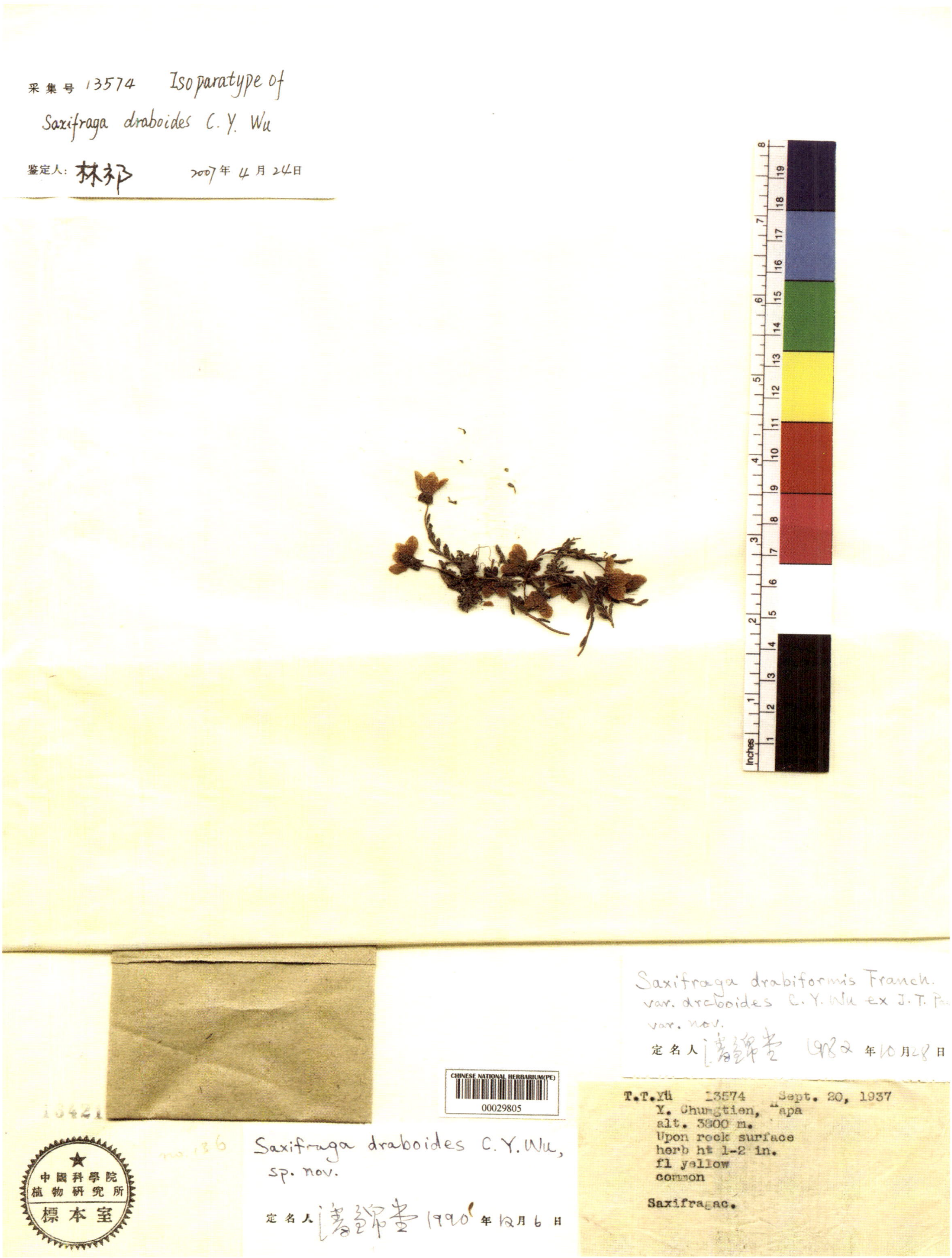

中甸虎耳草 ***Saxifraga draboides*** C. Y. Wu in Acta Phytotax. Sin. 28(1): 64, f. 5: 1-8. 1990. **Isoparatype:** China. Yunnan: Zhongdian (=Shangri-La), alt. 3 800 m, 1937-09-20, T. T. Yu 13574.

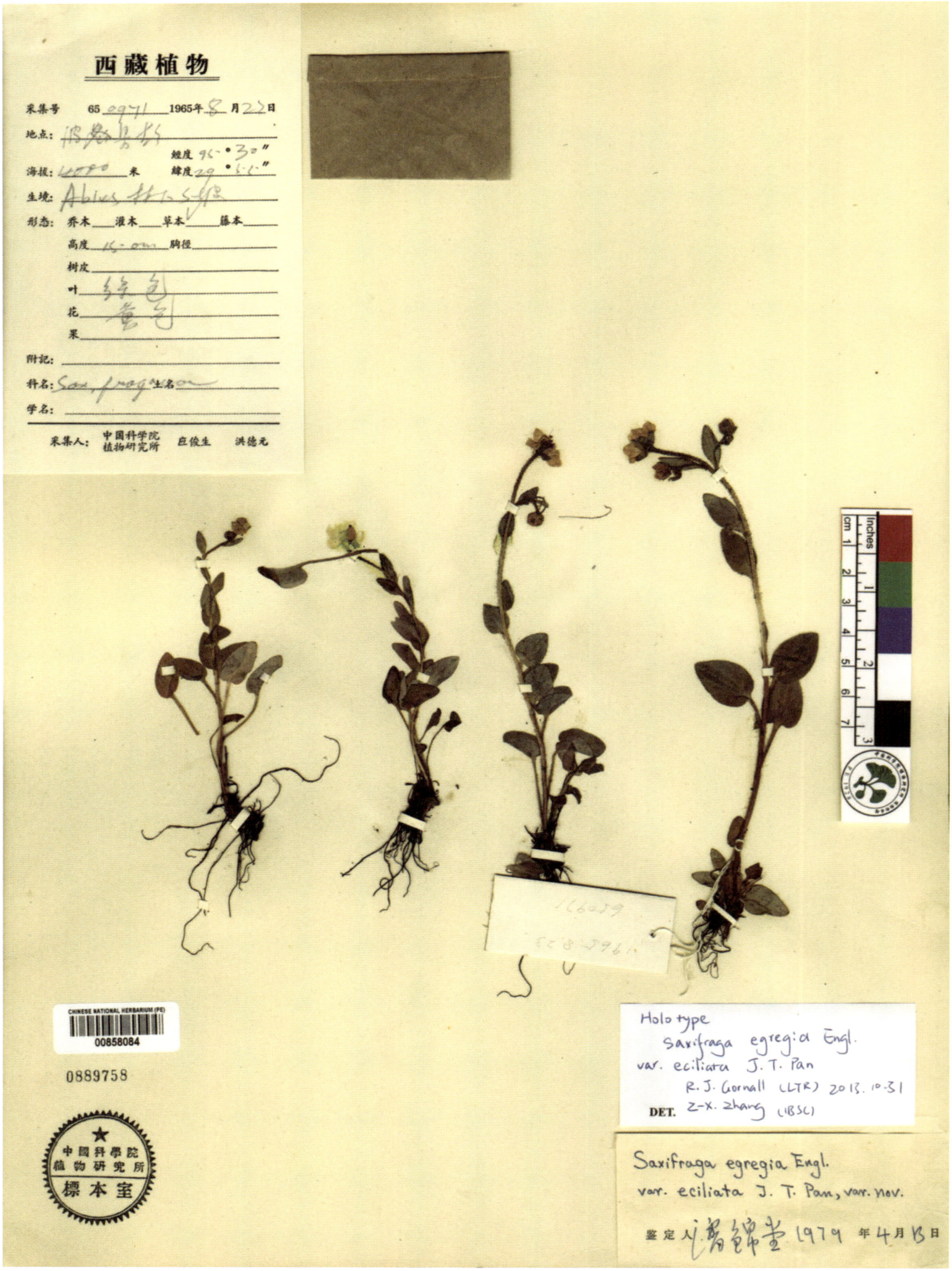

无睫毛虎耳草 ***Saxifraga egregia*** Engl. var. ***eciliata*** J. T. Pan, Fl. Xizang. 2: 476. 1985. **Holotype:** China. Xizang: Bomi, alt. 4 000 m, 1965-08-22, T. S. Ying & D. Y. Hong 65-0971.

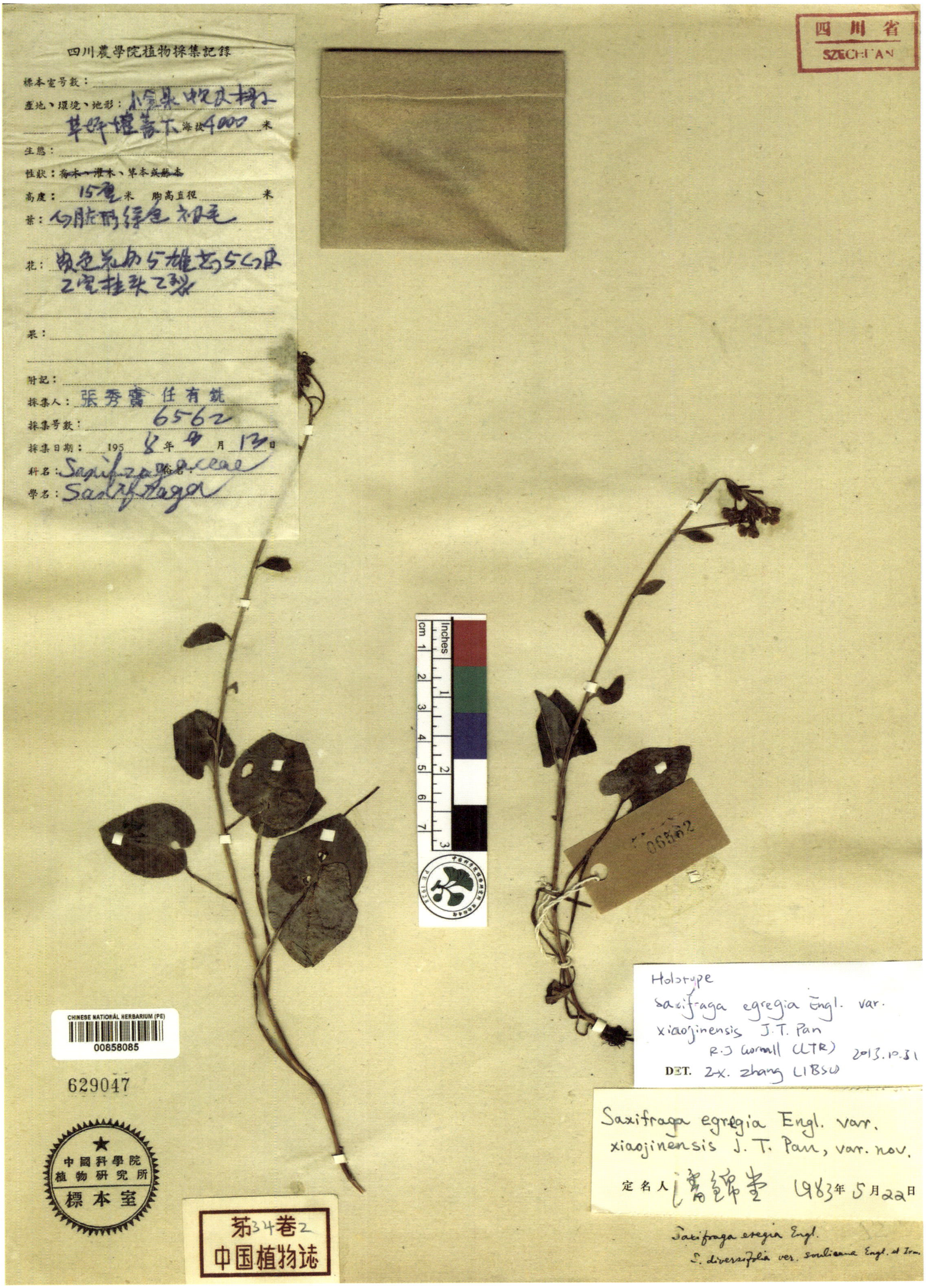

小金虎耳草 ***Saxifraga egregia*** Engl. var. ***xiaojinensis*** J. T. Pan in Acta Phytotax. Sin. 29(1): 11. 1991. **Holotype:** China. Sichuan: Xiaojin, alt. 4 000 m, 1958-08-13, S. S. Chang & Y. X. Ren 6562.

贡嘎山虎耳草 ***Saxifraga gonggashanensis*** J. T. Pan in Acta Phytotax. Sin. 28(1): 66, f. 5: 19-26. 1990. **Holotype:** China. Sichuan: Daocheng, Gongga Shan, alt. 4 600 m, 1981-08-29, Qinghai-Xizang Exped. 5577.

贡山虎耳草 ***Saxifraga gongshanensis*** T. C. Ku in Bull. Bot. Res., Harbin 9(4): 9. 1989. **Holotype:** China. Yunnan: Gongshan, alt. 3 700~4 000 m, 1947-09-15, K.M. Feng 7723.

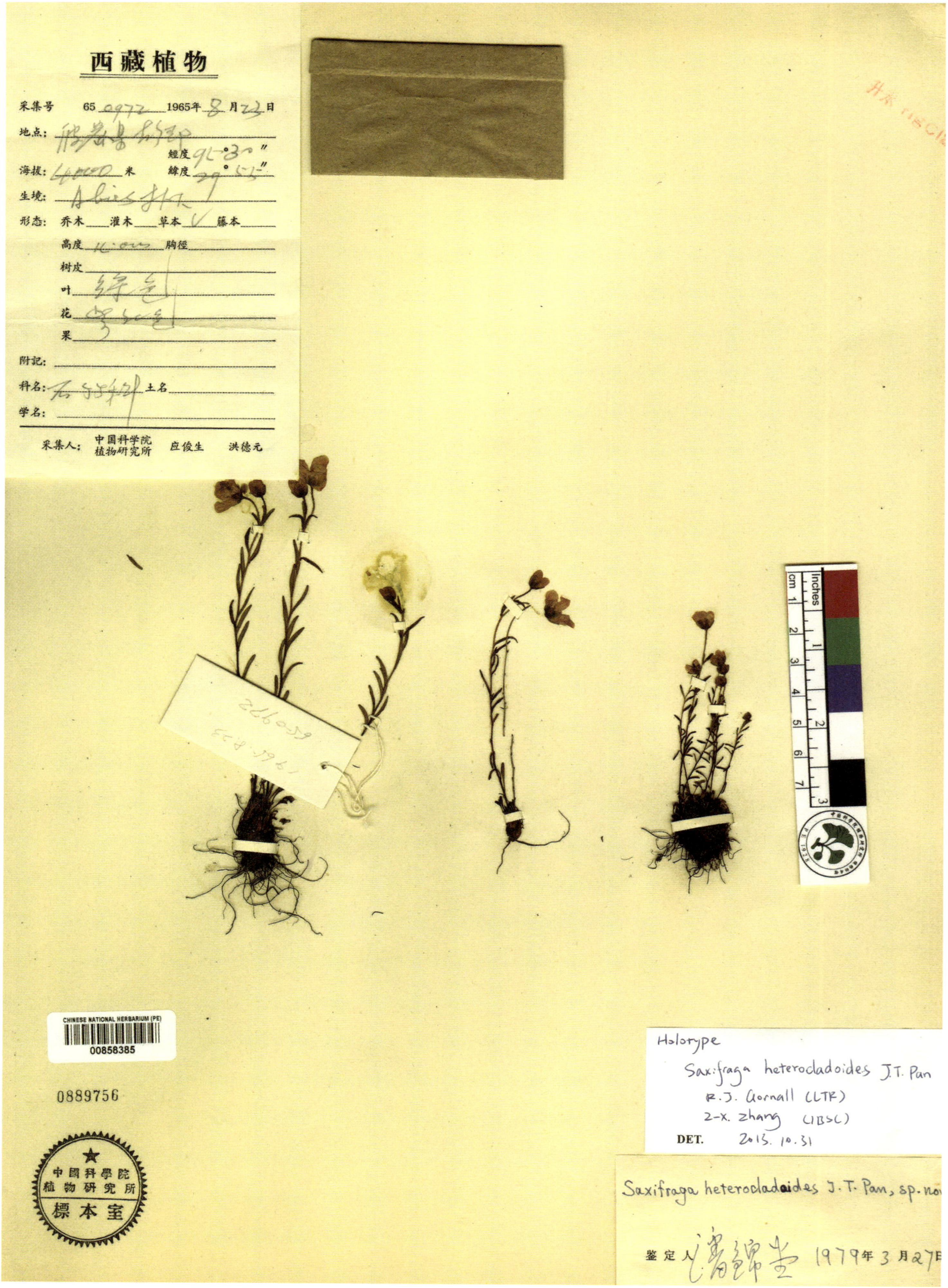

近异枝虎耳草 ***Saxifraga heterocladoides*** J. T. Pan, Fl. Xizang. 2: 474, f. 157: 1-8. 1985. **Holotype:** China. Xizang: Bomi, alt. 4 000 m, 1965-08-23, T. S. Ying & D. Y. Hong 65-0972.

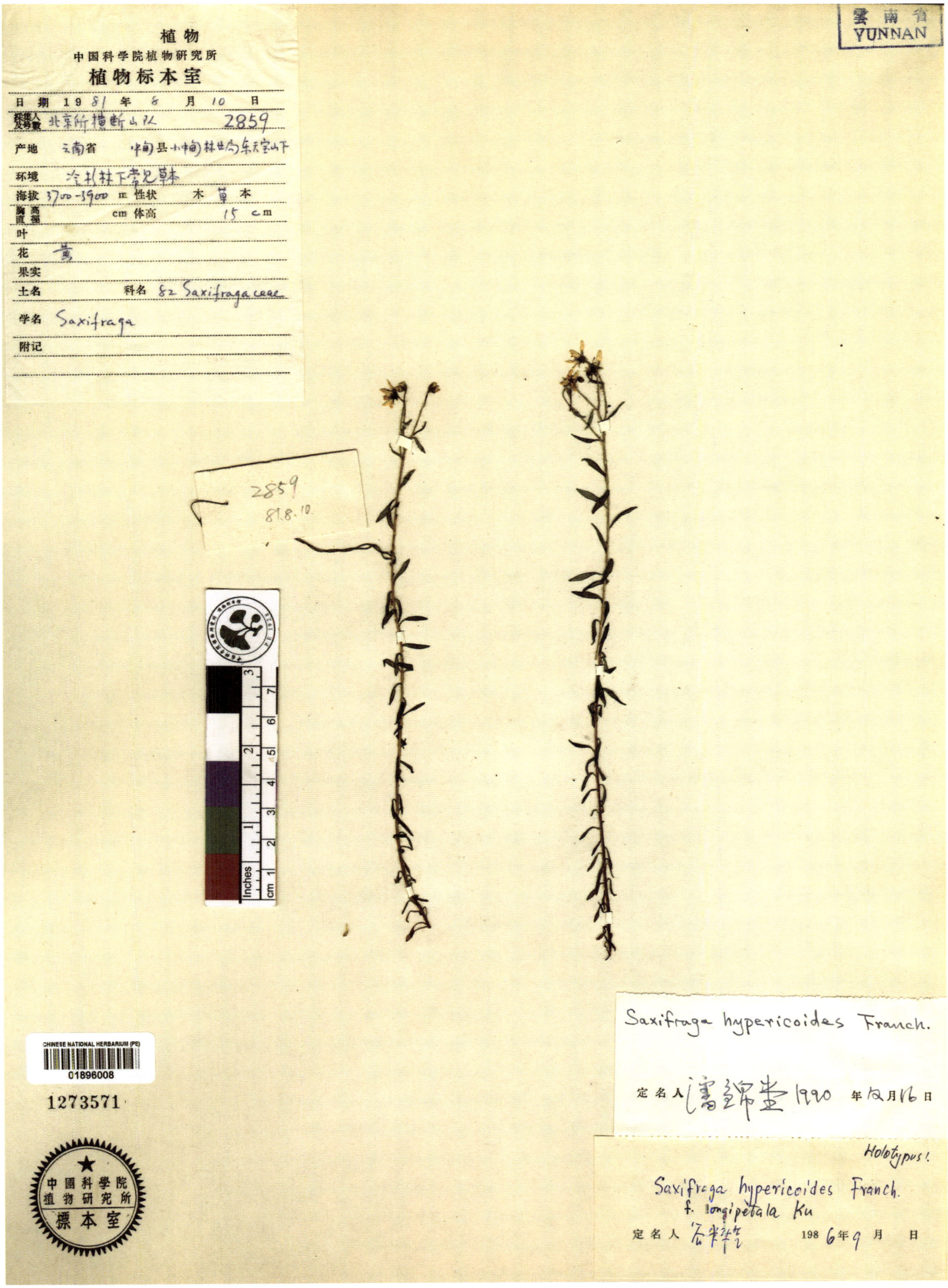

长瓣多花虎耳草 ***Saxifraga hypericoides*** Franch. f. ***longipetala*** T. C. Ku in Bull. Bot. Res., Harbin 9(4): 2. 1989.
Holotype: China. Yunnan: Zhongdian (=Shangri-La), alt. 3 700~3 900 m, 1981-08-10, Hengduanshan Exped. 2859.

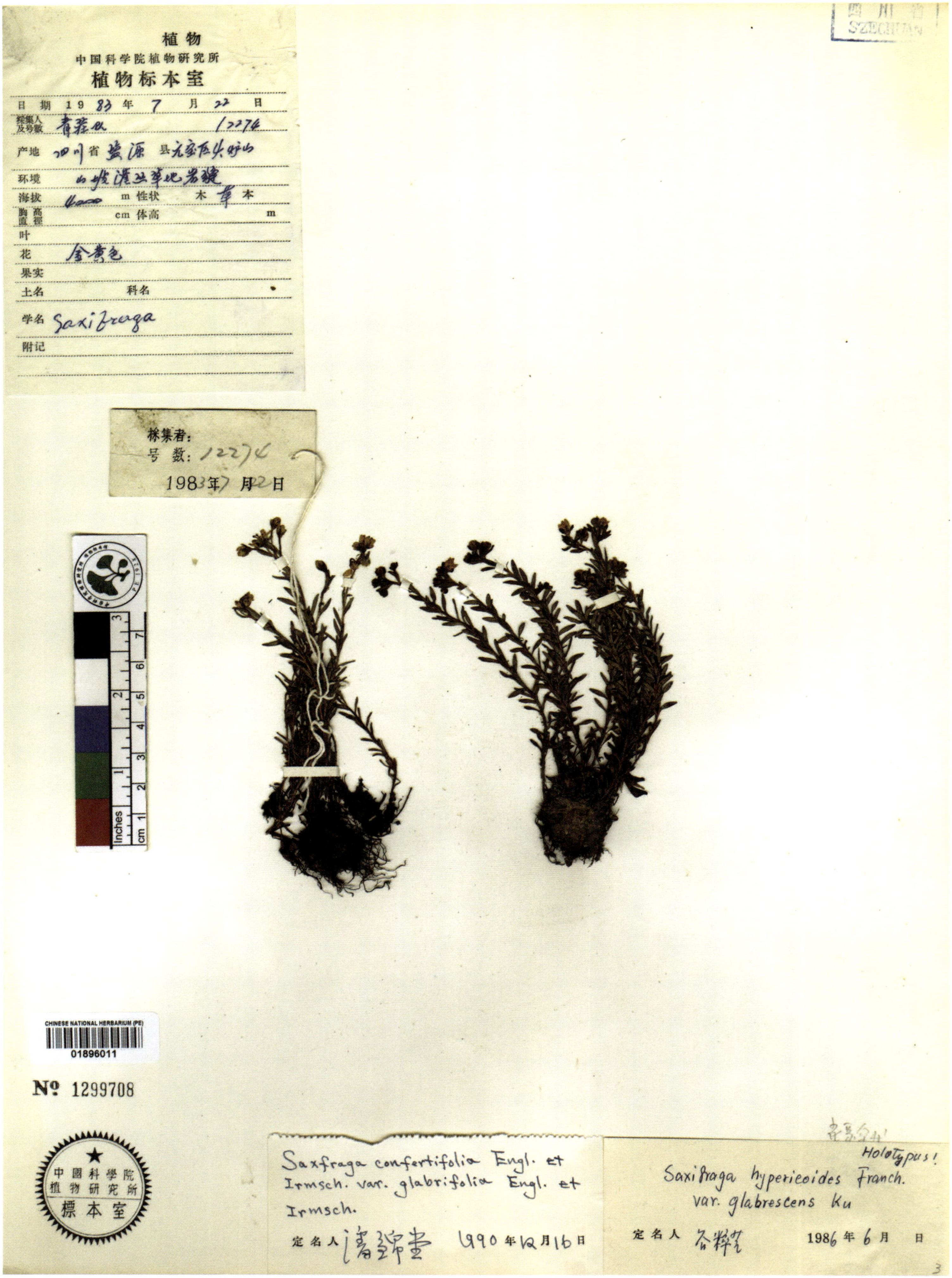

无毛多花虎耳草 ***Saxifraga hypericoides*** Franch. var. ***glabrescens*** T. C. Ku in Bull. Bot. Res., Harbin 9(4): 3. 1989.
Holotype: China. Sichuan: Yanyuan, alt. 4 000 m, 1983-07-22, Qinghai-Xizang Exped. 12274.

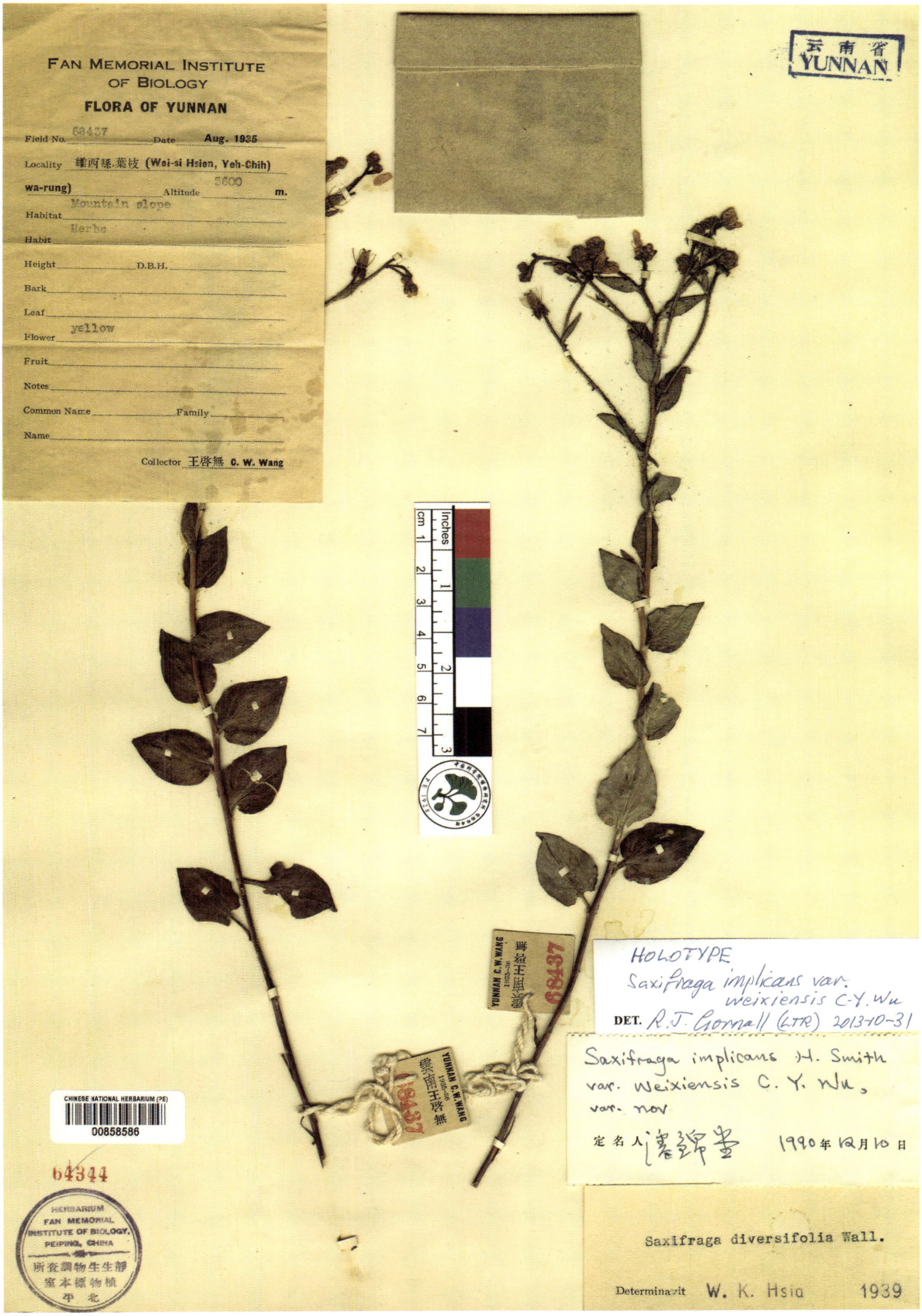

维西虎耳草 ***Saxifraga implicans*** H. Smith var. ***weixiensis*** C. Y. Wu in Acta Phytotax. Sin. 28(1): 57, f. 1: 17-22. 1990.

Holotype: China. Yunnan: Weixi, alt. 3 600 m, 1935-08-??, C. W. Wang 68437.

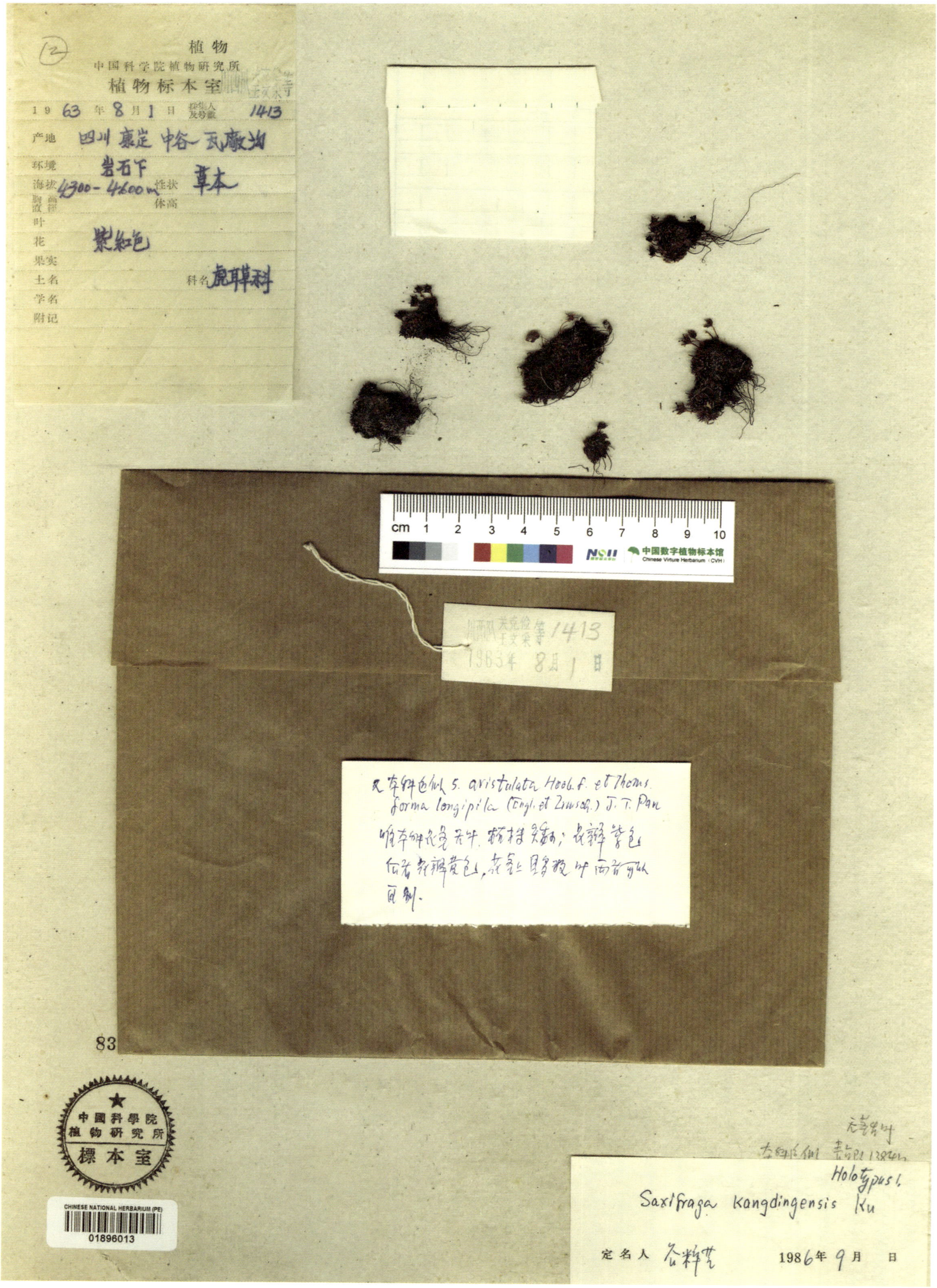

康定虎耳草 ***Saxifraga kangdingensis*** T. C. Ku in Bull. Bot. Res., Harbin 9(4): 9. 1989. **Holotype:** China. Sichuan: Kangding, alt. 4 300~4 600 m, 1963-08-01, K.C. Kuan, W. T. Wang & al. 1413.

甘肃虎耳草 ***Saxifraga kansuensis*** Mattf. in Notizbl. Bot. Gart. Berlin-Dahlem 10: 887. 1930. **Lectotype** (designated here): China. Gansu: Minshan, alt. 3 508 m, 1925-06-??, J. F. Rock 12525.

宽瓣虎耳草 ***Saxifraga latipetala*** T. C. Ku in Bull. Bot. Res., Harbin 9(4): 6, f. 1. 1989. **Holotype:** China. Yunnan: Dêqên, alt. 3 800~4 000 m, 1940-08-13, K. M. Feng 6575.

长瓣虎耳草 ***Saxifraga longipetala*** T. C. Ku in Bull. Bot. Res., Harbin 9(4): 10, f. 2. 1989. **Holotype:** China. Sichuan: Kangding, alt. 4 000 m, 1963-07-29, K. C. Kuan, W. T. Wang & al. 1066.

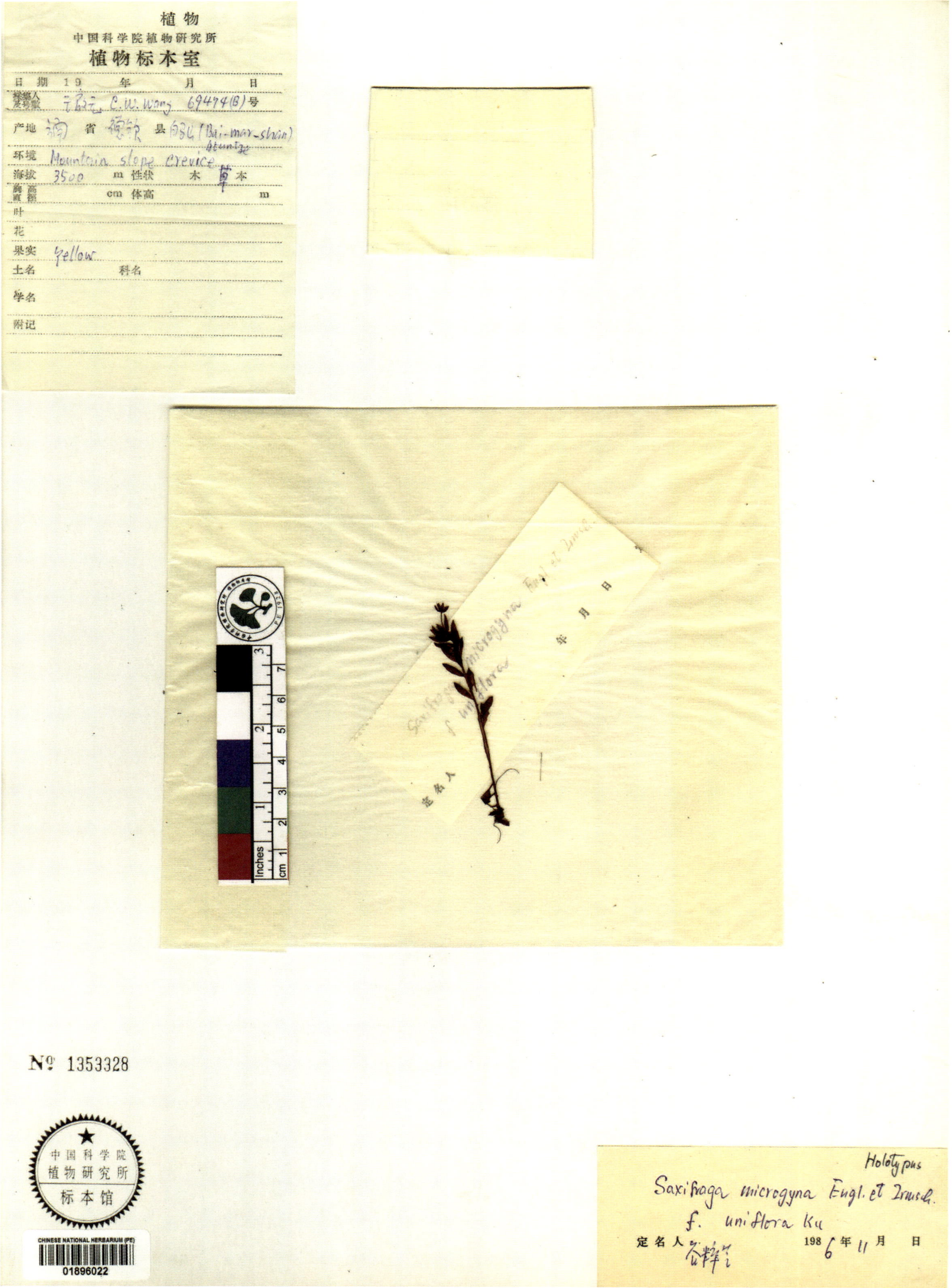

单花小果虎耳草 ***Saxifraga microgyna*** Engl. f. ***uniflora*** T. C. Ku in Bull. Bot. Res., Harbin 9(4): 19. 1989. **Holotype:** China. Yunnan: Dêqên, alt. 3 500 m, 1935-09-??, C. W. Wang 69474 B.

密叶山地虎耳草 ***Saxifraga montana*** H. Smith f. ***densifolia*** T. C. Ku in Bull. Bot. Res., Harbin 9(4): 13. 1989. **Holotype:** China. Sichuan: Muli, alt. 3 400 m, 1937-09-12, T. T. Yu 14252.

窄瓣山地虎耳草 ***Saxifraga montana*** H. Smith f. ***oblongipetala*** T. C. Ku in Bull. Bot. Res., Harbin 9(4): 13. 1989.
Holotype: China. Yunnan: Dêqên, alt. 4 130 m, 1937-08-04, T. T. Yu 9358.

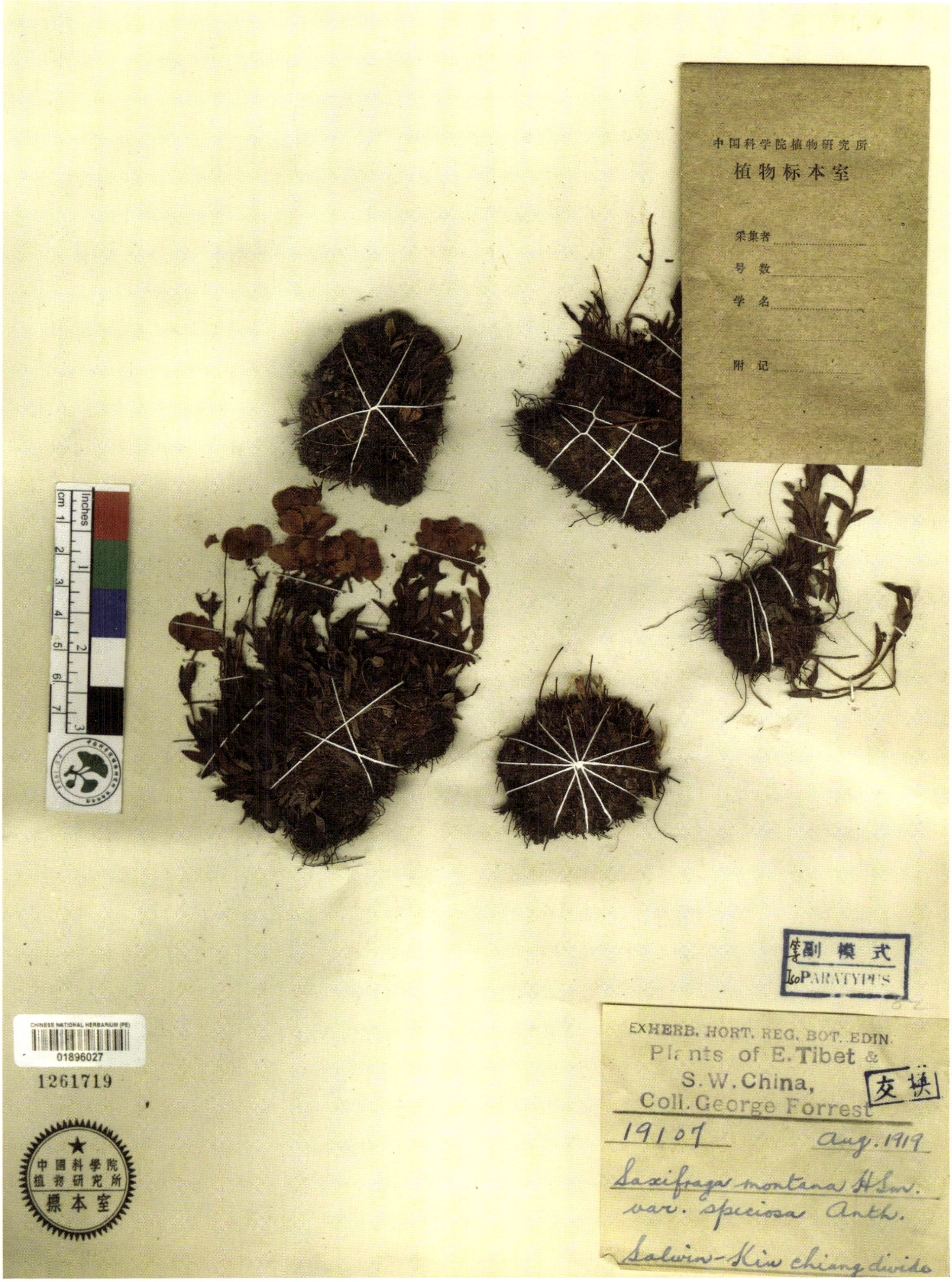

美丽虎耳草 ***Saxifraga montana*** H. Smith var. ***speciosa*** J. Anthony in Notes Roy. Bot. Gard. Edinburgh 18(86): 26. 1933. **Isoparatype:** China. Yunnan: Gongshan, 1919-08-??, G. Forrest 19107.

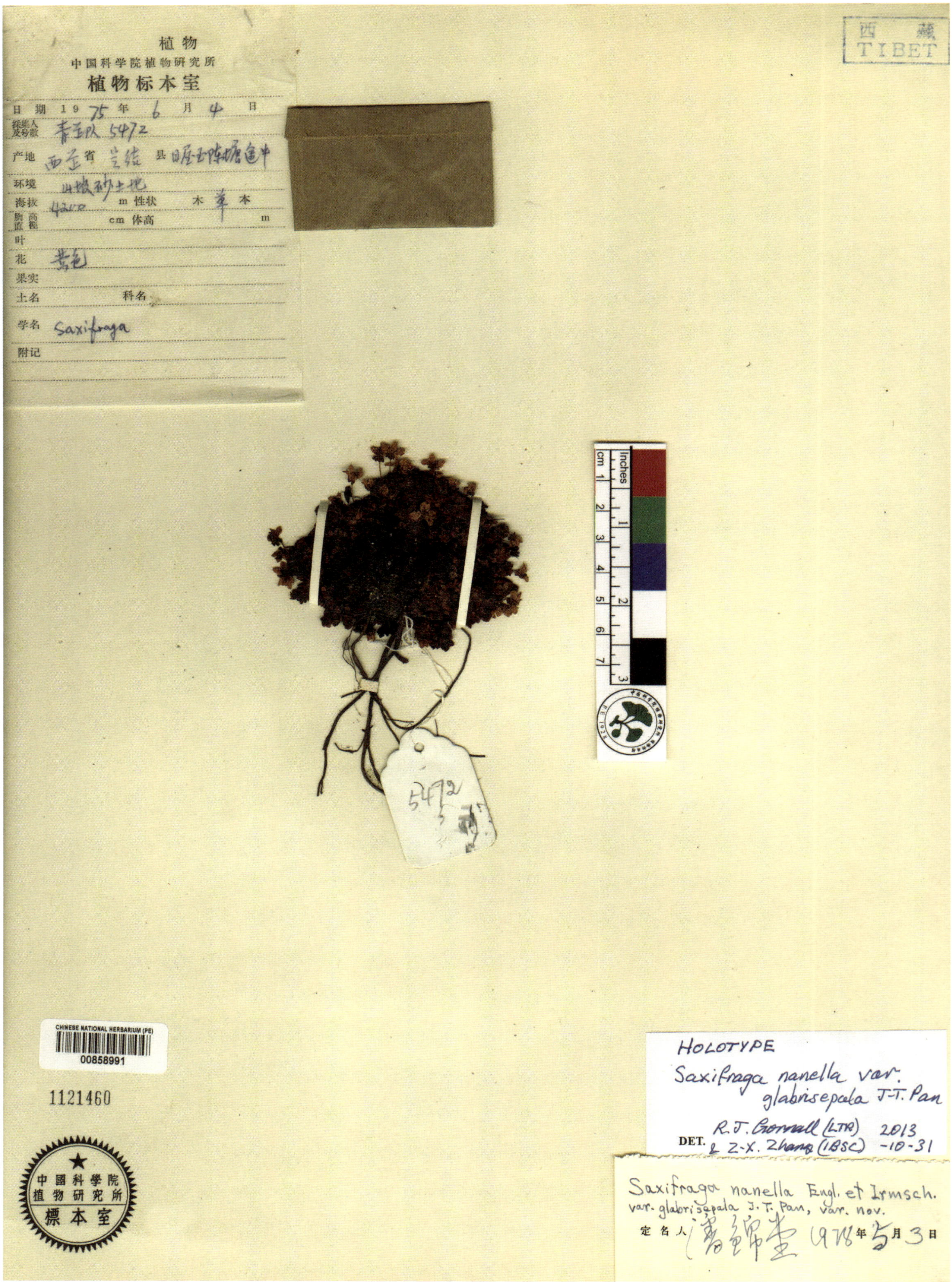

秃萼虎耳草 ***Saxifraga nanella*** Engl. & Irmsh. var. ***glabrisepala*** J. T. Pan, Fl. Xizang. 2: 503. 1985. **Holotype:** China. Xizang: Dinggyê, alt. 4 200 m, 1975-06-04, Qinghai-Xizang Exped. 5472.

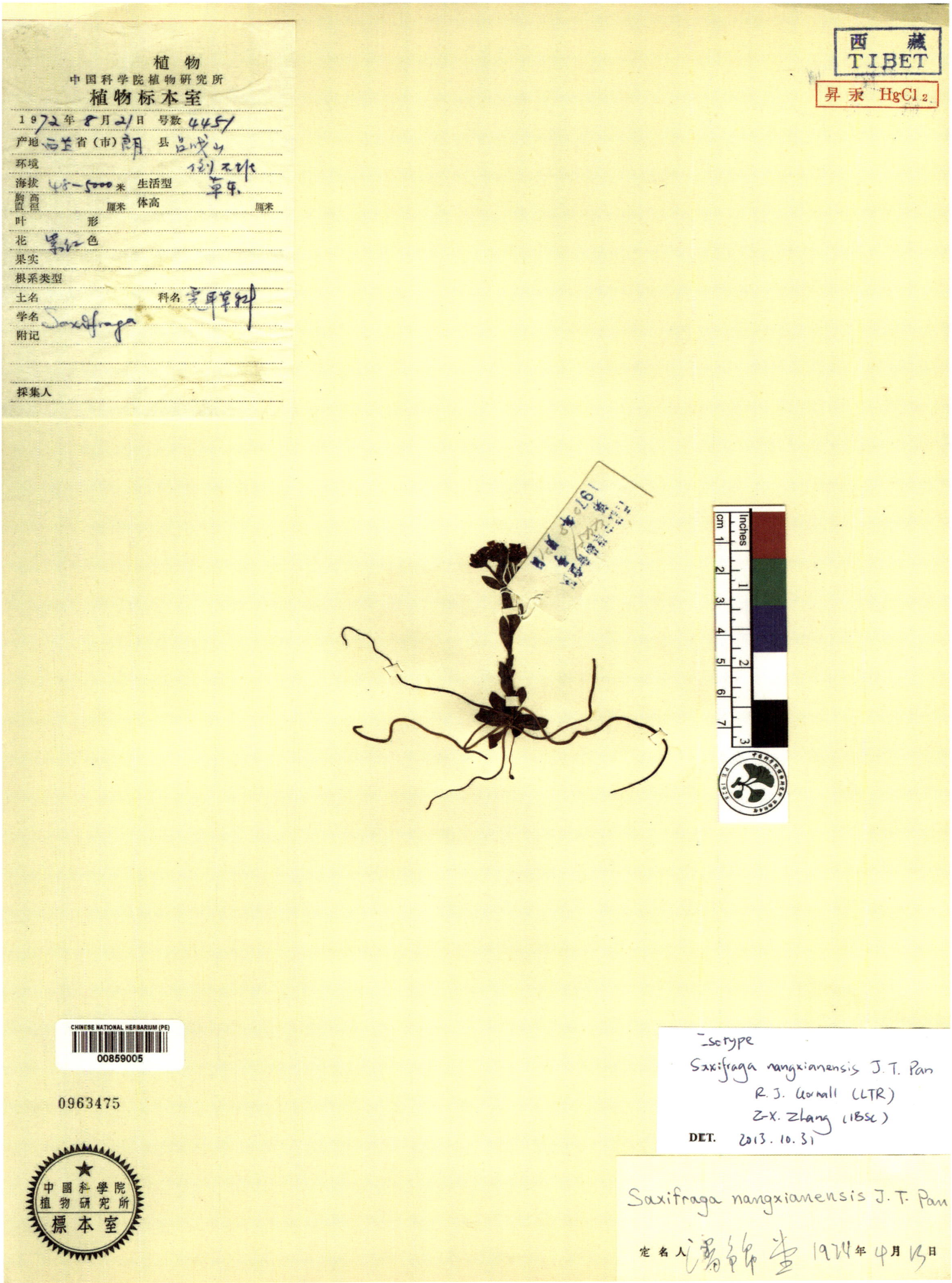

朗县虎耳草 ***Saxifraga nangxianensis*** J. T. Pan in Acta Phytotax. Sin. 16(2): 30. 1978. **Isotype:** China. Xizang: Nang Xian, alt. 4 800~5 000 m, 1972-08-21, Xizang Med. Pl. Exped. 4451.

倒卵瓣虎耳草 ***Saxifraga obovatipetala*** T. C. Ku in Bull. Bot. Res., Harbin 9(4): 16, f. 5. 1989. **Holotype:** China. Sichuan: Xiangcheng, alt. 3 300 m, 1973-06-30, Sichuan Exped. 2835.

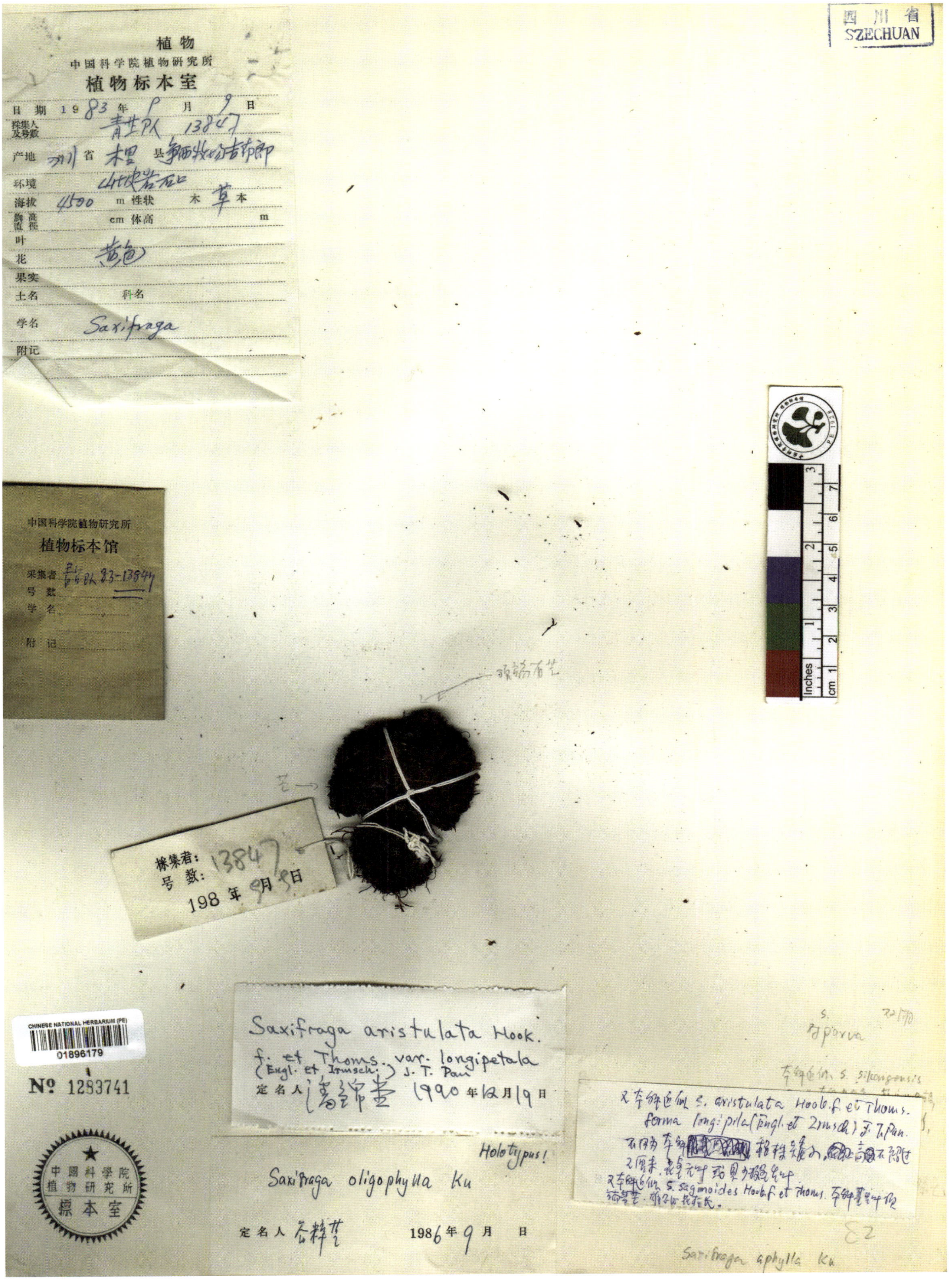

少叶虎耳草 ***Saxifraga oligophylla*** T. C. Ku in Bull. Bot. Res., Harbin 9(4): 8. 1989. **Holotype:** China. Sichuan: Muli, alt. 4 500 m, 1983-09-09, Qinghai-Xizang Exped. 13847.

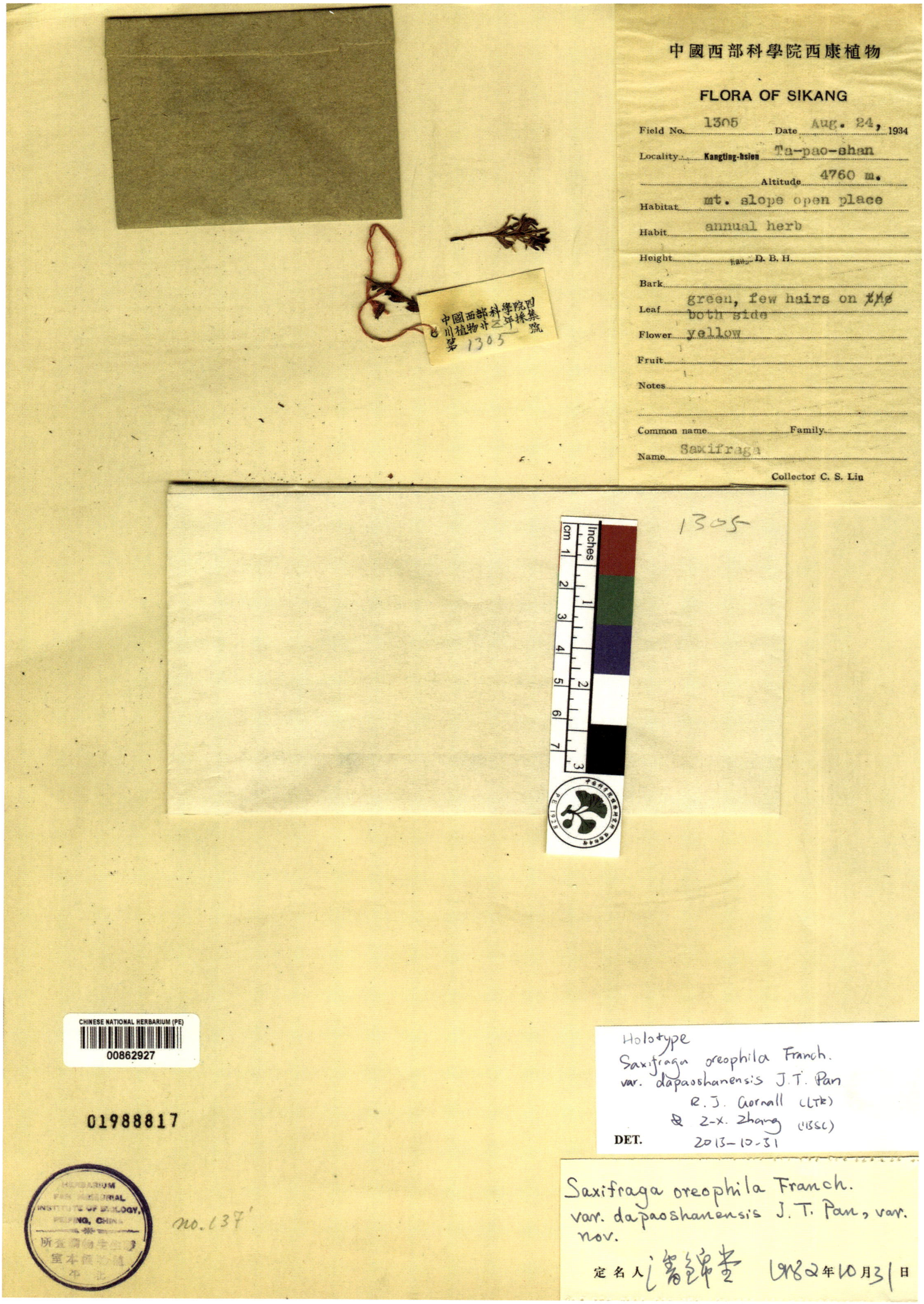

大炮山虎耳草 ***Saxifraga oreophila*** Franch. var. ***dapaoshanensis*** J. T. Pan in Acta Phytotax. Sin. 28(5): 391. 1990.
Holotype: China. Sichuan: Kangding, alt. 4 760 m, 1934-08-24, C. S. Liu 1305.

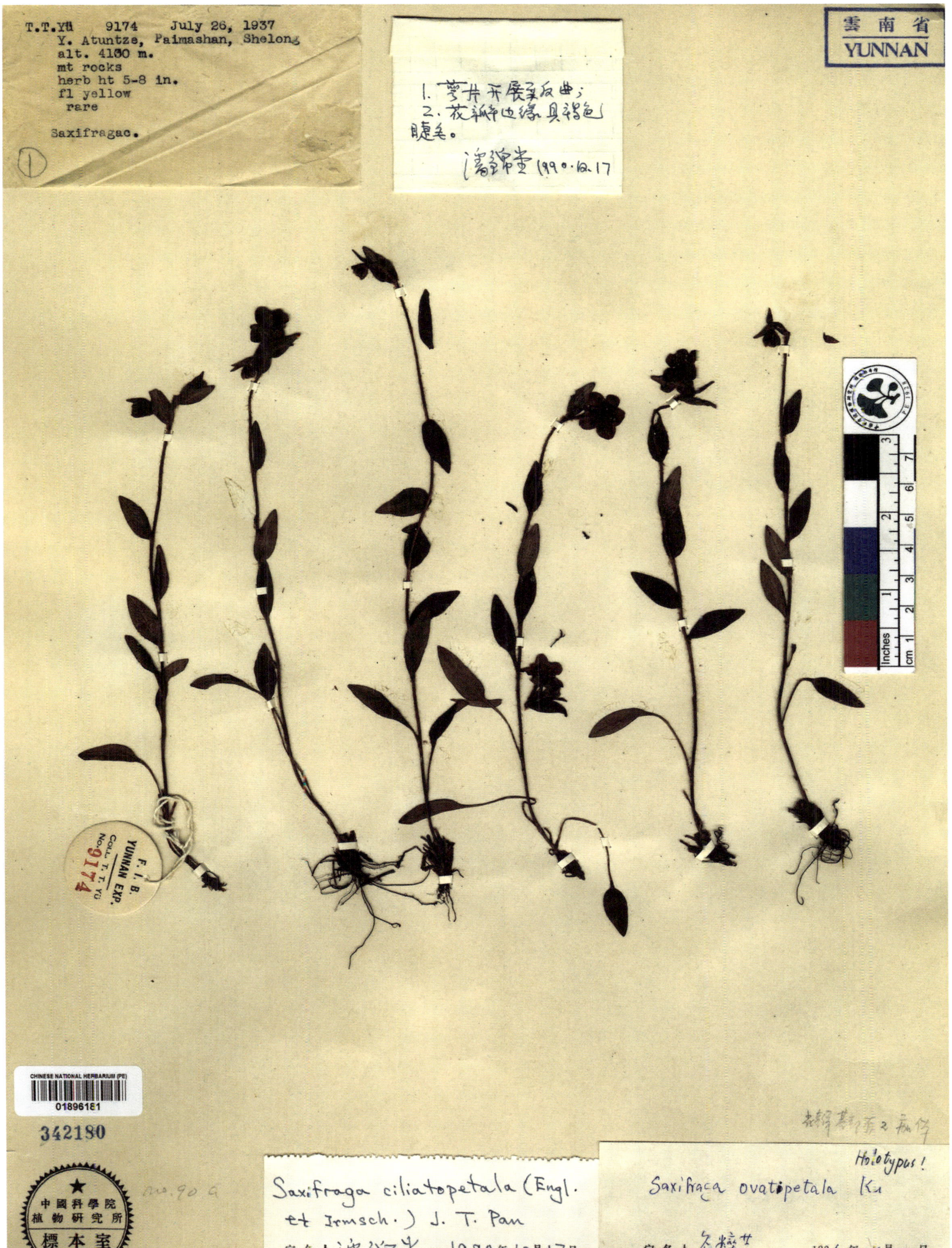

卵瓣虎耳草 ***Saxifraga ovatipetala*** T. C. Ku in Bull. Bot. Res., Harbin 9(4): 3. 1989. **Holotype:** China. Yunnan: Dêqên, alt. 4 130 m, 1937-07-26, T. T. Yu 9174.

隐痂虎耳草 ***Saxifraga parnassifolia*** D. Don var. ***obscuricallosa*** J. T. Pan, Fl. Xizang. 2: 478, f. 158: 23-29. 1985.
Holotype: China. Xizang: Zayü, alt. 4 000 m, 1973-08-13, Qinghai-Xizang Exped. 73-1066.

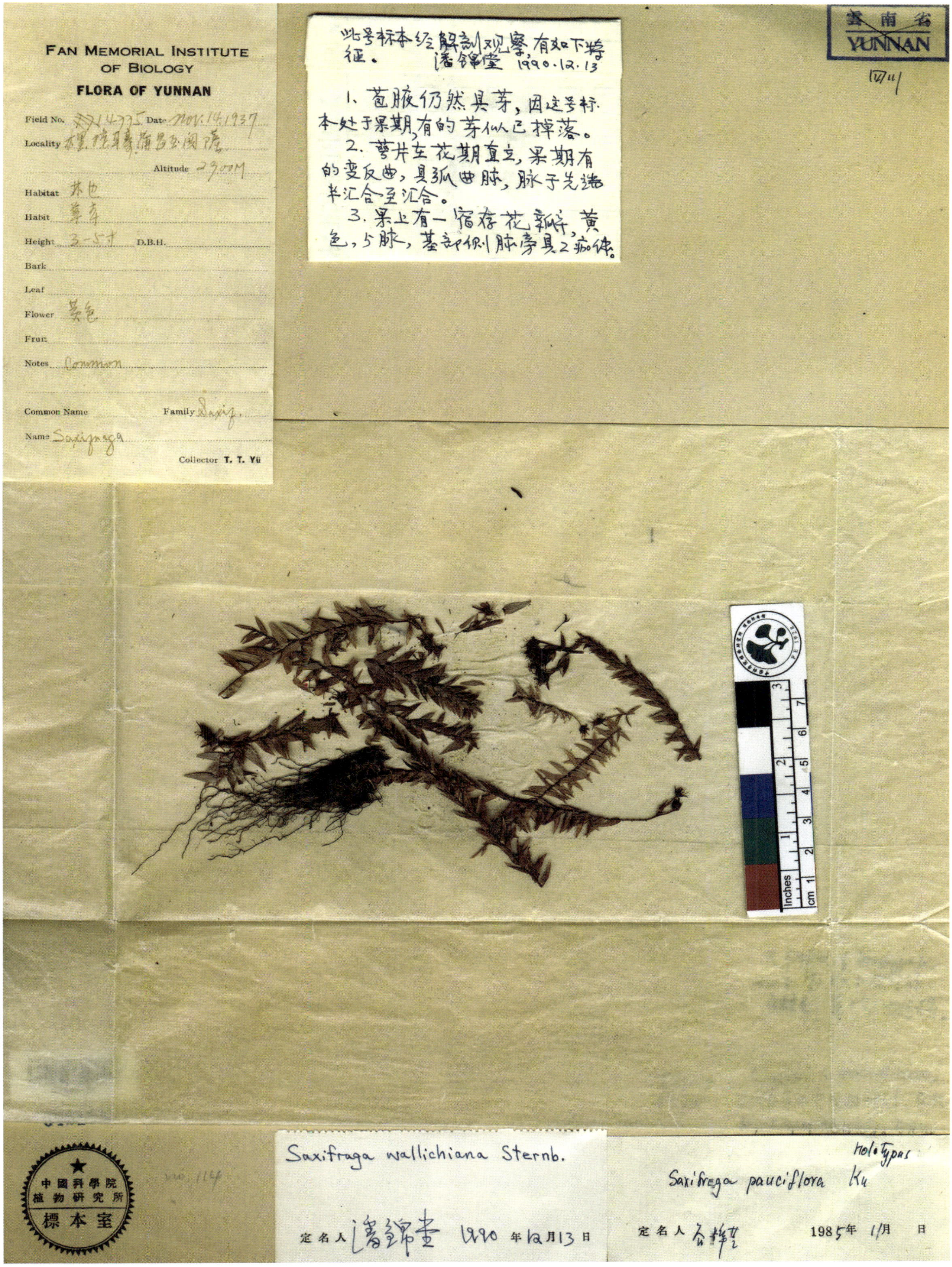

少花虎耳草 ***Saxifraga pauciflora*** T. C. Ku in Bull. Bot. Res., Harbin 9(4): 14, f. 4. 1989. **Holotype:** China. Sichuan: Muli, alt. 2 900 m, 1937-11-14, T. T. Yu 14775.

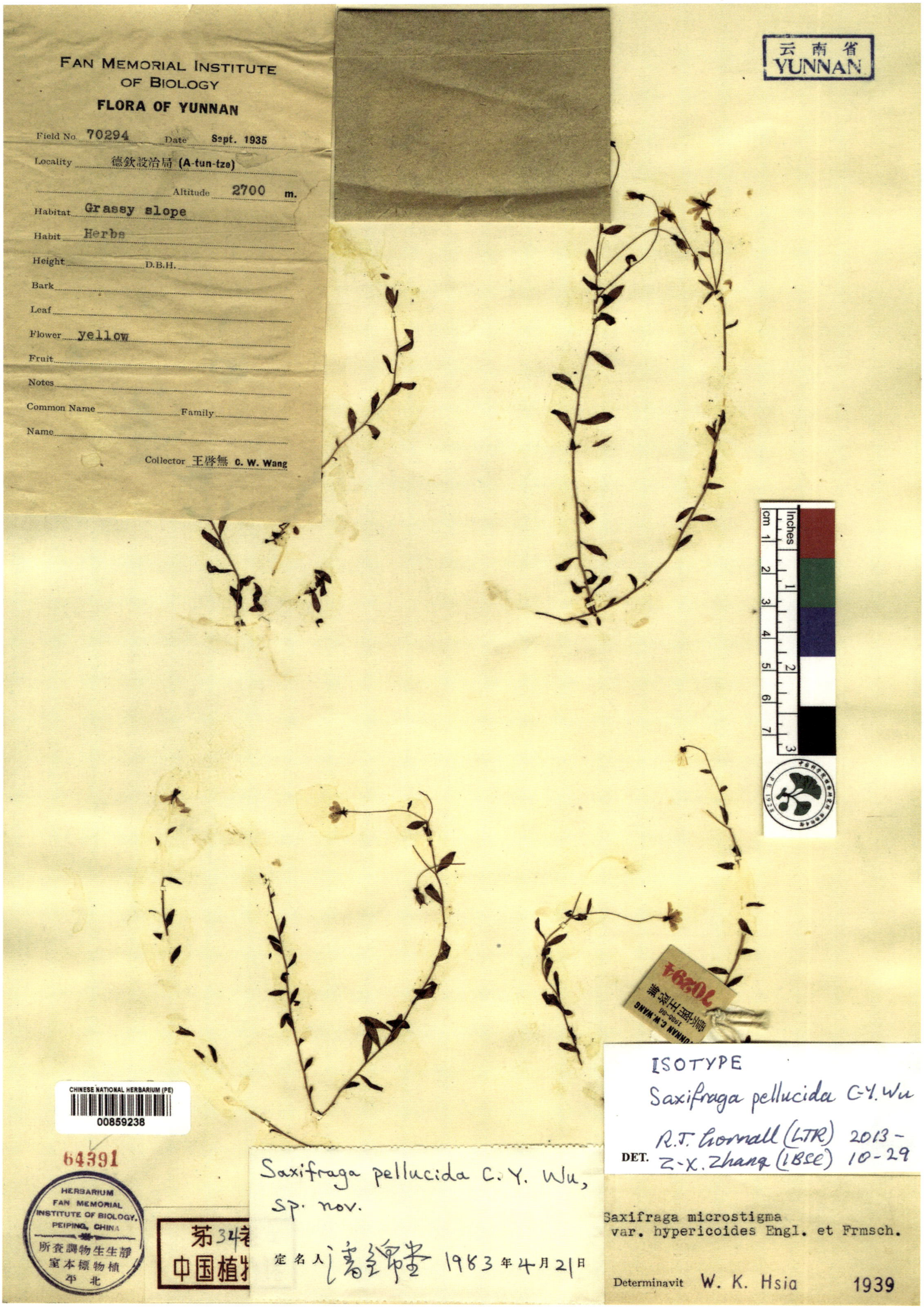

透明虎耳草 ***Saxifraga pellucida*** C. Y. Wu in Acta Phytotax. Sin. 28(1): 61, f. 4: 1-7. 1990. **Isotype:** China. Yunnan: Dêqên, alt. 2 700 m, 1935-09-??, C. W. Wang 70294.

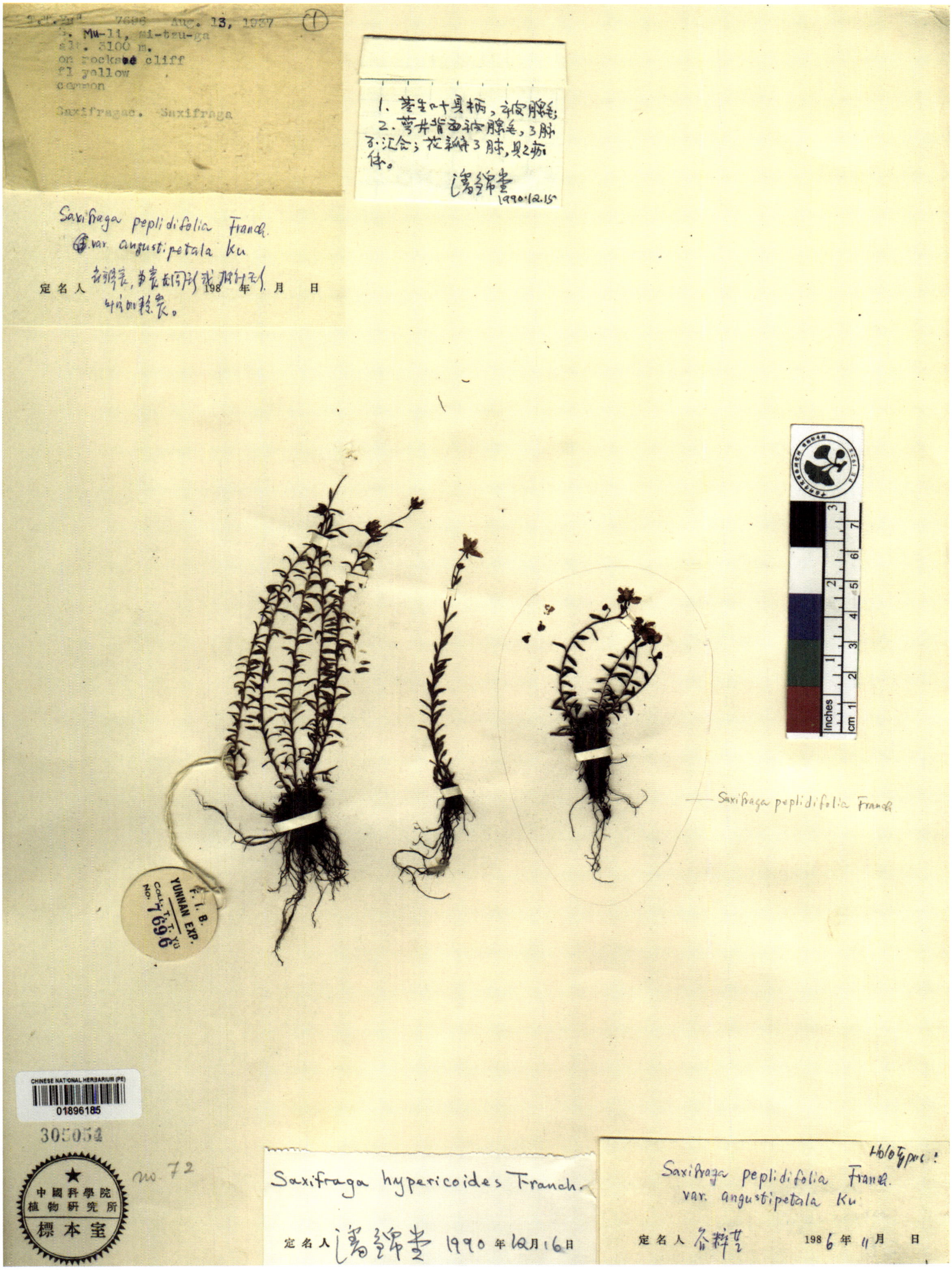

窄瓣丽江虎耳草 ***Saxifraga peplidifolia*** Franch. var. ***angustipetala*** T. C. Ku in Bull. Bot. Res., Harbin 9(4): 2. 1989.
Holotype: China. Sichuan: Muli, alt. 3 100 m, 1937-08-13, T. T. Yu 7696.

青藏虎耳草 ***Saxifraga przewalskii*** Engl. ex Maxim. in Bull. Acad. Imp. Sci. St-Petersb. 29(1): 115. 1883. **Lectotype** (designated here)**:** China. Gansu-Qinghai: Datong He, alt. 3 965 m, 1880-06-(14~26), N. M. Przewalski 379.

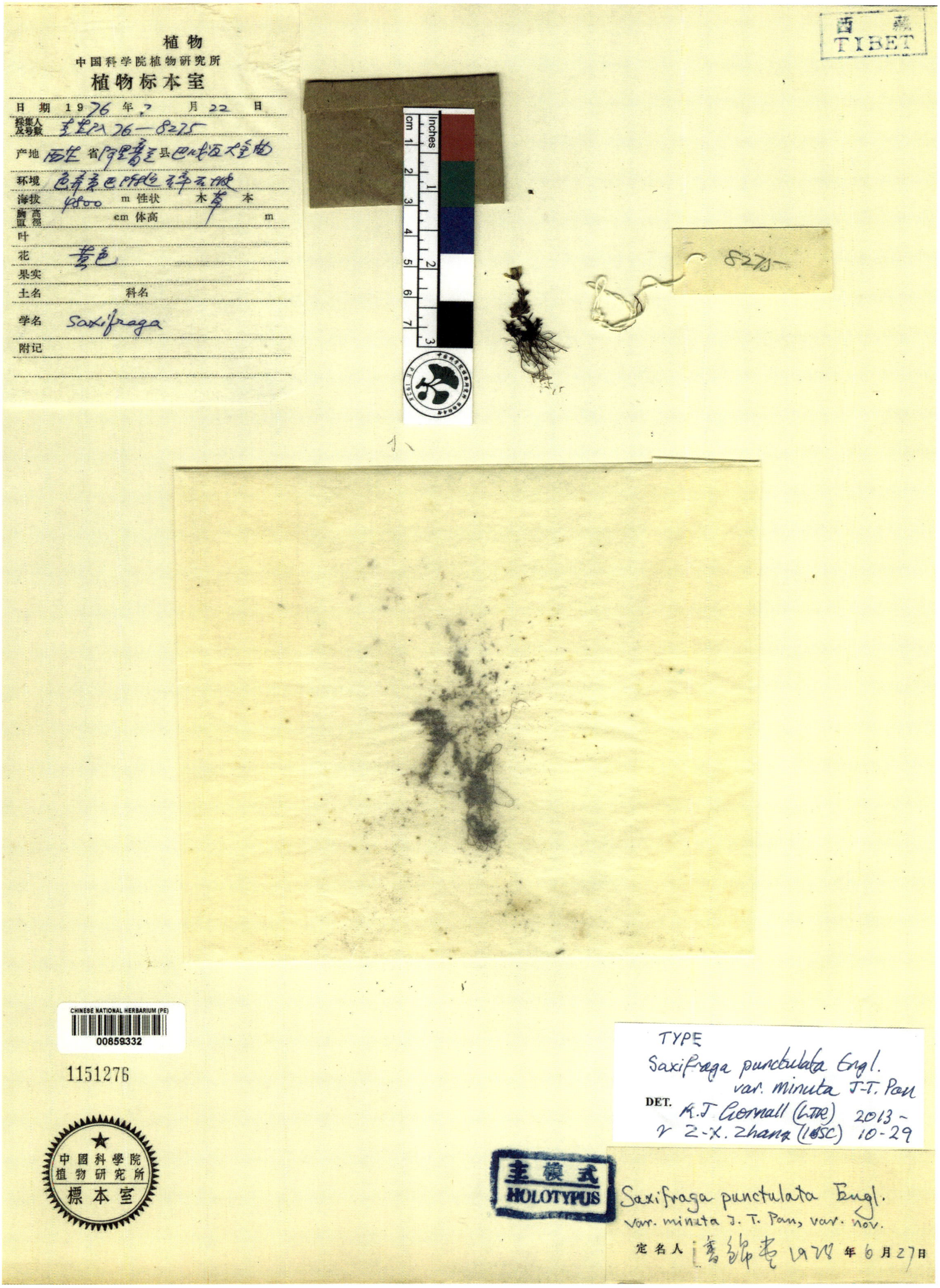

矮小斑虎耳草 ***Saxifraga punctulata*** Engl. var. ***minuta*** J. T. Pan, Fl. Xizang. 2: 492. 1935. **Holotype:** China. Xizang: Burang, alt. 4 800 m, 1976-07-22, Qinghai-Xizang Exped. 76-8275.

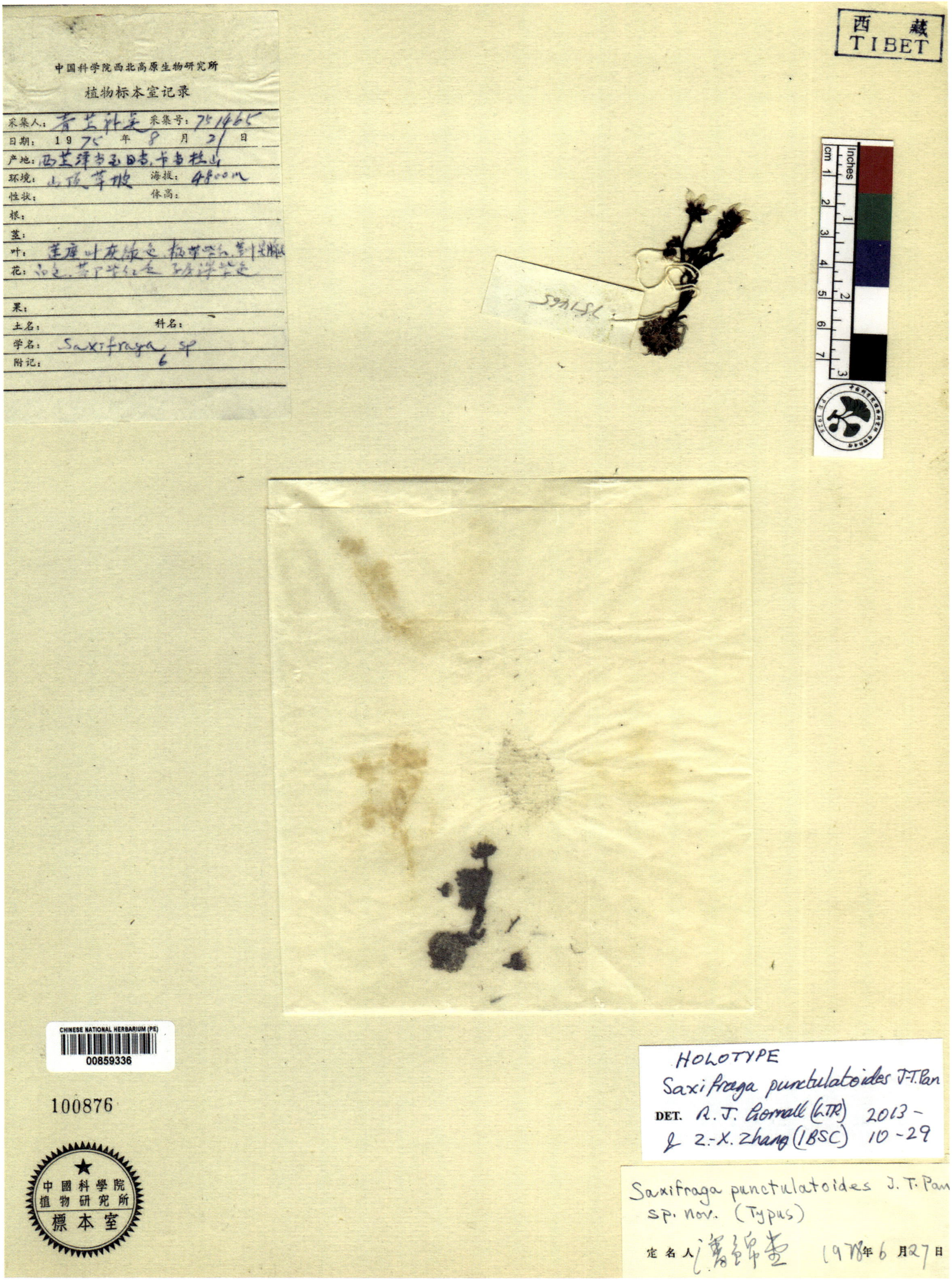

拟小斑虎耳草 ***Saxifraga punctulatoides*** J. T. Pan, Fl. Xizang. 2: 493, f. 162: 1-9. 1985. **Holotype:** China. Xizang: Zêtang, alt. 4 800 m, 1975-08-21, Qinghai-Xizang Exped. 75-1465.

反萼虎耳草 ***Saxifraga reflexa*** T. C. Ku in Bull. Bot. Res., Harbin 9(4): 4. 1989. **Holotype:** China. Sichuan: Muli, alt. 2 000 m, 1983-09-13, Qinghai-Xizang Exped. 14773.

日东虎耳草 ***Saxifraga riagdomensis*** T. C. Ku in Bull. Bot. Res., Harbin 9(4): 2. 1989. **Holotype:** China. Xizang: Zayü, alt. 4 400~4 500 m, 1982-09-26, Qinghai-Xizang Exped. 10625.

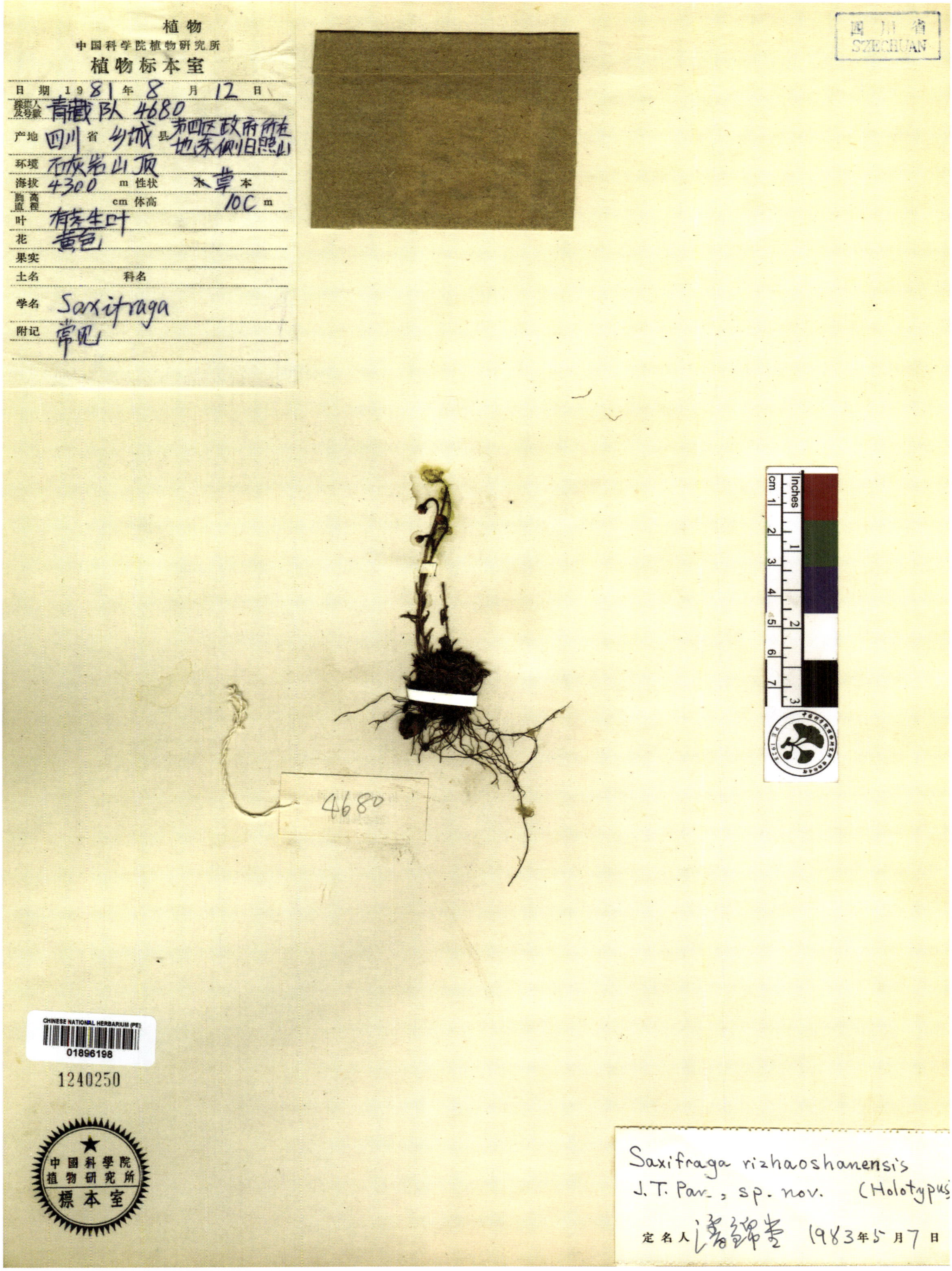

日照山虎耳草 ***Saxifraga rizhaoshanensis*** J. T. Pan in Acta Phytotax. Sin. 28(5): 386, f. 1: 13-20. 1990. **Holotype:** China. Sichuan: Xiangcheng, alt. 4 300 m, 1981-08-12, Qinghai-Xizang Exped. 4680.

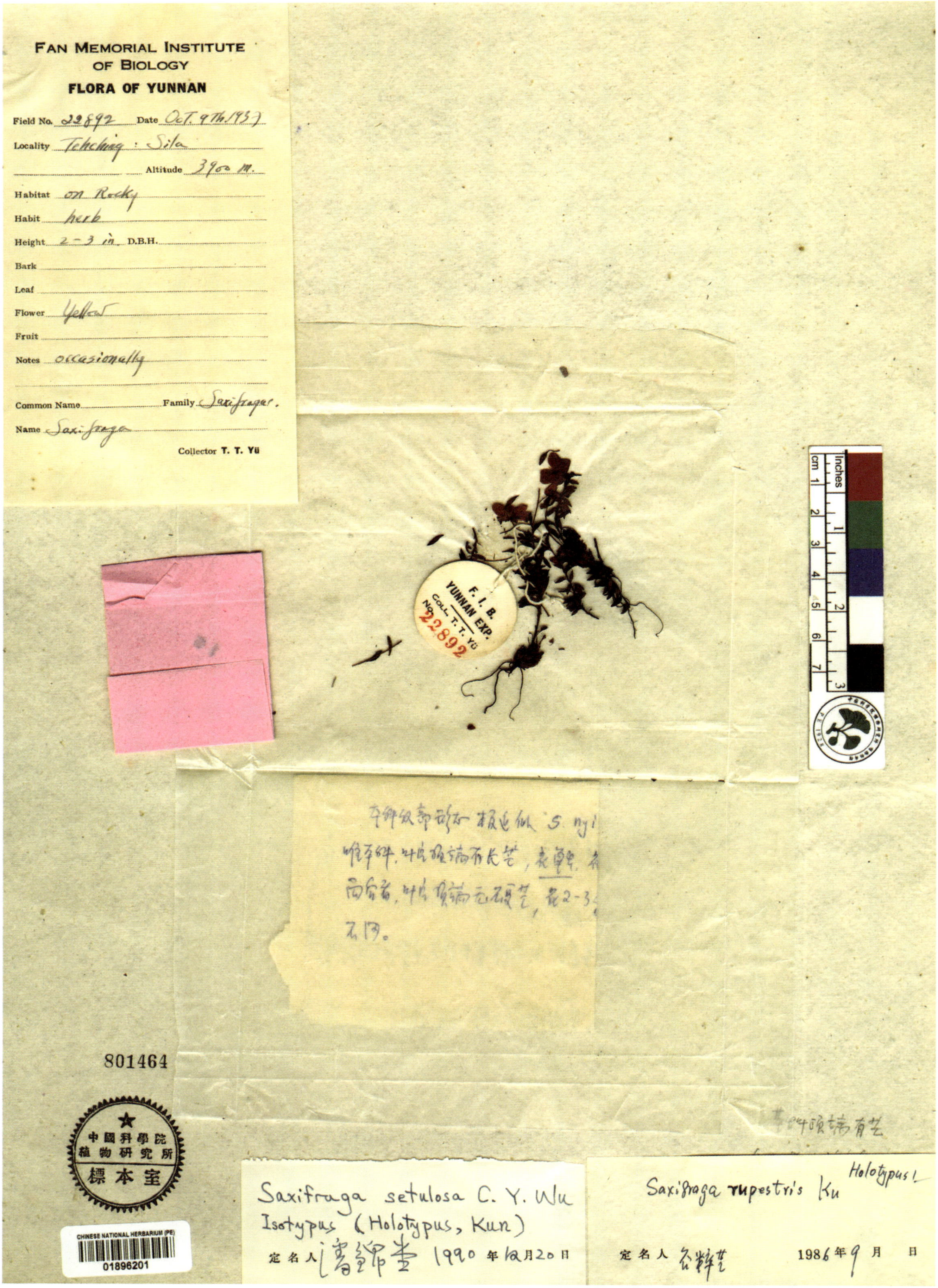

长毛虎耳草 ***Saxifraga rupestris*** T. C. Ku in Bull. Bot. Res., Harbin 9(4): 7. 1989. **Holotype:** China. Yunnan: Dêqên, alt. 3 900 m, 1937-10-09, T. T. Yu 22892.

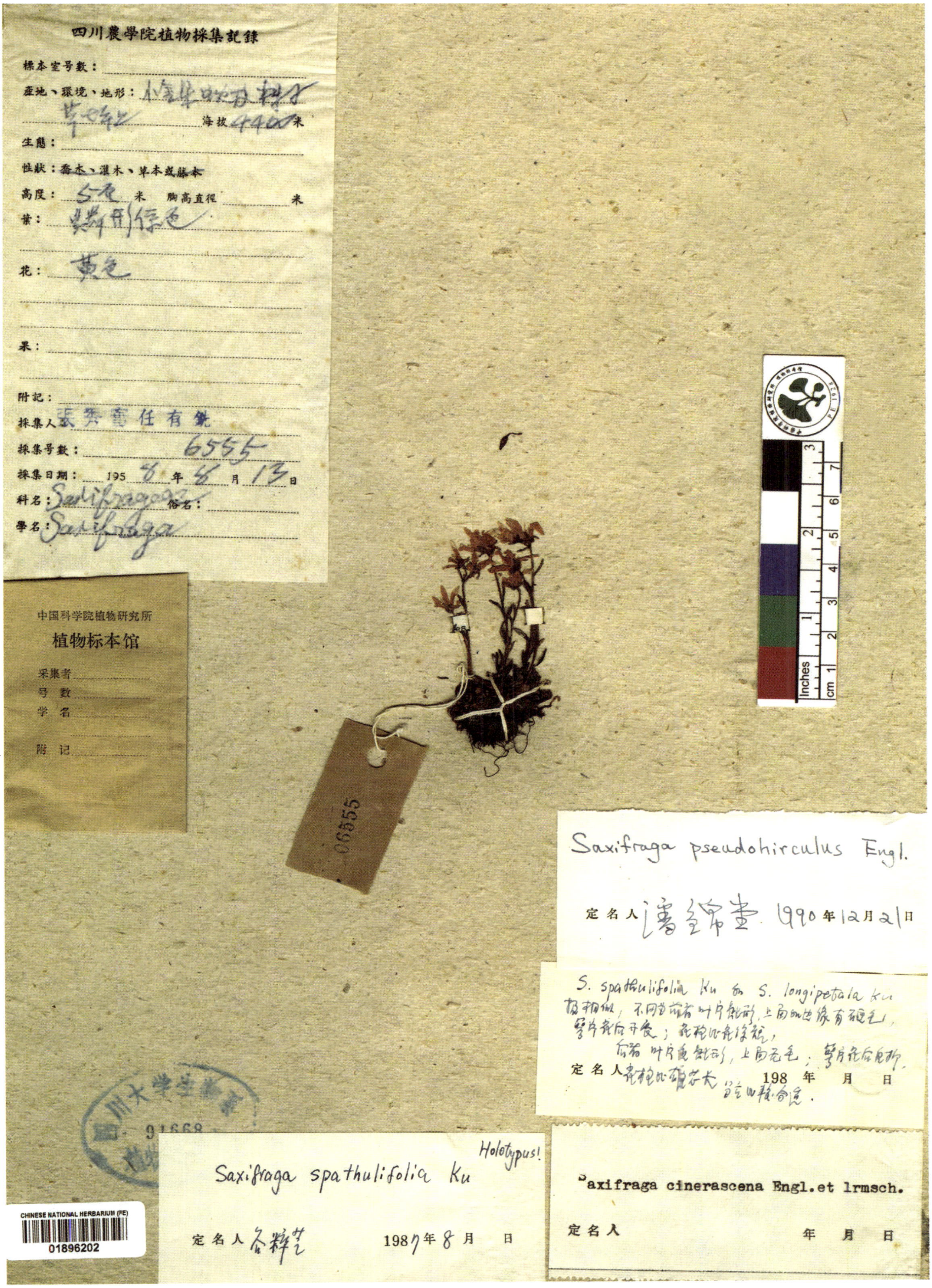

匙叶虎耳草 ***Saxifraga spathulifolia*** T. C. Ku in Bull. Bot. Res., Harbin 9(4): 11-12. 1989. **Holotype:** China. Sichuan: Xiaojin, alt. 4 400 m, 1958-08-13, X. S. Zhang & Y. X. Ren 6555.

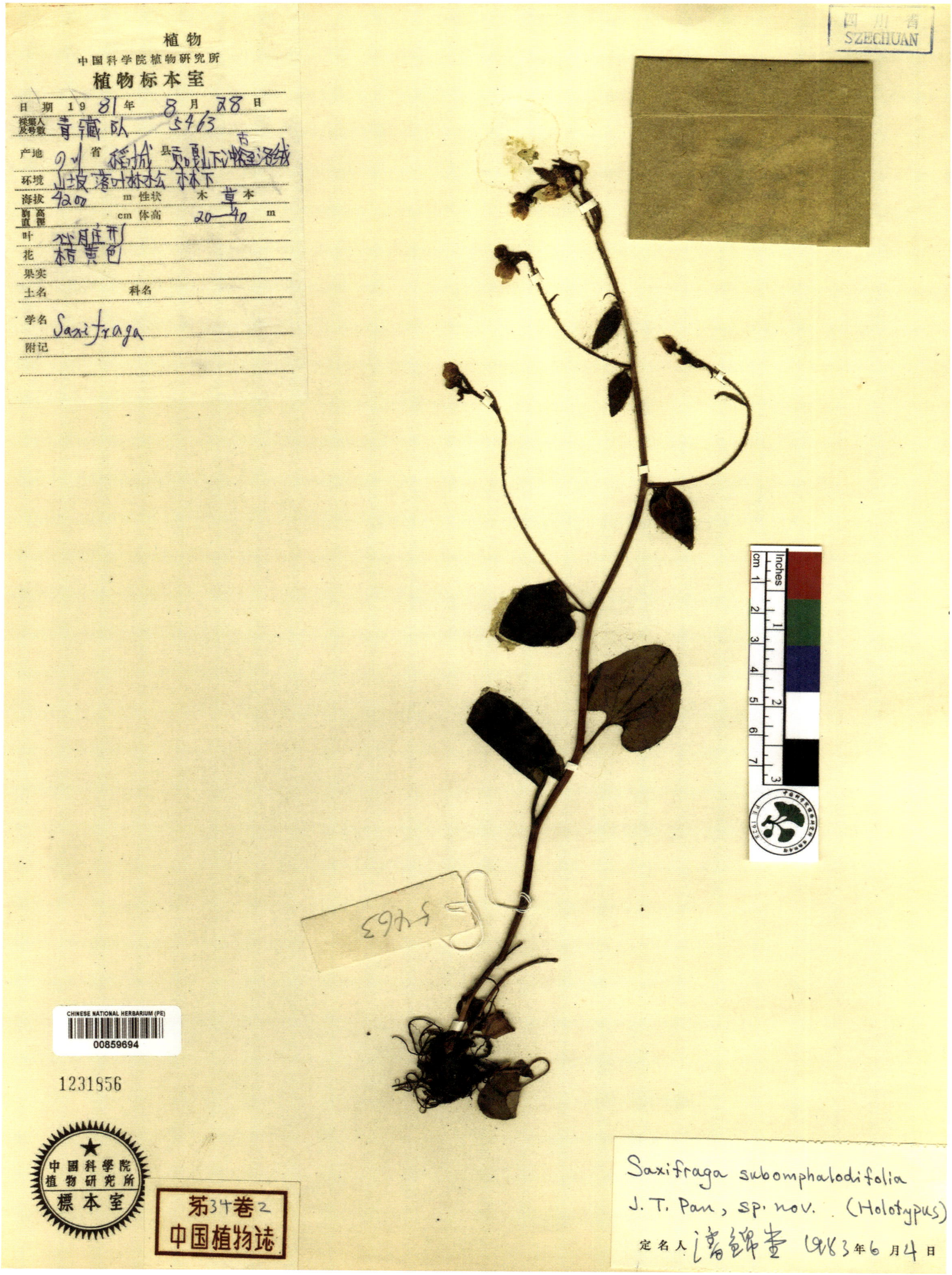

川西南虎耳草 ***Saxifraga subomphalodifolia*** J. T. Pan in Acta Phytotax. Sin. 28(1): 57, f. 2: 7-14. 1990. **Holotype:** China. Sichuan: Daocheng, alt. 4 200 m, 1981-08-28, Qinghai-Xizang Exped. 5463.

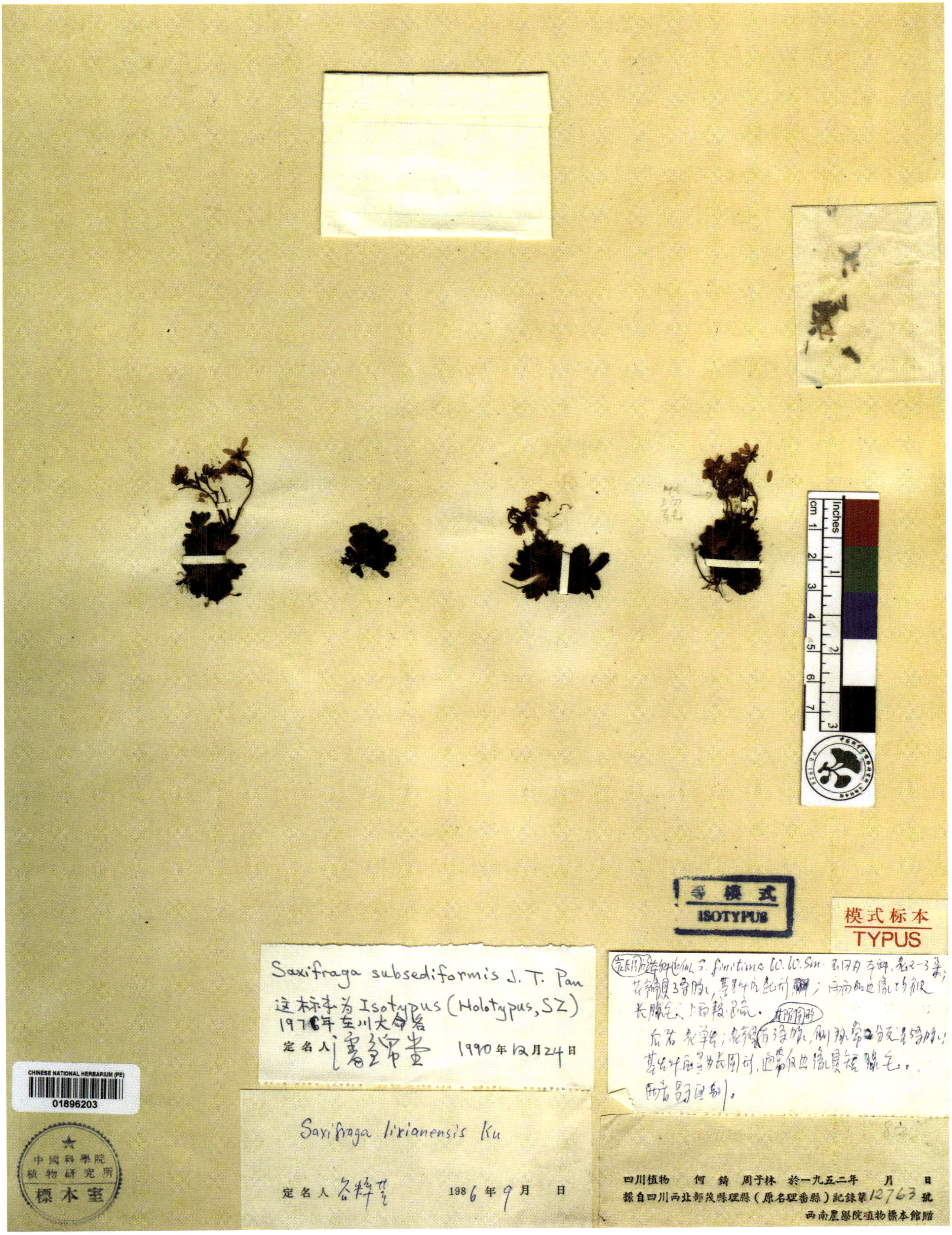

理县虎耳草 ***Saxifraga subsediformis*** J. T. Pan in Acta Phytotax. Sin. 28(5): 391, f. 3: 10-16. 1990. **Isotype:** China. Sichuan: Li Xian, 1952-06-12, Z. Ho & Z. L. Zhou 12763.

展萼虎耳草 ***Saxifraga substrigosa*** J. T. Pan var. ***gemmifera*** J. T. Pan in Acta Phytotax. Sin. 29(1): 13, f. 2: 5-9. 1991. **Paratype:** China. Xizhang: Bomi, alt. 3 100 m, 1973-09-20, Qinghai-Xizang Exped. 73-1449.

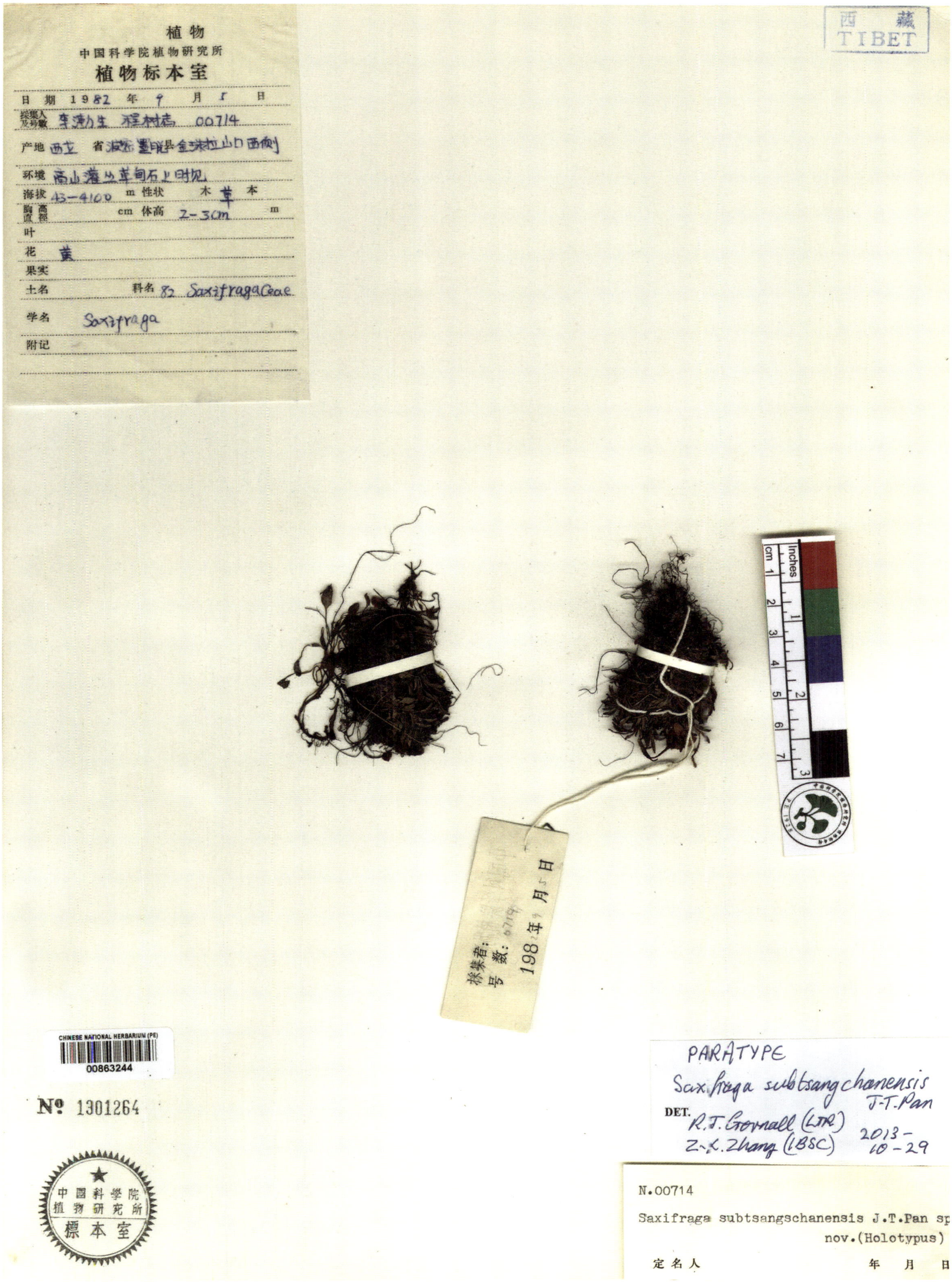

藏东南虎耳草 ***Saxifraga subtsangchanensis*** J. T. Pan in Acta Phytotax. Sin. 28(5): 389, f. 2: 19-25. 1990. **Paratype:** China. Xizhang: Mêdog, alt. 4 100~4 300 m, 1982-09-05, B. S. Li & S. Z. Cheng 00714.

唐古特虎耳草 ***Saxifraga tangutica*** Engl. in Bull. Acad. Imp. Sci. St-Petersb. 29(1): 114. 1883. **Lectotype** (designated here)**:**China. Gansu-Qinghai: Datong He, 1872-07-(01~13), N. M. Przwalski 209.

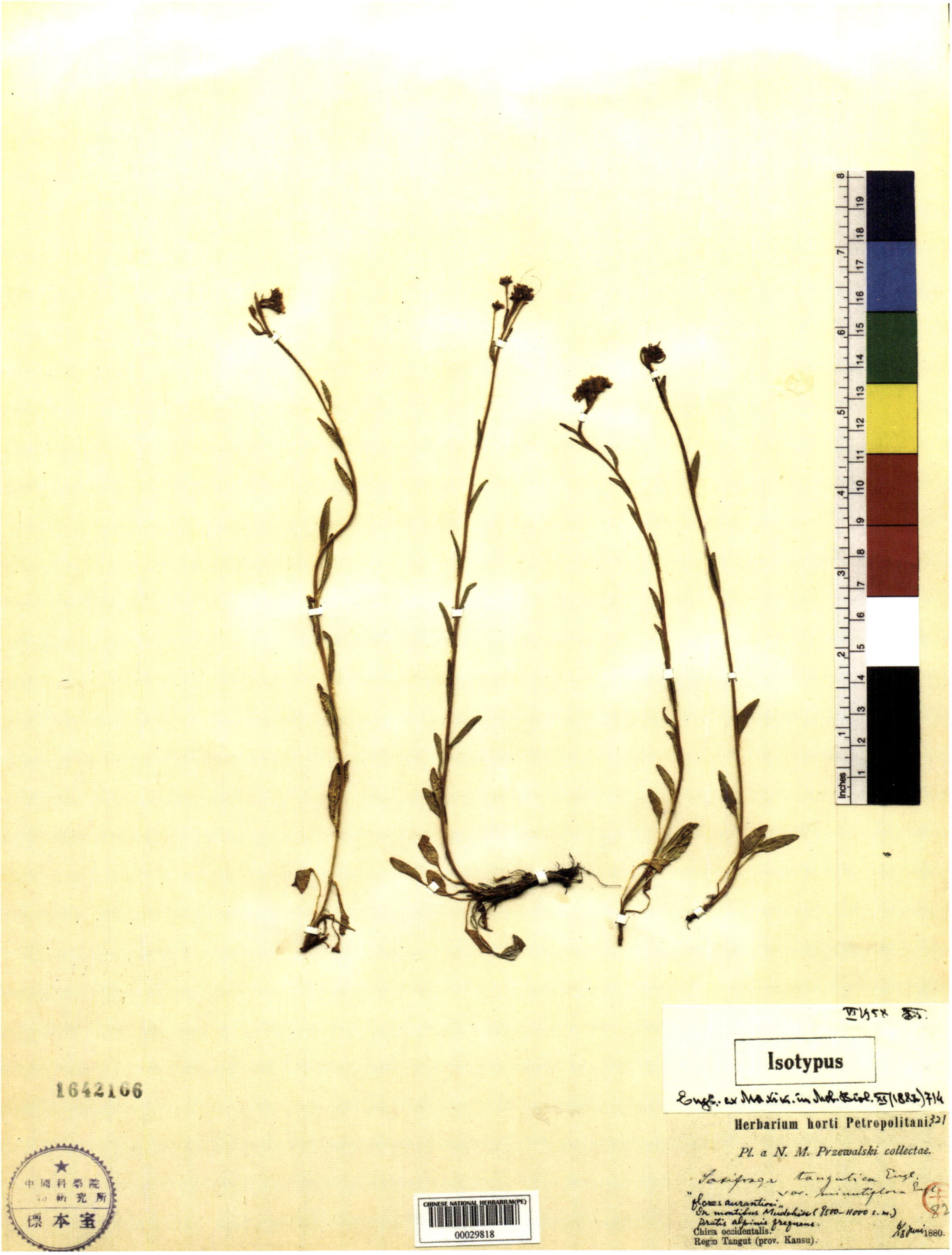

小花唐古特虎耳草 ***Saxifraga tangutica*** Engl. var. ***minutiflora*** Engl. in Bull. Acad. Imp. Sci. St-Petersb. 29(1): 114. 1883. **Isotype:** China. Gansu-Qinghai: Datong He, alt. 2 898~3 355 m, 1880-06-(06~18). N. M. Przwalski 321.

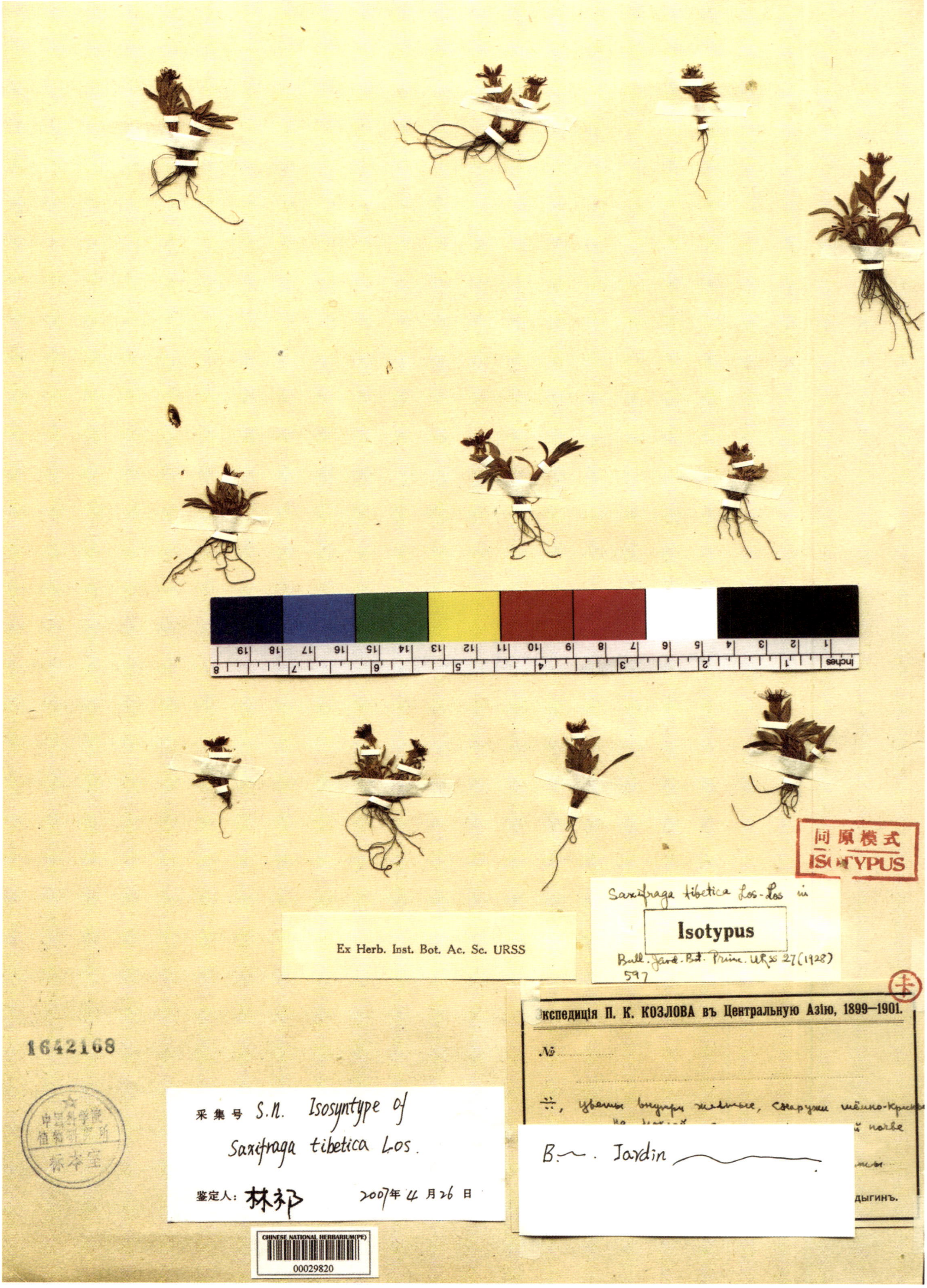

西藏虎耳草 ***Saxifraga tibetica*** A. Los. in Bull. Bot. Princ. RUSS 27: 597, f. 1. 1928. **Lectotype** (designated here)**:** China. Xizang: Precise locality not known, alt. 4 270 m, 1900-07-07, Seperobbve s. n.

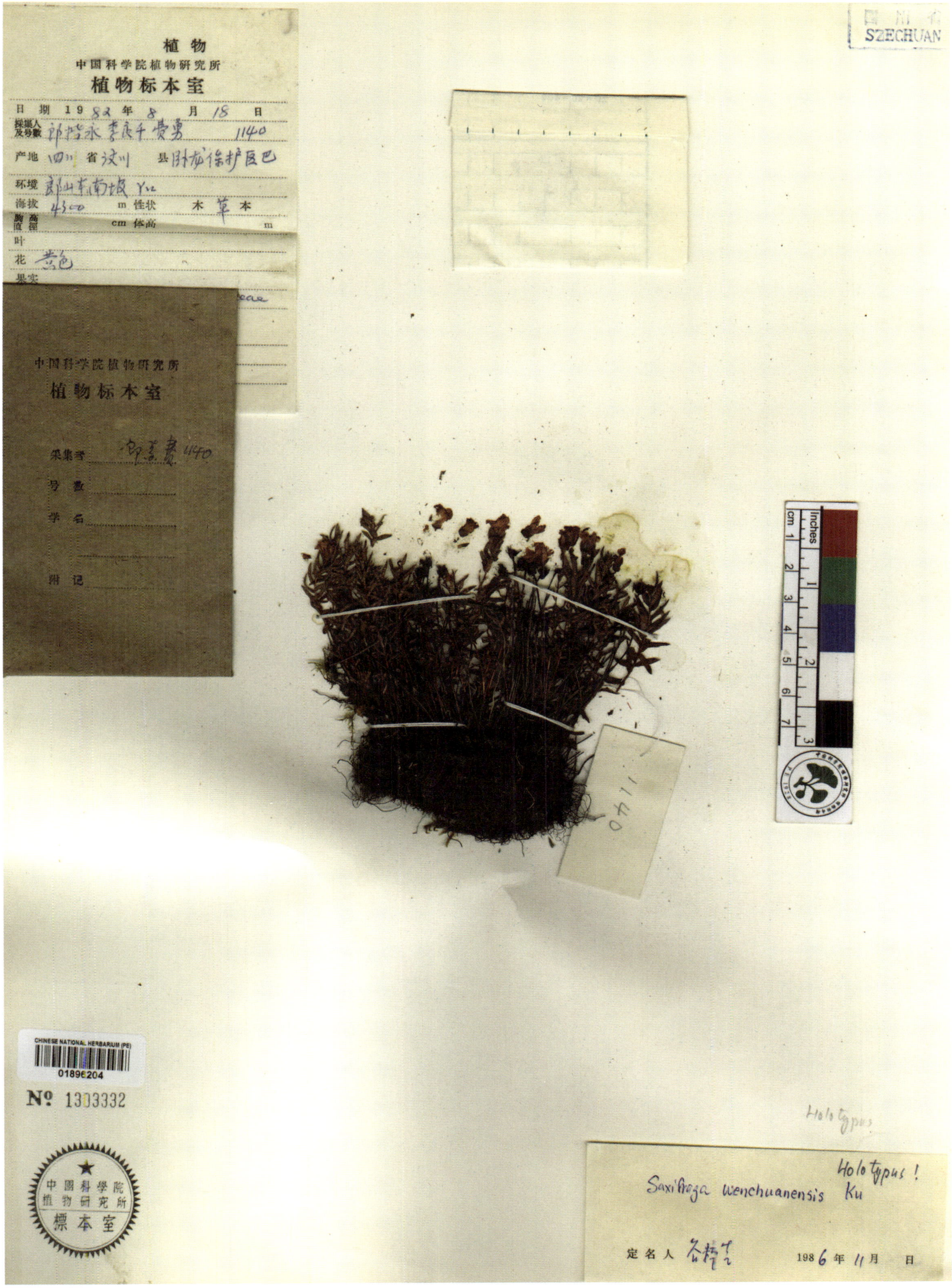

汶川虎耳草 ***Saxifraga wenchuanensis*** T. C. Ku in Bull. Bot. Res., Harbin 9(4): 16. 1989. **Holotype:** China. Sichuan: Wenchuan, alt. 4 300 m, 1982-08-18, K.Y. Lang, L. Q. Li & Y. Fei 1140.

小金虎耳草 ***Saxifraga xiaojinensis*** T. C. Ku in Bull. Bot. Res., Harbin 9(4): 5. 1989. **Holotype:** China. Sichuan: Xiaojin, alt. 4 000 m, 1958-08-13, H. S. Zhang & Y. X. Ren 6524.

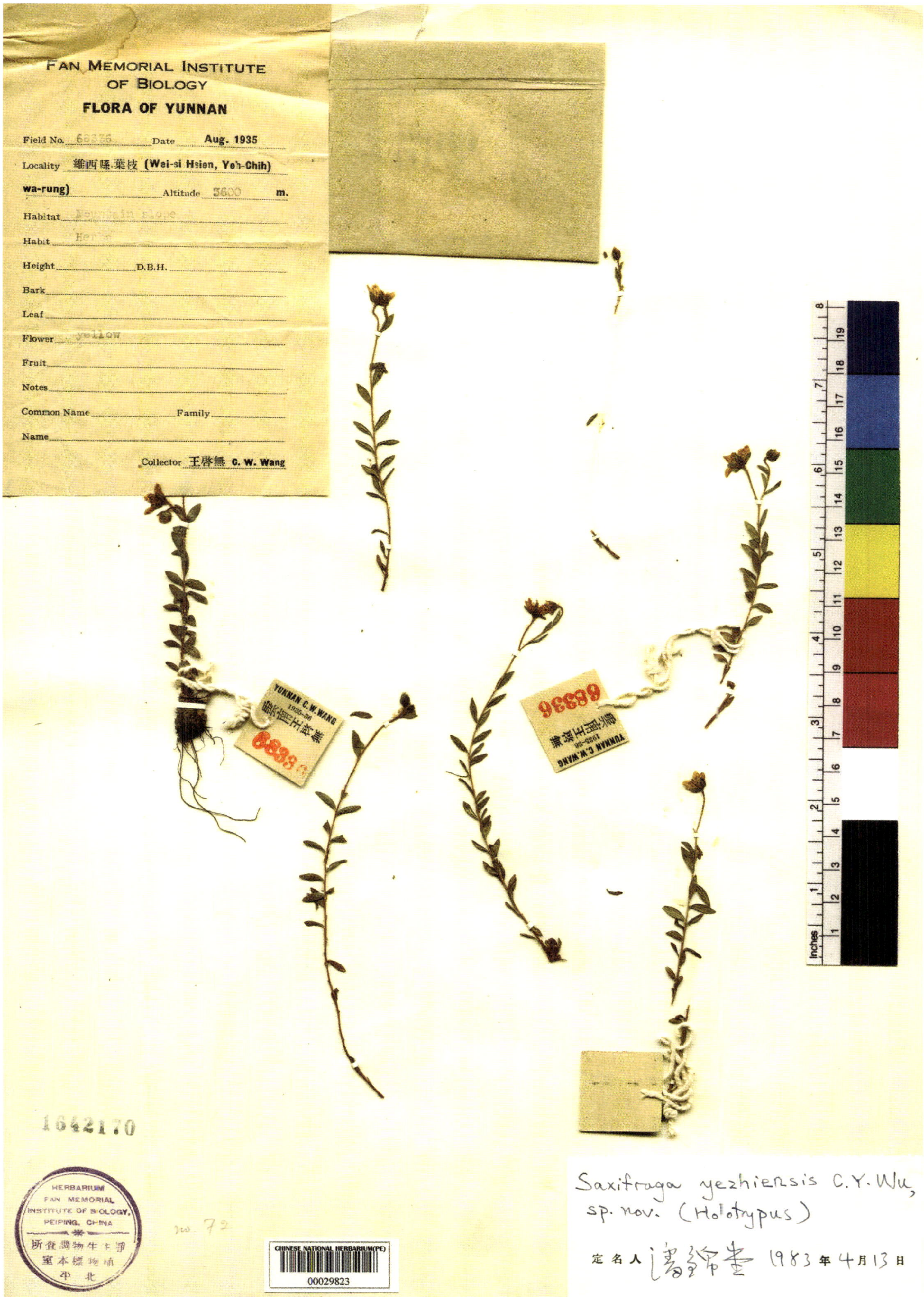

叶枝虎耳草 ***Saxifraga yezhiensis*** C. Y. Wu in Acta Phytotax. Sin. 28(1): 54, f. 1: 1-9. 1990. **Holotype:** China. Yunnan: Weixi, alt. 3 600 m, 1935-08-??, C. W. Wang 68336.

云岭虎耳草 ***Saxifraga yunlingensis*** C. Y. Wu in Acta Phytotax. Sin. 28(1): 61, f. 3: 18-27. 1990. **Isotype:** China. Yunnan: Dêqên, alt. 4 150~4 400 m, 1981-08-24, Hengduanshan Exped. 3645.

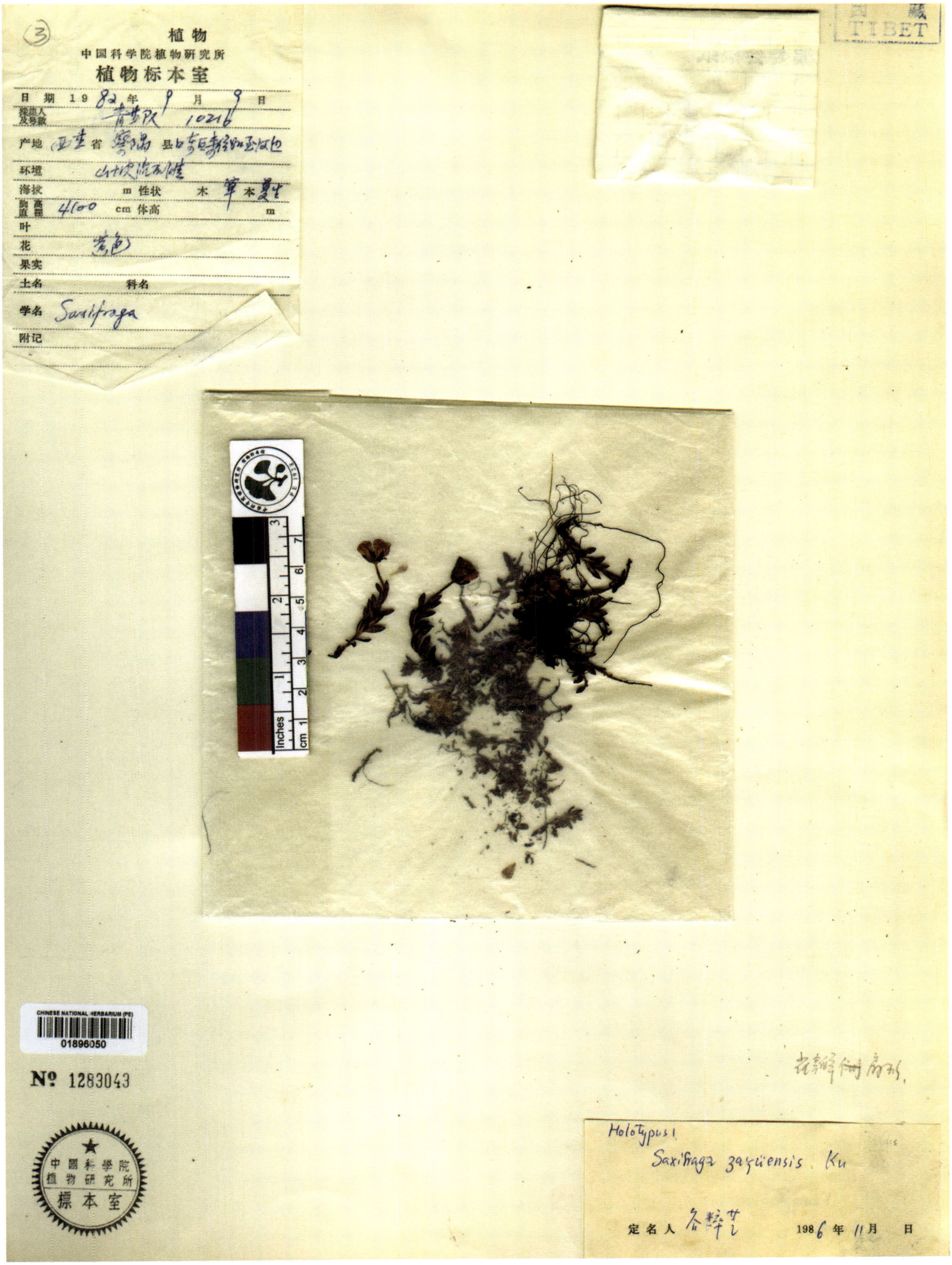

察隅虎耳草 ***Saxifraga zayuensis*** T. C. Ku in Bull. Bot. Res., Harbin 9(4): 12. 1989. **Holotype:** China. Xizang: Zayü, alt. 4 100 m, 1982-09-09, Qinghai-Xizang Exped. 10216.

窄瓣察隅虎耳草 ***Saxifraga zayuensis*** T. C. Ku f. ***angustipetala*** T. C. Ku in Bull. Bot. Res., Harbin 9(4): 13. 1989.
Paratype：China. Yunnan: Dêqên, alt. 3 800 m, 1981-08-25, Hengduanshan Exped. 3783.

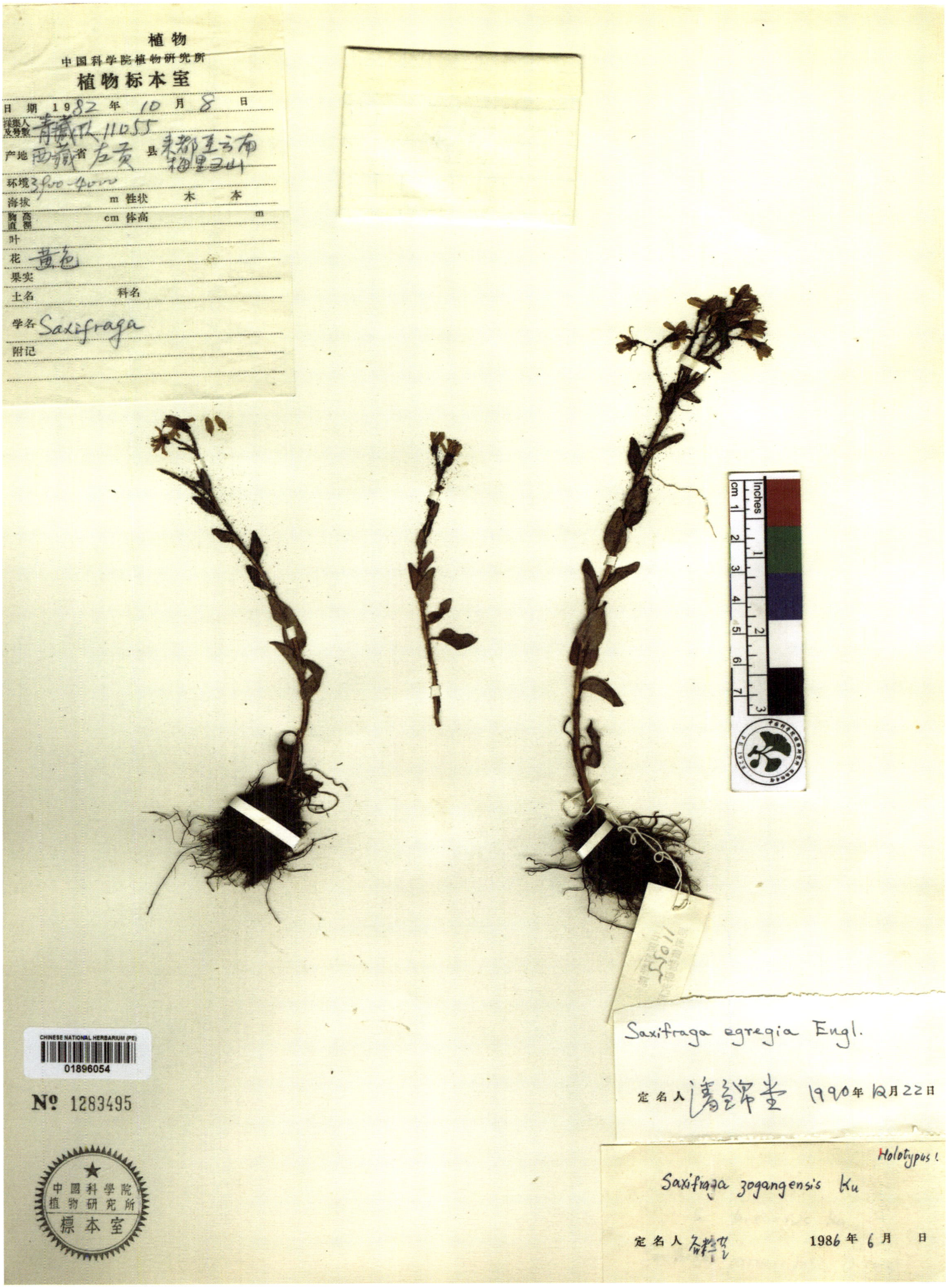

左贡虎耳草 ***Saxifraga zogangensis*** T. C. Ku in Bull. Bot. Res., Harbin 9(4): 13. 1989. **Holotype:** China. Xizang: Zogang, alt. 3 900~4 000 m, 1982-10-08, Qinghai-Xizang Exped. 11055.

少毛左贡虎耳草 ***Saxifraga zogangensis*** T. C. Ku var. ***pilosa*** T. C. Ku in Bull. Bot. Res., Harbin 9(4): 14. 1989. **Holotype:** China. Xizang: Zayü, alt. 4 100 m, 1982-09-09, Qinghai-Xizang Exped. 10221.

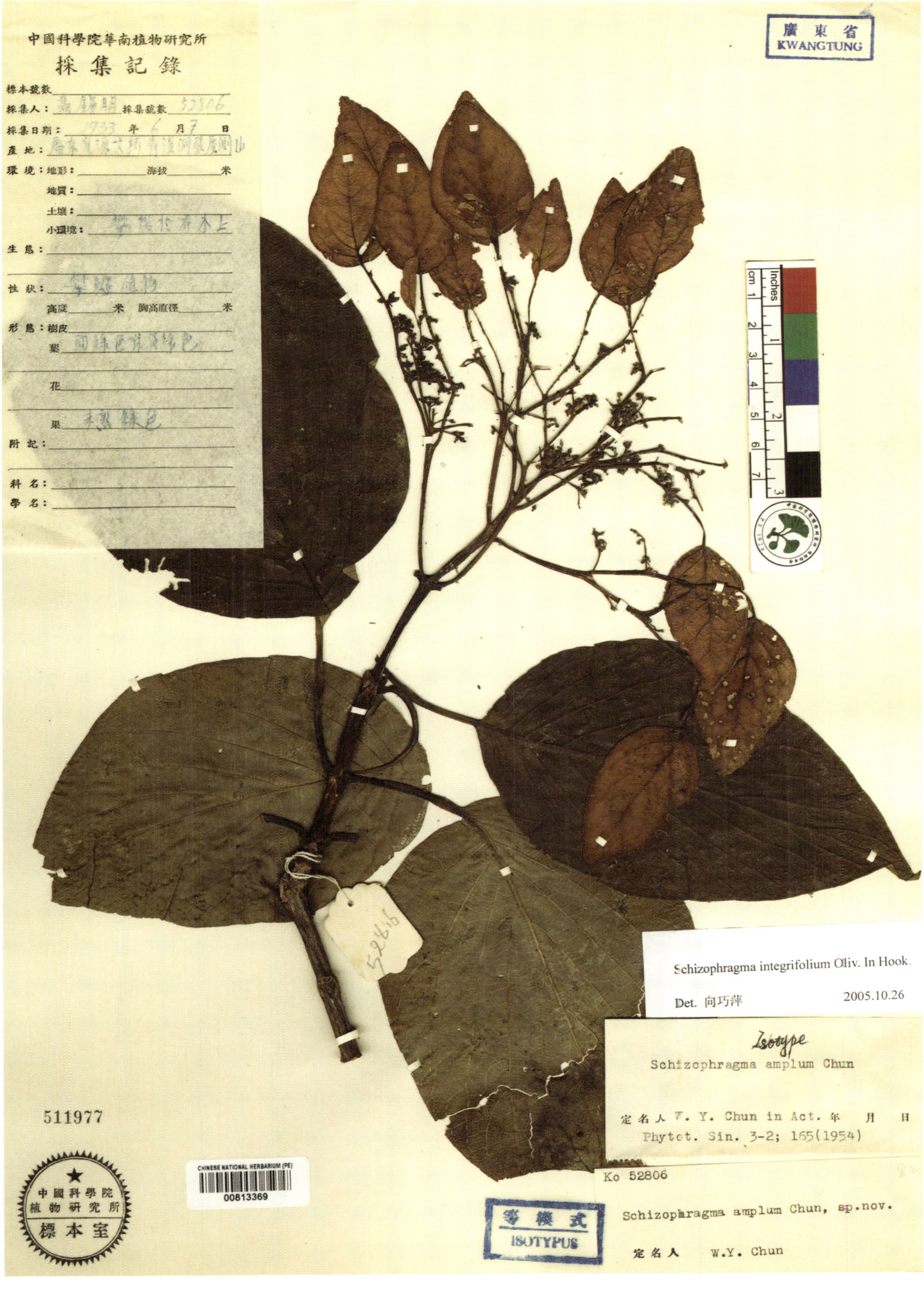

阔瓣钻地风 ***Schizophragma ampium*** Chun in Acta Phytotax. Sin. 3(2): 165. 1954. **Isotype:** China. Guangdong: Ruyuan, 1933-06-07, S. P. Ko 52806.

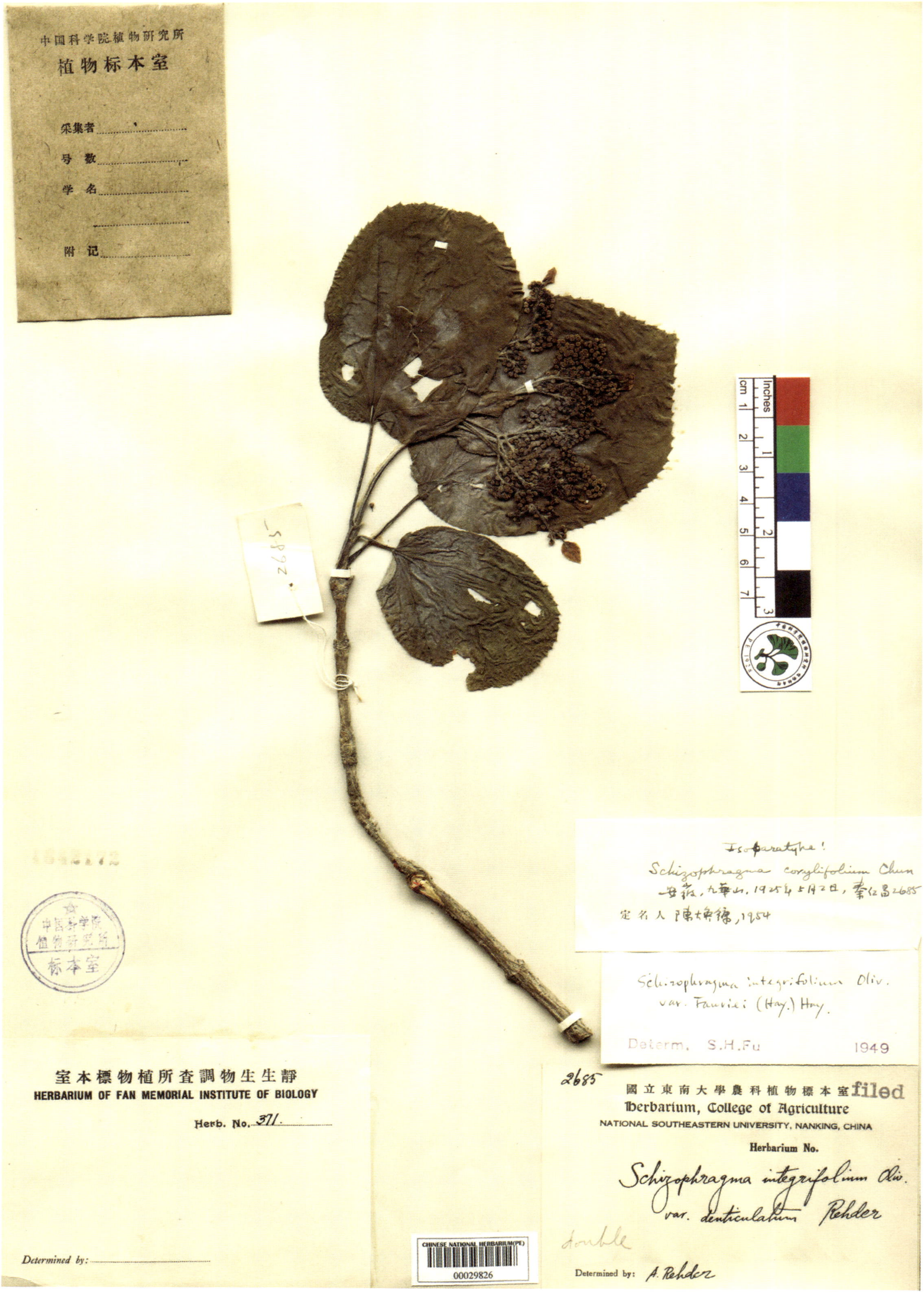

秦榛钻地风 ***Schizophragma corylifolium*** Chun in Acta Phytotax. Sin. 3(2): 170, pl. 21. 1954. **Isoparatype:** China. Anhui: Jiuhuashan, 1925-05-02, R.C. Ching 2685.

椭圆厚叶钻地风 ***Schizophragma crassa*** Hand.-Mazz. var. ***elliptica*** J. Anthony in Notes Roy. Bot. Gard. Edinburgh 18(86): 34. 1933. **Isotype:** China. Yunnan: Precise locality not known, (1930-1931)-??-??, G. Forrest 29029.

椭圆钻地风 ***Schizophragma elliptifolium*** C. F. Wei in Guihaia 14(3): 202, f. 1. 1994. **Isotype:** China. Chongqing: Nanchuan, alt. 1 650 m, 1957-10-08, C. H. Hsiung & T. L. Chow 93885.

希陶钻地风 ***Schizophragma hsitaoianum*** Chun in Acta Phytotax. Sin. 3: 172. 1954. **Isotype:** China. Yunnan: Weixi, alt. 2 900 m, 1934-10-12, H. T. Tsai 59766.

心叶钻地风 ***Schizophragma integrifolium*** Oliv. f. ***cordatum*** S. Y. Wang, Fl. Henan 2: 98. 1988. **Isotype:** China. Henan: Shangcheng, 1959-07-25, Anonymous 10248.

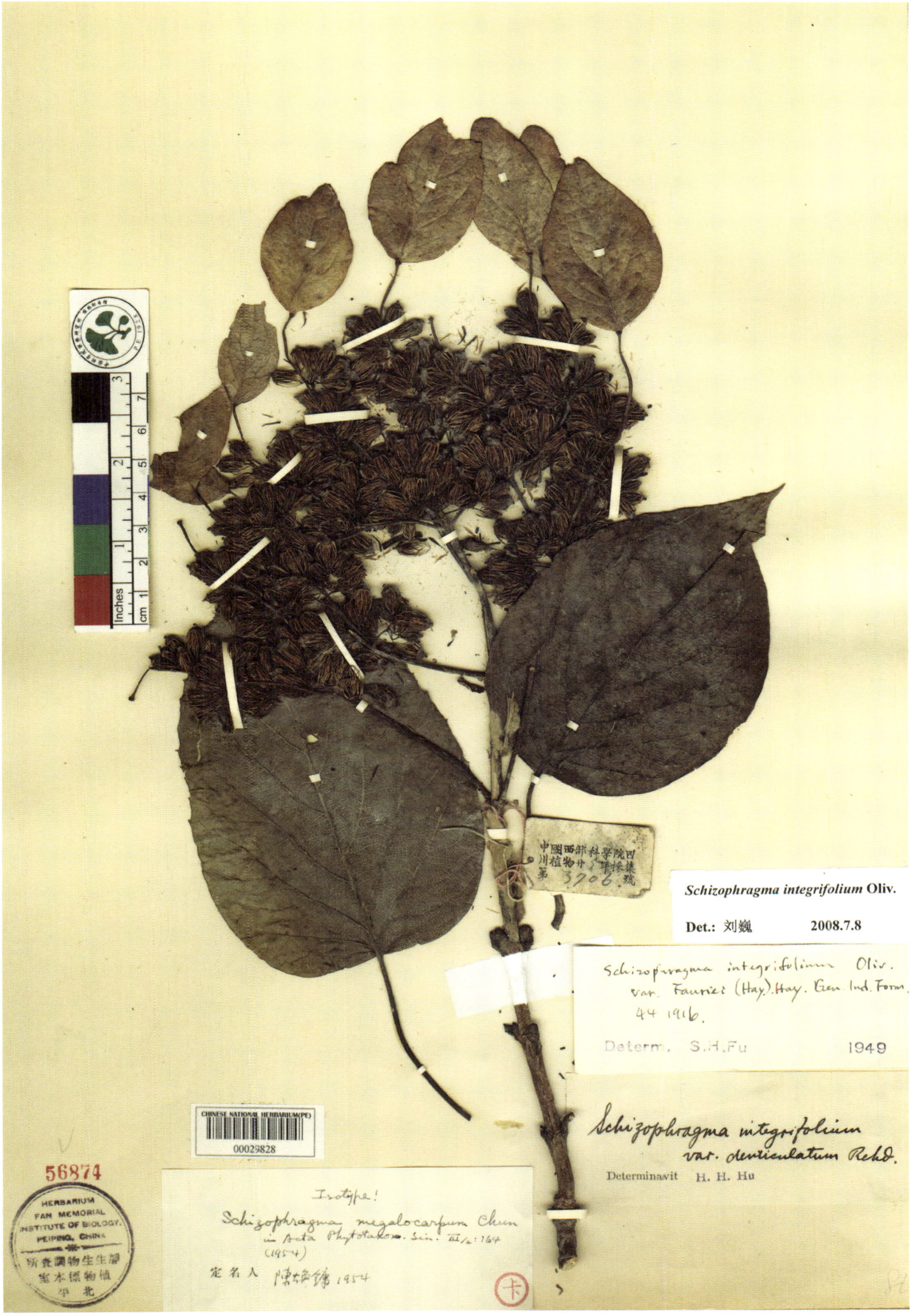

大果钻地风 ***Schizophragma megalocarpum*** Chun in Acta Phytotax. Sin. 3(2): 164, pl. 19. 1954. **Isotype:** China. Sichuan: Baoxing, alt. 600 m, 1936-??-??, W China Sci. Acad. 3706.

钝叶钻地风 ***Schizophragma obtusifolium*** Hu in Bull. Fan Mem. Inst. Biol., Bot. 5: 309. 1934. **Holotype:** China. Sichuan: Guangyuan, alt. 1 800 m, 1930-09-29, F. T. Wang 22605.

Pittosporaceae

海桐科

haitongke

皱叶海桐花 ***Pittosporum baileyanum*** Gowda in J. Arnold Arbor. 32(4): 314. 1951. **Isoparatype:** China. Guangxi: Nanning, alt. 366 m, 1928-10-15, R. C. Ching 7876.

聚花海桐花 ***Pittosporum confertum*** Merr. & Chun in Sunyatsenia 2(3-4): 237, pl. 46. 1935. **Isotype:** China. Hainan: Sanya, alt. 1 500 m, 1933-04-07, F. C. How 70519.

滇西海桐 ***Pittosporum johnstonianum*** Gowda in J. Arnold Arbor. 32(4): 335. 1931. **Isotype:** China. Yunnan: Gongshan, Kiukiang Valley, alt. 1 500 m, 1938-09-07, T. T. Yu 20170.

薄圆果海桐 ***Pittosporum kobuskianum*** Gowda in J. Arnold Arbor. 32(4): 303. 1951. **Isotype:** China. Guangdong: Lechang, alt. 460 m, Y. Tsiang 1320.

木瓣海桐 ***Pittosporum lignilobum*** Hu & F. T. Wang in Bull. Fan Mem. Inst. Biol., n. s. 1(1): 98. 1941. **Isoparatype:** China. Sichuan: Emei, Emeishan, 1938-10-??, C. W. Yao 3230.

峨眉海桐 ***Pittosporum omeiense*** Chang & S. Z. Yan in Acta Phytotax. Sin. 16(4): 86. 1978. **Isotype:** China. Sichuan: Emei, Emeishan, alt. 1 300 m, 1957-05-03, G. H. Yang 54360.

线叶柄果海桐 ***Pittosporum podocarpum*** Gagnep. var. ***angustatum*** Gowda in J. Arnold Arbor. 32(3): 295. 1951. **Isoparatype:** China. Sichuan: Emei, Emeishan, alt. 1 525~1 678 m, 1928-08-16, W. P. Fang 3059.

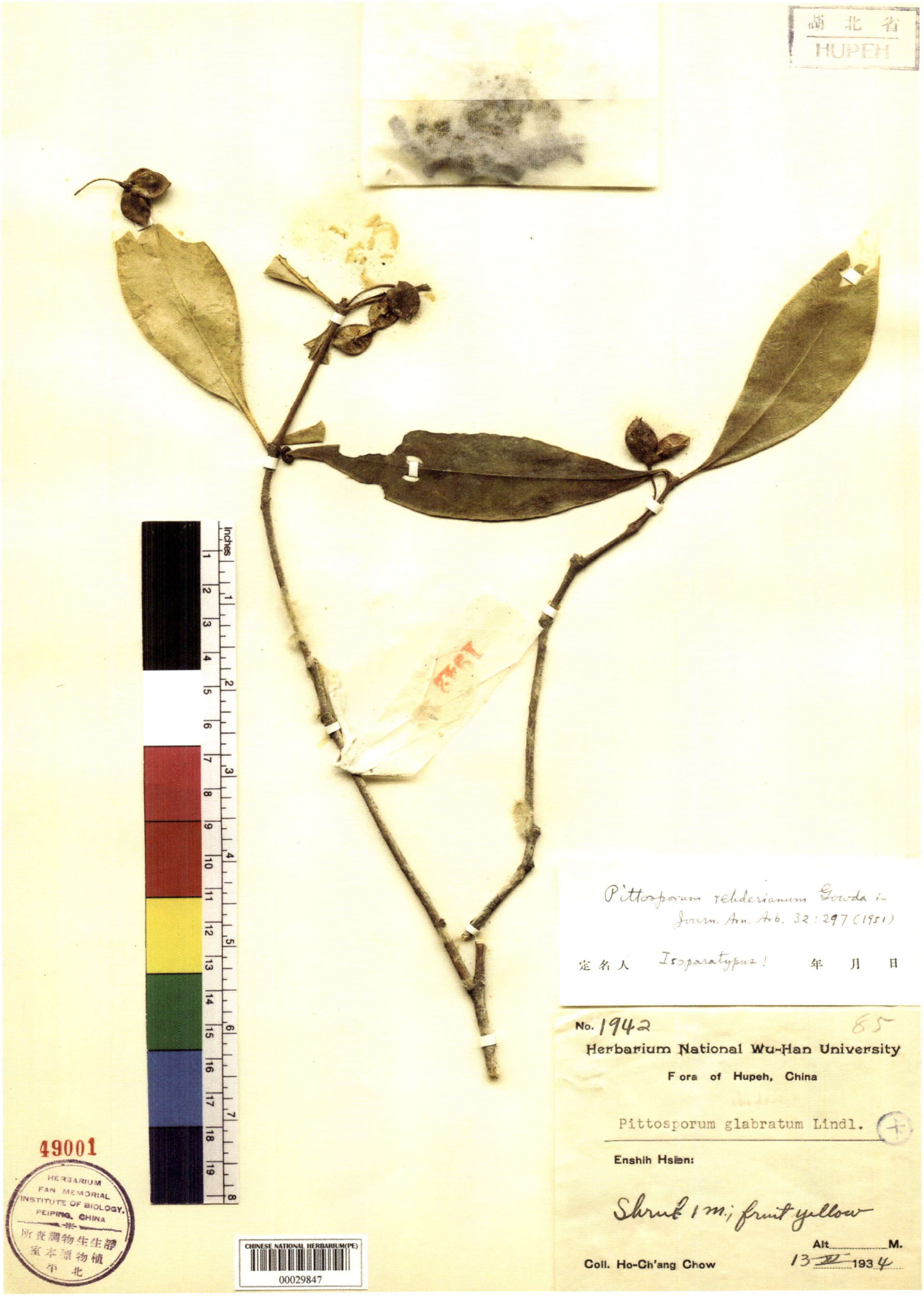

厚圆果海桐 ***Pittosporum rehderianum*** Gowda in J. Arnold Arbor. 32(3): 297. 1951. **Isoparatype:** China. Hubei: Enshi, 1934-11-13, H. C. Chow 1942.

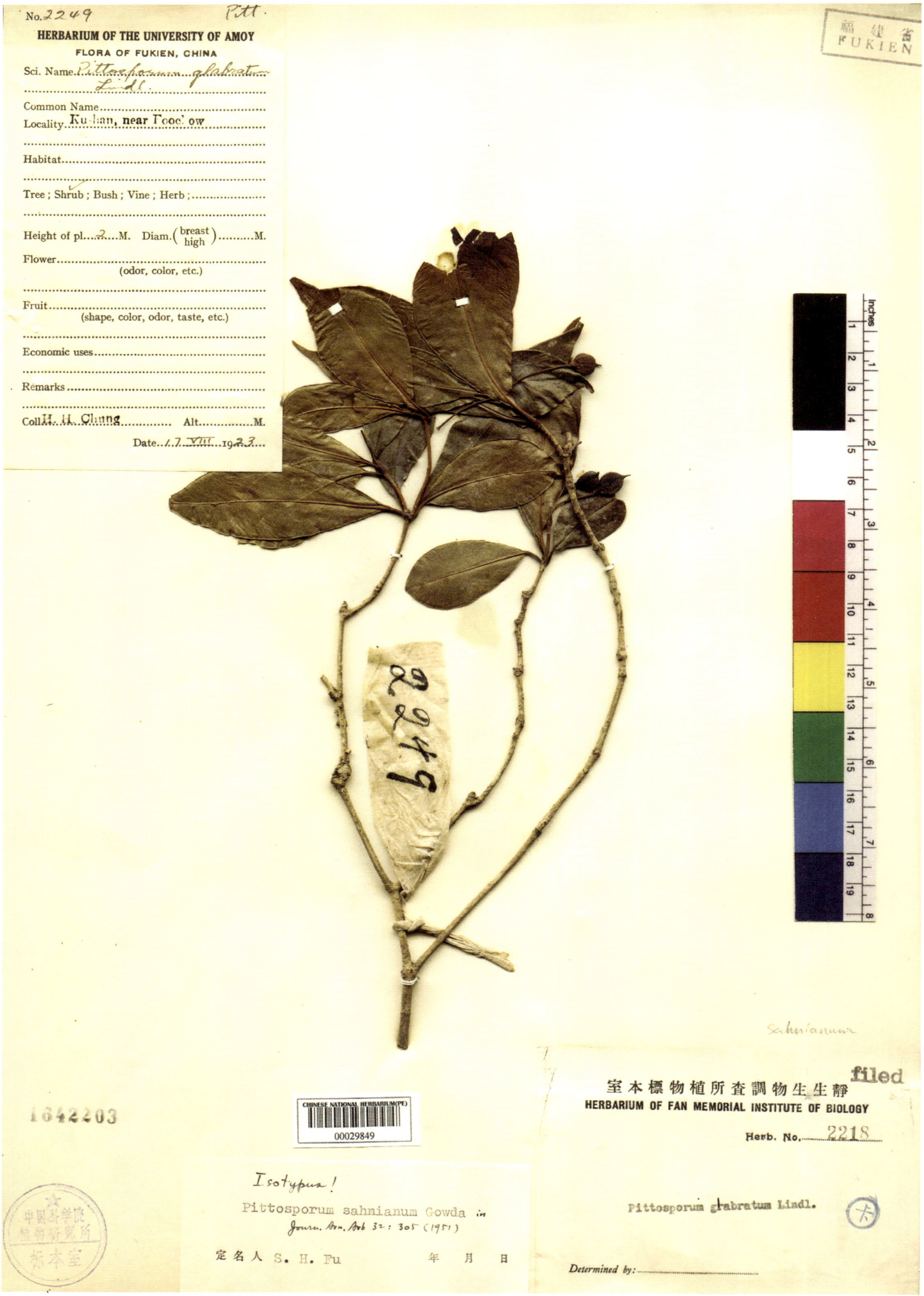

福建海桐 ***Pittosporum sahnianum*** Gowda in J. Arnold Arbor. 32(4): 305. 1951. **Isotype:** China. Fujian: Minhou, 1923-08-17, H. H. Chung 2249.

蔡氏海桐 ***Pittosporum truncatum*** Pritz. var. ***tsaii*** Gowda in J. Arnold Arbor. 32(4): 340. 1951. **Isotype:** China. Yunnan: Lanping, alt. 2 700 m, 1933-09-09, H. T. Tsai 56075.

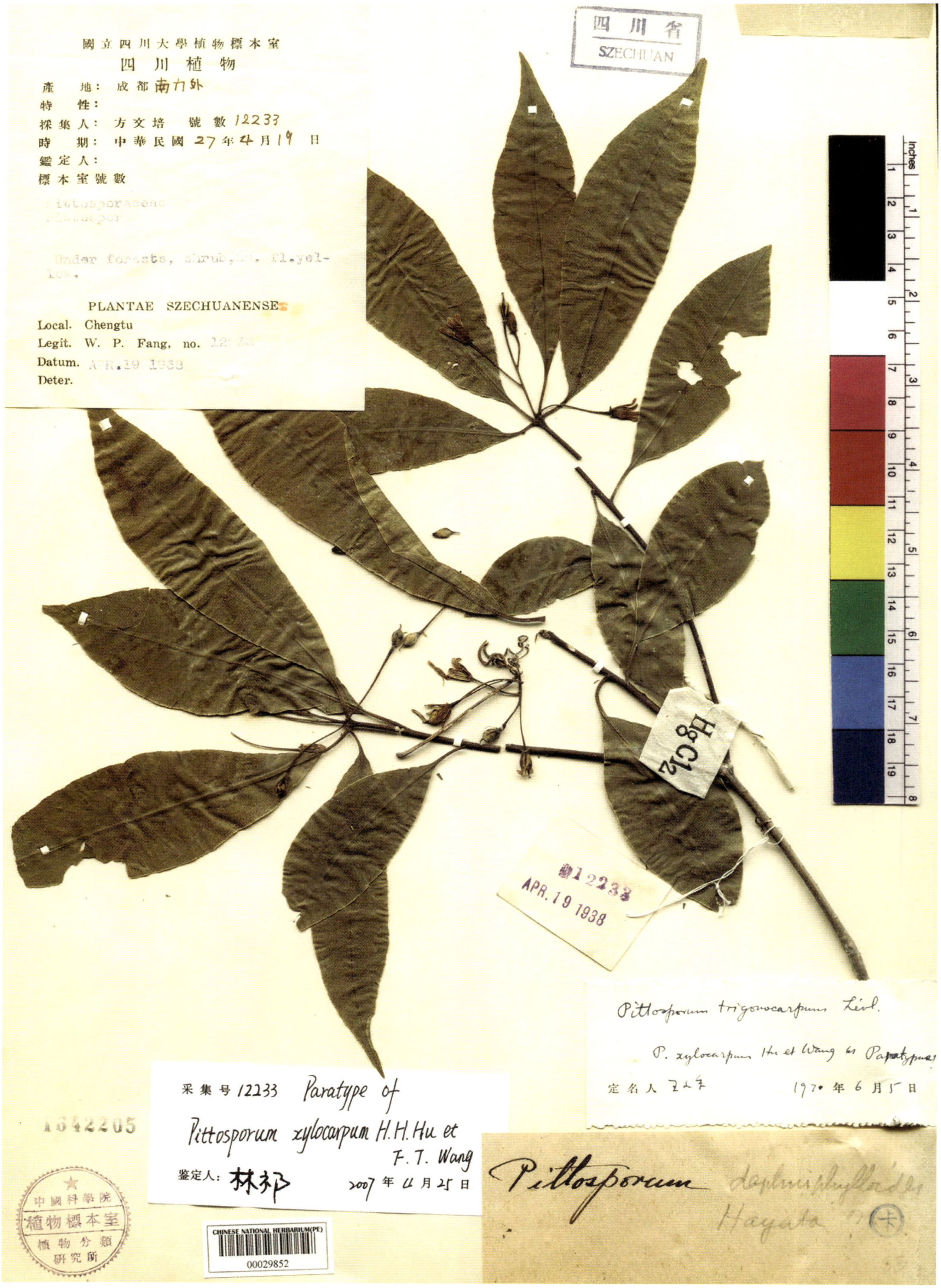

木果海桐 ***Pittosporum xylocarpum*** Hu & F. T. Wang in Bull. Fan Mem. Inst. Biol., n. s. 1(1): 95. 1943. **Paratype:** China. Sichuan: Chengdu, 1938-04-19, W. P. Fang 12233.

Hamamelidaceae

金缕梅科

jinlümeike

窄叶阿丁枫 ***Altingia angustifolia*** Chang in Acta Sci. Nat. Univ. Sunyatseni 1961(4): 52. 1961. **Isotype:** China. Guangdong: Dapu, alt. 700 m, 1957-06-10, L. Deng 5031.

细柄半枫荷 ***Altingia chingii*** Metc. in Lingnan Sci. J. 10(4): 413. 1931. **Isotype:** China. Fujian: Precise locality not known, alt. 854 m, 1924-08-04, R. C. Ching 2244.

小叶半枫荷 ***Altingia chingii*** Metc. var. ***parvifolia*** Chun in Sunyatsenia 1(4): 241. 1934. **Isotype:** China. Guangdong: Yingde, 1931-10-07, H. Y. Liang 61283.

山铜材 ***Chunia bucklandioides*** Chang in Sunyatsenia 7(1-2): 64, pl. 11-12. 1948. **Paratype:** China. Hainan: Ding’an, 1934-01-07, H. Y. Liang 64169.

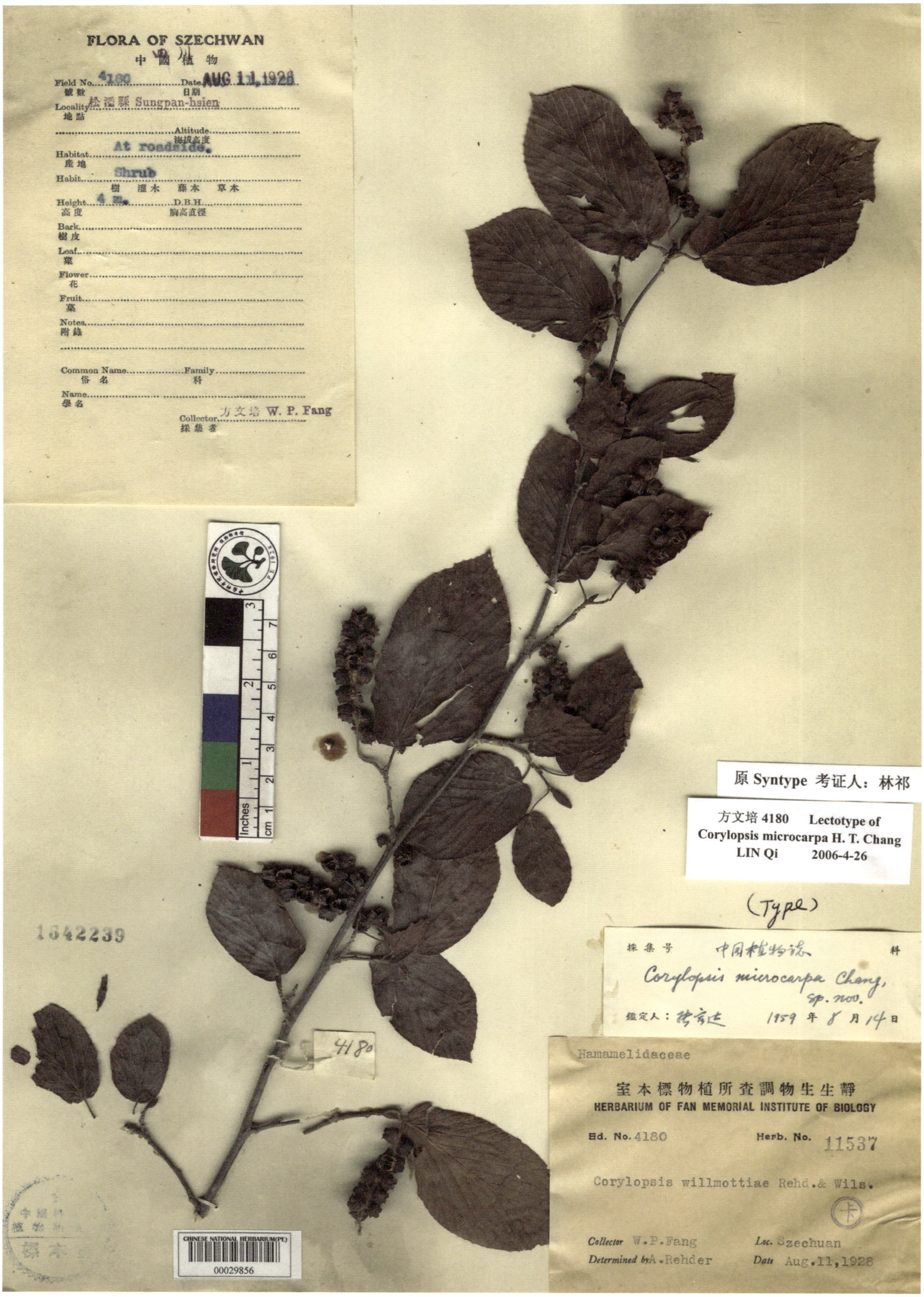

小果蜡瓣花 ***Corylopsis microcarpa*** Chang in Acta Sci. Nat. Univ. Sunyatseni 1960(1): 38. 1960. **Lectotype** (designated by Q. Lin & al. in Acta Bot. Boreal.-Occident. Sin. 27: 1250. 2007.): China. Sichuan: Songpan, 1928-08-11, W. P. Fang 4180.

白背蜡瓣花 ***Corylopsis multiflora*** Hance var. ***nivea*** Chang in Acta Sci. Nat. Univ. Sunyatseni 1960(1): 36. 1960. **Holotype:** China. Fujian: Chong'an, alt. 250 m, 1955-04-18, M. J. Wang & B. H. Huang 3207.

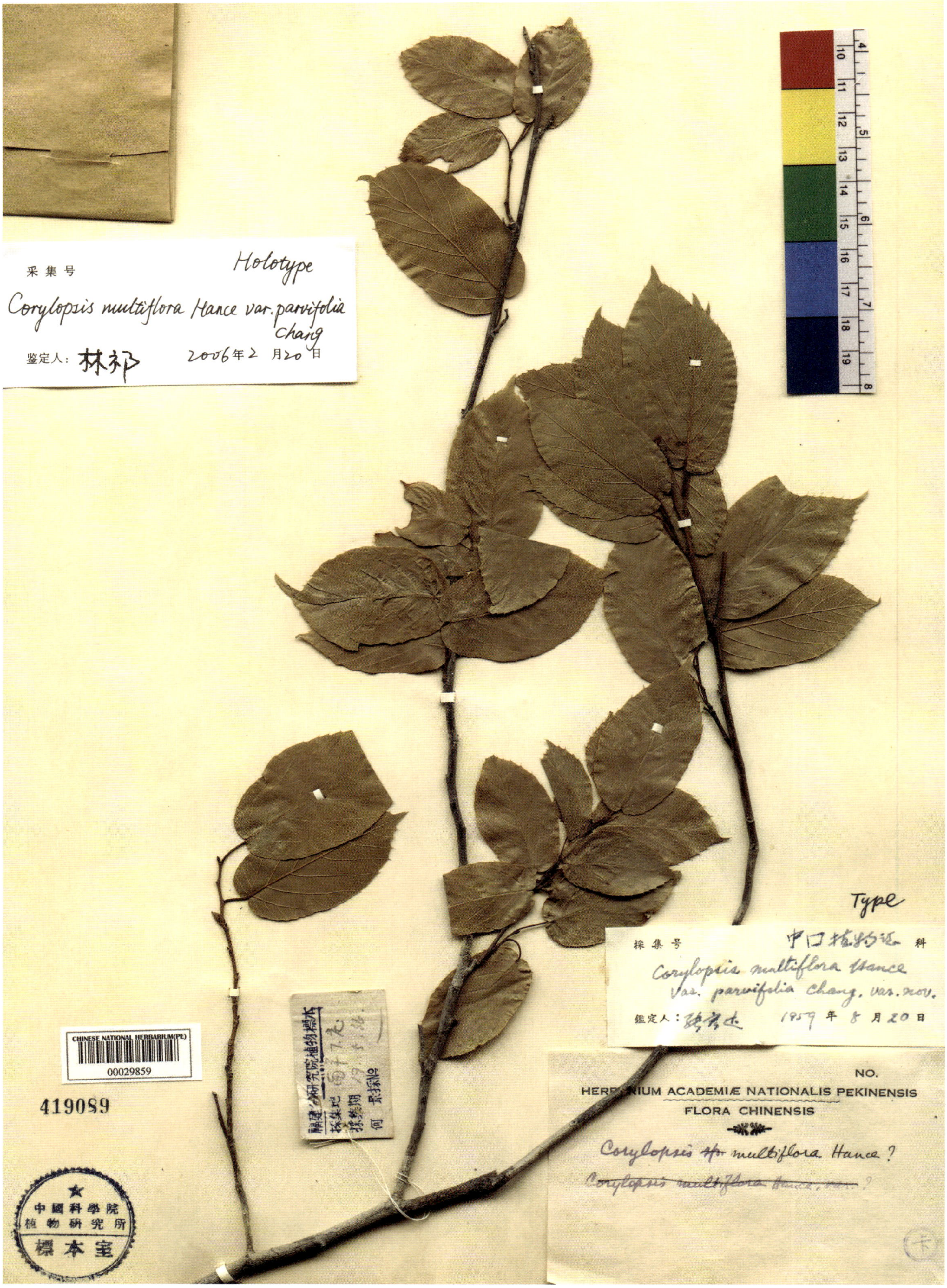

小叶大果蜡瓣花 ***Corylopsis multiflora*** Hance var. ***parvifolia*** Chang in Acta Sci. Nat. Univ. Sunyatseni 1960(1): 37. 1960. **Holotype:** China. Fujian: Nanping, 1936-05-17, G. Ho s. n.

峨眉蜡瓣花 ***Corylopsis omeiensis*** X. J. Yang in Contr. Biol. Lab. Sci. Soc. China, Bot. Ser. 12: 133, f. 12. 1947. **Holotype:** China. Sichuan: Emei, Emeishan, 1938-08-??, C. L. Wu 10941.

多脉蜡瓣花 ***Corylopsis polyneura*** Li in J. Arnold. Arbor. 25(3): 299. 1944. **Isotype:** China. Yunnan: Cham-pu-tung, (=Gongshan), alt. 3 000 m, 1935-10-??, C. W. Wang 66783.

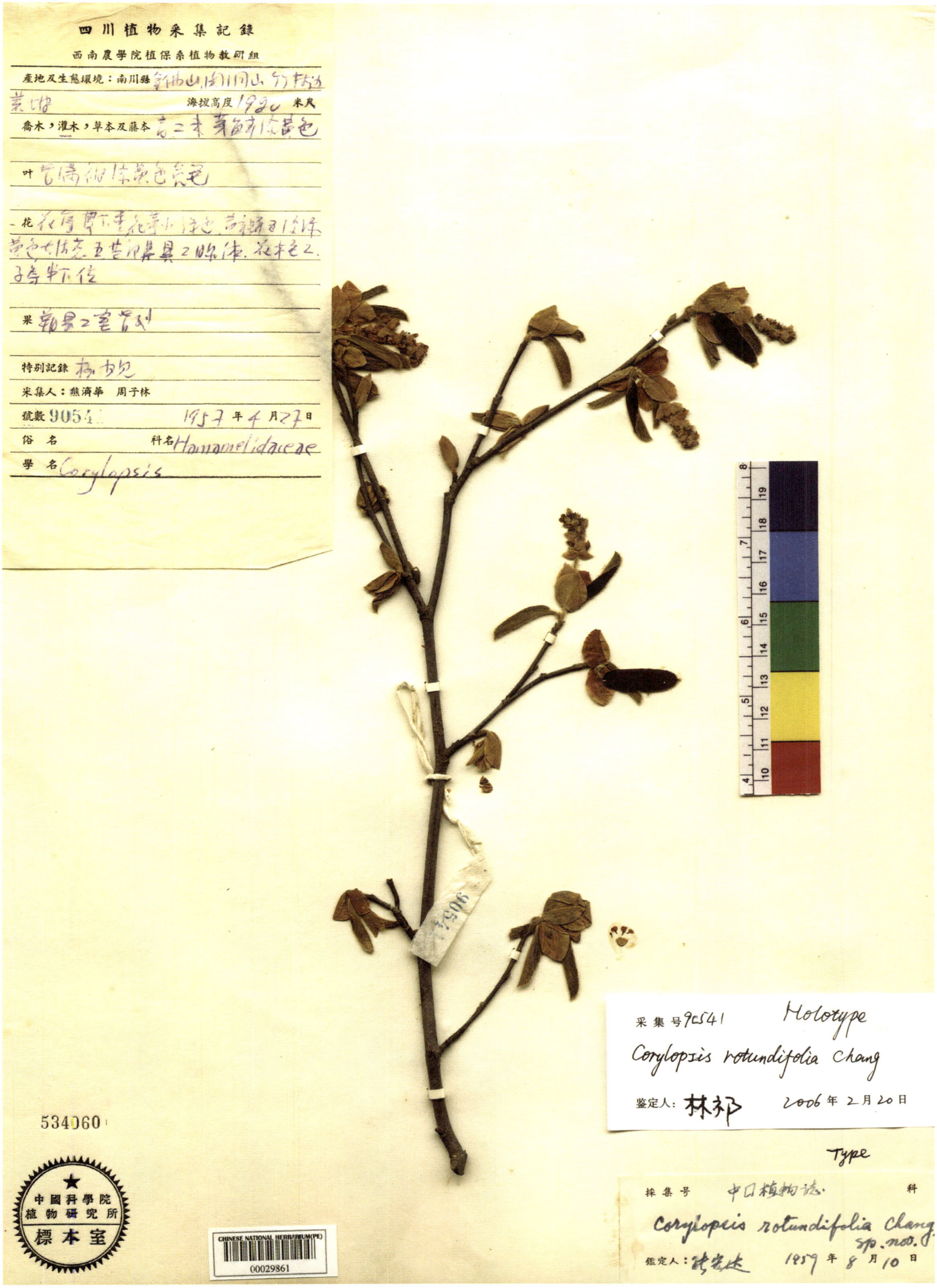

圆叶蜡瓣花 ***Corylopsis rotundifolia*** Chang in Acta Sci. Nat. Univ. Sunyatseni 1960(1): 37. 1960. **Holotype:** China. Chongqing: Nanchuan, alt. 1 920 m, 1957-04-27, J. H. Xiong & Z. L. Zhou 90541.

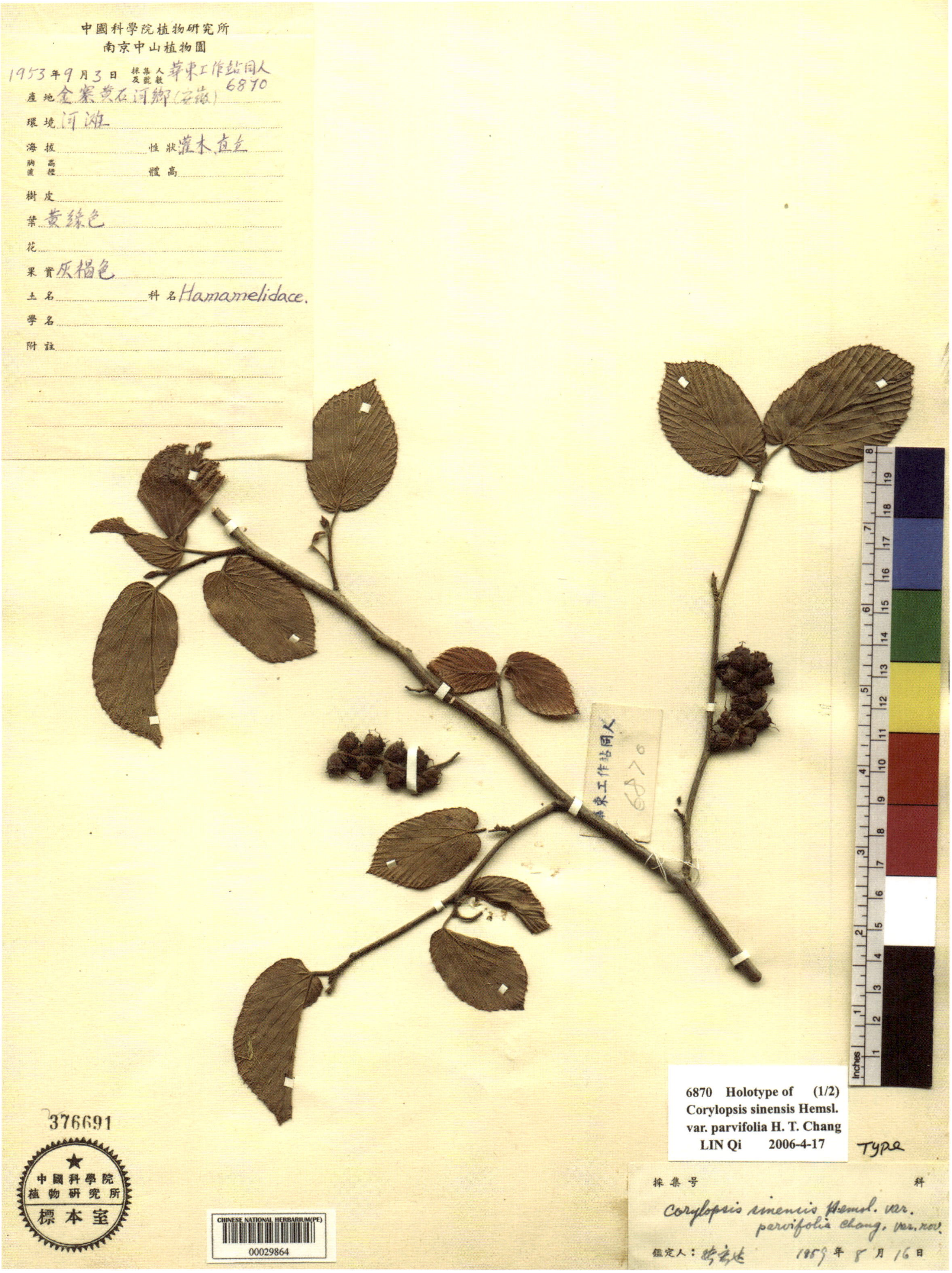

小叶蜡瓣花 ***Corylopsis sinensis*** Hemsl. var. ***parvifolia*** Chang in Acta Sci. Nat. Univ. Sunyatseni 1960(1): 37. 1960.
Holotype: China. Anhui: Jinzhai, 1953-09-03, NAS Exped. 6870.

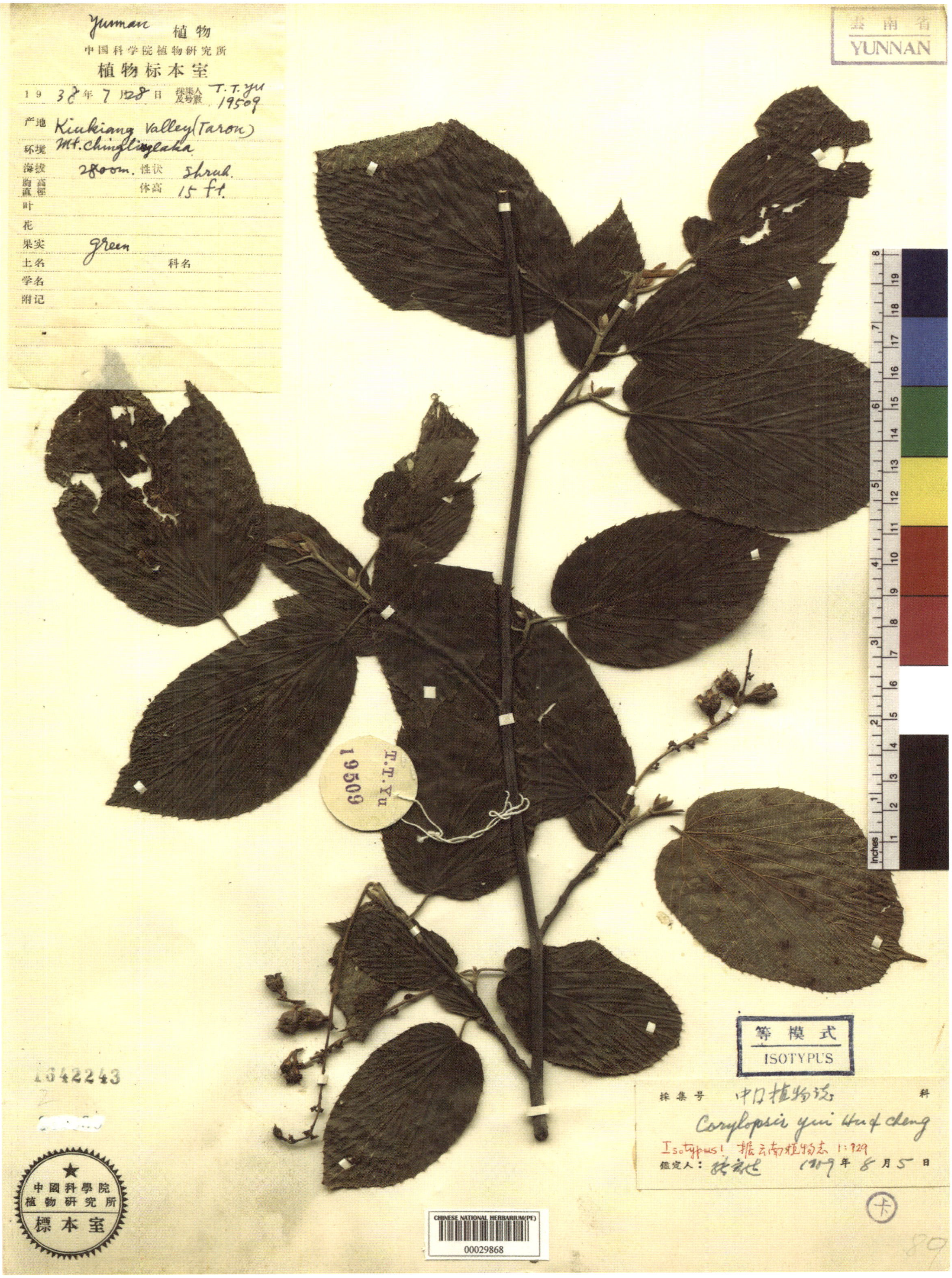

疏花蜡瓣花 ***Corylopsis yui*** Hu & W. C. Cheng in Bull. Fan Mem. Insti. Biol, n. s. 1: 193. 1948. **Isotype:** China. Yunnan: Kiukiang Valley, alt. 2 800 m, 1938-07-28, T. T. Yu 19509.

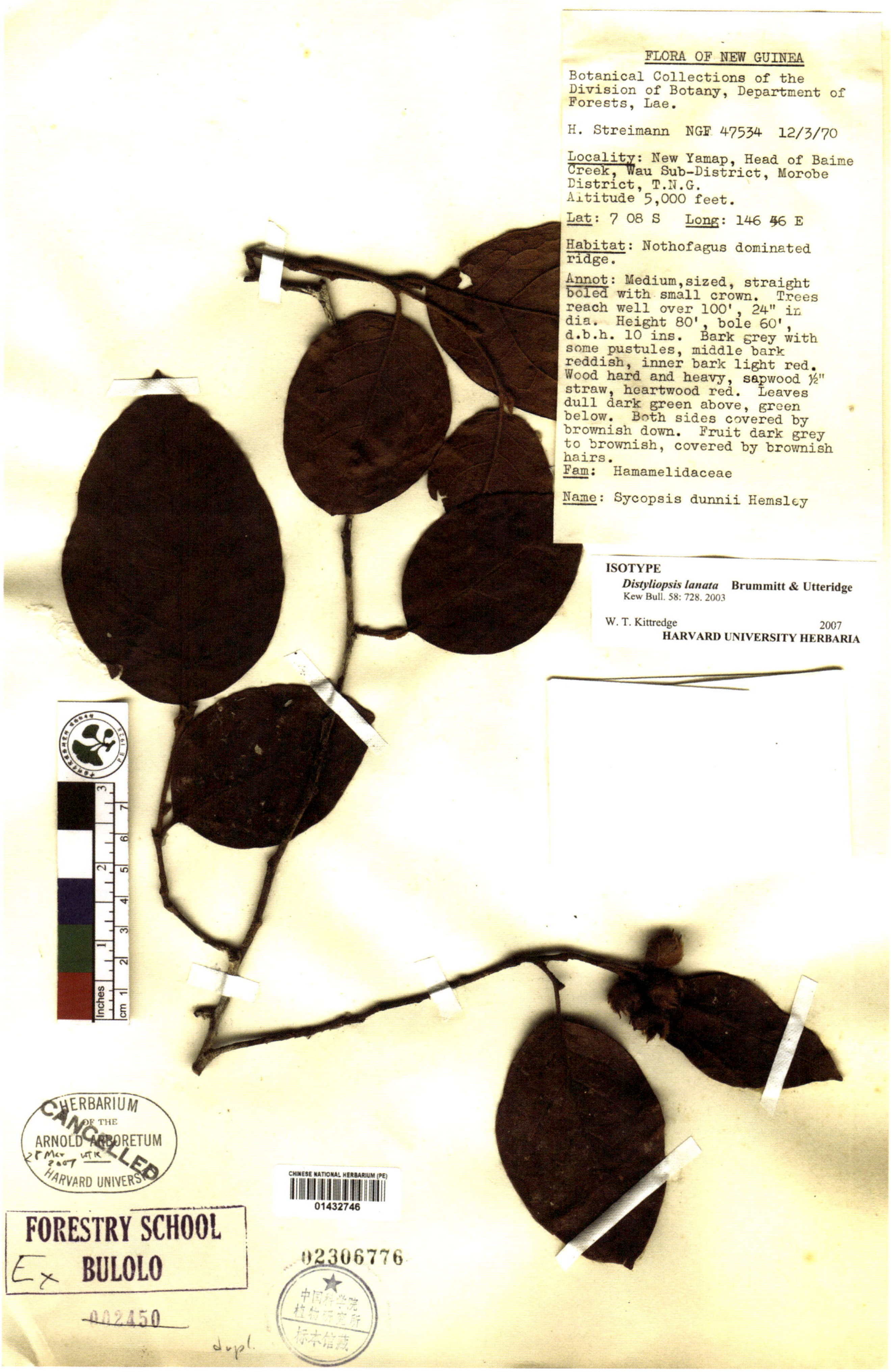

新几内亚水丝梨 ***Distyliopsis lanata*** N. A. Brummitt & Utteridge in Kew Bull. 58: 728. 2003. **Isotype:** New Guinea. T. N. G.: New Yamap, Morobe, alt. 1 525 m, 1970-03-12, H. Streimann 47534.

披针叶蚊母树 ***Distylium lanceolatum*** Chun ex W. C. Cheng in Contr. Biol. Lab. Sci. Soc. China, Bot. Ser. 10: 124. 1936. **Holotype:** China. Guangxi: Luocheng, alt. 305 m, 1928-05-30, R. C. Ching 5512.

锯齿蚊母树 ***Distylium pingpienense*** (Hu) Walker var. ***serratum*** Walker in J. Arnold. Arbor. 25(3): 331, f. 3: b. 1944.
Isotype: China. Hubei: Badong, 1934-06-30, H. C. Chow 706.

绒毛蚊母树 ***Distylium velutnum*** Hu in Bull. Fan Mem. Inst. Biol., Bot. Ser. 10: 148. 1940. **Holotype:** China. Yunnan: Pingbian, alt. 1 500 m, 1934-07-14, H. T. Tsai 62636.

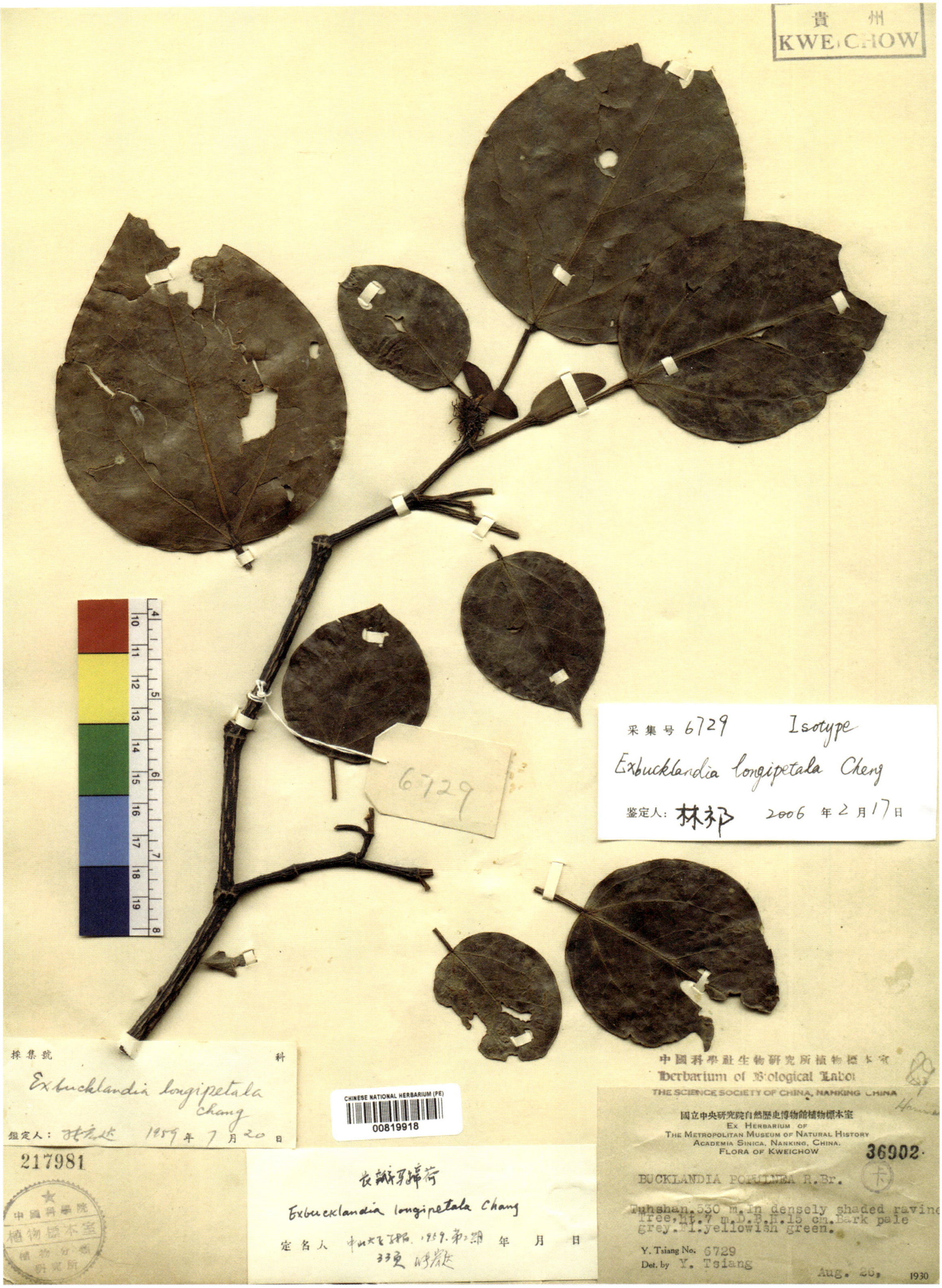

长瓣马蹄荷 ***Exbucklandia longipetala*** Chang in Acta Sci. Nat. Univ. Sunyatseni 1959(2): 33. 1959. **Isotype:** China, Guizhou: Dushan, alt. 530 m, 1930-08-26, Y. Tsiang 6729.

大果檵木 ***Loropetalum lanceum*** Hand.-Mazz. in Sinensia 2(10): 123. 1932. **Isotype:** China. Guangxi: Nanning, alt. 762 m, 1928-10-21, R. C. Ching 8078.

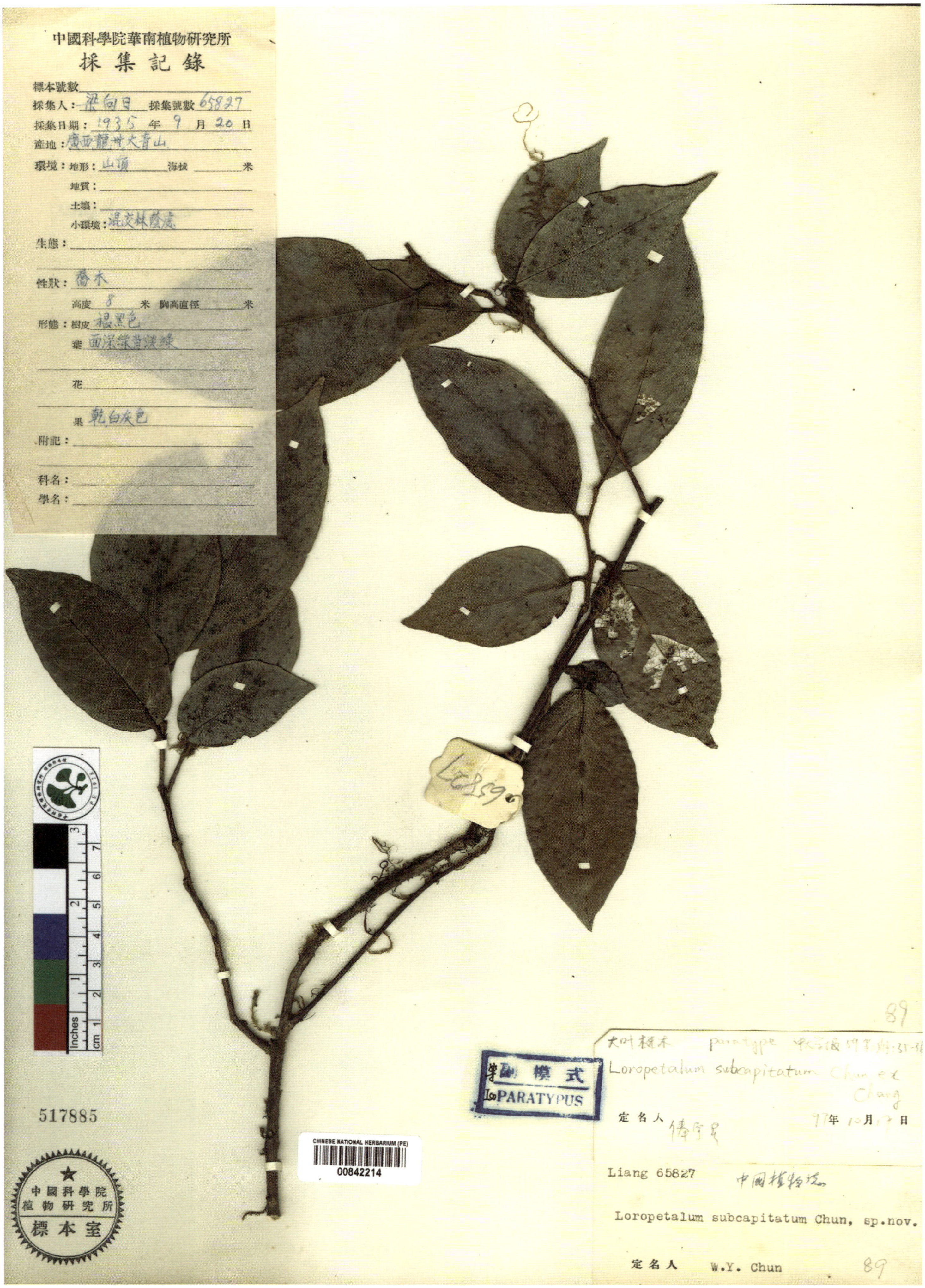

大叶檵木 ***Loropetalum subcapitatum*** Chun ex Chang in Acta Sci. Nat. Univ. Sunyatseni 1959(2): 35. 1959. **Isoparatype:** China. Guangxi: Longzhou, 1935-09-20, H. Y. Liang 65827.

半枫荷 ***Semiliquidambar cathayensis*** Chang in Acta Sci. Nat. Univ. Sunyatseni 1962(1): 37. 1962. **Isotype:** China. Guangdong: Ruyuan, 1933-10-13, S. P. Ko 53448.

闽半枫荷 ***Semiliquidambar cathayensis*** Chang var. ***fukienensis*** Chang in Acta Sci. Nat. Univ. Sunyatseni 1962(1): 42. 1962. **Holotype:** China. Fujian: Zhangping, alt. 700 m, 1942-11-21, Y. Ling 4522.

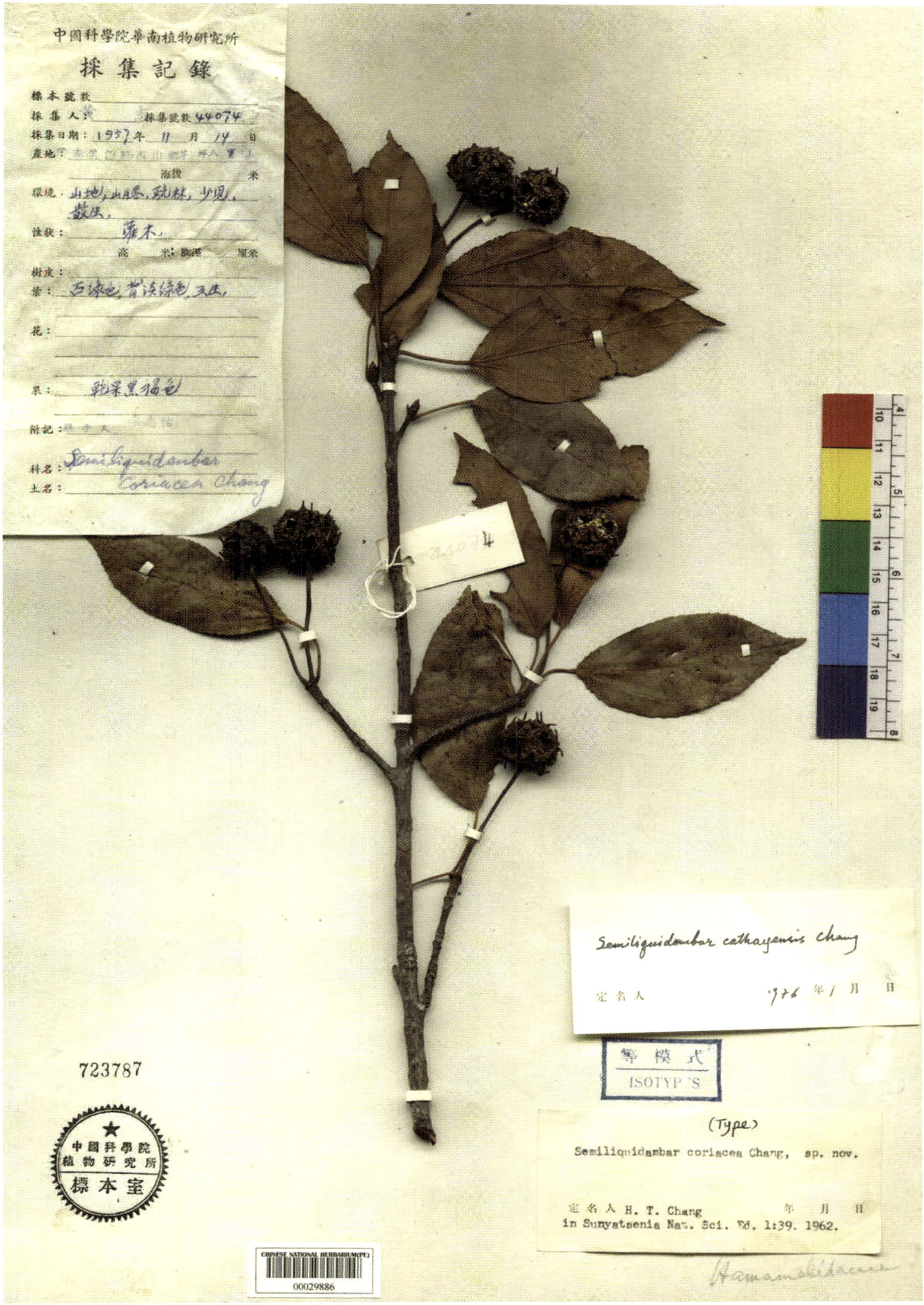

厚叶半枫荷 ***Semiliquidambar coriacea*** Chang in Acta Sci. Nat. Univ. Sunyatseni 1962(1): 39. 1962. **Isotype:** China. Guangdong: Ruyuan, 1957-11-14, C. Wang 44074.

闽粤蚊母树 ***Sycopsis chungii*** Metcalf in Lingnan Sci. J. 10: 414. 1931. **Isotype:** China. Fujian: Fuzhou, 1923-08-04, H. H. Chung 2095.

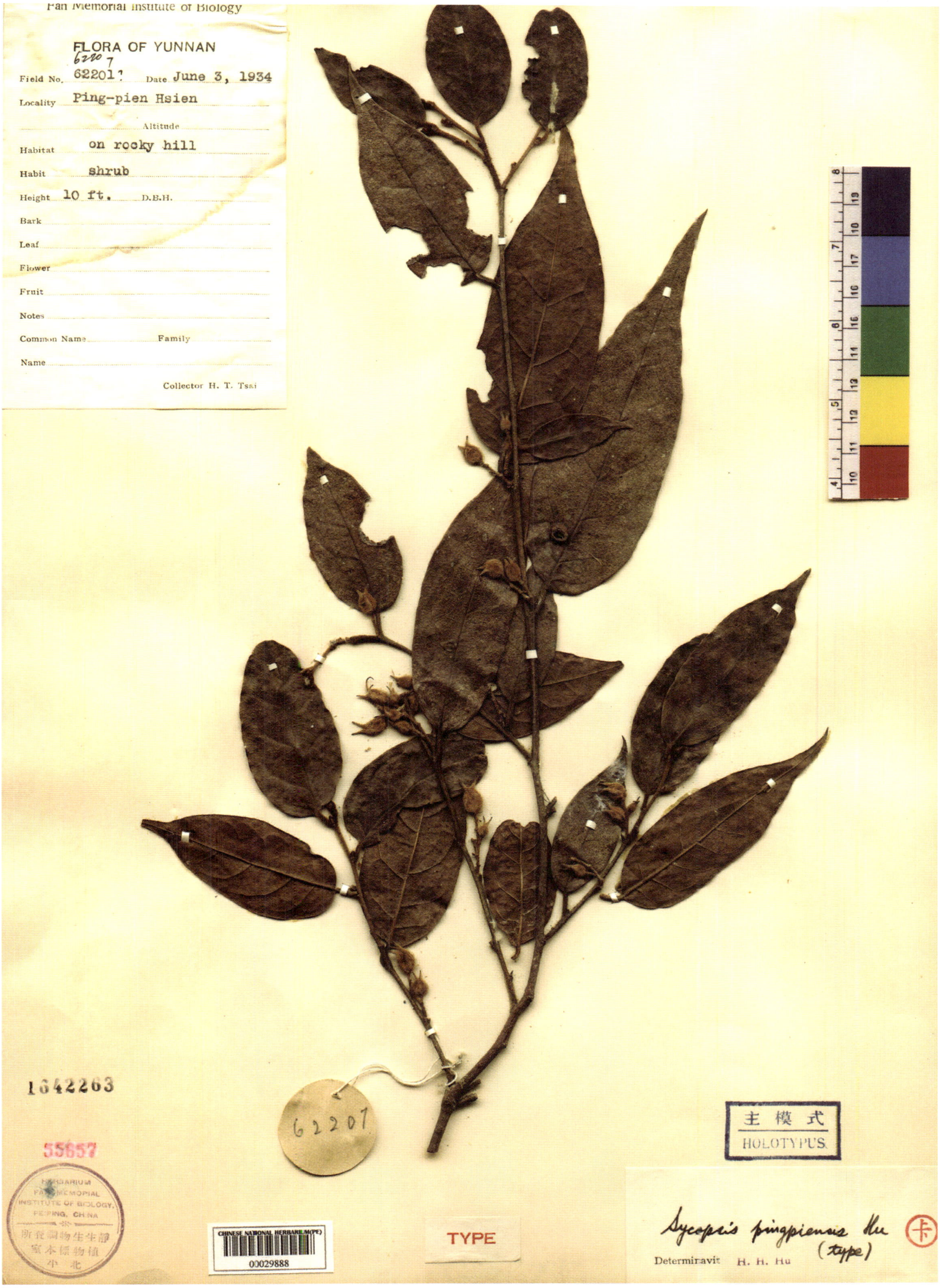

屏边蚊母树 ***Sycopsis pingpiensis*** Hu in Bull. Fan Mem. Inst. Biol., Bot. Ser. 10: 149. 1940. **Holotype:** China. Yunnan: Pingbian, 1934-06-03, H. T. Tsai 62207.

三脉水丝梨 ***Sycopsis triplinervia*** Chang in Acta Sci. Nat. Univ. Sunyatseni 1960(1): 41. 1960. **Holotype:** China. Sichuan: Pingshan, 1931-04-??, F. T. Wang 22815.

Connaraceae

牛栓藤科

niushuantengke

海南牛栓藤 ***Connarus hainanensis*** Merr. in Lingnan Sci. J. 13: 58. 1934. **Isotype:** China. Hainan: Lingshui, 1932-05-(03-20), H. Fung 20214.

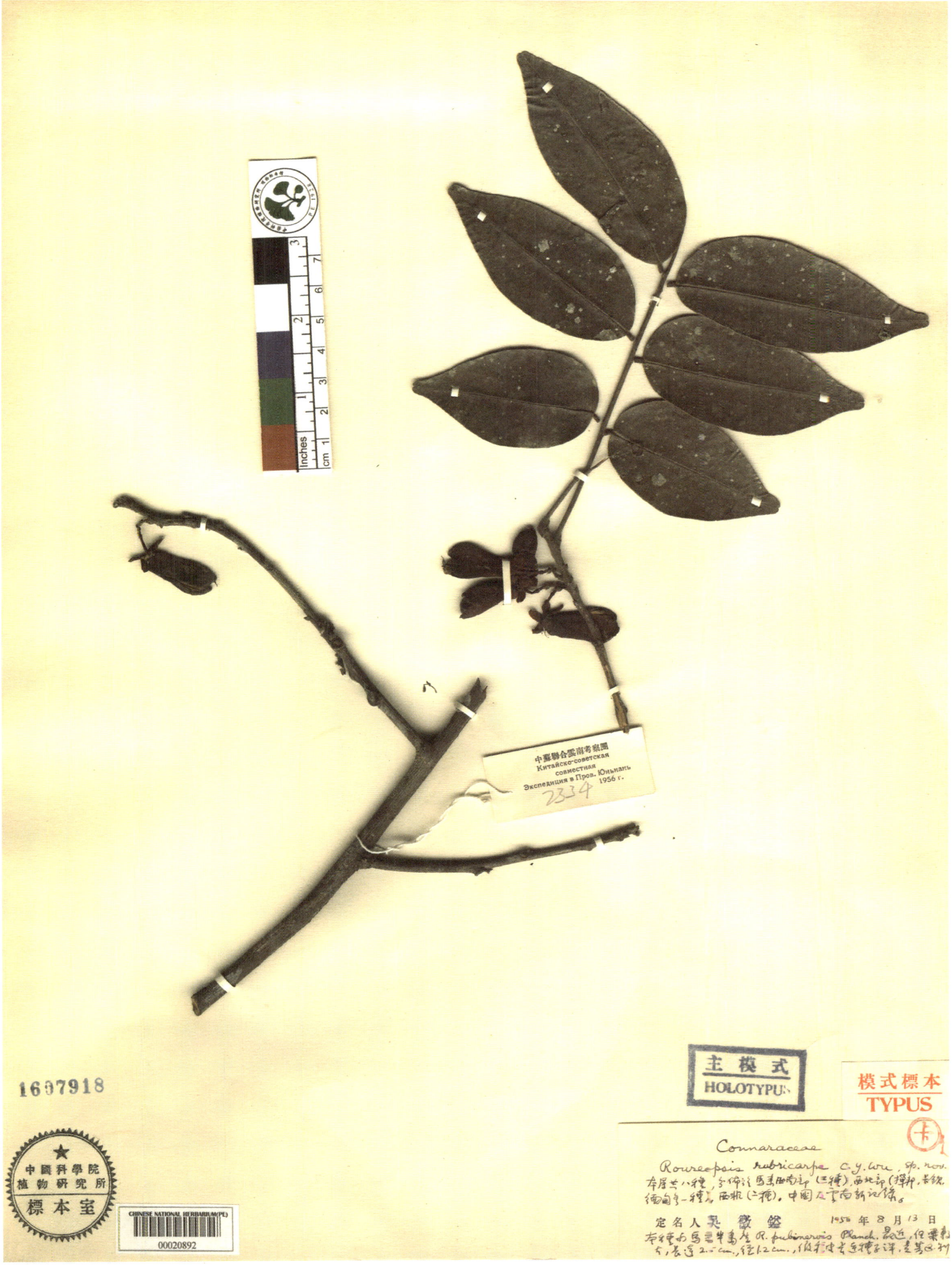

牛果藤 ***Roureopsis rubricarpa*** C. Y. Wu in Acta Phytotaxon. Sin. 6: 288, pl. 49. 1957. **Holotype:** China. Yunnan: Hekou, 1956-06-08, Sino-Russia Yunnan Exped. 2334.

Oxalidaceae

酢浆草科

cujiangcaoke

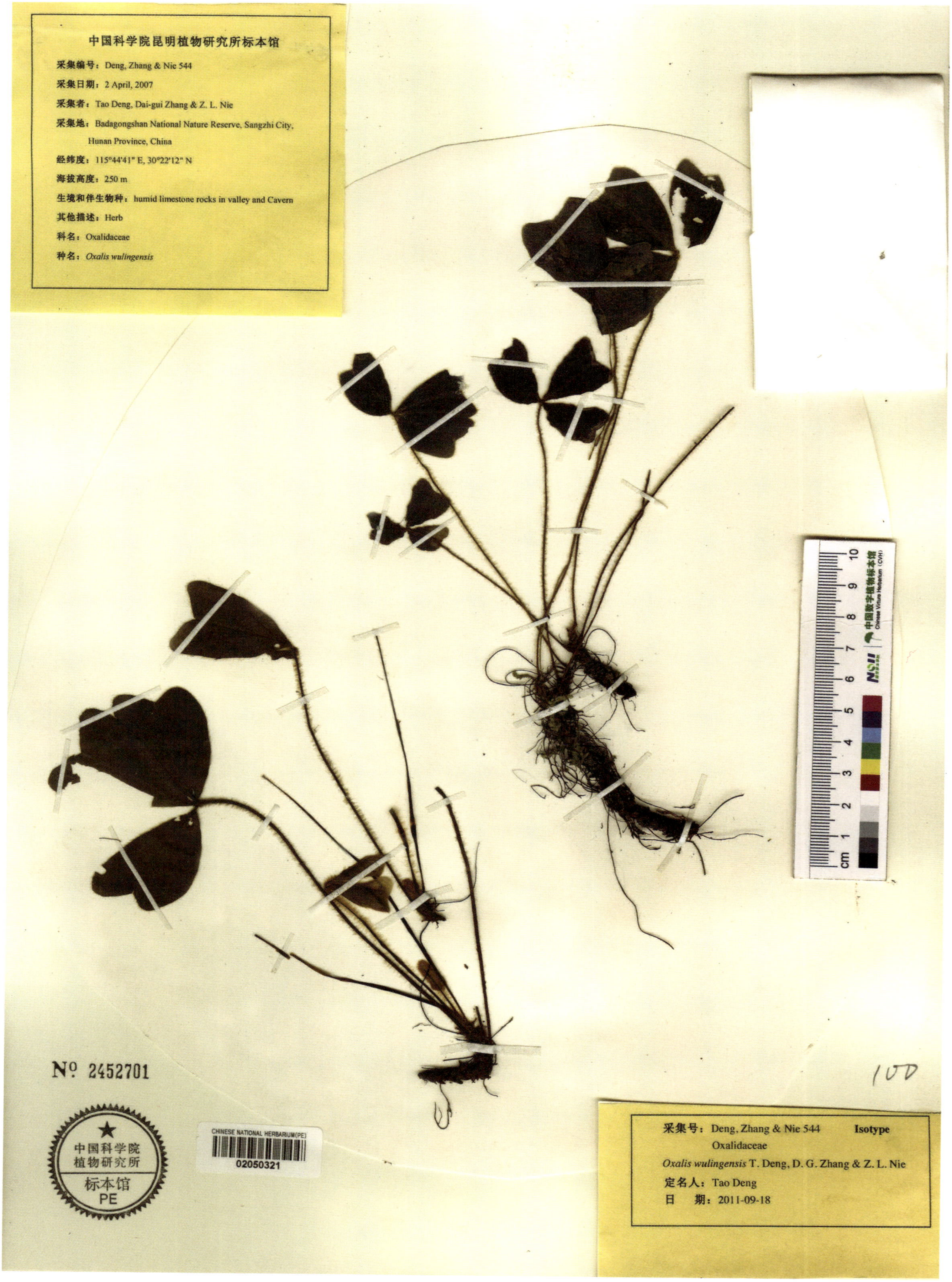

武陵山酢浆草 ***Oxalis wulingensis*** T. Deng, D. G. Zhang & Z. L. Nie in Syst. Bot. 38(1): 156, f. 3 & 4. 2013. **Isotype:** China. Hunan: Sangzhi, alt. 250 m, 2007-04-02, Tao Deng, Dai-gui Zhang & Z. L. Nie 544.

Geraniaceae

牻牛儿苗科

mangniuermiaoke

四川老鹳草 ***Geranium fangii*** R. Knuth in Repert. Spec. Nov. Regni Veg. 15: 218. 1936. **Lectotype** (designated here): China. Chongqing: Nanchuan, alt. 2 440~2 745 m, 1928-05-20, W. P. Fang 834.

Zygophyllaceae

蒺藜科

jilike

戈壁霸王 ***Zygophyllum gobicum*** Maxim., Enum. Pl. Mongolia, 298. 1889. **Isotype:** Nei Mongol: Gobi, 1886-07-13, G. N. Potanin s. n.

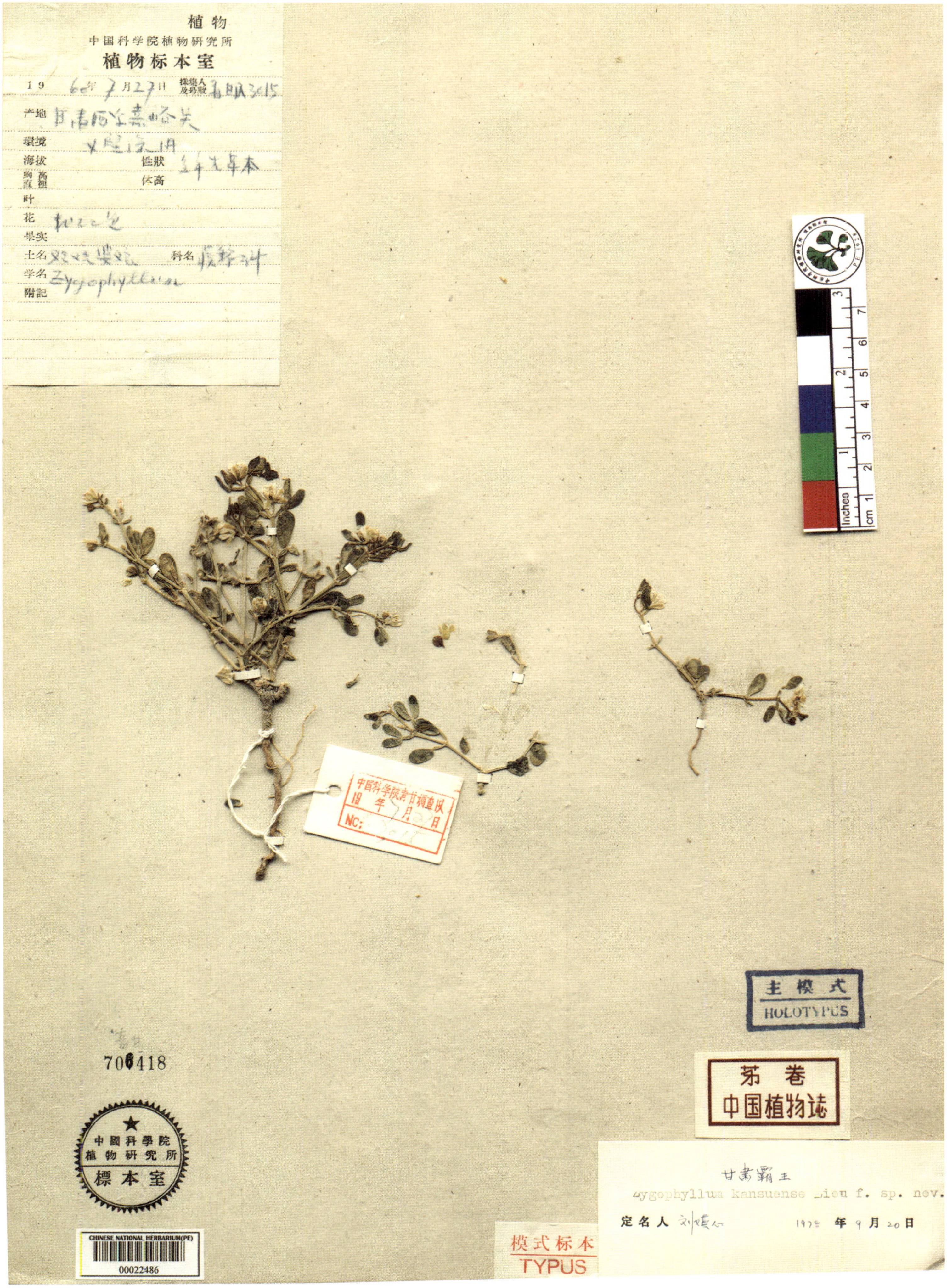

甘肃霸王 ***Zygophyllum kansuense*** Y. X. Liou in Acta Phytotaxon. Sin. 18(4): 484, f. 1. 1980. **Holotype:** China. Gansu: Jiayuguan, 1960-07-27, Qinghai-Gansu Exped. 3015.

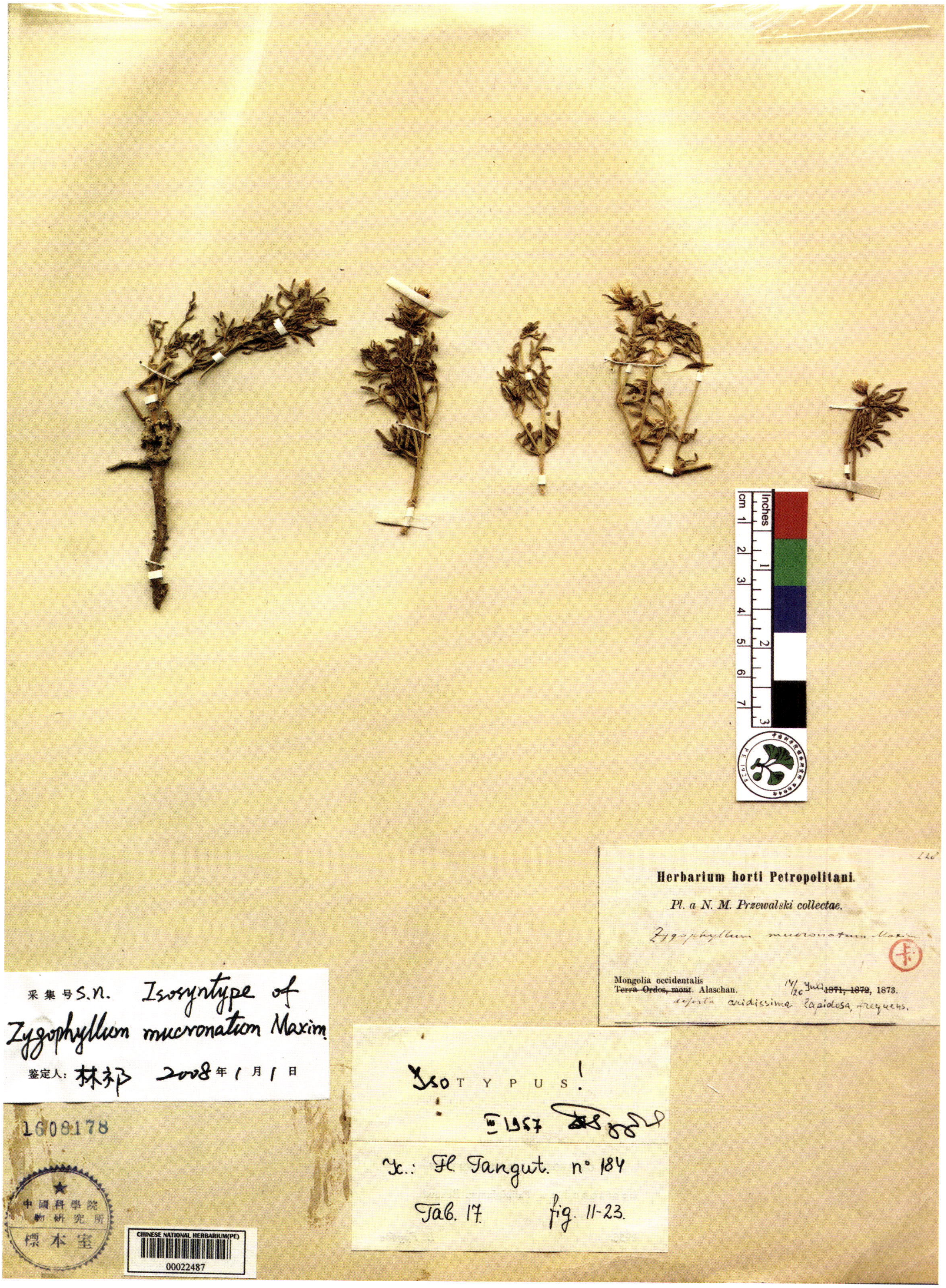

蝎虎霸王 ***Zygophyllum mucronatum*** Maxim. in Mel. Biol. Bull. Phys.-Math. Acad. Imp. Sci. St.-Petersb. 11: 175. 1881.
Lectotype (designated here)**:** China. Nei Mongol: Alaschan, 1873-07-(14-26), N. M. Przewalski 228.

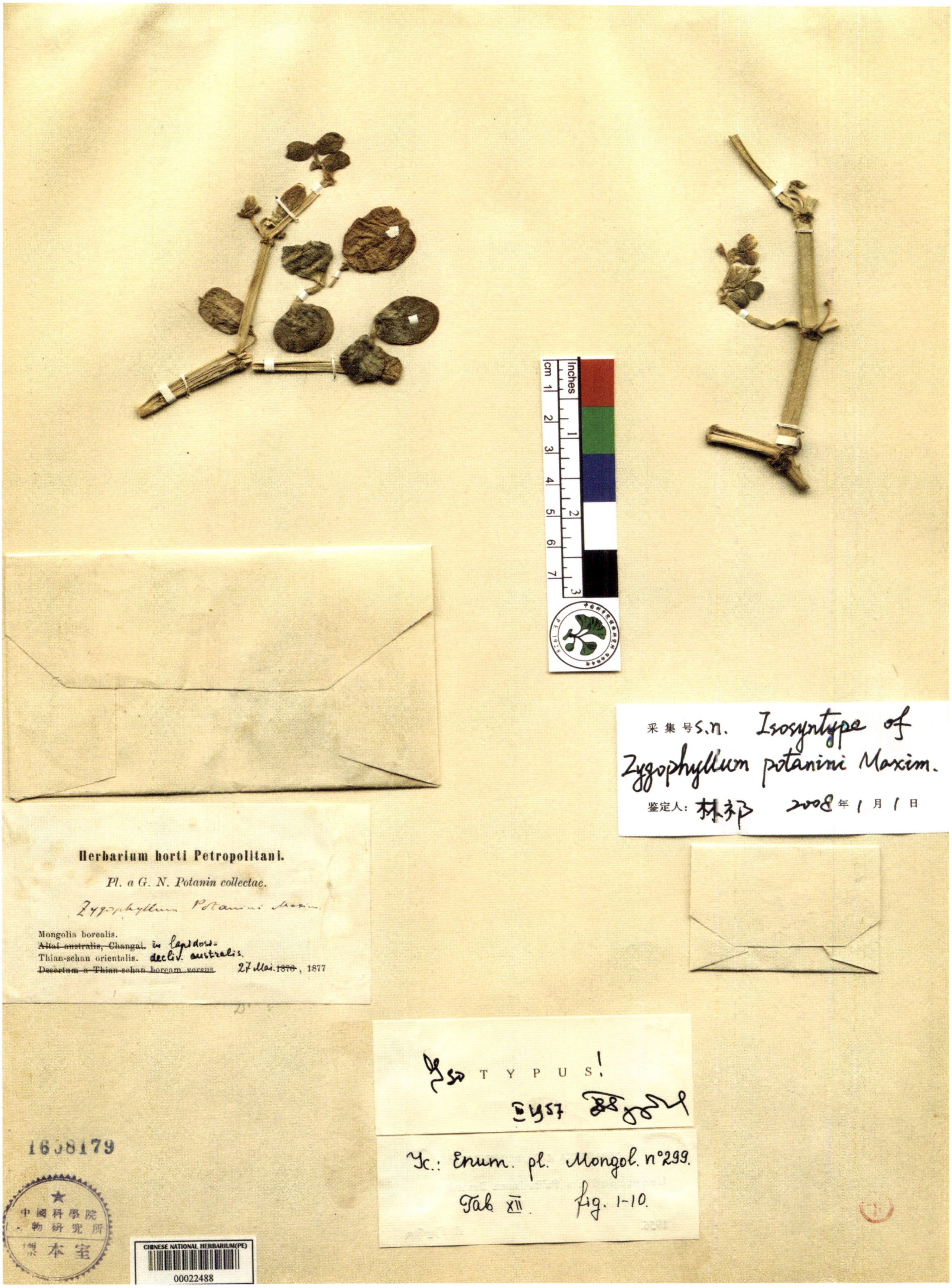

大花霸王 ***Zygophyllum potanini*** Maxim. in Mel. Boil. Bull. Phys.-Math. Acad. Imp. Sci. St.-Petersb. 11: 174. 1881.
Isosyntype: Mongalia: Thian-schan, 1877-05-27, N. M. Przewalski s. n.

Rutaceae

芸香科

yunxiangke

海南酒饼簕 ***Atalantia hainanensis*** Merr. & Chun ex Swingle in J. Arnold Arb. 21(1): 20, pl.4. 1940. **Isotype:** China. Hainan: Baoting, alt. 1 000 m, 1935-06-12, F. C. How 72807.

广东酒饼簕 ***Atalantia kwangtungensis*** Merr. in Philipp. J. Sci. 21(5): 496. 1922. **Isotype:** China. Guangxi: Fangcheng, 1928-06-08, K. K. Tsoong 1936.

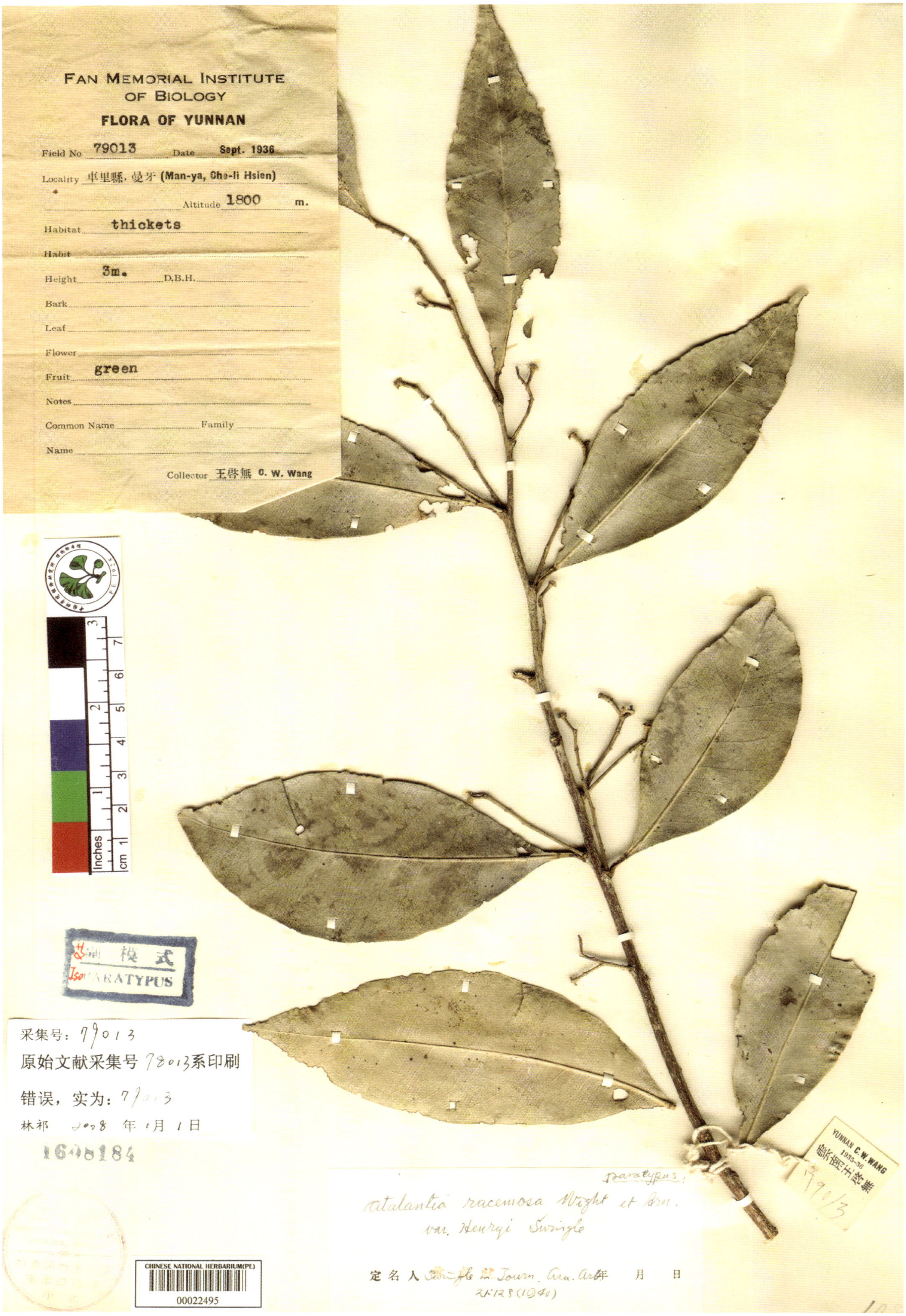

薄皮酒饼簕 ***Atalantia racemosa*** Wight & Arn. var. ***henryi*** Swingle in J. Arnold Arb. 21(2): 127, pl.4: 1-4. 1940. **Isoparatype:** China. Yunnan: Che-li (=Jinghong), alt, 1 800 m, 1936-09-??, C. W. Wang 79013.

广西柚 ***Citrus kwangsiensis*** Hu in J. Arnold Arb. 12(3): 153. 1931. **Isotype:** China. Guangxi: Hoo-chi (=Hechi), alt. 336 m, 1928-07-14, R. C. Ching 6456.

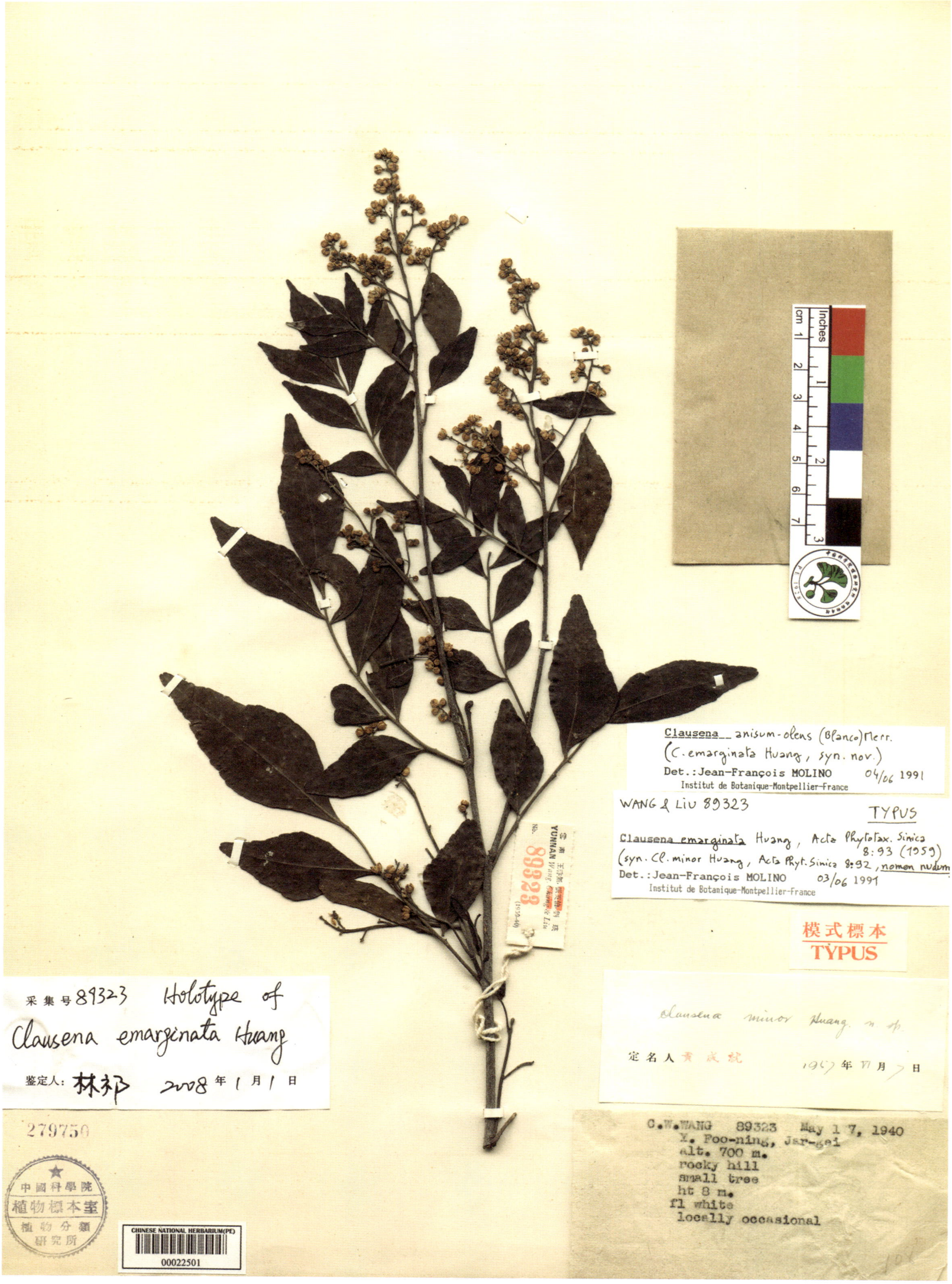

小黄皮 ***Clausena emarginata*** C. C. Huang in Acta Phytotaxon. Sin. 8(1): 93, pl. 8: 2. 1959. **Holotype:** China. Yunnan: Funing, alt. 700 m, 1940-05-17, C. W. Wang & Y. Liu 89323.

锈毛黄皮 ***Clausena ferruginea*** C. C. Huang in Acta Phytotaxon. Sin. 8(1): 86, pl.15. 1959. **Holotype:** China.Yunnan: Malipo, alt. 1 100 m, 1940-01-20, Y. Liu & C. W. Wang 86270.

广西黄皮 ***Clausena kwangsiensis*** C. C. Huang in Acta Phytotaxon. Sin. 8(1): 89, pl. 7: 1. 1959. **Holotype:** China. Guangxi: Baise, alt. 763 m, 1928-09-25, R. C. Ching 7667.

香花黄皮 ***Clausena odorata*** C. C. Huang in Acta Phytotaxon. Sin. 8(1): 92, pl.7: 2. 1959. **Holotype:** China. Yunnan: Mojiang, alt. 1 800 m, 1955-04-01, Sino-Russia Yunnan Exped. 6086.

云南黄皮 ***Clausena yunnanensis*** C. C. Huang in Acta Phytotaxon. Sin. 8(1): 90, pl. 8: 1. 1959. **Holotype:** China. Yunnan: Hekou, 1956-06-??, Sino-Russia Yunnan Exped. 3723.

华南吴萸 ***Evodia austrosinensis*** Hand.-Mazz. in Sinensia 5(1-2): 1. 1934. **Isotype:** China. Guangxi: Luocheng, alt. 366 m, 1928-06-21, R. C. Ching 6214.

着色吴萸 ***Evodia colorata*** Dunn in Bull. Misc. Inform. Kew 1906(1): 2. 1906. **Lectotype** (designated here)**:** China. Yunnan: Simao, alt. 1 525 m, A. Henry, 12137B.

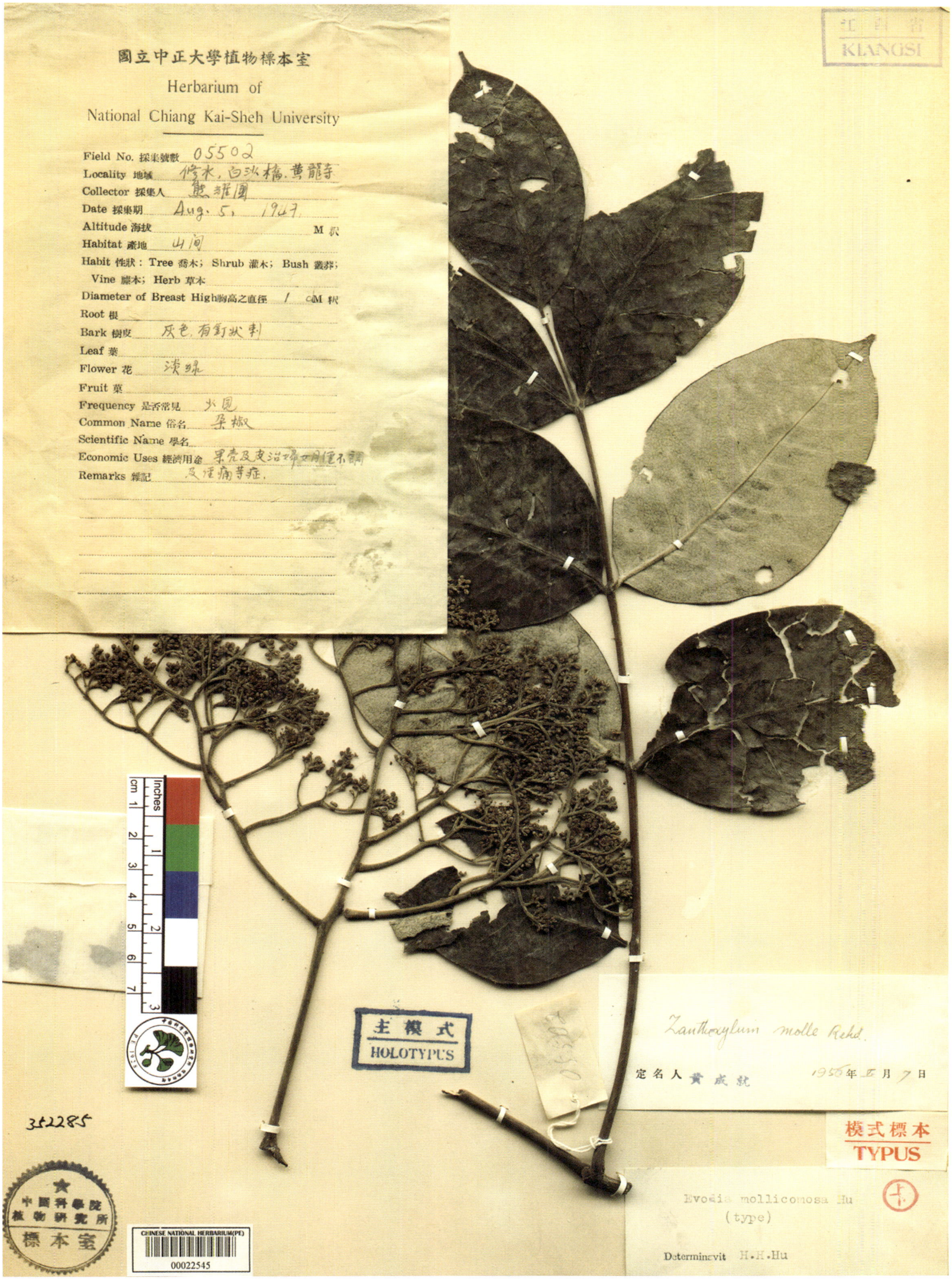

软毛吴茱萸 ***Evodia mollicoma*** Hu & F. H. Chen in Acta Phytotaxon. Sin. 1(2): 225. 1951. **Holotype:** China. Jiangxi, Xiushui, 1947-08-05, Y. K. Hsiung 05502.

蜜茱萸 ***Evodia patulinervia*** Merr. & Chun in Sunyatsenia 5(1-3): 87, pl. 9. 1940. **Isosyntype:** China. Hainan, Baoting, alt. 2 400 m, 1935-08-30, F. C. How 73549.

棱子吴茱萸 ***Evodia subtrigonosperma*** C. C. Huang in Acta Phytotaxon. Sin. 6(1): 118, pl. 31. 1957. **Holotype:** China. Yunnan: Gongshan, alt. 1 200 m, 1938-09-28, T. T. Yu 20510.

云南吴萸 ***Evodia yunnanensis*** C. C. Huang in Acta Phytotaxon. Sin. 6(1): 104, pl. 26. 1957. **Holotype:** China. Yunnan: Mengla, alt. 900 m, 1936-11-??, C. W. Wang 80688.

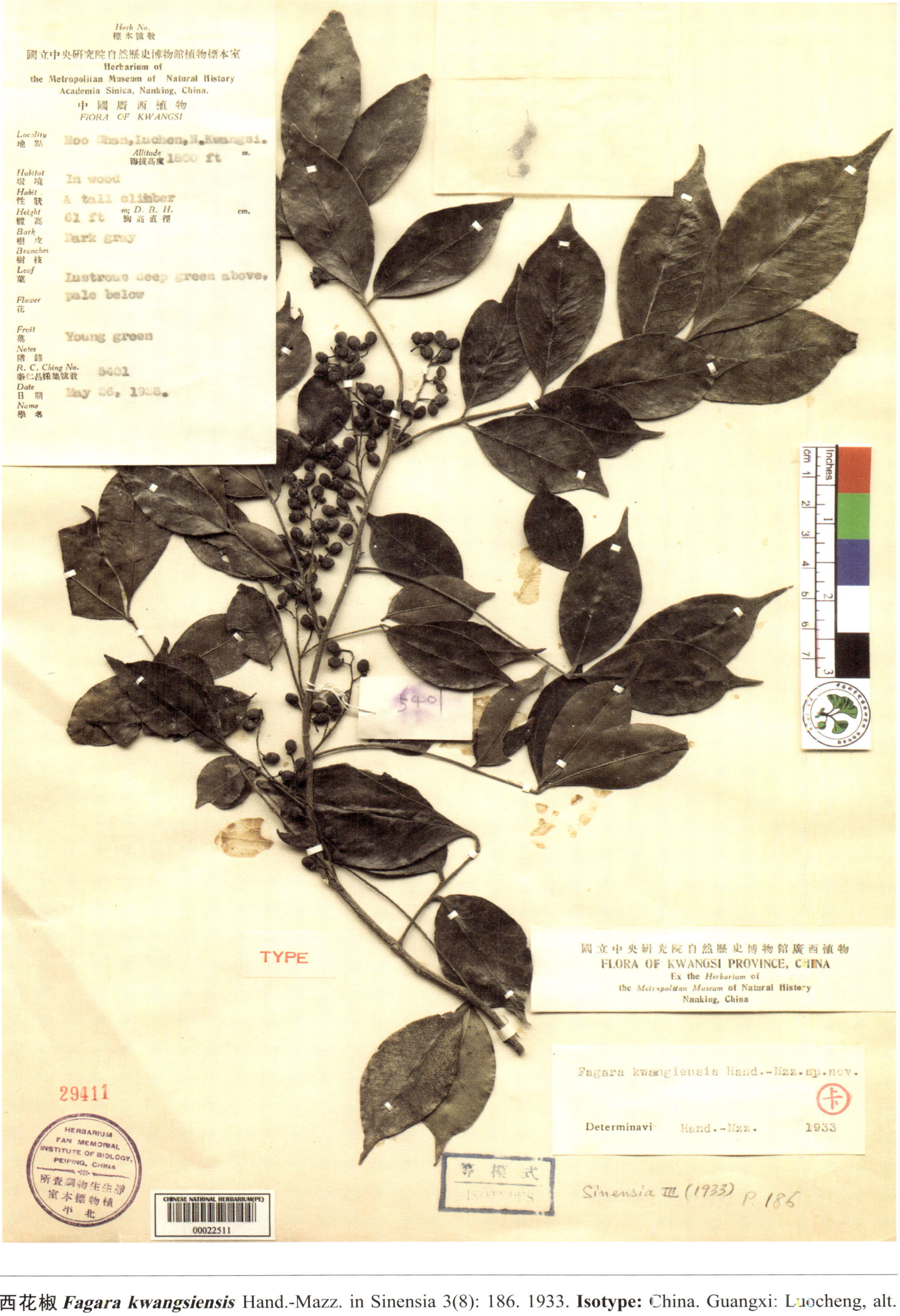

广西花椒 ***Fagara kwangsiensis*** Hand.-Mazz. in Sinensia 3(8): 186. 1933. **Isotype:** China. Guangxi: Luocheng, alt. 550 m, 1928-05-26, R. C. Ching 5401.

锈色花椒 ***Fagara robiginosa*** Reeder & Cheo in J. Arnold Arb. 32(1): 68, pl.1. 1951. **Isotype:** China. Yunnan: Pingbian, 1934-06-03, H. T. Tsai 62193.

长瓣山小橘 ***Glycosmis longipetala*** F. J. Mou & D. X. Zhang in J. System. Evol. 47(2): 165, f. 1, 3. 2009. **Paratype:** China. Yunnan: Che-Li (=Jinghong), alt. 720 m, 1936-10-??, C. W. Wang 79914.

针枝芸香 ***Haplophyllum tragacanthoides*** Diels in Notizbl. Bot. Gart. Mus. Berlin-Dahlem. 9: 1028. 1926. **Isotype:** China. Gansu: Helanshan, alt.1 500 m, 1923-05-15, R. C. Ching 107.

四数九里香 ***Murraya tetramera*** C. C. Huang in Acta Phytotaxon. Sin. 8: 102. 1959. **Holotype:** China. Yunnan: Yanshan, alt. 1 400 m, 1932-07-??, H. T. Tsai 57277.

单叶藤橘 ***Paramignya confertifolia*** Swingle in J. Arnold Arb. 21: 17. 1940. **Isotype:** China. Hainan: Sanya, 1932-07-30, S. K. Lau 339.

镰刀叶黄皮树 ***Phellodendron chinense*** C. C. Huang var. ***falcatum*** C. C. Huang in Acta Phytotaxon. Sin. 7(4): 336. 1958.
Holotype: China. Yunnan: Liangshan, alt. 2 100 m, 1932-08-12, H. T. Tsai 51252.

增城茵芋 ***Skimmia euphlebia*** Merr. in Lingnan Sci. J. 13(1): 32. 1934. **Isotype:** China. Guangdong: Zengcheng, 1932-04-22, W. T. Tsang, 20302.

多脉茵芋 ***Skimmia multinervia*** C. C. Huang in Acta Phytotaxon. Sin. 7(4): 348, pl. 67: 1. 1958. **Holotype:** China. Yunnan: Weixi, alt. 2 500 m, 1935-10-??, C. W. Wang 71747.

毛刺花椒 ***Zanthoxylum acanthopodium*** C. C. Huang var. ***villosum*** C. C. Huang in Acta Phytotaxon. Sin. 6(1): 33. 1957.
Holotype: China. Yunnan: Lijiang, 1929-05-24, R. C. Ching 22770.

高山花椒 ***Zanthoxylum alpinum*** C. C. Huang in Acta Phytotaxon. Sin. 6(1): 60, pl.12. 1957. **Holotype:** China. Yunnan: Shunning (=Fengqing), alt. 2 900 m, 1938-05-28, T. T. Yu 16034.

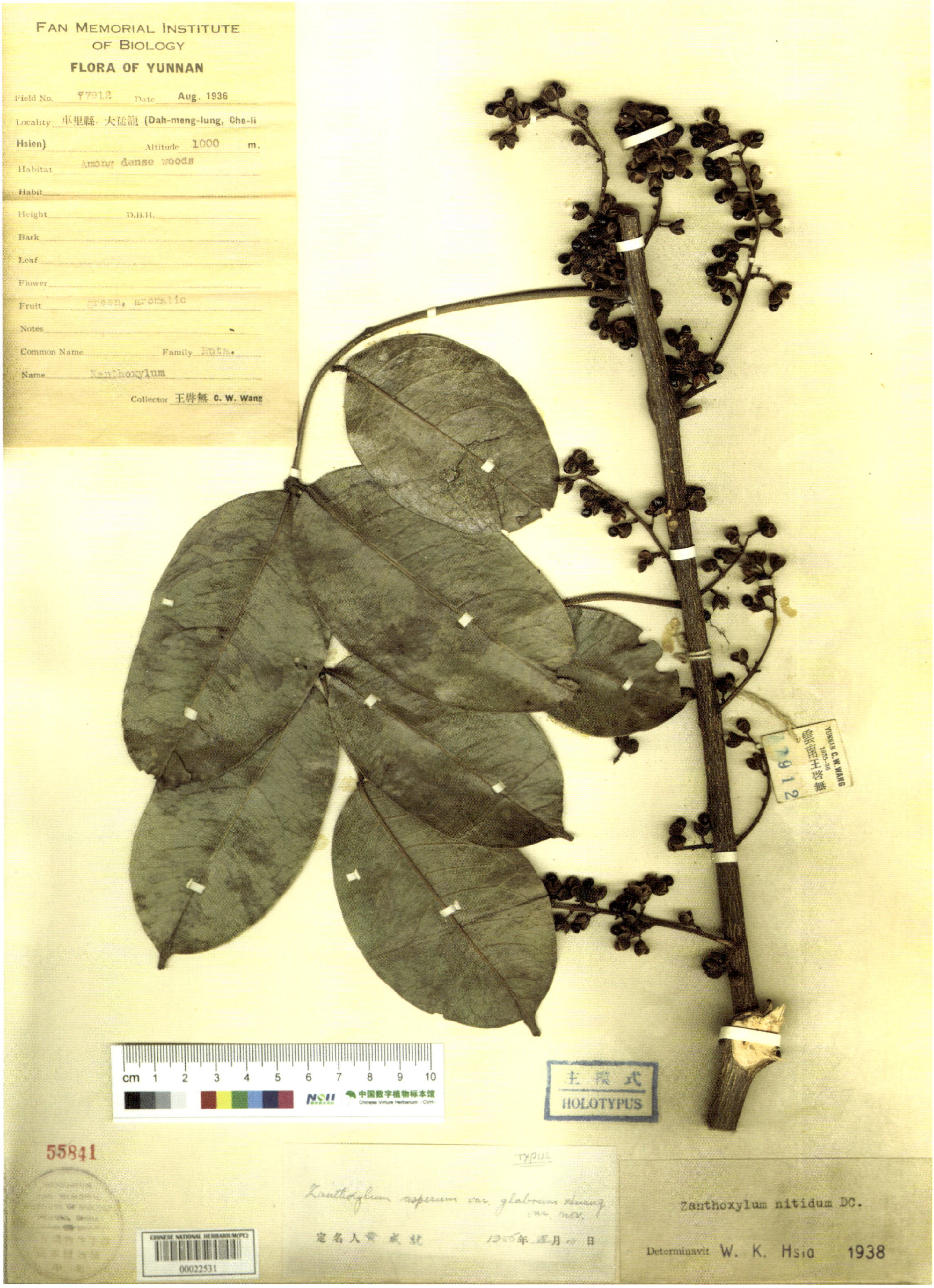

无毛糙叶花椒 ***Zanthoxylum asperum*** C. C. Huang var. ***glabrum*** C. C. Huang in Acta Phytotaxon. Sin. 6(1): 76. 1957.
Holotype: China. Yunnan: Che-li (=Jinghong), alt. 1 000 m, 1936-08-??, C. W. Wang 77912.

狭叶岭南花椒 ***Zanthoxylum austrosinense*** C. C. Huang var. ***stenophyllum*** C. C. Huang in Acta Phytotaxon. Sin. 6(1): 54, pl. 6. 1957. **Holotype:** China. Fujian: Yongtai, 1931-05-24, P. C. Tsoong 722.

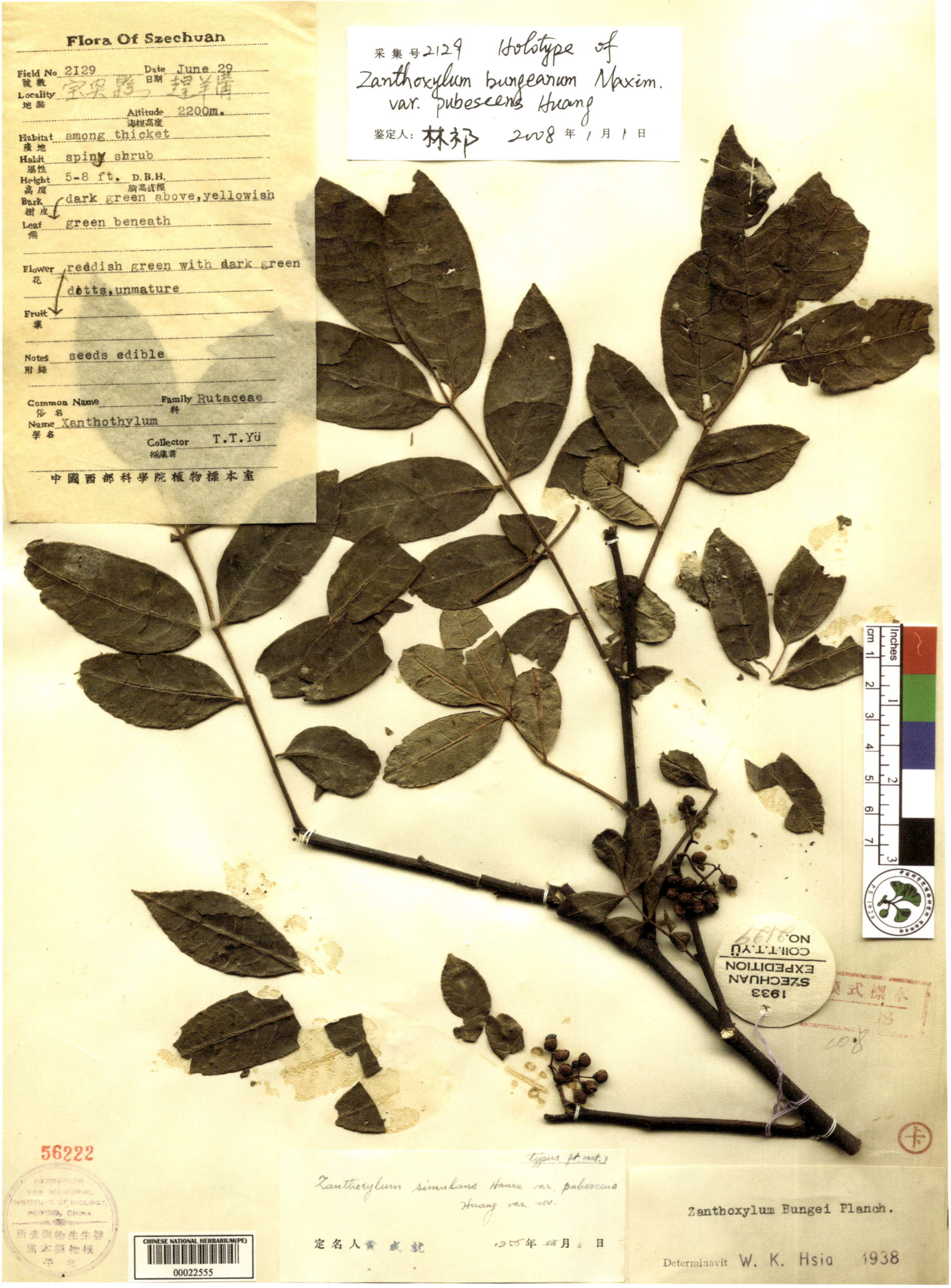

毛叶花椒 ***Zanthoxylum bungeanum*** Maxim. var. ***pubescens*** C. C. Huang in Acta Phytotaxon. Sin. 6(1): 24. 1957.
Holotype: China. Sichuan: Baoxing, alt. 2 200 m, 1929-06-29, T. T. Yu 2129.

石山花椒 ***Zanthoxylum calcicolum*** C. C. Huang in Acta Phytotaxon. Sin. 6(1): 65, p .13 . 1957 . **Holotype:** China. Yunnan: Yanshan, alt. 1 200 m, 1939-10-26, Y. Liu & C. W. Wang 84681.

大果石山花椒 ***Zanthoxylum calcicolum*** C. C. Huang var. ***macrocarpum*** C. C. Huang in Acta Phytotaxon. Sin. 6(1): 67. 1957. **Holotype:** China. Sichuan: Leibo, alt. 300 m, 1934-10-24, T. T. Yu 4134.

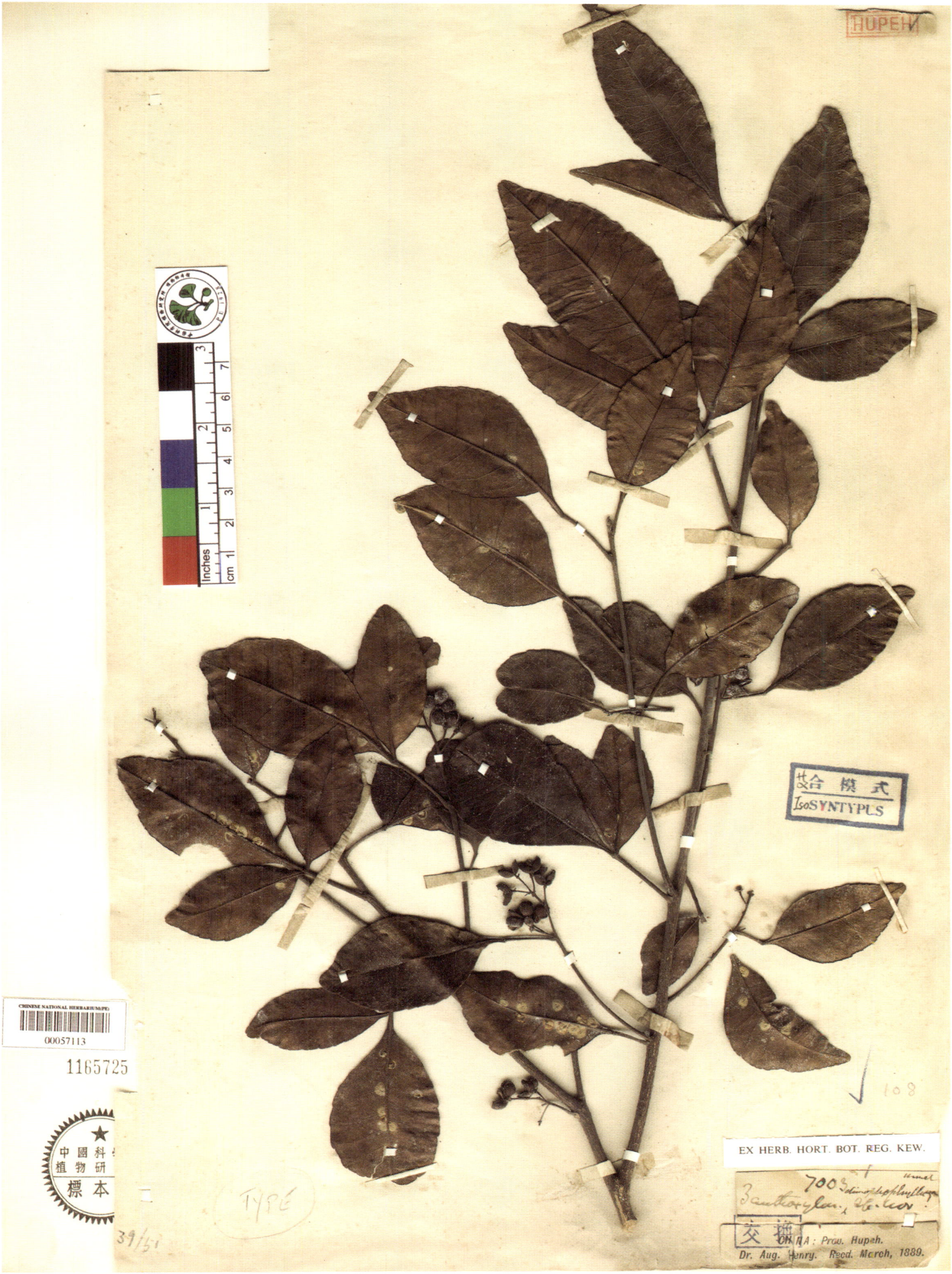

二型叶花椒 ***Zanthoxylum dimorphophyllum*** Hemsl. in Ann. Bot. 9: 150. 1895. **Lectotype** (designated here)**:** China. Hubei: Yichang, 1889-03-??, A. Henry 7003.

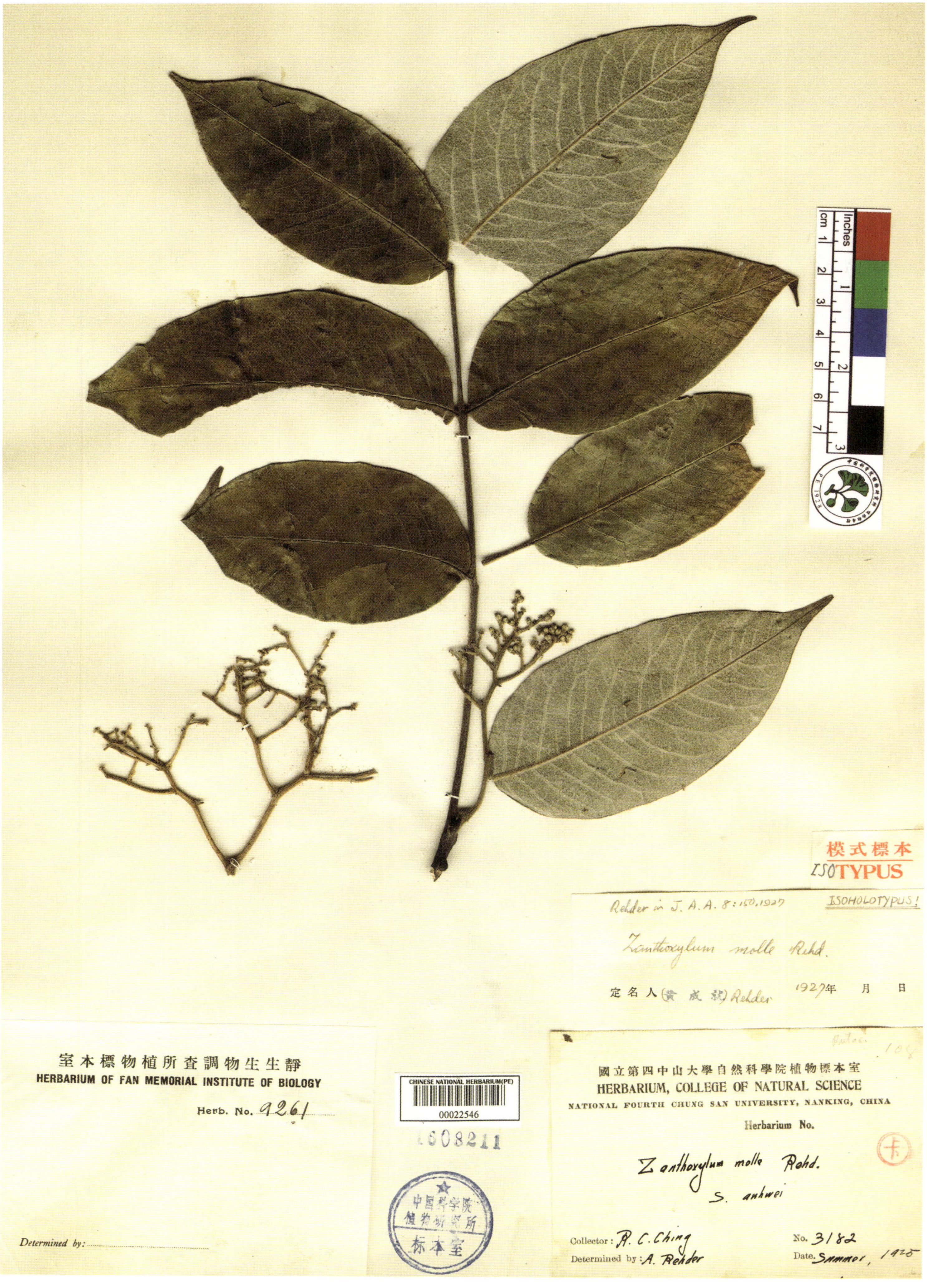

朵花椒 ***Zanthoxylum molle*** Rehd. in J. Arnold Arb. 8:150. 1927. **Isotype:** China. Anhui: Qimen, alt. 230 m, 1925-08-08, R. C. Ching 3182.

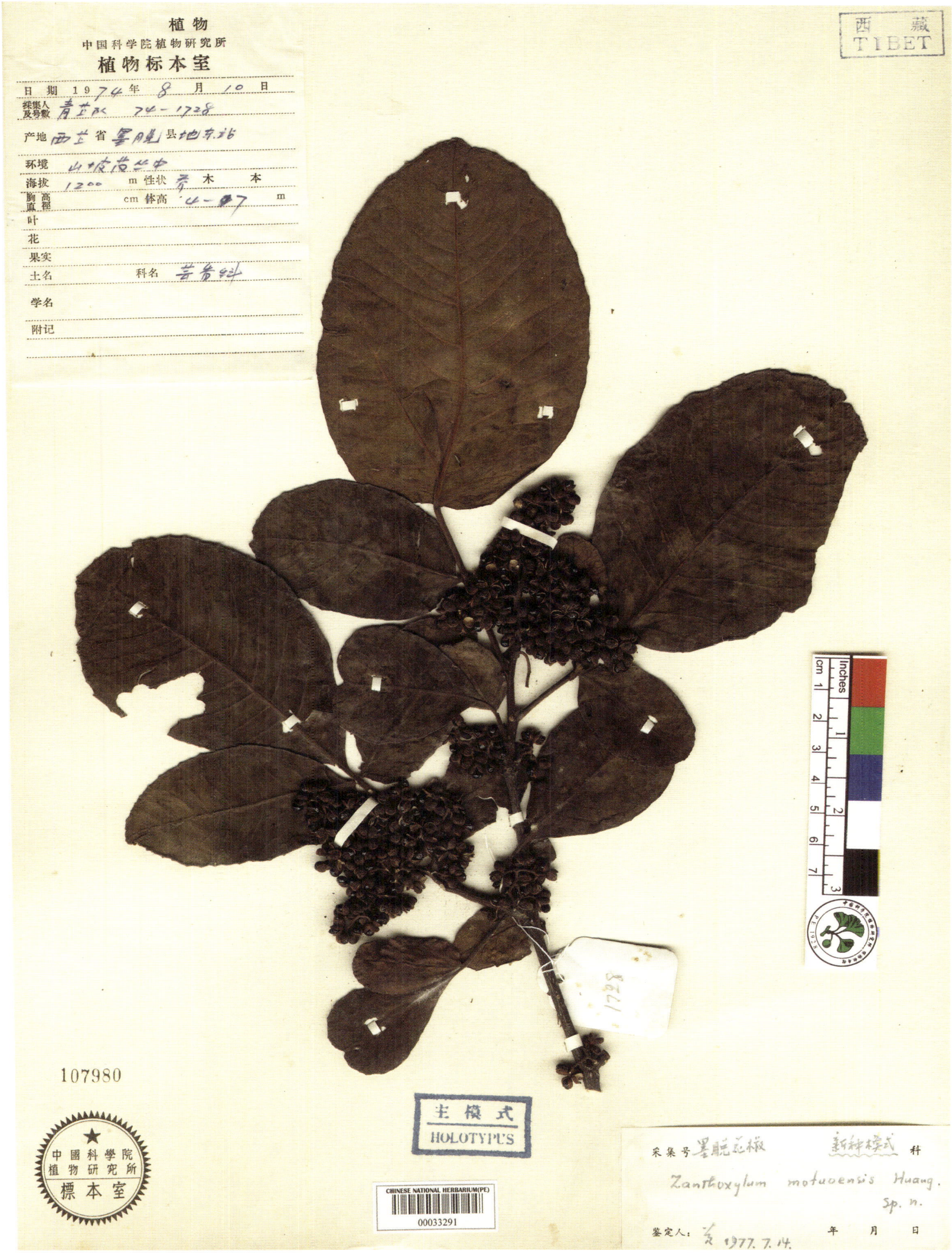

墨脱花椒 ***Zanthoxylum motuoense*** C. C. Huang in Acta Phytotaxon. Sin. 16(2): 83. 1978. **Holotype:** China. Xizang: Mêdog, alt. 1 200 m, 1974-08-10, Qinghai-Xizang Exped. 74-1728.

巴山花椒 ***Zanthoxylum pashanense*** N. Chao in Acta Phytotaxon. Sin. 12(2): 235. 1974. **Isotype:** China. Chongqing: Chengkou, alt. 1 800 m, 1965-09-07, L. N. Chao 2705.

毛大叶臭椒 ***Zanthoxylum rhetsoides*** C. C. Huang var. ***pubescens*** C. C. Huang in Acta Phytotaxon. Sin. 6(1): 48. 1957.

Holotype: China. Yunnan: Che-li (=Jinghong), alt. 1 400 m, 1936-09-??, C. W. Wang 77979.

菱叶花椒 ***Zanthoxylum rhombifoliolatum*** C. C. Huang in Acta Phytotaxon. Sin. 6(1): 67, pl.14. 1957. **Holotype:** China. Chongqing: Nanchuan, alt. 1 068~1 373 m, 1928-06-05, W. P. Fang 1273.

大理花椒 ***Zanthoxylum taliense*** C. C. Huang in Acta Phytotaxon. Sin. 6(1): 62. 1957. **Holotype:** China. Yunnan: Dali, 1945-05-08, H. S. Wang 3826.

西藏花椒***Zanthoxylum tibetanum*** C. C. Huang in Acta Phytotaxon. Sin. 6(1): 57, pl.10. 1957. **Holotype:** China. Xizang: Naka, 1954-??-??, S. M. Lee s. n.

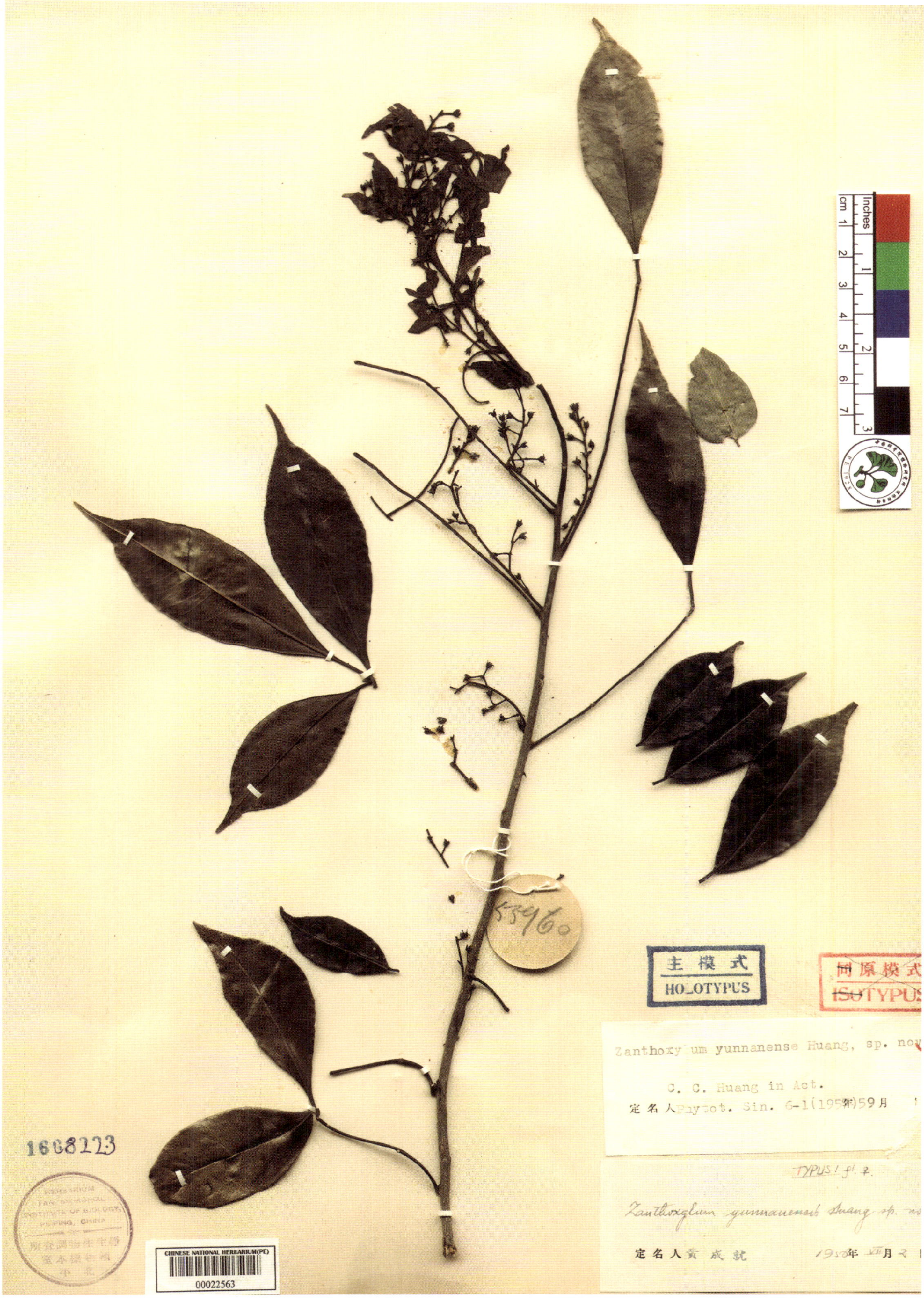

云南花椒 ***Zanthoxylum yunnanense*** C. C. Huang in Acta Phytotaxon. Sin. 6(1): 59, pl.11. 1957. **Holotype:** China. Yunnan: Precise locality not known, H. T. Tsai 55960.

Simarubaceae

苦木科

kumuke

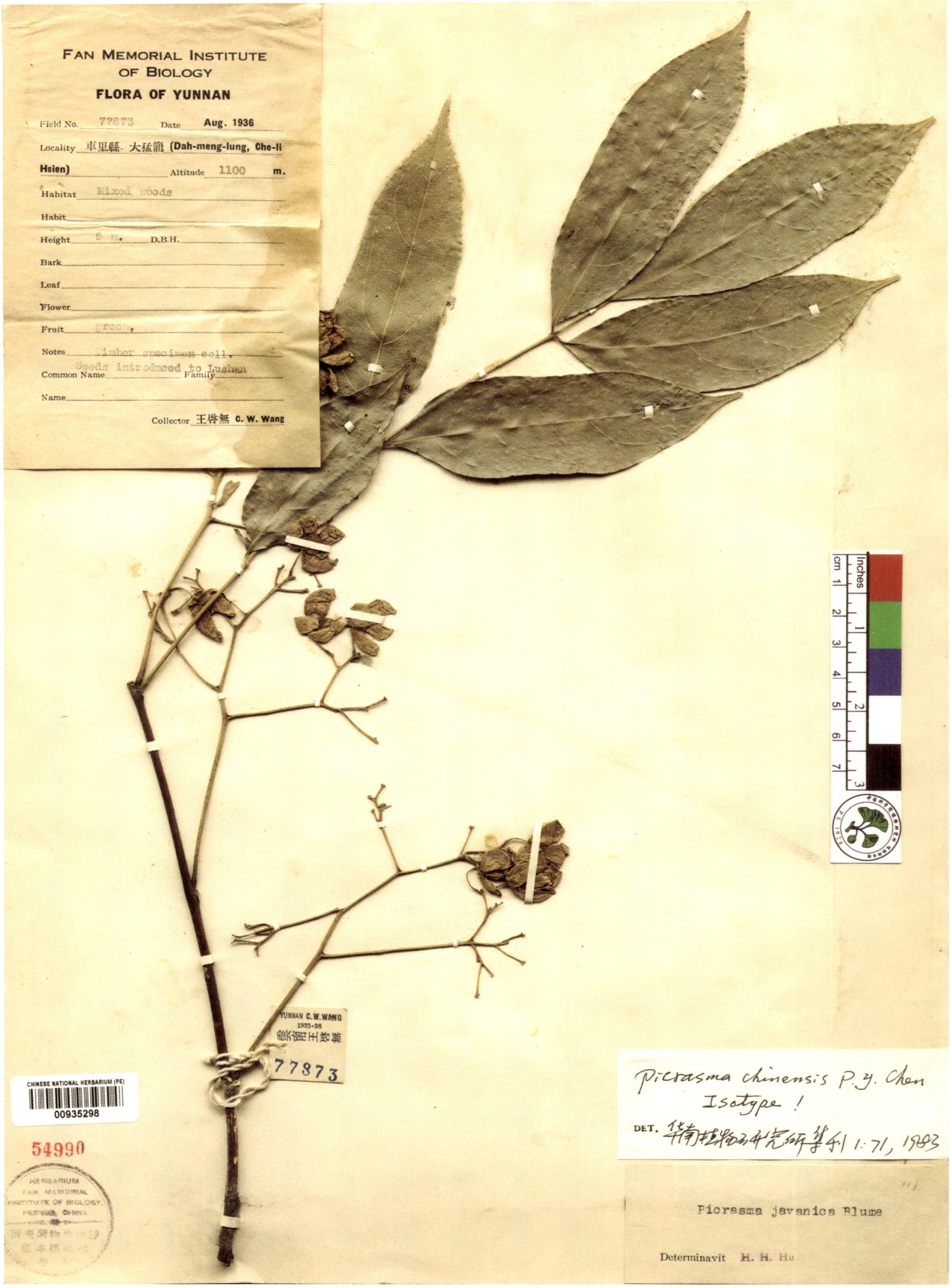

中国苦树 ***Picrasma chinensis*** P. Y. Chen in Acta Bot. Aust. Sin. 1: 71, f.1: 1-9. 1983. **Isotype:** China. Yunnan: Che-li (=Jinghong), alt. 1 100 m, 1936-08-??, C. W. Wang 77873.

Burseraceae

橄榄科

ganlanke

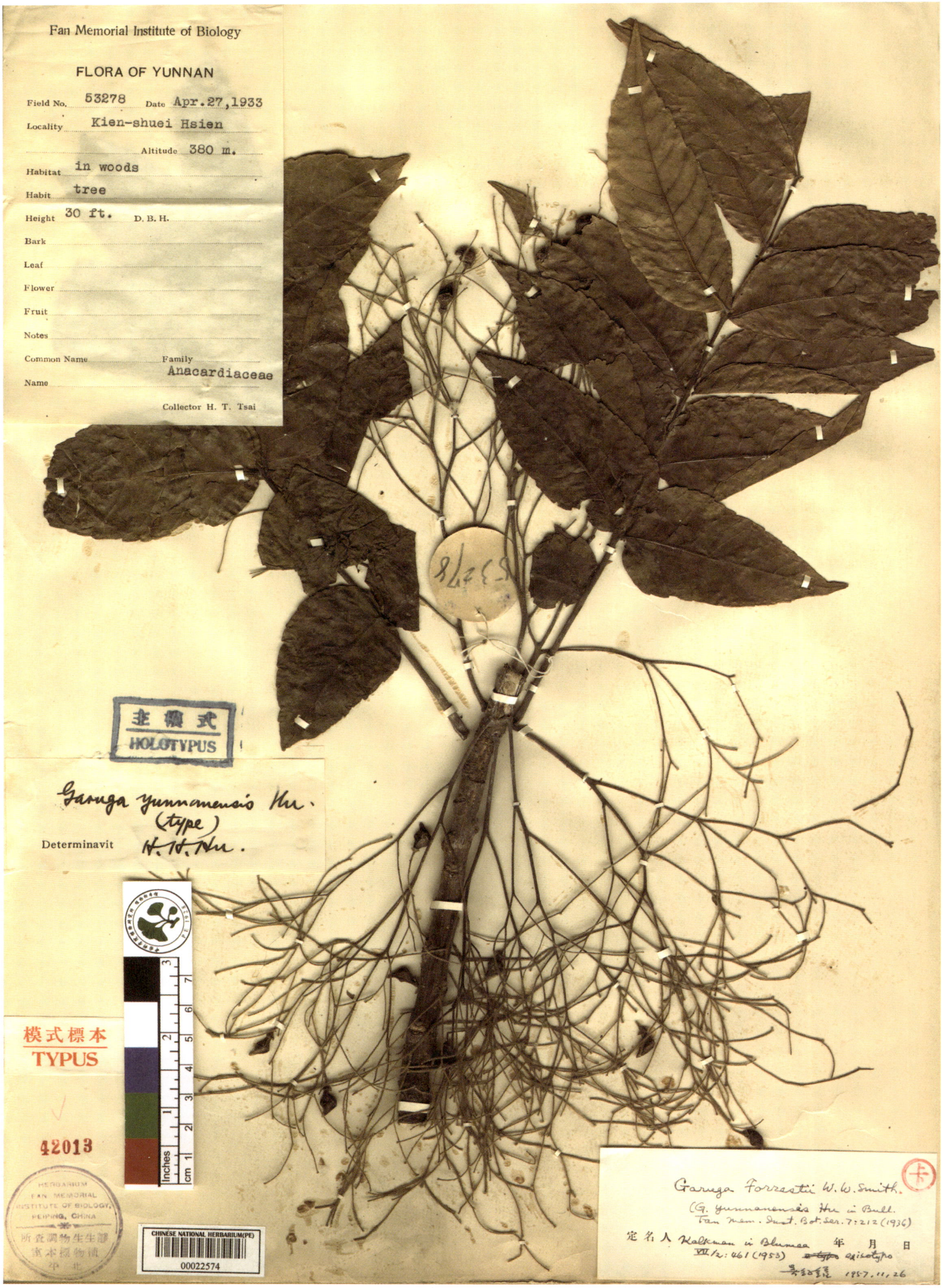

云南白头树 ***Garuga yunnanensis*** Hu in Bull. Fan Mem. Inst. Biol., Bot. 7(5): 212. 1936. **Holotype:** China. Yunnan: Kien-shuei (=Jianshui), alt. 380 m, 1933-04-27, H. T. Tsai 53278.

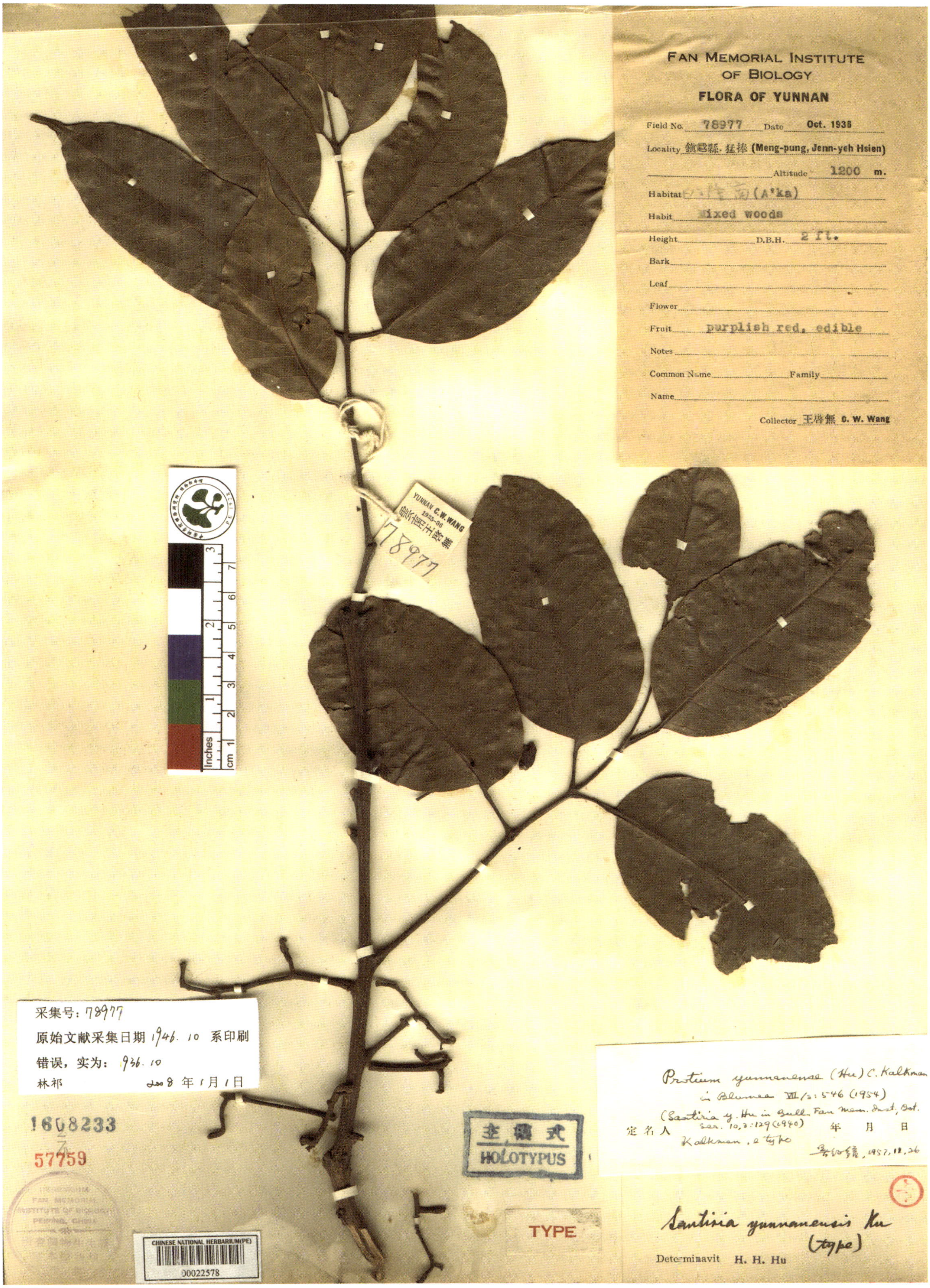

滇马蹄果 ***Santiria yunnanensis*** Hu in Bull. Fan Mem. Inst. Biol., Bot. Ser. 10: 159. 1940. **Holotype:** China. Yunnan: Jenn-yeh (=Mengla), alt. 1 200 m, 1936-10-??, C. W. Wang 78977.

Meliaceae

楝科

lianke

粗枝米仔兰 ***Aglaia dasyclada*** How & T. Chen in Acta Phytotaxon. Sin. 4(1): 21, pl. 2. 1955. **Isotype:** China. Hainan: Sanya, 1933-03-08, C. Wang 32950.

薄叶米仔兰 ***Aglaia tenuifolia*** H. L. Li in J. Arnold Arb. 25(3): 304. 1944. **Isotype:** China. Yunnan: Che-Li (=Jinghong), alt. 1 100 m, 1936-08-??, C. W. Wang 77903.

王氏米仔兰 ***Aglaia wangii*** H. L. Li in J. Arnold Arb. 25(3): 304. 1944. **Isotype:** China. Yunnan: Che-Li (=Jinghong), alt. 960 m, 1936-08-??, C. W. Wang 75593.

大叶米仔兰 ***Aglaia wangii*** H. L. Li var. ***macrophylla*** H. L. Li in J. Arnold Arb. 25(3): 304. 1944. **Isotype:** China. Yunnan: Nan-Chiao (=Menghai), alt. 1 400 m, 1936-06-??, C. W. Wang 75131.

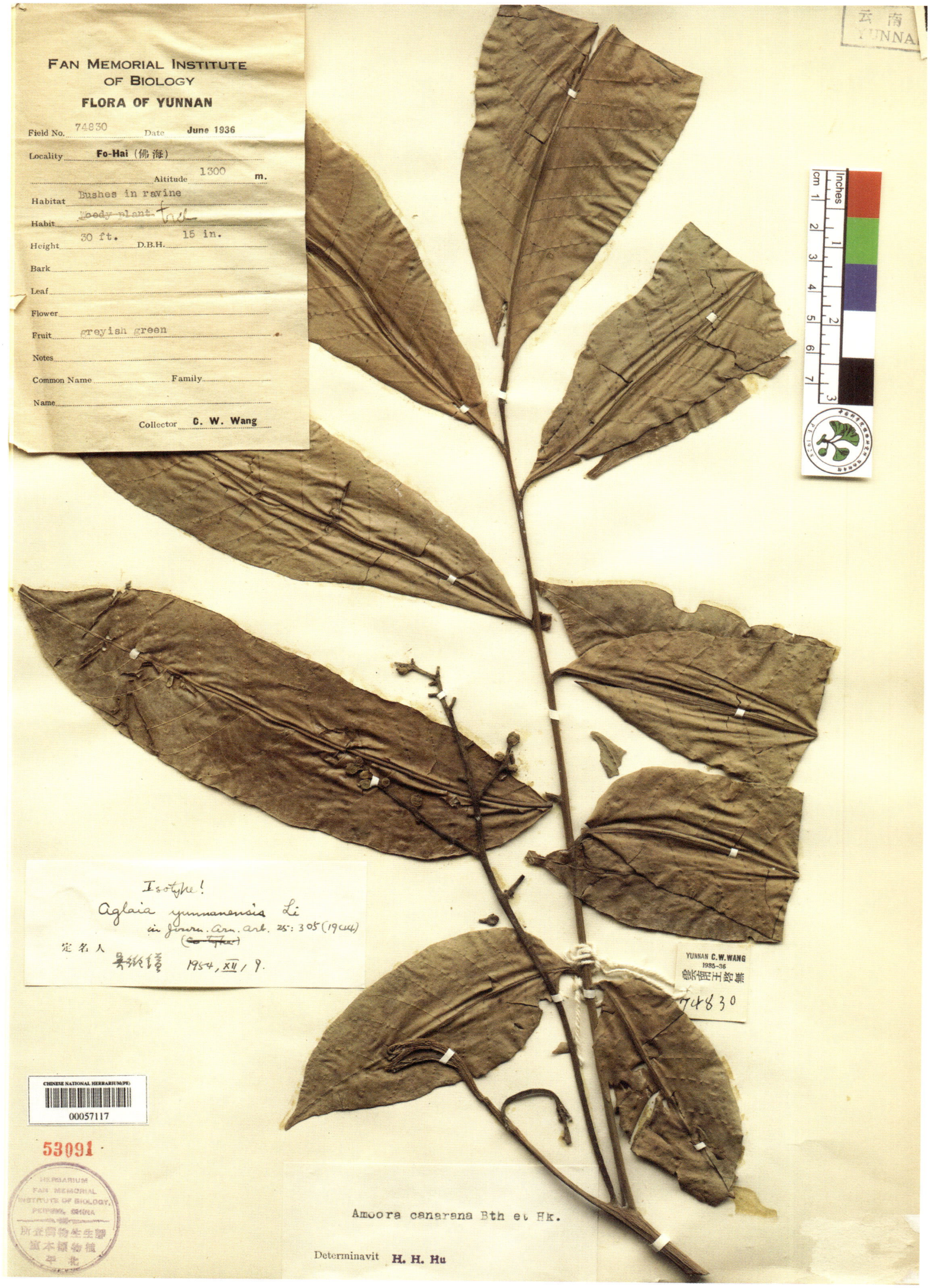

云南米仔兰 ***Aglaia yunnanensis*** H. L. Li. in J. Arnold Arb. 25(3): 305. 1944. **Isotype:** China. Yunnan: Fo-hai (=Menghai), alt. 1 300 m, 1936-06-??, C. W. Wang 74830.

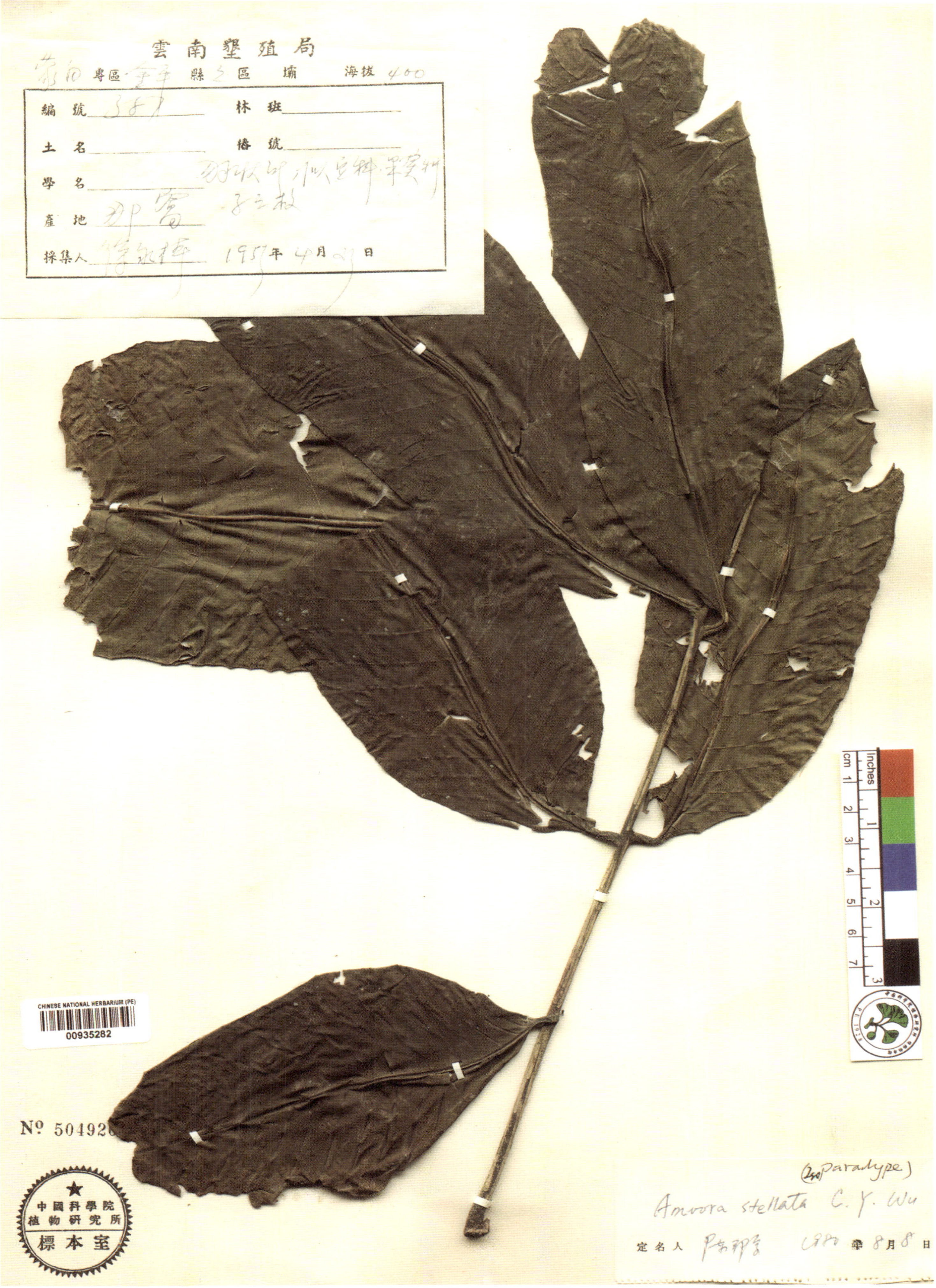

星毛崖摩 ***Amoora stellata*** C. Y. Wu, Fl. Yunnan. 1: 234. 1977. **Isoparatype:** China. Yunnan: Jinping, alt. 400 m, 1953-04-23, Y. C. Hsu 387.

华山楝 ***Aphanamixis sinensis*** How & T. Chen in Acta Phytotaxon. Sin. 4(1): 29, pl.3. 1955. **Isotype:** China. Hainan: Lingshui, 1934-01-13, C. Wang 36511.

杯萼樫木 ***Dysoxylum cupuliforme*** H. L. Li in J. Arnold Arb. 25(3): 301. 1944. **Isotype:** China. Yunnan: Fo-hai (=Menghai), alt. 1 340 m, 1936-07-??, C. W. Wang 74908.

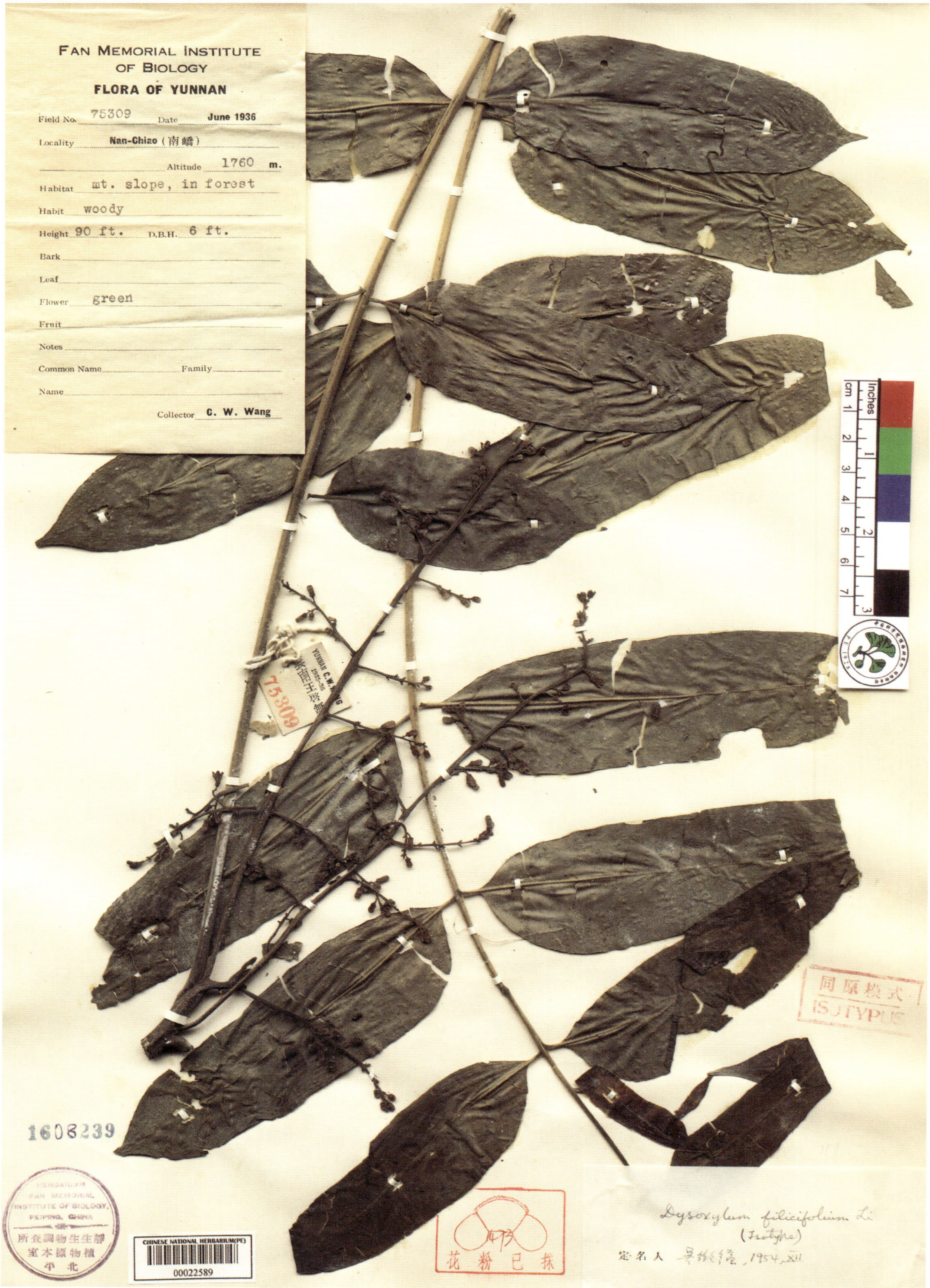

蕨叶樫木 ***Dysoxylum filicifolium*** H. L. Li in J. Arnold Arb. 25(3): 301. 1944. **Isotype:** China. Yunnan: Nan-Chiao (=Menghai), alt. 1760 m, 1936-06-??, C. W. Wang 75309.

大叶樫木 ***Dysoxylum grandifolium*** H. L. Li in J. Arnold Arb. 25(3): 302. 1944. **Isotype:** China. Yunnan: Nan-Chiao (=Menghai), alt. 1 250 m, 1936-06-??, C. W. Wang 75342.

墨脱葱臭木 ***Dysoxylum medogense*** C. Y. Wu & H. Li in Acta Phytotaxon. Sin. 18(1): 111. 1980. **Isotype:** China. Xizang: Mêdog, alt. 860 m, 1974-08-26, Qinghai-Xizang Exped. 74-4573.

绒果海木 ***Heynea velutina*** How & T. Chen in Acta Phytotaxon. Sin. 4(1): 37, pl.4. 1955. **Paratype:** China. Guangxi: Longzhou, 1953-07-30, Guangxi Exped. 3024.

湖南地黄连 ***Munronia hunanensis*** H. S. Lo in Acta Phytotaxon. Sin. 15(1): 68, f. 1. 1977. **Isotype:** China. Hunan: Qianyang, 1954-06-18, Z. T. Lee 2388.

崖州地黄连 ***Munronia simplicifolia*** Merr. in Lingnan Sci. J. 14(1): 18. 1935. **Isotype:** China. Hainan: Sanya, 1932-09-02, S. K. Lau 463.

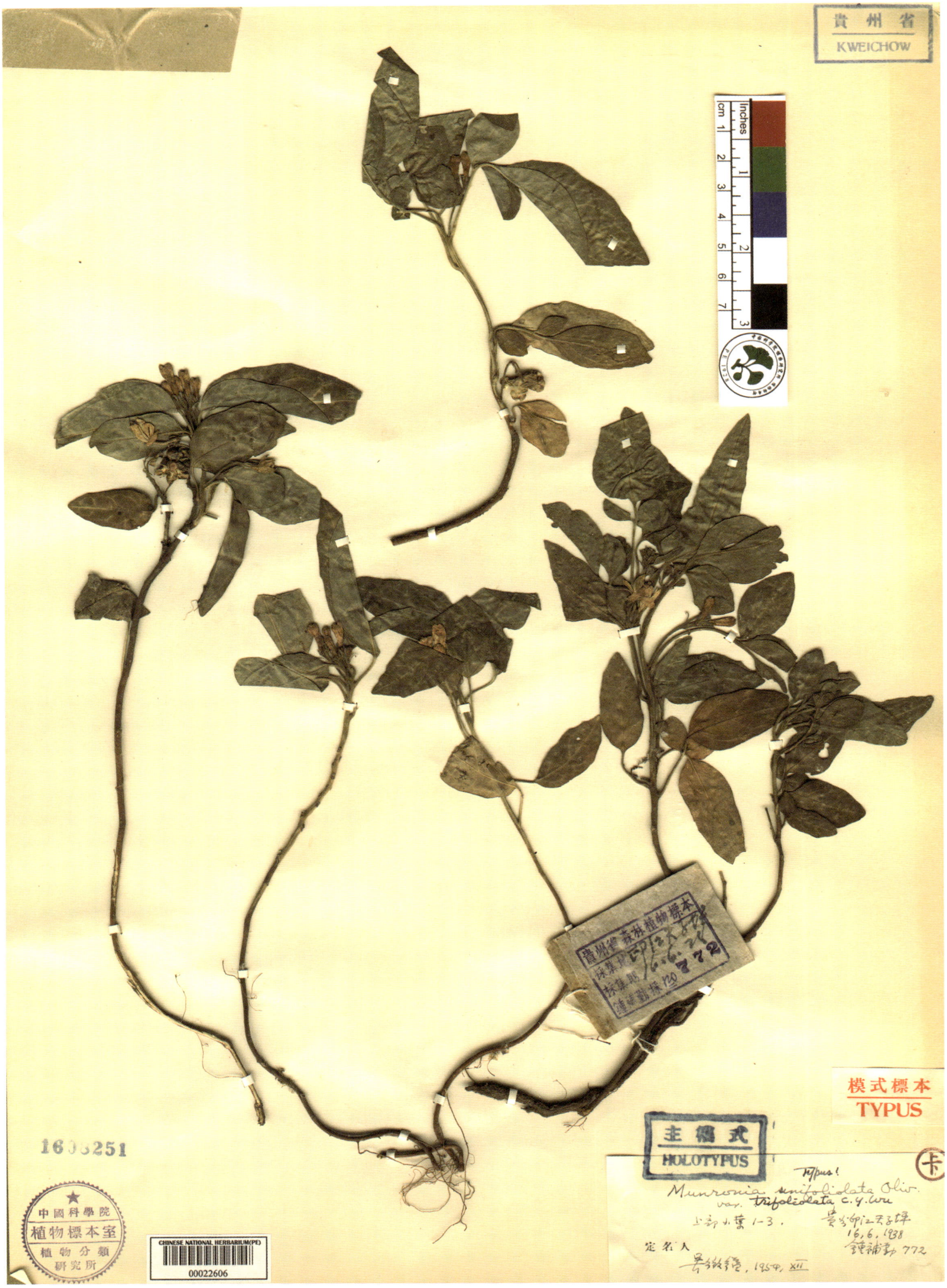

三小叶地黄连 ***Munronia unifoliolata*** Oliv. var. ***trifoliolata*** C. Y. Wu in Acta Phytotaxon. Sin. 4(1): 6. 1955. **Holotype:** China. Guizhou: Yinjiang, 1938-06-16, P. C. Tsoong 772.

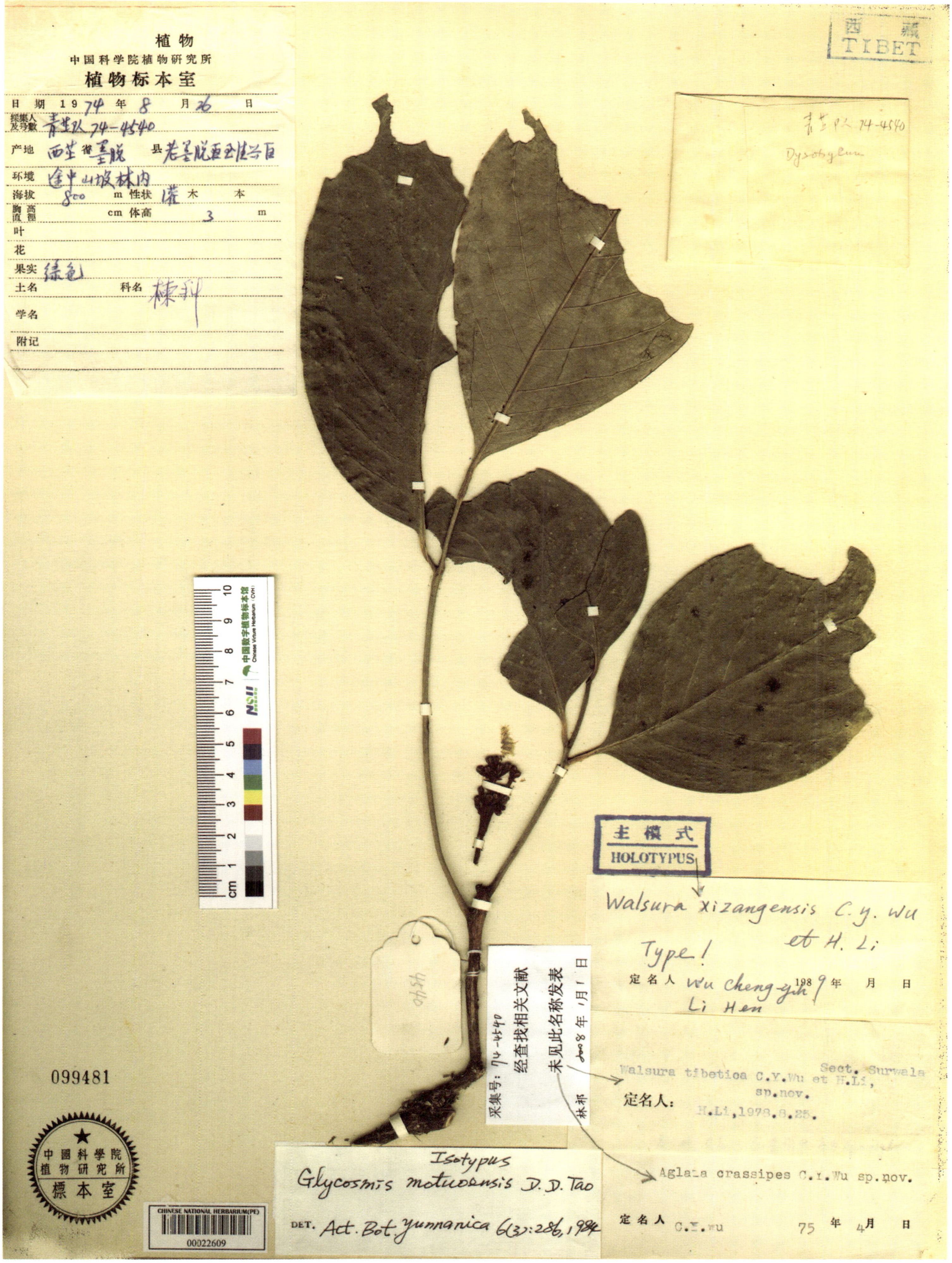

西藏割舌树 ***Walsura xizangensis*** C. Y. Wu & H. Li in Acta Phytotaxon. Sin. 18(1): 110. 1980; Fl. Xizang. 3: 41, f. 14: 1-8. 1986. **Holotype:** China. Xizang: Mêdog, alt. 800 m, 1974-08-26, Qinghai-Xizang Exped. 74-4540.

墨脱山小橘 ***Glycosmis moutuoensis*** D. D. Tao in Acta Bot. Yunnan. 6(3): 286, f. 2. 1984. **Isotype:** China. Xizang: Mêdog, alt. 800 m, 1974-08-26, Qinghai-Xizang Exped. 74-4540.

Polygalaceae

远志科

yuanzhike

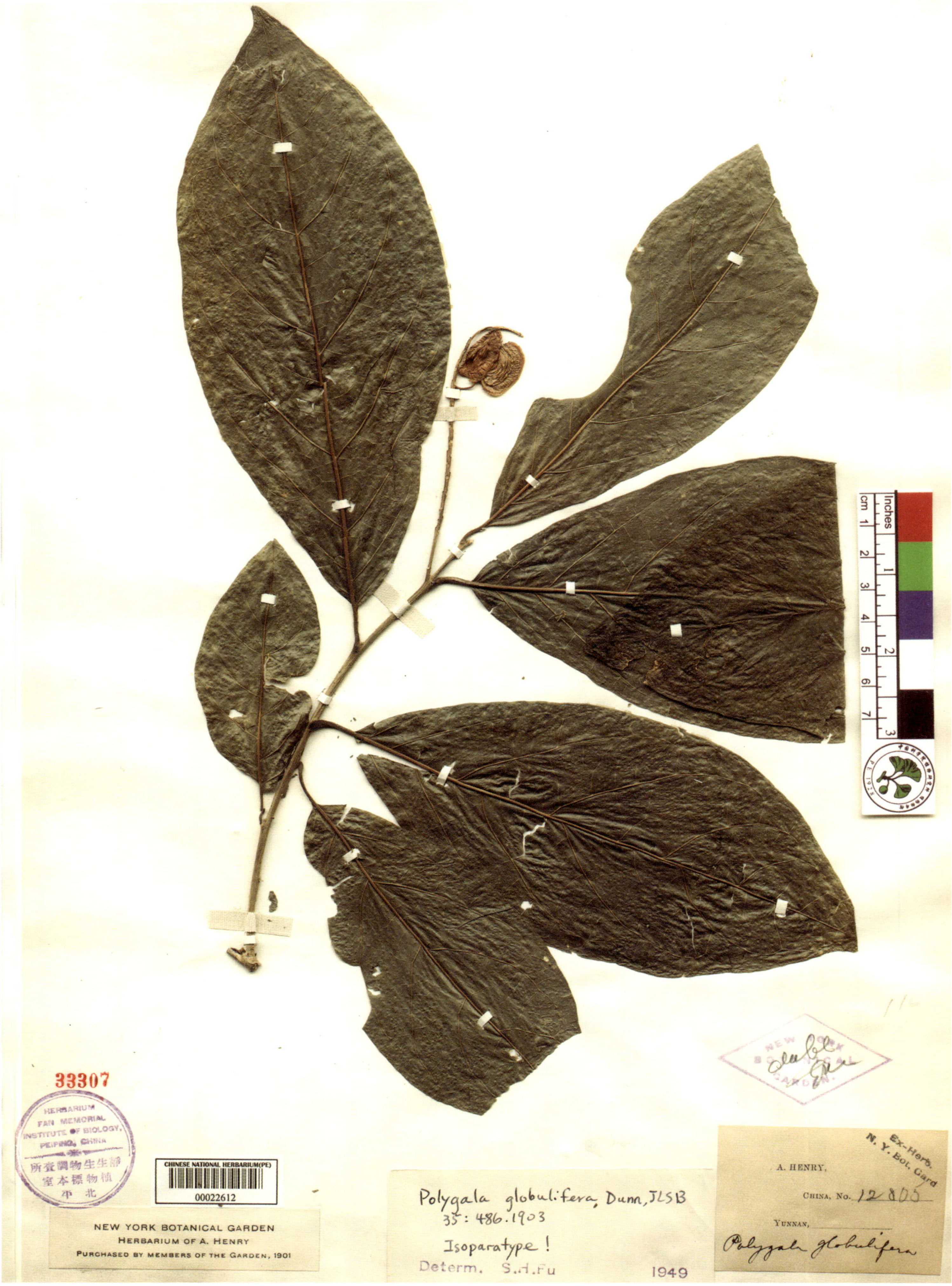

球冠远志 ***Polygala globulifera*** Dunn in J. Linn. Soc., Bot. 35: 486. 1903. **Lectotype** (designated here)**:** China.Yunnan: Simao, alt. 1 220~1 830 m, A. Henry 12805.

毛海南远志 ***Polygala hainanensis*** Chun & How var. ***strigosa*** Chun & How in Acta Phytotaxon. Sin. 7(1): 7. 1958.
lectotype (designated here): China. Hainan: Baoting, alt. 300~500 m, 1954-10-31, E Hainan Exped. 412.

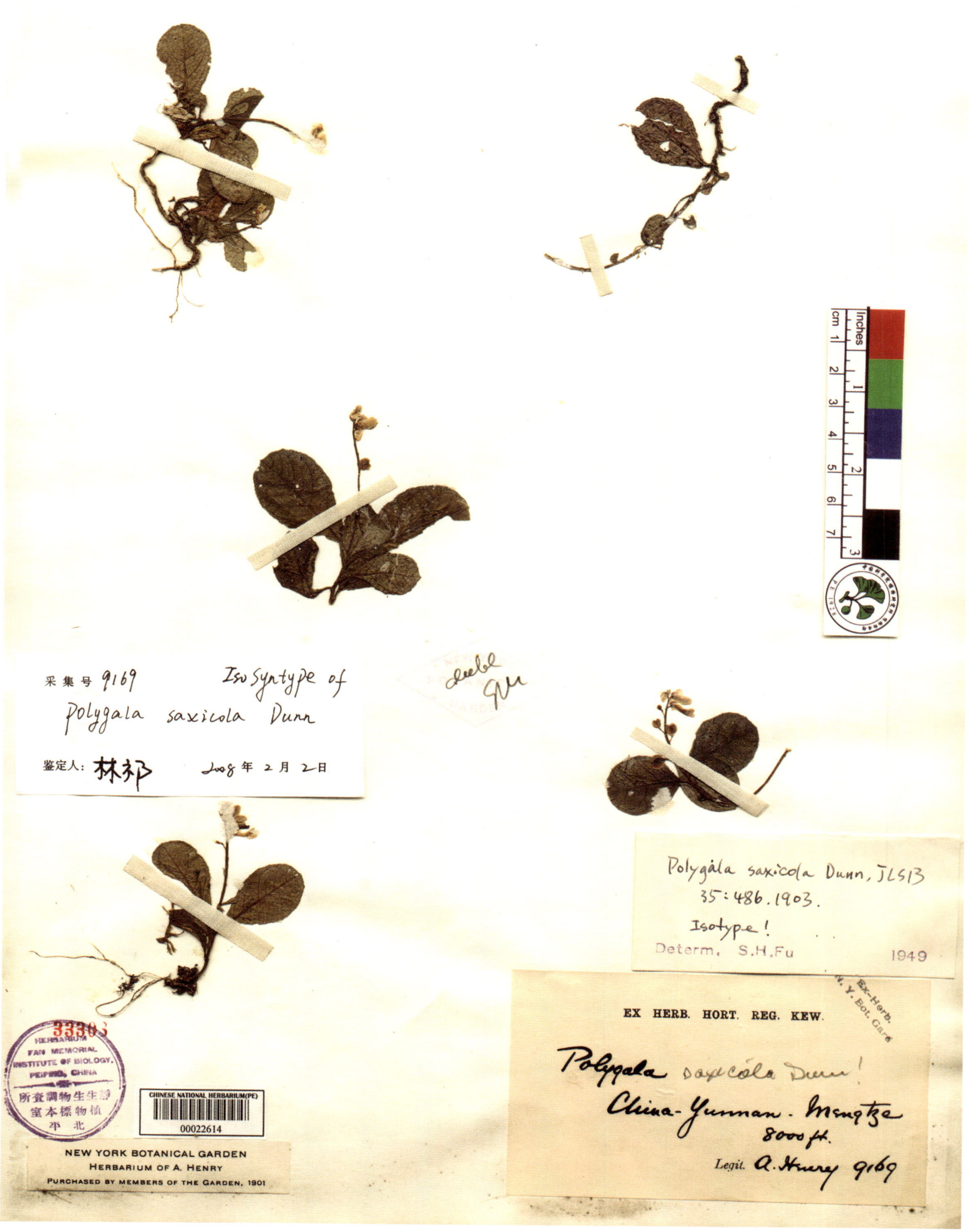

岩生远志 ***Polygala saxicola*** Dunn in J. Linn. Soc., Bot. 35: 485. 1903. **Lectotype** (designated here)**:** China. Yunnan: Mengzi, alt. 2 440 m, A. Henry 9169.

白背黄叶树 ***Xanthophyllum hypoleucum*** Merr. in Univ. California Publ. Bot. 15: 135. 1929. **Isotype:** Malaysia. Borneo: Tawao, 1922-10-??, A. D. E. Elmer 21752.

埃氏黄叶树 ***Xanthophyllum robustum*** Chodat var. ***elmeri*** Merr. in Univ. California Publ. Bot. 15: 136. 1929. **Isotype:** Malaysia. Borneo: Tawao, 1922-10-??, A. D. E. Elmer 21225.

裂果黄叶树 ***Xanthophyllum schizocarpon*** Chod. ex Merr. in Univ. California Publ. Bot. 15: 136. 1929. **Isotype:** Malaysia. Borneo: Tawao, 1922-10-??, A. D. E. Elmer 21519.

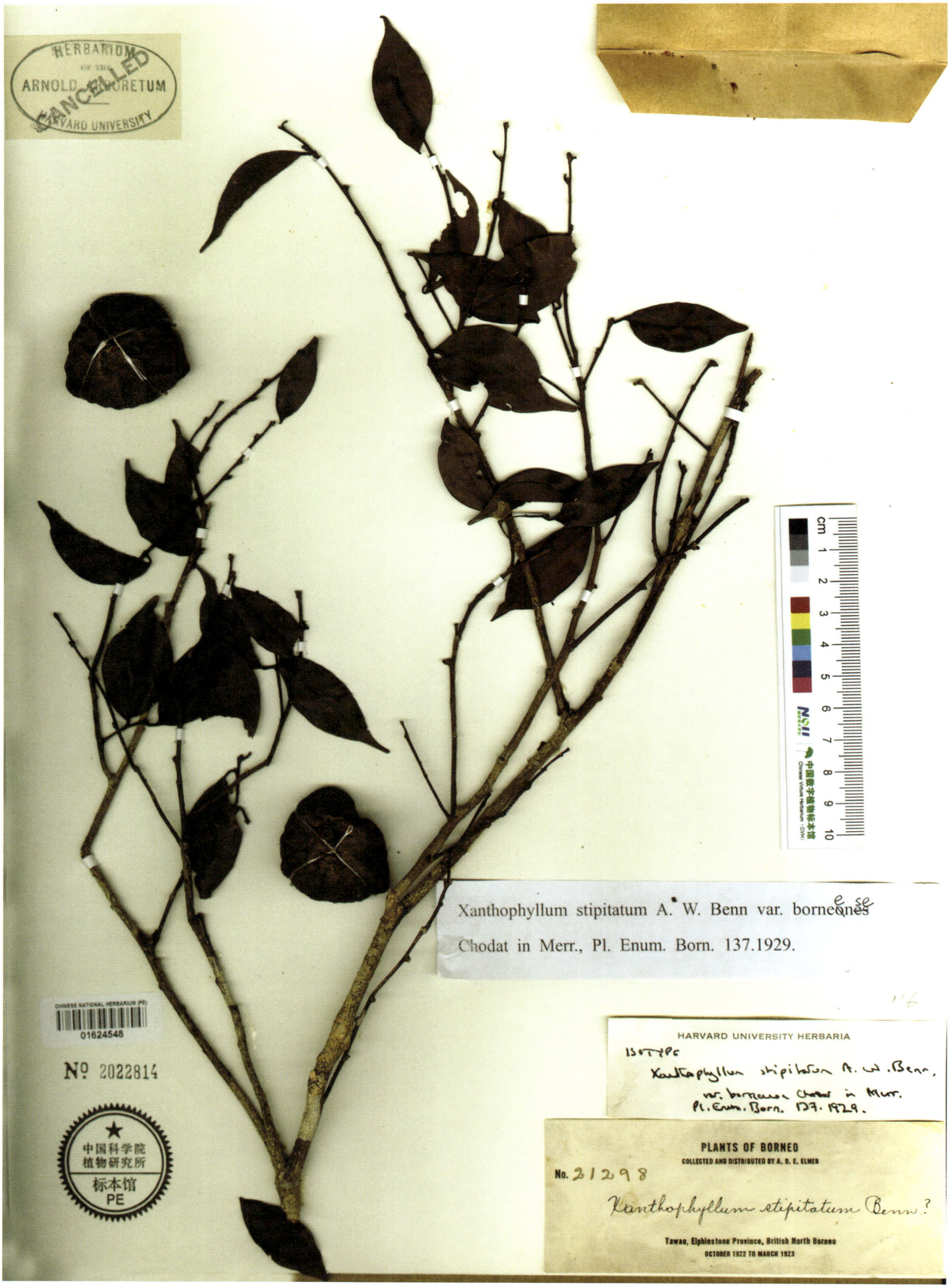

婆罗洲黄叶树 ***Xanthophyllum stipitatum*** A. W. Benn. var. ***borneense*** Chod. ex Merr. in Univ. California Publ. Bot. 15: 137. 1929. **Isotype:** Malaysia. Borneo: Tawao, 1922-10-??, A. D. E. Elmer 21298.

亮叶黄叶树 ***Xanthophyllum stipitatum*** A. W. Benn. var. ***nitidum*** Chodat ex Merr. in Univ. California Publ. Bot. 15: 137. 1929. **Isotype:** Malaysia. Borneo: Tawao, 1922-10-??, A. D. E. Elmer 21668.

Euphorbiaceae

大戟科

dajike

长花喜光花 ***Actephila dolichantha*** Croiz. in J. Arnold Arbor. 23(1): 30. 1942. **Isotype:** China. Yunnan: Che-li (=Jinghong), alt. 1 000 m, 1936-10-??, C. W. Wang 79253.

绿背山麻杆 ***Alchornea trewioides*** (Benth.) Muell. Arg. var. ***sinica*** H. S. Kiu in Acta Phytotaxon. Sin. 26(6): 460. 1988.
Isoparatype: China. Guizhou: Anlong, alt. 1 170 m, 1960-05-20, Y. T. Chang & Z. S. Zhang 3707.

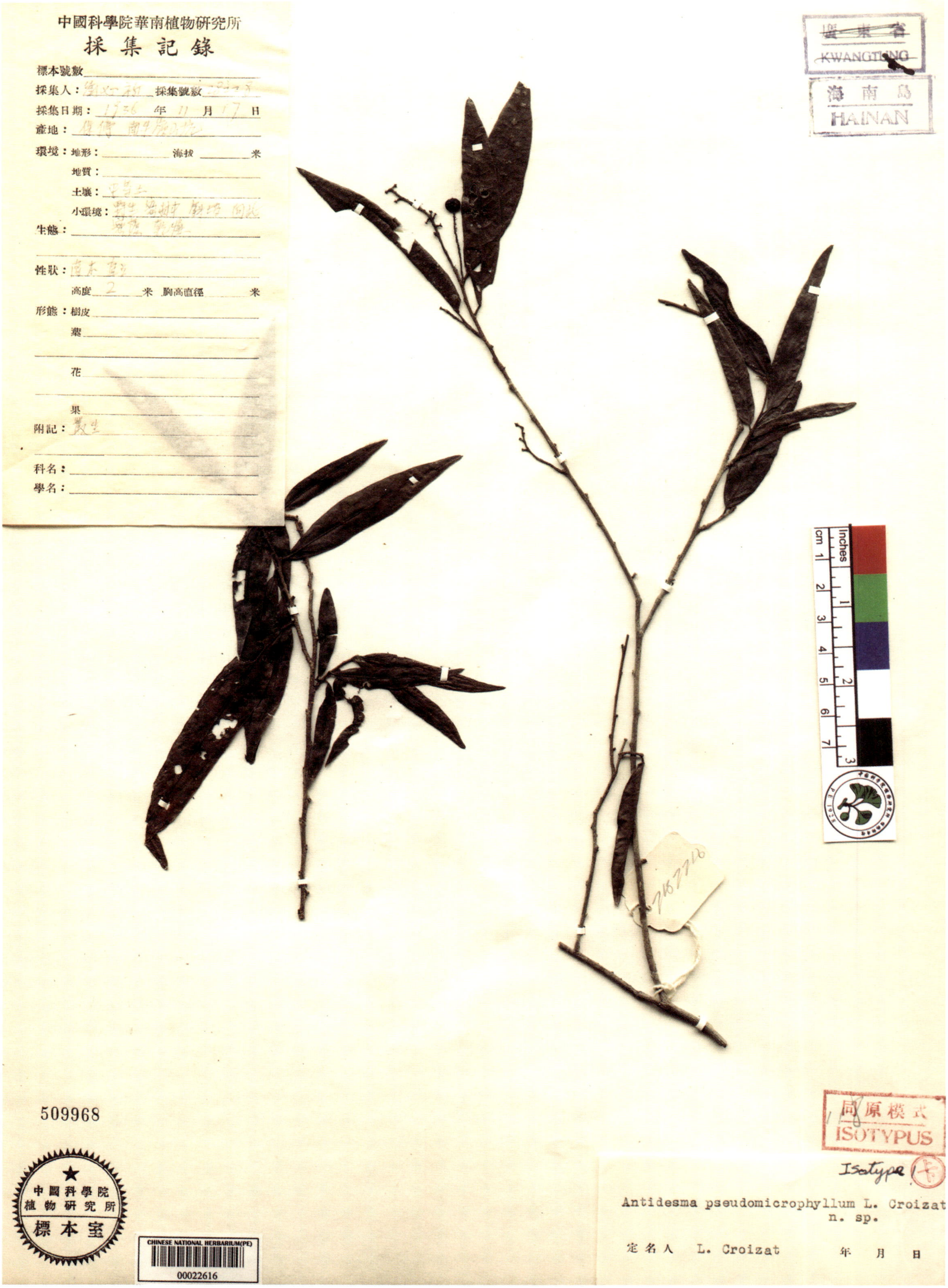

狭叶五朋茶 ***Antidesma pseudomicrophyllum*** Croizat in J. Arnold Arbor. 21(4): 496. 1940. **Isotype:** China. Hainan: Baoting, 1936-11-17, S. K. Lau 28228.

细长总状花序树 ***Conceveiba leptostachys*** Breteler in Bull. Jard. Bot. Nat. Belg. 63(1-2): 210, f. 1-2. 1994. **Isotype:** Gabon. Noyen-Ogooué, Ndjolé, 1991-11-16, F. J. Breteler & C. C. H. Jongkind 10525.

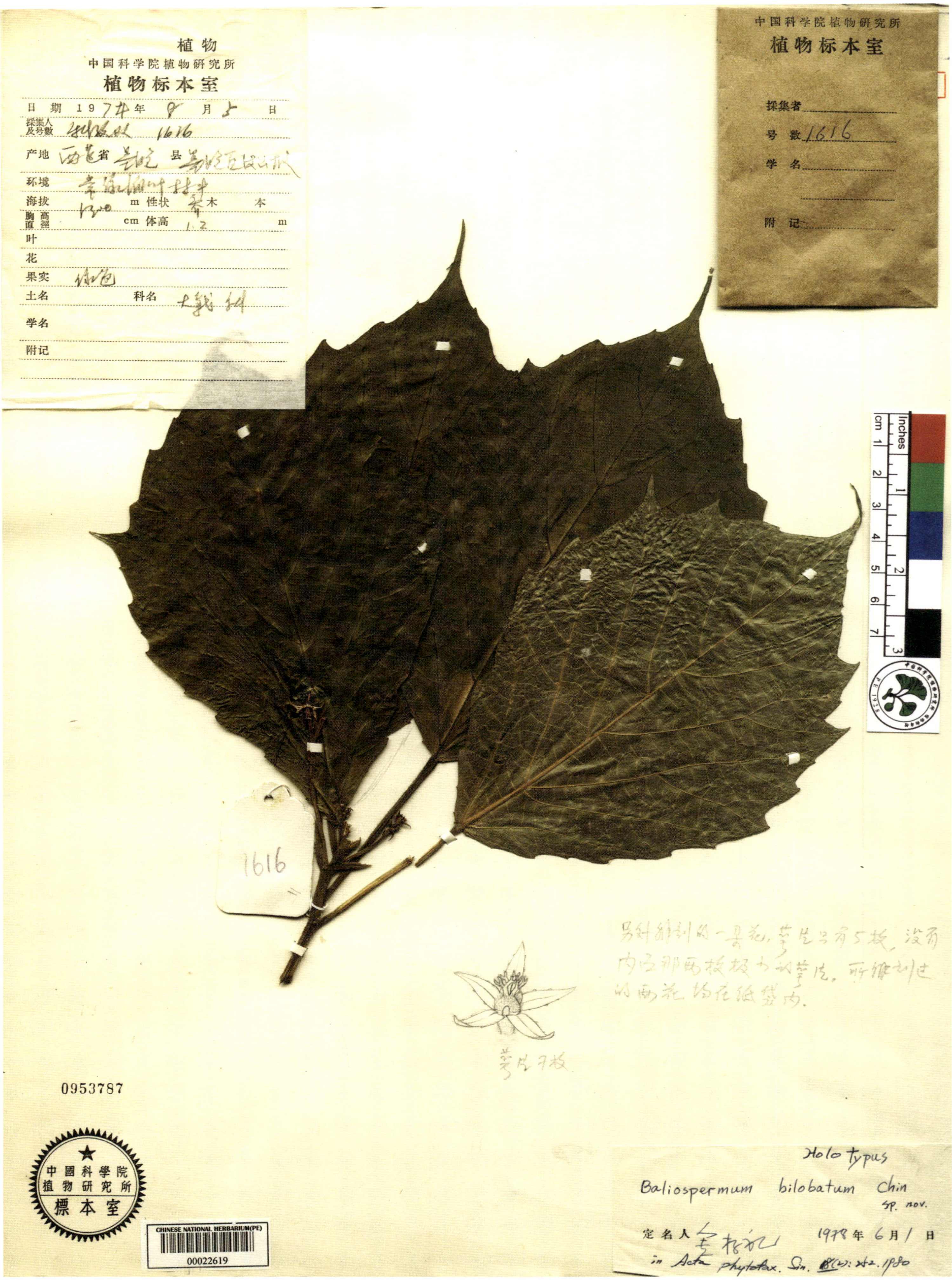

西藏斑子木 ***Baliospermum bilobatum*** T. L. Chin in Acta Phytotaxon. Sin. 18(2): 252, f. 2. 1980. **Holotype:** China. Xizang: Mêdog, alt. 1 300 m, 1974-08-05, Sci. Exped. 1616.

毛银叶巴豆 ***Croton cascarilloides*** Raeusch. f. ***pilosus*** Y. T. Chang in Guihaia 3(3): 171. 1983. **Isoparatype:** Vietnam. Lang Som, 1965-01-17, Sino-Vietn. Exped. 1514.

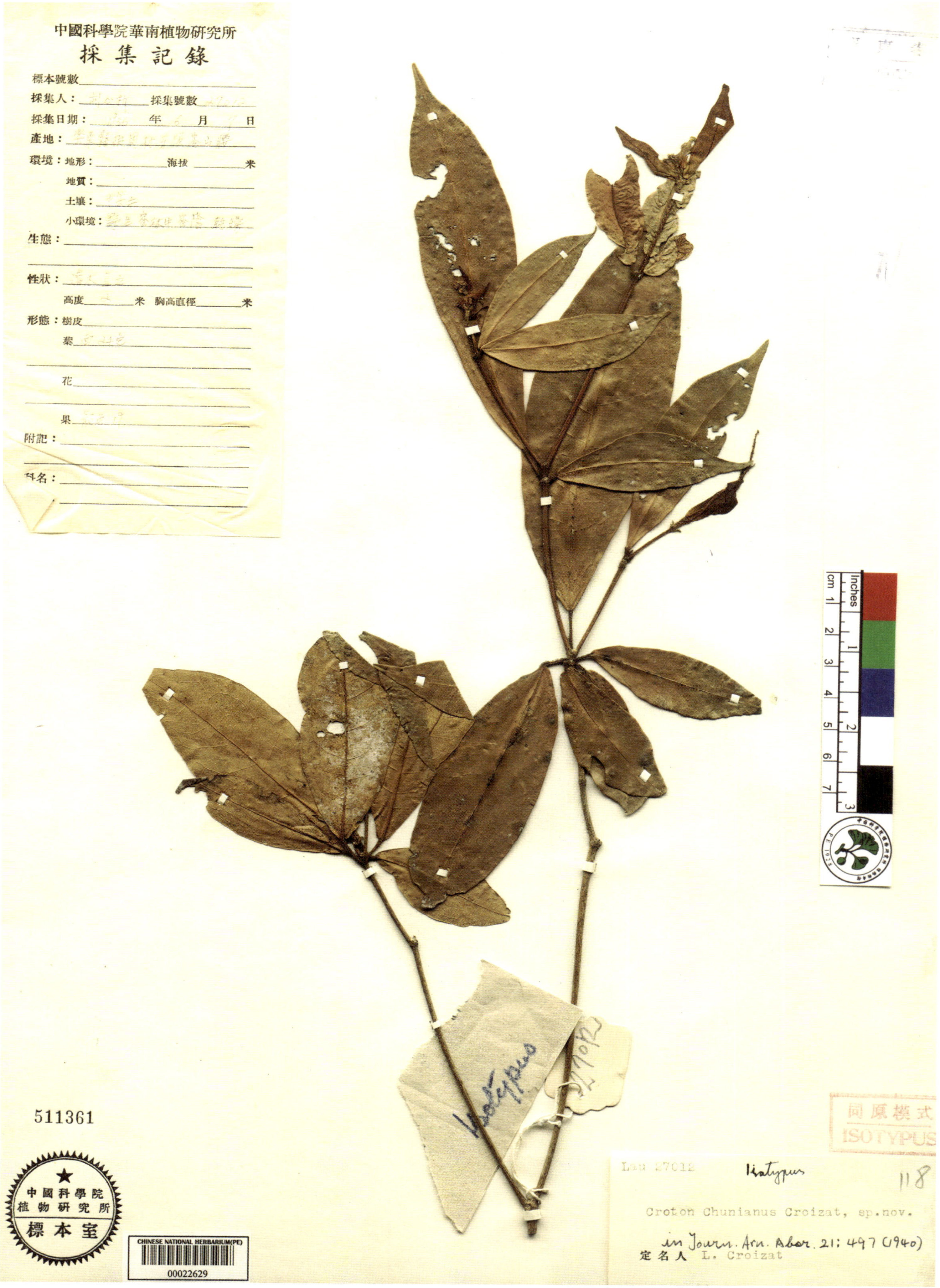

光果巴豆 ***Croton chunianus*** Croizat in J. Arnold Arbor. 21(4): 497. 1940. **Isotype:** China. Hainan: Ledong, 1936-06-07, S. K. Lau 27012.

大麻叶巴豆 ***Croton damayeshu*** Y. T. Chang in Acta Phytotaxon. Sin. 24(2): 143. 1986. **Holotype:** China. Yunnan: Yuanyang, alt. 1 200 m, 1974-06-11, Luchun Exped. 1864.

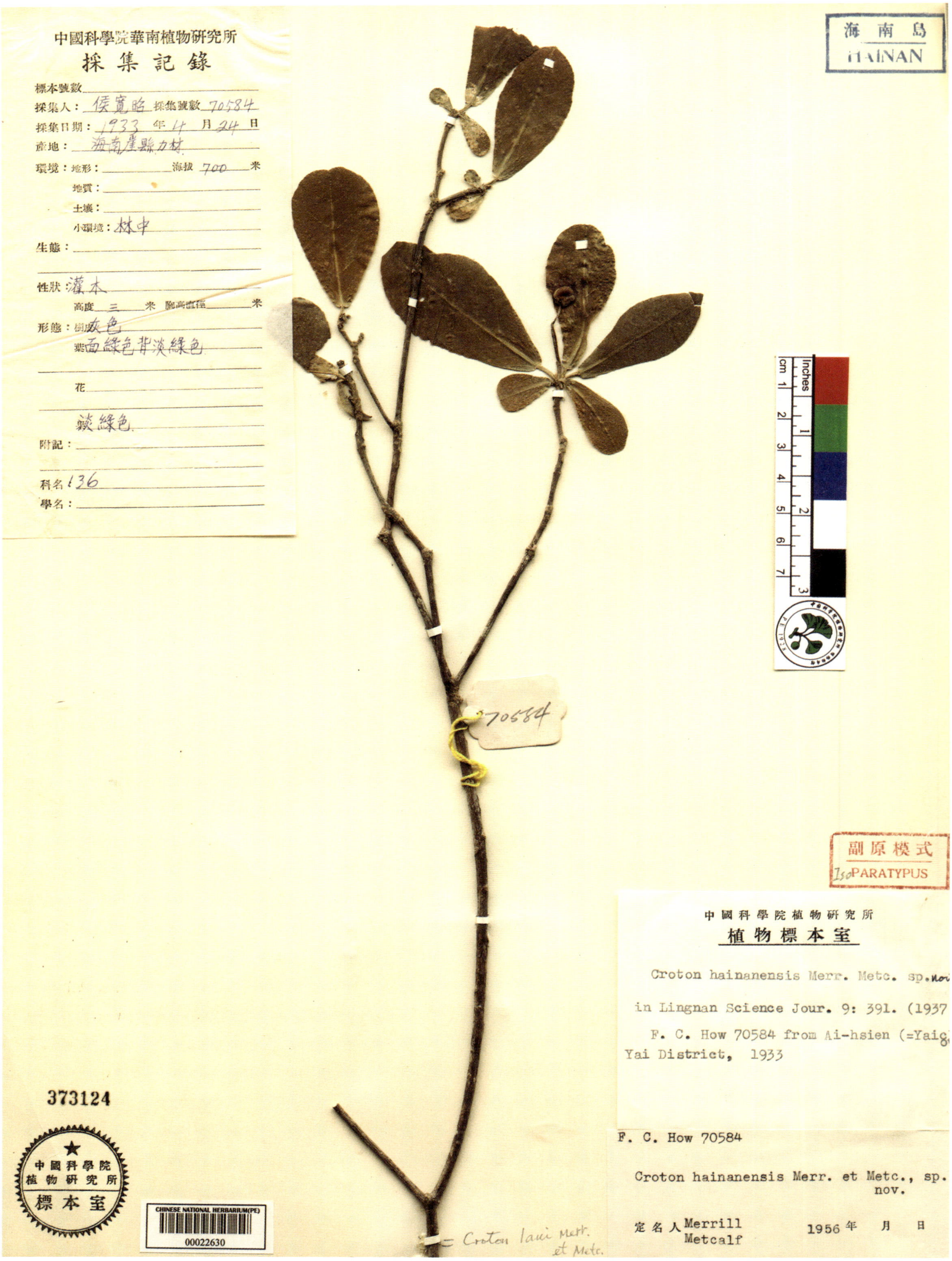

三亚巴豆 ***Croton hainanensis*** Merr. & Metc. in Lingnan Sci. J. 16(3): 391, f. 2. 1937. **Isoparatype:** China. Hainan: Sanya, alt. 700 m, 1933-04-24, F. C. How 70584.

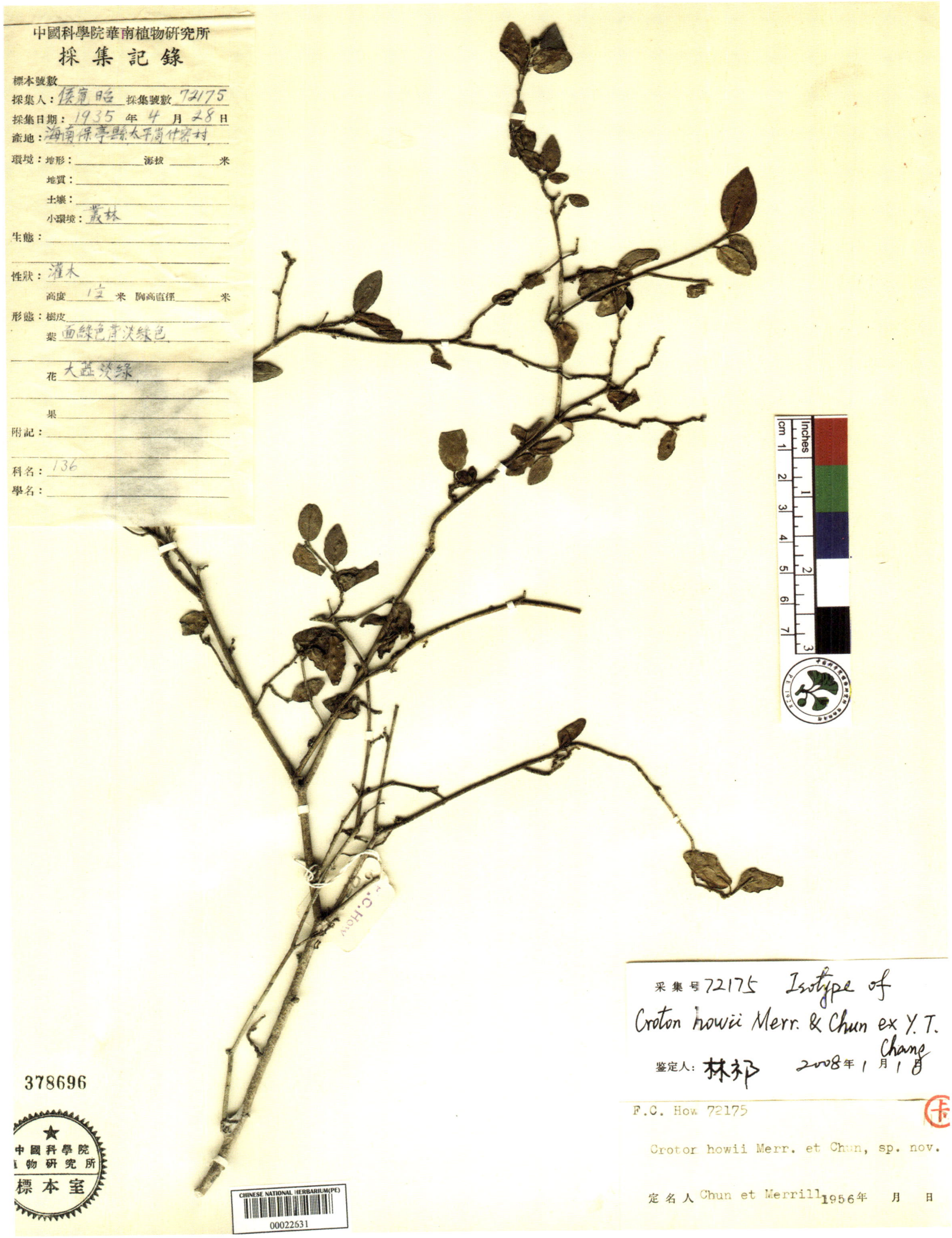

宽昭巴豆 ***Croton howii*** Merr. & Chun ex Y. T. Chang in Acta Phytotaxon. Sin. 27(2): 147. 1989. **Isotype:** China. Hainan: Baoting, 1935-04-28, F. C. How 72175.

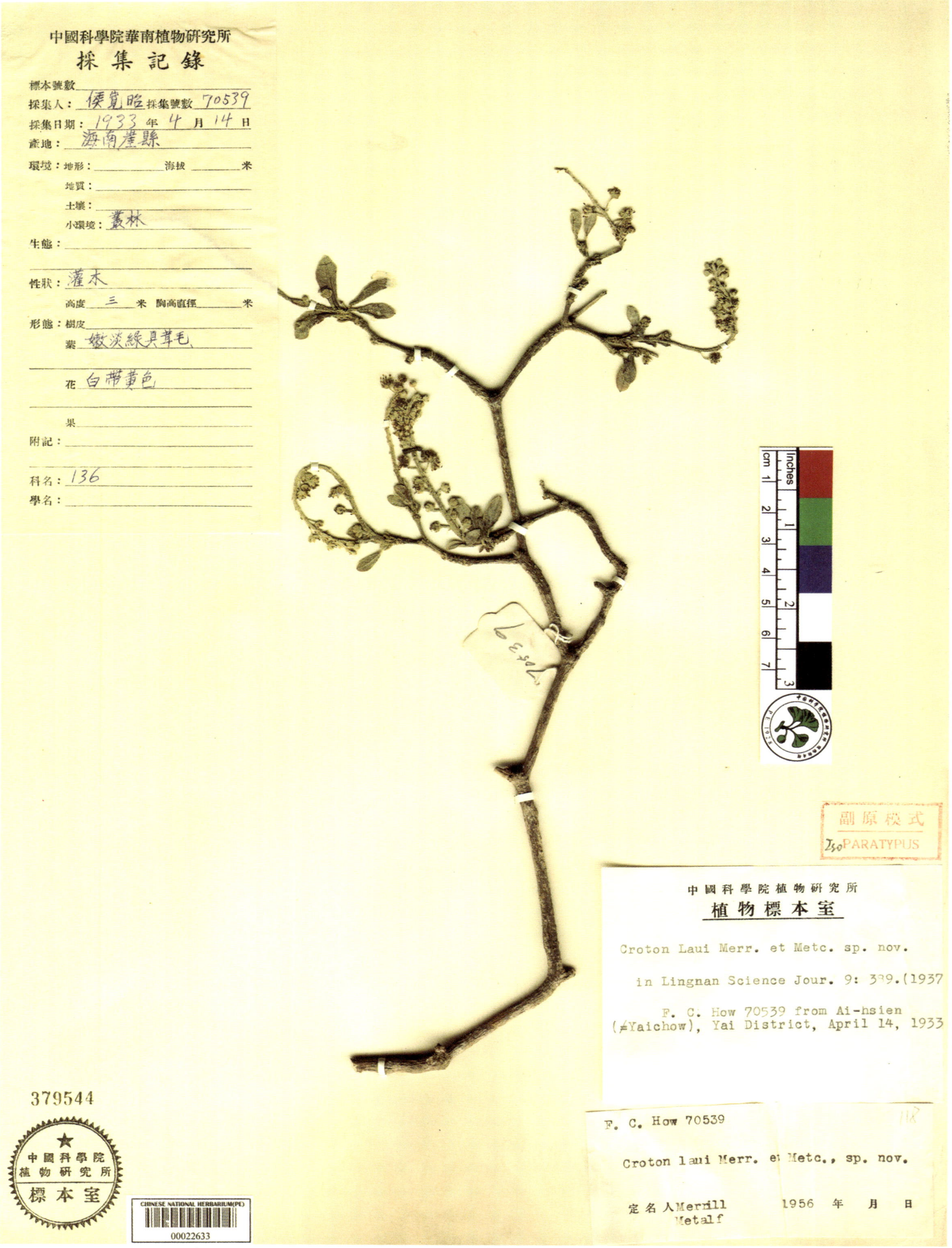

海南巴豆 ***Croton laui*** Merr. & Metc. in Lingnan Sci. J. 16(3): 389, f. 1. 1937. **Isoparatype:** China. Hainan: Sanya, 1933-04-14, F. C. How 70539.

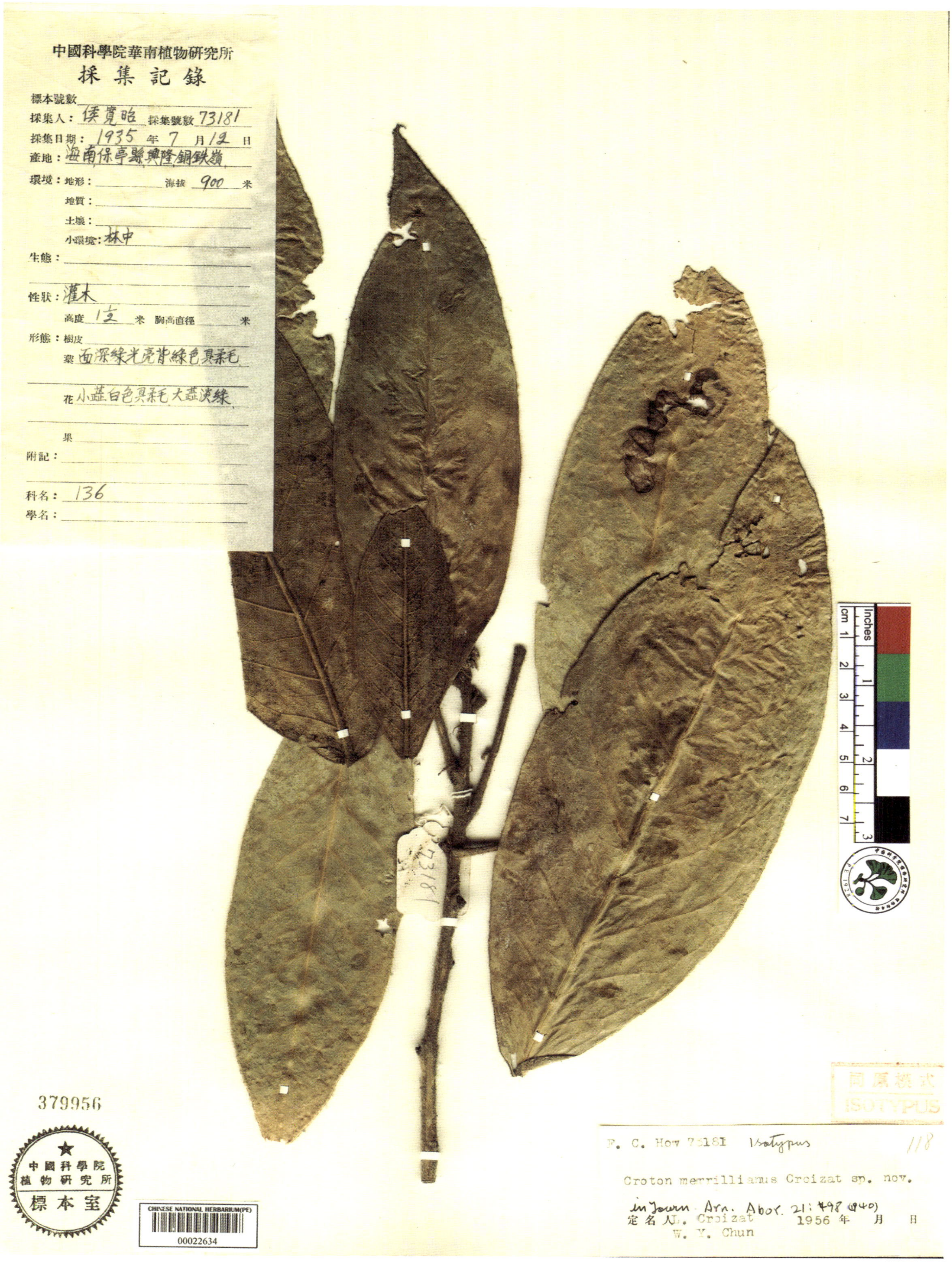

厚叶巴豆 ***Croton merrillianus*** Croizat in J. Arnold Arbor. 21(4): 498. 1940. **Isotype:** China. Hainan: Baoting, alt. 900 m, 1935-07-12, F. C. How 73181.

淡紫毛巴豆 ***Croton purpurascens*** Y. T. Chang in Acta Phytotaxon. Sin. 24(2): 144, f. 1. 1986. **Isotype:** China. Guangdong: Ruyuan, 1933-05-14, S. P. Ko 52603.

荨麻叶巴豆 ***Croton urticifolius*** Y. T. Chang & Q. H. Chen in Guihaia 3(3): 172. 1983. **Paratype:** China. Guizhou: Wangmo, alt. 440 m, 1960-04-18, Guizhou Exped. 1688.

琼中核果木 ***Drypetes nienkui*** Merr. & Chun in Sunyatsenia 2(3-4): 258, f. 29: C-D. 1935. **Isotype:** China. Hainan: Qiongzhong, Wuzhishan, alt. 1 333 m, 1932-11-11, N. K. Chun 44246.

柳叶大戟 ***Euphorbia epilobiifolia*** W. T. Wang in Acta Bot. Yunnan. 10(1): 46, f. 4: 1-3. 1988. **Holotype:** China. Sichuan: Dukou, alt. 1 100~1 300 m, 1983-06-21, Qinghai-Xizang Exped. 11364.

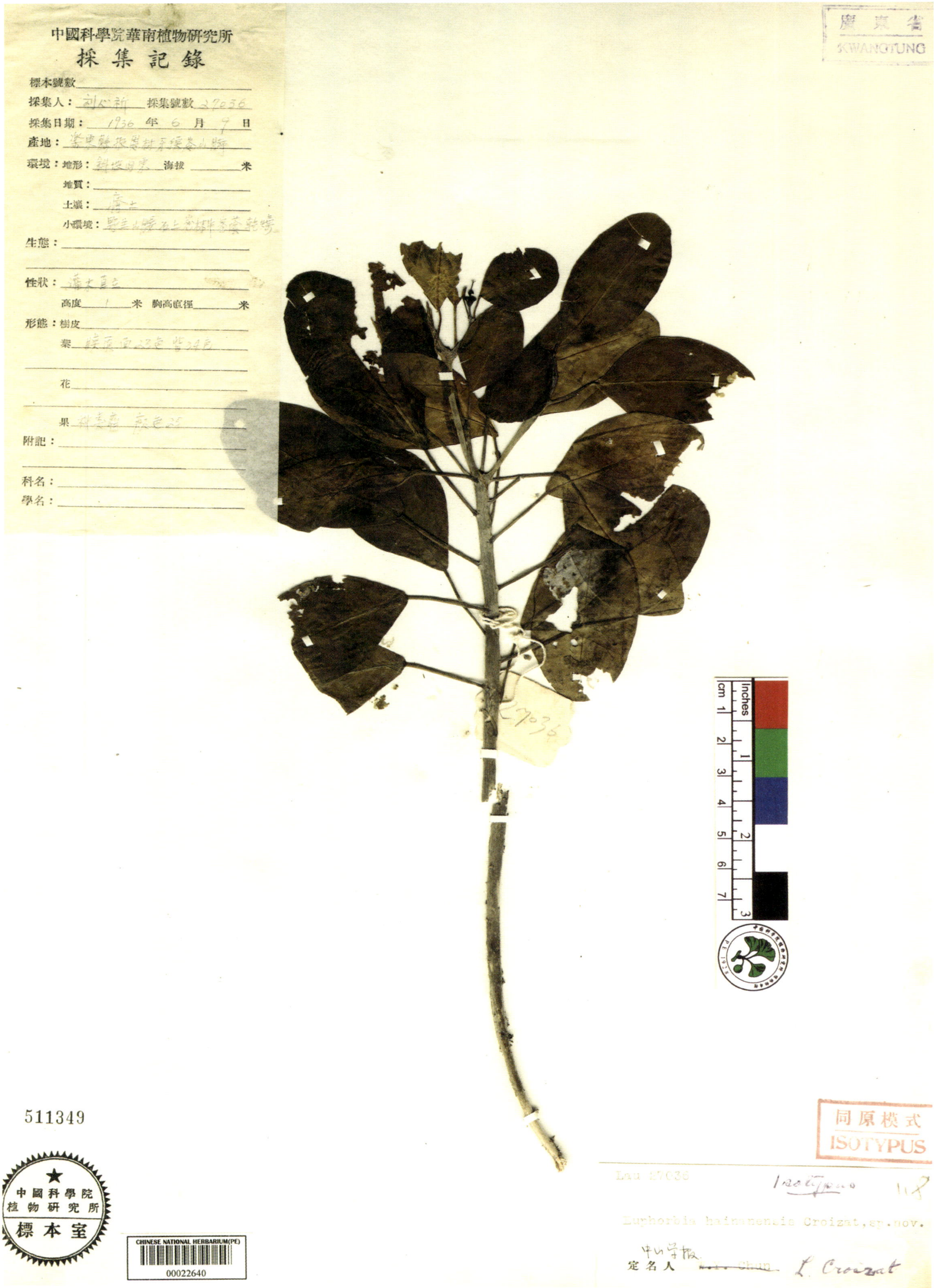

海南大戟 ***Euphorbia hainanensis*** Croizat in J. Arnold Arbor. 21(4): 505. 1940. **Isotype:** China. Hainan: Ledong, 1936-06-09, S. K. Lau 27036.

猫儿山大戟 ***Euphorbia maoershanensis*** F. N. Wei & J. S. Ma in Phytotaxa 87(3): 45, f. 1-2. 2013. **Holotype:** China. Guangxi: Xing’an, alt. 2 080 m, 1997-06-23, G. Z. Li 15042.

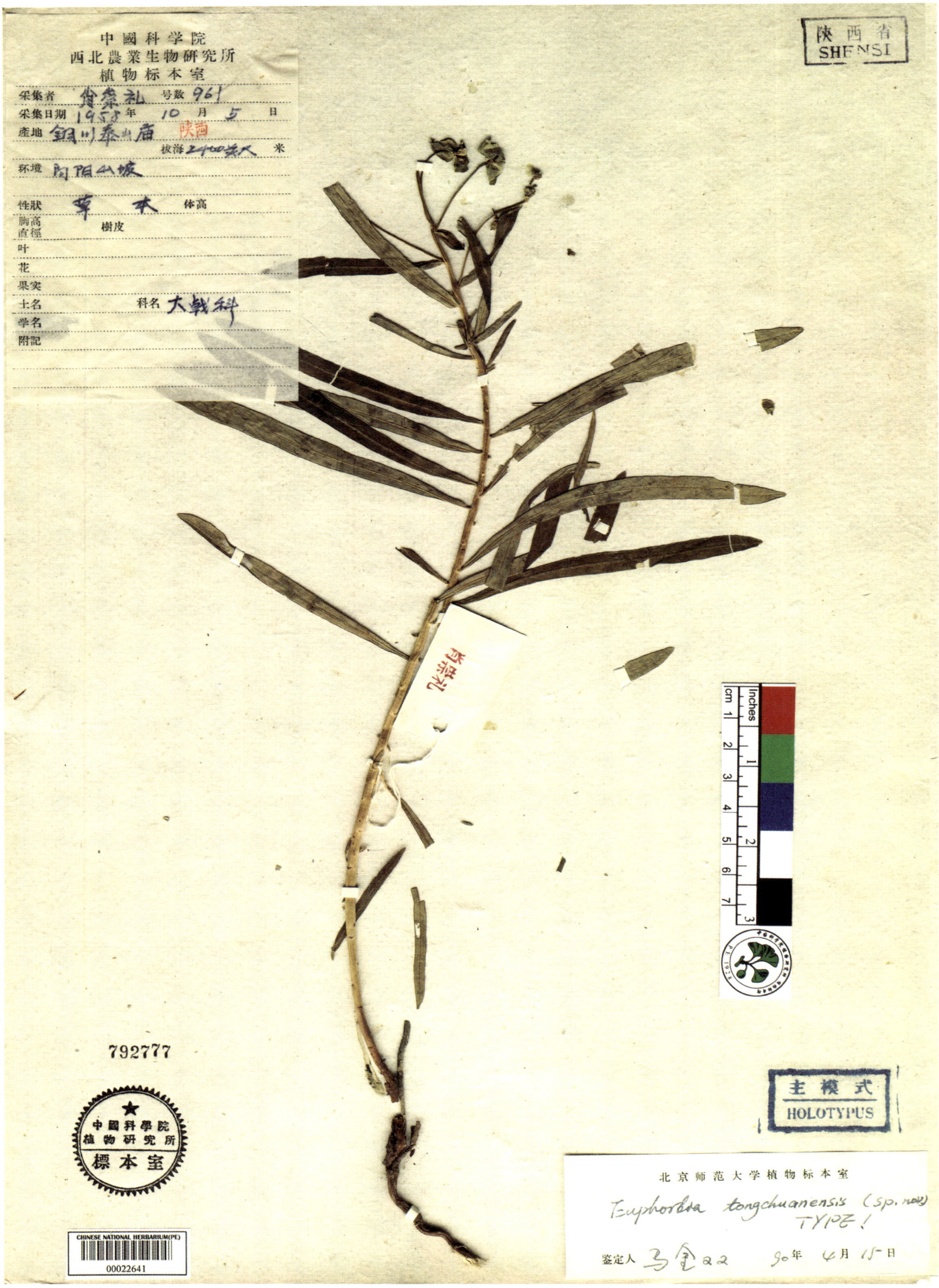

铜川大戟 ***Euphorbia tongchuanensis*** C. Y. Wu & J. S. Ma in Collect. Bot. (Barcelona) 21: 116, f. 2. 1992. **Holotype:** China. Shaanxi: Tongchuan, alt. 734 m, 1958-10-05, C. L. Xiao 961.

墨脱算盘子 ***Glochidion medogense*** T. L. Chin in Acta Phytotaxon. Sin. 18(2): 251, f. 1: 1-3. 1980. **Holotype:** China. Xizang: Mêdog, 1974-08-12, Qinghai-Xizang Exped. 74-1810.

淡红脉算盘子 ***Glochidion rubidulum*** T. L. Chin in Acta Phytotaxon. Sin. 18(2): 251, f. 1: 4-6. 1980. **Holotype:** China. Xizang: Mêdog, alt. 1 750 m, 1974-08-20, Qinghai-Xizang Exped. 74-4431.

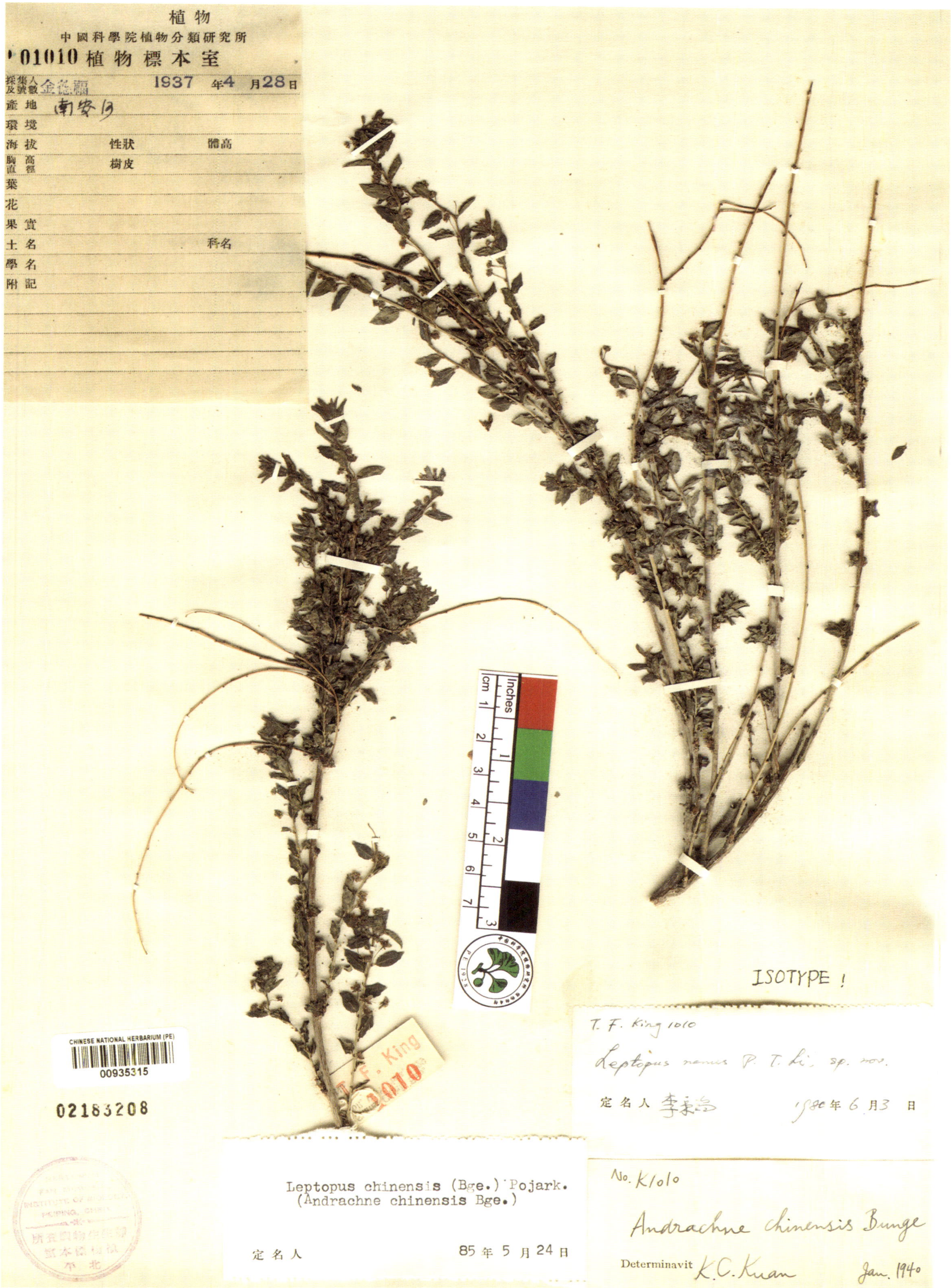

小叶雀舌木 ***Leptopus nanus*** P. T. Li in Notes Roy. Bot. Gard. Edinburgh 40(3): 474, f. 3. 1983. **Isotype:** China. Beijing: Nan'an He, 1937-04-28, T. F. King 1010.

大苞血桐 ***Macaranga bracteata*** Merr. in Lingnan Sci. J. 6(3): 281. 1928. **Isotype:** China. Hainan: Danzhou, 1927-09-12, W. T. Tsang 836.

腺苞血桐 ***Macaranga glandibracteolata*** S. J. Davies in Kew Bull. 54(1): 147. 1999. **Isotype:** Malaysia. Sabah, 1993-10-23, S. J. Davies 93027.

轮苞血桐 ***Macaranga rosuliflora*** Croiz. in J. Arnold Arbor. 23(1): 51. 1942. **Isoparatype:** China. Guizhou: Precise locality not known, 1936-09-09, S. W. Deng 90803.

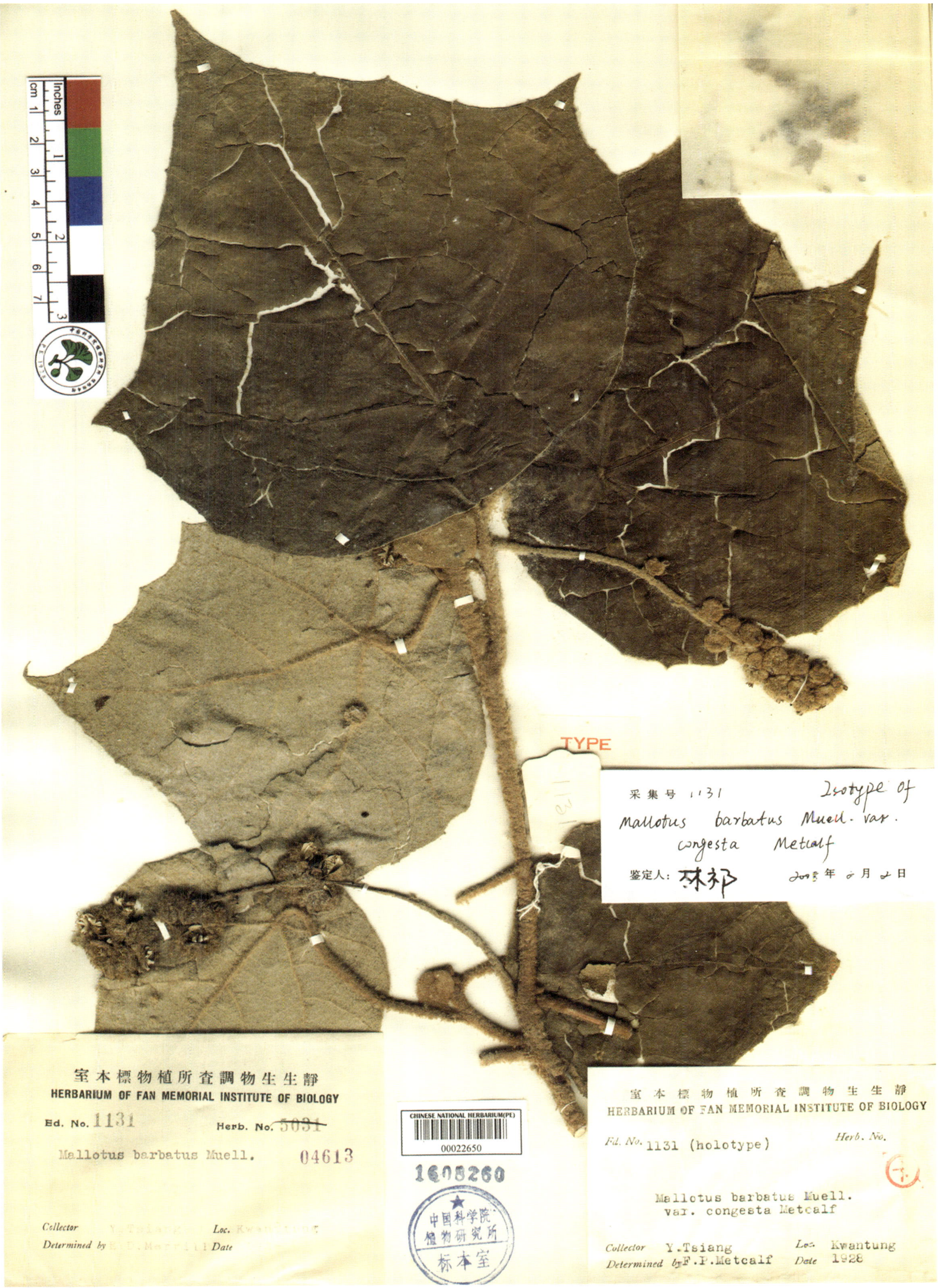

密序野桐 ***Mallotus barbatus*** Muell. Arg. var. ***congesta*** Metcalf in Lingnan Sci. J. 10(4): 487. 1931. **Isotype:** China. Guangdong: Luoding, 1928-09-13, Y. Tsiang 1131.

湖北野桐 ***Mallotus barbatus*** Muell. Arg. var. ***hubeiensis*** S. M. Hwang in Acta Phytotaxon. Sin. 23(4): 296. 1985.
Isotype: China. Hubei: Laifeng, alt. 700 m, 19??-08-27, H. J. Li 7620.

栗果野桐 ***Mallotus castanopsis*** Metc. in Lingnan Sci. J. 10(4): 487. 1931. **Isotype:** China. Guangdong: Lechang, 1928-10-17, Y. Tsiang 1384.

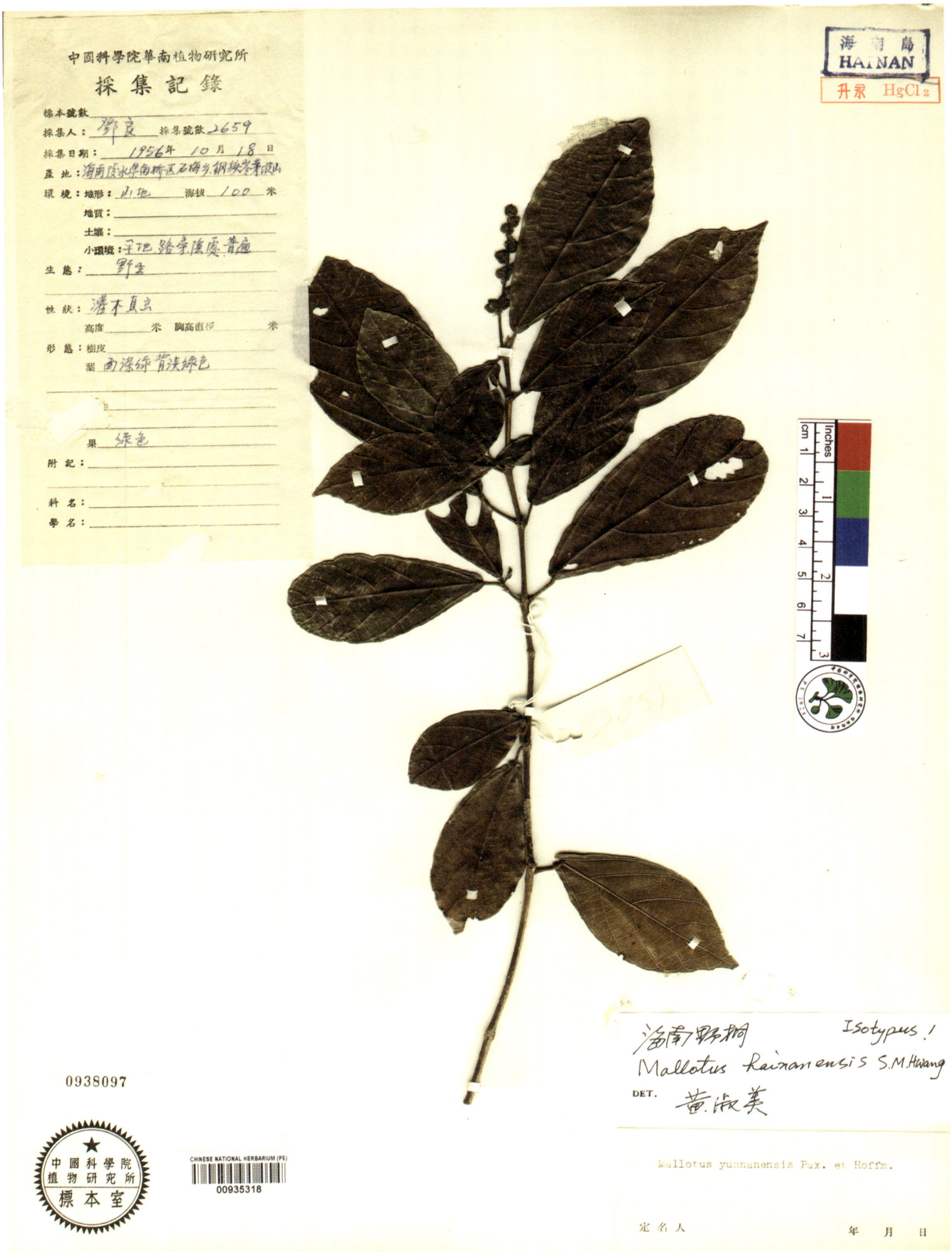

海南野桐 ***Mallotus hainanensis*** S. M. Hwang in Acta Phytotaxon. Sin. 23(4): 293, f. 1. 1985. **Isotype:** China. Hainan: Lingshui, alt. 100 m, 1956-10-18, L. Deng 2659.

贵州野桐 ***Mallotus kweichowensis*** Lauener & W. T. Wang in Notes Roy. Bot. Gard. Edinburgh 38(3): 487, f. 1. 1980.
Isotype: China. Guizhou: Lao-ten, 1904-05-20, J. Esquirol 45.

假轮叶野桐 ***Mallotus pseudoverticillatus*** Merr. in Lingnan Sci. J. 14(1): 23, f. 7. 1935. **Isotype:** China. Hainan: Sanya, 1932-08-03, S. K. Lau 353.

蒋氏野桐 ***Mallotus tsiangii*** Merr. & Chun in Sunyatsenia 1(1): 63. 1930. **Isotype:** China. Guangdong: Gaozhou, alt. 150 m, 1929-05-10, Y. Tsiang 2223.

宜丰山桐 ***Mallotus yifungensis*** Hu & Chen in Acta Phytotaxon. Sin. 1(2): 226. 1951. **Holotype:** China. Jiangxi: Yifeng, 1950-06-15, Y. K. Hsiung 6613.

云南大柱藤 ***Megistostigma yunnanense*** Croiz. in J. Arnold Arbor. 22(3): 426. 1941. **Isotype:** China. Yunnan: Che-li (=Jinghong), alt. 1 100 m, 1936-09-??, C. W. Wang 75870.

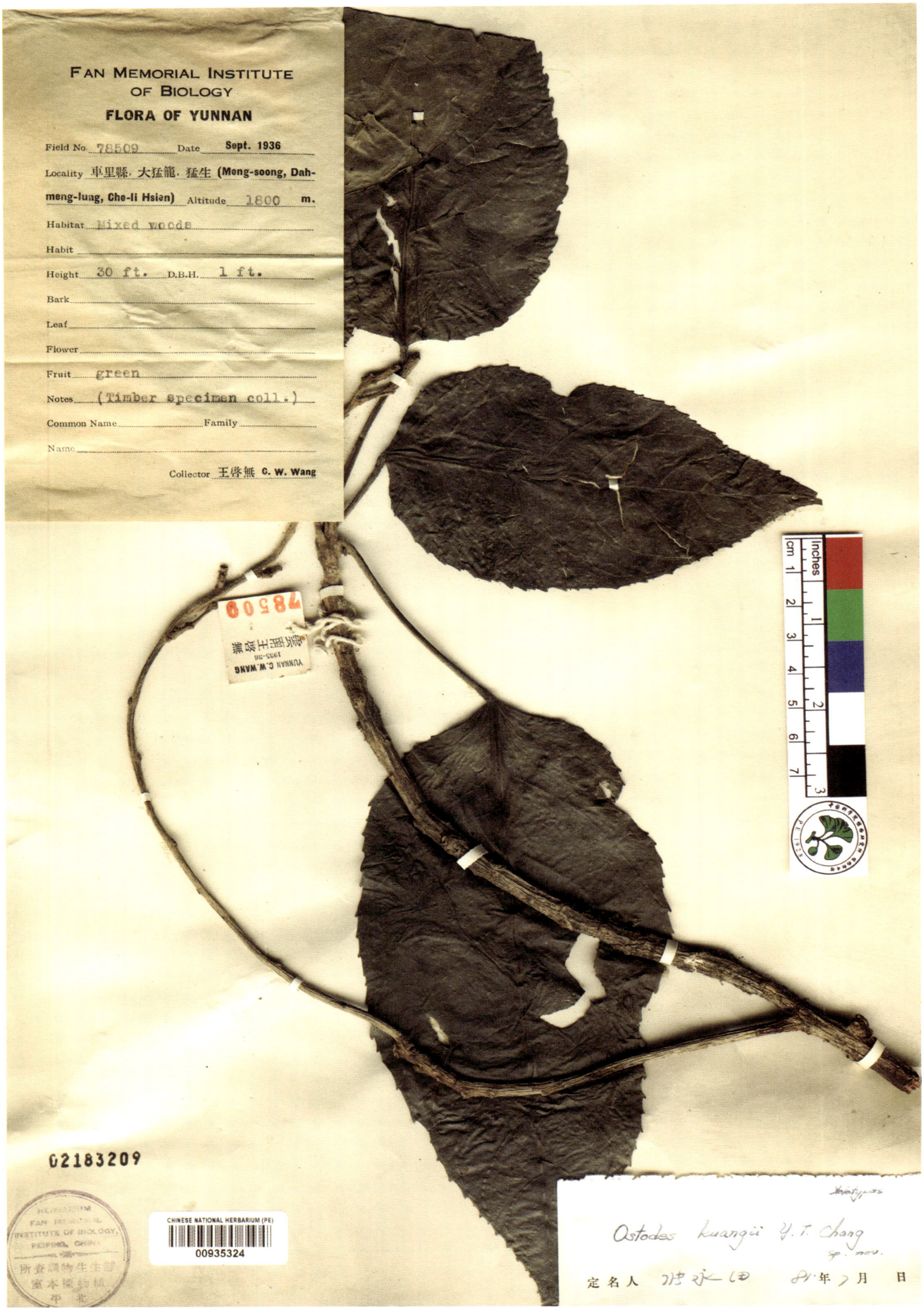

绒毛叶轮木 ***Ostodes kuangii*** Y. T. Chang in Acta Phytotaxon. Sin. 20(2): 224. 1982. **Holotype:** China. Yunnan: Che-li (=Jinghong), alt. 1 800 m, 1936-09-??, C. W. Wang 78509.

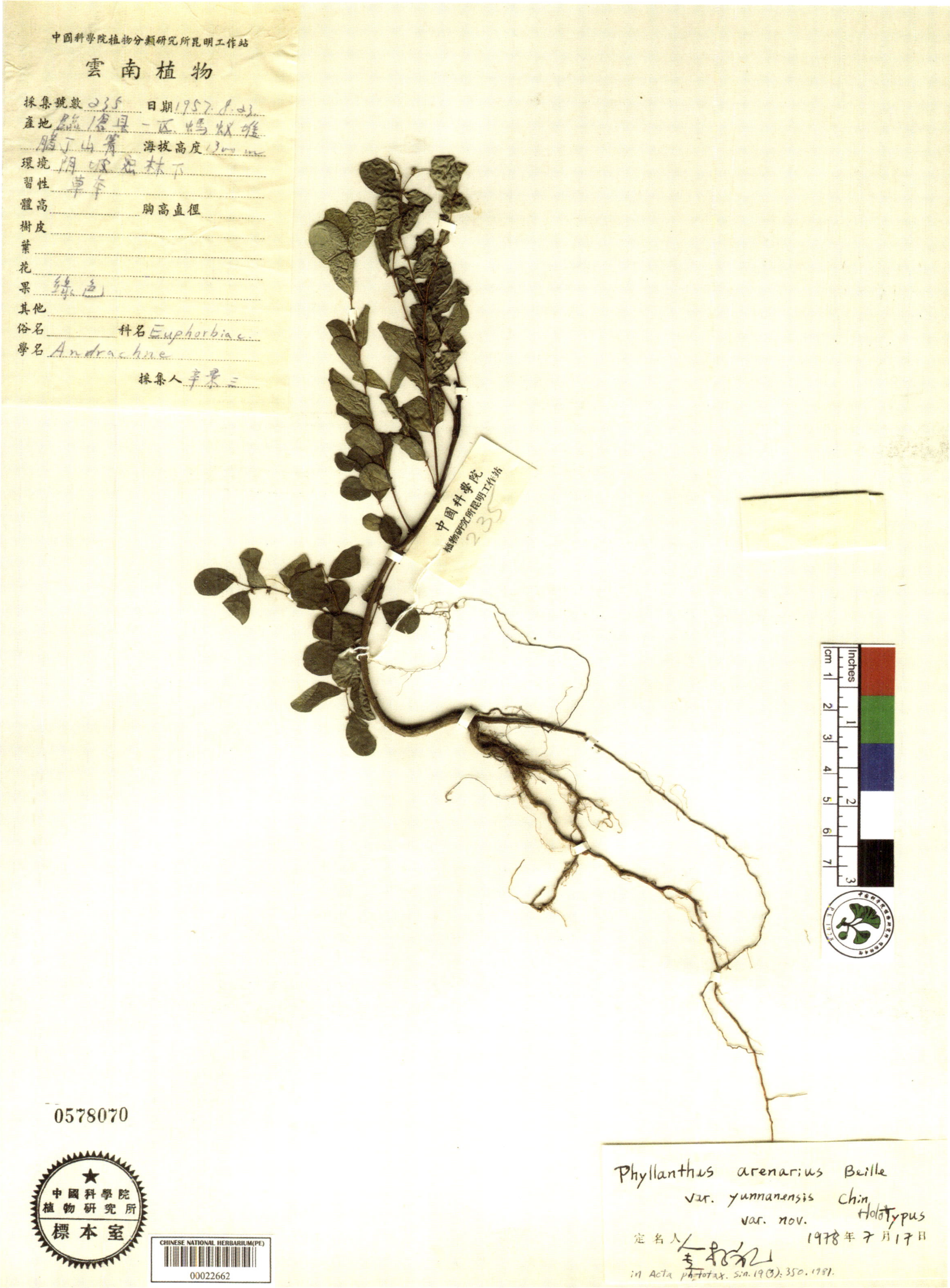

云南沙地生叶下珠 ***Phyllanthus arenarius*** Beille var. ***yunnanensis*** T. L. Chin in Acta Phytotaxon. Sin. 19(3): 350. 1981.
Holotype: China. Yunnan: Lincang, alt. 1 300 m, 1957-08-23, J. S. Xin 235.

星药叶下珠 ***Phyllanthus asteranthos*** Croiz. in J. Jap. Bot. 16(11): 655. 1940. **Isotype:** China. Yunnan: Nan-Chiao (=Menghai), alt. 1 760 m, 1936-06-??, C. W. Wang 75325.

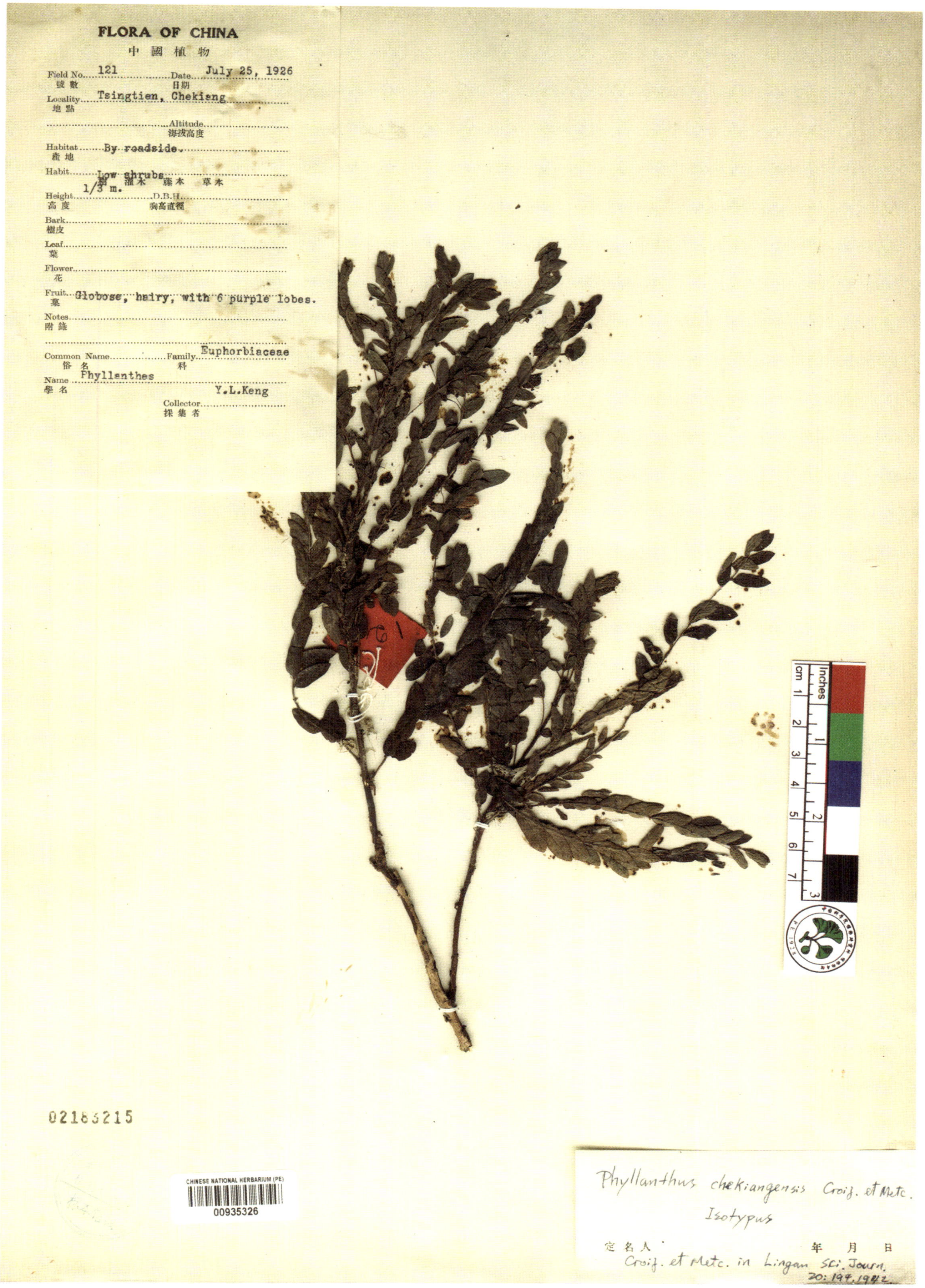

浙江叶下珠 ***Phyllanthus chekiangensis*** Croiz. & Metc. in Lingnan Sci. J. 20(2-4): 194, pl. 6. 1942. **Isotype:** China. Zhejiang: Qingtian, 1926-07-25, Y. L. Keng 121.

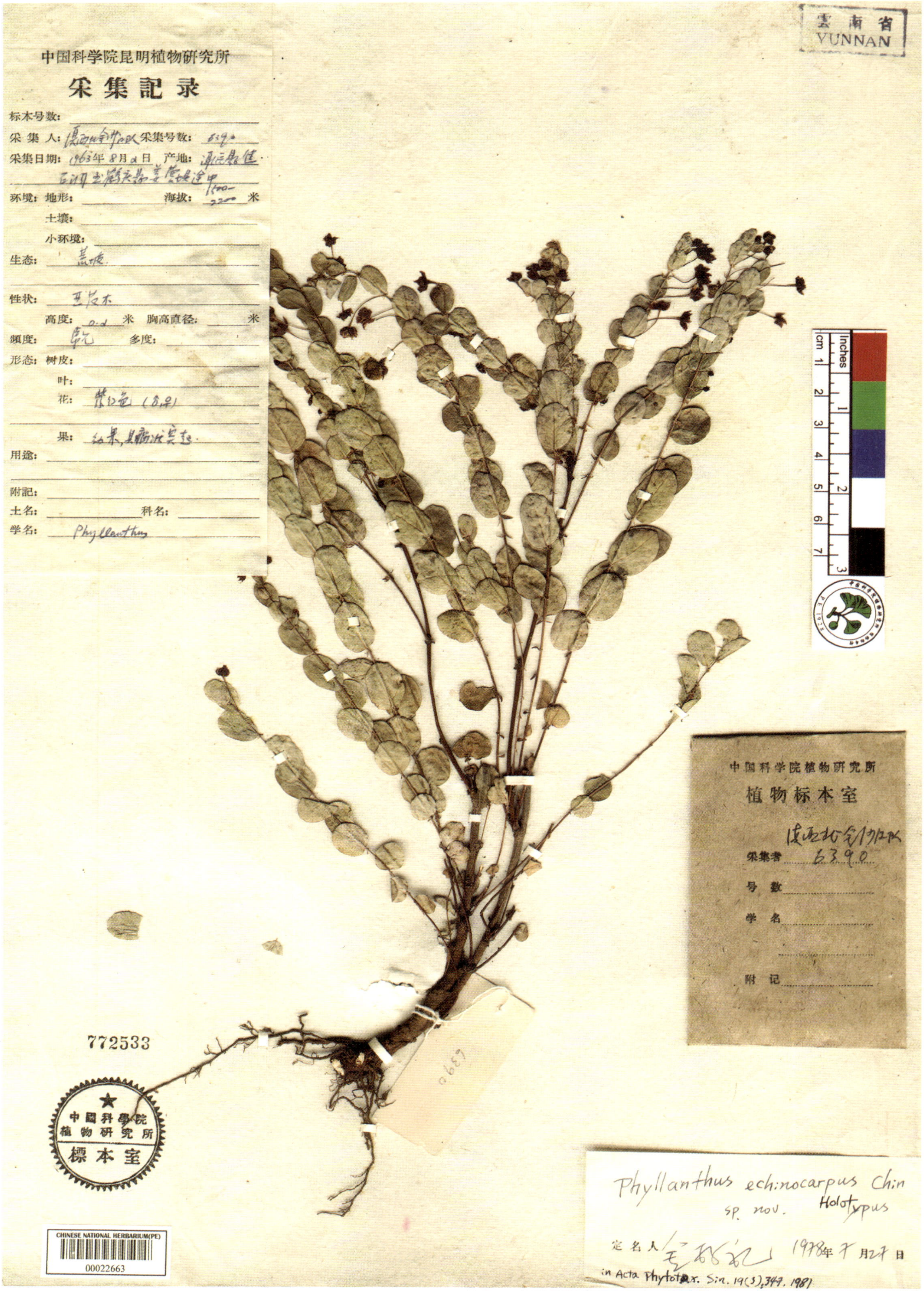

刺果叶下珠 ***Phyllanthus echinocarpus*** T. L. Chin in Acta Phytotaxon. Sin. 19(3): 347, f. 1. 1981. **Holotype:** China. Yunnan: Eryuan, alt. 1 500~2 200 m, 1963-08-02, Jinshajiang Exped. 6390.

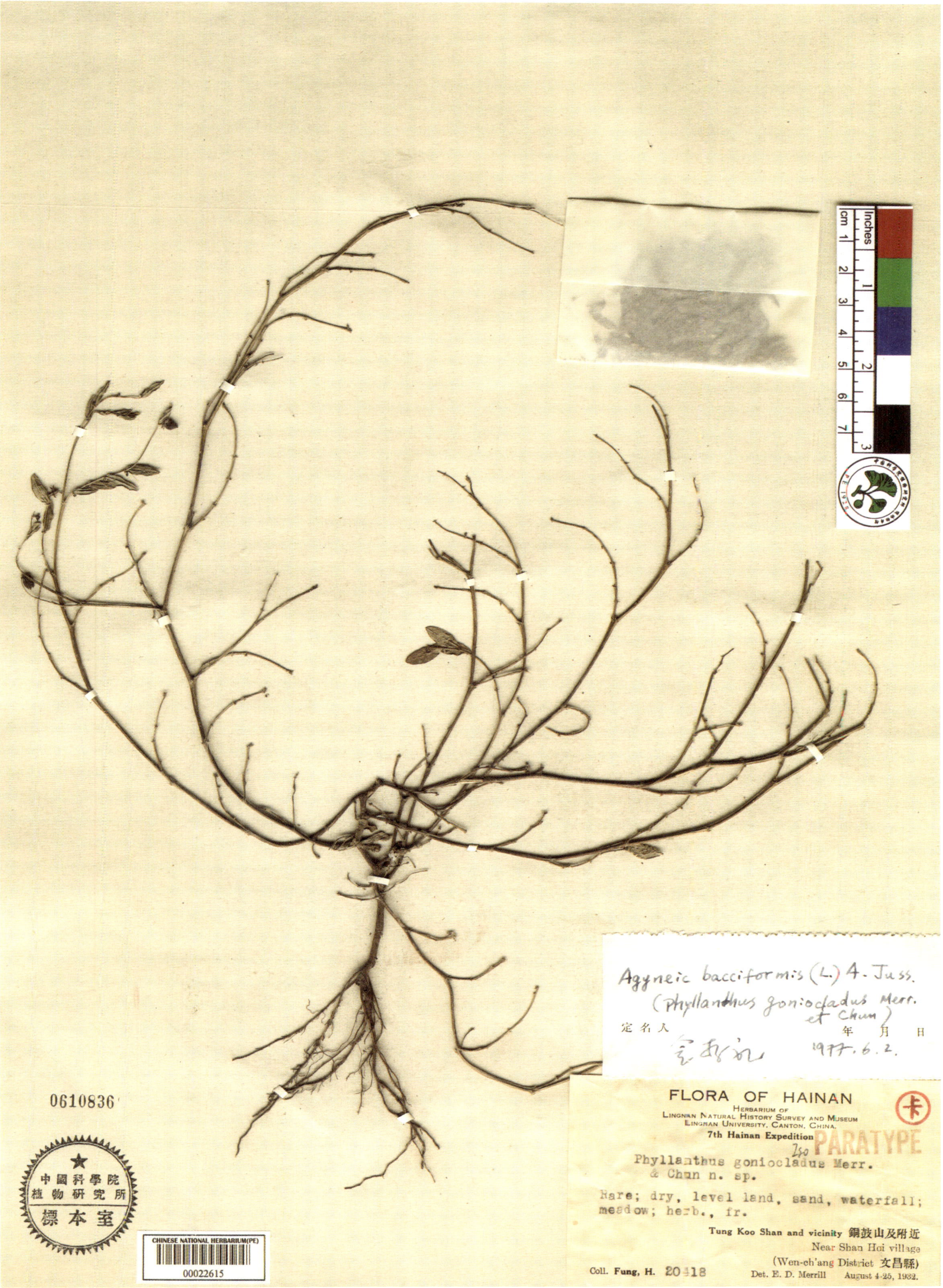

棱枝叶下珠 ***Phyllanthus goniocladus*** Merr. & Chun in Sunyatsenia 2(3-4): 260, pl. 51. 1935. **Isoparatype:** China. Hainan: Wenchang, 1932-08-(04~25), H. Fung 20418.

海南叶下珠 ***Phyllanthus hainanensis*** Merr. in Lingnan Sci. J. 14(1): 20, f. 6. 1935. **Isotype:** China. Hainan: Sanya, 1932-07-12, S. K. Lau 240.

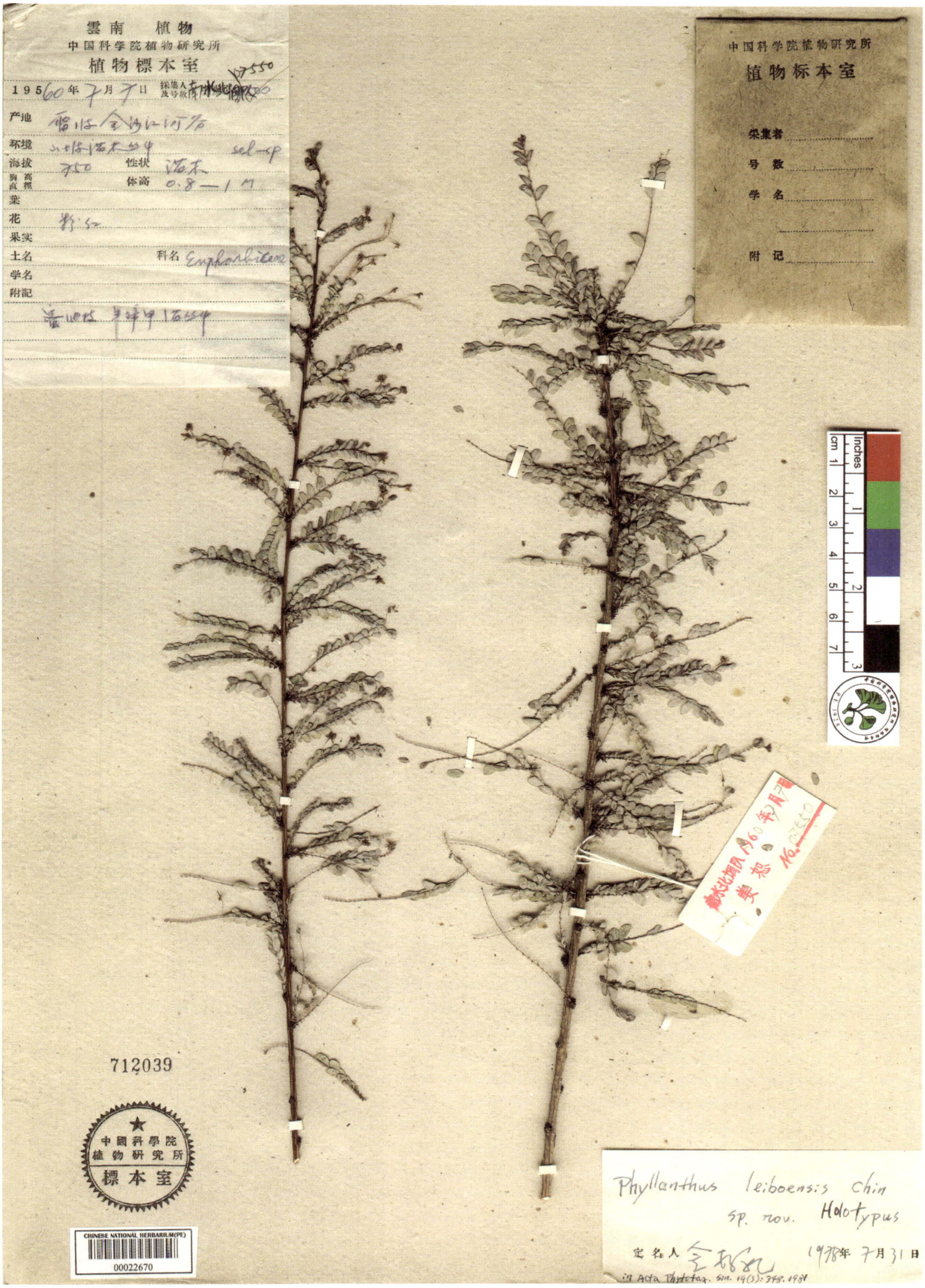

雷波叶下珠 ***Phyllanthus leiboensis*** T. L. Chin in Acta Phytotaxon. Sin. 19(3): 348, f. 2. 1981. **Holotype:** China. Sichuan: Leibo, alt. 750 m, 1960-07-07, S. Jiang 07550.

斑子乌桕 ***Sapium atrobadiomaculatum*** Metc. in Lingnan Sci. J. 10(4): 490. 1931. **Isotype:** China. Fujian: Shouning, alt. 580 m, 1924-08-03, R. C. Ching 2224.

济新乌桕 ***Sapium chihsinianum*** S. Lee in Acta Phytotaxon. Sin. 5(2): 121, pl. 14. 1956. **Isoparatype:** China. Guangxi: Guilin, 1950-06-12, C. H. Tsoong 808250.

尾叶守宫木 ***Sauropus tsiangii*** P. T. Li in Acta Phytotaxon. Sin. 25(2): 135. 1987. **Holotype:** China. Guangxi: Longzhou, alt. 200 m, 1968-04-30, S Guangxi Exped. s. n.

蝴蝶果 ***Sinopimelodendron kwangsiense*** Y. Tsiang in Acta Bot. Sin. 15(1): 133, pl. 1. 1973. **Isotype:** China. Guangxi: Ningming, alt. 280 m, 1963-08-01, Y. Tsiang 17936.

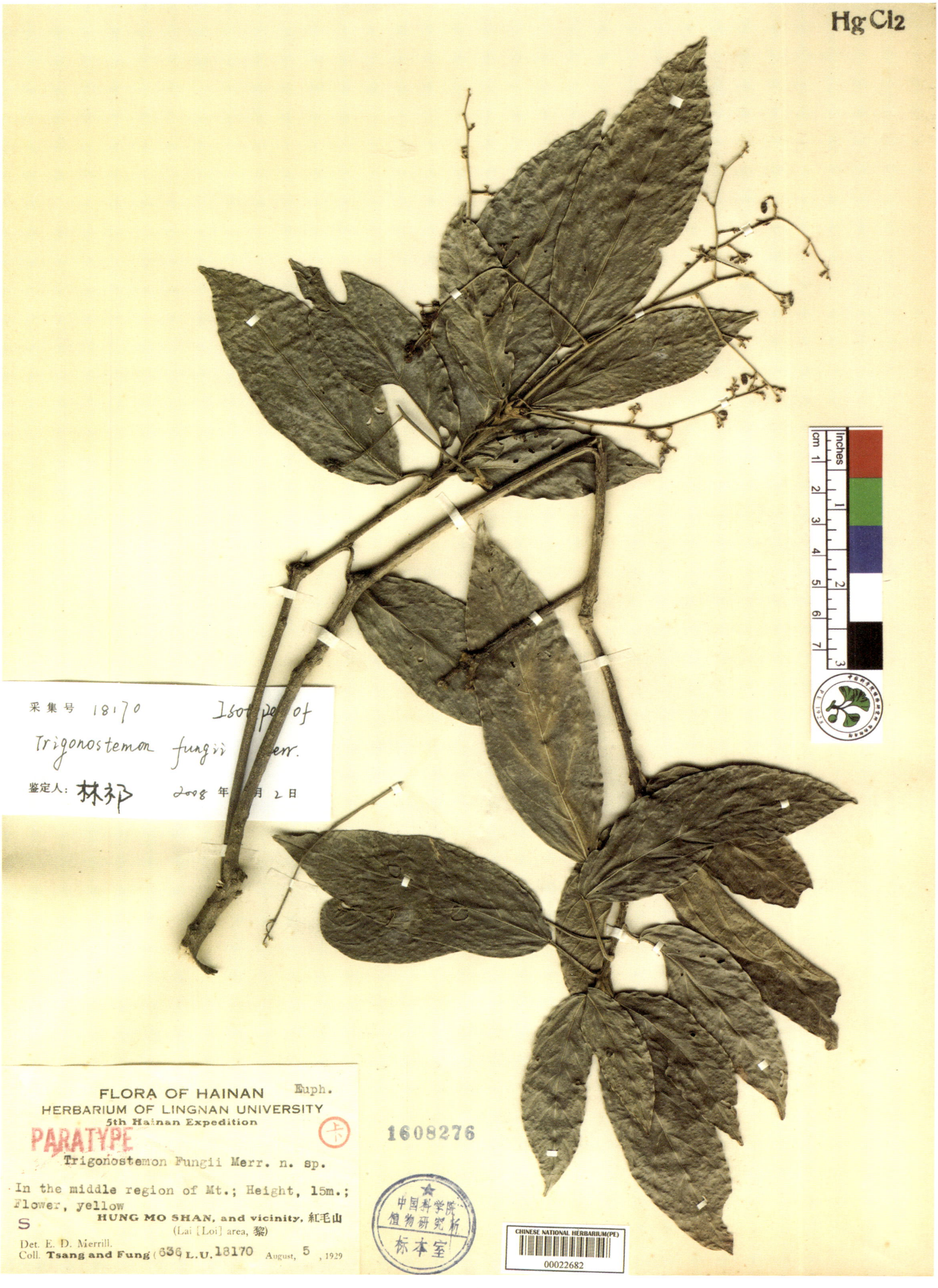

冯钦三宝木 ***Trigonostemon fungii*** Merr. in Lingnan Sci. J. 11(1): 47. 1932. **Isotype:** China. Hainan: Hongmaoshan, 1929-08-05, Tsang & Fung 18170.

异叶三宝木 ***Trigonostemon heterophyllus*** Merr. in Lingnan Sci. J. 9(1-2): 38. 1930. **Isotype:** China. Hainan: Danzhou, 1928-05-30, W. T. Tsang 17343.

黄木树 ***Trigonostemon huangmosu*** Y. T. Chang in Guihaia 3(3): 174. 1983. **Isotype:** China. Yunnan: Gejiu, alt. 400 m, 1974-06-18, Luchun Exped. 1961.

红花三宝木 ***Trigonostemon lutescens*** Y. T. Chang & J. Y. Liang in Guihaia 3(3): 173. 1983. **Paratype:** China. Guangxi: Longzhou, S. P. Ko 55253.

Daphniphyllaceae

虎皮楠科

hupinanke

墨栗褐色虎皮楠 ***Daphniphyllum atrobadium*** Croiz. & Metc. in Lingnan Sci. J. 20(1): 108, pl. 2. 1941. **Isotype:** China. Hainan: Baoting, alt. 1 300 m, 1935-07-04, F. C. How 73071.

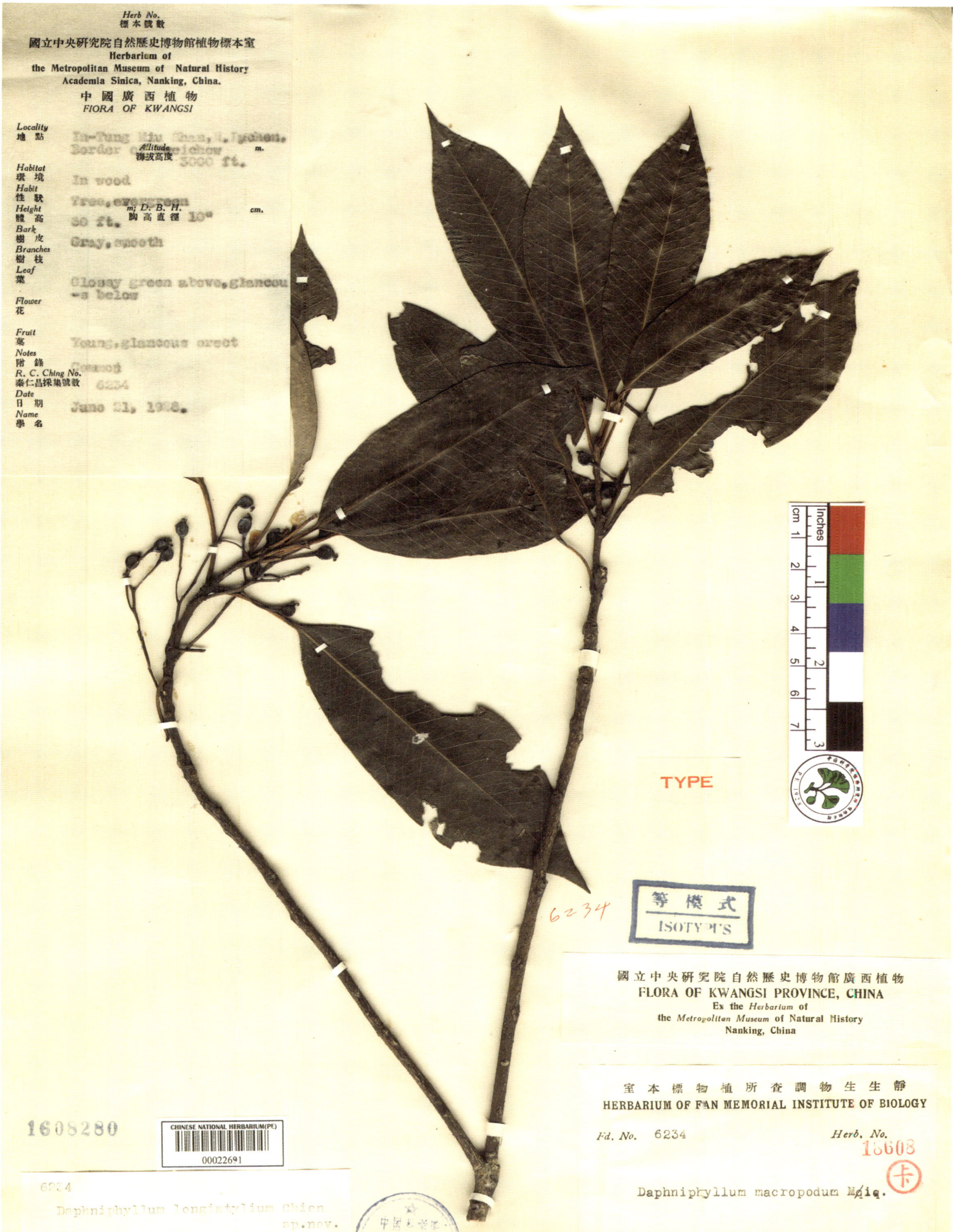

长柱虎皮楠 ***Daphniphyllum longistylum*** S. S. Chien in Contr. Biol. Lab. Sci. Soc. China, Bot. Ser. 8(3): 239. 1933.
Isotype: China. Guangxi: Luocheng, alt. 915 m, 1928-06-21, R. C. Ching 6234.

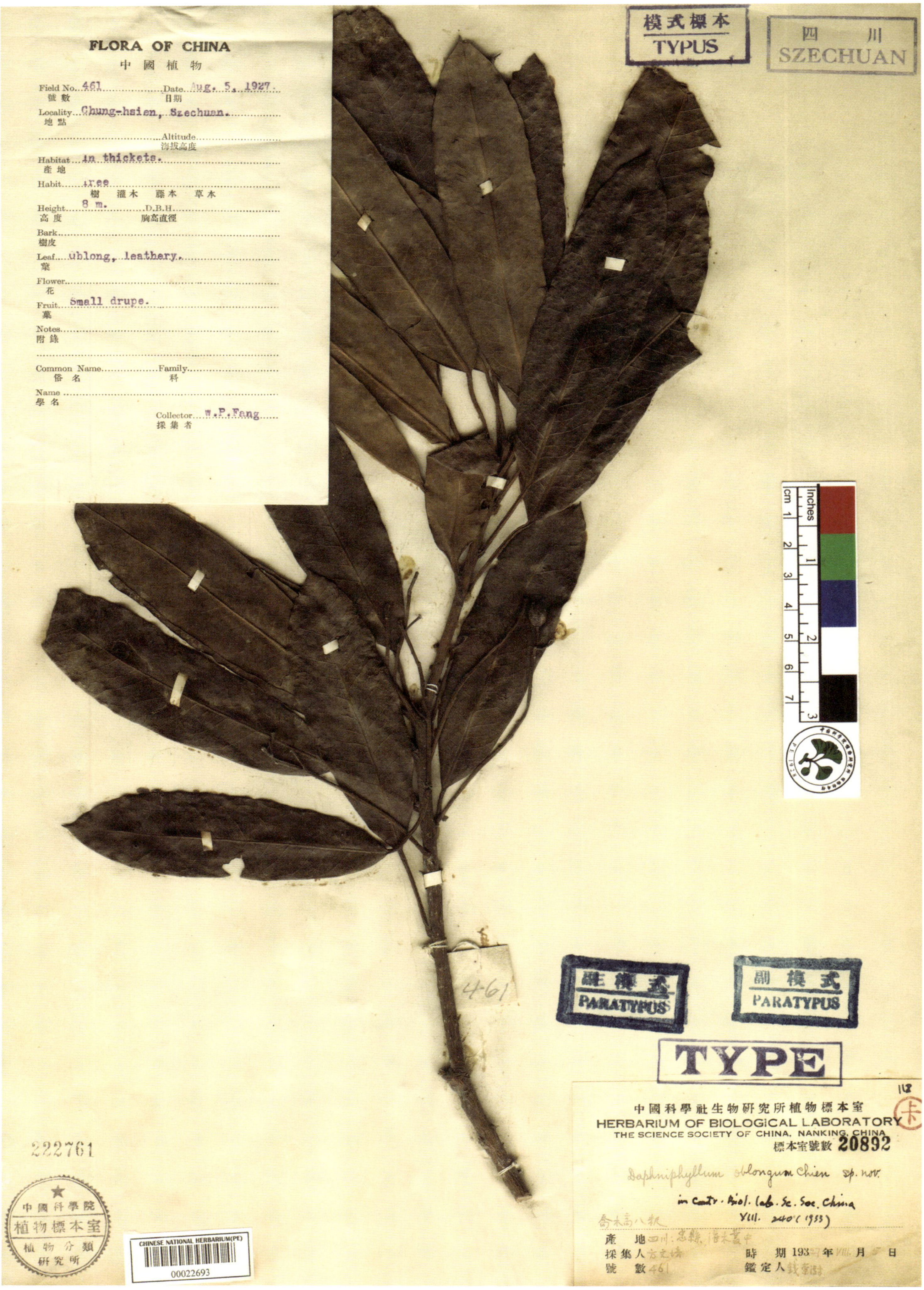

矩圆叶虎皮楠 ***Daphniphyllum oblongum*** S. S. Chien in Contr. Biol. Lab. Sci. Soc. China, Bot. Ser. 8(3): 241. 1933.
Paratype: China. Chongqing: Zhong Xian, 1927-08-05, W. P. Fang 461.

假轮叶虎皮楠 ***Daphniphyllum subverticillatum*** Merr. in Lingnan Sci. J. 13(1): 34. 1934. **Isotype:** China. Guangdong: Conghua, 1932-05-16, W. T. Tsang 20483.

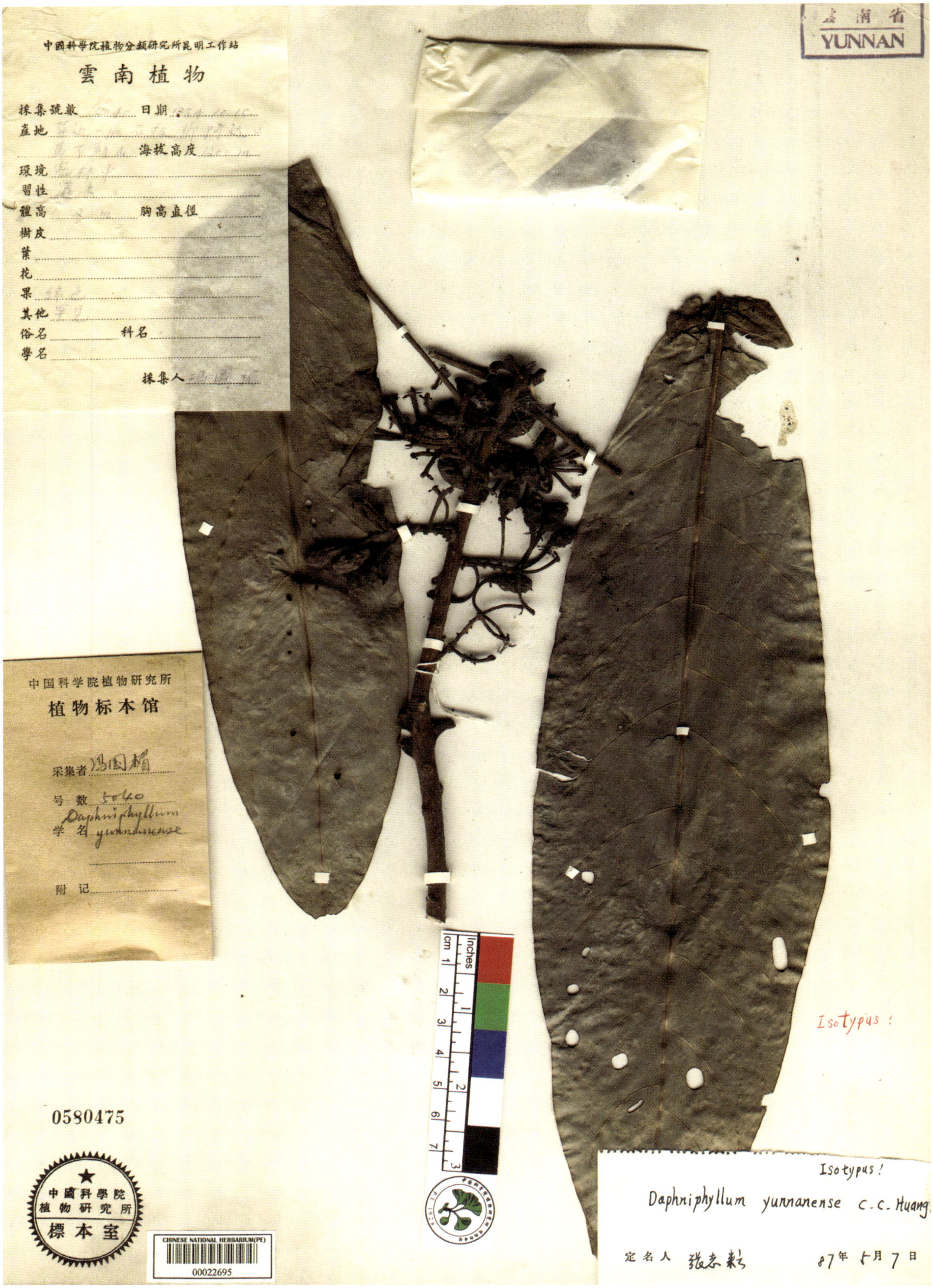

大叶虎皮楠 ***Daphniphyllum yunnanense*** C. C. Huang in Fl. Reip. Pop. Sin. 45(1): 139, pl. 3: 1-4. 1980. **Isotype:** China. Yunnan: Pingbian, alt. 1 200 m, 1954-10-15, K. M. Feng 5040.

Buxaceae

黄杨科

huangyangke

海南黄杨 ***Buxus hainanensis*** Merr. in Lingnan Sci. J. 14(1): 25, f. 8. 1935. **Isotype:** China. Hainan: Sanya, 1932-10-12, S. K. Lau 554.

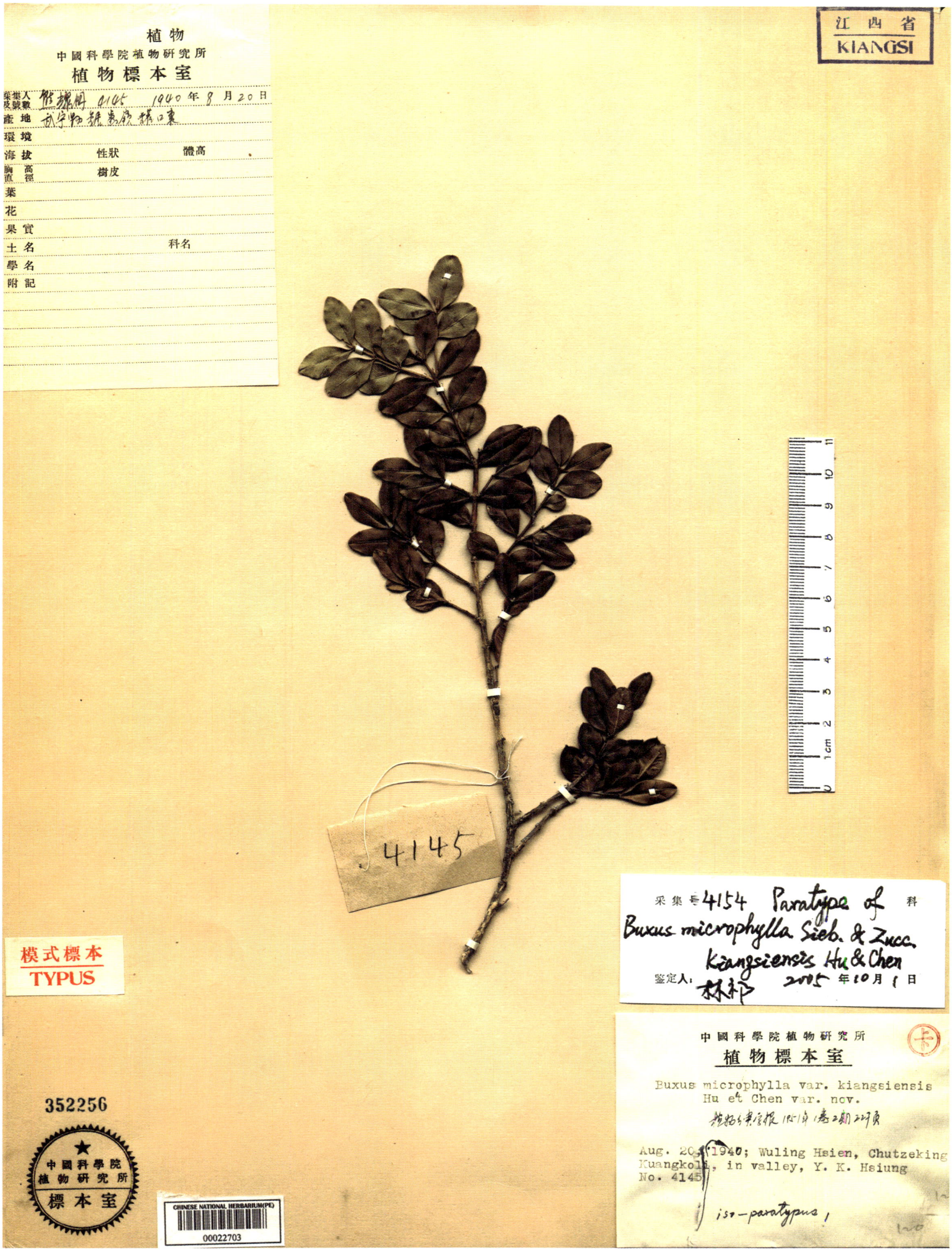

江西黄杨木 ***Buxus microphylla*** Sieb. & Zucc. var. ***kiangsiensis*** Hu & Chen in Acta Phytotaxon. Sin. 1(2): 227. 1951.
Paratype: China. Jiangxi: Wuning, 1940-08-20, Y. K. Hsiung 4145.

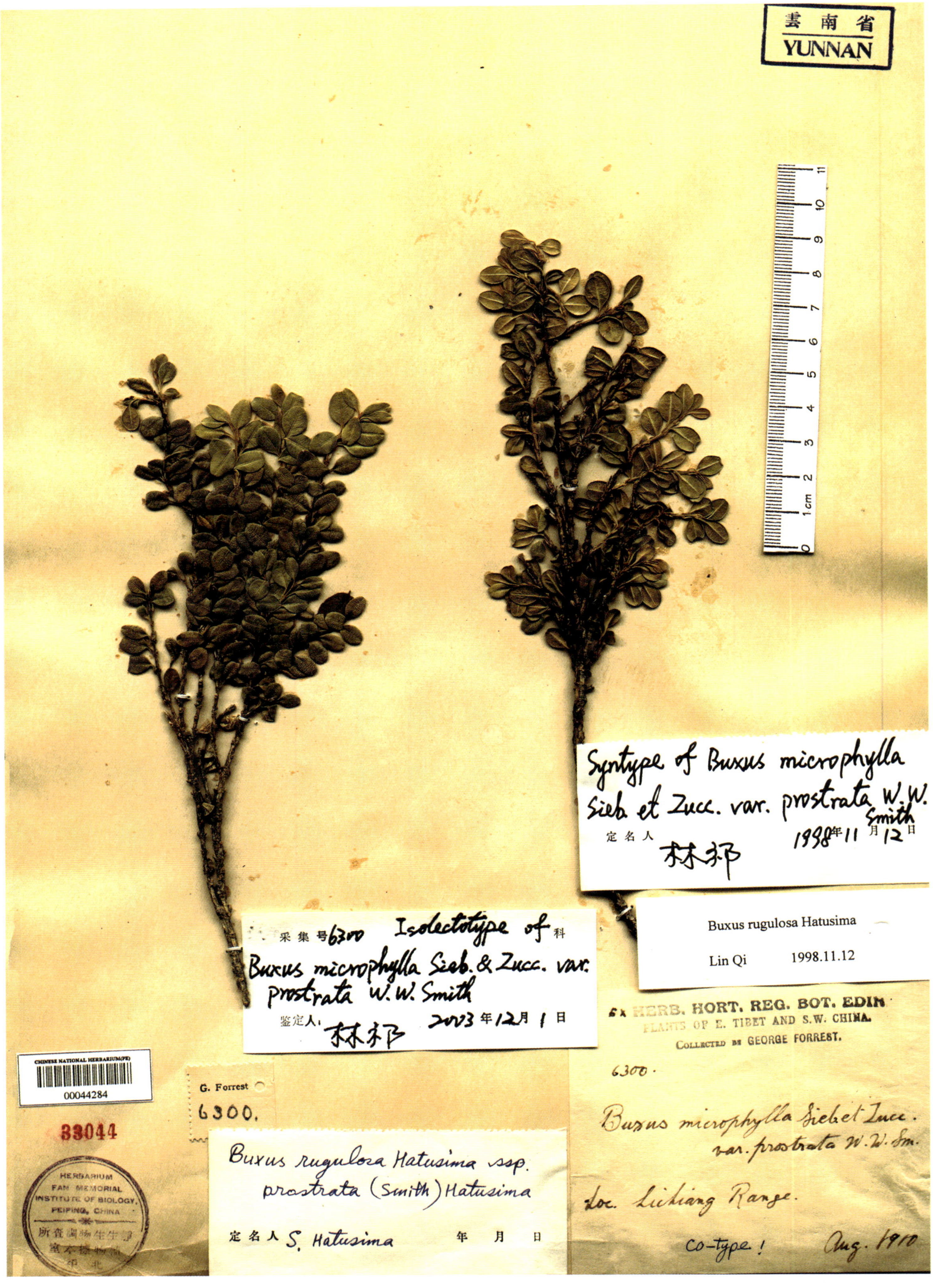

皱叶黄杨 ***Buxus microphylla*** Sieb. & Zucc. var. ***prostrata*** W. W. Smith in Notes Roy. Bot. Gard. Edinburgh 10: 16. 1917.
Isolectotype (designated by Q. Lin in Acta Bot. Yunnan. 26: 604. 2004.): China. Yunnan: Lijiang, 1910-08-??, G. Forrest 6300.

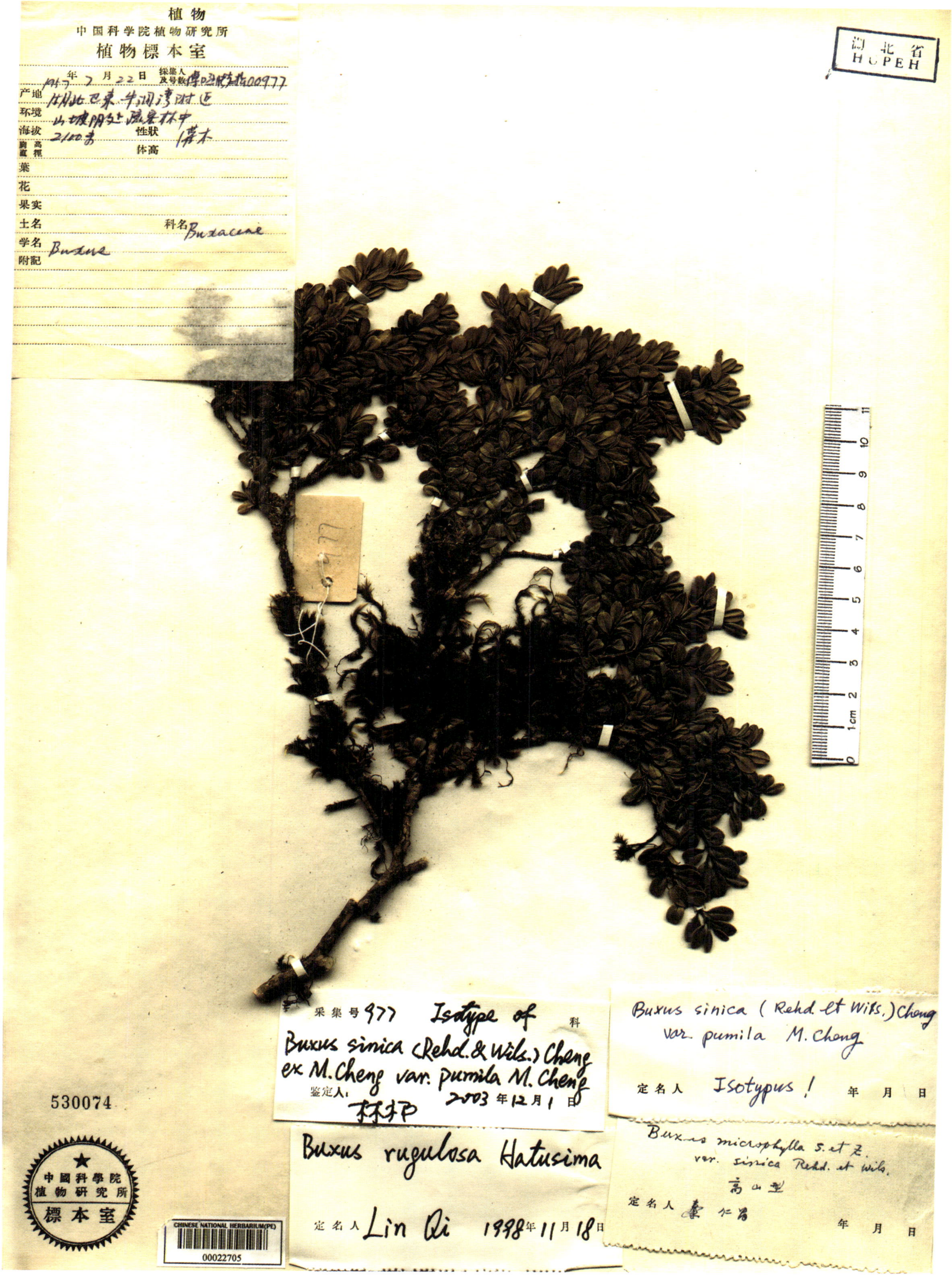

矮生黄杨 ***Buxus sinica*** (Rehd. & Wils.) M. Cheng var. ***pumila*** M. Cheng in Acta Phytotaxon. Sin. 17(3): 98. 1979. **Isotype:** China. Hubei: Badong, alt. 2 100 m, 1957-07-22, G. X. Fu & Z. S. Zhang 00977.

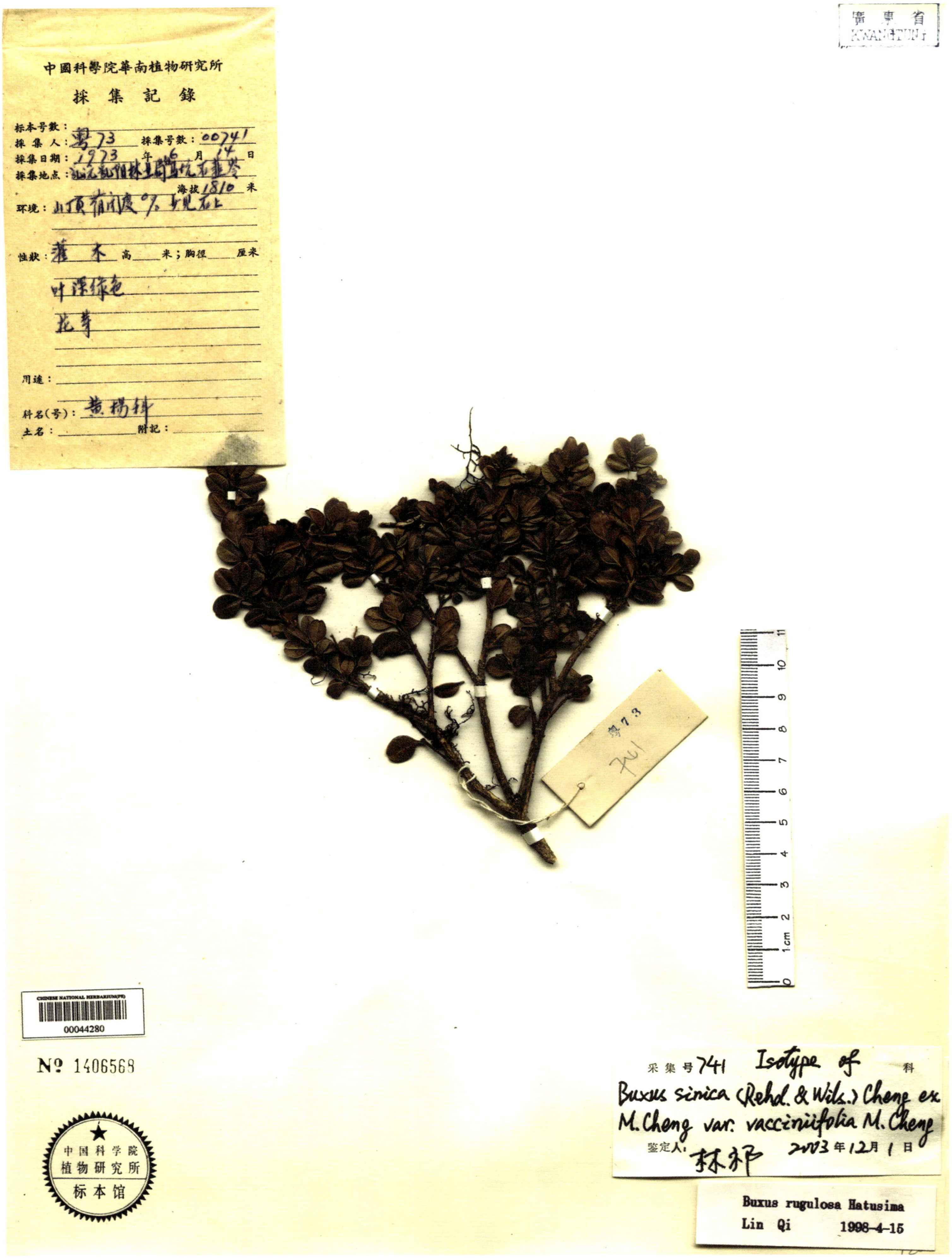

越橘叶黄杨 ***Buxus sinica*** (Rehd. & Wils) M. Cheng var. ***vacciniifolia*** M. Cheng in Acta Phytotaxon. Sin. 17(3): 98, pl. 7: 3. 1979. **Isotype:** China. Guangdong: Ruyuan, alt. 1 810 m, 1973-06-14, Guangdong-73 Exped. 00741.

东方野扇花 ***Sarcococca orientalis*** C.Y. Wu ex M. Cheng in Acta Phytotaxon. Sin. 17(3): 99, pl. 8: 4. 1979. **Holotype:** China. Jiangxi: Pingxiang, alt. 260 m, 1954-10-21, Jiangxi Exped. 2711.

Coriariaceae

马桑科

masangke

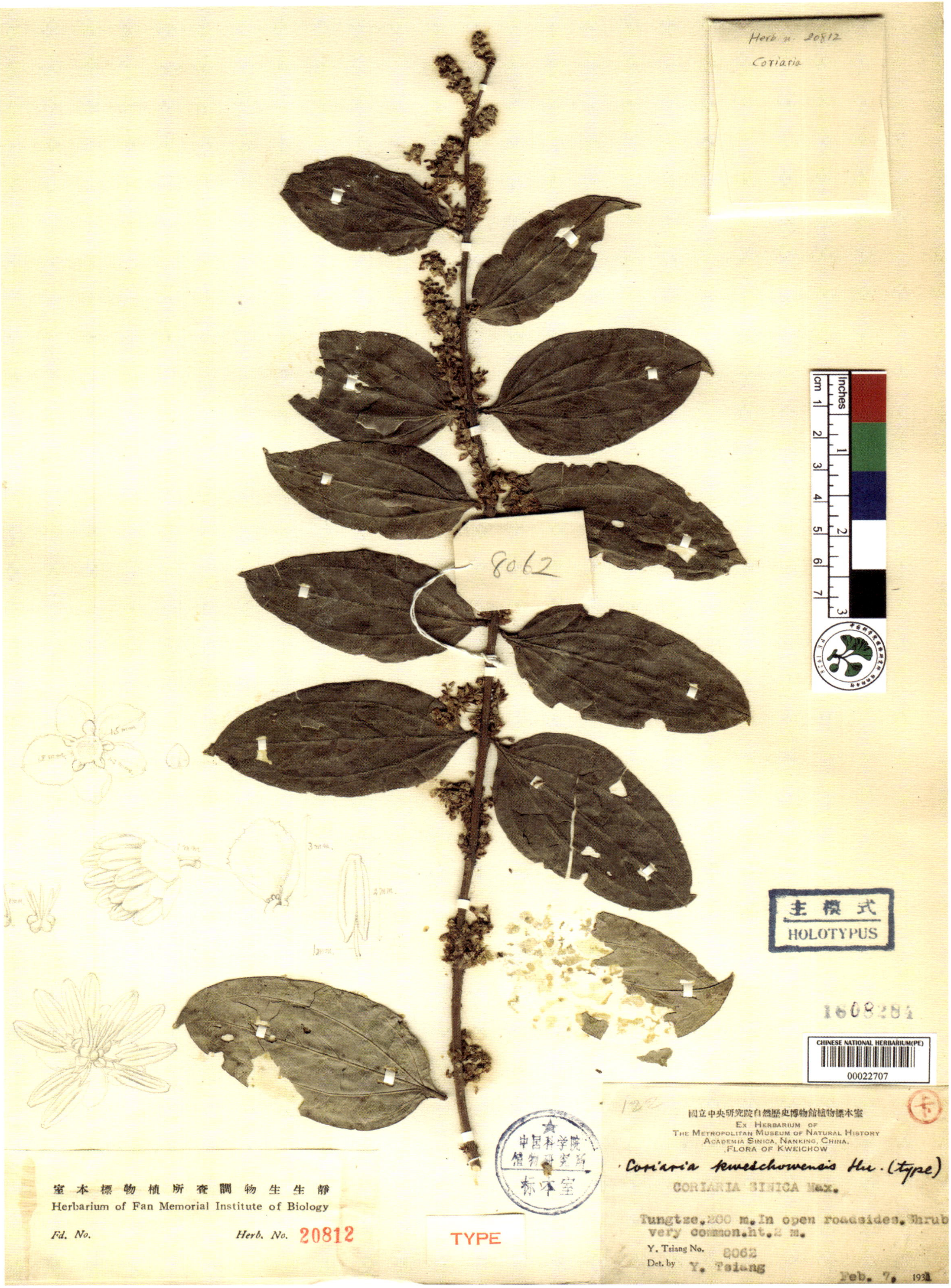

贵州马桑 ***Coriaria kweichovensis*** Hu in Bull. Fan Mem. Inst. Biol., Bot. 7: 213. 1936. **Holotype:** China. Guizhou: Tongzi, alt. 200 m, 1931-02-07, Y. Tsiang 8062.

Anacardiaceae

漆树科

qishuke

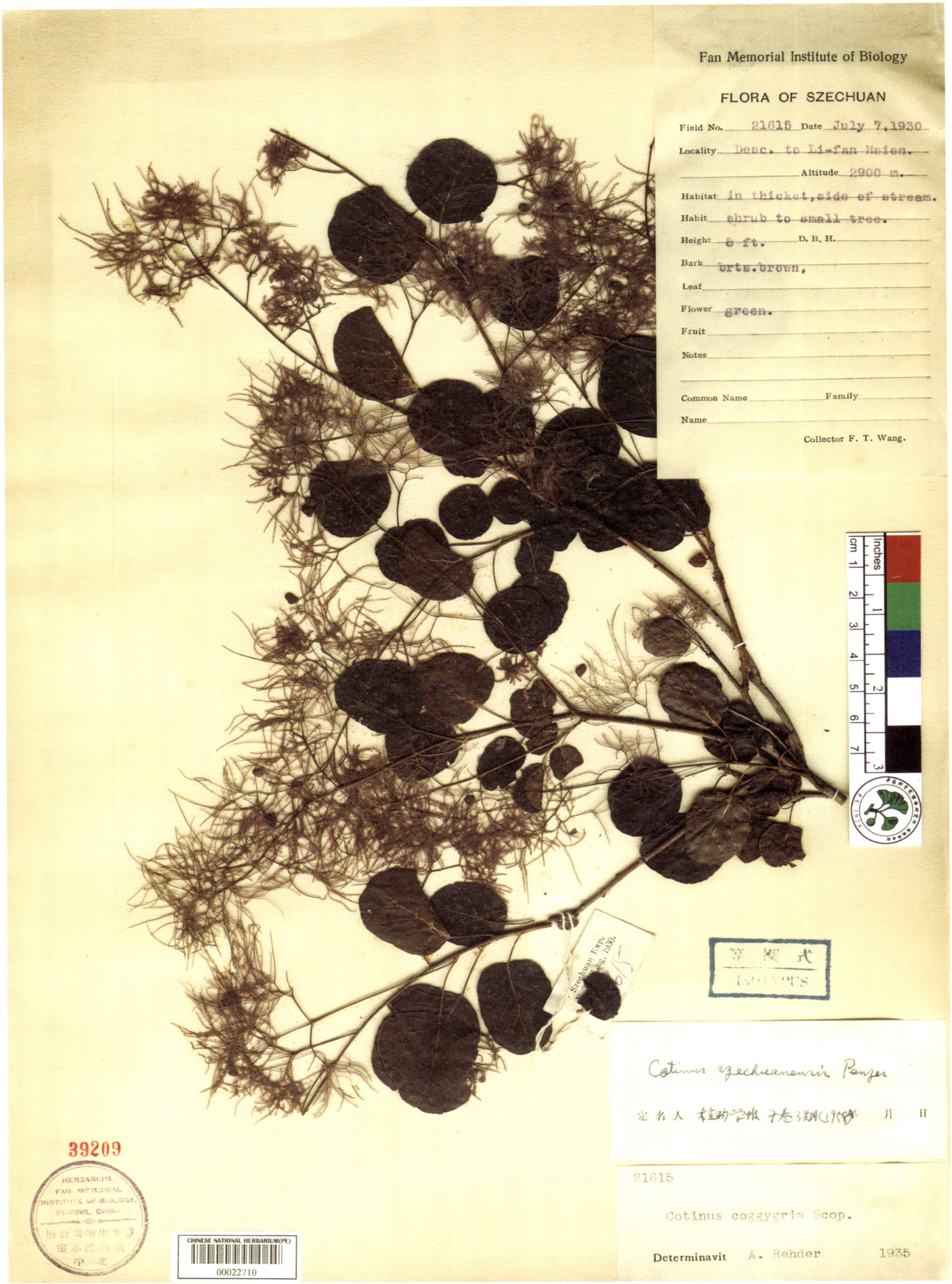

四川黄栌 ***Cotinus szechuanensis*** Penzes in Acta Bot. Sin. 7(3): 169, pl. 4: 9. 1958. **Isotype:** China. Sichuan: Li Xian, alt. 2 900 m, 1930-07-07, F. T. Wang 21615.

大果人面子 ***Dracontomelon macrocarpum*** H. L. Li in J. Arnold Arbor. 25(3): 306. 1944. **Isotype:** China. Yunnan: Mengla, alt. 1 200 m, 1936-10-??, C. W. Wang 78978.

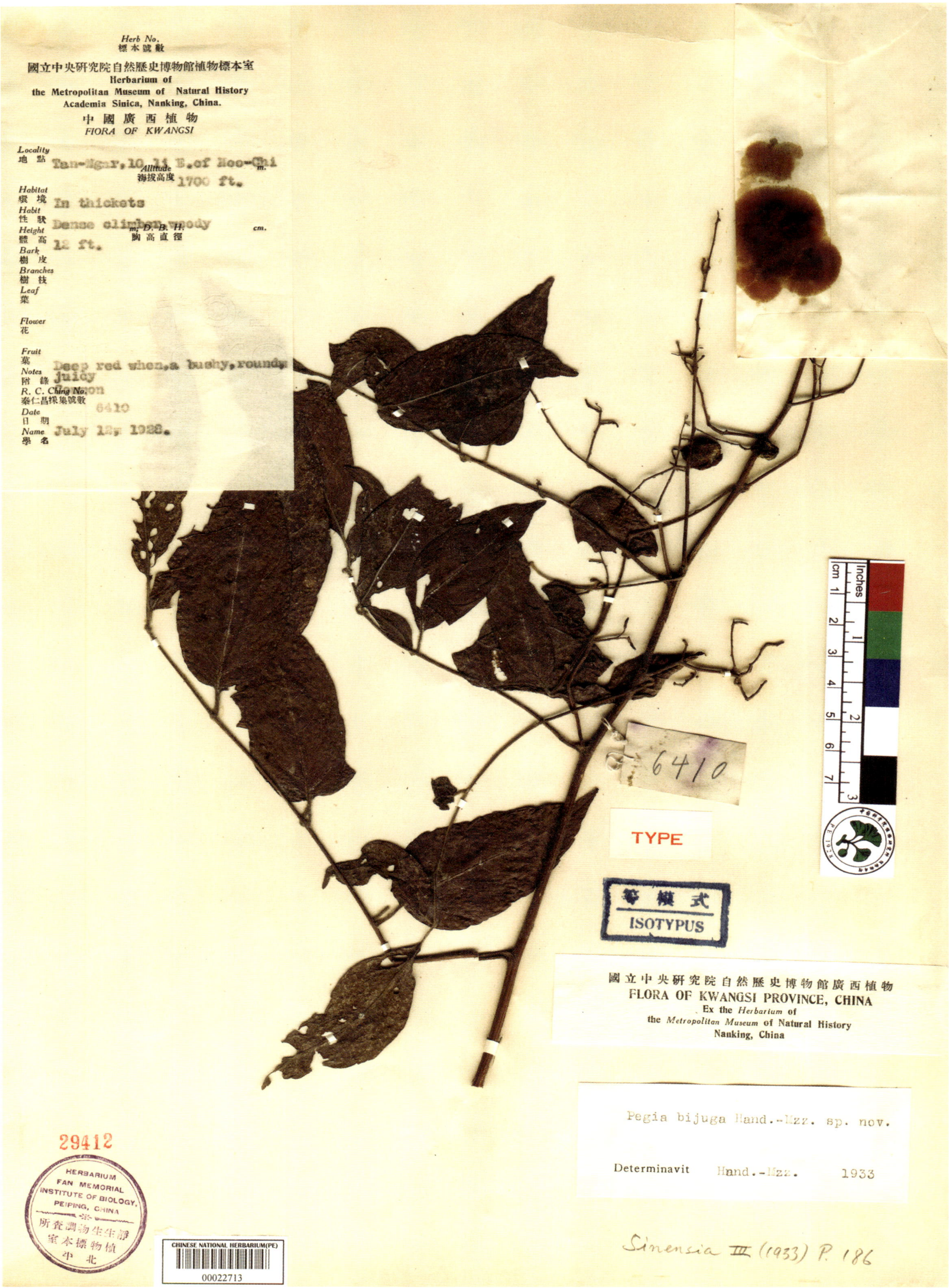

河池藤漆 ***Pegia bijuga*** Hand.-Mezz. in Sinensia 3: 186. 1933. **Isotype:** China. Guangxi: Hechi, alt. 520 m, 1928-07-12, R. C. Ching 6410.

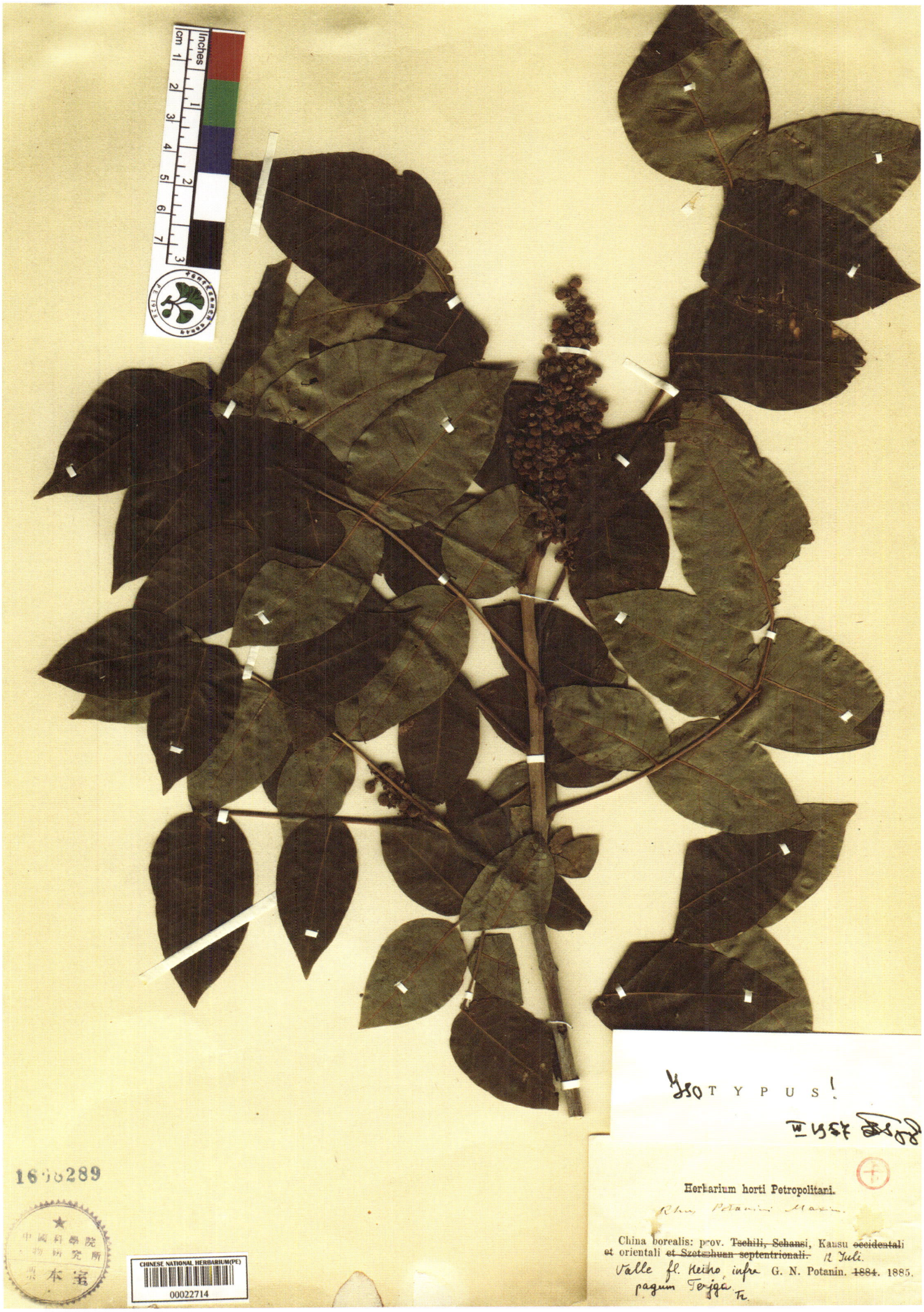

青麸杨 ***Rhus potaninii*** Maxim. in Acta Hort. Petrop. 11(1): 110. 1889. **Isotype:** China. Gansu: Terga, 1885-07-12, G. N. Potanin s. n.

泰山盐肤木 ***Rhus taishanensis*** S. B. Liang in Bull. Bot. Res., Harbin 2(4): 155, f. 1. 1982. **Holotype:** China. Shandong: Tai' an, Taishan, alt. 200 m, 1980-10-??, S. B. Liang 80107.

Index to Scientific Names / 拉丁学名索引

Index to Chinese Names／中名索引

2 画

3 画

4 画

5 画

6 画

Authors and Addresses / 作者及工作单位地址

BAN Qin, CHEN Shurong, DU Yufen, FU Lianzhong, LIN Qi, MA Xintang, WANG Zhongtao, YANG Zhirong
China National Herbarium (PE), Institute of Botany, Chinese Academy of Sciences, Xiangshan, Beijing 100093, Beijing.

BI Shuqing
College of Life Science, Langfang Normal University, Langfang 065003, Hebei.

CHEN Yali, HE Shanshan, JING Xuan, LIN Yun, LIU Wenqun, WANG Mingqiong, WU Huibing, YUN Yingxia
Hunan Medication Vestibule School, Hunan Food and Drug Vocational College, Changsha 410208, Hunan.

LI Hongli
Haidian Agricultural Institute, Beijing100080, Beijing.

班　勤　陈淑荣　杜玉芬　傅连中　林　祁　马欣堂　王忠涛　杨志荣
邮政编码：100093，北京市，香山，中国科学院植物研究所 国家植物标本馆（PE）

秘树青
邮政编码：0650003，河北省，廊坊市，廊坊师范学院 生命科学学院

陈雅丽　何珊珊　敬　璇　林　云　刘文群　王明琼　吴慧冰　云映霞
邮政编码：410208，湖南省，长沙市，湖南食品药品职业学院，湖南省医药技工学校

李红丽
邮政编码：100080，北京市，海淀区农业科学研究所